智能仪器原理及应用

(第4版)

赵茂泰　主编
赵　波　安　杨　副主编

電子工業出版社
Publishing House of Electronics Industry
北京・BEIJING

内容简介

本书系统深入地讲述了以微型计算机为核心的智能电子仪器的结构体系及其硬件与软件的设计原理和实现方法。全书共分10章，内容包括智能仪器的结构、设计要点以及现状与发展，智能仪器模拟量输入/输出通道，智能仪器人机接口，智能仪器通信接口，智能仪器典型处理功能，基于电压测量的智能仪器，信号发生器，智能电子计数器，数字示波器，智能仪器的新发展等。为使理论联系实际，书中含有许多设计实例，每章皆有思考题与习题。

本书可作为高等院校电子类专业教材或专业培训教材，也可作为广大从事电子仪器及测量技术应用和开发的科技人员的参考书。

图书在版编目(CIP)数据

智能仪器原理及应用 / 赵茂泰主编. —4版. —北京：电子工业出版社，2015.8
ISBN 978-7-121-26547-1

Ⅰ. ①智… Ⅱ. ①赵… Ⅲ. ①智能仪器－高等学校－教材 Ⅳ. ①TP216

中国版本图书馆CIP数据核字(2015)第149822号

策划编辑：陈晓莉
责任编辑：陈晓莉
印　　刷：北京盛通数码印刷有限公司
装　　订：北京盛通数码印刷有限公司
出版发行：电子工业出版社
　　　　　北京市海淀区万寿路173信箱　邮编100036
开　　本：787×1 092　1/16　印张：23.00　字数：599千字
版　　次：1999年4月第1版
　　　　　2015年8月第4版
印　　次：2025年2月第13次印刷
定　　价：49.50元

凡所购买电子工业出版社图书有缺损问题，请向购买书店调换。若书店售缺，请与本社发行部联系，联系及邮购电话：(010)88254888。

质量投诉请发邮件至zlts@phei. com. cn，盗版侵权举报请发邮件至dbqq@phei. com. cn。

服务热线：(010)88258888。

前　言

随着大规模集成电路、计算机技术的迅速发展，以及人工智能在测试技术方面的广泛应用，传统电子仪器在原理、功能、精度及自动化水平等方面都发生了巨大的变化，逐步形成了一种完全突破传统概念的新一代测试仪器——智能仪器。目前，不仅大多数传统电子仪器已有相应换代的智能化产品，而且还出现了一些全新的仪器类型和测试系统体系，仪器智能化已经成为现代电子仪器发展的主流方向。

本书第 1 版自 1999 年出版以来，得到了广大读者的欢迎、支持和鼓励。同时，智能仪器技术及其设计方法在此期间又有新的发展，作者在教学实践和科研工作中也有一些新的体会，这些正是再次修订本书的主要动力。本次修订大体上保留了第 3 版教材的结构体系与风格，但也有一些较大的修改和更新，使本书在理论性、实用性、内容更新等方面有了明显的提高。第 4 版主要做了下列几项工作：

(1) 对部分内容进行了更新。例如，第 2 章增加了∑－△型 A/D 转换器的内容；第 5 章增加了模拟量输入/输出通道的自检的内容；第 6 章增加了电容转换器的内容，并对智能 LCR 测试仪原理一节的内容进行了改写；第 9 章增加了 TFT 液晶屏的内容，并对顺序采样方式数字示波器的设计一节的内容进行了改写。

(2) 在较深入分析和研究智能仪器相关新技术及其技术参数的基础上，对部分智能仪器尤其是数字示波器的技术指标做了较大的修改。

(3) 对全书文字进行了润色，删除或增加了某些段落，对个别不符合国标的元件符号及电路图中不规范的部分进行了修改。

本书主要阐述如何运用微型计算机系统实现电子仪器智能化的相关问题，包括实现原理及其硬件和软件的设计思想、方法和技巧。全书共分 10 章。第 1 章扼要介绍智能仪器的结构体系、设计要点以及现状与发展。第 2～5 章较详细地论述智能仪器原理及实现技术中带有共性的部分，其内容包括智能仪器模拟量输入/输出通道、人机接口、通信接口以及典型处理功能。为使读者建立起智能仪器的整机概念。第 6～9 章分别对电压、时间一频率和示波器三类智能型测量仪器和合成信号发生器的原理及设计做了较详细的论述，编者认为，只要透彻掌握这几类最具代表性的智能仪器，其他类型的电子仪器以及电子设备的智能化设计便不会存在大的障碍。第 10 章简要阐述了智能仪器的几项新发展，内容包括个人仪器及系统、VXI 总线仪器系统以及基于软件的虚拟仪器技术。本书每章皆有思考题与习题，以便复习。书中还含有许多具体的设计实例，以利于读者对智能仪器设计中最关键的部分深入理解、牢固掌握和灵活运用。

本书编写注重理论联系实际，在讲清基本原理的基础上，侧重讨论在智能仪器实际设计过程中所涉及的具体方法与技巧。旨在使读者学会运用所学的微型计算机和电子技术等方面的基础知识，解决现代电子仪器开发过程中的实际问题，逐步具备能够设计以微型计算机为核心的电子系统的能力。使用本书教学时应配合一定数量的课程设计或综合实验，为此本书在第6～9章中，提供了几种智能仪器和个人仪器课程设计或综合实验的素材，供教学时选用，其中部分内容在作者教学中使用过。编者认为，若能独立完成这些较典型智能仪器的设计或实验，今后遇到实际的智能化仪器或设备设计课题时，只要再分析课题的特殊要求和某些专用电路，就能很快地进入设计状态。为符合微型计算机发展的趋势和目前我国高等院校计算机系列课程教学内容的现状，本书侧重论述以 MCS51 单片机和 PC 为背景的智能仪器与测试系统。

本书初稿承蒙甘良才教授进行认真的审阅，提出了宝贵的修改意见。绿扬电子仪器集团有限公司韩谷成总工程师、石家庄无线电四厂王树庆工程师等同志为本书提供了宝贵的资料。电子工业出版社为保证本书出版质量做了大量细致的工作，付出了辛勤的劳动。在本书第1版、第2版、第3版发行期间，还得到了广大师生和科技人员的关心和支持，提出许多宝贵的意见和建议。在此一并表示诚挚的谢意。

第4版的修订工作主要由赵茂泰、赵波及安阳完成，胡桂英、向骎、樊佩如参加部分工作。鉴于作者水平有限，编写时间仓促，书中难免存在错误与不足之处，殷切希望相关领域专家和广大读者批评指正。

编者

2015年7月

目　录

第1章 导 论

1.1 智能仪器的组成及特点

微电子学和计算机等现代电子技术的成就给传统的电子测量与仪器带来了巨大的冲击和革命性的影响。微处理器在20世纪70年代初期问世不久，就被引进电子测量和仪器领域，所占比重在各项计算机应用领域中名列前茅。在这之后，随着微处理器在体积小、功能强、价格低等方面的进一步的发展，电子测量与仪器和计算机技术的结合就愈加紧密，形成了一种全新的微型计算机化仪器。由于这种含微型计算机的电子仪器拥有对数据的存储、运算、逻辑判断、自动化操作及与外界通信的功能，具有一定的智能作用，因而被称为智能仪器，以区别于传统的电子仪器。近年来，智能仪器已开始从较为成熟的数据处理向知识处理方面发展，并具有模糊判断、故障判断、容错技术、传感器融合、机件寿命预测等功能，使智能仪器向更高的层次发展。

1.1.1 智能仪器的基本结构

智能仪器实际上是一个专用的微型计算机系统，它由硬件和软件两大部分组成。

硬件部分主要包括主机电路、模拟量输入/输出通道、人机接口电路、通信接口电路，其基本结构框图如图1-1所示。其中主机电路用来存储程序、数据并进行一系列的运算和处理，它通常由微处理器、程序存储器、数据存储器及输入/输出(I/O)接口电路等组成，主机部分实际上是一个典型微型计算机系统的基本部分，随着微处理器技术的飞速发展，主机部分可以直接由单片机及各种嵌入式处理器来实现。模拟量输入/输出通道用来输入/输出模拟信号，主要由A/D转换器、D/A转换器和有关的模拟信号处理电路等组成。人机接口电路的作用是沟通操作者和仪器之间的联系，主要由仪器面板中的键盘和显示器组成。通信接口电路用于实现仪器与计算机的联系，以便使仪器可以接受计算机的程控命令，目前生产的智能仪器一般都配有GP-IB等通信接口。

智能仪器的软件分为监控程序和接口管理程序两部分。监控程序是面向仪器面板键盘和显示器的管理程序，其主要功能包括：通过键盘输入命令和数据，以对仪器的功能、操作方式与工作参数进行设置；根据仪器设置的功能和工作方式，控制I/O接口电路进行数据采集、存储；按照仪器设置的参数，对采集的数据进行相关的处理；以数字、字符、图形等形式显示测量结果、数据处理的结果及仪器的状态信息。接口管理程序是面向通信接口的管理程序，其内容是接受并分析来自通信接口总线的远控命令，包括描述有关功能、操作方式与工作参数的代码；进行有关的数据采集与数据处理；通过通信接口送出仪器的测量结果、数据处理的结果及仪器的现行工作状态信息。接口程序主要用于支持与计算机和其他可程控仪器一起组成功能更加强大的自动测试系统，以完成更加复杂的测试任务。

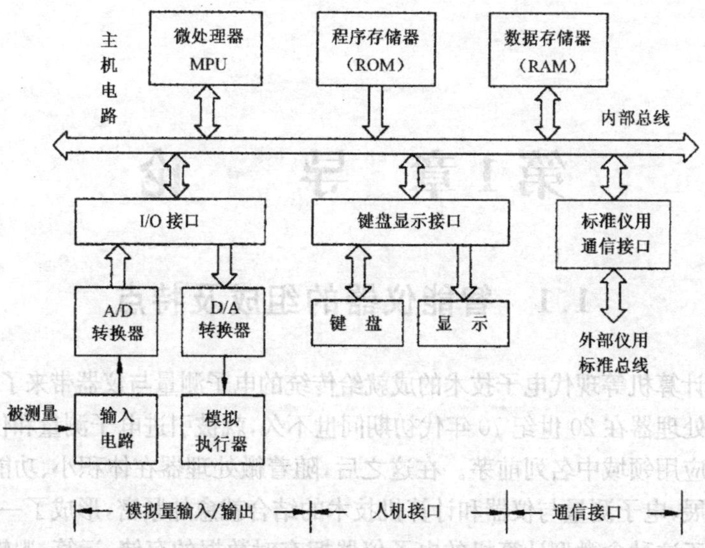

图 1-1 智能仪器基本结构框图

1.1.2 智能仪器的主要特点

与传统的电子仪器相比较,智能仪器具有以下几个主要特点:

(1) 智能仪器使用键盘代替传统仪器中的旋转式或琴键式切换开关来实施对仪器的控制,从而使仪器面板的布置和仪器内部有关部件的安排不再相互限制和牵连。例如,传统仪器中与衰减器相连的旋转式开关必须安装在衰减器正前方的面板上,这样,可能由于面板的布置受仪器内部结构的限制,不能充分考虑用户使用的方便性;也可能由于衰减器的安装位置必须服从面板布局的需要,而给内部电气连接带来许多的不便。智能仪器广泛使用键盘,使面板的布置与仪器功能部件的安排可以完全独立地进行,明显改善了仪器前面板及有关功能部件结构的设计,这样既有利于提高仪器技术指标又方便了仪器的操作。

(2) 微处理器的运用极大地提高了仪器的性能。例如智能仪器利用微处理器的运算和逻辑判断功能,按照一定的算法可以方便地消除由于漂移、增益的变化和干扰等因素所引起的误差,从而提高了仪器的测量精度。智能仪器除具有测量功能外,还具有很强的数据处理能力。例如传统的数字多用表(DMM)只能测量电阻、交直流电压、电流等,而智能型的数字多用表不仅能进行上述测量,而且还能对测量结果进行诸如零点平移、平均值、极值、统计分析以及更加复杂的数据处理功能,使用户从繁重的数据处理中解放出来。目前有些智能仪器还运用了专家系统技术,使仪器具有更深层次的分析能力,解决专家才能解决的问题。

(3) 智能仪器运用微处理器的控制功能,可以方便地实现量程自动转换、自动调零、触发电平自动调整、自动校准、自诊断等功能,有力地改善了仪器的自动化测量水平。例如智能型的数字示波器有一个 AUTOSET 键,测量时只要一按这个键,仪器就能根据被测信号的频率及幅度,自动设置好最合理的垂直灵敏度、时基以及最佳的触发电平,使信号的波形稳定地显示在屏幕上。又例如智能仪器一般都具有自诊断功能,当仪器发生故障时,可以自动检测出故障的部位并能协助诊断故障的原因,甚至有些智能仪器还具有自动切换备件进行自维修功能,极大地方便了仪器的维护。

(4) 智能仪器具有友好的人机对话的能力,使用人员只需通过键盘打入命令,仪器就能实现某种测量和处理功能，与此同时，智能仪器还通过显示屏将仪器运行情况、工作状态以及对测量数据的处理结果及时告诉使用人员，使人机之间的联系非常密切。

(5) 智能仪器一般都配有 GP-IB 或 RS-232 等通信接口，使智能仪器具有可程控操作的能力。从而可以很方便地与计算机和其他仪器一起组成用户所需要的多种功能的自动测量系统，来完成更复杂的测试任务。

1.2 智能仪器及测试系统的发展

20 世纪 70 年代以来，在新技术革命的推动下，尤其是微电子技术和微型计算机技术的快速发展，使电子仪器的整体水平发生很大变化，先后出现独立式智能仪器、GP-IB 自动测试系统、插卡式智能仪器(个人仪器)。在此基础上，1987 年又问世了一种被称为 21 世纪仪器的 VXI 总线仪器系统。智能仪器、GP-IB 自动测试系统、个人仪器系统和 VXI 总线仪器系统被誉为近 20 多年来在电子测量与仪器系统中发生的最重大的事情，这些技术的出现，改变了并且将继续改变电子测量与仪器领域的发展进程，使之朝着智能化、自动化、小型化、模块化和开放式系统的方向发展。

1.2.1 独立式智能仪器及自动测试系统

独立式智能仪器(简称智能仪器)即前述的自身带有微处理器和 GP-IB 接口的能独立进行测试工作的电子仪器，智能仪器是现阶段电子仪器的主流。也是本书讨论的重点。

独立式智能仪器在结构上自成一体，因而使用灵活方便，并且仪器的技术性能可以做得很高。这类仪器在技术上已经比较成熟，同时借助于新技术、新器件和新工艺的不断进步，这类仪器还在不断发展，不断地推陈出新。当然，这些智能仪器所具有的智能水平各不相同，有的高些，有的低些，但总的说来，随着科学技术的发展，智能仪器所具有的智能水平将会不断提高。

目前，大多数传统的电子仪器已有相应换代的智能仪器产品，而且还出现了不少全新的仪器类型和测试系统体系，使现代电子测量与仪器发生了根本性的变化。智能仪器正在或已经成为当前电子实验室的主流仪器模式。因此，认真研究学习智能仪器的原理与设计技术具有很实际的意义。

智能仪器几乎都配有 GP-IB(或 RS-232C)通信接口。GP-IB 是国际电工协会(IEC)1978 年正式推荐的一种标准仪用接口总线，已被世界各国普遍采纳。凡是配有 GP-IB 这种标准接口的仪器和计算机，不分生产国家、厂家，都可以借助于一条无源电缆总线按积木式互连，灵活地组成各种不同用途的自动测试系统，以完成较复杂的测试任务。典型自动测试系统如图1-2所示。

从计算机系统结构的角度来看，由智能仪器组成的自动测试系统是一个分布式多微型计算机系统，系统内的各智能仪器在任务一级并行工作，它们各自具备完备的硬件和软件，因而能相对独立地工作，相互间也可通信，它们之间通过外部总线松散耦合。

一个自动测试系统由计算机、多台可程控仪器以及 GP-IB 三者组成。计算机作为系统的控制者，通过执行测试软件，实现对测量全过程的控制及处理；各可程控仪器设备是测试系统的执行单元，具体完成采集、测量、处理等任务；GP-IB 由计算机及各程控仪器中的标准接口和标准总线两部分组成，它如同一个多功能的神经网络，把各种仪器设备有机地连接起来，完成系统内的各种信息的变换和传输任务。

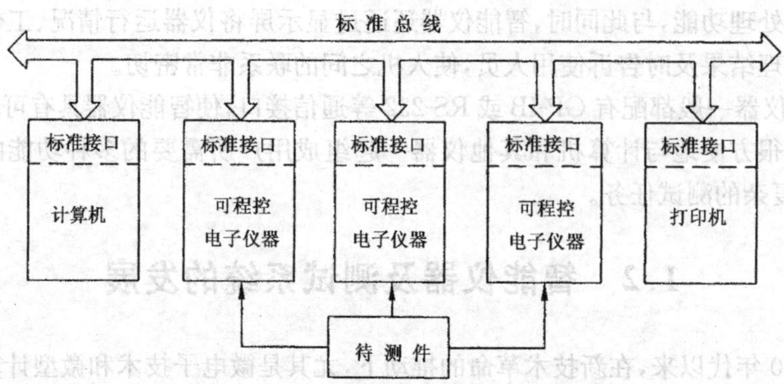

图 1-2 典型自动测试系统

自动测试系统具有极强的通用性和多功能性，对于不同的测试任务，只需增减或更换“挂”在它上面的仪器设备，编制相应的测试软件，而系统本身不变。这种自动测试系统特别适用于要求测量时间极短而数据处理量极大的测试任务中，以及测试现场对操作人员有害或操作人员参与操作会产生人为误差的测试场合。

1.2.2 个人仪器系统及 VXI 总线仪器系统

个人仪器是在智能仪器的基础上，伴随着个人计算机(PC)登上电子测量的舞台而创造出的一种崭新的仪器品种，它是将原智能仪器中的测量部分配以相应的接口电路制成各种仪器卡，插入到 PC 的总线插槽或扩展箱内，而原智能仪器所需的键盘、显示器以及存储器等均借助于 PC 的资源，就构成了早期的个人仪器(又称 PC 仪器)。个人仪器系统则是由不同功能的个人仪器和 PC 有机结合而构成的自动测试系统。

由于个人仪器和个人仪器系统充分地利用 PC 的软件和硬件资源，因而相对传统智能仪器和由智能仪器构成的 GP-IB 总线仪器系统来说，极大地降低了成本，大幅度地缩短了研制周期，显示出广阔的发展前景。

早期的个人仪器及系统存在两方面的缺陷。一是个人仪器及系统是利用 PC 的内部总线，因而仪器卡在 PC 内受到了严重的干扰，各仪器卡间也不能同步触发，无法传递模拟信号，为了克服这些方面的缺点，许多仪器生产厂家各自生产专门的扩展仪器卡箱并定义仪器总线。除此之外，早期的个人仪器强调硬件最少，通常不含微处理器，而将各仪器的控制和处理工作统一由 PC 来处理，使得个人仪器系统的工作速度不高。随着功能强、价格低、集成度高的单片计算机的出现，各厂家普遍将微处理器装入仪器插卡而构成多微型计算机分布式结构，这样不仅可以提高仪器系统的工作速度，还简化系统的组建和测试软件的开发。这种高级的个人仪器系统吸取 GP-IB 仪器系统灵活的模块化结构的优点，同时由于共享 PC 的外设和软件资源，仍能保持个人仪器系统性能价格比的优势，这就使个人仪器系统发展进入一个新的阶段。

然而上述性能的个人仪器系统的总线是由各生产厂家自行定义而无统一标准，使用户在组建个人仪器系统时难以在不同厂家生产的仪器插卡中进行选配，妨碍了个人仪器的推广和发展。为此，1987 年 HP 和泰克等五家仪器公司在经过一段扎实的工作之后，联合提出适合于个人仪器系统标准化的接口总线标准 VXI 规范，并为世界各厂家所接受。VXI 总线及 VXI 总线仪器系统的问世被认为是测量和仪器领域发生的一个重要事件，围绕着 VXI 总线仪器系统出现了一系列的国际性标准和支持技术，从而使测试和仪器系统进入一个划时代的新阶段。

VXI 总线是一个开放式结构，它对所有仪器生产厂家和用户都是公开的，即允许不同生产厂家生产的卡式仪器都可在同一机箱中工作，从而使 VXI 总线很快就成为测试系统的主导结构。VXI 总线系统(即采用 VXI 总线标准的个人仪器系统)一般由计算机、VXI 仪器模块和 VXI 总线机箱构成，图 1-3 给出了典型 VXI 总线仪器系统的构成形式。VXI 总线是面向模块式结构的仪器总线，与 GP-IB 总线相比其性能有了较大幅度提高。其中 VXI 总线中的地址线和数据线均可高至 32 位，数据传输速率的上限可高至 40MB/s，此外还定义多种控制线、中断线、时钟线、触发线、识别线和模拟信号线等。由此可见，VXI 总线仪器集中了智能仪器、个人仪器和GP-IB系统的很多特长，并具有使用灵活方便，标准化程度高，可扩展性好，能充分发挥计算机的效能以及便于构成虚拟仪器等诸多优点，因而得到迅速发展和推广，被称为未来仪器或未来系统。

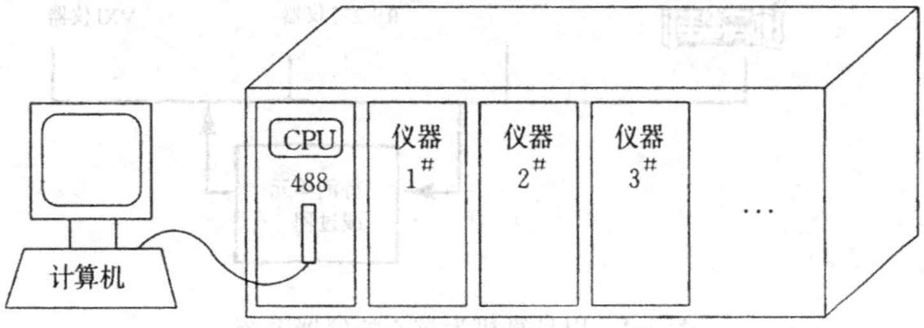

图 1-3　典型 VXI 总线仪器系统

1.2.3　软件技术的高速发展及虚拟仪器

在新一代的仪器系统中，计算机软件和测试仪器将更加紧密地结合在一起，随着仪器系统的不断完善及仪器设计思想的发展，软件的重要性及进一步发展的迫切性越来越突出，可以预测，测试界今后的巨大变化将主要发生在软件方面。

为了使仪器系统的硬件设备尽量少，传统仪器的许多硬件乃至整个仪器都可以被计算机软件所代替，例如只使用一块 A/D 卡，借助于计算机的计算功能，在软件的配合下就可能实现多种仪器的功能，如数字多用表，数字存储示波器，数字频谱分析，数字采集系统，数字频率计等。在新一代仪器系统中，计算机处于核心地位。以计算机为核心的仪器系统结构如图1-4所示。目前，与计算机一起工作的仪器可分为 GP-IB 仪器、RS-232 仪器、VXI 仪器和数据采集板等 4 类。

除此之外，使用者还希望对仪器本身的技术问题关注尽量少，而将更多的精力转向测试对象，这样即使是用 VC、VB、Delphi 等高级语言编制、调试测试程序，也不能适应现代仪器系统对缩短仪器系统开发时间的要求，因而需要寻求新的编程方法。出于这些考虑，近年来许多公司开发出很多出色的仪器开发系统软件包，其中基于图形设计的用户接口和软件开发环境是最流行的发展趋势。在这方面最有代表性的软件产品是 NI 公司的 LabVIEW、HP 公司的 VEE 等。这些仪器开发系统软件包不仅可以管理 VXI 仪器，还可以管理 GP-IB 仪器、RS-232 仪器等。这些软件系统本身就带有各厂家生产的各类仪器的驱动软件、软面板等，同时还提供上百种数学运算及包括 FFT 分析、数字滤波、回归分析、统计分析等数字信号处理功能。当测试人员建立一个仪器系统时，只要调出代表仪器的图标，输入相关的条件和参数，并用鼠标按测试流程将有关仪器连接起来，就完成了设计工作。利用这些软件，用户可以根据自己的不同要求和测试方案开发出各种仪器。这就彻底突破过去仪器功能只能由厂家定义而用户无法按

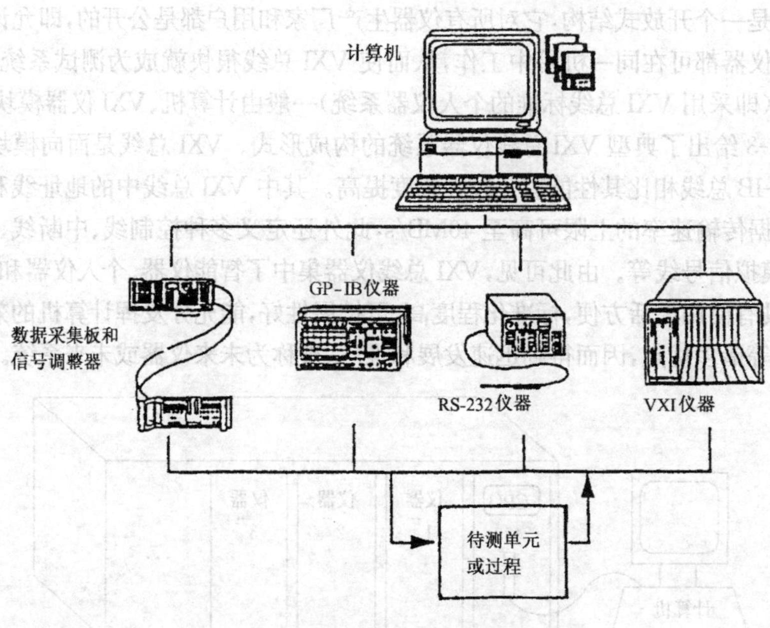

图 1-4　以计算机为核心的仪器系统

自己意愿改变的传统模式，获得传统仪器无法比拟的效果。

所谓虚拟仪器是指通用计算机上添加几种带共性的基本仪器硬件模块，通过软件来组合成各种功能的仪器或系统的仪器设计思想。其中激励信号可由微型计算机产生数字信号，再经D/A转换器产生所需的模拟信号。大量的测试功能可以通过对被测信号的采样，再经A/D转换得到测量结果。许多功能还可以完全由软件来实现，这样就摆脱由硬件构成一件件仪器再连成系统的传统概念。因而从某种意义说，计算机就是仪器，软件就是仪器。

虚拟仪器这种新的仪器设计思想早在 20 世纪 70 年代中期就已提出，但真正发展是在 PC 被广泛使用之后，VXI 总线仪器系统和图形化仪器开发系统软件的问世为它的进一步发展提供了更加坚实的基础。

1.3　智能仪器设计的要点

智能仪器是以微型计算机为核心的电子仪器，它不仅要求设计者熟悉电子仪器的工作原理，而且还要求掌握微型计算机硬件和软件的原理。因而其设计不能完全沿用传统电子仪器的设计方法和手段。

1.3.1　设计、研制智能仪器的一般过程

为了保证仪器的质量，提高研制效率，设计人员应该在正确的设计思想指导下，按照一个合理的步骤进行开发。设计、研制一台智能仪器的一般开发过程如图 1-5 所示。各主要阶段的设计原则和工作内容做一简要概述如下。

1. 确定设计任务

首先根据仪器最终要实现的设计目标，编写设计任务说明书，明确仪器应具备的功能和应达到的技术指标。设计任务说明书是设计人员设计的基础，应力求准确简洁。

2. 拟制总体设计方案

在这个阶段，设计者应首先依据设计的要求和一些约束条件，提出几种可能的方案。每个方案应包括仪器的工作原理，采用的技术，重要元器件的性能等；接着要对各方案进行可行性论证，包括对某些重要部分的理论分析与计算以及一些必要的模拟实验，来验证方案是否能达到设计的要求；最后再兼顾各方面因素选择其中之一作为仪器的设计方案。在确定仪器总体设计方案时，微处理器的选择非常关键。微处理器是整个仪器的核心部件，应从功能和性能价格比等多方面进行认真考虑。

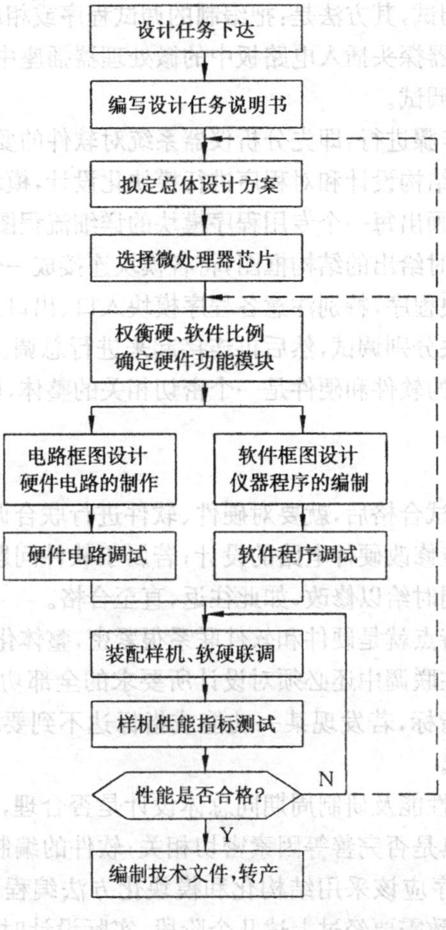

图 1-5　设计、研制智能仪器的一般过程

3. 确定仪器工作总框图

当仪器总体方案和选用的微处理器的种类确定之后，就应该采用自上而下的方法，把仪器划分成若干个便于实现的功能模块，并分别绘制出相应的硬件和软件工作框图。需要指出的是，仪器中有些功能模块既可以用硬件来实现，也可以用软件来实现，设计者应该根据仪器性能价格比、研制周期等因素对硬件、软件的选择做出合理安排。一般来说，多用硬件可以简化软件设计的工作，有利增强仪器的实时性，但成本也相应提高；若用软件代替一部分硬件功能，可减少元器件数量，但相应地增加了编程的复杂性，并使速度降低。因而设计者应在设计过程中进行认真权衡。软件和硬件的划分往往需要经过多次折中才能取得满意的结果。

4. 硬件电路和软件的设计与调试

一旦仪器工作总框图确定之后，硬件电路和软件的设计工作就可以齐头并进。

硬件电路设计的一般过程是：先根据仪器硬件框图按模块分别对各单元电路进行电路设计；然后再进行硬件合成，即将各单元电路按硬件框图将各部分电路组合在一起，构成一个完整的整机硬件电路图。在完成电路设计之后，即可绘制印制电路板，然后进行装配与调试。

智能仪器中部分硬件电路的调试可以先采用某种信号作为激励，然后通过检查电路能否得到预期的响应来验证电路是否正常。但智能仪器大部分硬件电路功能的调试没有微处理器的参与很难实现，通常采用的方法是先编制一些小的调试程序分别对相应硬件单元电路的功能进行检查，而整机硬件功能必须在硬件和软件设计完成之后才能进行。为了加快调试过程，可以利用开发系统来进行调试，其方法是：把编制的调试程序或相应子程序装入微型计算机开发系统，将开发系统的仿真器探头插入电路板中的微处理器插座中，以代替电路板中的微处理器芯片，然后对电路板进行调试。

软件设计一般按下列步骤进行：即先分析仪器系统对软件的要求；然后在此基础上进行软件总体设计，包括程序总体结构设计和对程序进行模块化设计，模块化设计即将程序划分为若干个相对独立的模块；接着画出每一个专用程序模块的详细流程图，并选择合适的语言编写程序；最后按照软件总体设计时给出的结构框图，将各模块连接成一个完整的程序。在主程序的设计中要合理地调用各模块程序，特别注意各程序模块入口、出口及对硬件资源占用情况。

软件调试也是先按模块分别调试，然后再连接起来进行总调。这里的软件不同于一般的计算和管理软件，智能仪器的软件和硬件是一个密切相关的整体，因此只有在相应的硬件环境中调试，才能证明其正确性。

5. 整机联调

硬件、软件分别装配调试合格后，就要对硬件、软件进行联合调试。调试中可能会遇到各种问题，若属于硬件故障，应修改硬件电路的设计；若属于软件问题，应修改相应程序；若属系统问题，则应对软件、硬件同时给以修改，如此往返，直至合格。

智能仪器的一个突出特点就是硬件和软件联系很紧密，整体化很强，因此联调一般都要采用微型计算机开发装置。在联调中还必须对设计所要求的全部功能进行测试和评价，以确定仪器是否符合预定的性能指标，若发现某一功能或指标达不到要求，则应变动硬件或修改软件，重新调试直至满意为止。

经验表明：智能仪器的性能及研制周期同总体设计是否合理，硬件芯片选择是否得当，程序结构的好坏以及开发工具是否完善等因素密切相关；软件的编制以及调试往往占系统开发周期的50%以上，因此，程序应该采用结构化和模块化方法编程，这对查错、调试极为有利。设计、研制一台智能仪器大致需要经过上述几个阶段，实际设计时，阶段不一定要划分得非常清楚，视设计内容的特点，有些阶段的工作可以结合在一起进行。

1.3.2 智能仪器主机电路的选择

在智能仪器系统中，通常把微处理器及与其相连的存储器和I/O接口电路称为主机电路。主机电路实际上就是一个微型计算机，它是智能仪器的核心部件。由于主机电路的性能直接影响整机硬件电路和软件系统的设计，并对智能仪器的功能、性能价格比以及研制周期起决定性的作用，因此在设计任务确定之后，首先应对智能仪器的主机电路进行认真的选择与设计。

从应用的角度来看，计算机可以分成通用计算机系统和嵌入式计算机系统（简称嵌入式系统）。通用计算机系统是指日常使用的PC系统、工作站、大型计算机和服务器等。而嵌入式系统则是指把微处理器、单片机(微控制器)、DSP芯片等作为“控制与处理部件”,嵌入到应用系统中,虽然嵌入式系统的核心是计算机,但它是以某种设备的形式出现的,其外观不再具备计算机的形态。很显然,智能仪器属于嵌入式系统,它虽然以微型计算机为核心,但它不以计算机的形态出现,而是作为宿主设备的控制器智能地体现仪器设备的功能。同样,个人仪器系统、VXI总线仪器系统等则可视为以通用计算机系统为基础的应用系统。

21世纪是信息化的时代,智能化产品将无所不在、无时不在地逐步渗透到人们的工作、学习、生活和社会的各个方面。目前每年以嵌入式应用形式出现的计算机占整个CPU芯片的94%,而以台式计算机为主要应用形式出现的其他计算机仅占总量的6%,嵌入式系统将是PC时代IT产业未来的主要技术热点和经济增长点。

嵌入式系统的发展曾出现过两次高潮。1976年4位8048微控制器的问世和1980年MCS-51微控制器的问世,推动了第一次嵌入式系统发展的浪潮,很快各微电子公司竞相研制出不同的8位/16位微控制器,由于这类微控制器浓缩了当时CPU、I/O端口、RAM、ROM等,所以也称单片机。这类8位/16位单片机已迅速而广泛地嵌入到各种电子仪器、家用电器、通信终端等设备中。近年来,经过20世纪90年代PC技术大发展的孕育,又迅速掀起了第二次嵌入式系统发展的浪潮。这次嵌入式系统的明显特点是肢解了PC最新两项成熟技术:互联网和多媒体。为了满足互联网和多媒体嵌入式设备的高速性和实时编解码的复杂技术需要,支持嵌入式网络设备、移动通信设备、多媒体设备的开发,第二次嵌入式系统的主力器件已让位于32位的DSP-RISC双核结构的微处理器。很显然,这类微处理器也为智能仪器网络化和智能化的进一步扩展提供了坚实的基础,但就目前而言,第二类微处理器在测量和控制领域的应用还不具备太多的优势,目前智能仪器主机电路的主要形式仍然是8位/16位单片机。

单片机的选择要从价格、字长、输入/输出的执行速度、编程的灵活性、寻址能力、中断功能、直接存储器访问(DMA)能力、配套的外围电路芯片是否丰富以及相应的开发系统是否具备等多方面进行综合考虑。其中价格及研制周期是诸因素中首要考虑的问题,因此除了在控制过程相当复杂和对速度要求很高的场合,一般的独立式智能仪器都尽量优先考虑采用8位单片机。在实际微处理器的选择中,我们往往会感到许多型号的微处理器都能满足设计要求,这时的选择就主要取决于设计人员对某种微处理器的熟悉程度。由于MCS-51系列单片机是单片机的主流机型,技术性能及开发手段都较成熟,并且在我国应用较普遍,因而MCS-51系列单片机在一般的智能仪器设计中得到了广泛应用。

需要特别指出的是,近10余年来,随着超大规模集成电路技术日新月异的发展,这类8位/16位单片机的性能又有了很大的增强,仍然保持着智能仪器主机电路主流机型的地位。这些性能的增强首先体现在指令执行速度有很大的提升,例如Philips公司把80C51从每机器周期所含振荡器周期数由12改为6,获得2倍速;Winband公司由12改为3获得4倍速;Cygnal公司采用具有指令流水线结构的CIP-51核使约1/4的指令提速12倍,使约3/4的指令提速6倍,而51系列单片机的时钟频率目前可以提高至33～40MHz,从而可以比较容易地把指令执行速度从原来的1 MIPS提升到20 MIPS。其次,目前的单片机竞相集成了大容量的片上Flash存储器,集成密度高并实现了ISP(在系统烧录程序)和IAP(在应用烧录程序),例如Philips公司生产的与51系列单片机兼容的P89C51RC2/RD2具有32KB/64KB Flash存储器,由于片上集成了1KB的引导和擦除/烧录用ROM固件,能够很好地支持ISP和IAP,除此之外,P89C51RC2/RD2还增加了多达8KB容量的RAM。单片机在低电压、低功耗、低价位、LPC方面也有很大的进步，例如瑞典Xemic公司生产的XE8301，其工作电压的范围为1.2～5.5V，1 MIPS时电流为200μA，暂停模式下仅需要1μA电流维持时钟的运行。许多公司还采用了数字—模拟混合集成技术，将A/D、D/A、锁相环以及USB、CAN总线接口等都集成到单片机中，大大地减少片外附加器件的数目，进一步提高了系统的可靠性能。

总之，在选择智能仪器主机电路时，目前应尽量先选用性能价格比高的8位/16位单片机，同时也要关注最新技术的进展，不失时机地把最先进的含有微处理器的电路芯片或单板机平台引入到智能仪器的设计中来。例如，目前可编程器件已能将微处理器和大量存储器单元也嵌入到器件中，这样，智能仪器的大量电路都可以在可编程芯片中予以实现；嵌入式系统的深入发展必将使智能仪器的设计提升到一个新的阶段，尤其是能运行操作系统的嵌入式系统平台，由于它具备多任务、网络支持、图形窗口、文件和目标管理等功能，并具有大量的应用程序接口(API)，将会使研制复杂智能仪器变得容易；片上系统(SOC)的发展更是为智能仪器的开发及性能的提高开辟了更加广阔的前景，SOC的核心思想就是要把整个应用电子系统(除了无法集成的电路)全部集成在一个芯片中，避免了大量PCB的设计及板级调试工作；SOC是以功能IP(Intellectual Property)为基础的系统固件和电路综合技术，在SOC设计中，设计者面对的不再是电路芯片，而是根据所设计系统的固件特性和功能要求，选择相应的单片机CPU内核和成熟优化的IP内核模块，这样就基本上消除了器件信息障碍，加快了设计速度。SOC将使系统设计技术发生了革命性的变化，这标志一个全新时代已经到来。

本书重点讨论智能仪器原理及其应用技术。为了讨论方便，侧重学习以单片机为核心的智能仪器和以PC为基础的个人仪器系统的原理和设计方法，其中单片机主要采用在国内较为流行的MCS-51系列单片机。

思考题与习题

1.1　什么是智能仪器？智能仪器的主要特点是什么？

1.2　画出智能仪器通用结构框图，简述每一部分的作用。

1.3　智能仪器监控程序的主要内容是什么？

1.4　简述智能仪器面板广泛使用按键键盘的特点。

1.5　简述现代自动测试系统的结构与特点。

1.6　个人仪器系统相对智能仪器具有什么特点？

1.7　简述智能仪器、自动测试系统、个人仪器系统的含义以及它们之间的关系。

1.8　什么是VXI总线仪器系统？简述其特征与组成。

1.9　研制智能仪器大致需要经历哪些阶段？试对各阶段的工作内容做一简要的叙述。

1.10　为什么目前智能仪器主机电路大多数采用单片机？选择单片机时应主要考虑哪些因素？

第 2 章　智能仪器模拟量输入/输出通道

智能仪器所处理的对象大部分是模拟量。而智能仪器的核心——微处理器能接受并处理的是数字量，因此被测模拟量必须先通过 A/D 转换器转换成数字量，并通过适当的接口送入微处理器。同样，微处理器处理后的数据往往又需要使用 D/A 转换器及相应的接口将其变换成模拟量送出。在这里，我们把 A/D 转换器及其接口称为模拟量输入通道，把 D/A 转换器及相应的接口称为模拟量输出通道。模拟量输入/输出通道在智能仪器中处于极其重要的位置。

A/D 转换器、D/A 转换器及其接口的一般技术在许多书中已有论述，本章侧重从智能仪器设计的角度做进一步的讨论。

2.1　模拟量输入通道

2.1.1　A/D 转换器概述

A/D 转换器是将模拟量转换为数字量的器件，这个模拟量泛指电压、电阻、电流、时间等参量，但在一般情况下，模拟量是指电压。

A/D 转换器常用以下几项技术指标来评价其质量水平。

1. 分辨率与量化误差

分辨率是衡量 A/D 转换器分辨输入模拟量最小变化量的技术指标，即数字量变化一个字所对应模拟信号的变化量。A/D 转换器的分辨率取决于 A/D 转换器的位数，所以习惯上以输出二进制数或 BCD 码数的位数来表示。例如某 A/D 转换器的分辨率为 12 位，即表示该转换器可以用 2^{12} 个二进制数对输入模拟量进行量化，若用百分比表示，其分辨率为 $(1/2^{12})\times100\%=0.025\%$，若最大允许输入电压为 10V，则可计算出它能分辨输入模拟电压的最小变化量为 $10\text{V}\times1/2^{12}=2.4\text{mV}$。

量化误差是由于 A/D 转换器有限字长数字量对输入模拟量进行离散取样（量化）而引起的误差，其最大值在理论上为一个单位。它是由分辨率有限而引起的，所以量化误差和分辨率是统一的，即提高分辨率可以减小量化误差。

图 2-1(a)是 A/D 转换器输入/输出曲线，其中虚线为理想转移曲线，实线为实际转移曲线，可见，最大的量化误差为 1LSB。通常把实际转移曲线向左偏移 1/2 单位，使得最大量化误差为 ±1/2LSB，如图 2-1(b)所示。

2. 转换精度

转换精度反映了实际 A/D 转换器与理想 A/D 转换器在量化值上的差值，可用绝对转换误差或相对转换误差来表示。A/D 转换器转换精度所对应的误差主要由偏移误差、满刻度误差、非线性误差、微分非线性误差等组成。由于理想 A/D 转换器也存在着量化误差，因此，转换精度所对应的误差不包括量化误差。

偏移误差是指输出为零时，输入不为零的值，所以有时又称零点误差。假定 A/D 转换器不存在非线性误差，则其输入/输出转移曲线各阶梯中点的连线必定是直线，这条直线与横轴的交点所对应的输入电压就是偏移误差，如图 2-2(a)所示。偏移误差可以通过在 A/D 转换器的外部加接调节电位器等方法，将偏移误差调整至最小，器件手册会给出相应的调整方法。

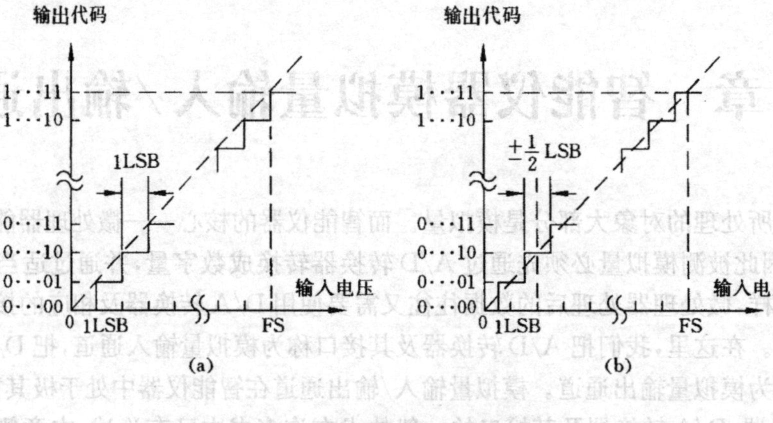

图 2-1　A/D 转换器的量化误差

满刻度误差又称增益误差，它是指 A/D 转换器满刻度时输出的代码所对应的实际输入电压值与理想输入电压值之差，如图 2-2(b)所示。满刻度误差一般是由参考电压、放大器放大倍数、电阻网络误差等引起。满刻度误差也可以通过外部电路来修正。需要注意的是，满刻度误差的调整应在偏移误差调整之后进行。

非线性误差是指实际转移函数与理想直线的最大偏移，如图 2-2(c)所示。注意，非线性误差不包括量化误差，偏移误差和满刻度误差。

微分非线性误差是指转换器实际阶梯电压与理想阶梯电压(1LSB)之间的差值，如图 2-2(d)

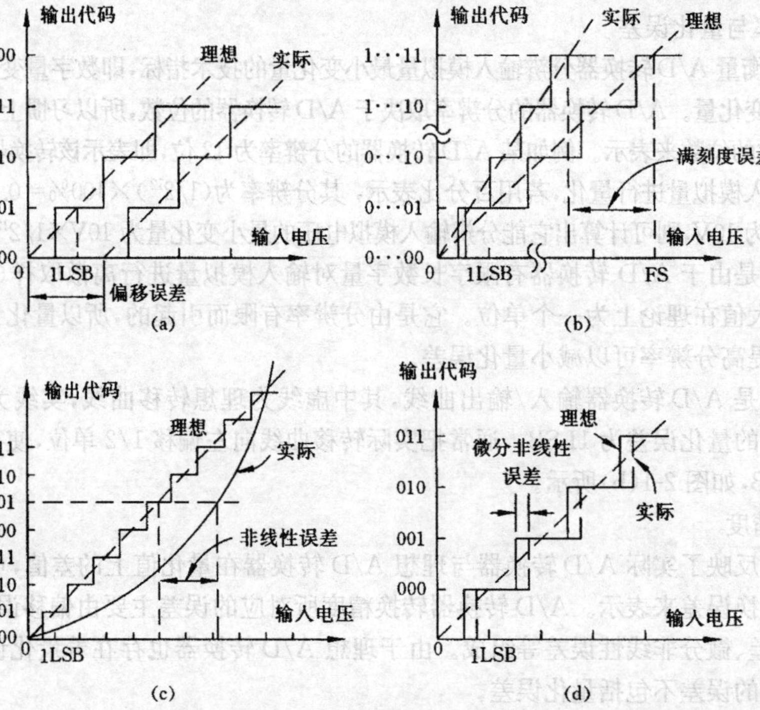

图 2-2　A/D 转换器的转换精度

所示。为保证 A/D 转换器的单调性能,A/D 转换器的微分非线性误差一般不大于 1LSB。所谓单调性能是指转换器转移特性曲线的斜率在整个工作区间始终不为负值。

非线性误差和微分非线性误差与 A/D 转换器器件有关,它们很难通过外部电路进行修正。

3. 转换速率

转换速率是指 A/D 转换器在每秒钟内所能完成的转换次数。这个指标也可表述为转换时间,即 A/D 转换从启动到结束所需的时间,两者互为倒数。例如,某 A/D 转换器的转换速率为 5MHz,则其转换时间是 200ns。

4. 满刻度范围

满刻度范围又称满量程输入电压范围,是指 A/D 转换器所允许最大的输入电压范围。如(0~5)V,(0~10)V,(−5~+5)V 等。满刻度值只是个名义值,实际的 A/D 转换器的最大输入电压值总比满刻度值小 $1/2^n$(n 为转换器的位数)。这是因为 0 值也是 2^n 个转换器状态中的一个。例如,某 12 位的 A/D 转换器的满刻度值为 10V,而实际允许的最大输入电压值为$\frac{4095}{4096}\times10=9.9976$V。

世界各公司所生产的 A/D 转换器给出的技术指标,其名称和表达方式并不完全相同,使用时应认真阅读产品手册。

A/D 转换器的种类繁多,用于智能仪器设计的 A/D 转换器主要有逐次比较式、积分式、Σ-Δ 型、并行比较式和改进型。

逐次比较式 A/D 转换器的转换时间与转换精度比较适中,转换时间一般在 μs 级,转换精度一般在 0.1%上下,适用于一般场合。

积分式 A/D 转换器的核心部件是积分器,因此速度较慢,其转换时间一般在 ms 级或更长。但抗干扰性能强,转换精度可达 0.01%或更高。适于在数字电压表类仪器中采用。

Σ-Δ 型 A/D 转换器是一种新型的转换器。由于采用了过采样、噪声整形及数字滤波等技术,其有效分辨率可高达 24dB,而且具有较高的集成度,很适合应用于高精度、高集成度、中低速和性价比高的仪器仪表中。

并行比较式又称闪烁式,由于采用并行比较,因而转换速率可以达到很高,其转换时间一般在 ns 级,但抗干扰性能较差,由于工艺限制,其分辨率一般不高于 8 位。这类 A/D 转换器可用于数字示波器等要求转换速度较快的仪器中。

改进型是在上述某种形式 A/D 转换器的基础上,为满足某项高性能指标而改进或复合而成的,例如余数比较式即是在逐次比较式的基础上加以改进,使其在保持原有较高转换速率的前提下精度可达 0.01%以上。改进型在智能仪器中主要用于以高精度数字电压表为基础的智能仪器中,因而这类 A/D 转换器将在第 6 章中结合仪器一起讨论。

2.1.2 逐次比较式 A/D 转换器及其接口

2.1.2.1 逐次比较式 A/D 转换器原理概述

一个 N 位的逐次比较式 A/D 转换器的结构如图 2-3 所示,它由 N 位寄存器、N 位 D/A 转换器、比较器、逻辑控制电路、输出缓冲器等五部分组成,其工作原理为:当启动信号作用后,时钟信号先通过逻辑控制电路使 N 位寄存器的最高位 D_{N-1} 为 1,以下各位为 0,这个二进制代码经 D/A 转换器转换成电压 U_0(此时为全量程电压的一半)送到比较器与输入的模拟电压U_X比较。若$U_X > U_0$，则保留这一位；若$U_X < U_0$，则D_{N-1}位置0。D_{N-1}位比较完毕后，再对下一位即D_{N-2}位进行比较，控制电路使寄存器D_{N-2}为1，其以下各位仍为0，然后再与上一次D_{N-1}结果一起经过D/A转换后再次送到比较器与U_X相比较。如此一位一位地比较下去，直至最后一位D_0比较完毕为止，最后，发出EOC信号表示转换结束。这样经过N次比较后，N位寄存器保留的状态就是转换后的数字量数据。

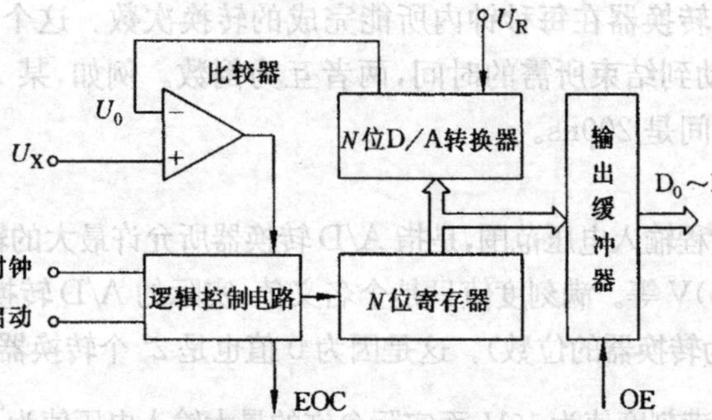

图 2-3　逐次比较式A/D转换器的结构

目前，逐次比较式A/D转换器大都做成单片集成电路的形式，因而A/D转换器的实际转换过程已不是非常重要。使用时只需发出A/D转换启动信号，然后在EOC端查知A/D转换过程结束后，取出数据即可。下面以应用很广泛的ADC0809为例介绍其组成及接口技术。

2.1.2.2　ADC0809芯片及其接口

ADC0809是8路8位逐次比较式A/D转换器，它能分时地对8路模拟量信号进行A/D转换，结果为8位二进制数据。ADC0809的结构如图2-4所示。

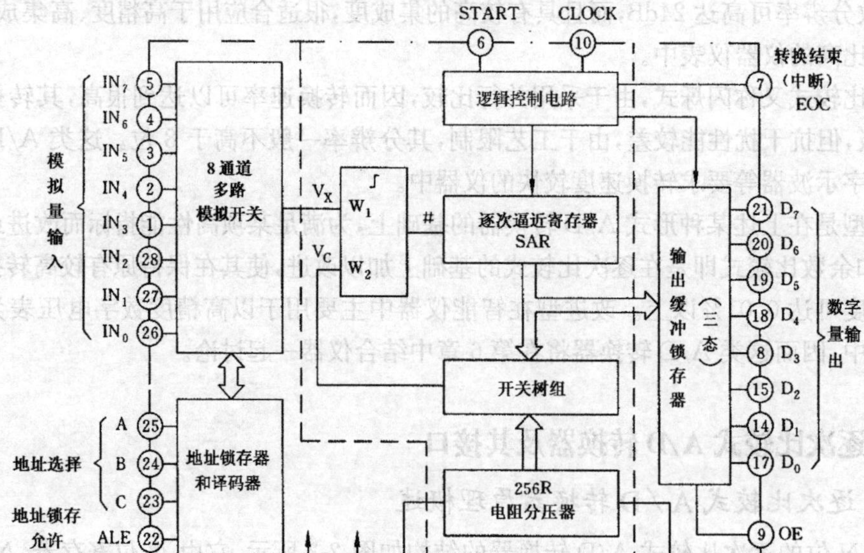

图 2-4　ADC0809原理结构图

ADC0809 由三大部分组成：

第一部分是 8 路输入模拟量选择电路，8 路输入模拟量信号分别接到 IN_0 至 IN_7 端，究竟选择哪一路去进行 A/D 转换由地址锁存器与译码器电路控制。A，B，C 为输入地址选择线，地址信息在 ALE 的上升沿时刻打入地址锁存器。

第二部分是一个逐次比较式 A/D 转换器，START 为启动信号，要求输入正脉冲信号，在上升沿复位内部逐次逼近寄存器，在下降沿启动 A/D 转换。EOC 为转换结束标志位，“0”表示正在转换，“1”表示一次 A/D 转换的结束。CLOCK 为外部时钟输入信号，时钟频率决定了 A/D 转换器的转换速率，ADC0809 每一通道的转换约需(66～73)个时钟周期，当时钟频率取 640kHz 时，转换一次约需 100μs 时间，这是 ADC0809 所能容许的最短转换时间。

第三部分是三态输出缓冲锁存器，A/D 转换的结果由 EOC 信号上升沿打入三态输出缓冲锁存器。OE 为输出允许信号，当向 OE 端输入一个高电平时，三态门电路被选通，这时便可读取结果。否则缓冲锁存器输出为高阻态。

ADC0809 的时序图如图 2-5 所示。从时序图中可以看到，在启动 ADC0809 后，EOC 约在 10μs 后才变为低电平，因而在用 START 启动 0809 转换器后，不能立即通过检测 EOC 来判断转换是否结束，而应等待约 10μs 再检测，否则会出现错误结果。编程时必须注意到这一点。

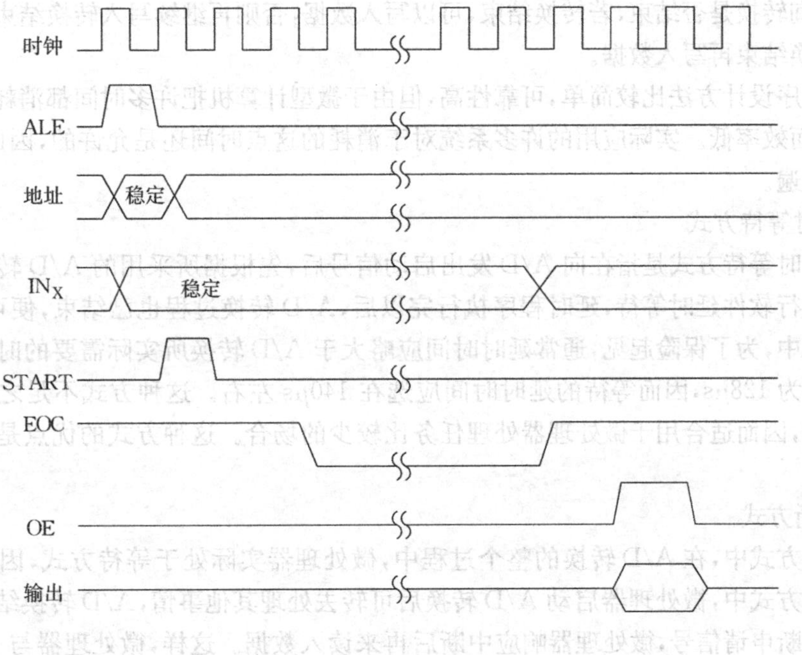

图 2-5　ADC0809 时序图

ADC0809 输出带有三态输出锁存器，因而可以不加 I/O 接口芯片，直接接到微型计算机系统的总线上，图 2-6 给出了 ADC0809 与单片机 8031 接口的一个典型电路。

图 2-6 中，ADC0809 的时钟信号(CLOCK)由 8031 的 ALE 端的输出脉冲(其频率为 8031 时钟频率的 1/6)经二分频得到，如果单片机的时钟频率为 6MHz，则 ADC0809 的 CLOCK 端的频率为 500 kHz，即 ADC0809 的转换时间约 128μs。这里，将 ADC0809 作为 8031 的一个外扩并行 I/O 端口，由地址线 $P_{2.0}$ 和 $\overline{WR}$ 联合控制 ADC0809 的 START 和 ALE 端，低三位地址线加到 ADC0809 的 A，B，C 端，所以选中 ADC0809 的 IN_0 通道的地址为 FEF8H。$P_{2.0}$ 还

和$\overline{RD}$联合控制 ADC0809 的 OE 端，来读取数据。

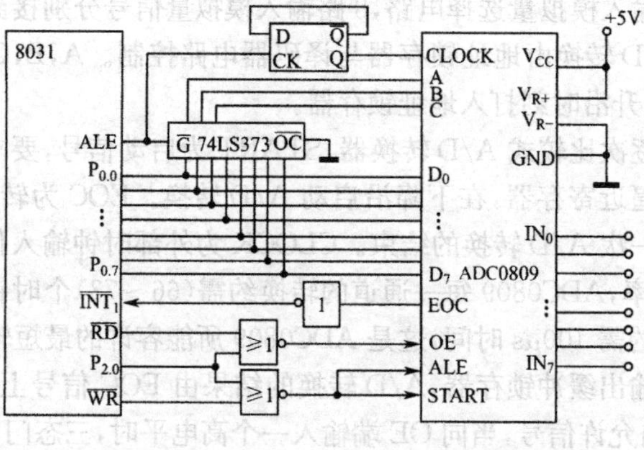

图 2-6 ADC0809 与单片机 8031 接口电路

根据 A/D 转换器与微处理器连接方式以及智能仪器要求的不同，实现 A/D 转换软件的控制方式就不同。目前常用的控制方式主要有：程序查询方式，延时等待方式和中断方式。

1. 程序查询方式

所谓程序查询方式，就是首先由微处理器向 A/D 转换器发出启动信号，然后写入转换结束信号，查询转换是否结束，若转换结束，可以写入数据，否则再继续写入转换结束信号进行查询，直至转换结束再写入数据。

这种程序设计方法比较简单，可靠性高，但由于微型计算机把许多时间都消耗在"查询"的过程中，因而效率低。实际应用的许多系统对于消耗的这点时间还是允许的，因此，这种方法应用比较普遍。

2. 延时等待方式

所谓延时等待方式是指在向 A/D 发出启动信号后，先根据所采用的 A/D 转换器所需的转换时间进行软件延时等待，延时程序执行完以后，A/D 转换过程也已结束，便可读入数据。在这种方式中，为了保险起见，通常延时时间应略大于 A/D 转换所实际需要的时间，本例 A/D 转换时间为 128μs，因而等待的延时时间应选在 140μs 左右。这种方式不足之处是占用了较多的时间，因而适合用于微处理器处理任务比较少的场合。这种方式的优点是不占用查询端口。

3. 中断方式

前两种方式中，在 A/D 转换的整个过程中，微处理器实际处于等待方式，因而效率比较差。在中断方式中，微处理器启动 A/D 转换后可转去处理其他事情，A/D 转换结束便向微处理器发出中断申请信号，微处理器响应中断后再来读入数据。这样，微处理器与 A/D 转换器并行工作，提高了工作效率。

下面结合图 2-6 所示的 ADC0809 与 8031 的接口电路，给出查询、等待定时和中断这三种方式下的转换程序。转换程序的功能是将由 IN_0 端输入的模拟电压转换为对应的数字量，然后再存入 8031 内部 RAM 的 30H 单元中。

a. 查询方式

```
        MOV     DPTR, #0FEF8H          ；指出 IN0 通道地址
        MOV     A, #00H
        MOVX    @DPTR,A                ；启动 IN0 通道转换
```

```
        MOV     R2, #20H
DLY:    DJNZ    R2, DLY                 ;延时,等待 EOC 变低
WAIT:   JB      P3.3,WAIT               ;查询,等待 EOC 变高
        MOVX    A,@DPTR
        MOV     30H, A                  ;结果存 30H
```

b. 延时等待方式

```
        MOV     DPTR, #0FEF8H
        MOV     A, #00H
        MOVX    @DPTR, A                ;启动 IN0 通道
        MOVX    R2, #48H
WAIT:   DJNZ    R2, WAIT                ;延时约 140μs
        MOVX    A, @DPTR
        MOV     30H, A                  ;转换结果存 30H
```

c. 中断方式

主程序:

```
MAIN:   SETB    IT1                     ;选 INT1 为边沿触发
        SETB    EX1                     ;允许 INT1 中断
        SETB    EA                      ;打开中断
        MOV     DPTR,#0FEF8H
        MOV     A, #00H                 ;启动 A/D 转换
        MOVX    @DPTR,A
        ……                              ;执行其他任务
```

中断服务程序:

```
INTR1:  PUSH    DPL                     ;保护现场
        PUSH    DPH
        PUSH    A
        MOV     DPTR,#0FEF8H
        MOVX    A, @DPTR                ;读转换结果
        MOV     30H, A                  ;结果存 30H
        MOV     A, #00H
        MOVX    @DPTR, A                ;启动下一次转换
        POP     A                       ;恢复现场
        POP     DPH
        POP     DPL
        RETI                            ;返回
```

为了得到较高的 A/D 转换精度,实际制作时应进行满刻度校准。ADC0809 的实际满刻度值为 $5V\times\frac{255}{256}=4.98V$。进行满刻度校准时,先将稳定的直流电压源(或干电池)经电位器分压后作为被测电压信号,加到 ADC0809 的模拟量输入通道 IN_0 端,并执行上述程序;然后逐步加大输入的被测电压并观察 ADC0809 输出的数字量,当输入的被测电压达到 4.98V 时,

ADC0809 输出的数字量刚好从 11111110 变到 11111111，即认为满刻度已校准好。否则，应调整加在 V_{R+} 端的基准电压值。

2.1.2.3 AD574 芯片及其接口

为了提高精度，有时需要用到 10，12，16 位等高精度的 A/D 转换器。由于这类 A/D 转换器输出的数字高于 8 位，因此在与 8 位机接口时，需要将数据分时传输。下面以 AD574 为例来说明其接口原理。

AD574 是 12 位快速逐次比较式 A/D 转换器，其最快转换时间为 25μs，转换误差为 ±1LSB。AD574 具有下述几个基本特点：片内含有电压基准和时钟电路等，因而外围电路较少；数字量输出具有三态缓冲器，因而可直接与微处理器接口；模拟量输入有单极性和双极性两种方式，接成单极性方式时，输入电压范围为 0～10V 或 0～20V，接成双极性方式时，输入电压范围为－5～＋5V 或－10～＋10V。AD574 原理与引脚图如图 2-7 所示，主要引脚信号定义如下：

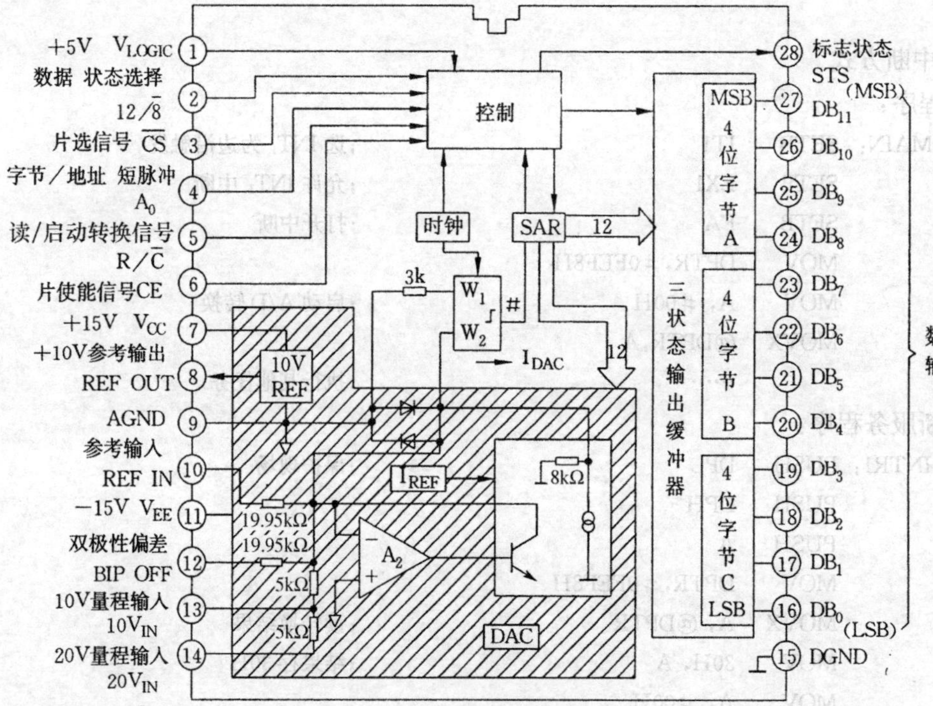

图 2-7 AD574 原理与引脚图

$\overline{CS}$：片选信号，低电平有效。

CE：片使能信号，高电平有效。

R/$\overline{C}$：读/启动转换信号，高时读 A/D 转换结果，低时启动 A/D 转换。

12/$\overline{8}$：输出数据长度控制信号，高为 12 位，低为 8 位。

A_0：A_0 信号具有两种含义。当 R/$\overline{C}$ 为低时，A_0 为高，启动 8 位 A/D 转换；A_0 为低，启动 12 位 A/D 转换。当 R/C 为高时，A_0 为高，输出低 4 位数据；A_0 为低，输出高 8 位数据。

上述 5 个信号的组合所对应的 A/D 转换器的状态如表 2-1 所示。

表 2-1　AD574 的操作

CE	$\overline{CS}$	$R/\overline{C}$	$12/\overline{8}$	A_0	操　作
1	0	0	×	0	12 位转换
1	0	0	×	1	8 位转换
1	1	0	+5V	0	12 位并行输出
1	0	1	接地	0	输出高 8 位数据
1	0	1	接地	1	输出低 4 位数据

STS：　　工作状态信号，高表示正在转换，低表示转换结束。

REF IN：　基准输入线。

REF OUT：基准输出线。

BIP OFF：　单极性补偿。

DB_{11}～DB_0：　12 位数据线。

$10V_{IN}$，$20V_{IN}$：模拟量输入端。

根据 AD574 各引脚信号的功能，8031 单片机与 AD574 的接口电路可按如图 2-8 所示电路来安排。由于 8031 的高 8 位地址 $P_{2.0}$～$P_{2.7}$ 没有使用，故可采用寄存器间接寻址方式。其中启动 A/D 的地址为 1FH，读出低 4 位数地址为 7FH，读出高 8 位数地址为 3FH。

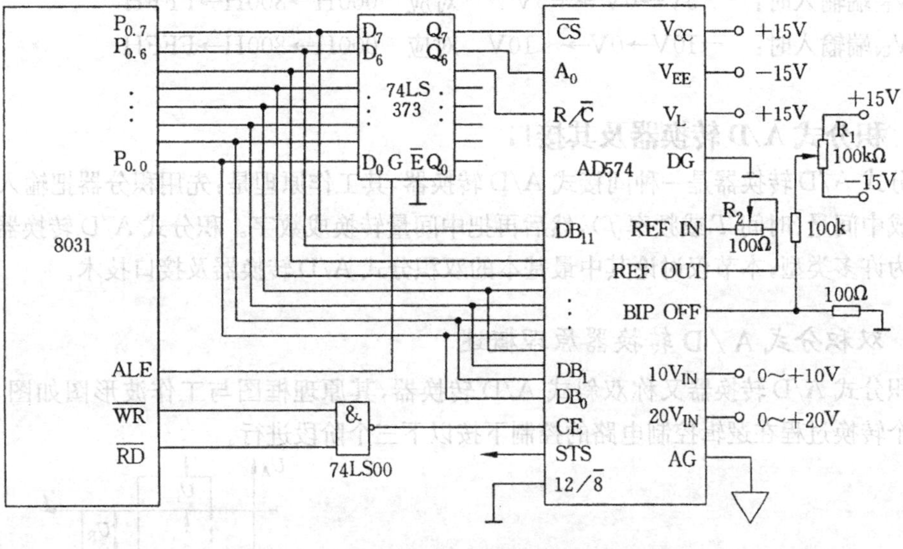

图 2-8　AD574 与 8031 单片机的接口电路

图中 STS 可有三种接法以对应三种控制方式：如果 STS 空着，单片机只能采取延时等待方式，在启动转换后，延时 25μs 以上时间，再读入 A/D 转换结果；如果 STS 接单片机一条端口线，单片机就可以用查询的方法等待 STS 为低后再写入 A/D 转换结果；如果 STS 接单片机外部中断线，就可以在引起单片机中断后，再写入 A/D 转换结果。

本例采用延时等待方式，其对应控制程序清单如下：

```
MOV     R0, #1FH        ;启动
MOVX    @R0, A
MOV     R7, #10H        ;延时
DJNZ    R7, $
MOV     R1, #7FH        ;读低 4 位
MOVX    A, @R1
MOV     R2, A           ；存低 4 位
```

```
MOV     R1, #3FH                                ;读高8位
MOVX    A, @R1
MOV     R3, A                                   ;存高4位
SJMP    $
```

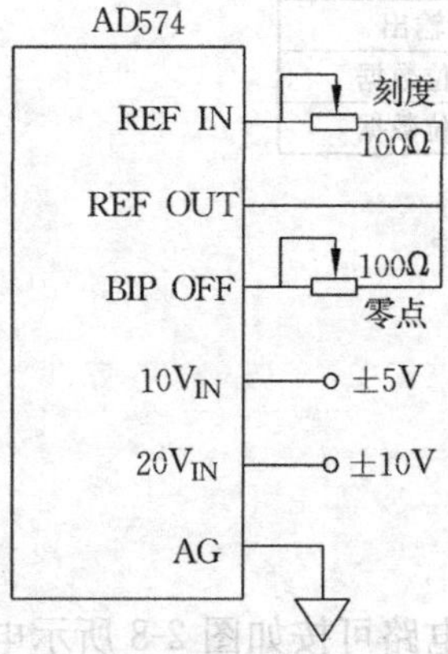

图 2-9 AD574 双极性模拟输入接线方式

图 2-8 是按单极性模拟输入的方式接线，$10V_{IN}$端的输入电压范围为 0～+10，1LSB 对应的模拟电压为 2.44mV；$20V_{IN}$端的输入电压的范围为 0V～20V，1LSB 对应的模拟电压为 4.88mV。图中 R_1 用于零点调整，R_2 用于满刻度校准。方法为：如果输入电压信号接 $10V_{IN}$ 端，调整 R_1，使得输入模拟电压为 1.22mV(即 1/2LSB)时，输出数字量从 0000 0000 0000 变到 0000 0000 0001；调整 R_2，使得输入电压为 9.9963V 时，数字量从 1111 1111 1110 变到 1111 1111 1111。这时即认为零点及满刻度校准好了。

对于双极性模拟输入方式，需要把 REF IN，REF OUT，和 BIP OFF 三个引脚按图 2-9 进行连接。双极性输入方式的零点调整与满刻度校准的方法与单极性方式所采用的方法相似，不再赘述。需要注意的是，输入模拟量与输出数字量之间的对应关系为：

$10V_{IN}$端输入时：　−5V→0V→+5V　　对应　000H→800H→FFFH

$20V_{IN}$端输入时：　−10V→0V→+10V　对应　000H→800H→FFFH

2.1.3 积分式 A/D 转换器及其接口

积分式 A/D 转换器是一种间接式 A/D 转换器，其工作原理是：先用积分器把输入模拟电压转换成中间量(时间 T 或频率 f)，然后再把中间量转换成数字。积分式 A/D 转换器又可进一步分为许多类型，本节仅讨论其中最基本的双积分式 A/D 转换器及接口技术。

2.1.3.1 双积分式 A/D 转换器原理概述

双积分式 A/D 转换器又称双斜式 A/D 转换器，其原理框图与工作波形图如图 2-10 所示。整个转换过程在逻辑控制电路的控制下按以下三个阶段进行。

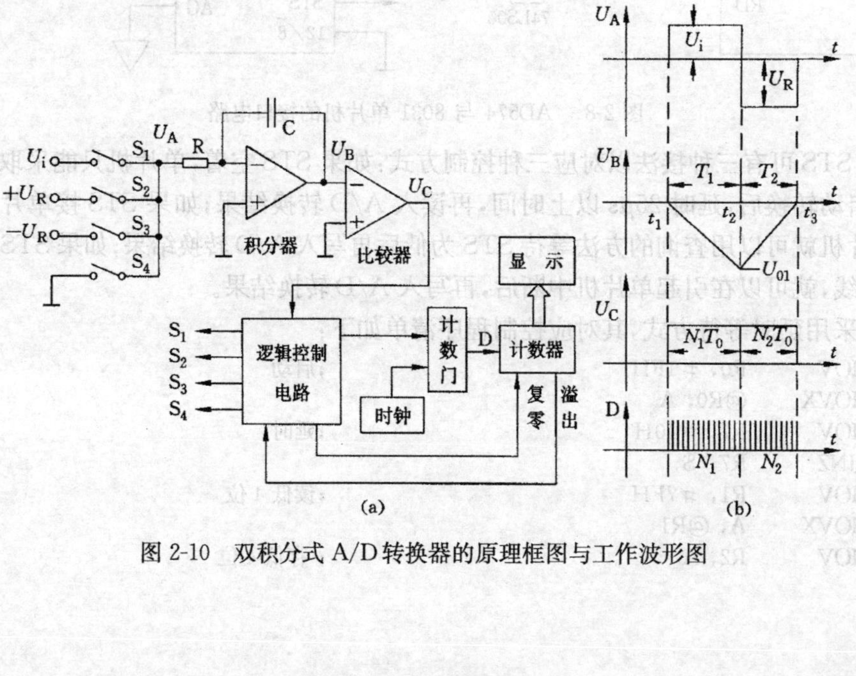

图 2-10 双积分式 A/D 转换器的原理框图与工作波形图

1. 预备阶段

逻辑控制电路发出复位指令，把计数器清零，使 S_4 闭合，积分器输入/输出都为零。

2. 定时积分阶段 T_1

在 t_1 时刻，逻辑控制电路发出启动指令，使 S_4 断开，S_1 闭合，于是积分器开始对输入电压 U_i 积分，同时打开计数门，计数器开始计数。当计数器计满 N_1 时（t_2 时刻），计数器的溢出脉冲使逻辑控制电路发出控制信号使 S_1 断开，于是，定时积分阶段 T_1 结束。这时，积分器的输出电压 U_{01} 为

$$U_{01} = -\frac{1}{RC}\int_{t_1}^{t_2} U_i \mathrm{d}t = -\frac{T_1}{RC}\overline{U}_i \tag{2.1}$$

式中，$\overline{U}_i$ 为输入电压 U_i 在 T_1 内的平均值。

3. 定值积分阶段 T_2

逻辑控制电路在 t_2 时刻令 S_1 断开的同时，也使与输入电压 U_i 极性相反的基准电压接入积分器。本例设 U_i 为正值，则令 S_3 闭合，于是积分器开始对基准电压 $-U_R$ 进行定值积分，积分器的输出电压从 U_{01} 值向零电平斜变，与此同时，计数器也重新从零开始计数，当积分器输出电压达到零电平时刻（即 t_3 时刻），比较器翻转，逻辑控制电路发出计数器关门信号，使计数器停止计数，此时计数器保留的计数值为 N_2。

定值积分阶段 T_2 结束时，积分器输出电平为零，则有

$$0 = U_{01} - \frac{1}{RC}\int_{t_2}^{t_3} (-U_R)\mathrm{d}t \tag{2.2}$$

把式(2.1)代入上式得

$$\frac{T_1}{RC}\overline{U}_i = \frac{T_2}{RC}U_R$$

$$T_2 = \frac{T_1}{U_R}\overline{U}_i \tag{2.3}$$

由式(2.3)可见，T_2 与输入电压的平均值 $\overline{U}_i$ 成正比。

如果在 T_2 时间内对时钟脉冲进行计数，那么所得时钟脉冲个数也与 $\overline{U}_i$ 成正比，从而完成了电压—数字的转换过程。

设时钟脉冲的周期为 T_0，计数器的容量为 N_1，则 $T_1 = N_1 T_0$，$T_2 = N_2 T_0$，式(2.3)可改写为

$$N_2 = \frac{N_1}{U_R}\overline{U}_1 \tag{2.4}$$

该计数值 N_2 经寄存器输出，即完成了由模拟电压 U_i 向数字信号的转换。

双积分式 A/D 转换器有两方面的突出优点：

(1) 抗干扰能力强

这是因为双积分式 A/D 转换器的结果与输入信号的平均值成正比，因而对叠加在输入信号上的交流干扰有良好的抑制作用，即串模干扰抑制能力比较大。50Hz 的工频干扰一般是最主要的串模干扰成分，如果选定采样时间 T_1 的时间为工频周期 20ms 的整数倍，则对称的工频干扰在理想情况下可以完全消除。

(2) 性能价格比高

这是由于在转换过程中的两次积分中使用了同一积分器，又使用同一时钟去测定 T_1 和 T_2，因此对积分器的精度和时钟的稳定性等指标都要求不高，使成本降低。

双积分式 A/D 转换器的主要缺点是速度较慢，一般情况下每秒转换几次，最快每秒 20 余次。除此之外，积分器和比较器的失调偏移不能在两次积分中抵消，会造成较大的转换误差。

为了将 A/D 转换器中的运算放大器和比较器的漂移电压降低，常采用自动调零技术。自动调零技术实际上是在双积分式 A/D 转换器转换过程中增加了两个积分周期，分别测出A/D 转换器中运算放大器和比较器的失调电压，并分别存储在电容器或寄存器中。当对外加的模拟信号进行转换时，就可以扣除上述已存储的失调电压，实现精确的 A/D 转换。自动调零技术可将失调电压降低 1～2 个数量级。

2.1.3.2 微处理机控制双积分式 A/D 转换器

双积分式 A/D 转换器与处理器系统的接口有两种方法：第一种方法是采用微处理器直接实现对双积分式 A/D 转换器全部转换过程的控制；第二种方法是采用含有逻辑控制电路的单片式双积分式 A/D 转换器芯片，其接口的任务主要是在双积分 A/D 转换结束之后读取结果。下面先讨论第一种方法。

微处理机控制双积分式 A/D 转换器的原理可用如图 2-11 所示的框图来说明。微处理机与双积分式 A/D 转换器的模拟电路部分之间有一个 4 位的输出口和一个 1 位的输入口。4 位输出口的 Q_0～Q_3 分别控制开关 S_1～S_4 的通断，输入口连接到 D_0 数据线，微处理器通过输入口检查比较器的状态，用以在定时积分阶段结束时选择加入基准电压极性以及在定值积分阶段判别积分是否结束（根据比较器反相）。双积分式 A/D 转换器的计数器由微处理器内部的寄存器通过软件计数方法来完成。设积分时间为 100ms，微处理机控制双积分式 A/D 转换器工作的典型软件流程框图如图 2-12 所示。

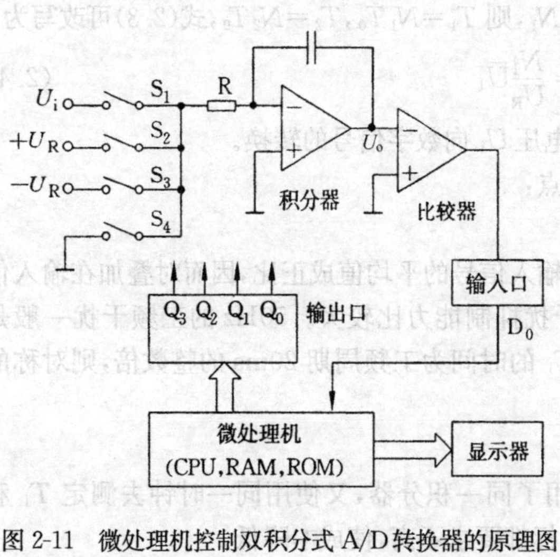

图 2-11 微处理机控制双积分式 A/D 转换器的原理图

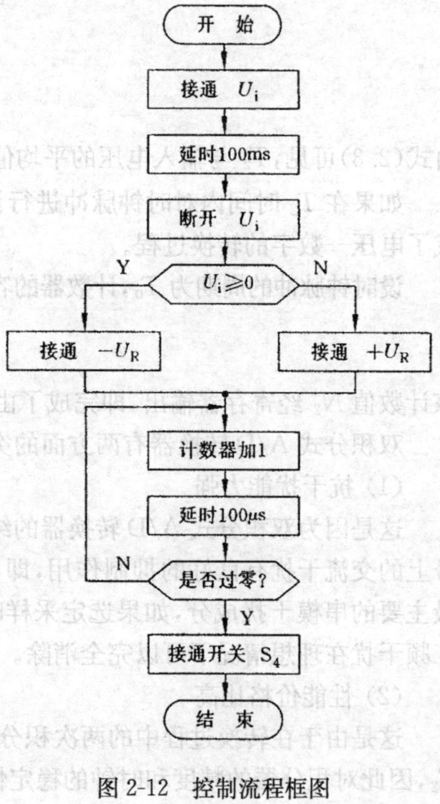

图 2-12 控制流程框图

在第一次积分结束时，可以通过读取比较器的输出状态来判定输入电压的极性。例如，当比较器输出为高电平，说明输入的电压为正极性，因此积分器应在第 T_2 时期加入负基准电压，即接通 S_3；反之，应接通 S_2。

在 T_2 时期内，微处理机要完成对 T_2 的测量和积分器的过零点检测两项工作。对 T_2 的测量是通过软件计数的方法来完成。同时，每当计数器加 1 就检测一次积分器输出是否过零，若未过零，说明 T_2 时期还没结束，应该继续加 1 计数；若过零，说明 T_2 期结束，停止计数。

2.1.3.3 MC14433A/D 芯片及其接口

目前，双积分式 A/D 转换器已能做成单片集成电路的形式。这些集成芯片大都采用了自动调零技术，并且其数字输出大多采用位扫描的 BCD 码形式。下面以广为使用的 MC14433 为例来讨论这类双积分式 A/D 芯片的接口技术。

MC14433(国产 5G14433)是采用 CMOS 工艺且具有零漂补偿的 3½位(BCD 码)单片双积分式 A/D 转换器，该电路只需外加二个电容和二个电阻就能实现 A/D 转换功能。其主要技术指标为：转换速率(3～10)Hz，转换精度±1LSB，模拟输入电压范围 0～±1.999V 或 0～±199.9mV，输入阻抗大于 100MΩ。

MC14433 采用 24 脚双列直插式封装，其结构框图与引脚图如图 2-13 所示，各引脚定义如下：

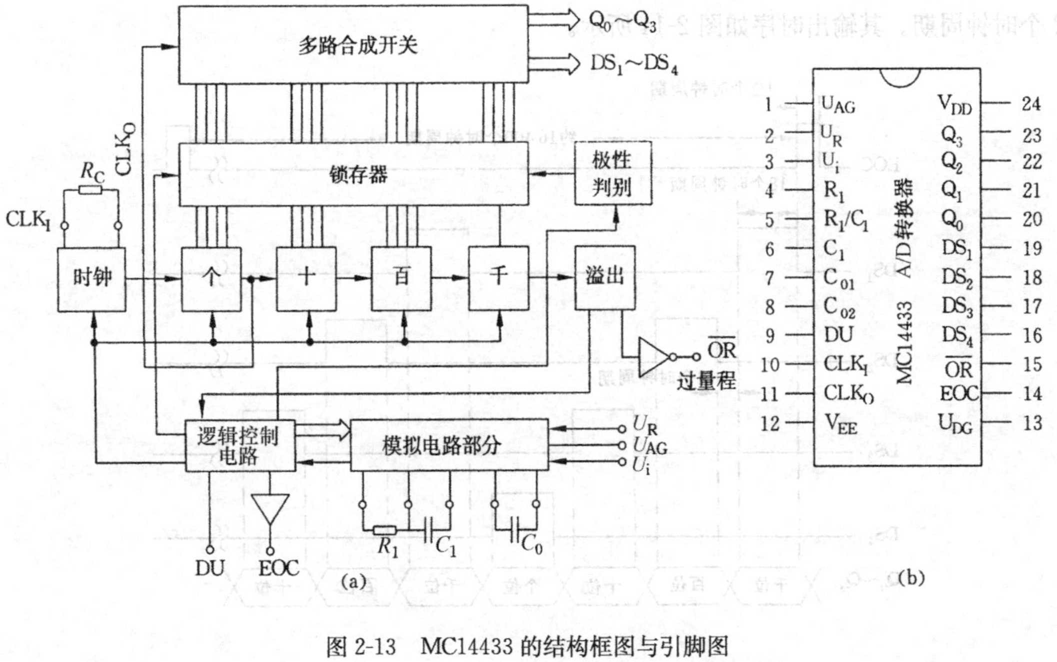

图 2-13 MC14433 的结构框图与引脚图

V_{DD}，V_{EE}，V_{SS}： V_{DD}、V_{EE}为正、负电源端，V_{SS}为公共接地端，电压范围为±4.5～±8V，一般取±5V。为提高电源抗干扰能力，正负电源端应分别与 V_{SS}端跨接去耦电容。

U_i： 被测信号输入端，其对应地端为 U_{AG}(模拟地)。

U_R： 基准电压输入端，其对应地端为 U_{AG}。基准电压+2V 或+200mV，可由 MC1403 通过分压提供。

CLK_I，CLK_O： 时钟端，用于外接钟频电阻 R_C。当 R_C=470kΩ 时，f_{CLK}≈66kHz；R_C=

$200k\Omega$ 时，$f_{CLK}\approx140kHz$

R_1，C_1，R_1/C_1： 外接积分电阻 R_1、积分电容 C_1 端。R_1，C_1 的估算公式如下

$$R_1=\frac{U_{imax}}{C_1}\times\frac{T}{\Delta U}$$

式中，U_{imax} 为输入电压满量程值；ΔU 为积分电容上允许充电电压的最大幅度，其值为 $\Delta U=U_{DD}-U_{imax}-0.5V$；$T_1$ 为积分时间，其值为 $T=\frac{N_1}{f_{CLK}}=4\,000\times\frac{1}{f_{CLK}}$。

按上式计算，若 $C_1=0.1\mu F$，$U_{DD}=5V$，$f_{CLK}=66kHz$，则当 $U_{xmax}=2V$ 时，$R_1=480k\Omega$。

C_{01}，C_{02}： 外接失调补偿电容端。补偿电容一般取值 $0.1\mu F$。

EOC： 转换结束标志端，每一转换周期结束后，该端输出一脉宽为 1/2 时钟周期的正脉冲。

DU： 转换更新控制端。当向该端输入一正脉冲时，则当前转换周期的转换结果将被送入到输出锁存器，否则输出锁存器将保留原来数据。若 DU 与 EOC 连接，则每一次转换结果都将被自动送出。

$\overline{OR}$： 溢出标志端。平时为高电平，当 $U_i>U_R$ 时，输出低电平。

Q_0，Q_1，Q_2，Q_3： A/D 转换结果输出端。采用 BCD 码，其中 Q_0 为 LSB。

DS_1，DS_2，DS_3，DS_4： 多路调制选通脉冲信号输出端。

MC14433 转换结果以 BCD 码形式，分时按千、百、十、个位由 $Q_0\sim Q_3$ 端送去，相应的位选通信号由 $DS_1\sim DS_4$ 提供。每个选通脉冲宽度为 18 个时钟周期，相邻选通脉冲之间的间隔为 2 个时钟周期。其输出时序如图 2-14 所示。

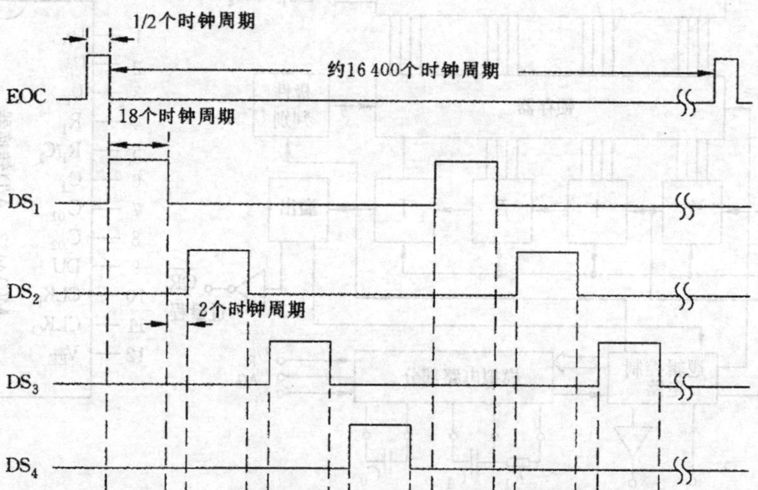

图 2-14 MC14433 输出时序图

在 DS_2，DS_3，DS_4 选通期间，$Q_0\sim Q_3$ 分时输出三个完整的 BCD 码数，分别代表百位、十位、个位的信息。但在 DS_1 选通期间，输出端 $Q_3\sim Q_0$ 除表示千位信息外，还有超欠量程和极性标志信号，具体规定为：Q_3 表示千位数，低电平"0"表示千位为 1，高电平"1"表示千位为 0；Q_2 代表被测电压的极性，"1"表示正，"0"表示负；Q_0 为超欠量程标志，"1"表示超或欠量程，其中 Q_3 为 1 时为欠量程，Q_3 为 0 时为超量程。

MC14433 内部的模拟部分电路图如图 2-15 所示，其中缓冲器 A_1 接成电压跟随器形式，

以提高 A/D 转换器的输入阻抗。A_2 与外接的电阻 R_1 和电容 C_1 一起构成积分器。A_3 为比较器，主要功能是完成"0"电平检出。由于运放 A_1，A_2，A_3 在工作时不可避免地存在输入失调电压,因此在转换过程中还要进行自动调零。图中的 C_0 为调零电容,需外接。

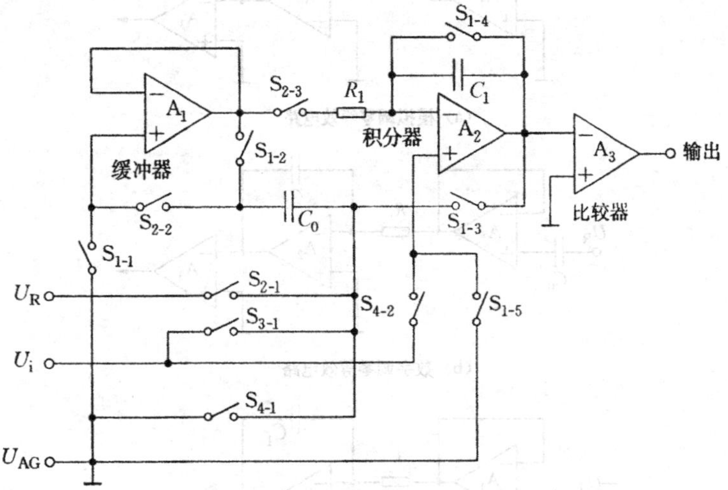

图 2-15　MC14433 模拟部分电路原理图

一个完整的 A/D 转换过程可分为 6 个阶段,各阶段积分器输出的波形如图 2-16 所示,下面结合各阶段工作的等效电路来说明 A/D 转换的工作过程。

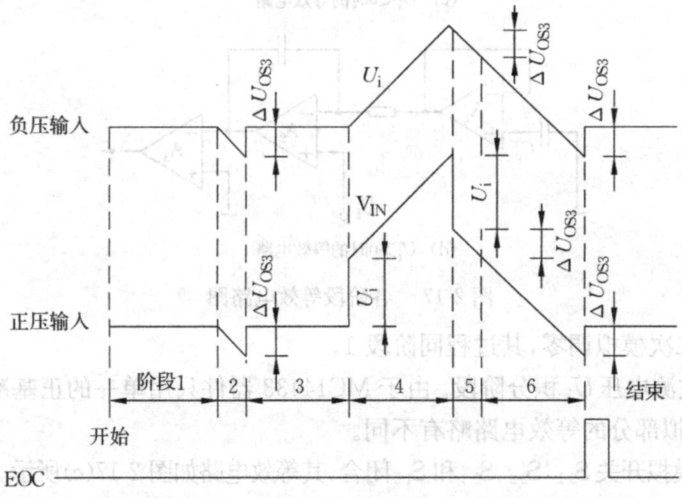

图 2-16　各阶段积分器输出电压的波形图

阶段 1 为模拟调零阶段,在这个工作阶段,MC14433 内部转换电路中的模拟开关 $S_{1\text{-}1}$，$S_{1\text{-}2}$，$S_{1\text{-}3}$，$S_{1\text{-}4}$ 和 $S_{1\text{-}5}$ 闭合,其余模拟开关都断开,其等效电路如图 2-17(a)。由图可见,在这个阶段 A_1 和 A_2 都接成全负反馈形式,因而 A_1 和 A_2 两者的失调电压都存储在电容 C_0 上。这个阶段占用的时间为 4 000 个时钟脉冲。

阶段 2 为数字调零阶段,在这个工作阶段,模拟部分的开关 $S_{2\text{-}1}$，$S_{2\text{-}2}$，$S_{2\text{-}3}$ 和 $S_{1\text{-}5}$ 闭合,其余开关断开,其等效电路如图 2-17(b)所示。本电路设计时令比较器两输入端不对称,即输入端之间有一设定的失调电压 ΔU_{OS3}。因此,当比较器的反相端输入为零电平时,其输出为低电平。在这个阶段,模拟部分的输入端加有基准电压 U_R,因而积分器的输出将负向斜变,当达到 $-\Delta U_{OS3}$ 值时,比较器翻转,输出高电平。在此阶段计数器记录下的时钟数被锁存在锁存器中,

其值由失调电压 ΔU_{OS3} 决定。

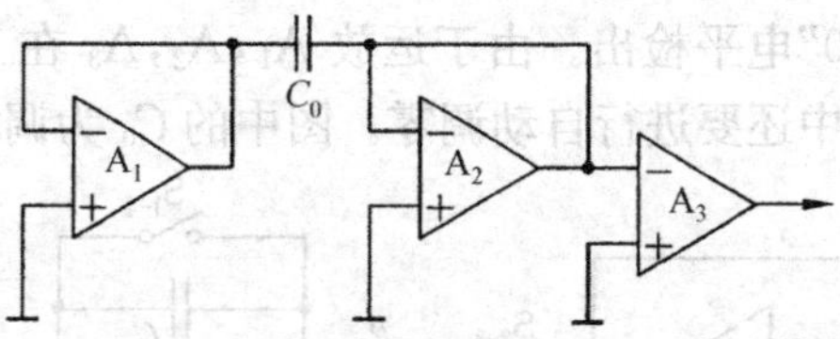

(a) 模拟调零等效电路

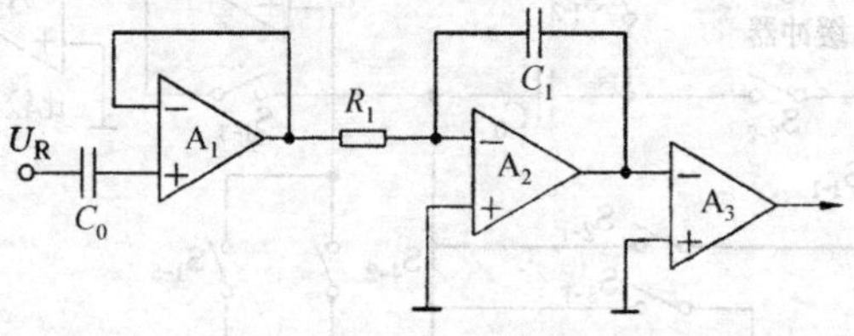

(b) 数字调零等效电路

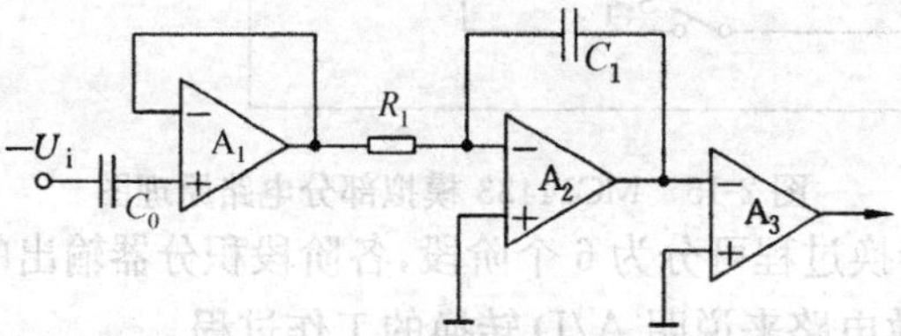

(c) $U_i<0$时的等效电路

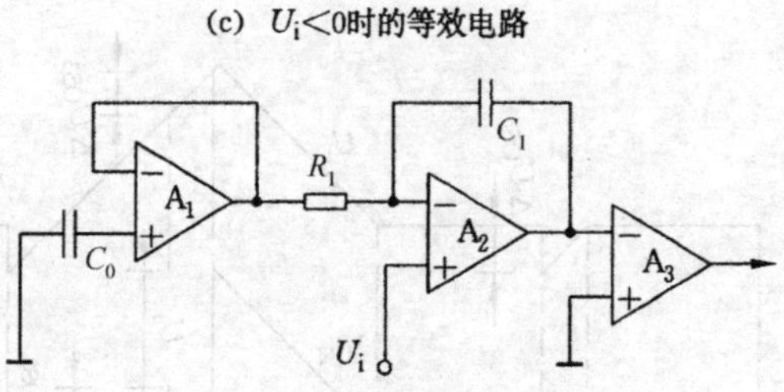

(d) $U_i>0$时的等效电路

图 2-17　各阶段等效电路图

阶段 3 为第二次模拟调零，其过程同阶段 1。

阶段 4 为对被测电压 U_i 积分阶段。由于 MC14433 器件只用单一的正基准源，对于不同的输入电压极性，模拟部分的等效电路略有不同。

当 $U_i<0$ 时，模拟开关 S_{3-1}，S_{2-2}，S_{2-3} 和 S_{1-5} 闭合，其等效电路如图 2-17(c)所示。被测电压 $-U_i$ 经过电容 C_0 耦合到缓冲器的同相输入端，显然，缓冲器输入端所加的电压是 $-U_i$ 和在阶段 3 存在电容 C_0 上的失调电压的叠加。这就克服了运算放大器 A_1，A_2 的失调电压对转换的影响，实现了跟随器和积分器失调电压的自动补偿。积分电容 C_1 上充有的电压和输入电压 U_i 的绝对值成正比。

当 $U_i>0$ 时，模拟开关 S_{4-1}，S_{2-2}，S_{2-3} 和 S_{4-2} 闭合，其等效电路如图 2-17(d)所示。在积分器的反相输入端和地之间加入的是存在 C_0 上的失调电压及 A_1 的失调电压，因而消除了 A_1，A_2 失调电压的影响。由于被测电压 U_i 由积分器的同相输入端输入，这就保证了积分器输出仍正向斜变，从而实现用单一基准源测量正、负极性电压的目的。由于在阶段 4 开始时，积分器的同相输入端从原来的接地状态变为接入 $+U_i$，因此积分器输出跳变一个 $+U_i$ 值。

本阶段占用 4 000 个时钟脉冲。

阶段 5 为对比较器的失调电压进行补偿。此时模拟开关 S_{2-1}，S_{2-2}，S_{2-3} 和 S_{1-5} 闭合，其等效电路同图 2-17(b)。在此阶段中，积分器开始负向斜变（如果 $U_i > 0$，由于积分器的同相端由原来接入 $+U_i$ 变为接地状态，因此输出电压跳变一个 $-U_i$ 值），同时计数器开始计数。当计数值和阶段 2 寄存在锁存器的值相同时的瞬间，由控制逻辑电路发出信号使计数器清零。本阶段的作用是扣除比较器的失调电压 ΔU_{OS3}，占用时间同阶段 2。

阶段 6 为对基准电压 U_R 积分阶段，积分电容 C_1 上原来充有的电压按一定的斜率继续放电，直至达到 $-\Delta U_{OS3}$ 使比较器翻转时为止。比较器的翻转经控制逻辑将十进制计数器的状态置入锁存器并经多路开关输出，这个阶段所需时间仅取决于输入电压 U_i 的数值，最多占用 4 000 个脉冲。

以上分析可以看出，MC14433 一次 A/D 转换的时间约需 16 400 个时钟脉冲，若时钟脉冲的频率 $f_0 = 66\text{kHz}$，则一次转换所需的时间为 $T = N/f_0 = 0.25\text{s}$。

由于 MC14433 的输出不带有三态输出锁存器，因此 MC14433 的输出端必须通过具有三态输出的并行 I/O 端口才能与微型计算机数据总线相连。对于 8031 应用系统来说，MC14433 的 $Q_0 \sim Q_3$，$DS_1 \sim DS_3$ 可以通过扩展 I/O 端口与之相连接，但也可直接接到 8031 的 P_1 口。

图 2-18 为 MC14433 与 8031 接口电路简图。图中的 MC14433 所有外部连接器件，都已按规定要求接好，转换器的输出端直接连至 8031 的 P_1 口，转换器的 EOC 信号反相后，作为中断申请信号送至 8031 的 $\overline{INT_1}$ 端。由于 EOC 与 DU 相连，所以每次转换完毕都有相应的 BCD 码及相应的选通信号出现在 $Q_0 \sim Q_3$ 及 $DS_1 \sim DS_4$ 端。设置外部中断为边沿触发方式，要求将转换结果存储在 2EH 与 2FH 单元中，存储格式为：

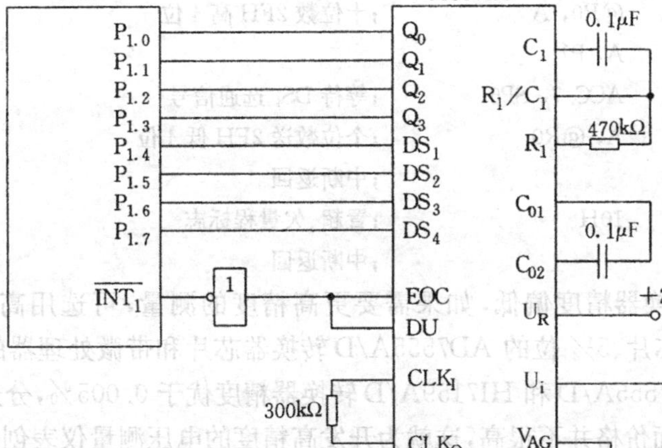

图 2-18　MC14433 与 8031 接口电路简图

	D_7	D_6	D_5	D_4	D_3	D_2	D_1	D_0
2EH	符号	×	×	千位	百		位	
2FH	十		位		个		位	

其接口程序清单如下：

主程序：

```
INIT:  SETB   IT1              ;选择 INT1 边沿触发方式
       MOVC   IE,#10000100B    ;打开中断,INT1 中断允许
       ……
```

中断服务程序：

```
SAP:  MOV   A,P1
      JNB   ACC.4, SAP        ;等待 DS1 选通信号
      JB    ACC.0, SER        ;若超、欠量程,转 SER
      JB    ACC.2, SP1        ;若极性为正,转 SP1
      SETB  77H               ;为负,2EH 单元 D7 为 1
      AJMP  SP2
SP1:  CLR   77H               ;为正,2EH 单元 D7 为 0
SP2:  JB    ACC.3, SP3        ;查千位(1/2 位)
      SETB  74H               ;千位数 2EH 单元 D4 为 1
      AJMP  SP4
SP3:  CLR   74H               ;千位数 2EH 单元 D4 为 0
SP4   MOV   A, P1
      JNB   ACC.5, SP4        ;等待 DS2 选通信号
      MOV   R0, #2EH          ;
      XCHD  A, @R0            ;百位数送 2EH 低 4 位
SP5:  MOV   A, P1
      JNB   ACC.6, SP5        ;等待 DS3 选通信号
      SWAP  A                 ;高低 4 位交换
      INC   R0                ;指针指向 2FH
      MOV   @R0, A            ;十位数 2FH 高 4 位
SP6:  MOV   A, P1
      JNB   ACC.7, SP6        ;等待 DS4 选通信号
      XCHD  A, @R0            ;个位数送 2FH 低 4 位
      RETI                    ;中断返回
SER:  SETB  10H               ;置超、欠量程标志
      RETI                    ;中断返回
```

MC14433A/D 转换器精度偏低,如果需要更高精度的测量,可选用高精度的 4½ 位的 ICL7135A/D 转换器芯片、5½ 位的 AD7555A/D 转换器芯片和带微处理器的 HI7159A/D 转换器芯片等。其中 AD7555A/D 和 HI7159A/D 转换器精度优于 0.005%,分辨率相当于 17 位二进制 A/D 转换器,而价格并不很高,这就为开发高精度的电压测量仪表创造了良好的条件。

ICL7135,AD7555 和 HI7159 的使用及其与微型计算机的接口技术和 MC14433 类同,具体设计时还需查阅有关技术资料。

2.1.4 Σ-△ 型 A/D 转换器及其接口

2.1.4.1 Σ-Δ 型 A/D 转换器原理概述

Σ-Δ 型 A/D 转换器是根据前一个采样值与后一个采样值的大小来进行量化编码,从某种意义上讲,它是根据信号波形的包络线进行量化编码的。一个一阶 Σ-Δ 型 A/D 转换器的组成如图 2-19 所示,它由模拟部分和数字部分组成,图中虚线框图是模拟部分。

模拟部分是一个 Σ-Δ 调制器,它的作用是使用过采样技术和量化噪声整形技术,使大部分量化噪声的频谱移到基带之外的高频段,以待数字部分滤除。Σ-Δ 调制器由锁存比较器(1 位

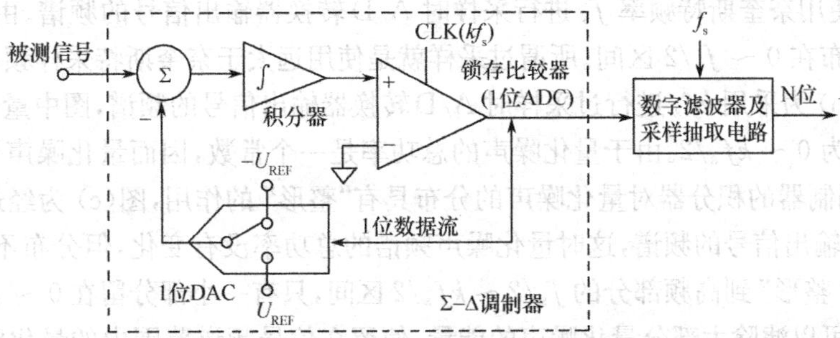

图 2-19　Σ-ΔA/D 转换器的组成

ADC)、开关(1 位 DAC)、积分器和模拟求和电路组成。这是一个闭环的反馈环路。模拟输入与反馈信号在求和电路中进行差分(Δ),其差分输出送到积分器中进行积分(Σ),然后锁存比较器以远高于奈奎斯特频率的 kf_s 速率对积分器的输出进行采样,转换为由 1 和 0 构成的连续串行数据流,串行数据流送至数字部分以待进一步处理,同时也反馈到求和电路。

数字部分由数字滤波器和抽取电路两部分组成(两部分通常设计在一起)。数字滤波器的作用是滤除频谱高频段的量化噪声,使信号基带附近的量化噪声大幅度下降,提高了信噪比,从而也提高了输出数据的有效分辨率。数字滤波器滤波的同时也降低了带宽,所以需要降低输出数据速率,降低输出数据速率是通过抽取电路来完成的,它采用每输出 M 个数据抽取 1 个数据的方法,最终把输出频率降至奈奎斯特频率。这种采样抽取只是去除了过采样过程中产生的多余信号,不会使信号产生损失。

Σ-Δ 型 A/D 转换器的模拟部分非常简单,类似于一个 1 位 A/D 转换器,数字部分相对复杂,这使 Δ-Σ 型 A/D 转换器接近于一个数字器件,因而制造成本低廉。

2.1.4.2　关键技术及其分析

Σ-Δ 型 A/D 转换器通过使用过采样、噪声整形、数字滤波器这三项关键技术,使信号基带附近的量化噪声大幅度下降,从而增强了 A/D 转换器的有效分辨率,以较低的成本实现了高精度的 A/D 转换。采用以上三项技术使转换器有效分辨率增强的效果图见图 2-20。

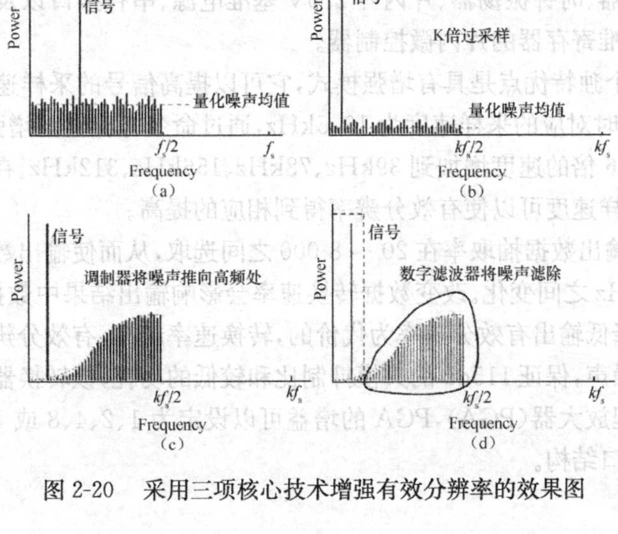

图 2-20　采用三项核心技术增强有效分辨率的效果图

图(a) 为使用奈奎斯特频率 f_s 进行采样时 A/D 转换器输出信号的频谱。由图可见，量化噪声的频谱分布在 $0 \sim f_s/2$ 区间。所谓过采样就是使用远大于奈奎斯特采样频率对输入信号进行采样，图(b) 为采用 kf_s 进行过采样时 A/D 转换器输出信号的频谱，图中量化噪声频谱的分布范围扩大为 $0 \sim kf_s/2$。由于量化噪声的总功率是一个常数，因而量化噪声平均功率下降了很多。Σ-Δ 调制器的积分器对量化噪声的分布具有“整形”的作用，图(c) 为经过 Σ-Δ 调制器“整形”处理后输出信号的频谱，这时量化噪声频谱的总功率没有变化，但分布不再平坦，大部分量化噪声被“整形”到高频部分的 $f_s/2 \sim kf_s/2$ 区间，只有一小部分留在 $0 \sim f_s/2$。图(d) 表示数字滤波器可以滤除大部分量化噪声的能量，使留在信号频谱范围内的量化噪声平均功率非常低，从而使 △-ΣA/D 转换器拥有了超高的有效分辨率。

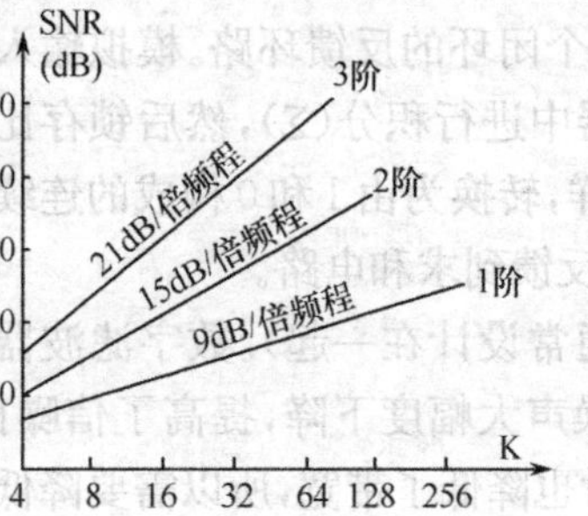

图 2-21　阶数、过采样倍率与分辨率的关系

图 2-19 所示的 Σ-Δ 调制器只用了一个积分与求和环节，称一阶 Σ-Δ 调制器，为了增强调制器的“整形”性能，可采用更多的积分与求和环节，高阶 Σ-Δ 调制器可以使噪声分布的斜率更加陡峭，低频区的量化噪声会得到进一步的降低。

Σ-Δ 调制器的阶数、过采样倍率与有效分辨率的关系可以通过图 2-21 说明，图中 SNR 为信噪比，K 为过采样倍率。由图可见，当 Σ-Δ 调制器的阶数 $L=1$ 时，过采样率每提高 2 倍，信噪比仅增加 9dB；而当 $L=2$ 时，信噪比增加 15dB；当 $L=3$ 时，信噪比将增加 21dB。该图表说明，过采样率以及阶数越高，信噪比增加的就越多，提高分辨率的效果就会越好；并且通过提高调制器的阶数来提高信噪比的效果更加显著。

2.1.4.3　ADS1210 芯片及其接口

ADS1210 是美国 TI 公司推出的一种高精度、宽动态特性的 Σ-Δ 型 A/D 转换器。它具有 24 位的无差错编码，当数据转换速率为 10Hz 时，可以得到 24 位的有效分辨率；当转换速率为 1 000Hz 时，仍能保证 20 位的有效分辨率。该 A/ D 转换器采用 +5V 单独供电，有一个与 SPI 兼容的同步串行接口，是智能化仪器仪表和工业过程控制的理想选择。

ADS1210 的内部结构功能框图如图 2-22 所示。内部包括增益可编程放大器、二阶 Σ-Δ 调制器、三阶数字滤波器、时钟振荡器、片内 +2.5V 基准电源、串行接口以及一个包括指令寄存器、命令寄存器和校准寄存器的片内微控制器。

ADS1210 的一个独特优点是具有增强模式，它可以提高信号的采样速度。通常情况下，在系统时钟为 10MHz 时对应的采样速度为 19.5kHz，通过命令寄存器对增强模式率编程，可使采样速度按 2、4、8、16 倍的速度增加到 39kHz、78kHz、156kHz、312kHz。在输出数据率保持不变的情况下，增加采样速度可以使有效分辨率得到相应的提高。

ADS1210 允许输出数据抽取率在 20 ～ 8 000 之间选取，从而使输出数据转换速率能在几 Hz 到高达 15.625kHz 之间变化。改变数据转换速率会影响输出结果中数据的个数。获取较高数据转换速率是以降低输出有效分辨率为代价的，转换速率越高，有效分辨率就越低。

为了降低系统噪声，保证 115dB 的共模抑制比和较低的功耗，该转换器内置了一个完全差动结构的增益可编程放大器(PGA)，PGA 的增益可以设定为 1、2、4、8 或 16，增加了转换器的动态范围，简化了接口结构。

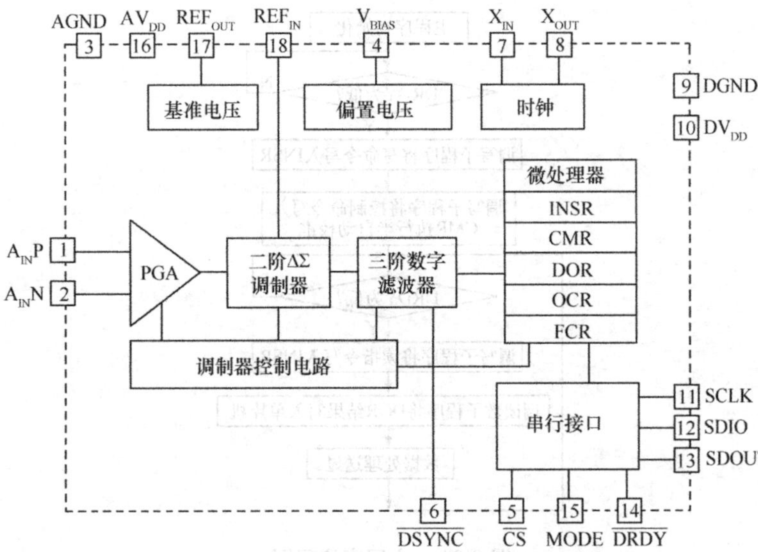

图 2-22　ADS1210 的内部结构功能框图

ADS1210 之所以能实现各种功能，与其内部的微处理器是分不开的。该微处理器内部有 5 个寄存器，其中指令寄存器(INSR) 和命令寄存器(CMR) 用于控制 A/D 转换器的操作，包括 PGA 的增益、增强模式率和输出数据率等参数的设置；数据输出寄存器(DOR) 用于存放最新的转换结果；补偿寄存器和满量程校准寄存器(OCR 和 FCR) 用于存放对输出结果进行修正的数据，这两个寄存器中的数据可能是一次校准过程后的结果，也可能是通过串行口直接写入的数据 。除此之外，ADS1210 还具有完善的校正功能，包括自校正、偏差校正、满刻度校正和背景校正等。通过命令寄存器可以获得所期望的校正类型。

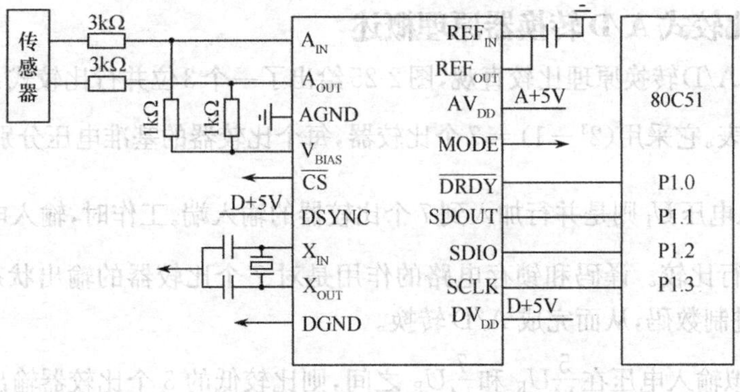

图 2-23　ADS1210 与 51 单片机的接口电路

ADS1210 各种参数的设置以及输出转换数据是通过同步串行接口进行读 / 写的。图 2-23 为 ADS1210 与 51 单片机的接口电路。为了简化电路设计，最大限度降低系统噪声(包括器件噪声、辐射噪声和传导噪声等) 的干扰，它的差动输入端直接与传感器相连。串行接口采用从模式下的四线制方式，这有助于提高通信速度，其中 SDIO、SDOUT 引脚用于数据的输入和输出，SCLK 引脚输入串行时钟脉冲。根据接口电路而设计的主程序流程图如图 2-24 所示。

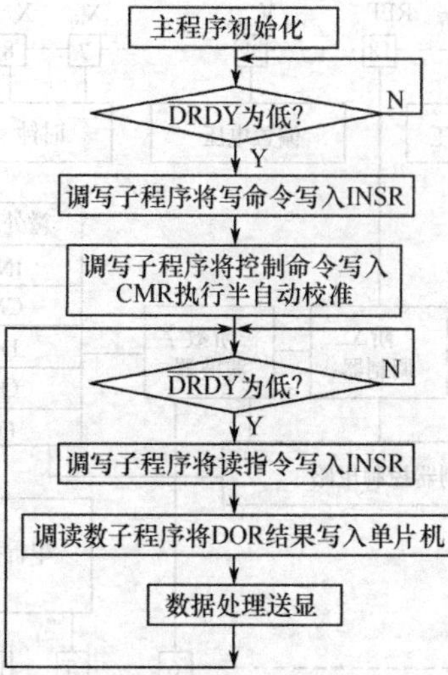

图 2-24　主程序流程图

2.2　高速模拟量输入通道

高速模拟量输入通道大都采用并行比较式 A/D 转换器,并行比较式即闪烁式 A/D 转换器是现行电子式 A/D 转换器中转换速度最快的一种。并行比较式和逐次比较式都属于比较式,但逐次比较式采用串行比较方式,即从最高位向最低位一位一位地进行比较,所以速度还不是很快。并行比较式在进行比较时,各位都同时进行,因此转换速度较高。

2.2.1　并行比较式 A/D 转换器原理概述

并行比较式 A/D 转换原理比较直观,图 2-25 给出了一个 3 位并行比较式 A/D 转换器原理框图及模数对照表。它采用$(2^3-1)=7$个比较器,每个比较器的基准电压分别为$\frac{1}{14}U_R$,$\frac{3}{14}U_R$,…,$\frac{13}{14}U_R$,而输入电压U_i则是并行加入到 7 个比较器的输入端。工作时,输入电压U_i将与 7 个基准电压同时进行比较。译码和锁存电路的作用是对 7 个比较器的输出状态进行译码和锁存,输出 3 位二进制数码,从而完成 A/D 转换。

例如,若模拟输入电压在$\frac{5}{14}U_R$和$\frac{7}{14}U_R$之间,则比较低的 3 个比较器输出为 1,其余比较器的输出为 0,经译码后输出数字 011。A/D 转换的具体对应关系如图 2-25(b)所示。

并行比较式 A/D 转换器的转换时间只有几十纳秒,但需要大量的低漂移的比较器和高精度电阻,且位数每高一位,其需要量加大一倍。例如 8 位转换器就需要 255 个比较器和 256 个精密电阻,价格较贵,因此并行比较式 A/D 转换器的位数一般不高于 8 位,并且只有在高速采集时才被采用。

2.2.2　高速 A/D 转换器及其接口技术

本节以 CA3308 集成芯片为例,介绍高速 A/D 转换的特点及其接口技术。

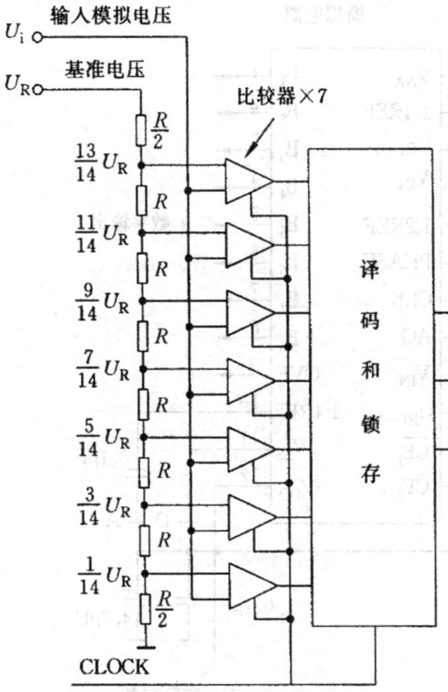

(a)

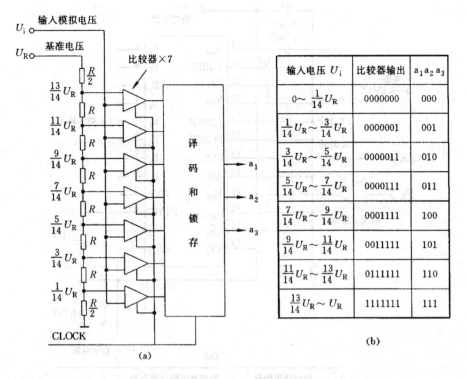

输入电压 U_i	比较器输出	$a_1a_2a_3$
$0\sim\frac{1}{14}U_R$	0000000	000
$\frac{1}{14}U_R\sim\frac{3}{14}U_R$	0000001	001
$\frac{3}{14}U_R\sim\frac{5}{14}U_R$	0000011	010
$\frac{5}{14}U_R\sim\frac{7}{14}U_R$	0000111	011
$\frac{7}{14}U_R\sim\frac{9}{14}U_R$	0001111	100
$\frac{9}{14}U_R\sim\frac{11}{14}U_R$	0011111	101
$\frac{11}{14}U_R\sim\frac{13}{14}U_R$	0111111	110
$\frac{13}{14}U_R\sim U_R$	1111111	111

(b)

图 2-25　并行比较式 A/D 转换器原理框图及模数对照表

2.2.2.1　CA3308 芯片简介

CA3308 是美国 RCA 公司的 8 位 CMOS 并行 A/D 转换器，最高转换速率可达 15MHz，其典型电路接法及工作时序图如图 2-26 所示。

CA3308 各脚定义如下：

V_{IN}：　输入信号端。

V_{DD}，V_{SS}：　数字 5V 电源与数字地。

V_{AA}，AG：　模拟量电源与模拟地。

$B_1\sim B_8$：　8 位数字量输出端。

OVF：　溢出标志位，高电平有效。

$\overline{CE_1}$，CE_2：　输出数字量的三态控制信号输入端，其真值表如表 2-2 所示。

CLK：　外部时钟输入端。

PHASE：　工作方式控制端。

$U_{R(+)}$，$U_{R(-)}$，1/4REF，1/2REF，3/4REF：参考电压输入端或校准端。校准端一般可以不用。当需要进行校准或非线性校正的时候，可以按图 2-27 所示的电路进行。

表 2-2　真值表

$\overline{CE_1}$	CE_2	$B_1\sim B_8$	OVF
0	1	有效	有效
1	1	三态	有效
×	0	三态	三态

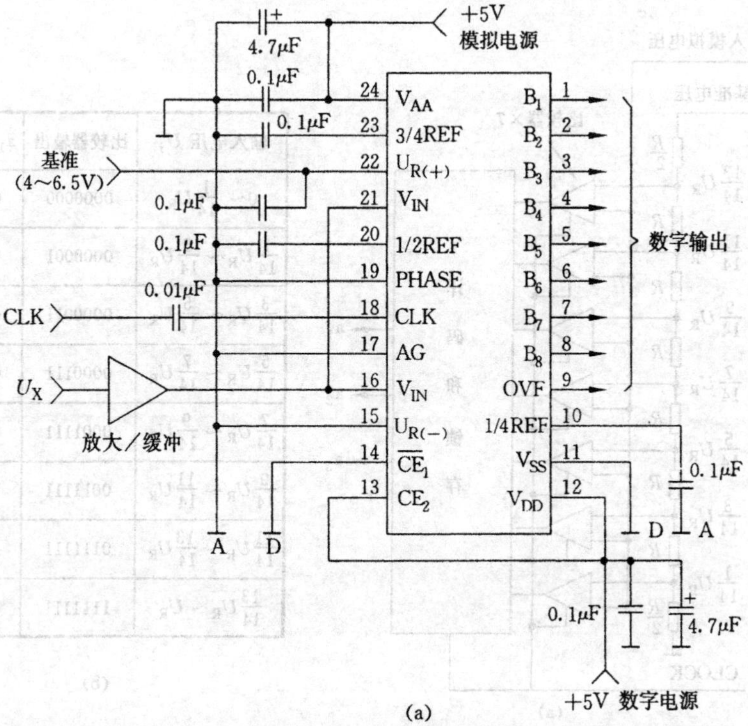

(a)

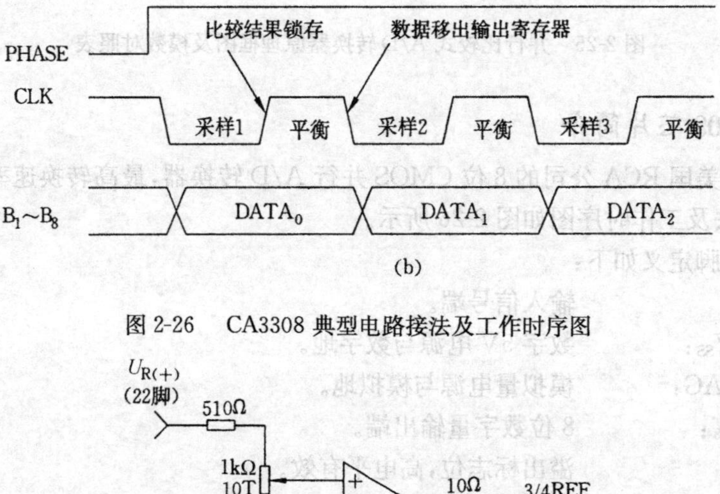

(b)

图 2-26　CA3308 典型电路接法及工作时序图

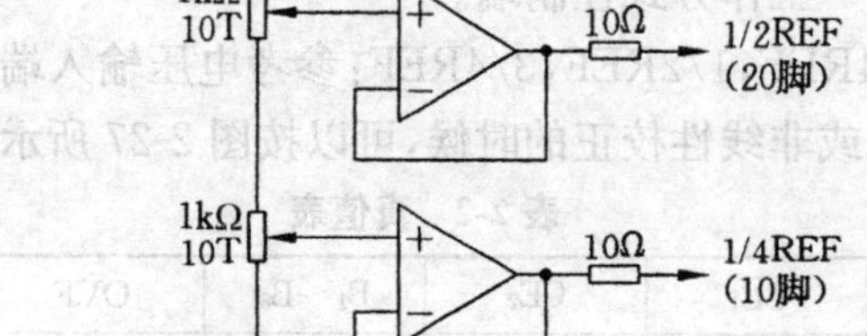

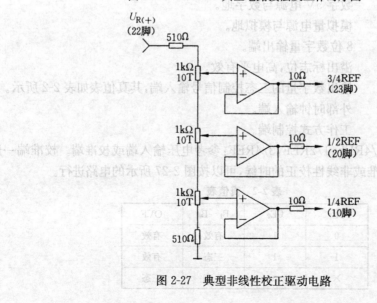

图 2-27　典型非线性校正驱动电路

CA3308 在每个时钟周期都进行一次 A/D 转换，以第一个时钟周期来讲，当 PHASE 为“1”电平时，在时钟脉冲低电平期间，CA3308 对输入信号 V_{IN}进行采样，在时钟脉冲 的上升沿，中间结果被锁存，在时钟脉冲高电平期间，A/D 转换器内部自动平衡，中间结果被译码，而在脉冲的下降沿，转换结果被锁存到输出寄存器。如果 PHASE 为“0”电平，则时钟脉冲低电平为自动平衡，高电平为采样。

2.2.2.2 CA3308 与微型计算机的接口

当采样速率比较高时，微处理器由于自身时钟频率的限制无法通过程序控制数据采集过程，因而改用高速逻辑器件控制 A/D 转换及 RAM 存储。当存储完毕后，再由微处理器处理这些数据。一个由 8031 控制采用 CA3308 构成的高速数据采集系统及工作时序图如图 2-28 所示。

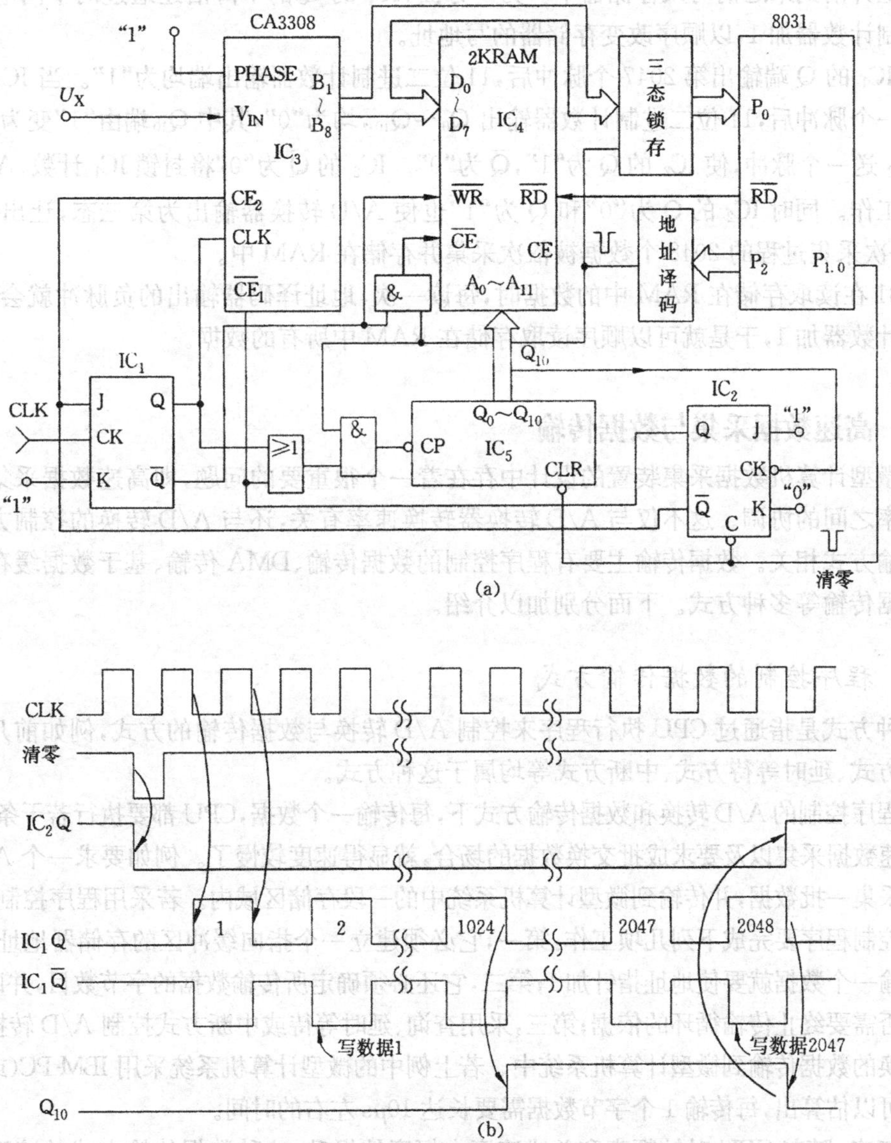

图 2-28 CA3308 构成的高速数据采集系统及工作时序图

在图 2-28 中，IC_3 为 CA3308，IC_4 为 2KB 静态随机存取存储器，IC_5 为 11 位二进制计数器用做地址发生器。对于一次采集过程的开始，8031 首先通过 $P_{1.0}$ 送出一个负脉冲，使 IC_5 和 IC_2 清零。IC_5 清零使 11 位二进制地址计数器输出指向 0 地址，以确保存储器从 0 地址开始存入数据；IC_2 清零使 IC_2 的 Q 端为"0"，$\overline{Q}$ 端为"1"，从而使 IC_3 的 $\overline{CE_1}$ 为"0"，CE_2 为 1，允许 A/D 转换器的转换结果输出；IC_2 的 $\overline{Q}$ 为"1"还控制 IC_1 工作在计数工作方式下，使 IC_1 的 Q 和 $\overline{Q}$ 输出同频反相的方波信号。由图2-28(b)可知，在 IC_1 的 Q 为"0"期间，A/D 转换器进行采样；在 Q 为"1"期间，A/D 转换器内部自动平衡，并在下降沿到来时把数据被锁存到输出寄存器中，直至 IC_1 的 Q 端出现的下一个下降沿到来时，输出寄存器中的数据才能被更新。IC_1 的 $\overline{Q}$ 被作为存储器写控制信号，使刚刚移入 A/D 转换器输出寄存器的数据在 IC_1 的 Q 的下一个上升沿到来之前写入存储器中。另一方面，IC_1 的 Q 的下降沿还通过两个门电路使 11 位二进制计数器加 1，以顺序改变存储器的写地址。

当 IC_1 的 Q 端输出第 2047 个脉冲后，11 位二进制计数器输出端均为"1"。当 IC_1 的 Q 端再输出一个脉冲后，11 位二进制计数器输出 $Q_0 \sim Q_{10}$，均为"0"，其中 Q_{10} 端由"1"变为"0"相当于给 IC_2 送一个脉冲，使 IC_2 的 Q 为"1"，$\overline{Q}$ 为"0"。IC_2 的 $\overline{Q}$ 为"0"将封锁 IC_1 计数，A/D 转换器不再工作。同时 IC_2 的 $\overline{Q}$ 为"0"和 Q 为"1"也使 A/D 转换器输出为第三态，让出数据线。至此，一次采集过程的 2048 个数据被依次采集并存储在 RAM 中。

8031 在读取存储在 RAM 中的数据时，每读一次，地址译码器输出的负脉冲就会使 11 位二进制计数器加 1，于是就可以顺序读取存储在 RAM 中所有的数据。

2.2.3 高速数据采集与数据传输

在微型计算机数据采集装置的设计中存在着一个很重要的问题，即高速数据采集与数据传输速率之间的协调。这不仅与 A/D 转换器转换速率有关，还与 A/D 转换的控制方式以及数据传输方式相关。数据传输主要有程序控制的数据传输、DMA 传输、基于数据缓存技术的高速数据传输等多种方式。下面分别加以介绍。

2.2.3.1 程序控制的数据传输方式

这种方式是指通过 CPU 执行程序来控制 A/D 转换与数据传输的方式，例如前几节讨论的查询方式、延时等待方式、中断方式等均属于这种方式。

在程序控制的 A/D 转换和数据传输方式下，每传输一个数据，CPU 都要执行若干条指令，这对于高速数据采集以及要求成批交换数据的场合，就显得速度较慢了。例如要求一个 A/D 转换器实时采集一批数据，并传输到微型计算机系统中的一段存储区域内。若采用程序控制的方法，编制的控制程序要完成下列几项工作：第一，它必须建立一个指向缓冲区的存储器地址指针，并且每传输一个数据就要使地址指针加 1；第二，它还必须确定所传输数据的字节数目，并以此作为测试是否需要终止传输循环的依据；第三，采用查询、延时等待或中断方式控制 A/D 转换的过程并将转换的数据传输到微型计算机系统中。若上例中的微型计算机系统采用 IBM-PC(或单片机系统)，可以估算出，每传输 1 个字节数据需要长达 $10\mu s$ 左右的时间。

近年来，随着 CPU 时钟频率和总线速度大幅度的提升，这种数据传输方式的速度也有很大的提高，但是相对地说，这种方式的传输速度不高。因此，程序控制的数据传输方式一般只能适用于速度较慢的应用场合。

2.2.3.2 DMA 控制的数据传输方式

DMA 方式即在 DMA 控制器控制下的直接存储器存取方式，在这种方式下，外设与内存之间的数据传输过程不再由 CPU 控制，而是在 DMA 控制器的控制和管理下进行直接传输，从而提高了传输速度。

例如在 PC 系统中进行 DMA 传输时，CPU 将让出对总线的控制权，而由 DMA 控制器暂时控制，其过程可用图 2-29 来说明。

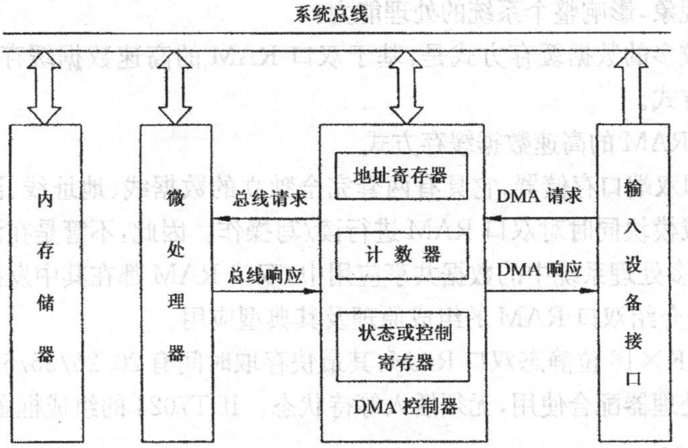

图 2-29 DMA 传输示意图

DMA 控制器中的地址寄存器和计数器都是可寻址的。在 DMA 控制器工作之前，必须在主程序中用指令对 DMA 控制器初始化：预置地址寄存器的初值，即存储器中要传输数据区的首地址；预置计数器初值，即传输字节总数；预置状态或控制寄存器来决定读或写操作等。初始化之后便可启动外设。当外设准备好数据后，就向 DMA 发出 DMA 请求。DMA 接受申请后又转向 CPU 发出总线请求信号。CPU 在结束当前机器周期后，即响应 DMA 申请并“脱开”系统总线。DMA 接管总线控制权之后，就在地址总线上发出所要读/写的存储单元地址以及控制存储器和 I/O 设备的读、写信号，实现 I/O 设备与存储器之间一个字节的传输。然后 DMA 控制器内的地址寄存器加 1，计数器减 1，再实现下一次传输过程。这样循环操作，直至计数器值为零，表示数据传输完毕。最后，DMA 控制器撤销向 CPU 提出的总线请求信号，CPU 接管总线控制权后继续执行有关程序。

在上述 DMA 传输过程中，传输字节数据的途径是 I/O 设备接口、总线和存储器接口，并不经过 DMA 控制器，因而速度很快。在大多数情况下，DMA 方式传输一个字节只需要两个时钟周期的时间。除此之外，CPU 在现行指令的每个机器周期结束即可响应 DMA，故 CPU 响应 DMA 请求的最大延时不会超过一个机器周期。

PC 采用 DMA 传输方式后使数据传输的速率得到很大的提高，但在 DMA 传输过程中，由于 CPU“脱开”系统总线不再工作，因而 CPU 的工作效率较低。此外，传输速率还受到 DMA 控制器芯片最高工作频率的限制，例如 DMA 控制芯片 8237A 的最大工作频率为 3MHz。

为了提高 CPU 的工作效率，许多现代高性能 DSP 芯片片内含有多个在片（on-chip）DMA 控制器，并提供专门的 DMA 传输总线，可以在几乎不需要处理器核干预的情况下就能完成数据的 DMA 传输。这样，就使处理器核从内存与外设的数据传输中解放出来，而去执行更重要的工作。由于处理器核的运行与数据传输并行工作，工作效率很高。

2.2.3.3 基于高速数据缓存技术的数据传输方式

在一般的高速数据采集系统中，微处理器控制的数据传输速率及有关数据处理的速度与前端 A/D 转换器的采集速度往往是不一致的，为了协调它们之间的工作，可以在两者之间加入数据缓存器进行缓冲，使前端采集数据与后级数据处理异步工作。另外，在多微处理器系统应用场合，各微处理器系统的工作也不可能完全同步，当它们之间需要高速传输数据时，也可以采用高速数据缓存技术。总之，在系统或模块之间，如果没有能够高速传输数据的接口，极易造成瓶颈堵塞现象，影响整个系统的处理能力。

目前采用比较多的数据缓存方式是：基于双口 RAM 的高速数据缓存方式和基于 FIFO 的高速数据缓存方式。

1. 基于双口 RAM 的高速数据缓存方式

双口 RAM 即双端口存储器，它具有两套完全独立的数据线、地址线、读/写控制线，允许两个独立的系统或模块同时对双口 RAM 进行读/写操作。因此，不管是在流水方式下的高速数据传输，还是在多处理系统中的数据共享应用中，双口 RAM 都在其中发挥重要作用。下面以 IDT7024 为例，介绍双口 RAM 的组成原理及其典型应用。

IDT7024 为 4K×16 位静态双口 RAM，其最快存取时间有 20/25/35/55/75 ns 多个等级，可与大多数高速处理器配合使用，无须插入等待状态。IDT7024 的组成框图如图 2-30 所示。

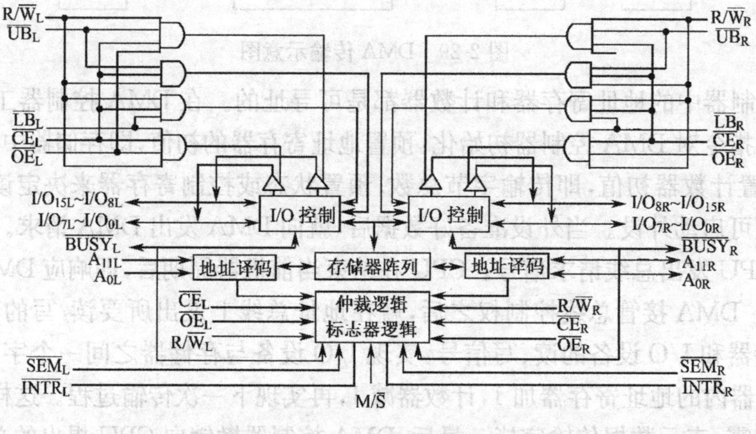

图 2-30　双口 RAM IDT7024 的组成框图

IDT7024 的核心部分是一个左右两个端口共享的存储器阵列。位于该器件两边的处理单元可以分别通过控制左右两组地址线 $A_{0L} \sim A_{11L}$ 和 $A_{0R} \sim A_{11R}$、数据线 $I/O_{0L} \sim I/O_{15L}$ 和 $I/O_{0R} \sim I/O_{15R}$、使能信号线 $\overline{CE}_L$ 和 $\overline{CE}_R$、读/写控制线 $R/\overline{W}_L$ 和 $R/\overline{W}_R$，共享这一组存储器阵列。IDT7024 还提供高位使能信号 $\overline{UB}_L$ 和 $\overline{UB}_R$ 及低位使能信号 $\overline{LB}_L$ 和 $\overline{LB}_R$，用以分别对同一地址的高 8 位和低 8 位存储单元进行操作，以支持双口 RAM 与不同宽度数据总线的接口。

当两个端口同时对同一地址单元写入数据，或者在对同一地址单元的一个端口写入数据的同时从另一个端口读出数据时，可能会出现错误。IDT7024 芯片设计的“硬件 BUSY 输出”功能可避免此类错误，其工作原理如下：当左右两端口对同一地址单元存取时，就会有一个端口的 $\overline{BUSY}$ 为低，禁止数据的存取。定义存取请求信号出现在前的端口其对应的 $\overline{BUSY}$ 为高，允许存取；存取请求信号出现在后的那个端口，则对应的 $\overline{BUSY}$ 为低，禁止写入数据。需要注意的是，两端口间的存取请求信号出现时间必须要相差在 5ns 以上，否则仲裁逻辑无法判定哪一个端口的存取请求在前。当仲裁逻辑无法判定哪个端口首先提出存取请求时，控制线$\overline{BUSY}_L$和$\overline{BUSY}_R$也会只有一个为低电平，这样，就避免了双端口对同一地址存取时所出现的错误。除“硬件BUSY输出”之外，IDT7024还具有中断功能和标志器功能等，以构成功能更加强大的数据接口功能。

基于双口RAM的高速数据缓存方式有很广泛的实际应用。例如要求设计一个MCS-51单片机控制的数据采集与传输系统，系统每隔20ms采集并处理一帧数据，但是实时采样的最高速率要求达到500kHz、转换分辨率为14bit、每帧数据量为14×1KB，即采集一帧数据的时间约为2.1ms。很显然，直接采用MCS-51单片机控制采集过程是不可行的，这是因为，一方面MCS-51单片机是8位机，不能直接接收14位数据；另一方面，单片机的程序控制方式不可能在2.5ms内完成上述采集任务。但是MCS-51单片机在20ms时间内接收并处理完一帧数据是宽裕的。根据以上分析，若采用双口RAM进行数据缓冲，则可很好地完成上述任务。

设计的基于双口RAM的数据采集与传输系统如图2-31所示。其中，A/D转换器采用14位A/D转换器LTC 1419，其最高转换速率为800kHz，能满足实时采样的要求。双口RAM采用IDT 7024，其右端口作为采集数据输入端口，16位数据线直接与A/D转换器的14位输出数据线相连（高两位数据线接地），写地址及控制信号由可编程逻辑器件EPM 7064产生；其左端口作为采集数据输出端口，输出数据线分高8位和低8位分别与单片机的8位数据线相连，读地址及控制信号由单片机给出，每一个数据分高8位和低8位两次读取。

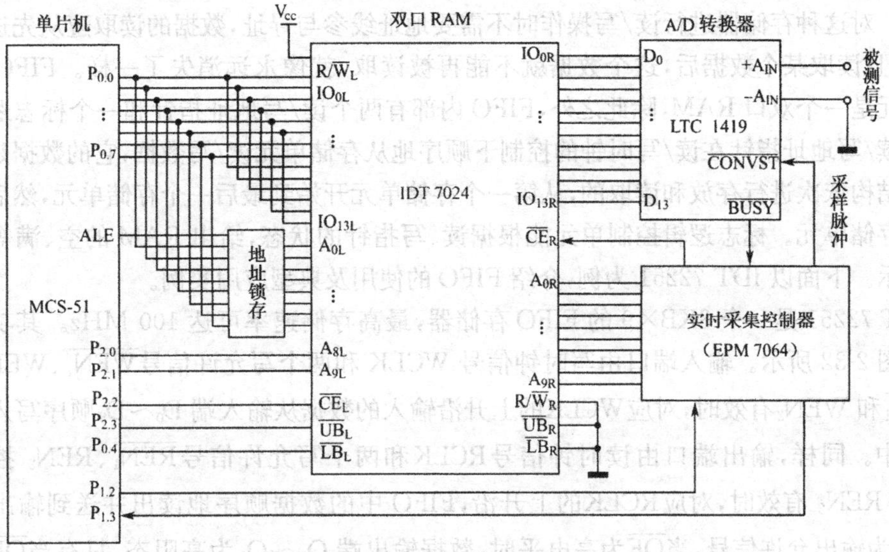

图2-31　基于双口RAM的数据采集与传输系统

工作时，单片机首先通过$P_{1.2}$脚向EPM 7064组成的实时采集控制电路发送“采集开始”信号，启动一次实时采集与存储的过程。这时，A/D转换器便在EPM 7064提供的采样脉冲信号的驱动下进行A/D转换，每个采样脉冲信号的下降沿启动转换，转换后的数据通过$\overline{BUSY}$的上升沿锁存在A/D转换器的数据输出端。为了将转换后的数据可靠、实时地写入到双口RAM中，根据IDT 7024的时序要求，EPM 7064送到$\overline{CE}_R$引脚的写信号最少应滞后$\overline{BUSY}$信号上升沿4ns，为此将$\overline{BUSY}$信号经两次反相（约延时14ns）再送至IDT 7024的$\overline{CE}_R$引脚，作为写信号。双口RAM写入端地址由EPM 7064内的地址计数器给出，地址计数器的初值为零，采集开始后，对应每个采样脉冲的上升沿，地址计数器加1，从而保证产生的写地址与 A/D 转换的过程同步。上述过程将重复 1 024 次，此时双口 RAM 已经存储了一帧数据，EPM 7064 停止地址的增加，至此完成了一次采集与存储的过程。当写入双口 RAM 的数据达到一定数目时(例如 10 个)，EPM 7064 向单片机 $P_{1.3}$脚发出“取数据信号”，启动单片机从双口 RAM 的首地址开始读取数据，当单片机将双口 RAM 中数据全部取走后，就对该帧数据进行有关处理，然后再进行新一轮数据采集。

在上述过程中，向双口 RAM 写入数据和读出数据是同时进行的，由于单片机指令执行周期较长，且读取一个数据要分高 8 位和低 8 位两次读取，所以从左端读取一个数据的时间较长；而从双口 RAM 右端写入一个数据只需 2μs 左右的时间，即写入速率比读取速率快得多，不会出现读/写地址重叠的情况。所以没有使用 IDT 7024 的“硬件 BUSY 输出”功能。

在上述设计方案中，双口 RAM 发挥了很重要的作用。在双口 RAM 的右侧，它以 500kHz 的速率将 16 位 A/D 转换器采集的数据实时写入；在左侧，它又允许单片机以程控的方式，以字节为单位读取数据，以做进一步的处理。因此，双口 RAM 不仅解决了前端高速采集与后级数据传输、处理之间的矛盾，完成了 16 位数据与 8 位数据之间的转换；而且也使系统的电路结构得到简化。

2. 基于 FIFO 的高速数据缓存方式

FIFO 的全称是 First In First Out，意思就是先进先出。FIFO 存储器的特点是：同一存储器配备有两个数据端口，一个是输入端口，只负责数据的写入；另一个是输出端口，只负责数据的输出。对这种存储器进行读/写操作时不需要地址线参与寻址，数据的读取遵从先进先出的规则，并且读取某个数据后，这个数据就不能再被读取，就像永远消失了一样。FIFO 内部的存储单元是一个双口 RAM，除此之外，FIFO 内部有两个读/写地址指针和一个标志逻辑控制单元。读/写地址指针在读/写时钟的控制下顺序地从存储单元读/写数据，它的数据是按照一种环形结构依次进行存放和读取的，从第一个存储单元开始到最后一个存储单元，然后又回到第一个存储单元。标志逻辑控制单元能根据读、写指针的状态，给出 RAM 的空、满等内部状态的指示。下面以 IDT 72251 为例，介绍 FIFO 的使用及典型应用实例。

IDT 72251 是一个 8KB×9 的 FIFO 存储器，最高存储速率可达 100 MHz。其功能结构框图如图 2-32 所示。输入端口由写时钟信号 WCLK 和两个写允许信号$\overline{WEN_1}$、WEN_2控制。当$\overline{WEN_1}$和 WEN_2有效时，对应WCLK的上升沿输入的数据从输入端 $D_0 \sim D_8$顺序写入到存储器阵列中。同样，输出端口由读时钟信号RCLK和两个写允许信号$\overline{REN_1}$、REN_2 控制。当$\overline{REN_1}$和 REN_2 有效时，对应RCLK的上升沿，FIFO 中的数据顺序地读出并送到输出寄存器中。$\overline{OE}$为输出允许信号，当$\overline{OE}$为高电平时，数据输出端 $Q_0 \sim Q_8$ 为高阻态，只有当$\overline{OE}$为低电平时，输出寄存器中的数据才能送到输出数据线 $Q_0 \sim Q_8$ 上。IDT 72251 有两个固定的标志，空标志$\overline{EF}$和满标志$\overline{FF}$。为了增强控制功能，IDT 72251 还提供两个偏移值可编程预置的即将空标志$\overline{PAE}$和即将满标志$\overline{PAF}$，$\overline{PAE}$和$\overline{PAF}$的预设偏移值通过控制$\overline{LD}$有效而装载到偏移寄存器中，$\overline{PAE}$和$\overline{PAF}$默认的偏移值为 7(即 Empty＋7 和 Empty－7)。

一个简单的以单片机为控制器的基于 FIFO 的数据采集系统的电路如图 2-33 所示，该电路没有使用$\overline{PAE}$和$\overline{PAF}$标志，并且采用先写满之后再读数据的简单处理方法。

在写操作过程中，写操作通过加在WCLK端的时钟信号控制，对应每个时钟信号的上升沿，采集的数据从 $D_0 \sim D_8$端顺序写入到存储器阵列中。当数据写满后，$\overline{FF}$变为低电平，$\overline{FF}$的低电平信号通过单片机关闭时钟门 74HC00 而中止写操作，然后电路便可以进入读数过程，读

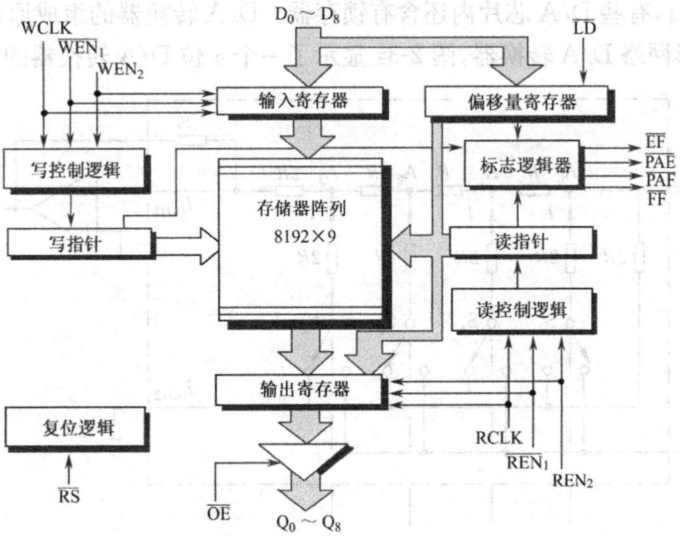

图 2-32　IDT 72251 功能结构框图

数操作过程由单片机控制。当数据被读空后，EF变为低电平。这时，$\overline{EF}$信号就会打开时钟门，于是电路就进入新的一轮写数据操作。

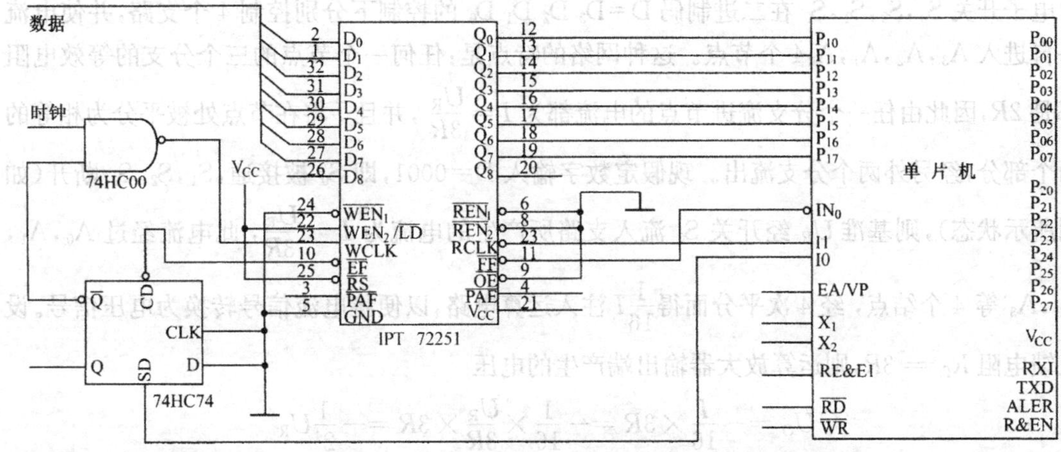

图 2-33　基于 FIFO 的数据采集与传输系统

2.3　模拟量输出通道

模拟量输出通道的作用是将经智能仪器处理后的数据转换成模拟量送出，它是许多智能设备(例如 X-Y 绘图仪、电平记录仪、波形发生器等)的重要组成部分。模拟量输出通道一般由 D/A 转换器、多路模拟开关、采样/保持器等组成。本节侧重讨论 D/A 转换器及其与微处理器的接口。

2.3.1　D/A 转换器概述

2.3.1.1　D/A 转换器原理

D/A 转换器是由电阻网络、开关及基准电源等部分组成，目前基本都已集成于一块芯片上。为了便于接口，有些 D/A 芯片内还含有锁存器。D/A 转换器的组成原理有多种，采用最多的是 R-$2R$ 梯形网络 D/A 转换器，图 2-34 显示了一个 4 位 D/A 转换器的原理图。

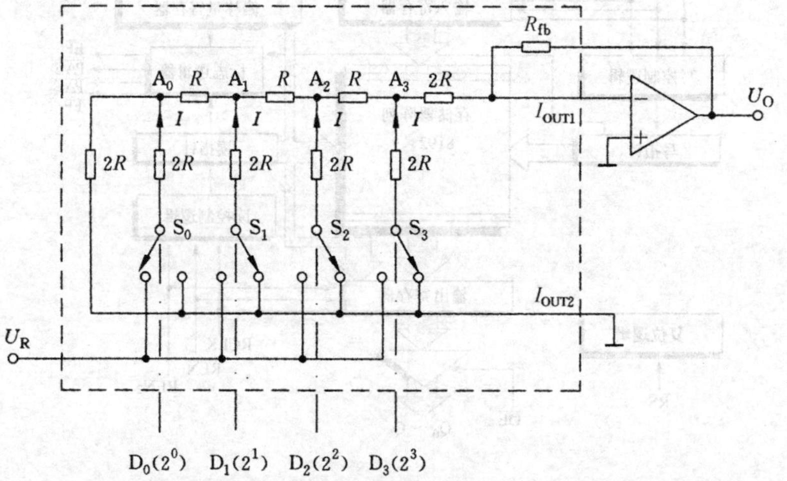

图 2-34　R-$2R$ 梯形网络 D/A 转换器原理

由图可见，D/A 转换器电阻网络中电阻的规格仅为 R，$2R$ 两种。U_R 为基准电压，它可由内电子开关 S_3，S_2，S_1，S_0 在二进制码 $D=D_3\ D_2\ D_1\ D_0$ 的控制下分别控制 4 个支路，并使电流各自进入 A_3，A_2，A_1，A_0 4 个节点。这种网络的特点是：任何一个节点的三个分支的等效电阻都是 $2R$，因此由任一个分支流进节点的电流都为 $I=\dfrac{U_R}{3R}$，并且 I 将在节点处被平分为相等的两个部分，经另外两个分支流出。现假定数字输入 D=0001，即 S_0 被接通，S_1，S_2，S_3 断开（如图所示状态），则基准 U_R 经开关 S_0 流入支路所产生的电流为 $I=\dfrac{U_R}{3R}$，此电流经过 A_0，A_1，A_2，A_3 等 4 个结点，经 4 次平分而得$\dfrac{1}{16}I$ 注入运算电路，以便将电流信号转换为电压信号。设反馈电阻 $R_{fb}=3R$，则运算放大器输出端产生的电压

$$U_O=-\frac{I}{16}\times 3R=-\frac{1}{16}\times\frac{U_R}{3R}\times 3R=-\frac{1}{2^4}U_R$$

根据叠加原理，可以得出 D 为任意数时 4 位 D/A 转换器的总输出电压

$$U_O=-\frac{U_R}{2^4}(2^3\times D_3+2^2\times D_2+2^1\times D_1+2^0\times D_0)=-\frac{-U_R}{2^4}\times D$$

当 U_R 为正时，D/A 转换器输出 U_O 为负，反之为正。

2.3.1.2　D/A 转换器的主要技术指数

1. 分辨率

D/A 转换器的分辨率定义为：当输入数字发生单位数码变化时所对应模拟量输出的变化量，具体表达方式与 A/D 转换器分辨率基本一致。

2. 转换精度

转换精度是指 D/A 转换器在整个工作区间实际的输出电压与理想输出电压之间的偏差，可用绝对转换误差或相对转换误差来表示。转换精度所对应的各项误差及其含义与 A/D 转

换器的定义基本一致,不再赘述。

3. 建立时间

指当输入二进制代码后,其输出模拟电压达到与其稳定值之差小于$\pm\frac{1}{2}$LSB所需的时间。建立时间又称转换时间或稳定时间,其值通常比A/D转换器的转换时间要短得多。

4. 尖峰误差

尖峰误差是指输入代码发生变化时使输出模拟量产生尖峰所造成的误差,如图2-35(a)所示,产生尖峰的原因是由于诸开关在切换过程中响应时间不一致和寄生参数所致。

尖峰持续的时间虽然很短,但幅值可能很大,在某些应用场合必须施加措施予以避免。由于尖峰的出现是非周期的,因此不能用简单的滤波方法来消除,常用的方法是采用一单稳电路和S/H,利用单稳的延迟时间来躲过尖峰。其消峰原理如图2-35(b)所示。

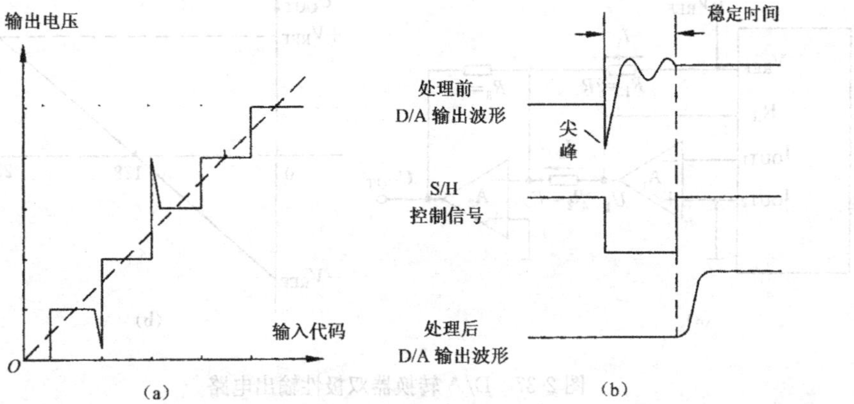

图2-35 D/A转换器尖峰误差及消峰原理

2.3.1.3 D/A转换电路输入与输出形式

D/A转换器的数字量输入端可以分为:不含数据锁存器;含单个数据锁存器;含双数据锁存器三种情况。第一种与微型计算机接口时一定要外加数据锁存器,以便维持D/A转换输出稳定。后两种与微型计算机接口时可以不外加数据锁存器。第三种可用于多个D/A转换器同时转换的场合。

D/A转换器的输出电路有单极性和双极性之分。图2-36所示的电路是将一个8位D/A转换器连接成单极性输出方式的电路,其输出输入关系式为$U_{OUT}=-\frac{V_{REF}}{2^8}\times D$,即输出为全正或为全负。其数字量与模拟量的关系如图2-36(b)所示。

在实际使用中,有时还需要双极性输出,如输出为$-5\sim+5$V、$-10\sim+10$V。图2-37给出了将D/A转换器芯片连接成双极性输出的电路图,其电路原理是:基准电压V_{REF}经R_1向A_2提供一个偏流I_1,A_1的输出U_1经R_2向A_2提供偏流I_2,因此运算放大器的输入为偏流I_1,I_2之代数和。由于R_1与R_2的比值为2∶1,因此,输出电压U_{OUT}与基准电压V_{REF}及A_1输出电压U_1的关系为$U_{out}=-(2U_1+V_{REF})$。其数字量与模拟量的关系如图2-37(b)所示。

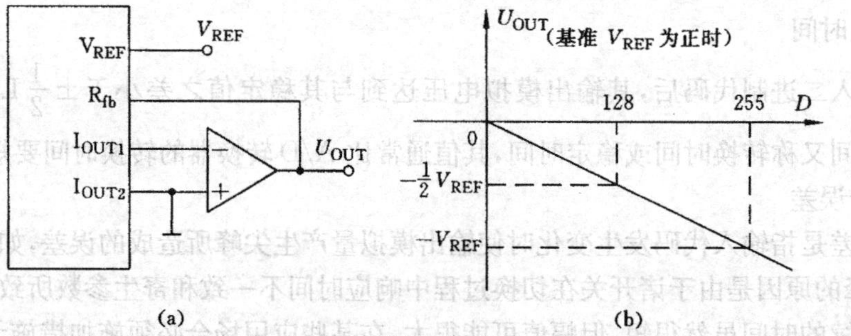

图 2-36　D/A 转换器单极性输出电路

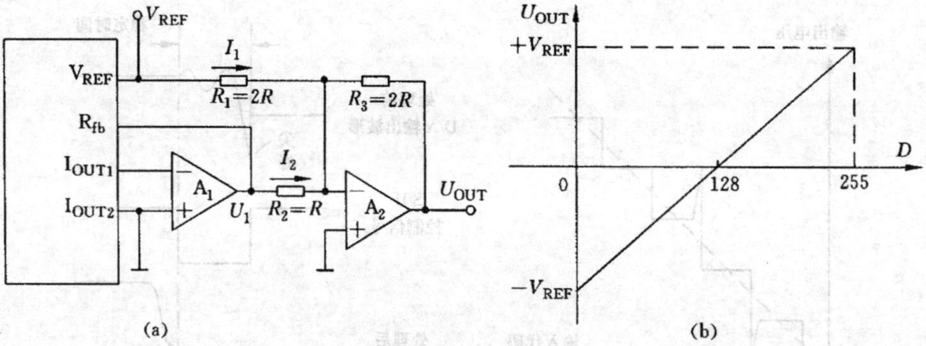

图 2-37　D/A 转换器双极性输出电路

2.3.2　D/A 转换器与微处理器的接口

2.3.2.1　8 位 D／A 转换器 DAC0832 及其与微型计算机接口

DAC0832 是含有双输入数据锁存器的 D/A 数模转换器，其内部原理框图如图 2-38 所示。

DAC0832 内部的 $\overline{LE}$ 为寄存命令，当 $\overline{LE}$ 为 1 时，寄存器的输出数据随输入变化；当 $\overline{LE}$ 为 0 时，数据被锁存在寄存器中，而不再随数据总线上的数据变化而变化。其逻辑表达式为

$$\overline{LE}(1) = I_{LE} \times \overline{\overline{CS}} \times \overline{\overline{WR}_1}$$

由此可见，当 I_{LE} 为 1，$\overline{CS}$ 和 $\overline{WR}$ 为 0 时，$\overline{LE}_{(1)}$ 为 1，允许数据输入；而当 $\overline{WR}_1$ 为 1 时，$\overline{LE}_{(1)}$ 为 0，数据被锁存。能否进行 D/A 转换，除了取决于 $\overline{LE}_{(1)}$ 外，还有赖于 $\overline{LE}_{(2)}$。由图可见，当 $\overline{WR}_2$ 和 $\overline{XFER}$ 均为低电平时，$\overline{LE}_{(2)}$ 为 1，此时允许数据通过并进行 D/A 转换，否则当 $\overline{LE}_{(2)}$ 为 0 时，将不允许数据通过。

在与微处理器接口时，DAC0832 可以采用双缓冲方式（两级输入锁存），也可以采用单缓冲方式（只用一级输入锁存，另一级始终直通），或者接成全直通的形式，再外加锁存器与微型计算机接口，因此，这种 D/A 转换器使用非常灵活方便。

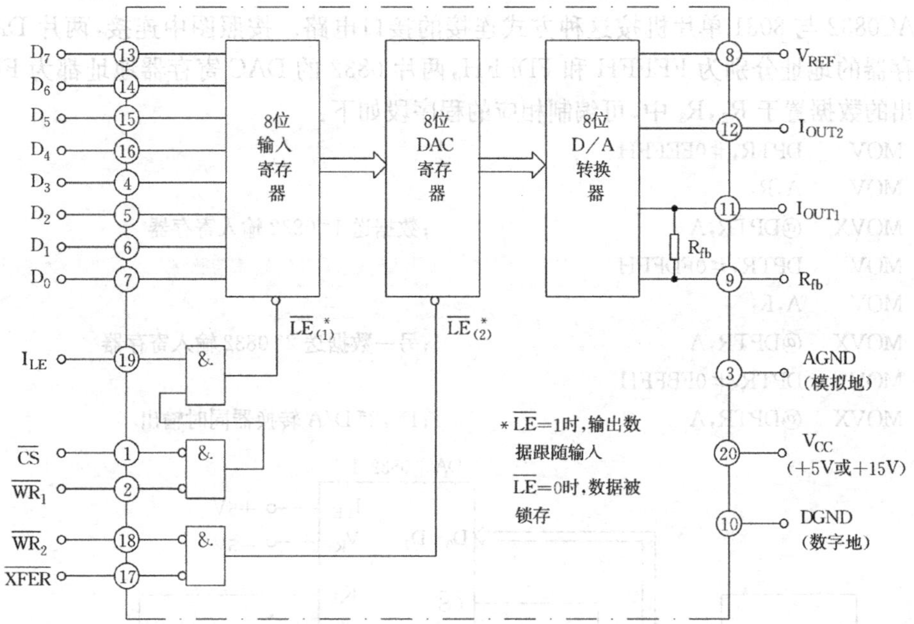

图 2-38 DAC0832 内部原理框图

图 2-39 给出了 DAC0832 与 8031 单片机连接成单缓冲方式的接口电路。它主要应用于只有一路模拟输出,或有几路模拟量输出但不需要同步的场合。在这种接口方式下,二级寄存器的控制信号并接,即将$\overline{WR_1}$ 与$\overline{WR_2}$ 同时与 8031 的$\overline{WR}$端口相接,$\overline{CS}$和$\overline{XFER}$相连接到 $P_{2.0}$,使 DAC0832 作为 8031 的一个外部 I/O 装置,口地址为#FEFFH。这样,8031 对它进行一次写操作,输入数据便在控制信号的作用下,直接写入 0832 内部的 DAC 寄存器中锁存,并由 D/A 转换成输出电压。其相应的程序段如下:

```
    ……
MOV     DPTR, #0FEFFH          ;给出 0832 的地址
MOV     A, #DATA               ;欲输出的数据装入 A
MOVX    @DPTR, A               ;数据写入 0832 并启动 D/A 转换
```

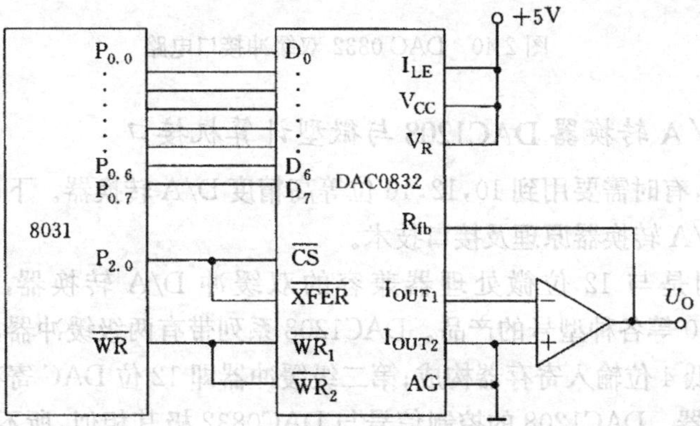

图 2-39 DAC 0832 单缓冲接口电路

如果需要二路以上的模拟量同步输出，则 DAC0832 必须按双缓冲方式连接。图 2-40 给出了 DAC0832 与 8031 单片机按这种方式连接的接口电路。按照图中连接，两片 DAC0832 输入寄存器的地址分别为 FEFFH 和 FDFFH，两片 0832 的 DAC 寄存器地址都为 FBFFH。设欲输出的数据置于 R_2，R_3 中，可编制相应的程序段如下：

```
MOV     DPTR,#0FEFFH
MOV     A,R2
MOVX    @DPTR,A                     ;数据送 1# 0832 输入寄存器
MOV     DPTR,#0FDFFH
MOV     A,R3
MOVX    @DPTR,A                     ;另一数据送 2# 0832 输入寄存器
MOV     DPTR,#0FBFFH
MOVX    @DPTR,A                     ;1#,2# D/A 转换器同时输出
```

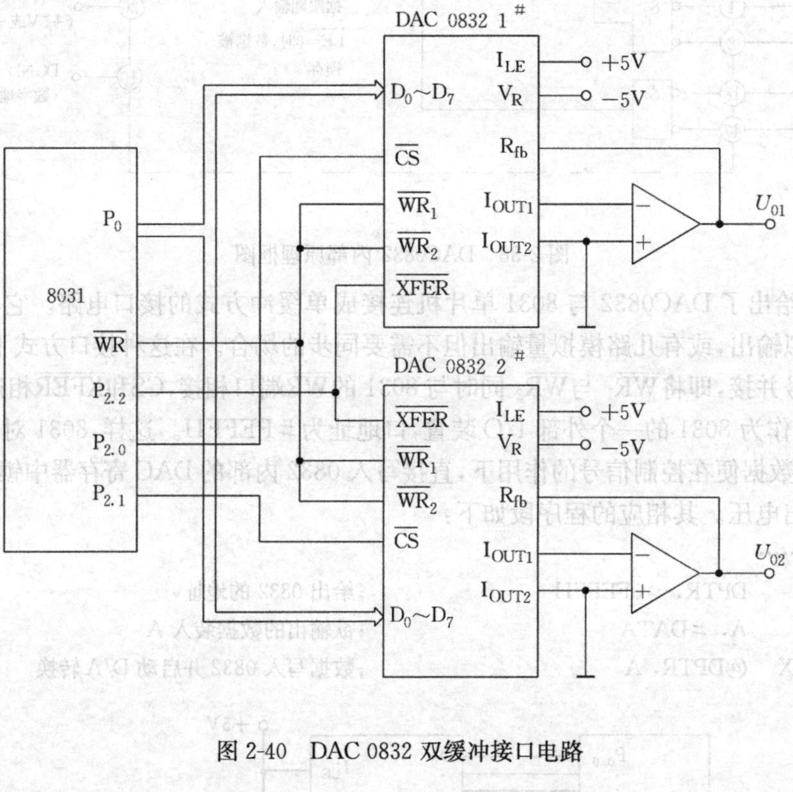

图 2-40　DAC 0832 双缓冲接口电路

2.3.2.2　12 位 D/A 转换器 DAC1208 与微型计算机接口

为了提高精度，有时需要用到 10，12，16 位等高精度 D/A 转换器。下面以 DAC1208 系列为例，说明 12 位 D/A 转换器原理及接口技术。

DAC1208 系列是与 12 位微处理器兼容的双缓冲 D/A 转换器，它包括 DAC1208，DAC1209，DAC1210 等各种型号的产品。DAC1208 系列带有两级缓冲器，第一级缓冲器由高 8 位输入寄存器和低 4 位输入寄存器构成；第二级缓冲器即 12 位 DAC 寄存器。此外，还有一个 12 位 D/A 转换器。DAC1208 的控制信号与 DAC0832 极其相似，所不同的是增加了一个字节控制信号端 $BYTE_1/\overline{BYTE_2}$。当此端输入为高电平时，12 位数字量同时送入输入寄存器；当此端输入为低电平时，只将 12 位数字中的低 4 位送到对应的 4 位输入寄存器中。其他

控制信号 $\overline{CS}$，$\overline{WR_2}$ 及 $\overline{XFER}$ 与 DAC0832 的用法类同。

当 DAC1208 系列 D/A 转换器与 16 位微处理器一起使用时，它的 12 位数据输入线可直接与微处理器的数据总线接口。但当 DAC1208 系列与 8 位微处理器一起使用时，则需分步传输。DAC1208 与 8031 单片机接口电路示意图如图 2-41 所示。它是先将高 8 位和低 4 位数据分别送入 DAC1208 的二个输入寄存器中，再将 12 位数据同时送入 DAC 寄存器。

设有一个 12 位的待转换的数据存放在内容 DATA 及 DATA+1 单元中，其存放顺序为：(DATA)存高 8 位数据，(DATA+1)存低 4 位数据(存放在该单元的低半字节上)。则把这个数据送往 D/A 转换器的程序段为：

```
MOV    DPTR,#0FDFFH
MOV    A,DATA
MOVX   @DPTR,A                  ;输出高 8 位数据
DEC    DPH
MOV    A,DATA+1
MOVX   @DPTR,A                  ;输出低 4 位数据
MOV    DPTR,#7FFFH
MOVX   @DPTR,A                  ;12 位数据同时送 DAC 寄存器
```

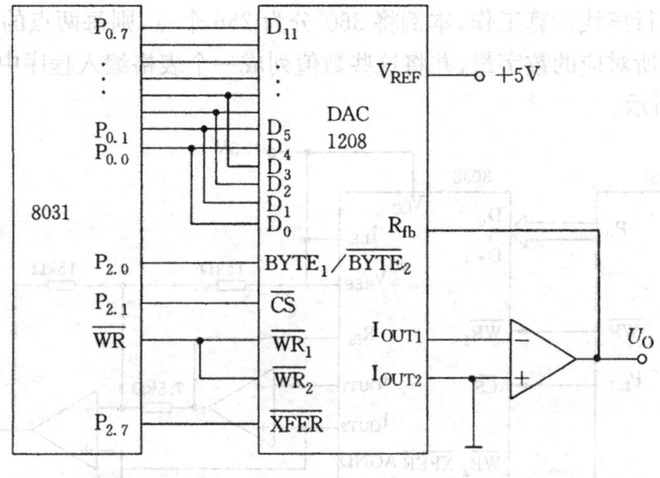

图 2-41　DAC1208 与 8031 单片机接口电路示意图

2.3.3　D/A 转换器应用举例

2.3.3.1　锯齿波的产生

在许多应用中，都要求产生一个线性增长的锯齿波电压，用来控制电子束的扫描或驱动记录笔的移动。采用图 2-39 所示的接口电路产生锯齿波电压的程序段如下：

```
      MOV    DPTR,#0FEFFH       ;给出 DAC0832 口地址
      MOV    A,#00H
LOOP:MOVX    @DPTR,A
      INC    A
      MOV    R0,#DATA           ;改变#DATA,用以延时
      DJNZ   R0,$
```

```
        SJMP      LOOP
```

上述程序执行后在示波器上能观察到如图 2-42 所示的连续锯齿波。实际上，从零增长到最大电压中间有 256 个小台阶，但从宏观上看则为线性增长的电压波形。

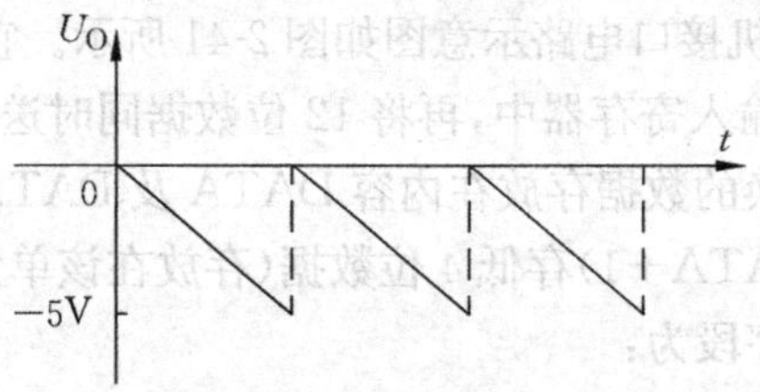

图 2-42　连续锯齿波形图

2.3.3.2　任意波形的产生

产生一个高精度的任意时间函数曲线，在科学实验中也是经常需要的。实际应用中，可采用事先存储数据然后顺序输出的方法来实现，这种方法比运算法速度快且曲线形状修改灵活简便，下面以一个正弦信号的产生为例来说明实现的原理。

若要求产生有正负电压输出的正弦波，则要采用如图 2-43 所示的双极性输出形式的接口电路。编程前先进行离线计算工作，本例将 360°分为 256 个点，则每两点的间隔约 1.4°，然后计算每个点的电压所对应的数字量，并将这些数值列成一个表格编入程序中，计算正弦波表的示意图如图 2-44 所示。

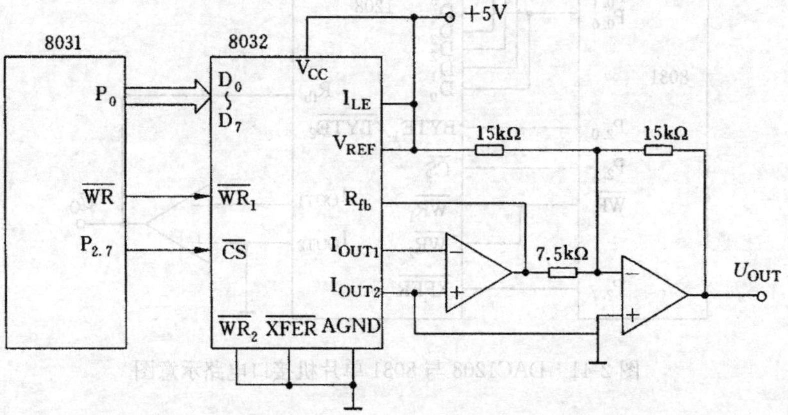

图 2-43　DAC0832 双极性输出形式的接口电路

运用时，只要反复输出这组数据到 DAC，就可在 DAC 的输出端获得正弦波。具体输出程序段如下：

```
        MOV     R5,  #00H               ;计数器赋初值
SIN:    MOV     A, R5
        MOV     DPTR, #TABH
        MOVC    A,@A+DPTR               ; 查表得输出值
        MOV     DPTR, #7FFFH            ; 指向 0832
        MOVX    @DPTR, A                ; 转换
        INC     R5                      ;计数器加 1
        AJMP    SIN
```

```
TAB: DB     80H,83H,86H,89H,8DH,90H,93H,96H
     DB     99H,9CH,9FH,A2H,A5H,A8H,ABH,AEH
     DB     B1H,B4H,B7H,BAH,BCH,BFH,C2H,C5H
     DB     C7H,CAH,CCH,CFH,D1H,D4H,D6H,D8H
     DB     DAH,DDH,DFH,E1H,E3H,E5H,E7H,E9H
     ……
```

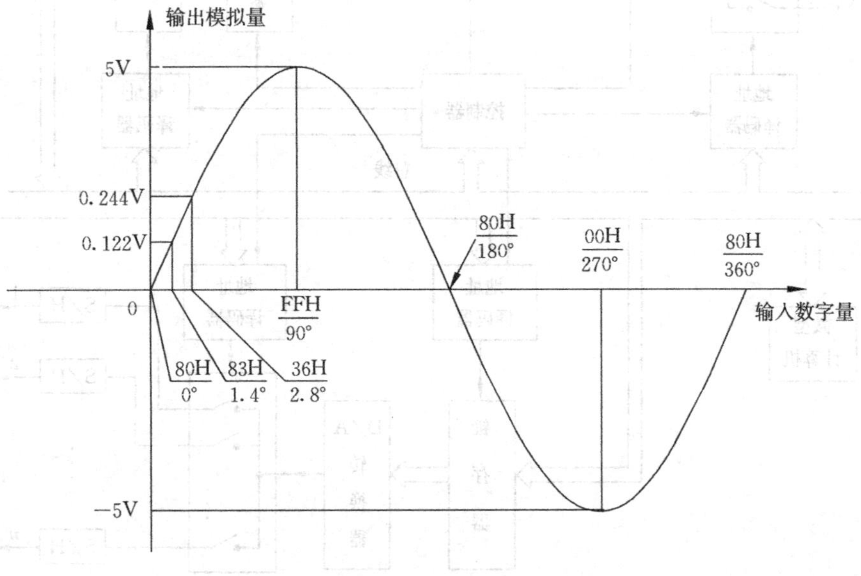

图 2-44 计算正弦波表的示意图

该方法虽然可以产生任意波形的信号，但由于受单片机程序控制方法的限制，不可能产生很高频率的信号波形。欲要采用纯数字方法产生高频信号的波形，可以采用直接频率合成(DDS)技术。DDS 方法首先将一个周期正弦波(或其他波形)信号离散取样，并把样点的幅度数字量存入 ROM 中，然后按一定的地址间隔读出，经 D/A 转换后即可形成对应的模拟波形信号。很显然，若驱动 ROM 地址的时钟频率足够高，就可以获得很高频率的信号。目前已有专用的 DDS 集成电路芯片，其最高时钟频率可以达到 GHz 量级，因而可以实现频率达到数百兆赫的正弦波信号源。有关 DDS 原理及其 DDS 集成电路芯片的资料可参见本书 7.3 节。

2.4 数据采集系统

有一类相对简单但用途很广泛的智能仪器称为数据记录器，这类仪器通过调整一个内部定时器来规定每隔若干时间自动测量一个数据，并把数据直接或做成曲线显示或打印出来，这类仪器主要部分是一个数据采集系统。

2.4.1 数据采集系统的组成

数据采集系统简称 DAS(Data Acquisition System)，目前已有不少厂家专门生产与各种微型计算机系统相配用的 DAS 插件板。微型计算机与 DAS 相配合可以完成各种测量任务，其通用性是很强的。随着集成技术的进步，数据采集系统的体积已从机箱、插件板到大部分器件可缩小到一块芯片内，甚至可将其中一部分置于微处理器之中。但其基本工作过程及基本组成仍保持不变。图 2-45 给出了一个较完整的 DAS 的基本结构图。

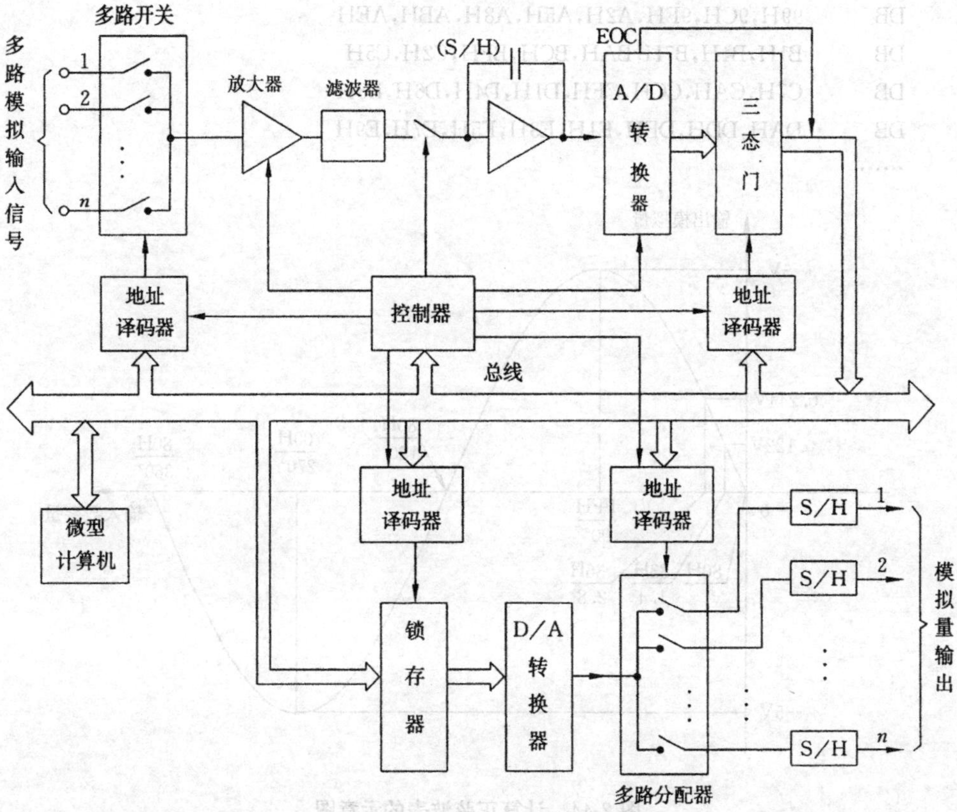

图 2-45 DAS 的基本结构图

图中上半部分为数据输入通道，多路模拟输入信号经多路开关依次接通并顺序输入，再经放大及滤波后被采样/保持器(S/H)采样并保持，使输入到 A/D 转换器的模拟量在保持时间内保持恒定，以保证 A/D 转换的准确性，A/D 转换器转换后的数字量可经三态门送入总线，以便由微型计算机对采集的数据进行处理。图中下半部分为数据输出通道，其过程刚好相反，经处理后的数据通过锁存器送到 D/A 转换器，然后再在多路分配器的作用下依次输出。为了保持输出量的连续性，各路也要接入采样/保持电路。

由此可见，一个完整的数据采集工作过程大致可分为三步。

1. 数据采集

被测信号经过放大、滤波、A/D 转换，并将转换后的数字量送入计算机。这里要考虑干扰抑制、带通选择、转换准确度、采样/保持及与计算机接口等问题。

2. 数据处理

由计算机系统根据不同的要求对采集的原始数据进行各种数学运算。

3. 处理结果的复现与保存

将处理后的结果在 X-Y 绘图仪、电平记录器或 CRT 上复现出来，或者将数据存入磁盘形成文件保存起来，或通过线路进行远距离传输。

上述整个过程都是在计算机的主导下用软件通过 DAS 来完成的。

2.4.2 模拟多路开关及接口

多路开关的主要用途是把模拟信号分时地送入 A/D 转换器，或者把经计算机处理后的数据由 D/A 转换器转换成的模拟信号，按一定的顺序输出到不同的控制回路中去。前者称为多路开关，完成多到一的转换；后者称为反多路开关或多路分配器，完成一到多的转换。有时也把多到一和一到多开关分别叫做多路调制器和多路解调器。

目前，智能仪器大多采用半导体多路开关，半导体多路开关种类很多，例如 CD4051(双向 8 路)、CD4066(4 路双向)、CD7501(单向 8 路)、CD4052(单向，差动，4 路)等。所谓双向，就是既可以实现多到一的转换，也可以完成一到多的转换。而单向则只能完成多到一的转换。差动即同时有两个开关动作，从而能完成差动信号的传输。下面以 CD4051 为例说明多路开关在数据采集系统中的使用方法。

CD4051 是双向 8 通道多路开关，其内部结构如图 2-46 所示。它由电平转换、译码/驱动和开关电路三部分组成，其中电平转换可实现 COMS 到 TTL 逻辑电平的转换，因此，加到通道选择输入端的控制信号的电平幅度可为 3～20V。同时，最大模拟量信号的峰值可达 20V。CD4051 带有三个通道选择输入端 A，B，C 和一个禁止端 INH。当 CBA 为 000～111B 时，可产生 8 选 1 控制信号，使 8 路通道中的某一通道的输入与输出接通。当 INH 为 0 时，允许通道接通；当 INH 为 1 时，禁止通道接通。其真值表如表 2-3 所示。改变 CD4051 的 IN/OUT 0～7及 OUT/IN 的传递方向，可用做多路开关和反多路开关。

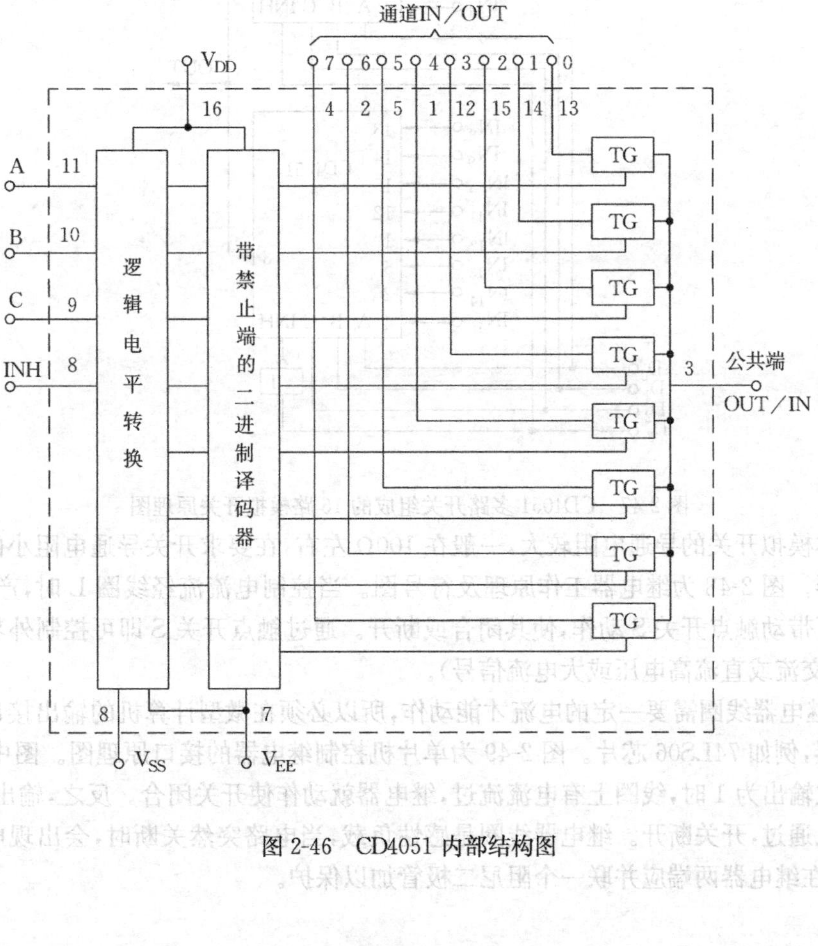

图 2-46　CD4051 内部结构图

表 2-3　CD4051 真值表

INH	C　B　A	接通通道号
0	000	IN_0
0	001	IN_1
0	010	IN_2
0	011	IN_3
0	100	IN_4
0	101	IN_5
0	110	IN_6
0	111	IN_7
1	XXX	—

使用禁止端 INH，可以很方便地实现通道数的扩展，例如使用两片 CD4051 可组成 16 路的多路开关，其连接方法如图 2-47 所示。当通道选择码 $D_3D_2D_1D_0$ 取 0000～1111B 之一时，便唯一地选中这 16 路通道中的某一通道。

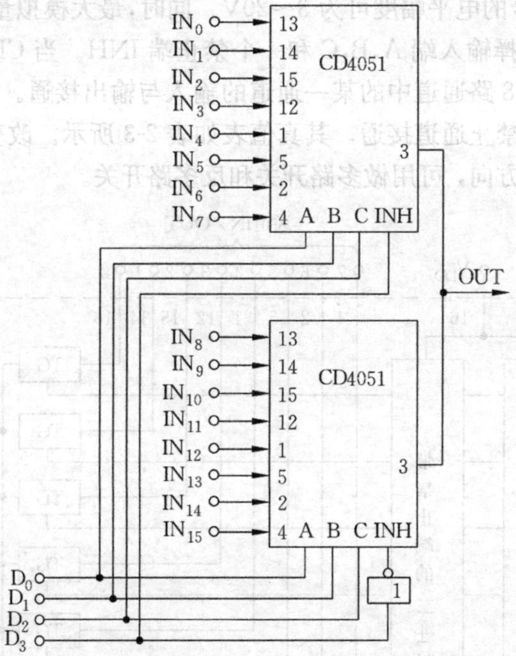

图 2-47　CD4051 多路开关组成的 16 路模拟开关原理图

半导体模拟开关的导通电阻较大，一般在 100Ω 左右，在要求开关导通电阻小的场合下应采用继电器。图 2-48 为继电器工作原理及符号图。当控制电流流经线圈 L 时，产生一磁场，这个磁场可带动触点开关 S 动作，使其闭合或断开。通过触点开关 S 即可控制外界的信号的通断(包括交流或直流高电压或大电流信号)。

由于继电器线圈需要一定的电流才能动作，所以必须在微型计算机的输出接口接一个合适的驱动器，例如 74LS06 芯片。图 2-49 为单片机控制继电器的接口原理图。图中单片机 P_1 口的某一位输出为 1 时，线圈上有电流流过，继电器就动作使开关闭合。反之，输出为 0 时，继电器无电流通过，开关断开。继电器线圈是感性负载，当电路突然关断时，会出现电感性浪涌电压，所以在继电器两端应并联一个阻尼二极管加以保护。

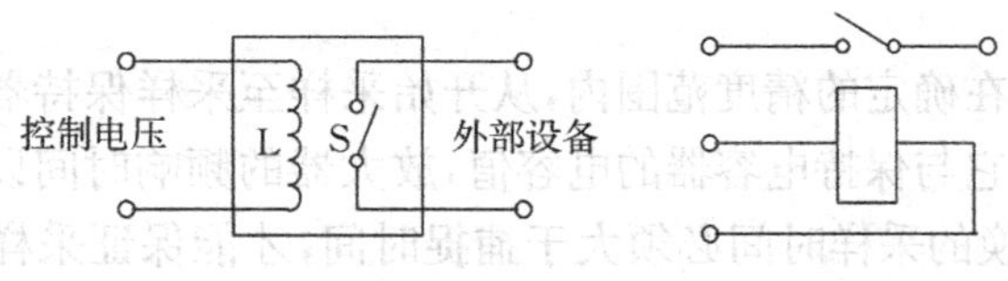

(a) 原理图　　　　(b) 符号

图 2-48　继电器工作原理及符号图

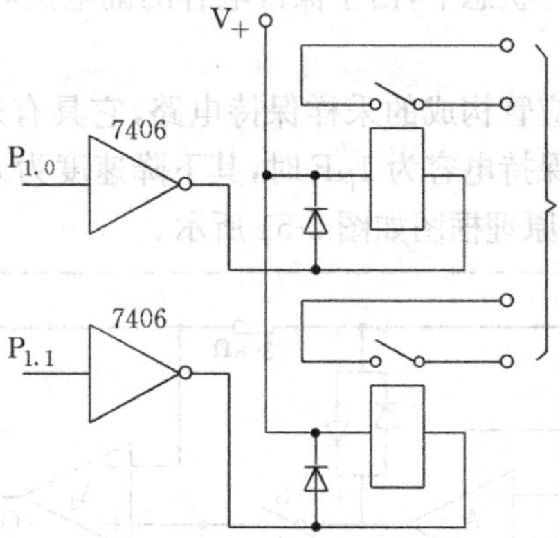

图 2-49　单片机控制继电器接口电路图

2.4.3　模拟信号的采样与保存

在 A/D 转换器对模拟信号进行转换的过程中，需要有一定的稳定时间 τ，这就是说，为了保证 A/D 转换的精度，在转换时间 τ 内模拟信号应保持在采样时的幅度值不变。因此，在转换器的前端应加入采样/保持(S/H)电路。当然，如果输入模拟量是直流量或者被测信号模拟量随时间变化非常缓慢，S/H 电路也可以省去。

采样/保持电路有采样和保持两种运行状态，其原理可由图 2-50 来说明。图中，电容 C 为保持电容，运放 A_1 和 A_2 都接成跟随器，其运行状态由方式控制输入端来决定。在采样状态下，采样命令通过方式控制输入端控制 S 闭合，由于跟随器 A_1 的隔离作用，输入模拟电压以很快的速度给 C 充电，输出随输入变化。在保持状态下，控制 S 打开，此时由于跟随器 A_2 的隔离作用，电容 C 两端的电压(即输出电压)将保持在命令发出时的输入电压不变，直到新的采样命令到来为止。

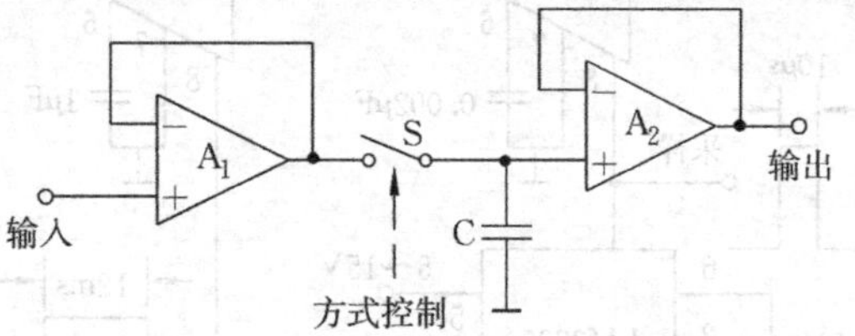

图 2-50　采样/保持 (S/H) 电路

采样/保持电路的质量是通过下述技术指标来反映的：

1. 孔径时间(t_{Ap})

孔径时间是指发出保持指令到开关完全打开所需要的时间。这一延迟会产生一个幅度误差(称孔径误差)，显然，输入信号频率越低，孔径误差越小，则孔径时间对转换精度影响就越小。

2. 捕捉时间(t_{AC})

所谓捕捉时间是指在确定的精度范围内,从开始采样至采样保持器输出达到当前输入信号的值所需要的时间。它与保持电容器的电容值,放大器的频响时间以及输入信号的变化幅度有关。显然,A/D 转换的采样时间必须大于捕捉时间,才能保证采样阶段充分地采集到输入模拟信号。

3. 保持电压的下降

保持电压的下降是指在保持状态下,由于保持电容的漏电流和其他杂散漏电流而引起的保持电压的下降。

LF198/298/398 是由场效应管构成的采样保持电路,它具有采样速度快,保持电压下降速度慢以及精度高等特点。当保持电容为 1μF 时,其下降速度为 5mV/min,电压增益精度可达 0.01%。LF198/298/398 的原理框图如图 2-51 所示。

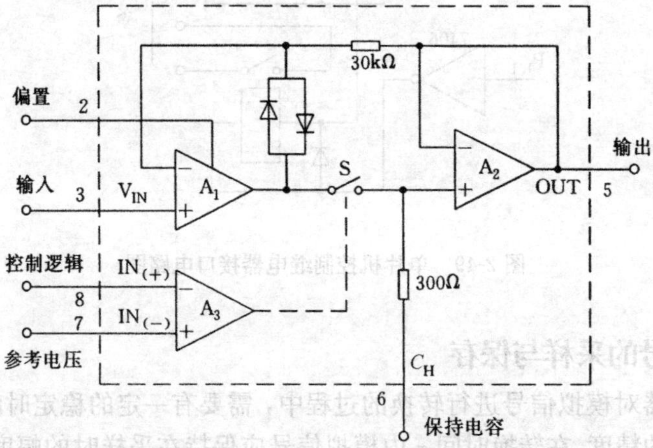

图 2-51 LF198/298/398 的原理框图

在图 2-51 中,当逻辑控制端 $IN_{(+)}$ 为 1 时为采样状态,此时 S 闭合,输出跟随输入变化;当 $IN_{(+)}$ 为 0 时,呈保持状态,此时 S 打开,输出保持不变。为了提高精度(即使其下降速度慢),常常需要增加保持电容 C_H 的容量,但 C_H 容量的增大又会增加采样时间。为了解决采样速度与电压下降速度之间的矛盾,可以采用图 2-52 所示的两级采样/保持电路。

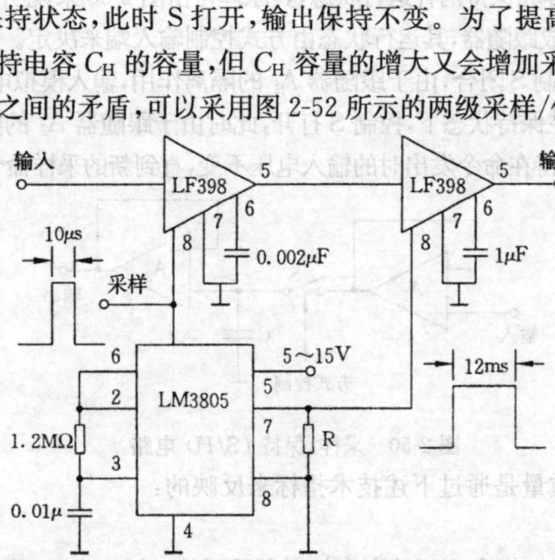

图 2-52 两级采样/保持电路原理

在图中，两级采样/保持电路是串联的，第一级采样/保持电路的电容比较小（0.002μF），所以采样速度快，能够很快跟踪输入模拟信号的变化。第二级采样/保持电路电容比较大（1μF），所以下降速度慢，能保持输出电压较长时间不变。把这两个电路结合起来，就构成了一个采样速度快而下降速度慢的高精度采样/保持电路。图中 LM3805 用于将采样控制信号展宽为 12ms，以便控制两个采样/保持器同步工作。

2.4.4 数据采集系统设计举例

2.4.4.1 自动巡回检测系统设计举例

自动巡回检测系统是一种数据采集系统，所谓自动巡回检测就是对科学实验装置或生产过程中的某些参数以一定的周期自动地进行检查和测量。例如发电机组各部件的运转及卫星发射前各部位的状态，都需要长时间的不间断地进行监测。

在组成巡回检测系统时，要注意被测信号变化的快慢，测量的精度以及采样周期等方面的要求。比如，如果被测信号参数变化较快，应在系统中加入采样/保持器；相反，如果被测参数变化缓慢，系统也可以不使用采样/保持器。

例如要求设计一个能对八路模拟信号（变化频率≤100Hz）进行连续巡回检测的系统，要求电压范围为 0～10V，分辨率为 5mV（0.05%），通道误差小于 0.1%，采样间隔为 1s，同时，为了增强抗干扰能力，还要求能对采样信号进行数字滤波处理。按此要求组成的巡回检测系统的电路原理图如图 2-53 所示。

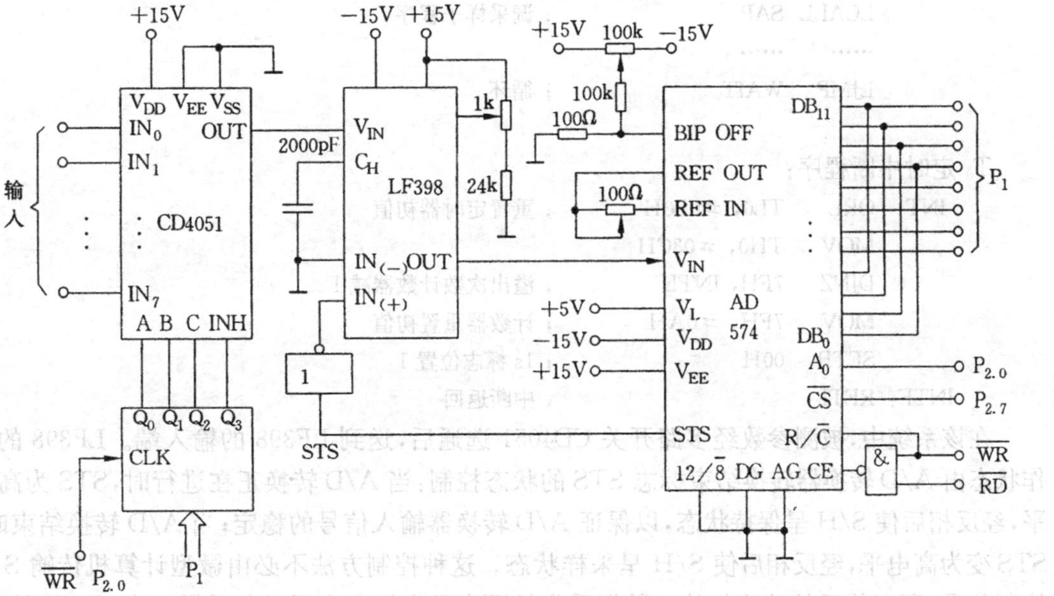

图 2-53　八路自动巡回检测系统的电路原理图

巡回检测周期允许为 1s，但为了对采样的数据进行滤波处理，必须对每路信号进行多次采集。因此，A/D 转换器选用转换速度较快的 AD574。AD574 的分辨率（0.025%），转换误差（0.05%），转换时间（25μs）和输入电压的范围均能符合上述要求。多路模拟开关选用 CD4051。CD4051 导通电阻为 200Ω，由于采样/保持器的输入电阻一般在 10MΩ 以上，所以输入电压在 CD4051 上的压降仅为被测电压的 0.002%左右，符合要求。CD4051 的开关漏电流仅为 0.08nA，当信号源内阻为 10kΩ 时，误差电压约为 0.08μV，可以忽略不计。采样/保持器选用 LF398，LF398 采样速度快，保持性能好，非线性度为±0.01%，也符合上述要求。整个系统采用 8501 单片机实施控制。

该系统检测周期的定时采用了软硬结合的方法。设主频为 6MHz，所以定时器每次加 1 计数的时间间隔为 2μs。选用定时器工作于方式 1，定时时间为 100ms，则 T_0 定时器初值为 3CB0H。为了实现 1s 的检测周期，我们再用内部 RAM 区的 7FH 作为定时器溢出次数计数器，并设初值为 10；编程使 T_0 每一次溢出中断，7FH 的内容就减 1，这样当减到 0 时，置位标志位，以通知进行定时采样。下面是实现上述过程的程序清单：

主程序：

```
INI1: CLR    TR0              ；暂停 T0 工作
      MOV    TMOD，#01H       ；设 T0 为 16 位定时
      MOV    TH0，#3CH        ；送初值高 8 位
      MOV    TL0，#0B0H       ；送初值低 8 位
      CLR    00H              ；清 1 秒标志位 bit00H
      MOV    7FH，#0AH        ；溢出次数计数器置初值
      SETB   TR0              ；启动 T0 工作
      ……     ……
WAIT: JNB    00H，WAIT        ；等待 1s 标志位为 1
      CLR    00H              ；清 1s 标志位
      LCALL  SAP              ；调采样子程序
      ……     ……
      LJMP   WAIT             ；循环
```

T_0 定时中断程序：

```
INT：  ORL    TL0，#0B0H       ；重置定时器初值
      MOV    TH0，#03CH
      DJNZ   7FH，INTE        ；溢出次数计数器减 1
      MOV    7FH，#0AH        ；计数器重置初值
      SETB   00H              ；1s 标志位置 1
INTE： RETI                    ；中断返回
```

在该系统中，被测参数经多路开关 CD4051 选通后，送到 LF398 的输入端。LF398 的工作状态由 A/D 转换器转换结束标志 STS 的状态控制：当 A/D 转换正在进行时，STS 为高电平，经反相后使 S/H 呈保持状态，以保证 A/D 转换器输入信号的稳定；当 A/D 转换结束时，STS 变为高电平，经反相后使 S/H 呈采样状态。这种控制方法不必由微型计算机传输 S/H 控制信号，所以使系统速度加快。数据采集的顺序是先把 8 个通道各采样一次，然后再循环 10 次，这样就相当于在一次中断处理中对每一通道采样 10 次，最后再对每通道采集的 10 个数据进行平均处理。

采样子程序框图如图 2-54(a)所示，采样后有效数据的格式如图 2-54(b)所示。

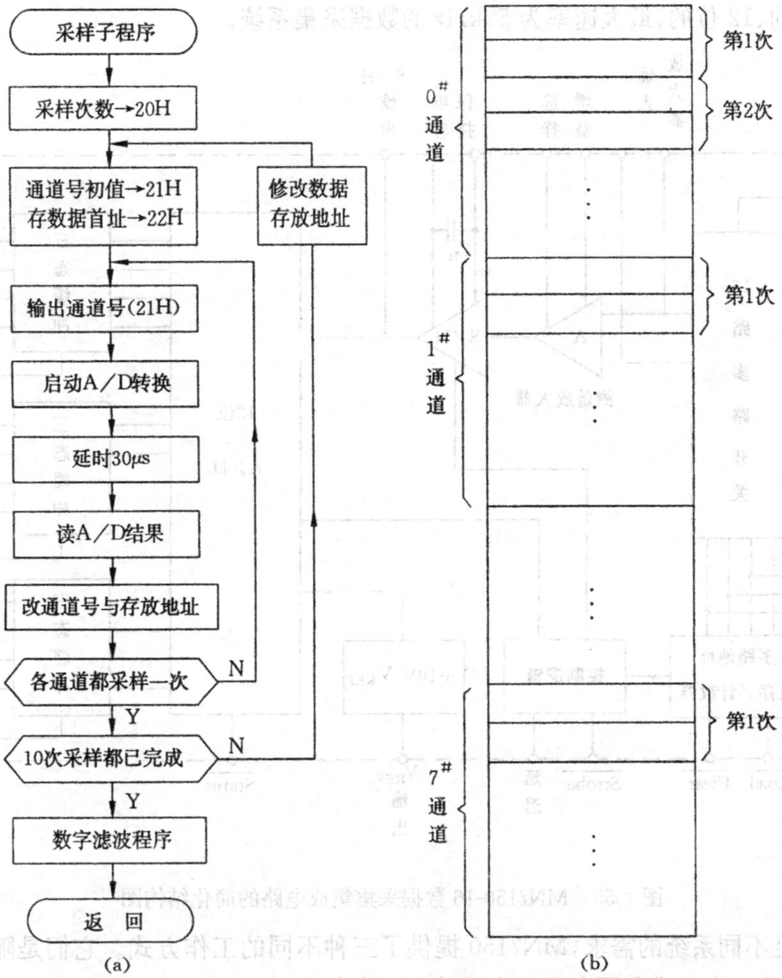

图 2-54　自动巡回检测采样子程序框图

2.4.4.2　集成化数据采集系统的设计举例

随着数据采集系统的广泛应用以及大规模集成电路技术的迅速发展，许多厂家生产了专门用于数据采集的大规模混合集成电路块，把多路开关、模拟放大器、采样/保持器、A/D 转换器、控制逻辑以及与微处理器系统的接口电路等都集成在一块芯片中，构成数据采集集成电路。例如 MN7150、MN7150-16 及 ADAM-12 等就是这类芯片的典型代表。

图 2-55 为 MN7150-16 的简化结构图。它包含一个具有过压保护(±35V)的 16 路多路开关及多路地址锁存/计数器，一个输入阻抗高达 $10^8\Omega$、增益设定为 1～1 000 的测量放大器，一个带保持电容器的采样时间可达 10μs 的高速采样/保持器，一个具有三态输出转换时间为 10μs 的 12 位高速 A/D 转换器，一个 10V 参考电压以及一个定时和控制逻辑电路。

MN7150 芯片提供了极大的设计灵活性：12 位数字量输出数据可按 3 个 4bit 的任意组合形式访问；4bit 的多路地址锁存/计数器容许在需要时读出输入通道的地址；采样/保持器的采样时间可以通过添加外部电阻或电容的方法予以改变；使用两片 MN7150 可以很容易地实现 32 路通道的扩展。采用 MN7150 芯片构成系统所需外部器件非常少，只需外接±15V 和＋5V电源及去耦电容，一只增益电阻以及用户可选的增益调整和补偿调整电位器，便可构成一个全功能的、12 位的、最大速率为 50kHz 的数据采集系统。

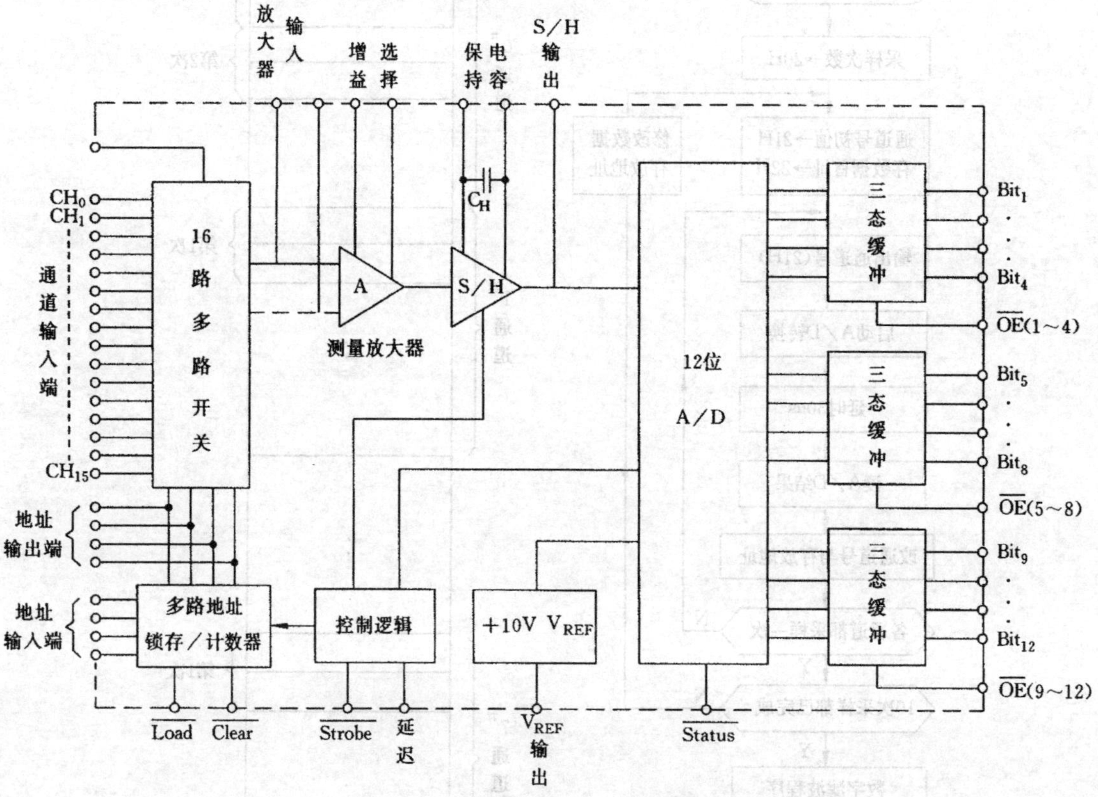

图 2-55　MN7150-16 数据采集集成电路的简化结构图

为了满足不同系统的需求，MN7150 提供了三种不同的工作方式。它们是随机寻址工作方式、顺序寻址工作方式和顺序寻址连续转换工作方式。

所谓随机寻址工作方式，就是对选定的通道进行采样和转换。这种工作的条件是：$\overline{\text{Load}}$ 为 0；$\overline{\text{Clear}}$ 为 1；欲选的通道地址号按 8421 码编码加载到地址输入端。在这种工作方式下，MN7150 内部的地址锁存/计数器作为 4bit 并行寄存器工作。Strobe 选通脉冲的下沿锁存新的通道地址，并启动数据采集与转换。

所谓顺序寻址工作方式，就是每个采样转换周期都是对当前通道的下一路通道的模拟量进行操作。其工作条件是：$\overline{\text{Load}}$ 为 1；$\overline{\text{Clear}}$ 为 1。在这种工作方式下，内部地址锁存/计数器作为计数器工作。每次选通脉冲 $\overline{\text{Strobe}}$ 都使通道地址加 1，并启动数据采集和转换。在通道 15 被访问后，将再次从通道 0 开始访问。如果从随机寻址到顺序寻址，则下一个要访问的通道便是最后一次随机访问的通道号加 1 的那路通道。

所谓顺序寻址连续转换工作方式，就是不需外加启动信号就能自动连续对所有通道进行采样和转换。其工作条件是：把 $\overline{\text{Status}}$ 输出端锁接到 $\overline{\text{Strobe}}$ 选通输入端；$\overline{\text{Clear}}$ 为 1；$\overline{\text{Load}}$ 为 1。在这种工作方式下，每当 $\overline{\text{Status}}$ 变低时，就在 $\overline{\text{Strobe}}$ 选通输入端形成一路启动信号，从而寻址顺序的下一个通道，并启动下一个数据的采样转换周期。这种采集速度最快，硬件接口也很简单。

从上述讨论可以看出，MN7150 用于巡回检测系统进行数据采集是很方便的。如果所配的微处理器读取速度跟得上 MN7150 转换输出数字量的速度，可设置 MN7150 工作于顺序寻址连续转换工作方式。如果所配的微处理器的速度跟不上，可采用顺序寻址工作方式。

图 2-56 是 MN7150 集成电路与单片机的连接方式实例。此系统采用顺序寻址工作方式。Status 状态输出信号线通过跳转线，既可接 $P_{1.7}$ 端通过查询来启动一次新的转换，也可接 $P_{3.3}$ 端采用中断工作方式。以下是按查询工作方式进行巡回检测的程序清单。

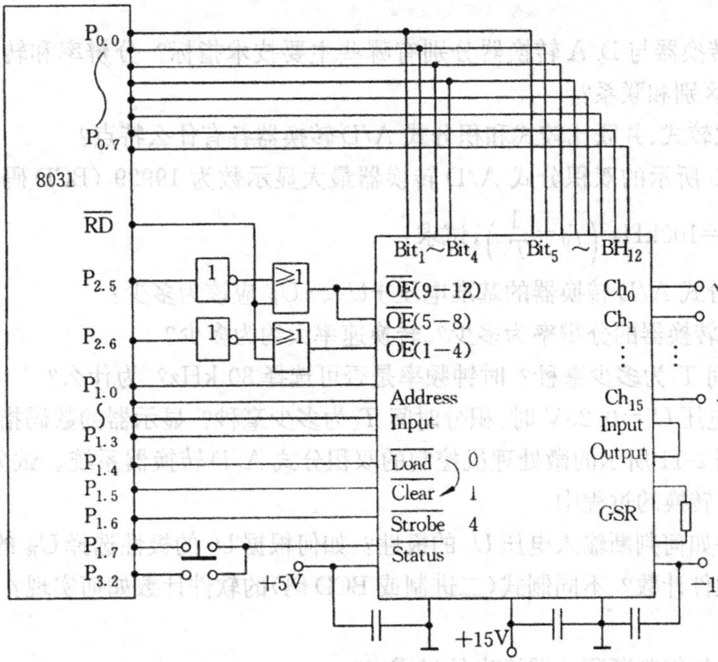

图 2-56　MN7150 集成电路与单片机连接方式举例

```
        ANL     P2, #1FH          ;禁止 MN7150 输出
        MOV     P1, #0EFH         ;置随机寻址方式，通道地址 1111B
        CLR     P1.6              ;选通命令，使当前通道为 Ch0
        MOV     P1, #0FFH         ;置顺序选址方式
BEGN:   MOV     R1, #20H          ;采样缓冲区首址
        MOV     R2, #10H
SAMP:   CLR     P1.6              ;选通命令，启动采样转换
        SETB    P1.6
WAIT:   JNB     P1.7, WAIT        ;等待转换结束
        SETB    P2.6              ;允许读高 4bit
        MOVX    A, @R0            ;读高 4bit 内容到 A
        CLR     P2.6              ;禁止读高 4bit
        MOV     @R1, A            ;保存高 4bit
        INC     R1                ;指针加 1
        SETB    P2.5              ;允许读低 8bit
        MOVX    A, @R0            ;读低 8bit 到 A
        CLR     P2.5              ;禁止读低 8bit
        MOVX    @R1, A            ;保存低 8bit
        INC     R1                ;指针加 1
        DJNZ    R2, SAMP          ;是否采样 16 通道
```

```
        ……    ……           ;其他处理
        LJMP  BEGN          ;循环
```

思考题与习题

2.1　A/D 转换器与 D/A 转换器分别有哪些主要技术指标？分辨率和转换精度这两个技术指标有什么区别和联系？

2.2　逐次比较式、并联比较式和积分式 A/D 转换器各有什么特点？

2.3　图 2-10 所示的双积分式 A/D 转换器最大显示数为 19999 (BCD 码)，满刻度值为 2V，时钟频率 $f_0=100\text{kHz}$ $\left(f_0=\frac{1}{T_0}\right)$，试求：

(1) 该双积分式 A/D 转换器的基准电压 $+U_R$、$-U_R$ 应该为多少？

(2) 该 A/D 转换器的分辨率为多少？转换速率大约为多少？

(3) 积分时间 T_1 为多少毫秒？时钟频率是否可选择 80 kHz？为什么？

(4) 当输入电压 $U_i=0.25\text{V}$ 时，积分时间 T_2 为多少毫秒？显示器的数码指示为多少？

2.4　参考图 2-11 所示的微处理机控制的双积分式 A/D 转换器系统。试分析，在软件控制双积分式 A/D 转换的过程中。

(1)仪器软件如何判断输入电压 U_i 的极性？如何根据 U_i 的极性选择 U_R 的极性？

(2)什么是软件计数？不同制式(二进制或 BCD 码)的软件计数如何实现？等效的计数时钟频率如何计算？

(3)仪器软件如何判断积分器输出的过零点？

(4)如何体会软件程序代替硬件逻辑？以软件代硬件的优点是什么？局限性是什么？

2.5　参考图 2-18，设计一个 MCS-51 单片机与 MC14433 双积分式 A/D 转换器的接口电路，要求采用查询方式控制 A/D 转换，画出接口电路图并编写相应的控制程序。

2.6　运用双口 RAM 或者 FIFO 存储器对图 2-22 所示的高速数据采集系统进行改造。画出该采集系统电路原理图，简述其工作过程。

2.7　参照图 2-33 所示的接口电路，编写能产生连续三角波输出的控制程序。要求产生波形的起始电压为 -2.5V，终止电压为 -5V。

2.8　在一个 MCS-51 单片机与 0832 D/A 转换器的(单缓冲)接口电路中，已知：单片机时钟频率为 12MHz，D/A 转换器的地址为 7FFFH，当输入数字范围为 00H～FFH 时，其输出电压范围为 $0\sim-5\text{V}$。

(1) 画出接口的电路原理图。

(2) 编写一段程序，使其运行后能在示波器上显示大约两个周期的锯齿波波形(设示波器显示屏 X 轴刻度为 10 格，扫描速度为 $50\mu\text{s}$/格)。

2.9　数据采集系统主要由哪几部分组成，每一部分的主要功能是什么？

2.10　在一个时钟频率为 12MHz 的 8031 系统中接有一片 ADC 0809(地址自定)，以构成一个简单 8 通道自动巡回检测系统。要求该系统每隔 100ms 时间就对 8 个直流电压源(0～5V)自动巡回检测一次，测量结果对应存于 60～67H 的 8 个存储单元中(定时采样可以采用单片机内定时器的定时中断方法)。试画出该系统的电路原理图，并编写相应的控制程序。

第3章　智能仪器人机接口

智能仪器通常要有人机交互功能，即用户与仪器交换信息的功能。这个功能有两方面的含义：一是用户对智能仪器进行状态干预和数据输入；二是智能仪器向用户报告运行状态与处理结果。实现人机交互功能的部件有键盘、显示器和打印机等，这些部件同智能仪器主体电路的连接是由人机接口电路完成的，因此人机接口技术是智能仪器设计的关键技术之一。

3.1　键盘与接口

键盘与微处理器的接口包括硬件与软件两部分。硬件是指键盘的组织，即键盘结构及其与主机的连接方式。软件是指对按键操作的识别与分析，称为键盘管理程序。虽然不同的键盘组织其键盘管理程序存在很大的差异，但任务大体可分为下列几项：

(1) 识键：判断是否有键按下。若有，则进行译码；若无，则等待或转做别的工作。

(2) 译键：识别出哪一个键被按下并求出被按下键的键值（代码）。

(3) 键值分析：根据键值，找出对应处理程序的入口并执行之。

本节侧重讨论键盘的组织以及键盘软件任务中的(1)和(2)两项工作，下一节侧重讨论键值分析方法。键盘软件任务中的(1)和(2)两项工作通常合称为扫描。

3.1.1　键盘输入基础知识

3.1.1.1　键盘的组织

智能仪器普遍使用由多个按键组合在一起而构成的按键式键盘，键盘中的每一个按键都表示一个或多个特定的意义（功能或数字）。

键盘按其工作原理可分为编码式键盘和非编码式键盘。

编码式键盘是由按键键盘和专用键盘编码器两部分构成的。当键盘中某一按键被按下时，键盘编码器会自动产生相对应的按键代码，并输出一选通脉冲信号与CPU进行信息联络。编码式键盘使用很方便，目前已有数种大规模集成电路键盘编码器出售，例MM5740AA芯片就是一种专用于64键电传打字机的键盘编码器，其输出为ASCII码。

非编码键盘不含编码器，当某键被按下时，键盘只能送出一个简单的闭合信号，对应的按键代码的确定必须借助于软件来完成。显然，非编码键盘的软件比较复杂，并且要占用较多的CPU时间，这是非编码键盘的不足之处。但非编码键盘可以任意组合、成本低、使用灵活，因而智能仪器大多采用非编码式键盘。

非编码键盘按照与主机连接方式的不同，有独立式键盘、矩阵式键盘和交互式键盘之分。

独立式键盘结构的特点是一键一线，即每一个按键单独占用一根检测线与主机相连，如图3-1(a)所示。图中的上拉电阻保证按键断开时检测线上有稳定的高电平，当某一按键被按下时，对应的检测线就变成了低电平，而其他键相对应的检测线仍为高电平，从而很容易地识别出被按下的键。这种连接方式的优点是键盘结构简单，各测试线相互独立，所以按键识别容易。缺点是占用较多的检测线，不便于组成大型键盘。

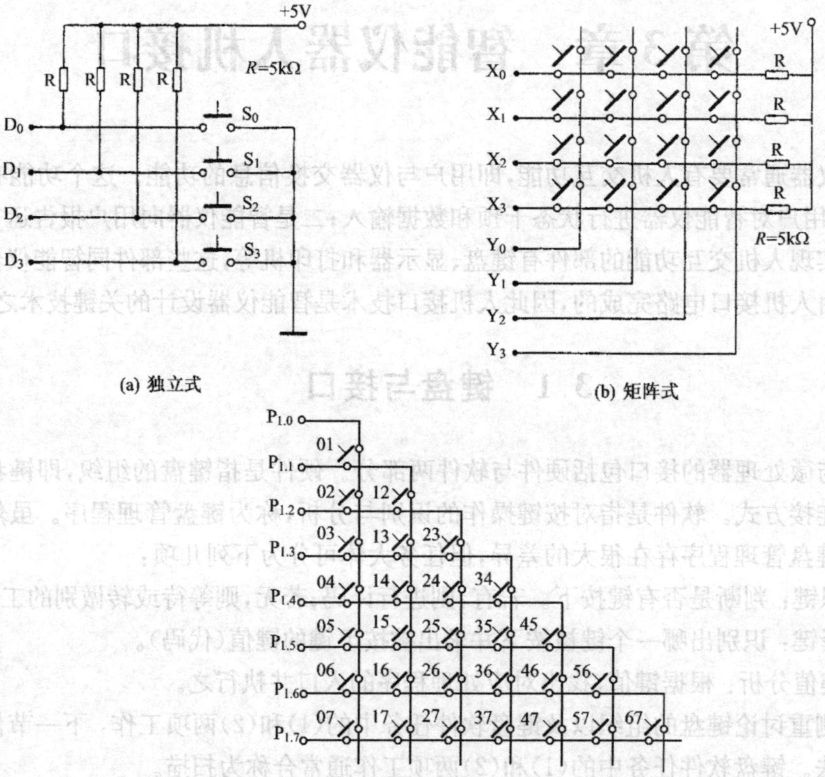

(a) 独立式　　(b) 矩阵式

(c) 交互式

图 3-1　非编码键盘的种类

矩阵式键盘结构的特点是把检测线分成两组，一组为行线，另一组为列线，按键放在行线和列线的交叉点上。图 3-1(b)给出一个 4×4 矩阵结构的键盘接口电路。图中每一个按键都通过不同的行线和列线与主机相连接。4×4 矩阵键盘共安置 16 只按键，但只需 8 条测试线。不难看出，$m \times n$ 矩阵键盘与主机连接需要 $m+n$ 条线，显然，键盘规模越大，矩阵式键盘的优点越显著。当需要的按键数目大于 8 时，一般都采用矩阵式键盘。

交互式键盘结构的特点是，任意两检测线之间均可以放置一个按键。很显然，交互式键盘结构所占用的检测线比矩阵式还要少，但是这种键盘所使用的检测线必须是具有位控功能的双向 I/O 端口线。图 3-1(c)给出了一个典型的交互式键盘接口电路，该电路只使用了 MCS-51 单片机的 $P_{1.0}$～$P_{1.7}$ 8 条 I/O 端口线，但放置的按键数目多达 28 个。

3.1.1.2　键盘的工作方式

智能仪器中 CPU 对键盘进行扫描时，要兼顾两方面的问题：一是要及时，以保证对用户的每一次按键都能做出响应；二是扫描不能占用过多的时间，CPU 还有大量的其他任务要去处理。因此，要根据智能仪器中的 CPU 忙、闲情况，选择适当的键盘工作方式。键盘有三种常用的工作方式：编程扫描工作方式、中断工作方式和定时扫描工作方式。

(1) 编程扫描工作方式：该方式也称查询方式，它是利用CPU在完成其他工作的空余，调用键盘扫描程序，以响应键输入的要求。当CPU在运行其他程序时，它就不会再响应键输入要求，因此，采用该方式编程时，应考虑程序是否能对用户的每次按键都会做出及时的响应。

(2) 中断工作方式：在这种方式下，当键盘中有按键按下时，硬件会产生中断申请信号，CPU响应中断申请后对键盘进行扫描，并在有按键按下时转入相应的键功能处理程序。该方式的优点是：由于在无键按下时不进行键扫描，因而能提高CPU的工作效率，同时也能确保对用户的每次按键操作做出迅速的响应。

(3) 定时扫描工作方式：该方式利用一个专门的定时器来产生定时中断申请信号，CPU响应中断申请后便对键盘进行扫描，并在有键按下时转入相应的键功能处理程序。由于每次按键按下的持续时间一般不小于100ms，所以为了不漏检，定时中断的周期一般应小于100ms。定时扫描方式本质上也属于中断工作方式。

3.1.1.3 键抖动及消除

键盘按键一般都采用触点式按键开关。当按键被按下或释放时，按键触点的弹性会产生一种抖动现象。即当按键按下时，触点不会迅速可靠地接通；当按键释放时，触点也不会立即断开，而是要经过一段时间的抖动才能稳定下来。抖动时间视按键材料的不同一般在5～10ms之间，图3-2是键抖动的波形图。

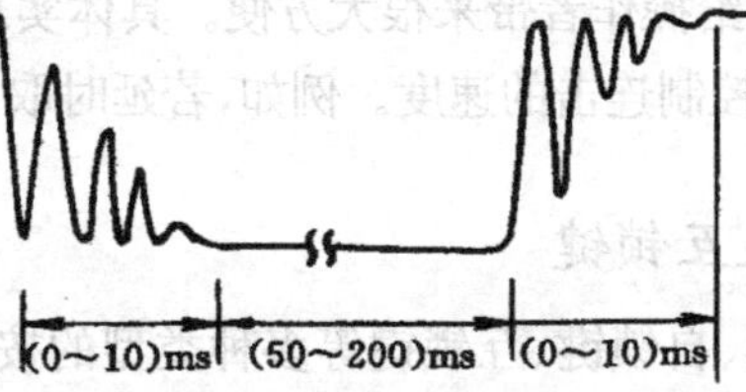

图3-2 键抖动波形图

键抖动可能导致计算机将一次按键操作识别为多次操作，为克服这种由键抖动所致的误判，常采用如下措施：

(1) 硬件电路消除法：可利用RS触发器来吸收按键的抖动，其硬件电路接法如图3-3所示。一旦有按键按下时，触发器就立即翻转，触点的抖动便不会再对输出产生影响，按键释放时亦然。

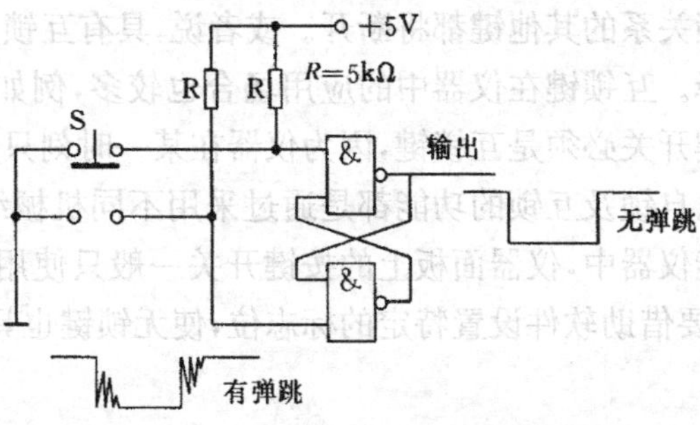

图3-3 消除键抖动的硬件电路接法

(2) 软件延时法：当判定按键按下时，用软件延时 10～20ms，等待按键稳定后重新再判一次，以躲过触点抖动期。

3.1.1.4 键连击的处理

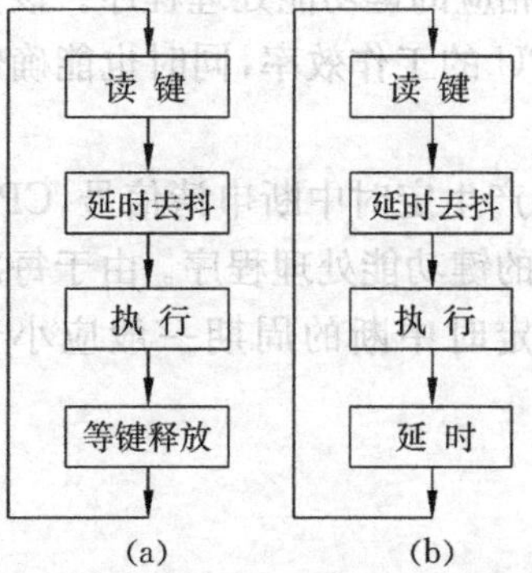

图 3-4 键连击现象的克服及合理利用

当我们按下某按键时，对应的功能便会通过键盘分析程序得以执行。如果在操作者释放按键之前，对应的功能得以多次执行，如同操作者在连续不断操作该键一样，这种现象就称为连击。连击现象可用图 3-4(a)所示流程图的软件方法来解决，当某按键被按下时，首先进行软件去抖处理，确认按键被按下后，便执行对应的功能，执行完后不是立即返回，而是等待按键释放之后再返回，从而使一次按键只被响应一次，避免连击现象。

如果把连击现象加以合理利用，有时会给操作者带来方便。例如在某些简易仪器中，因设计的按键很少，没有安排 0～9数字按键，这时只能设置一只调整按键，采用加 1(或减 1)的方法来调整有关参数，但当调整量比较大时就需要按多次按键，使操作很不方便，如果这时允许调整按键存在连击现象，我们只要按住调整键不放，参数就会不停地加 1(或减 1)，这就给操作者带来很大方便。具体实现软件流程图如图 3-4(b)所示，程序中加入的延时环节是为了控制连击的速度。例如，若延时取 250ms，则连击速度为 4 次/s。

3.1.1.5 无锁键、自锁键及互锁键

电子仪器需要用到无锁键、自锁键、互锁键等多种类型的按键开关。

无锁键即通常所说的常态为开路的按键开关。当无锁键被按下时，其按键开关的两个触头接通；松开时，开关的两个触头又断开，恢复为开路。智能仪器的按键开关一般都由无锁键组成。无锁键在逻辑上等效于单稳态。

自锁键在逻辑上等效于双稳态。当第一次按下自锁键时(包括松开后)，其按键开关的两个触头接通；第二次按下及松开后，开关的两个触头又断开，不断地按此规律动作。自锁键常用在仪器二选一选择开关等场合，例如，交/直流耦合选择等。

互锁键是指一组具有互锁关系的按键开关。当这一组按键开关之一被选择时(即对应的开关接通)，与该键有互锁关系的其他键都将断开。或者说，具有互锁关系的这组按键，某时刻最多只能有一个键被选择。互锁键在仪器中的应用场合也较多，例如，某仪器具有 5 挡量程，则对应这 5 挡量程的按键开关必须是互锁键，因为仪器在某一时刻只允许选择一挡量程。

在传统仪器中，无锁、自锁及互锁的功能都是通过采用不同机械结构的无锁键、自锁键及互锁键来实现的。在智能仪器中，仪器面板上的按键开关一般只使用机械结构最简单的无锁键，自锁及互锁的功能需要借助软件设置特定的标志位，使无锁键也具有自锁及互锁的功能。

3.1.2 键盘接口电路及控制程序

非编码键盘按照与主机连接方式的不同，有独立式、矩阵式和交互式之分。本节将对其接口电路及程序设计分别予以讨论。

3.1.2.1 独立式键盘接口电路及程序设计

独立式键盘的每个按键占用一根测试线，它们可以直接与单片机 I/O 线相接或通过输入口与数据线相接，结构很简单。这些测试线相互独立无编码关系，因而键盘软件不存在译码问题，一旦检测到某测试线上有键闭合，便可直接转入到相应的键功能处理程序进行处理。一个采用独立式方法处理三个按键的实际接口电路如图 3-5 所示，其键盘软件的流程图如图 3-6 所示。

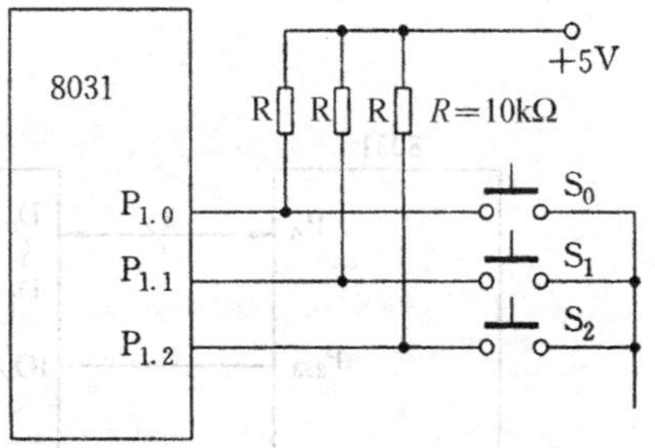

图 3-5　独立式键盘接口电路

首先判断有无键按下，若检测到有键按下，就延时

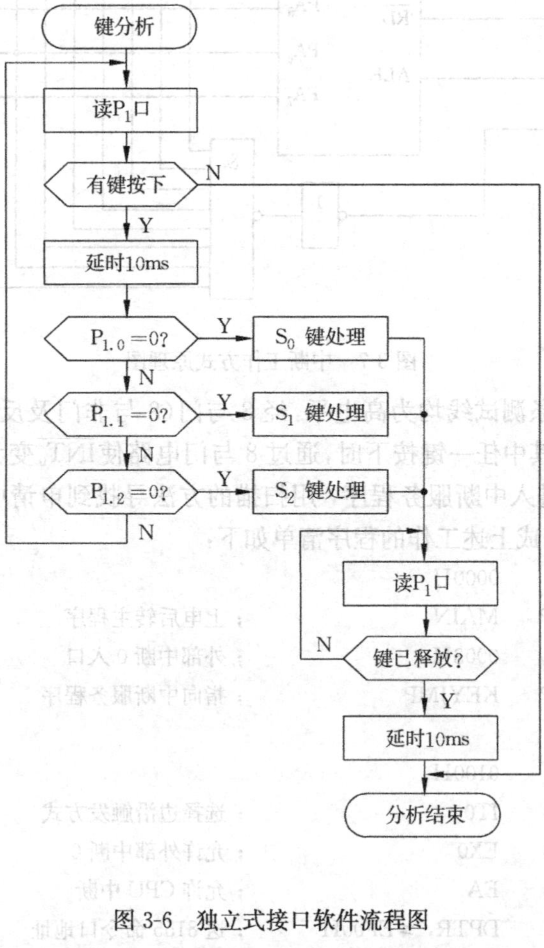

图 3-6　独立式接口软件流程图

10ms 避开抖动的影响，查询是哪一键被按下并执行相关的操作。然后再用软件查询等待按键的释放，当判明键释放后，用软件延时 10ms 后再返回。第二次延时的作用是：一方面避开按键释放时触点抖动的影响；另一方面也具有防连击的功能。该软件对两个以上的键被同时按下（串键）具有判低序号按键有效的功能。

在上述扫描工作方式下，CPU 经常处于空扫描状态。为进一步提高 CPU 效率，可采用中断工作方式，即只有当键盘中有键被按下时，才执行扫描工作。图 3-7 显示出采用中断方式处理 8 只按键的电路图。

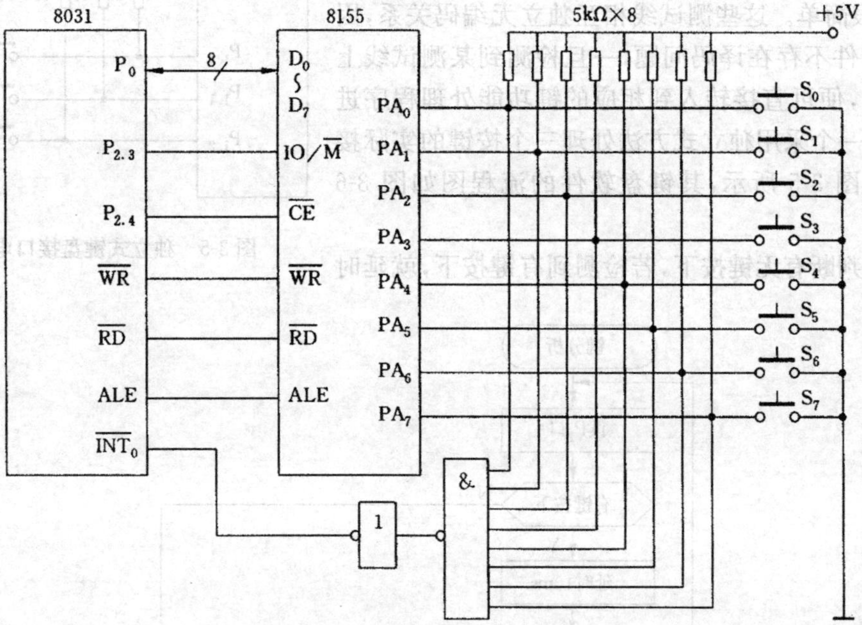

图 3-7　中断工作方式原理图

当无键按下时，8 条测试线均为高电平，经 8 与门（8 与非门及反相器）处理后仍为高电平，不会产生中断。当其中任一键按下时，通过 8 与门电路使$\overline{INT_0}$变为低电平，向 8031 申请中断。8031 响应后便进入中断服务程序，用扫描的方法寻找到申请中断的功能键并执行相应功能处理程序。能完成上述工作的程序清单如下：

```
          ORG     0000H
          AJMP    MAIN              ；上电后转主程序
          ORG     0003H             ；外部中断 0 入口
          AJMP    KEYJMP            ；指向中断服务程序

          ORG     0100H
MAIN：    SETB    IT0               ；选择边沿触发方式
          SETB    EX0               ；允许外部中断 0
          SETB    EA                ；允许 CPU 中断
          MOV     DPTR，＃EF00H     ；送 8155 命令口地址
          MOV     A，＃02H
          MOVX    @DPTR，A          ；控制字写入
HERE：    AJMP    HERE              ；模拟主程序

          ORG     0120H             ；中断服务程序
KEYJMP：  MOV     R3，＃08H         ；设循环次数
```

```
         MOV     DPTR, #0EF01H        ; 送 A 口地址
         MOV     R4, #00H             ; 计数器清零
         MOVX    A, @DPTR             ; 写入按键状态
KEYAD1:  RRC     A                    ; 状态字右移一位
         JNC     KEYAD2               ; C=0,转 KEYAD2
         INC     R4                   ; 计数器加 1
         DJNZ    R3, KEYAD1
KEYRET:  RETI
KEYAD2:  MOV     DPTR, #JMPTBL
         MOV     A, R4
         RL      A
         JMP     @A+DPTR              ; 转相应功能处理
JMPTBL:  AJMP    SB0                  ; 入口地址表
         AJMP    SB1
         AJMP    SB2
         AJMP    SB3
         AJMP    SB4
         AJMP    SB5
         AJMP    SB6
         AJMP    SB7
SB0:     …       …                    ;S0 键功能程序
         …       …
         JMP     KEYRET               ;S0 键执行完返回
SB1:     …       …                    ;S1 键功能程序
         …       …
         JMP     KEYRET
  ⋮      ⋮       ⋮
SB7:     …       …
  ⋮      …       …                    ;S7 键功能程序
         JMP     KEYRET
```

3.1.2.2 矩阵式键盘接口电路及程序

当采用矩阵式键盘时,为了编程方便,应将矩阵键盘中的每一个键按一定的顺序编码,这种按顺序排列的编号叫顺序码,也称键值。为了求得矩阵式键盘中被按下键的键值,常用的方法有行扫描法和线路反转法。线路反转法识别键值的速度较快,但必须借助于可编程的通用接口芯片。本节介绍两种键盘接口电路及控制软件的实例,一种采用编程扫描工作方式的行扫描法来识别键值,另一种采用中断工作方式的线路反转法来识别键值。

1. 编程扫描工作方式的行扫描法

图 3-8 为 4×8 矩阵组成的 32 键键盘与单片机接口电路。芯片 8155 的端口 C 工作于输出方式,用于行扫描。端口 A 工作于输入方式,用来写入列值。由图可知,8155 的命令/ 状态寄存器、端口 A、端口 B 和端口 C 的地址分别为 0100H、0101H、0102H 和 0103H。

采用编程扫描工作方式的行扫描法步骤如下:

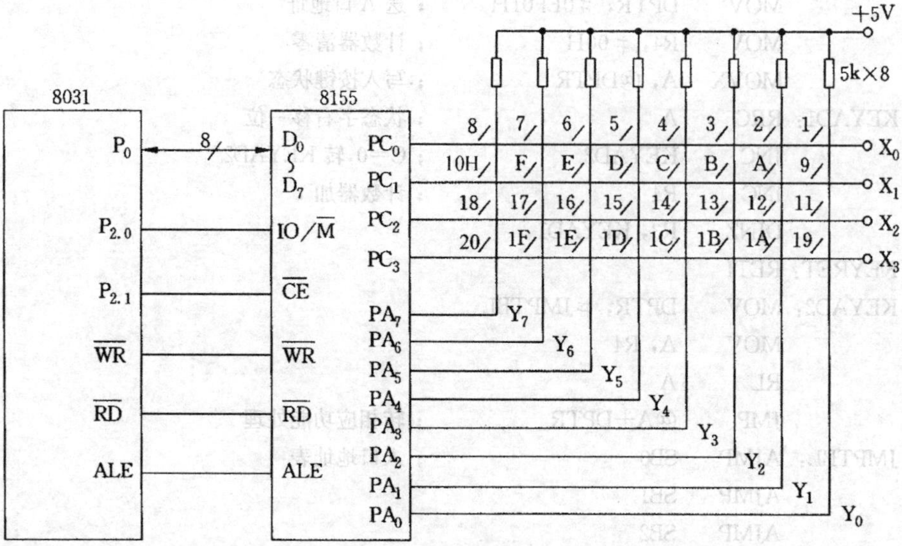

图 3-8　4×8 矩阵键盘与单片机接口电路

(1) 判断是否有键按下。其实现方法是使端口 C 所有的行输出均为低电平，然后从端口 A 写入列值。如果没有键按下，读入的列值为 FFH，如果有键按下，则不为 FFH。

(2) 若有键按下，则延时 10ms，再判断是否确实有键按下。

(3) 若确实有键按下，则求出按下键的键值。其实现方法是对键盘进行逐行扫描。即先令 PC_0 为 0，然后写入列值，若列值等于 FFH，说明该行无键按下，再令 PC_1 为 0，对下一行进行扫描；若扫描某一行读入的列值不等于 FFH，则说明该行有键按下，求出其键值。求键值时需要设置行值寄存器和列值寄存器。每扫完一行后，若无键按下，则行值寄存器加上 08H；若有键按下，行值寄存器保持原值，转而求相应的列值。求列值的方法是，将列值右移，每移位一次列值寄存器加 1，直至移出位为低电平为止。最后将行值和列值相加即得十六进制的键值。若想得到十进制键值，可在每次相加之后进行 DAA 修正。

(4) 为保证按键每闭合一次 CPU 只做一次处理，程序需等闭合的键释放后再对其做处理。

完成上述任务的控制程序清单如下：

```
        ORG     0200H
KEYPR:  MOV     DPTR，#0100H    ；8155 初始化
        MOV     A，#0CH
        MOVX    @DPTR，A        ；控制字写入
        MOV     R3，#00H        ；列寄存器清零
        MOV     R4，#00H        ；行寄存器清零
        ACALL   KEXAM           ；检查有无键按下
        JZ      KEND            ；无键按下返回
        ACALL   D10ms
        ACALL   KEXAM           ；再次检查有无键按下
        JZ      KEND
        MOV     R2 #0FEH        ；输出使 X0 为 0
KEY1:   MOV     DPTR，#0103H    ；送 C 口地址
```

```
         MOV     A，R2
         MOVX    @DPTR，A          ；扫描某一行
         MOV     DPTR，#0101H      ；送 A 口地址
         MOVX    A，@DPTR          ；读列值模型
         CPL     A
         ANL     A，#0FFH
         JNZ     KEY2              ；有键按下，求列值
         MOV     A，R4             ；无键按下，行+8
         ADD     A，#08H
         MOV     R4,A
         MOV     A，R2             ；求下列为低电平模型
         RL      A
         MOV     R2,A
         JB      ACC.4，KEY1       ；判是否已全扫描
         AJMP    KEND
KEY2：   CPL     A                 ；恢复列模型
KEY3：   INC     R3
         RRC     A
         JC      KEY3
KEY4：   ACALL   D10ms
         ACALL   KEXAM
         JNZ     KEY4              ；等待键释放
         MOV     A，R4             ；计算键值
         ADD     A，R3
         MOV     BUFF，A           ；键值存入 BUFF
KEDN：   RET
BUFF：   EQU     30H

D10ms：  MOV     R5，#14H          ；延时子程序
DL：     MOV     R6，#0FFH
DL0：    DJNZ    R6,DL0
         DJNZ    R5,DL
         RET

KEXAM：  MOV     DPTR，#0103H      ；检查是否有键按下子程序
         MOV     A，#00H
         MOVX    @DPTR，A
         MOV     DPTR，#0101H
         MOVX    A，@DPTR
         CPL     A
         ANL     A，#0FFH
         RET
```

2. 中断工作方式线路反转法

这种方法需要采用可编程的输入/输出接口 8255,8155 等，若采用单片机，也可直接与单

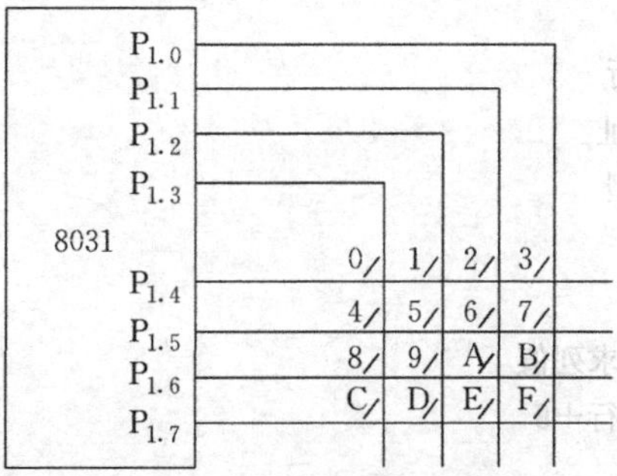

图 3-9　线路反转法原理图

片机的 I/O 口相接。下面以图 3-9 所示的 4×4 键盘电路为例来说明线路反转法的原理。

整个识别过程分两步进行。第一步，先从 P_1 的高 4 位输出“0”电平，从 P_1 的低四位读取键盘的状态，若图中某键(设 E 键)被按下，此时从 P_1 的低 4 位输入的代码为 1101，显然其中的“0”对应着被按键所代表的列。但只找到列的位置还不能识别键位，还必须找到它的所在行。第二步进行线路反转，即从 P_1 的低 4 位输出“0”电平，从 P_1 高 4 位读取键盘的状态，此时从 P_1 高四位输入的结果应为 0111，显然，其中的“0 ”对应着被按下键所代表的行。再将两次写入的数据合成一个代码 01111101，此代码能唯一地确定被按键的位置，通常我们把这种代码称为特征码。特征码离散性很大，不便于散转处理，这可通过查键码转换表找到对应的键值(顺序码)。表 3-1 列出了键码转换表。其中把 FFH 定义为空键的特征码和键值。

表 3-1　键码转换表

键名	特征码	顺序码	键名	特征码	顺序码
S_0	E7H	00H	S_8	B7H	08H
S_1	EBH	01H	S_9	BBH	09H
S_2	EDH	02H	S_A	BDH	0AH
S_3	EEH	03H	S_B	BEH	0BH
S_4	D7H	04H	S_C	77H	0CH
S_5	DBH	05H	S_D	7BH	0DH
S_6	DDH	06H	S_E	7DH	0EH
S_7	DEH	07H	S_F	7EH	0FH
			空键	FFH	FFH

下面对应图 3-9 给出采用反转法求取键值的汇编语言程序清单。

```
KEYI：  MOV    P1，＃0FH          ；从 P1 高 4 位输出零电平
        MOV    A,P1
        ANL    A,＃0FH
        MOV    B,A                ；取 P1 低 4 位送入 B
        MOV    P1，＃0F0H         ；从 P1 低 4 位输出零电平
        MOV    A,P1
        ANL    A,＃F0H            ；取出 P1 高 4 位送入 A
        ORL    A,B                ；合成特征码
        CJNE   A,＃0FFH， KEYI1
        RET                       ；未按键返回
KEYI1： MOV    B,A                ；取特征码
        MOV    DPTR，＃KEYCD
        MOV    R3，＃0FFH         ；顺序码初始化
KEYI2： INC    R3
```

```
        MOV     A,R3
        MOVC    A,@A+DPTR
        CJNE    A, B, KEYI3            ;未找到,判是否已查完
        MOV     A, R3                  ;找到取顺序码
        RET
KEYI3:  CJNE    A, #0FFH, KEYI2        ;未完,再查
        MOV     A, #0FFH               ;无键按下处理
        RET
KEYCD:  DB  0E7H,  0EBH,  0EDH,  0EEH
        DB  0D7H,  0DBH,  0DDH,  0DEH
        DB  0B7H,  0BBH,  0BDH,  0BEH
        DB  77H,   7BH,   7DH,   07EH
        DB  0FFH
```

3.1.2.3 交互式键盘接口电路及编程方法

交互式键盘是最节省检测线的键盘结构,但是这种键盘要求检测线必须是具有位控功能的双向I/O端口线。按键识别采用了一种类似矩阵键盘分析所采用的逐行扫描方法,但只能采用查询方式,不能采用中断方式。下面以图3-1(c)给出的28键交互式键盘接口电路为例说明其识别方法。为了编程方便,对键盘中的按键进行了编码,每个按键安排了一个2位数的扫描码,其第一位数代表该键所位于的列线号,第二位数代表该键所位于的行线号。

交互式键盘的控制程序一般都采用查询方式。具体算法是,轮流使某一I/O端口线为输出,输出低电平,并记录其对应的列线号为i;同时让其他I/O端口线为输入,以判别对应列中的按键是否有键按下,若有键按下就记录对应的行线号j。则可根椐记录的i,j求出按下键的扫描码,其值为KD $=i\times 10H + j$。具体实现程序略。

3.1.3 键盘分析程序

智能仪器键盘中的按键可分为单义键和多义键。单义键即一键一义,主要适于功能比较简单的仪器系统。多义键即一键具有两个或两个以上的含义,对于功能比较复杂的智能仪器宜采用多义键,如果采用单义键,不仅增加费用,而且使面板很难布置。

智能仪器的一个完整的命令通常不是由一次按键操作完成,而是需要按两次以上的键才能完成,且这几个键的操作要遵守一定的顺序,称为按键序列。例如某个函数发生器欲要输出频率1.2kHz时,须按顺序按下[频率][1][2][E][2]四个按键。

键盘分析程序的任务是对键盘的操作做出识别并调用相应的功能程序模块完成预定的任务。对于由单义键构成键盘的智能仪器来说,键盘分析程序一般宜采用直接分析法。对于由多义键构成键盘的智能仪器来说,键盘分析程序一般宜采用状态分析法。

3.1.3.1 直接分析法

直接分析法就是根据当前按键的键值,把控制直接分支到相应处理程序的入口,而无须知道在此之前的按键情况。图3-10显示出用直接分析法设计的键盘分析程序的典型结构。直接分析法的核心是一张如图3-11所示的一维转移表。转移表内登记各处理程序的入口。根据键值查阅转移表,即可获得相应的处理程序入口。

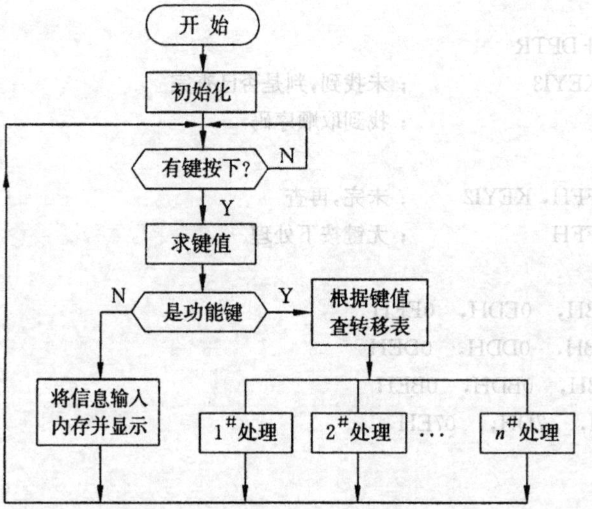

图 3-10　直接分析法程序的典型结构

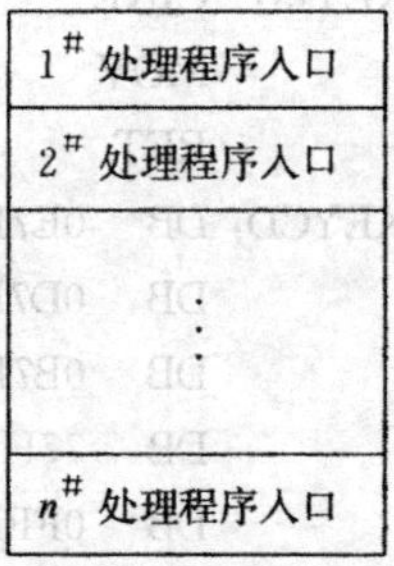

图 3-11　转移表

直接分析法程序的设计请参见 3.1.2 节中独立式键盘接口电路的程序设计。

简单多义键的分析程序仍可用直接分析法来进行设计，不过这时要用多张转移表，在组成一个命令的按键序列中，前几个按键起着引导的作用，把控制引向某张合适的转移表，基于上述思想的分析程序框图可用图 3-12 来说明。图中，A，B 两键为双义键，MODE 键用来把控制方向引向转移表 2，以区别 A 键、B 键的两种含义。

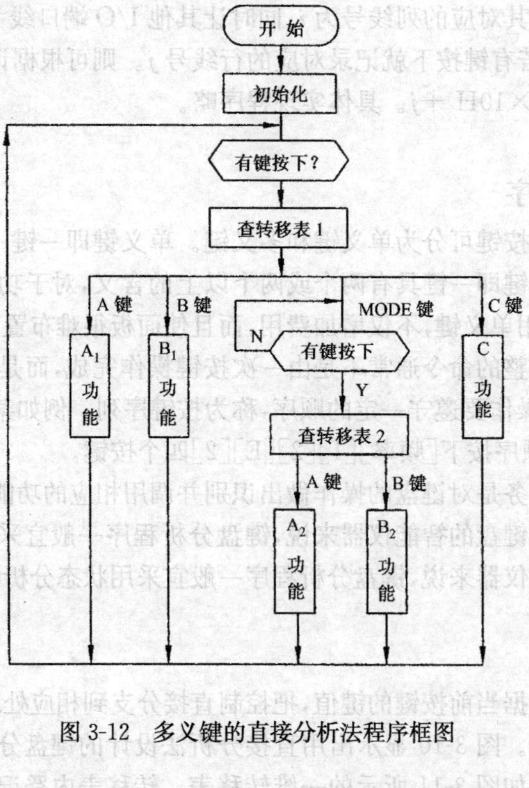

图 3-12　多义键的直接分析法程序框图

直接分析法的优点是简明直观，缺点是命令的识别和处理程序的执行交错在一起，相互牵制，层次不清楚，当采用多用键，复用次数较多时，这一矛盾尤其突出。用状态分析法可以克服这些缺点。

3.1.3.2 状态分析法

状态分析法是将键盘分析程序作为时序系统，在一定的条件下系统可以处于某种状态，当条件改变后，它的状态可以发生变迁，即从一个状态变到另一个状态。

如果把键盘输入作为分析程序的输入条件，每当一个按键按下时，分析程序将根据它自己的现行状态和输入条件，决定产生何种相应动作以及变迁到哪一个新状态。在每个状态下，各按键都有确定的含义，在不同的状态下，同一按键又可能会具有不同的含义。引入状态概念后，只需在存储器内开辟存储单元“记忆”当前状态，而不必记住以前各次按键的情况，就能对当前按键的含义做出正确的解释，简化程序设计。

为了便于理解，下面以某一种程控函数发生器为例说明状态分析法具体实施步骤。设该程控函数发生器面板按键的排列布局如图 3-13 所示。

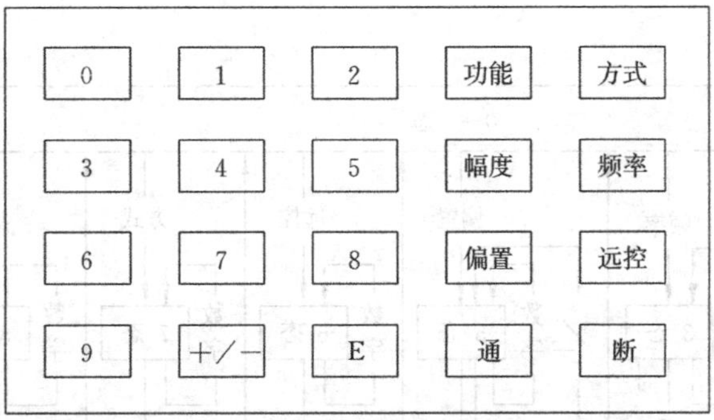

图 3-13　程控函数发生器面板按键布局示意图

一般来说状态分析法可分为以下四步进行：

1. 用状态图准确表述按键操作序列的定义

本仪器按键操作序列的定义如下：

［功能］［数字］　　选择仪器的输出功能
　　　　［0］　　输出正弦波信号
　　　　［1］　　输出三角波信号
　　　　［2］　　输出方波信号
　　　　…… ……
［方式］［数字］　　选择仪器的输出方式
　　　　［0］　　连续输出
　　　　［1］　　触发输出
　　　　［2］　　门控输出
　　　　…… ……
［远控］［数字］……［数字］　设定仪器远控寻址地址参数
［频率］［数字］……［数字］［E］［数字］……［数字］　　设定仪器输出频率参数
［幅度］［数字］……［数字］［E］［+/−］……［数字］　　设定仪器输出信号幅度

[偏置][数字]……[+/-]……[数字]　设定仪器输出信号的直流偏置
[通]　使仪器有信号输出或更新输出
[断]　使仪器无信号输出

按键操作序列的定义除了应有一定规律、符合传统的习惯之外,还应具有一定的灵活性。比如,各非数字键操作的先后顺序可以任意,可以先设置频率后设置幅度,也可以先设置幅度后设置频率;数字键可以按任意次,但以最后的若干次为有效操作;数字键和+/-键的次序可以任意;若键序有错误,仪器应不予理睬而自动采纳正确部分……。此外,仪器在设置输出信号的频率、幅度、偏置以及远控地址时,显示器应做出相应的实时显示。

很显然,上述按键操作的定义应是完备的、无二义的。然而要用语言将一台较复杂的智能仪器全部按键操作的定义进行准确的表述是困难的,但用状态图可以做到这一点。

状态图即仪器工作的流程图,由状态框、状态变迁通道和表语组成:状态框代表仪器所处的状态;状态变迁通道(带箭头的直线或折线)代表状态变迁关系,起点表示现行状态(简称现态,用 PREST 表示),终点表示下一状态(简称次态,用 NEXST 表示),不同的变迁通道对应于不同的动作程序;表语代表状态的变迁条件,即被按下键的键名。图 3-14 显示出该仪器的状态图。

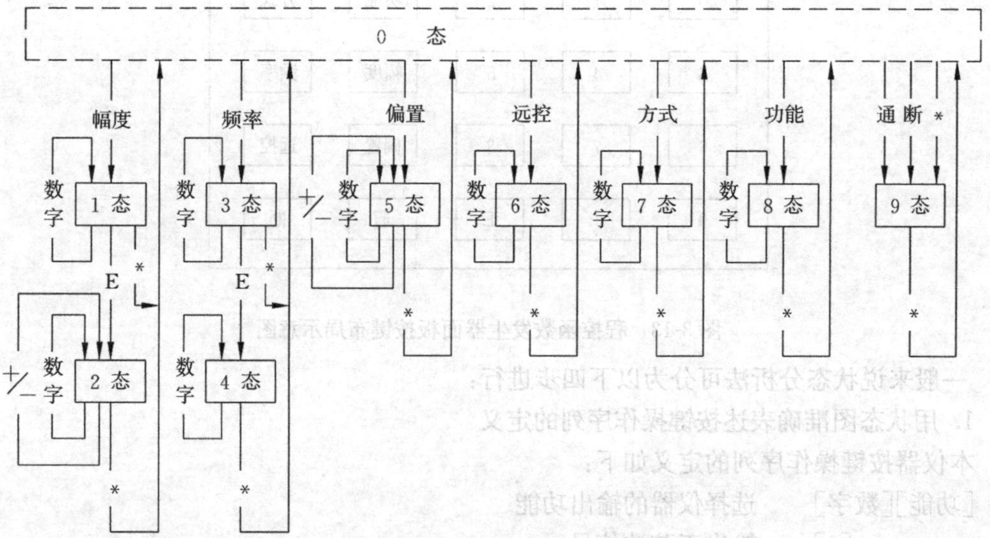

图 3-14　函数发生器的状态图

图中的 0 态用虚线画出,用以强调它是一个不稳定的过渡状态。图中的 * 键是表示未指明的其他全部按键的集合,由 * 键所致的状态变迁,将经过不稳定的 0 态后分别变迁到有关的下一状态,这样做是为了避免不必要的两次按键。比如,若在 2 态按了[频率]键,则状态先转至 0 态尔后便会自动进入 3 态。

状态图是包含所有规定的状态以及变迁条件与方向的完备集合。在某个状态,每个键只能有一个含义,如果某键存在两个含义,则必须设立两个状态加以区别。相反,若在两个或两个以上的状态下,所有按键的含义都相同,则应将状态合并。任一现行状态变迁到下一状态都伴随着一个处理程序。

2. 状态表

状态表是键盘分析程序的核心。表 3-2 即是由上述状态图导出的状态表。它用图表的形式清楚地表明:当仪器处于某一现行状态(PREST)时,若有键(FNKEY)按下,它将脱离现行状态(PREST)变迁到相应的下一状态(NEXST),并执行规定的动作程序(ACT *N*)。

表 3-2 函数发生器的状态表

现行状态 (PREST)	按键 (FNKEY)	下一状态 (NEXST)	动作程序 (ACT *N*)	动作程序内容 (COMONT)
0 态	幅度 (6)	1 态	ACT 1	显示相应参数
	频率 (7)	3 态		
	偏置 (8)	5 态		
	远控 (9)	6 态		
	方式 (5)	7 态	ACT 0	无 操 作
	功能 (4)	8 态		
	通 (A)	9 态	ACT 2	接通 输出
	断 (B)	9 态	ACT 3	断开 输出
	* (0)	9 态	ACT 0	无 操 作
1 态	数字 (1)	1 态	ACT 4	设置幅度尾数
	E (3)	2 态	ACT 0	无 操 作
	* (0)	0 态		
2 态	数字 (1)	2 态	ACT 5	设置幅度指数
	+/- (2)	2 态	ACT 6	改变幅度符号
	* (0)	0 态	ACT 0	无 操 作
3 态	数字 (1)	3 态	ACT 7	设置频率尾数
	E(3)	4 态	ACT 0	无 操 作
	* (0)	0 态		
4 态	数字 (1)	4 态	ACT 8	设置频率指数
	* (0)	0 态	ACT 0	无 操 作
5 态	数字 (1)	5 态	ACT 9	设置偏置幅度
	+/- (2)	5 态	ACT A	改变偏置符号
	* (0)	0 态	ACT 0	无 操 作
6 态	数字 (1)	6 态	ACT B	设置远控地址
	* (0)	0 态	ACT 0	无 操 作
7 态	数字 (1)	7 态	ACT C	设置方式代号
	* (0)	0 态	ACT 0	无 操 作
8 态	数字 (1)	8 态	ACT D	设置功能代号
	* (0)	0 态	ACT 0	无 操 作
9 态	* (0)	0 态	ACT 0	无 操 作

表中 FNKEY 一栏中所采用按键的编码是功能键码，而不是顺序码（键值）。这样做是为了缩小程序中状态表的规模。按键的键值与功能键码的关系如表 3-3 所示。表中 10 个数字键属于同一性质，用 FNKY 为 1 代表。这样做可简化状态表，并减少动作程序的数量。为了在处理数据时能够区别不同的数字键，又定义了数字键码 NUMB。

表 3-3　该函数发生器的状态按键编码对照表

按键名	键值	FNKY	NUMB	按键名	键值	FNKY	NUMB
0	0	1	0	+/-	A	2	*
1	1	1	1	E	B	3	*
2	2	1	2	功能	C	4	*
3	3	1	3	方式	D	5	*
4	4	1	4	幅度	E	6	*
5	5	1	5	频率	F	7	*
6	6	1	6	偏置	10	8	*
7	7	1	7	远控	11	9	*
8	8	1	8	通	12	A	*
9	9	1	9	断	13	B	*

3. 固化状态表

为了让微处理器能使用状态表，应将其转变成可供微处理器查询的形式。为此按一定的格式将表 3-2 构造成三张表：主表（仪器操作状态表），状态表入口地址表和处理子程序入口地址表。

(1) 主表即仪器操作状态表，实际上是将表 3-3 以适当的形式固化于 ROM 中的相邻单元中。本例使状态表中每一行占三个字节，约定第一个字节存放 FNKEY，第二个字节存放 NEXST，第三个字节存放 ACTN。为节约篇幅，下面仅列出仪器操作状态表的部分内容。

```
          ORG    PST-AD0                  ;操作状态主表
PST-AD0：DB     06H，01H， 01H           ；状态表第 1 行，现态为 0
          DB     07H，03H， 01H           ；状态表第 2 行，现态为 0
                 08H，05H， 01H           ；状态表第 3 行，现态为 0
                 09H，06H， 01H           ；状态表第 4 行，现态为 0
                 05H，07H， 00H           ；状态表第 5 行，现态为 0
                 04H，08H， 00H           ；状态表第 6 行，现态为 0
                 0AH，09H， 02H           ；状态表第 7 行，现态为 0
                 0BH，09H， 03H           ；状态表第 8 行，现态为 0
                 00H，09H， 00H           ；状态表第 9 行，现态为 0
PST-AD1：DB     01H  01H   04H           ；状态表第 10 行，现态为 1
          DB     03H  02H   00H           ；状态表第 11 行，现态为 1
```

```
            DB      00H   00H   00H         ；状态表第 12 行，现态为 1
PST-AD2：   DB      01H   02H   05H         ；状态表第 13 行，现态为 2
            DB      02H   02H   06H         ；状态表第 14 行，现态为 2
            DB      00H   00H   00H         ；状态表第 15 行，现态为 2
…           …       …     …     …           …
```

注意：上述表中标号 PST-AT0，PST-AD1，PST-AD2，……实际隐含表示现态 0、现态 1、现态 2、……。

(2) 状态表入口地址表实际上是一张转换表，其目的是为了检索上述仪器操作状态表。该表将进入状态表的全部现行状态的地址按顺序列在一起，清单如下：

```
        ORG     PET             ；状态表入口地址表
PET：   DB      PST-AD0L        ；状态 0 入口地址 A0～A7
        DB      PST-AD1L        ；状态 1 入口地址 A0～A7
        DB      PST-AD2L        ；状态 2 入口地址
…       …       …               …
        DB      PST-AD9L        ；状态 9 入口地址
```

注意：查该表时，PET 为首地址，现行状态为偏移量，便可方便地进入仪器操作状态表。

由于操作状态表是按顺序排列并假定在存储器的同一页上，故状态入口地址表使用主表地址的低段 A0～A7，如果状态表不排在同一页上，状态入口应使用全地址。

(3) 处理程序入口表也是一个转换表，其作用是根据从操作状态表查取的动作程序的序号，查该表取得相应动作程序的入口地址。清单如下：

```
        ORG     ACTP            ；处理程序入口表
ACTP：  DB      ACTL 0          ；处理程序 ACT 0 入口地址
        DB      ACTL 1          ；处理程序 ACT 1 入口地址
        DB      ACTL 2          ；处理程序 ACT 2 入口地址
…       …       …               …
        DB      ACTL D          ；处理程序 ACT D 入口地址
```

4. 设计键盘分析程序

在设计键盘分析程序时，应先在仪器系统的存储区内分配若干相邻的存储单元作为程序的工作缓冲区，用以暂存 FNKEY、PREST、ACT N 等。当某键被按下时，键盘分析程序首先识键、求键值，并根据该键值通过查表(根据表 3-3)将其转换成 FNKEY 和 NUMB，并用它们更新缓冲区中相应单元的内容。再从工作缓冲区读取 PREST，以它作偏移量，从状态表入口地址表中取得进入操作状态表的入口地址。然后根据 FNKEY 查阅操作状态表，若发现其中某一项的第一字节的内容与 FNKEY 匹配时，再取第二字节和第三字节的内容(即 NEXST 和 ACT N 参数)，把 NEXST 参数送入工作缓冲区 PREST 单元作为现态。用 ACT N 偏移量查处理程序入口表取得动作程序的入口地址。最后执行动作程序。具体流程图如图 3-15 所示。

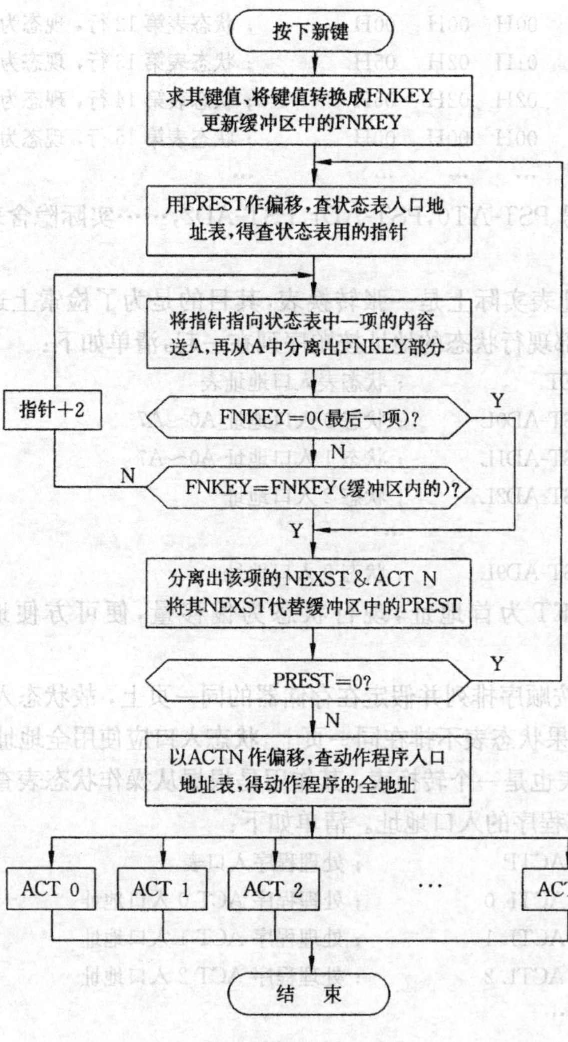

图 3-15　函数发生器键盘分析程序流程图

3.2　LED 显示及接口

智能仪器数码显示一般采用 LED(Light Emitting Diode,发光二极管)和 LCD(Liquid Crystal Display,液晶显示器)两种显示器。虽然这两种显示器的结构有很大的差异,但其接口与控制相似。本节以 LED 显示器为例阐述数码管及其接口技术。

3.2.1　LED 显示原理

LED 是一种由某些特殊的半导体材料制作成的 PN 结,由于参杂浓度很高,当正向偏置时,会产生大量的电子-空穴复合,把多余的能释放变为光能。LED 显示器具有工作电压低、体积小、寿命长(约十万小时)、响应速度快(小于 1μs),颜色丰富(红、黄、绿等)等特点,是智能仪器最常使用的显示器。

LED 的正向工作压降一般在 1.2～2.6V,发光工作电流在 5～20mA,发光强度基本上与正向电流成正比,故电路须串联适当的限流电阻。LED 很适于脉冲工作状态,在平均电流相同的情况下，脉冲工作状态比直流工作状态产生的亮度增强20%左右。

LED显示器有单个、七段和点阵式等几种类型。

3.2.1.1 单个LED显示器

单个LED显示器常用于指示仪器的状态。图3-16为单个LED显示器的接口电路。仪器内微处理器经数据总线D_0～D_7输出待显示的代码，送至输出接口。当某输出端Q为低电平时，对应的单个LED显示器正向就导通并发亮，反之则熄灭。74LS374作为输出口最多能同时驱动8个LED显示器，表示仪器的8个状态信息。

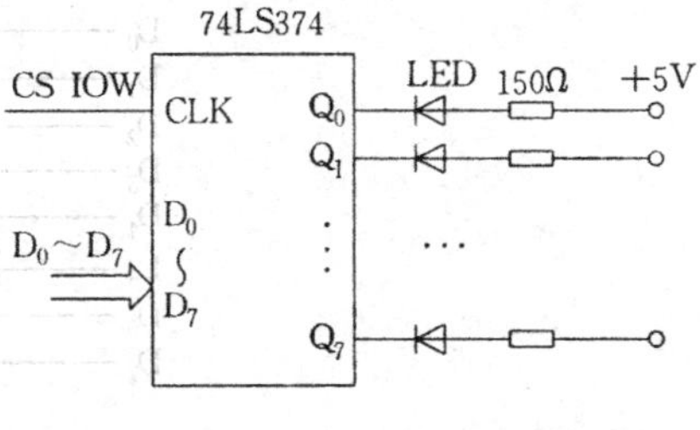

图3-16 单个LED显示器的接口电路

3.2.1.2 七段LED显示器

七段LED显示器由数个LED组成一个阵列，并封装于一个标准的外壳中。为适用于不同的驱动电路，有共阳极和共阴极两种结构，如图3-17所示。用七段LED显示器可组成0～9数字和多种字母，为了适应各种装置的需要，这种显示中还提供有一个小数点，所以实际共有八段。

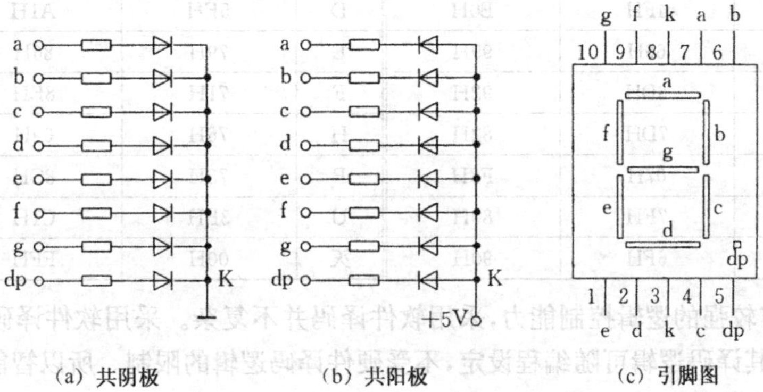

图3-17 七段LED显示器的两种结构

为了显示某个数或字符，就要点亮对应的段，这就需要译码。译码有硬件译码和软件译码之分。硬件译码显示电路见图3-18所示。BCD码转换为对应的七段字型码（简称段码）这项工作由七段译码/驱动器74LS47完成，硬件译码电路的优点是计算机时间的开销比较小，但硬件开支大。

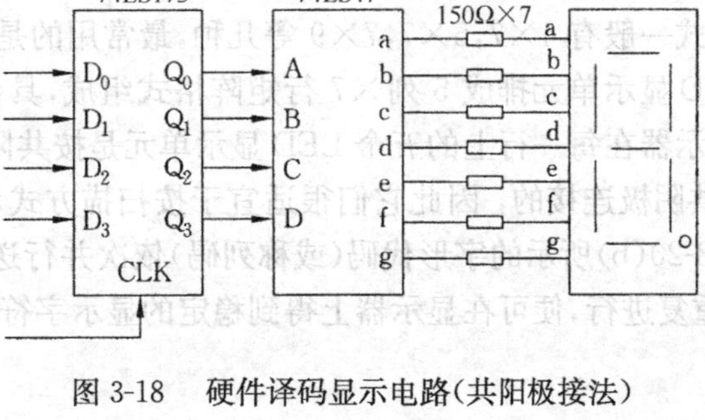

图3-18 硬件译码显示电路（共阳极接法）

软件译码显示电路如图 3-19 所示，与硬件电路相比，软件译码显示电路省去硬件译码器，其 BCD 码转换为对应的段码这项工作由软件来完成。表 3-4 显示出段码与数字、字母的关系。从表 3-4 可以看出，共阳极和共阴极显示器的段码互为反码。

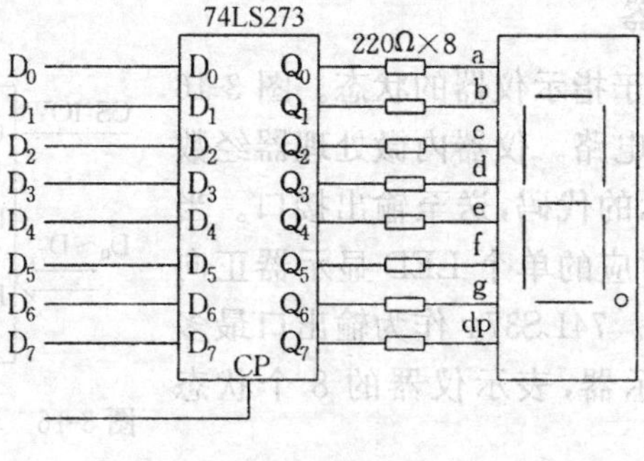

图 3-19 软件译码显示电路(共阴极接法)

表 3-4 LED 显示器字段码

字符	共阴极段码	共阳极段码	字符	共阴极段码	共阳极段码
0	3FH	C0H	A	77H	88H
1	06H	F9H	B	7CH	83H
2	5BH	A4H	C	39H	C6H
3	4FH	B0H	D	5EH	A1H
4	66H	99H	E	79H	86H
5	6DH	92H	F	71H	8EH
6	7DH	82H	H	76H	09H
7	07H	F8H	P	73H	8CH
8	7FH	80H	U	3EH	C1H
9	6FH	90H	灭	00H	FFH

微处理器有较强的逻辑控制能力，采用软件译码并不复杂。采用软件译码不仅可使硬件电路简化，而且其译码逻辑可随编程设定，不受硬件译码逻辑的限制。所以智能仪器使用较多的是软件译码方式。

3.2.1.3 点阵式 LED 显示器

七段 LED 显示器只能显示数字和部分字符，并且字符显示的形状与印刷体相差较大，识别比较困难。点阵式 LED 显示器是以点阵格式进行显示的，因而显示的符号比较逼真。这是点阵式显示器的优越之处。点阵式显示器电路不足之处是接口电路及控制程序较复杂。

点阵式显示器的格式一般有 4×7，5×7，7×9 等几种，最常用的是 5×7 点阵。5×7 点阵字符显示器由 35 只 LED 显示单元排成 5 列×7 行矩阵格式组成，具体结构如图 3-20(a) 所示。图中所示的这种显示器在每一行上的五个 LED 显示单元是按共阳极连接的，每一列上的七个 LED 显示器是按共阴极连接的，因此它们很适宜于按扫描方式动态显示字符。例如若显示字母“A”，可将图 3-20(b)所示的字形代码(或称列码)依次并行送入，同时分时依次选通对应的列，只要不断地重复进行，便可在显示器上得到稳定的显示字符“A”。

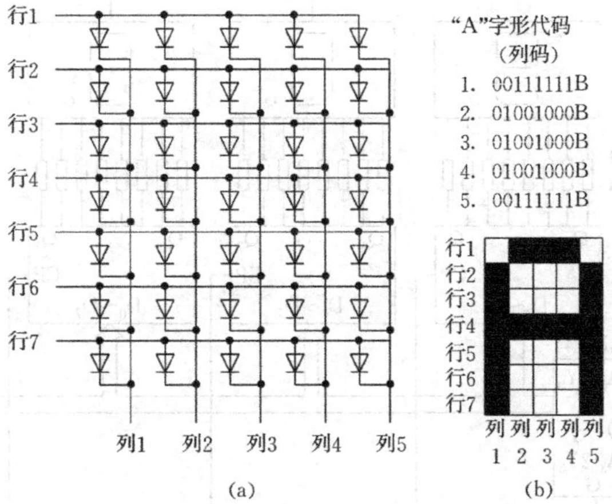

图 3-20　5×7 点阵字符显示器的结构与字形代码

3.2.2　七段 LED 显示及接口

按照显示方式，七段 LED 显示系统有静态显示和动态显示之分。

在静态显示系统中，每位显示器都应有各自的锁存器、译码器(若采用软件译码，译码器可省去)与驱动器锁存器，用以锁存各自待显示数字的 BCD 码或段码，因此，静态显示系统在每一次显示输出后能够保持显示不变，仅在待显数字需要改变时，才更新其数字显示器中锁存的内容。这种显示方式的优点是占用机时少，显示稳定可靠。缺点是当显示的位数较多时，占用的 I/O 口较多。

在动态显示系统中，微处理器或控制器应定时地对各个显示器进行扫描，显示器件分时轮流工作，每次只能使一个器件显示，但由于人的视觉暂留现象，仍感觉所有的器件都在同时显示。此种显示的优点是使用硬件少，占用 I/O 口少。缺点是占用机时长，只要不执行显示程序，就立刻停止显示。随着大规模集成电路的发展，目前已有采用硬件对显示器进行自动扫描管理的专用显示芯片，使电路既简单又少占用机时。

3.2.2.1　静态显示接口电路及显示程序

一个采用软件译码的静态显示电路如图 3-21 所示。七段 LED 显示器采用共阳极接法，发光管的阳极都接＋5V 电源，由于 TTL 电路在低电平时带负载能力较强，发光管阴极经限流电阻直接接到锁存器输出端。图中 74LS244 为总线驱动器，每个 LED 显示器均有一个锁存器(74LS273)用来锁存待显示的段码。当被显示的数据传输到各锁存器的输入端后，究竟哪个锁存器选通，取决于地址译码器 74LS138 各输出位的状态。在本系统中，从左到右各显示位的地址依次为 4000H 至 4003H。

现要求显示器接口电路完成一位极性和 3 位十进制数字的显示，并根据小数点状态信息点亮相应位的小数点。设 8031 片内 RAM 的 30H 至 34H 为显示缓冲区，共五个单元。30H 单元是小数点状态信息存储单元，低 4 位每一位分别对应相应位显示器的小数点，如果为"1"，点亮该点小数点。31H 单元存放极性码，0A 表示正，0B 表示负，其对应的段码为 FFH (显示空白)和 BFH(显示"-")存放于表中 SEG+10 和 SEG+11 单元中。32H 至 34H 顺序存放从高位到低位被显示的 3 位十进制数字。

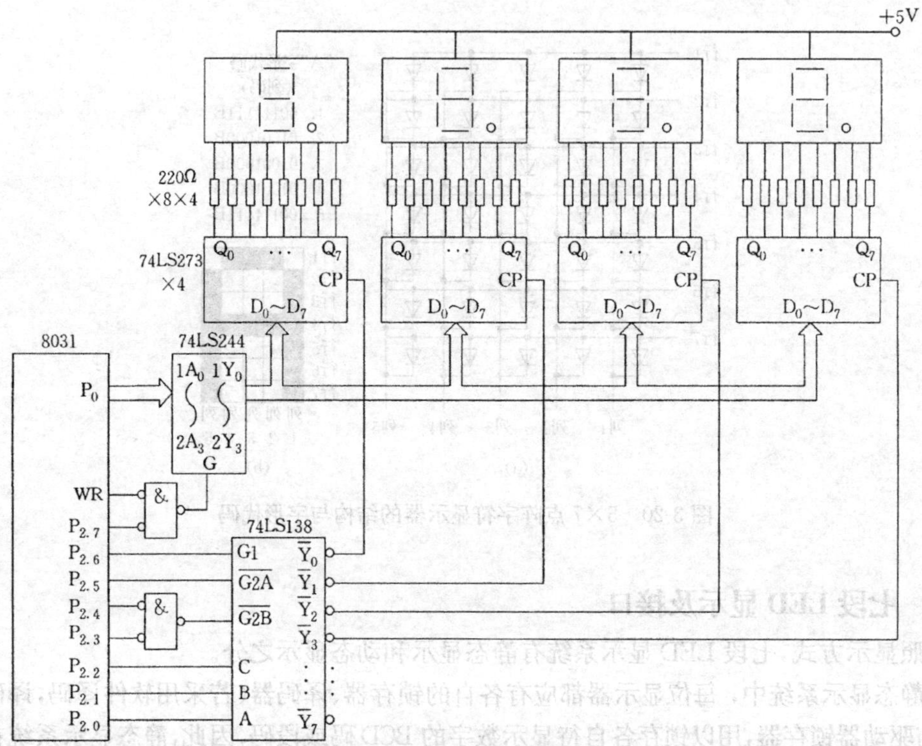

图 3-21　软件译码静态显示电路原理图

完成上述显示任务的显示子程序流程图如图 3-22 所示。显示前，首先将小数点状态信息送入 R1，然后依次从显示缓冲区取出数据，通过查表取出相应的段码，并经小数点状态判别处理后输出显示。小数点状态判别是通过对 R1 中的 D_3 位测试来实现的。若 D_3 为“1”表示要点亮该位小数点，应将查表取得的段码的 D_7 位置为“0”后，再输出到相应的锁存器中，这样就会点亮该位小数点。若为“0”，则不需点亮该位小数点，此时将查表取得的段码直接输出。每输出一位数据，R1 中的内容就左移一位，以适应对下一位小数点的判别。

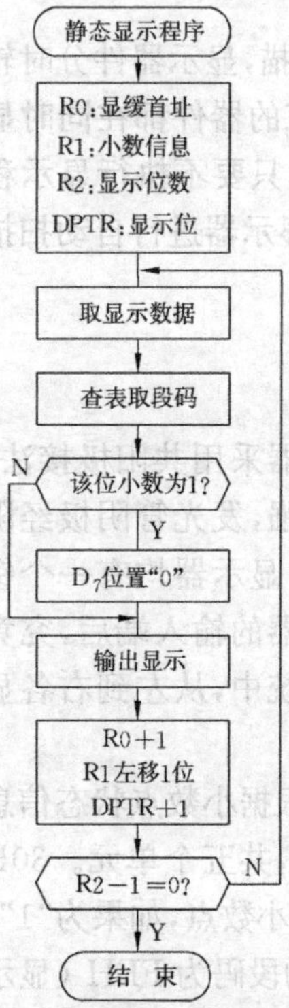

图 3-22　流程图

根据流程图，可写出程序清单如下：

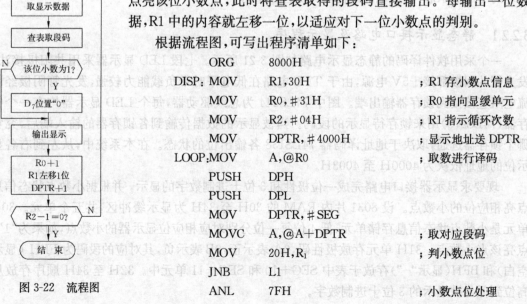

```
        ORG     8000H
DISP:   MOV     R1,30H          ；R1 存小数点信息
        MOV     R0,＃31H        ；R0 指向显缓单元
        MOV     R2,＃04H        ；R1 指示循环次数
        MOV     DPTR,＃4000H    ；显示地址送 DPTR
LOOP:   MOV     A,@R0           ；取数进行译码
        PUSH    DPH
        PUSH    DPL
        MOV     DPTR,＃SEG
        MOVC    A,@A+DPTR       ；取对应段码
        MOV     20H,R1          ；判小数点位
        JNB     L1
        ANL     7FH             ；小数点位处理
```

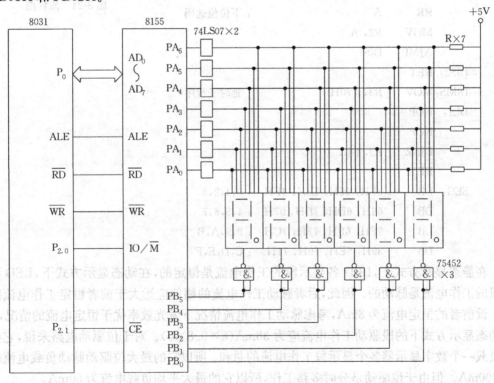

```
L1:     POP     DPL
        POP     DPH
        MOVX    @DPTR,A          ;段码送显
        INC     R0               ;调整
        INC     DPTR             ;调整
        MOV     A, R1            ;R1 左移一位
        RL      A
        MOV     R1, A
        DJNZ    R2, LOOP         ;显示是否完成
        RET
SEG:    DB      0C0H, 0F9H, 0A4H ;0,1,2
        DB      0B0H, 99H, 92H   ;3,4,5
        DB      82H, 0F8H, 80HH  ;6,7,8
        DB      90H, 0FFH, 0BFH  ;9,空,-
```

3.2.2.2 动态扫描显示接口电路及显示程序

采用动态扫描方式的六位七段 LED 显示器接口电路如图 3-23 所示。LED 显示器采用共阴极接法，接口芯片采用 8155，其中 PA 口用于输出段码，PB 口用于输出位选码，其地址分别为 FD01H 和 FD02H。

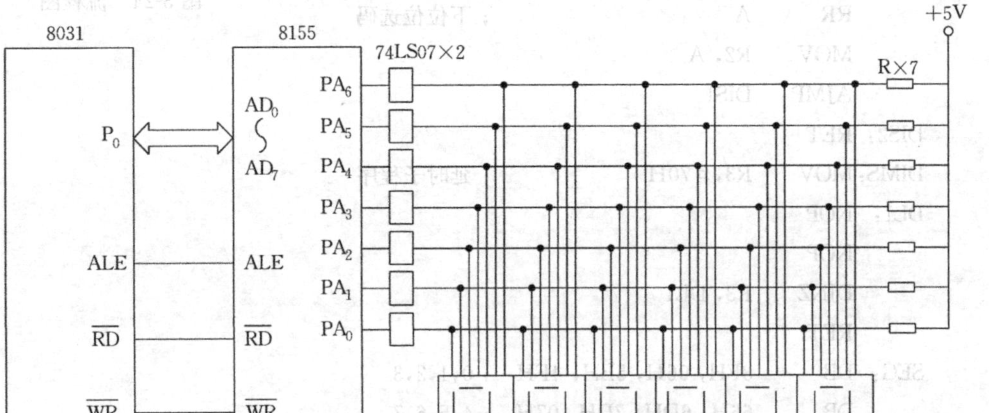

图 3-23　动态扫描显示器接口电路

设显示缓冲区为 30～35H，工作时，先取出一位要显示的数(十六进制数)，利用软件译码的方法求出待显示数对应的段码，送至 8155 的 A 口，然后再将位码送至 8155B 口，于是选中

的显示器点亮。若将各位从左至右依次进行显示，每位数码管显示 3～5ms，显示完最后一位后，再重复上述过程，则可得到连续的显示效果。

设对 8155 的初始化工作已在主程序中完成，则完成上述显示任务的子程序流程图如图 3-24 所示，程序清单如下：

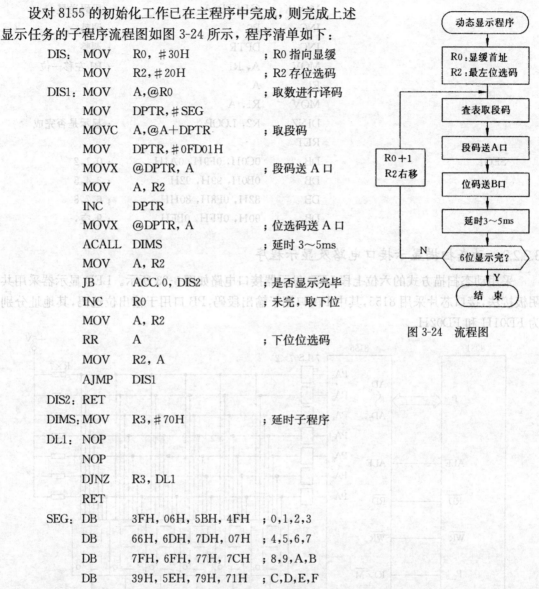

```
DIS:   MOV    R0, #30H              ; R0 指向显缓
       MOV    R2, #20H              ; R2 存位选码
DIS1:  MOV    A,@R0                 ; 取数进行译码
       MOV    DPTR, #SEG
       MOVC   A,@A+DPTR             ; 取段码
       MOV    DPTR, #0FD01H
       MOVX   @DPTR, A              ; 段码送 A 口
       MOV    A, R2
       INC    DPTR
       MOVX   @DPTR, A              ; 位选码送 A 口
       ACALL  DIMS                  ; 延时 3～5ms
       MOV    A, R2
       JB     ACC.0, DIS2           ; 是否显示完毕
       INC    R0                    ; 未完，取下位
       MOV    A, R2
       RR     A                     ; 下位位选码
       MOV    R2, A
       AJMP   DIS1
DIS2:  RET
DIMS:  MOV    R3, #70H              ; 延时子程序
DL1:   NOP
       NOP
       DJNZ   R3, DL1
       RET
SEG:   DB     3FH, 06H, 5BH, 4FH    ; 0,1,2,3
       DB     66H, 6DH, 7DH, 07H    ; 4,5,6,7
       DB     7FH, 6FH, 77H, 7CH    ; 8,9,A,B
       DB     39H, 5EH, 79H, 71H    ; C,D,E,F
```

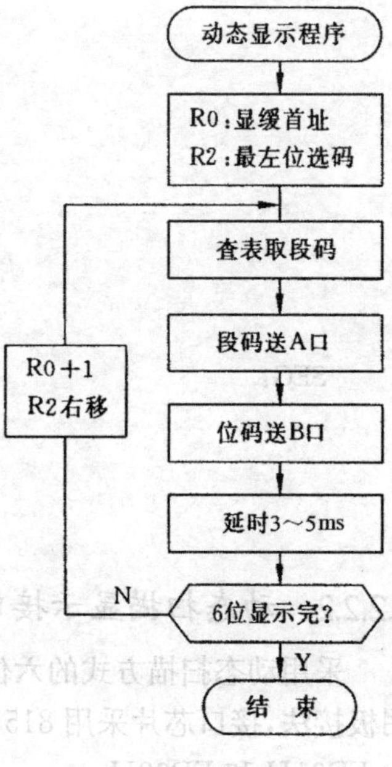

图 3-24 流程图

在静态显示方式下，LED 各显示段的工作电流是恒定的，在动态显示方式下，LED 各显示段的工作电流是脉动的。因此，后者脉动工作电流的幅值应远大于前者恒定工作电流的幅值。设前者的恒定电流为 8mA，考虑脉动工作电流情况下发光效率优于恒定电流的情况，则 6 位动态显示方式下的段驱动工作电流应为 38mA(8×0.8×6)。对于位驱动电路来说，它必须能负载一个数字显示器各个显示段工作电流的总和。所以它的最大位驱动脉动负载电流应约为 300mA。但由于位驱动是分时多路工作，所以它的最大平均负载电流为 50mA。

在动态显示系统中，一位数字的显示持久时间不允许超过其额定值，更不允许系统长久地停止扫描刷新，否则，某一个数字显示器和位驱动电路将因长时间流过较大的恒定电流而被损坏。同时，动态显示方式所能容许的显示数字的个数是有限的(一般 $N \leqslant 16$)，这是由于显示系统所能容许最大脉动工作电流是有限的。而静态显示方式无上述限制。

3.2.3 点阵 LED 显示及接口

实现点阵显示的原理如图 3-25 所示。图中字符 ROM 是一个很关键的部件。字符 ROM 中存放着所有被显示字符的字形代码,其地址线分别接系统的数据线和五分频计数器的输出端,其数据线接到点阵显示器的 7 条行线上。五分频计数器的输出端同时接到字符 ROM 的低位地址线上和显示器的译码器上,用做两者的同步信号。为了方便实际的编程工作,字符 ROM 中存放的所有字符的字形码是按 ASCII 码表的顺序存放的,并且每组字形码首地址的高 7 位(A_3~A_9)与该字符的 ASCII 码一致。这样,只要向显示 ROM 进行一次某字符的 ASCII 码的写入操作,便可启动该字符的显示。现假设要显示的字符为"A",则由系统的数据线通过输出口送出"A"的 ASCII 码 0100001,就选中了字符 ROM 中字符"A"字形代码所在的区域。如果五分频计数器输出为 000,则字符 ROM 的高低位地址共同形成"A "字形代码区的首地址,所以字符 ROM 输出的应该是字符"A"对应的第一列字形码 00111111,又由于计数器输出的 000 经译码选中的是显示器的第一列,所以字形码中 1 所在行的 LED 被点亮。当计数器输出为 001 时,就选中显示器的第二列,而字符 ROM 也对应输出第二列的字形码 01001000。由于计数器不断地计数,于是就能选中点阵显示器的所有列,并从 ROM 中取出表示显示字符的所有字形码,从而显示出一个完整的字符。欲显示一个新的字符,只要将这个新的字符的 ASCII 码送到字符 ROM 作高位地址就行了。

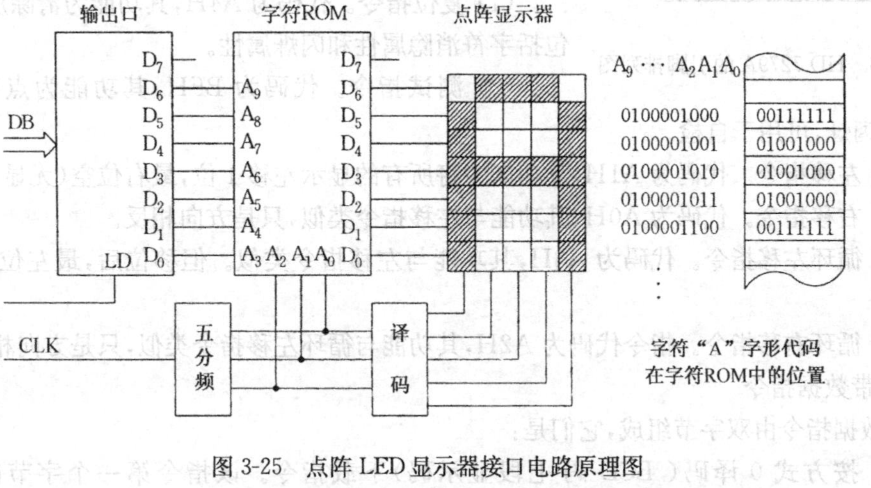

图 3-25 点阵 LED 显示器接口电路原理图

3.3 键盘/LED 显示器接口设计

基于软件扫描的键盘和 LED 显示器的接口方法需要占用 CPU 很多时间,并且接口电路也较烦杂,为了减少这些开销,一些公司设计开发了许多通用型的可编程键盘和 LED 显示器专用控制芯片,例如 Intel 8279、HD 7279A、BC 7280/81 等。这些芯片内部一般都含有接口、数据保持、译码和扫描电路等,单个芯片就能完成键盘和显示器接口的全部功能。本节以 HD 7279A 为例,介绍这类专用控制芯片的应用技术。

3.3.1 HD 7279A 的功能及结构特点

HD 7279A 是一种能同时管理 8 位共阴极 LED 显示器(或 64 个单个 LED 发光管)和多

达 64 键键盘的专用智能控制芯片。它具有自动扫描显示、自边识别按键代码、自动消除键抖动等功能，从而使键盘和显示器的管理得以简化，明显地提高了 CPU 的工作效率；HD 7279A 芯片内具有驱动电路，可以直接驱动 1 英寸及以下的 LED 数码管，还具有两种译码方式的译码电路，因而其外围电路变得简单可靠；又由于 HD 7279A 和微处理器之间采用串行接口，仅占用 4 根口线，使得与微处理器之间的接口电路也很简单。因此，在智能仪器、微型控制器等领域中获得较广泛的应用。

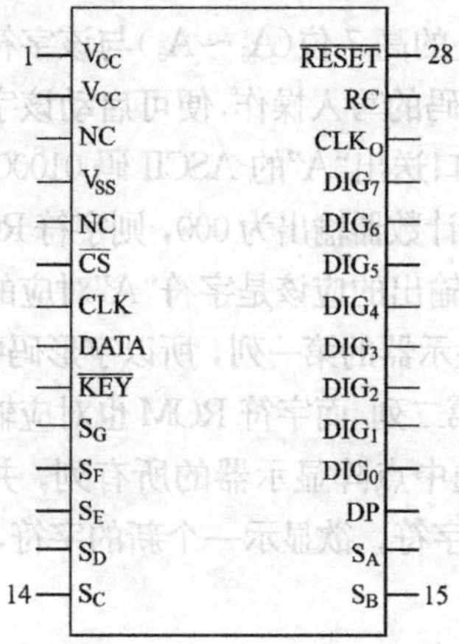

图 3-26　HD 7279A 的引脚排列图

HD 7279A 为单＋5V 电源供电，其引脚排列如图 3-26 所示。其中 $DG_0 \sim DG_7$ 应连接至 8 只数码管的共阴极端，S_A、S_B、S_C、S_D、S_E、S_F 和 S_G 分别连接至数码管的 a、b、c、d、e、f 和 g 端，而 DP 接至数码管的小数点端，RC 引脚用于连接 HD 7279A 的外接振荡元件，其典型值为 $R=1.5\text{k}\Omega$，$C=15\text{pF}$。RESET 为复位端，通常，该线接＋5V 即可。

HD 7279A 的控制指令由纯指令、带数据指令和读键盘代码指令组成。

1. 纯指令

纯指令是 1 字节指令，共有 6 条。它们是：

(1) 复位指令。代码为 A4H，其功能为清除所有显示，包括字符消隐属性和闪烁属性。

(2) 测试指令。代码为 BFH，其功能为点亮所有的 LED 并闪烁，可用于自检。

(3) 左移指令。代码为 A1H，其功能为将所有的显示左移 1 位，最右位空(无显示)。

(4) 右移指令。代码为 A0H，其功能与左移指令类似，只是方向相反。

(5) 循环左移指令。代码为 A3H，其功能与左移指令类似。但移位后，最左位内容移至最右位。

(6) 循环右移指令。指令代码为 A2H，其功能与循环左移指令类似，只是方向相反。

2. 带数据指令

带数据指令由双字节组成，它们是：

(1) 按方式 0 译码（ BCD 码-七段显示码）下载指令。该指令第一个字节的格式为“10000a2a1a0”，其中 a2a1a0 为位地址；第二个字节为按方式 0 译码显示的内容，格式为“dp×××d3d2d1d0”，其中 dp 为小数点控制位，dp 为 1 时，小数点显示；dp 为 0 时，小数点熄灭。d3d2dld0 为按方式 0 译码时的 BCD 码数据，显示内容与 BCD 码数据相对应，BCD 码数据和显示内容的关系如下：

d3d2dld0	0H	1H	2H	3H	4H	5H	6H	7H	8H	9H	AH	BH	CH	DH	EH	FH
显示内容	0	1	2	3	4	5	6	7	8	9	—	E	H	L	P	空

(2) 按方式 1 译码(十六进制码-七段显示码)下载数据指令。该指令的第一个字节格式为“11001a2ala0”，其含义同上一指令；第二个字的格式也与上一指令相同，不同的是译码方式是按方式 0 进行译码，译码后的显示内容与十六进制数相对应。例如数据 d3d2dld0 为“FH”时，LED 显示“F”。

(3) 不译码的下载数据指令。该指令的功能是在指定位上显示指定字符，该指令的第一个字节格式为“10010a2a1a0”，其中 a2a1a0 为位地址；第二个字的格式为“dpABCDEF”，A～G和 dp 为显示的数据，分别对应七段 LED 数码管的各段，当相应位为“1”时，该段点亮，否则不亮。例如数据为“3EH”，则在指定位上的显示内容为“U”。

(4) 段闪烁指令。此指令控制各个数码管的闪烁属性。该指令第一个字节为“88H”，第二个字的 d1～d8 分别与第 1～8 个数码管对应，0 为闪烁，1 为不闪烁。

(5) 消隐指令。第一字节为“98H”，低 8 位分别对应 8 个数码管，1 为显示，0 为消隐。

(6) 段点亮指令。该指令的作用是点亮某个 LED 数码管中的某一段，或 64 个 LED 管中的某一个。高 8 位为“EOH”，低 8 位为相应数码管的相应段，其范围为 00～3FH，其中 00～07H 对应第一个数码管的显示段 G，F，E，D，C，B，A，dp，其余类推。

3. 读键盘代码指令

该指令的作用是读取当前的按键代码。此命令的第一个字节为“15H”，是单片机传输到 HD 7279A 的指令，第二个字节是从 HD 7279A 返回的按键代码。有键按下时其返回代码的范围为 0～3FH；无键按下时返回的代码为 FFH。当 HD 7279A 检测到有效的按键时，KEY 引脚从高电平变为低电平，并保持到按键结束。在此期间，如果 HD 7279A 收到读键盘数据指令，则输出当前的按键代码。

HD 7279A 采用串行方式与微处理器通信，串行数据从 DATA 引脚送入芯片，并与 CLK 端同步。当片选信号变为低电平后，DATA 引脚上的数据（控制指令）在 CLK 引脚的上升沿被写入芯片的缓冲寄存器。控制指令的工作时序图如图 3-27 所示。

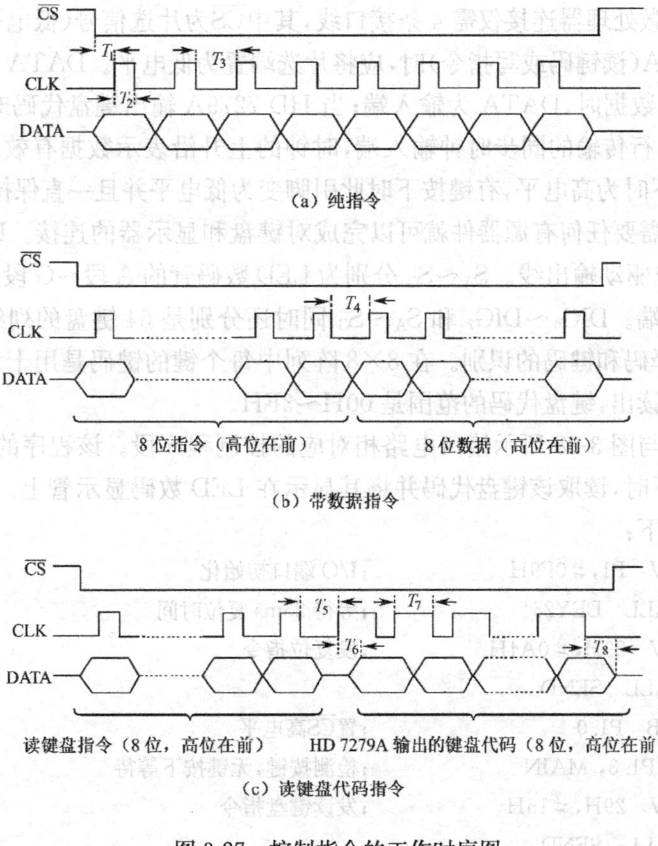

图 3-27 控制指令的工作时序图

3.3.2 键盘/LED 显示器接口设计举例

基于 HD 7279A 的键盘/LED 显示器接口电路如图 3-28 所示。

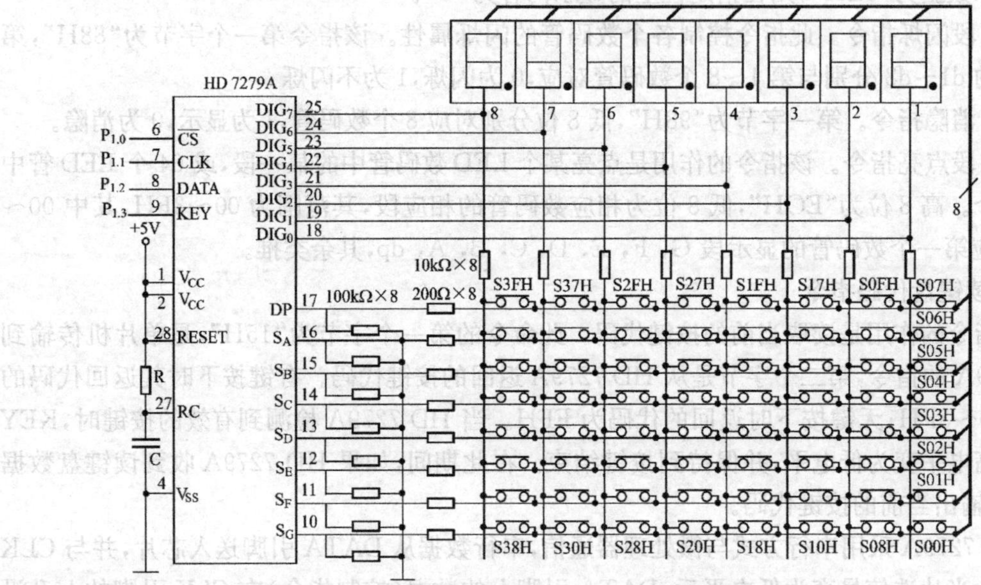

图 3-28 HD 7279A 的典型应用电路

HD 7279A 与微处理器连接仅需 4 条接口线，其中$\overline{CS}$为片选信号(低电平有效)。当微处理器访问 HD 7279A(读键码或写指令)时，应将片选端置为低电平。DATA 为串行数据端，当向 HD 7279A 发送数据时，DATA 为输入端；当 HD 7279A 输出键盘代码时，DATA 为输出端。CLK 为数据串行传输的同步时钟输入端，时钟的上升沿表示数据有效。KEY 为按键信号输出端，无键按下时为高电平，有键按下时此引脚变为低电平并且一直保持到键释放为止。

HD 7279A 不需要任何有源器件就可以完成对键盘和显示器的连接。DIG_0～DIG_7 分别为 8 个 LED 管的位驱动输出线。S_A～S_G 分别为 LED 数码管的 A 段～G 段的输出线。DP 为小数点的驱动输出端。DIG_0～DIG_7 和 S_A～S_G 同时还分别是 64 键盘的列线和行线端口，完成对键盘的监视、译码和键码的识别。在 8×8 阵列中每个键的键码是用十六进制表示的，可用读键盘代码指令读出，键盘代码的范围是 00H～3FH。

这里给出一个与图 3-28 所示接口电路相对应的控制程序段。该程序的功能是对键盘进行监视，当有键按下时，读取该键盘代码并将其显示在 LED 数码显示管上。实现上述功能的主要程序段清单如下：

```
        MOV  P1,#0F9H          ;I/O 端口初始化
        ACALL  DEY25           ;等待 25ms 复位时间
        MOV  29H,#0A4H         ;发复位指令
        ACALL  SEND
        SETB  P1.0             ;置CS高电平
MAIN:   JB  P1.3, MAIN         ;检测按键,无键按下等待
        MOV  29H,#15H          ;发读键盘指令
        ACALL  SEND
```

```
        ACALL   RECE
        SETB  P1.0                          ;置CS高电平
        MOV   B, #10                        ;十六进制数码转换成 BCD 码,以备显示
        MOV   A,28H
        DIV  AB
        MOV   R1,A
        MOV   29H,#0C9H                     ;发送键码的十位值,按方式 1 译码下载显示
        ACALL   SEND
        MOV   29H,R1
        ACALL   SEND
        MOV   29H, #0C8H                    ;发送键码的个位值,按方式 1 译码下载显示
        ACALL   SEND
        MOV   29H, B
        ACALL   SEND
        SETB   P1.0                         ;置CS高电平
WAIT:   JNB   P1.3, WAIT
        AJMP   MAIN
```

在上述主程序中,SEND 子程序是 CPU 向 HD 7279A 发送数据的子程序,RESE 子程序是 CPU 从 HD 7279A 读取数据的子程序,SEND 和 RESE 子程序应按照图 3-27 所示的串形数据传输时序进行编程,其程序清单如下:

```
SEND:   MOV   R2,#08H                       ;发送 8 位
        CLR P1.0
        ACALL   DEYl                        ;延时 50μs(T1)
SLOOP:  MOV    C,   029H.7                  ;输出 1 位到 HD 7279A 的 DATA 端
        MOV    P1.2,C
        SETB   P1.1                         ;置 CLK 高电平
        MOV    A,029H                       ;待发数据左移
        RL     A
        MOV    029H,  A
        ACALL    DEY2                       ;延时 8μs
        CLR       P1.1                      ;置 CLK 低电平
        ACALL    DEY25                      ;延时 8μs(T3)
        DJNZ   R2,SLOOP                     ;检测 8 位是否发送完毕
        CLR    P1.2                         ;发送完毕,置 DATA 端低电平
        RET                                 ;返回
RESE:   MOV   R2,#08H                       ;接收 8 位
        SETB   P1.2                         ;DATA 端置为高电平
        ACALL    DEYl                       ;延时 50μs(T5)
RLOOP:  SETB   P1.1                         ;置 CLK 高电平
        ACALL    DEY2                       ;延时 8μs(T6)
        MOV   28H, A
        RL    A                             ;接收数据左移 1 位
        MOV    028H, A
        MOV    C, P1.2                      ;接收 1 位数据
```

```
MOV   28H, C
CLR   P1.1                    ;置 CLK 低电平
ACALL DEY2                    ;延时 8μs
DJNZ  R2,RLOOP                ;接收 8 位是否发送完毕
CLR   P1.2                    ;接收完毕,DATA 重新置成低电平(输出状态)
RET                           ;返回
```

该程序对键盘的管理采用了查询方式,欲要进一步提高工作效率,可改用中断方式,此时需要将单片机的 $P_{1.0}$ 改为 INT_0 端。这样主程序就不再主动地对 HD 7279A 的 KEY 端进行查询,而只需要在中断申请信号出现时再与 HD 7279A 进行通信。

3.4 CRT 显示及接口

CRT(Cathode Ray Tube,阴极射线管)显示器图文并茂,显示功能非常强,是一种较为完善的显示器。但这种显示器体积大、造价较高,目前主要用于必须显示图形和表格的大中型智能仪器中。例如,数字示波器、逻辑分析仪、频谱仪等。目前,CRT 显示器正面临着 LCD 显示器的巨大挑战。

CRT 显示器的显示原理可分为光栅扫描显示方式和随机扫描显示方式两种类型。光栅扫描方式与电视的扫描方式相同,所以又称电视方式。光栅扫描方式还可进一步分为字符工作模式和图形工作模式。光栅扫描显示器控制灵活,并且可以生成多种色彩高逼真度的图形,随着半导体存储器价格的降低,光栅扫描显示器的应用范围正越来越广。随机扫描方式与示波器的扫描方式相同,所以又称示波器方式。随机扫描显示器划线速度快,分辨率高,但较难生成多种辉度和色彩。本节分别介绍光栅扫描字符显示系统、光栅扫描图形显示系统和随机扫描图形显示系统。

3.4.1 光栅扫描字符显示系统

3.4.1.1 光栅扫描字符显示原理

光栅扫描包括行(水平)扫描和帧(垂直)扫描。由视频信号控制的电子束,在行扫描偏转信号和帧扫描偏转信号的共同作用下,从左上角开始作横过荧光屏的水平扫描。当电子束到达荧光屏的右端时被消隐,并返回左上角的起始端,然后进行下一行的横向扫描,行扫描过程在垂直偏转信号的作用下,从上到下扫过整个屏幕,当电子束扫到右下角时又被消隐,并返回左上角的起始端,开始下一帧的扫描过程。字符是以点阵的形式显示在屏幕上的,在上述电子束扫描过程中,含有字符信息的点阵码(视频信号)控制着电子束的强弱,使屏幕中各像素点或以亮点或以黑点的方式出现,使屏幕出现待显的字符信息。

光栅扫描字符显示系统主要由显示 RAM、字符发生器、并/串移位器、混合电路以及逻辑定时电路等几部分组成。其原理可用图 3-29 来说明。

为了保持显示稳定并且没有闪烁,应以一定速率(一般为 50/60Hz)循环地调用待显字符点阵信息反复地对 CRT 进行扫描。因而需要一个显示缓冲存储器 RAM(简称显示 RAM),提供一帧所需要的全部字符信息。为了减少显示 RAM 的容量,显示 RAM 不保存字符的点阵信息,而保存字符的 ASCII 码。因此为了在屏幕上形成字符点阵,还要求有一个储存字符点阵信息的字符发生器(通常称字符 ROM)。各种字符的 ASCII 代码从显示 RAM 中读出,

送到字符 ROM 作为选择对应这个字符点阵码的字符 ROM 的地址。从字符 ROM 中取出的点阵码是并行比特，而馈给 CRT 的数据应该是串行比特，为此还应有一个移位寄存器把并行的代码比特转换成串行代码比特输出。除此之外，串行代码的输出还应与光栅扫描同步，以保证每个字符都在屏幕的确定位置上出现，因此还要使串行代码与水平、垂直同步信号经混合电路混合，最后才能形成视频输出。

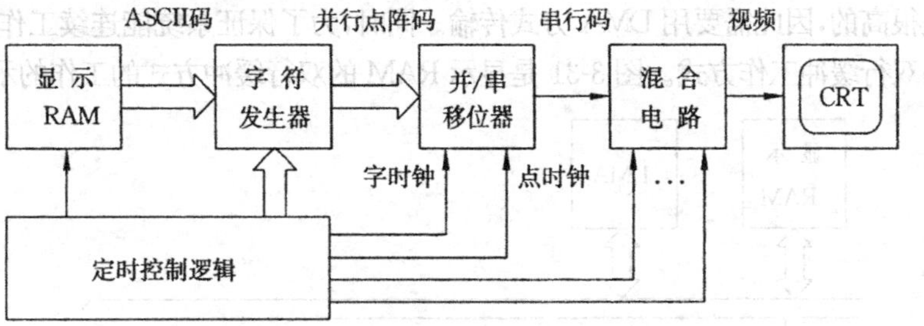

图 3-29　光栅扫描字符显示系统框图

上述 CRT 点阵字符显示与 LED 点阵字符基本原理是相近的。若 CRT 点阵字符采用 5×7 点阵，为了使字列字行之间留有一定的间隔，每个字符实际占用 7×10 点阵，其中下方多空一点行，以备画点划线之用。CRT 点阵字符显示与 LED 点阵字符显示的过程也存在着很大区别。LED 字符显示是逐字显示的，而 CRT 字符显示采用的是电视式逐行扫描方式，因而，其显示顺序是自左而右显示出每一排文字各个字符的同一点行。若字符采用 7×10 点阵，则在扫描完 10 行之后，第一排文字才同时被完整显示，其扫描过程如图 3-30 所示。

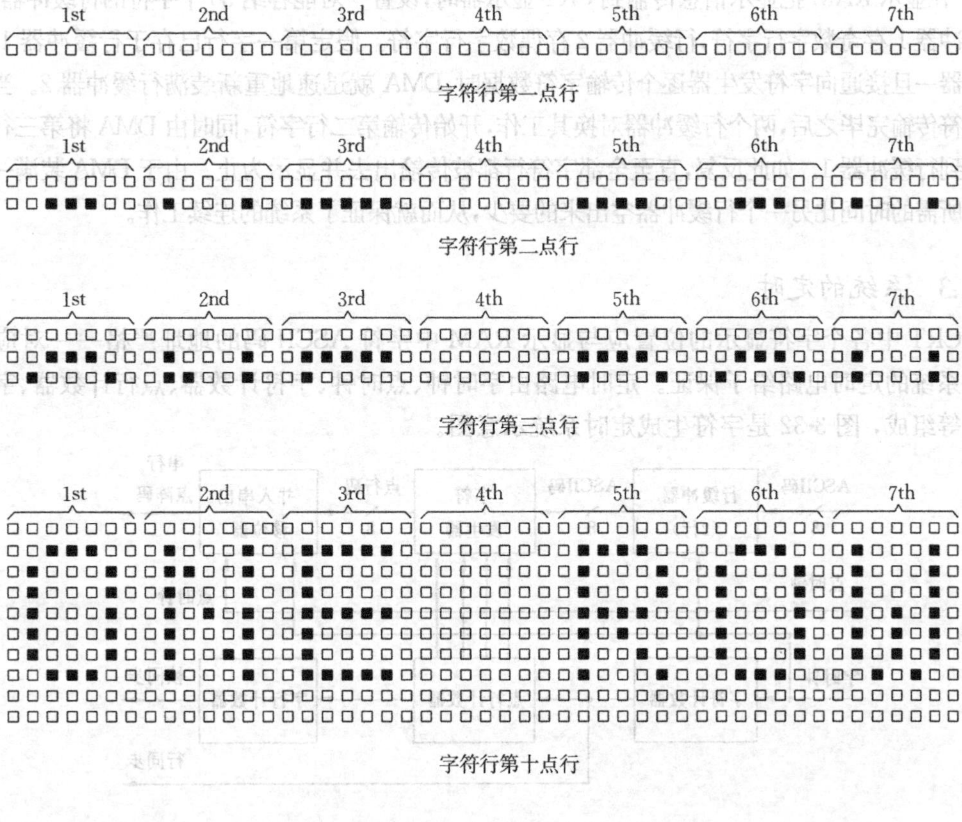

图 3-30　CRT 字符的扫描显示过程示意图

3.4.1.2 双行缓冲器工作方式

为了便于说明问题,设屏幕含有 25 个字符行(25×10=250 点行),每一字符行含 80 个字符(80×7=560 点),则每帧含 25×80=2 000 字符(250×560=14 万显示点)。即显示 RAM 应有 2KB 的容量。若帧频取 50Hz,显示 RAM 向字符发生器每秒要传输 50×80×25=1 000 000个字符,传输数据的速率是很高的,因此需要用 DMA 方式传输。同时,为了保证系统能连续工作,显示 RAM 的读出普遍采用双行缓冲工作方式。图 3-31 是显示 RAM 的双行缓冲方式的工作的示意图。

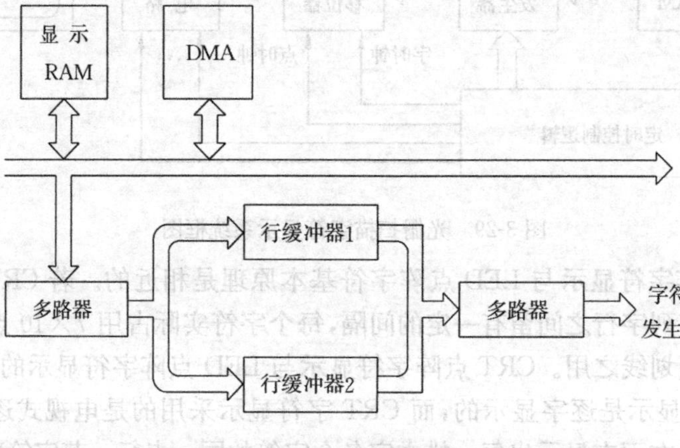

图 3-31　显示 RAM 的双行缓冲工作方式

在显示 RAM 把显示信息传输到 CRT 显示器时,设置一对能容纳 80 个字符的行缓冲器,其中行缓冲器 1 存奇数字行字符,行缓冲器 2 存偶数字行字符。假定第一字行已存于行缓冲器 1,当行缓冲器一旦接通向字符发生器逐个传输字符数据时,DMA 就迅速地重新装满行缓冲器 2。当第一行字符传输完毕之后,两个行缓冲器对换其工作,开始传输第二行字符,同时由 DMA 将第三行字符输入到行缓冲器 1。如此反复,直至全部字符行都被传输出去并显示为止。由于 DMA 装满一个缓冲器所需的时间比另一个行缓冲器空出来的要少,从而就保证了系统的连续工作。

3.4.1.3 系统的定时

CRT 中各个字符显示的位置应与显示 RAM 中字符 ASCII 码的地址严格一一对应。这需要系统的定时电路给予保证。定时电路由字时钟、点时钟、字符计数器、点行计数器、字行计数器等组成, 图 3-32 是字符生成定时系统示意图。

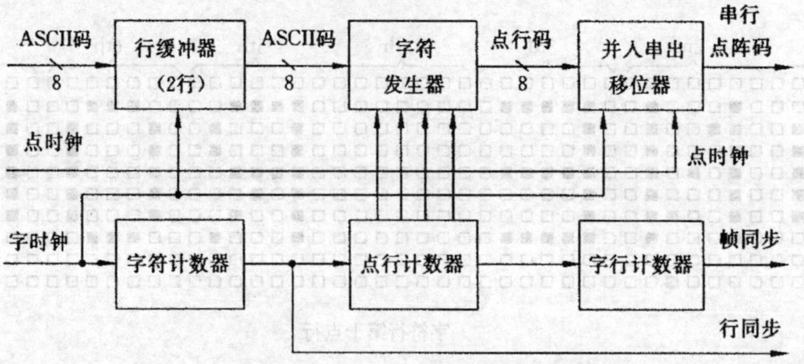

图 3-32　字符生成定时系统示意图

在字符行缓冲器中暂存有两行待显字符的 ASCII 码，每行字符在字时钟的驱动下，逐个输送给字符发生器。由于 CRT 显示方式是以点行为单位逐行显示(每字行含 10 点行)，所以，行缓冲器中的 80 个字符要输出 10 次，因此在字符计数器之后设立十进制点行计数器。

寄存在行缓冲器中的这些 ASCII 码字符在字时钟的驱动下被逐个输送出作为字符发生器的高位地址，同时，字时钟经字符计数器产生行同步脉冲。点行计数器输出作为字符发生器的低位地址，并使点行计数器的溢出信号作为一行字符传输完毕信号，这样就保证每行字符向字符发生器循环发送 10 次。由于有点行计数器的存在，使得字符发生器在第一个循环里，传输的内容是该行 80 个字符的第一点阵行的点阵码，在第二个循环里，传输的内容是该行 80 个字符的第二点阵行的点阵码，其余类推。点行计数器的输出还接有字行计数器，以便生成帧同步信号。

字符发生器输出的字符点阵码(七位)，在字时钟的作用下，还同时并行装入移位寄存器，在点时钟的作用下，移位寄存器又将该点行码串行输出，此时点行计数器保持不变，重复上述过程，直至完成这一点行相应点行码变换为串行输出为止。此时点行计数器加一输出，又重复上述操作，完成这一行字符下一点行码的变换与串行输出，待点行计数器计满复位之后，便完成这一行字符每一点行码的变换与串行输出。接着字行缓冲器输出其中另一字符行缓冲单元中字符的 ASCII 码，供同样的变换为相应的串行点阵码输出。同时，DMA 迅速由显示 RAM 快速读入下一行待显字符的 ASCII 码，并将它写入字行缓冲器已空出的字行缓冲单元内，供显示再下行字符用。这样，字行缓冲器边输出某一字行，边输入缓存下一字行，重复地交换上述操作过程，就完成所有字符行的串行点阵码的变换与输出。

3.4.1.4 CRT 显示电路的组成

由上述分析可以看出，CRT 显示电路的控制电路是复杂的。为方便设计，许多厂家已制作了许多专供控制 CRT 显示器用的大规模集成 CRT 控制器(CRTC)。在使用现成的 CRTC 时，一般还需要配用适当的支持电路，如字符发生器等。

典型的 CRT 控制器有 Intel 8275CRTC 和 Motorola 6845CRTC。图 3-33 是 8275CRTC 内部结构框图。图中左边部分与 CPU 和 DMA 控制器相连，右边部分与 CRT 显示器相接。其中字符计数器、点行计数器、字行计数器、行缓冲器的功能与前述基本一致，但具有可编程功能。8275 允许编程范围是每行显示 1～80 个字符，每帧 1～64 行字符，每行的点行数为 1～16 等。除此之外还提供各种视频控制信号，例如：HRTC(水平回扫定时)、VRTC(垂直回扫定时)、RVV(视频倒相)等。

由 8275CRTC 组成的光栅扫描显示系统如图 3-34 所示，CPU 可用程序访存操作方式随时将待显字母的 ASCII 码写入显示 RAM 中，更新显示内容。同时系统用 DMA 方式定时地依次读出显示 RAM 中的内容至 8275 的行缓冲器中。DMA 传输的过程是先将来自 CRTC 的 DMA 请求信号(DRQ)传输给 CPU，并将来自 CPU 的响应信号(DACK)传输给 CRTC。然后，利用微处理器让出的总线，从显示 RAM 中特定的存储单元开始，快速地将一定数量的字符块传到 8275 的行缓冲器中。

当开始把最后一行字符传输到 8275 的行缓冲器中时，8275 将向 CPU 发出中断请求，CPU 确定中断源是 8275 时，便调用中断服务程序，在系统回程这段时间内，使 8257DMA 控制器重新预置起始地址及终点计数器参数，以便执行下一个显示刷新周期。

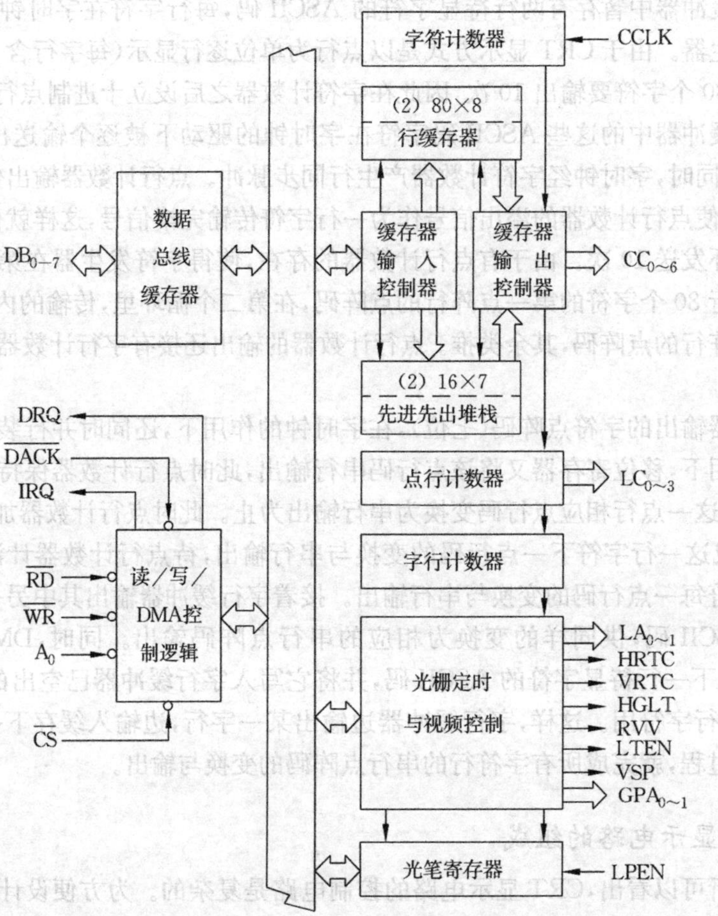

图 3-33　8275CRTC 内部结构框图

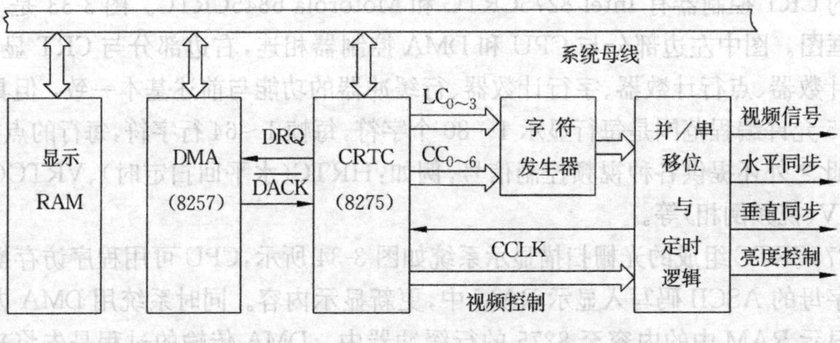

图 3-34　8275 组成的光栅扫描字符显示系统

3.4.2　光栅扫描图形显示系统

在字符光栅显示系统中，显示 RAM 中存放的是字符的 ASCII 码，所以必须经字符发生器变成相应的点阵码才能传输至显示器，显示器显示内容与显示 RAM 存放内容关系如图 3-35(a)所示。而在图形显示系统中，显示 RAM 存放的是由软件形成的图形点阵，显示 RAM 中每个存储单元中的每个数位都与显示屏上的某一像素点一一对应，其关系如图 3-35(b)所示。所以图形光栅显示系统中不再需要字符发生器。

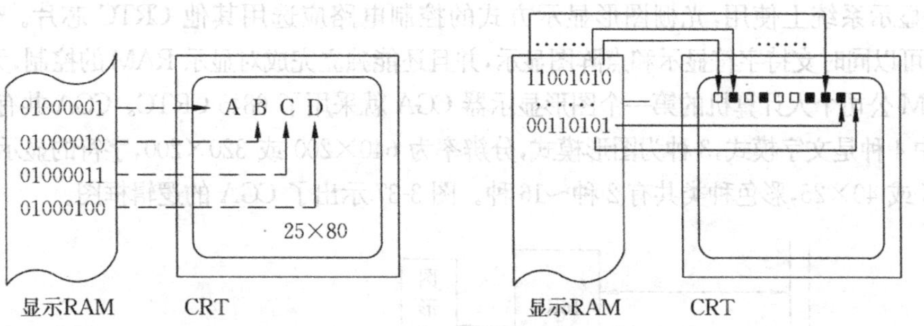

(a) 字符显示系统　　(b) 图形显示系统

图 3-35　显示 RAM 的内容与显示器显示内容的关系

从显示 RAM 读出一位的时间应该与电子束扫过一个像素点的时间相同，大约为100ns，这对普通存储器是困难的。但对存储器的访问一般都是以字节为单位进行的，我们可以每次读出一个字节作为 8 个连续的像素点，再由高速的并行－串行转换电路将这 8 位串行输出。这样存储器的速度就可以降低 8 倍。

光栅扫描图形显示系统原理框图如图 3-36 所示。设该屏每行有 512 个像素点(占 64 字节)，共有 256 点行，则全屏约含 13 万个像素点，显示 RAM 容量应为 16KB。在刷新过程中，微处理器系统可通过地址缓冲器依次寻址，使显示 RAM 诸存储单元通过数据缓冲器，顺序地写入已由软件生成的待显图形的点阵数据，更新其中的显示信息。在显示过程中，在字时钟的作用下，通过字时钟计数器和行计数器形成的地址，依次寻址显示 RAM 各存储单元，按直接访存方式顺序地按字节读出其中的数据信息供给移位寄存器。这些数据信息由字时钟并行地装入移位寄存器，并由点时钟将它串行移出。这样依次逐行地顺序装入，再经并行-串行转移，便可反复地刷新显示屏上的图形。

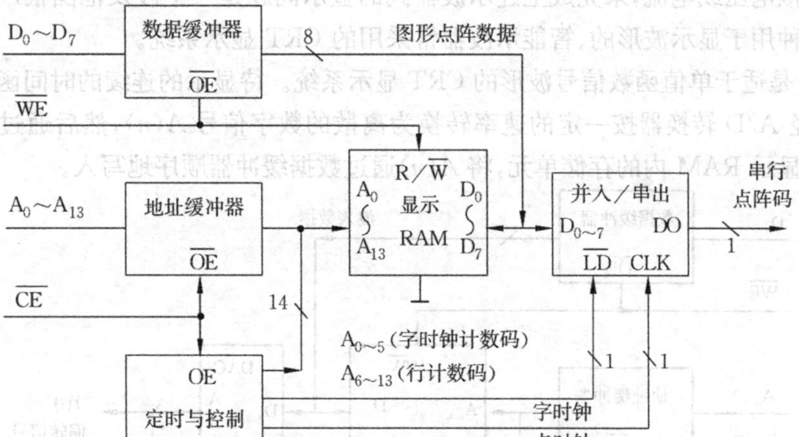

图 3-36　光栅扫描 CRT 图形显示系统原理框图

光栅扫描图形系统也可处理文字，所不同的是，这里的文字是当做图形来处理的，即以点阵码形式直接存于 RAM 中，再按与上述相同的原理处理。在显示的图形上还可方便地叠加所需的光标等辅助功能达到仪器系统的各种显示要求。因而光栅扫描图形系统是一种使用灵活方便、功能很强的仪器显示装置。

光栅图形显示方式的控制电路更加复杂，因而实际设计中需要 CRTC 来支持。8275 CRTC 只能在字符显示系统上使用，光栅图形显示方式的控制电路应选用其他 CRTC 芯片。例如 6845 CRTC 就可以同时支持字符显示和点阵图显示，并且还能独立完成对显示 RAM 的控制，无需 DMA 配合。IBM 公司个人计算机的第一个图形显示器 CGA 就采用了 6845 CRTC。CGA 共有 7 种显示模式，其中 4 种是文字模式，3 种为图形模式，分辨率为 640×200 或 320×200，字符的显示屏幕格式为 80×25 或 40×25，彩色种类共有 2 种～16 种。图 3-37 示出了 CGA 的逻辑框图。

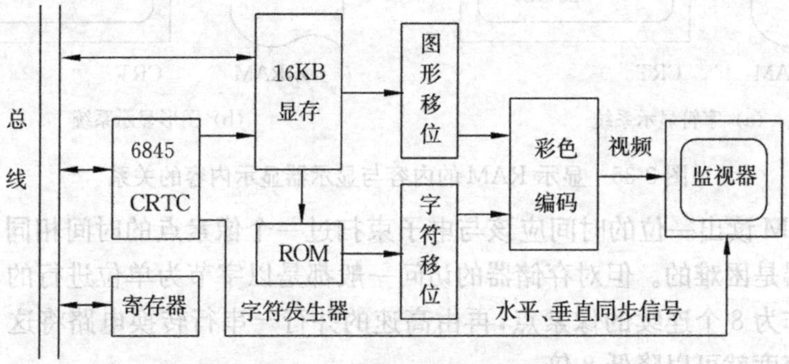

图 3-37　CGA 的逻辑框图

3.4.3　随机扫描图形显示系统

随机扫描图形显示是采用示波器的 *X-Y* 显示原理，即分别向 CRT 水平和垂直输入端加以连续变化的电压信号，通过控制电子束的偏转便可形成连续的各种形状的光迹。如果在栅极上加入适当的消隐脉冲，则可构成不连续线条，组成各种字符和图形。

随机扫描图形显示系统的组成是复杂的，如何从微处理器系统得出所需的矢量数据并形成适当的模拟电压或电流，来完成上述示波器式的显示问题是一个涉及范围很广的问题。下面仅讨论一种用于显示波形的、智能示波器常采用的 CRT 显示系统。

图 3-38 是适于单值函数信号波形的 CRT 显示系统。待显示的连续的时间函数波形信号 $A(t)$，须先经 A/D 转换器按一定的速率转换为离散的数字信号 $A(n)$，然后通过对地址缓冲器依次寻址显示 RAM 内的存储单元，将 $A(n)$ 通过数据缓冲器顺序地写入。

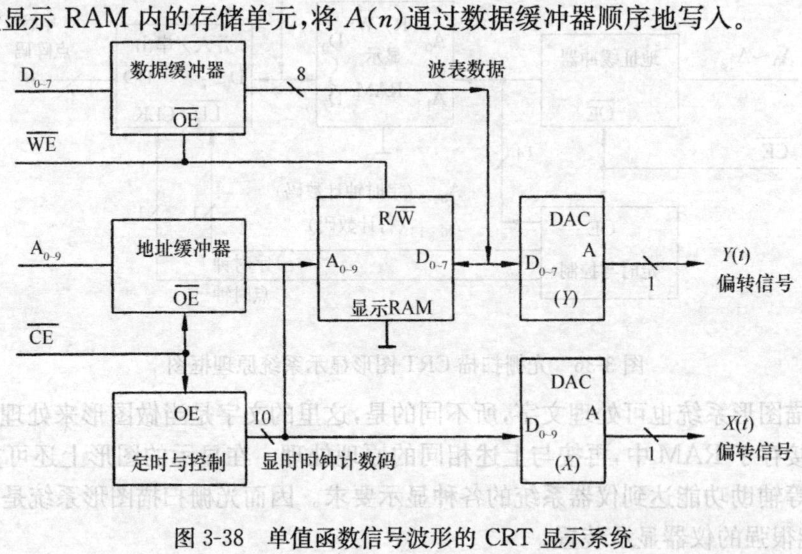

图 3-38　单值函数信号波形的 CRT 显示系统

在显示时,定时与控制电路产生显示时钟计数码。这组计数码一方面用于依次寻址显示 RAM 内各存储单元,并读出其中存储的波形数据供给与其级联的 D/A 转换器,以产生垂直偏转信号 $Y(t)$;另一方面这组计数器码同时供给与 CRT 水平偏转相级联的 D/A 转换器,形成水平偏转信号 $X(t)$。实际上 $Y(t)$表现为被测波形的轨迹,而 $X(t)$表现为可用于 X-Y 显示的扫描锯齿波。由于 $X(t)$和 $Y(t)$都与显示时钟同步,所以,它们共同决定电子束在荧光屏上移动所形成的波形(即被存储的波形)。为了使显示的图形稳定不闪烁,显示时钟的频率应该足够高。

在上述系统中,欲同时显示两个波形数据 $A(n)$和 $B(n)$也是不难实现的。可将显示 RAM 的容量加倍,依次写入待显示的波形数据 $A(n)$和 $B(n)$,即当 A_9 置为 0 时存入 $A(n)$,A_9 置为 1 时存入 $B(n)$。这样在读出时,便可实现在同一荧光屏上交替地显示两个不同信号的波形。上述显示方式会使两个波形交叠在一起,如果让波形 $A(t)$ 占用荧光屏的上半部分,波形 $B(t)$占用荧光屏的下半部分,可以事先将两组波形数据 $A(n)$和 $B(n)$ 中的每一个数据都右移一位(即除以 2),接着将 $A(n)$内的每一个数据的最高位置为 1,将$B(n)$内每一位数据最高位保持为 0。这样处理后的信号 $A(t)$ 和 $B(t)$便能分别显示于荧光屏的上半部和下半部。

3.5 微型打印机及接口

某些智能仪器需要把测量结果以硬拷贝形式输出作永久性保存,这时就需要给仪器设计打印机接口电路。微型打印机结构简单、体积小,打印机的大部分工作都在软件控制下进行,因此很适合于与一般智能仪器联机使用。本节以目前国内较流行的 TPμP-40B/C 系列微型打印机与单片机系统的接口为例,介绍其接口电路及打印软件的设计原理。

3.5.1 TPμP-40B/C 微型打印机及其接口

TPμP-40B/C 微型打印机每行可打印 40 个 5×7 点阵字符,可打印 240 种代码字符,并有绘图功能。

3.5.1.1 TPμP-40B/C 微型打印机接口信号

TPμP-40B/C 微型打印机具有标准的 Centronic 并行接口,它通过打印机后部的 20 芯扁平电缆及接插件与各种智能仪器及计算机系统联机使用。接插件引脚信号如图 3-39 所示。

2	4	6	8	10	12	14	16	18	20
GND	GND	GND	GND	GND	GND	GND	GND	$\overline{ACK}$	ERR
$\overline{STB}$	DB_0	DB_1	DB_2	DB_3	DB_4	DB_5	DB_6	DB_7	BUSY
1	3	5	7	9	11	13	15	17	19

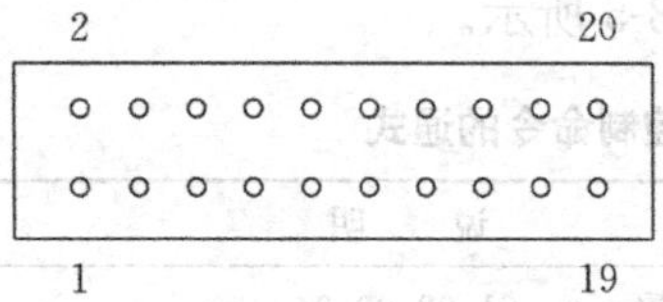

图 3-39 TPμP-40B/C 微型打印机接口信号

$DB_0 \sim DB_7$:单向数据传输线,由计算机输往打印机。

$\overline{STB}$:数据选通信号,输入线。在此信号上升沿,数据线上八位数据由打印机读入机内并锁存。$\overline{STB}$宽度应大于 0.5μm。

BUSY："忙"信号，状态输出线。输出高电平时，表示打印机处于"忙"状态，此时主机不得使用 STB 信号向打印机送入新的数据字节。BUSY 可作为中断请求线，也可供 CPU 查询。

$\overline{ACK}$："应答"信号，状态输出线。输出低电平时，表示打印机已经取走数据。$\overline{ACK}$应答信号在很多情况下可以不用。

3.5.1.2 TPμP-40B/C 与 MCS-51 单片机接口

TPμP-40B/C 是智能打印机，其控制电路由单片机构成，由于输入电路含有锁存功能，输出电路中有三态门控制，因此可以不通过 I/O 端口直接与 MCS-51 单片机的数据总线相接。一种硬件接口电路如图 3-40 所示。

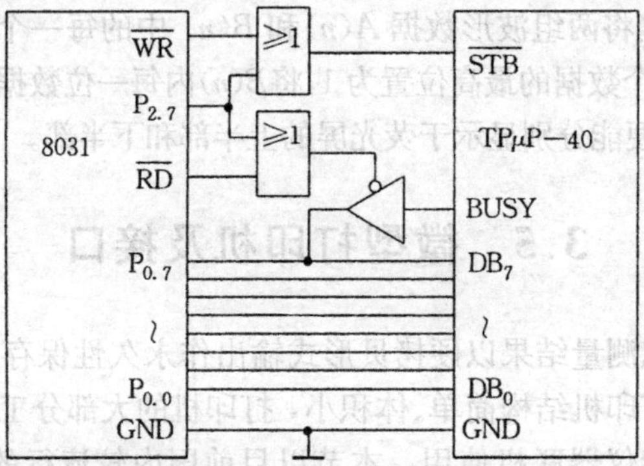

图 3-40 TPμP-40B/C 与 MCS-51 单片机接口电路

图中 8031 的 $P_{2.7}$与$\overline{WR}$相"或"后，作为选通信号，因此打印机的地址为 7FFFH。设某一字符代码或打印命令已存入 R_1，则 8031 在执行下面一段程序后，便可将 R_1 中的代码送入打印机的锁存器中并执行该代码命令或将对应的字符打印出来。

```
        MOV     DPTR, #7FFFH            ;选中打印机
LOOP:   MOVX    A, @DPTR                ;查询"BUSY"
        JB      ACC.7,LOOP
        MOV     A, R1                   ;送数据或命令代码
        MOVX    @DPTR,A
```

3.5.1.3 TPμP-40B/C 打印机代码

TPμP-40B/C 全部代码共 256 个，分配如下：

(1) 00H 40B 微型打印机定义为无效代码，40C 机定义为退出汉字方式命令代码。

(2) 01H～0FH 为打印命令代码，具体如表 3-5 所示。

表 3-5 TPμP-40B 控制命令的通式

命令代码	格　式	说　明
01	01 * *	字符(图)增宽，系数 * *：01、02、03、04
02	02 * *	字符(图)增高，系数 * *：01、02、03、04
03	03 * *	字符(图)增宽同时增高，系数 * *：01、02、03、04
04	04 XX	更换/定义字符行间距 XX；行间空点行 00H～FFH

续表

命令代码	格　式	说　明
05	05 XX YY1…YY6	用户自定义 XX 代码的点阵式样 XX:10H～1FH
06	06 XX YY 0D	代码更换,YY 换成 XX 码的点阵,XX:10H～1FH
07	07	水平(制表)跳区
08	08 XX	垂直(制表)跳行 1～255 行。XX:空行数
09	09	恢复 ASCII 代码,并清除已输入尚未打印的字符串
0A	0A	送空字符码 20H 后回车换行
0D	0D	回车换行/06 命令的结束码
0E	0E XX YY	重复打印 YY 个 XX 代码字符 YY:0～255
0F	0F nn XX YY	打印位点阵图命令,宽 nn:01H～F0H(1～240)

(3) 10H～1FH 为用户自定义代码。

(4) 20H～7FH 为标准 ASCII 码,其代码表如表 3-6 所示。

(5) 80H～FFH 为非 ASCII 代码,其中包括少量汉字、希腊字母、块图和一些特殊字符,具体内容见说明书。

表 3-6　TPμP-40B ASCII 码代码表

	0	1	2	3	4	5	6	7	8	9	A	B	C	D	E	F
2		!	"	#	$	%	&	'	(	)	*	+	,	—	.	/
3	0	1	2	3	4	5	6	7	8	9	:	;	<	=	>	?
4	@	A	B	C	D	E	F	G	H	I	J	K	L	M	N	O
5	P	Q	R	S	T	U	V	W	X	Y	Z	[	\	]	↑	←
6	/	a	b	c	d	e	f	g	h	i	j	k	l	m	n	o
7	p	q	r	s	t	u	v	w	x	y	z	{	|	}	～	■

3.5.2　汉字打印技术

打印汉字可使用打印点阵图命令将汉字当做图形来处理。为方便操作,TPμP-40C 还提供一种小型固化汉字库,打印汉字可与打印字符一样方便。下面分别予以介绍。

(1) 采用打印点阵图的命令,可以打印出所要求的汉字。使用此命令,每次最多可打印 240×8 点阵图,每个字为 7×8 点阵。打印格式如下:

0F　XX　YY—YY

0F　　;命令字节

XX　　;点阵图宽度(1～20)

YY——YY　　;点阵字节,最多 240 个字节,数目与显示相同

例如用绘图命令打印汉字"中文",按照要求,先作出"中文"两字的点阵图及点阵码如图 3-41所示。

为打印"中文"两字应向打印机输入的字节串如下:

0F　　; 命令

0F　　; 字节数

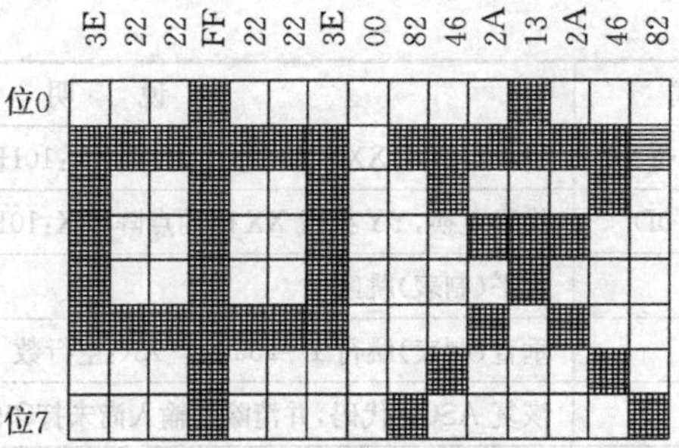

图 3-41　点阵图及点阵码

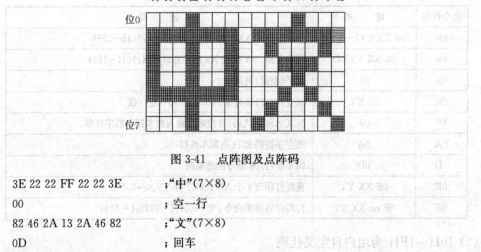

```
3E 22 22 FF 22 22 3E        ;"中"(7×8)
00                          ;空一行
82 46 2A 13 2A 46 82        ;"文"(7×8)
0D                          ;回车
```

如果要打印 16×16 点阵的汉字，可以将汉字点阵码分为上下两部分，分两次打印形成。具体程序的编写方法见下节。

(2) 采用上述扫描自编汉字点阵代码打印汉字比较烦琐，为了使用方便，TPμP-40C 提供了一种使用方便的 16×16 固化汉字打印功能。打印机内部 EPROM 中已事先固化约 1 600 个 16×16 汉字点阵，每字占 32 字节，并以 0100H 双字节代码为首码顺序定义固化的汉字，于是调用汉字可与使用 ASCII 码字符一样方便。调用 16×16 点阵固化方式如下：

0B　XX　YY　00

定义：0B　进入汉字方式命令代码
　　　XX　汉字代码高位字节
　　　YY　汉字代码低位字节
　　　00　退出汉字方式命令代码

当用户按需要自行设计 16×16 汉字点阵码时，可以仿照图 3-41 用人工进行描绘，但这种方法烦琐且不能保证字形美观。一种较规范的方法是从 PC 中的汉字库中提取。

3.5.3　微型打印机接口管理程序

下面使用图 3-40 所示的接口电路，通过一个具体实例，介绍 TPμP-40B 微型打印机接口管理程序的编程方法。

设某一按时计价功能的微型计算机化仪器，存放记录时间的缓冲区为 8031 片内的 20～24H，其中 24H 存时，23H 和 22H 存分，21H 和 20H 存秒（设本例已存放入 1 小时 26 分 32 秒）。按上述时间计算好价格存放在 50～54H 单元内，其中 54H，53H，52H 存放元，51H 存放角，50H 存放分（设本例已存入 12.25 元）。要求打印格式如下：

时间：1:26:32
计费：12.25 元
OK

按上述要求编写的打印子程序清单如下：

```
        ORG     3000H
PRTER: MOV     DPTR，#7FFFH    ;选中打印机
```

```
MOV    R1, #01H       ;送代码 0101
LCALL  PSUB1
MOV    R1,#01H
LCALL  PSUB1
MOV    R1, #04H       ;送代码 0400
LCALL  PSUB1
MOV    R1, #00H
LCALL  PSUB1
MOV    R1, #0DH       ;送代码 0D
LCALL  PSUB1
MOV    R1, #0FH       ;送代码 0F 20
LCALL  PSUB1
MOV    R1, #20H
LCALL  PSUB1
MOV    R4, #0DH       ;送表首偏移
MOV    R3, #2DH       ;送表末偏移
LCALL  PSUB3          ;送“时”的点阵代码（32字节）
MOV    R1,#0DH        ;送代码 0400
LCALL  PSUB1
MOV    R1, #0FH       ;送代码 01 02
LCALL  PSUB1
MOV    R1, #20H
LCALL  PSUB1
MOV    R4, #2DH       ;送表首偏移
MOV    R3, #4DH       ;送表末偏移
LCALL  PSUB3          ;送“间”的点阵代码（32字节）
MOV    R1, #01H       ;送代码 0F 20
LCALL  PSUB1
MOV    R1, #02H
LCALL  PSUB1
MOV    R1, #3AH       ;送“：”的代码
LCALL  PSUB1
MOV    R1,#20H        ;送“ ”的代码
LCALL  PSUB1
MOV    R0, #24H       ;R0：数据地址
LCALL  PSUB2          ;打印 BCD 数据（小时数）
MOV    R1, #3AH       ;送“：”的代码
LCALL  PSUB1
MOV    R0, #23H       ;打印 BCD 数据（分）
LCALL  PSUB2
MOV    R0, #22H
LCALL  PSUB2
MOV    R1, #3AH       ;送“：”的代码
LCALL  PSUB1
```

```
        MOV    R0, #21H          ;打印 BCD 数据 (秒)
        LCALL  PSUB2
        MOV    R0, #20H
        LCALL  PSUB2
        MOV    R1,#0DH           ;送命令代码 0D
        LCALL  PSUB1
        :                        ;送"计费"汉字及计费数据 (同上, 略)
        :
        MOV    R1, #4FH          ;送" OK "代码
        LCALL  PSUB1
        MOV    R1, #4BH
        LCALL  PSUB2
PPPE:   MOV    R1,#0DH
        LCALL  PSUB1
        RET

        ORG    33DAH             ;送命令、数据子程序
PSUB1:  MOVX   A, @DPTR          ;查打印机"BUSY"
        JB     ACC.7, PSUB1
        MOV    A,R1              ;送命令、数据
        MOVX   @DPTR,A
        RET                      ;打印完, 返回

        ORG    33F1H             ;打印 BCD 数子程序
PSUB2:  MOVX   A, @DPTR          ;查打印机"BUSY"
        JB     ACC.7, PSUB2
        MOV    A, @R0            ;R0:BCD 数的地址
        ANL    A, #0FH
        ADD    A, #30H           ;变 BCD 数为 ASCII 代码
        MOVX   @DPTR, A          ;送打印机
        RET                      ;打印完, 返回

        ORG    3411H             ;打印字符串子程序
PSUB3:  MOVX   A, @DPTR          ;查打印机"BUSY"
        JB     ACC.7, PSUB3
PS1:    MOV    A, R4             ;R4: 表首偏移量
        MOVC   A, @A+PC          ;查表, 取打印数据
        MOVX   @DPTR, A          ;送打印机
PS2:    MOVX   A, @DPTR          ;查打印机"BUSY"
        JB     ACC.7, PS2
        INC    R4                ;打印完, 指下一字符
        MOV    A, R4
        XRL    A, R3             ;R3: 表末偏移量+1
        JNZ    PS1               ;未打印完, 继续
```

```
RET     ;打印完，返回
DB      00H，FCH，04H，04H，04H，FCH，00H，10H，10H，10H，
        10H，FEH，10H，10H，00H，00H，00H，F0H，06H，0CH，
        C0H，48H，48H，48H，48H，C8H，08H，08H，08H，F8H，
        00H，00H，00H，FFH，41H，41H，41H，FFH，00H，01H，
        03H，42H，80H，FFH，00H，00H，00H，00H，00H，7FH，
        00H，00H，0FH，09H，09H，09H，09H，0FH，00H，40H，
        80H，FFH，00H，00H ；"时间" 的点阵码
        00H，10H，F6H，00H，00H，40H，48H，48H，48H，F8H，
        48H，48H，44H，40H，00H，00H，70H，54H，54H，D4H，
        7EH，54H，54H，54H，FEH，54H，5CH，40H，C0H，00H，
        00H，00H，00H，00H，00H，FFH，80H，40H，00H，FEH，
        42H，42H，43H，42H，42H，FEH，00H，00H，00H，04H，
        82H，9FH，41H，21H，11H，0DH，21H，41H，DFH，80H，
        01H，00H，00H，00H；"计费"的点阵码
```

思考题与习题

3.1　独立式键盘、矩阵式键盘和交互式键盘各有什么特点？分别适合于什么场合？

3.2　参照图 3.5 所示的独立式键盘接口电路，编写相应的键盘分析程序段。

3.3　图 3-42 是一个能支持中断工作方式的矩阵键盘接口电路，键盘中的按键都是单义键，其中 0～9 为数字键，A～F 为功能键。试运用直接分析法编写完整的键盘管理程序(功能键对应的动作程序自拟)；分析图中二极管有何作用。

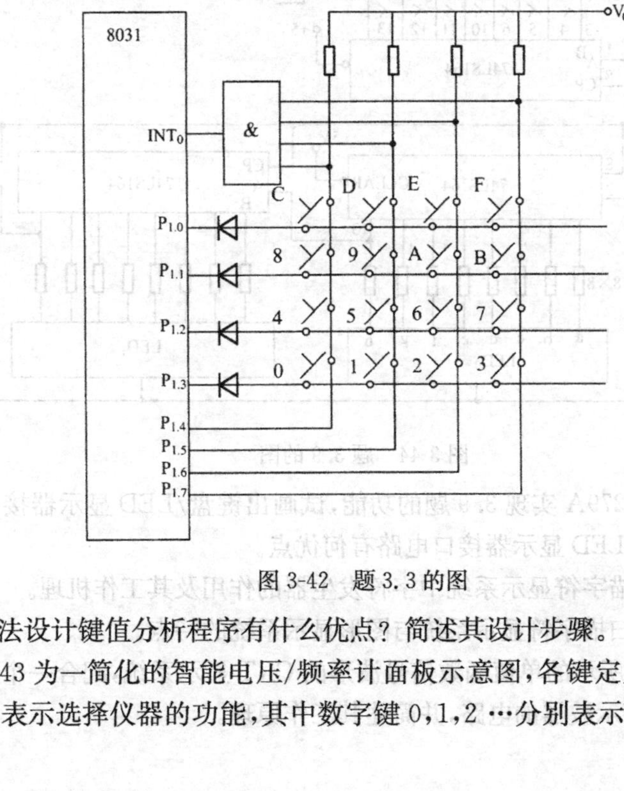

图 3-42　题 3.3 的图

3.4　分析法设计键值分析程序有什么优点？简述其设计步骤。

3.5　图 3-43 为一简化的智能电压/频率计面板示意图，各键定义如下：若顺序按动[功能][数字]键，表示选择仪器的功能，其中数字键 0，1，2 …分别表示电压、频率、周期等测量

功能；若顺序按动[GATE] [数字]键，则输入对应功能的测量量程、闸门时间、时标等参数；若顺序按动[SET] [数字]键，则将输入一个偏移量到指定单元；若按奇数次[OFS]键，则进入偏移显示方式，即把测量结果加上偏移量再显示；若按偶数次[OFS]键，则进入正常显示方式。试运用状态分析法编写键盘分析程序（要求给出解题的全过程）。

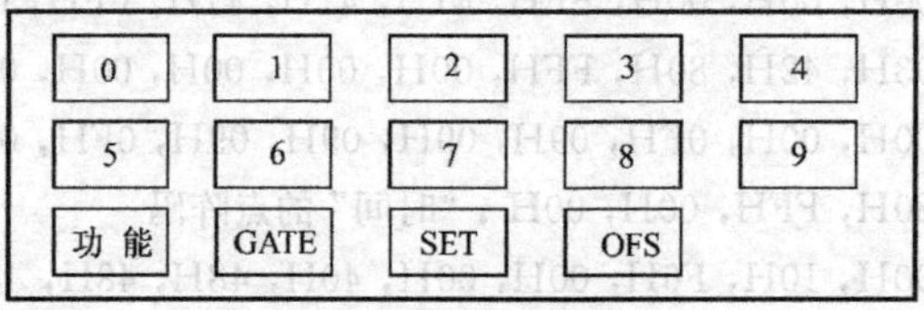

图 3-43　题 3.5 的图

3.6　试比较七段 LED 显示器静态与动态多位数字显示系统的特点。

3.7　参照图 3-23 所示的动态扫描的 LED 显示器接口电路，设计一个采用 6 位共阳极的七段 LED 显示器的动态扫描接口电路，并编写其显示控制程序。

3.8　参考图 3-8 所示的矩阵键盘接口电路和图 3-23 所示的动态扫描的 LED 显示器接口电路，设计一个动态扫描的键盘/LED 显示器组合接口电路，要求键盘扫描与显示器扫描共用同一组端口线。试画出电路原理图和控制程序的流程图。

3.9　为了节约端口，可采用串行口控制的键盘/LED 显示器接口电路。图 3-44 即为一个利用串行口加外围芯片 74LS164 构成的一个典型接口电路，图中显示电路属静态显示，由于 74LS164 在低电平输出时允许通过的电流达 8mA，因而不必加驱动电路；图中与门的作用是避免键盘操作时对显示器的影响。试分析该接口电路的工作原理，编写其控制程序。

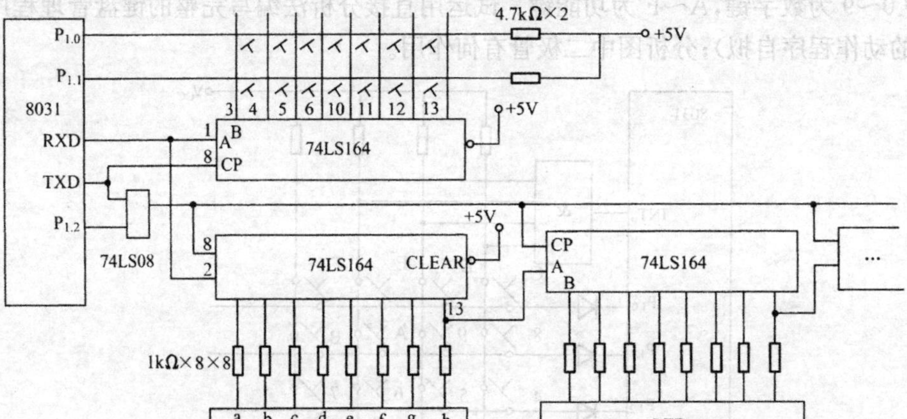

图 3-44　题 3.9 的图

3.10　若采用 HD7279A 实现 3.9 题的功能，试画出键盘/LED 显示器接口电路，说明采用 HD7279A 组成键盘/LED 显示器接口电路有何优点。

3.11　试述光栅扫描字符显示系统中字符发生器的作用及其工作机理。

3.12　试比较光栅扫描字符显示系统与图形显示系统的特点。

3.13　参考图 3-38 所示的单值函数信号波形的 CRT 显示系统，配合一个 8 位 A/D 转换器，设计一个简单的数字示波器的电路，并简述其工作原理。

第4章 智能仪器通信接口

智能仪器一般都设置有通信接口，以便能够实现程控，方便用户构成自动测试系统。为了使不同厂家生产的任何型号的仪器都可以直接用一条无源电缆连接起来，并通过一个合适的接口与计算机连接，世界各国都在按同一标准设计智能仪器的通信接口电路。

目前国际上采用的仪器标准接口有GP-IB,CAMAC,RS-232,USB等，本章将对智能仪器普遍使用的GP-IB标准和最基本的串行总线RS-232标准予以介绍。

4.1 GP-IB通用接口总线

4.1.1 GP-IB标准接口系统概述

GP-IB即通用接口总线(General Purpose Interface Bus)是国际通用的仪器接口标准。目前生产的智能仪器几乎无例外地都配有GP-IB标准接口。

国际通用的仪器接口标准最初由美国HP公司研制，称为HP-IB标准。1975年IEEE在此基础上加以改进，将其规范化为IEEE-488标准予以推荐。1977年IEC又通过国际合作命名为IEC-625国际标准。此后，这同一标准便在文献资料中使用了HP-IB,IEEE-488,GP-IB,IEC-IB等多种称谓，但日渐普遍使用的名称是GP-IB。

4.1.1.1 GP-IB标准接口系统的基本特性

GP-IB标准包括接口与总线两部分：其中接口部分是由各种逻辑电路组成，与各仪器装置安装在一起，用于对传输的信息进行发送、接收、编码和译码；总线部分是一条无源的多芯电缆，用做传输各种消息。将具有GP-IB接口的仪器用GP-IB总线连接起来的标准接口总线系统如图4-1所示。

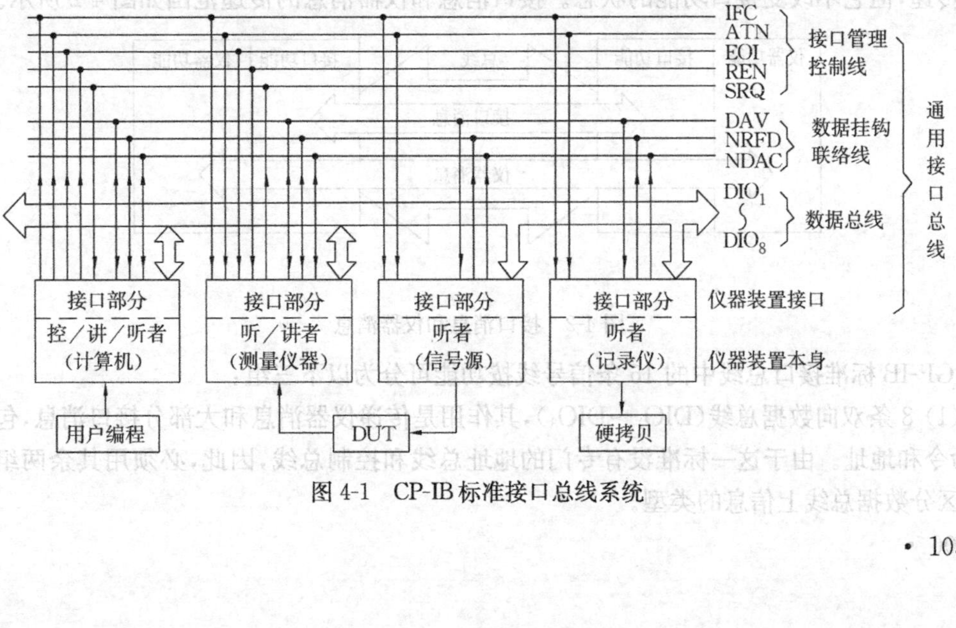

图4-1 CP-IB标准接口总线系统

在一个 GP-IB 标准接口总线系统中，要进行有效的通信联络，至少有“讲者”、“听者”、“控者”三类仪器装置。讲者是通过总线发送仪器消息的仪器装置（如测量仪器、数据采集器、计算机等)，在一个 GP-IB 系统中，可以设置多个讲者，但在某一时刻，只能有一个讲者在起作用。听者是通过总线接收由讲者发出消息的装置（如打印机、信号源等)，在一个 GP-IB 系统中，可以设置多个听者，并且允许多个听者同时工作。控者是数据传输过程中的组织者和控制者，例如，对其他设备进行寻址或允许“讲者”使用总线等。控者通常由计算机担任，GP-IB 系统不允许有两个或两个以上的控者同时起作用。控者、讲者、听者被称为系统功能的三要素，对于系统中的某一台装置可以具有三要素中的一个、两个或全部。GP-IB 系统中的计算机一般同时兼有讲者、听者与控者的功能。

GP-IB 标准接口系统的基本特性如下：

(1) 可以用一条总线互相连接若干台装置，以组成一个自动测试系统。系统中装置的数目最多不超过 15 台，互连总线的长度不超过 20m。

(2) 数据传输采用并行比特（位）、串行字节（位组）双向异步传输方式，其最大传输速率不超过 1 兆字节每秒。

(3) 总线上传输的消息采用负逻辑。低电平（≤＋0.8V）为逻辑“1”，高电平（≥＋2.0V）为逻辑“0”。

(4) 地址容量。单字节地址：31 个讲地址，31 个听地址；双字节地址：961 个讲地址，961 个听地址。

(5) 一般适用于电气干扰轻微的实验室和生产现场。

4.1.1.2 GP-IB 标准接口的总线结构

总线是一条 24 芯电缆，其中 16 条为信号线，其余为地线及屏蔽线。电缆两端是双列 24 芯叠式结构插头。

总线上传递的各种信息通称为消息。由于带标准接口的智能仪器按功能可分为仪器功能和接口功能两部分，所以消息也有接口消息和仪器消息之分。所谓接口消息是指用于管理接口部分完成各种接口功能的信息，它由控者发出而只被接口部分所接收和使用。仪器消息是与仪器自身工作密切相关的信息，它只被仪器部分所接收和使用，虽然仪器消息通过接口功能进行传递，但它不改变接口功能的状态。接口消息和仪器消息的传递范围如图 4-2 所示。

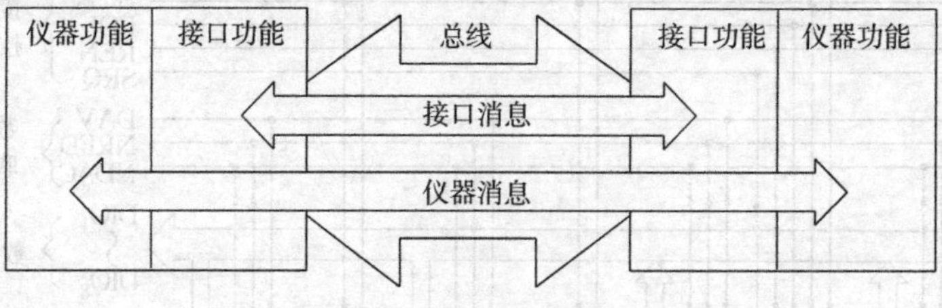

图 4-2　接口消息和仪器消息

GP-IB 标准接口总线中的 16 条信号线按功能可分为以下三组：

(1) 8 条双向数据总线（$DIO_1 \sim DIO_8$)，其作用是传递仪器消息和大部分接口消息，包括数据、命令和地址。由于这一标准没有专门的地址总线和控制总线，因此，必须用其余两组信号线来区分数据总线上信息的类型。

(2) 3 条数据挂钩联络线(DAV,NRFD 和 NDAC),其作用是控制数据总线的时序,以保证数据总线能正确、有节奏地传输信息,这种传输技术称为三线挂钩技术。这 3 条挂钩联络线的定义如下:

DAV(DATA VALID)数据有效线:当数据线上出现有效的数据时,讲者置 DAV 线为低(负逻辑),示意听者从数据线上接收数据。

NRFD(NOT READY FOR DATA)数据未就绪线:只要被指定为听者的听者中有一个尚未准备好接收数据,NRFD 线就为低,示意讲者暂不要发出信息。

NDAC(NOT DATA ACCEPTED)数据未收到线:只要被指定为听者的听者中有一个尚未从数据总线上接收完数据,NDAC 就为低,示意讲者暂不要撤掉数据总线上的信息。

(3) 5 条接口管理控制线(ATN,IFC,REN,EOI 和 SRQ),其作用是控制 GP-IB 总线接口的状态。这 5 条接口管理控制线的定义如下:

ATN(ATTENTION)注意线:此线由控者使用,用来指明数据线上数据的类型。当 ATN 为 1 时,数据总线上的信息是由控者发出的接口消息(命令、设备地址等),这时,一切设备均要接收这些信息。当 ATN 为 0 时,数据总线上的信息是受命为讲者的设备发出的仪器消息,(数据、设备的控制命令等),一切受命为听者的设备都必须听。

IFC(INTERFACE CLEAR)接口清除线:此线由控者使用,当 IFC 为 1 时,整个接口系统恢复到初始状态。

REN(REMOTE ENABLE)远程控制线:此线由控制者使用,当 REN 为 1 时,仪器可能处于远程工作状态,从而封锁设备面板的手工操作。当 REN 为 0 时,仪器处于本地方式。

SRQ(SERVICE REQUEST)服务请求线:所有设备都与这条线"线或"在一起,任一设备将此线变为低态(SRQ 为 1),即表示向控者提出服务请求,然后控者再通过依次查询确定提出请求的设备。

EOI(END OR IDENTIFY)结束或识别线:此线与 ATN 配合使用,当 EOI 为 1,ATN 为 0 时,表示讲者已传递完一组数据;当 EOI 为 1,ATN 为 1 时,表示控者要进行识别操作,要求设备把他们的状态放在数据线上。

4.1.1.3 三线挂钩原理

在 GP-IB 系统中,每传递一个数据字节信息,不管是仪器消息还是接口消息,源方(讲者与控者)与受方(听者)之间都要进行一次三线挂钩过程,图 4-3 示出了在一个讲者与数个听者之间传递数据的三线挂钩简单时序。

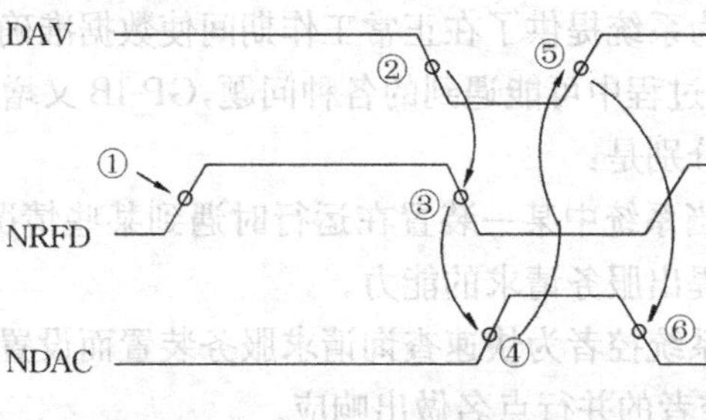

图 4-3 三线挂钩简单时序

假定地址已发送,听者和讲者均已受命。三线挂钩过程如下:

(1) 听者使 NRFD 呈高电平,表示已做好接收数据的准备,由于总线上所有的听者是"线或"连接至 NRFD 线上的，因此只要有一个听者未做好准备，NRFD 就呈低电平。

(2) 讲者发现 NRFD 呈高电平后，就把数据放在 DIO 线上，并令 DAV 为低电平，表示 DIO 线上的数据已经稳定且有效。

(3) 听者发现 DAV 线呈低电平后，就令 NRFD 也呈低电平，表示准备接收数据。

(4) 在接收数据的过程中，NDAC 线一直保持低电平，直至每个听者都接收完数据，才上升为高电平。所有听者也是"线或"接到 NDAC 线上。

(5) 当讲者检出 NDAC 为高电平后，就令 DAV 为高电平，表示总线上的数据不再有效。

(6) 听者检出 DAV 为高电平，就令 NDAC 再次变为低电平，以准备进行下一个循环过程。

显然三线挂钩技术可以协调快慢不同的设备可靠地在总线上进行信息传递。

4.1.2 接口功能与接口消息

4.1.2.1 仪器功能与接口功能

自动测试系统中的任何一个仪器装置都分为两部分：一是仪器和设备本身，由它产生该仪器装置所具备的仪器功能；二是接口部分，由它产生该仪器装置所需要的接口功能。

仪器功能的任务是把收到的控制信息变成仪器设备的实际动作，如调节频率、调节信号电平、改变仪器的工作方式等，这与常规仪器设备的功能基本相同，不同测量仪器的仪器功能存在很大差异。

接口功能是指完成系统中各仪器设备之间正确通信，确保系统正常工作的能力，为保证接口系统的标准化和相容性，各仪器设备接口的设计必须遵照 GP-IB 标准的各项有关规定，不能自行规定标准以外的任何新的接口功能。

4.1.2.2 接口功能的配置

GP-IB 标准把实现自动测量和控制所必须具有的全部逻辑功能概括为十种接口功能：

如前所述的控者功能(C)、讲者功能(T)和听者功能(L)是一个自动测试系统中必不可少的三种最基本的功能。除此之外，为了使系统传递的每一个数据字节都能做到准确、可靠、无误，需要进行前述的三线挂钩，又设置了源挂钩功能(SH)和受者挂钩功能(AH)。源挂钩功能为讲者功能和控者功能服务；受者挂钩功能主要为听者功能服务。源挂钩功能利用 DAV 控制线向受者挂钩功能表示发送的数据是否有效；而受者挂钩功能则利用 NRFD 和 NDAC 控制线向源挂钩功能表示是否已经接收到数据。

以上五种基本接口功能为系统提供了在正常工作期间使数据准确可靠传输的能力。但仅此还是不够的，为了处理测试过程中可能遇到的各种问题，GP-IB 又增加了五种具有相应管理能力的接口功能。这些功能分别是：

服务请求功能(SR)：指当系统中某一装置在运行时遇到某些情况时(例如测量已完毕、出现故障等)，能向系统控者提出服务请求的能力。

并行点名功能(PP)：是系统控者为快速查询请求服务装置而设置的并行点名能力。只有配备 PP 功能的装置才能对控者的并行点名做出响应。

远控本控功能(R/L)：用来在远地和本地两个工作状态之间选择其中一个。

装置触发功能(DT)：使装置能从总线接收到触发信息，以便进行触发操作。在一些要进行触发操作或同步操作装置的接口中，必须设置 DT 功能。

装置清除功能(DC)：能使仪器装置接收清除信息并返回到初始状态。系统控者通过总线命令使那些配置有DC功能的装置同时或有选择地被清除而回到初始状态。

实际上并非每台装置都必须具有这十种接口功能,例如,一台数字电压表一方面要接收程控命令,另一方面又要发送测量数据,因而一般应配置除控者之外的其他的九种功能。一台信号源或打印机只需"听",所以通常只需配置AH,L,R/L和DT等接口功能。很显然,除了作为控者的其他所有装置都无须配置C功能。

4.1.2.3 接口消息及编码

按用途来分,总线上传递的消息可分为接口消息和仪器消息两大类。

若按传递的途径来分,总线上传递的消息可分为本地消息和远地消息两种。远地消息是经总线传递的消息,它可以是仪器消息也可以是接口消息,用三个大写英文字母表示,如MLA(我的听地址)。本地消息是由仪器本身产生并在仪器内部传递的消息,用三个小写英文字母表示,如pon(电源开)。

若按使用信号线的数目来分,总线上传递的消息可又分为单线消息和多线消息两种。用两条或两条以上信号线传递的消息称多线消息,例如各种通令、指令、地址数据等。通过一条信号线传输的消息称为单线消息,例如ATN,IFC等。

为确保接口的通用性,接口消息编码格式必须做出统一明确的规定。

单线接口消息通过一条信号线传输消息,因而无须编码。多线接口消息是通过DIO线来传输的消息,因而需要统一编码。多线接口消息采用了7位编码,主要分为通令、指令、地址和副令(副地址)四类,如表4-1所示。表中通令是指由控者发出的命令,一切仪器装置都必须听从;指令也由控者发出,但只有被指定的仪器装置才能听;地址是对被寻址的仪器装置而言的;副令或副地址是对主令和主地址的补充。

表4-1 多线接口消息分类表

类别	名 称	代 号	编 码
通令	本地封锁 Local Lockout	LLO	* 001 0001
	器件清除 Device Clear	DCL	* 001 0100
	串行查询可能 Serial Poll Enable	SPE	* 001 1000
	串行查询不可能 Serial Poll Disable	SPD	* 001 1001
	并行查询不组态 Parallel Poll Unconfigure	PPU	* 001 0101
指令	群执行触发 Group Execute Trigger	GET	* 000 1000
	进入本地 Go To Local	GTL	* 000 0001
	并行点名组态 Parallel Poll Configure	PPC	* 000 0101
	有选择器件清除 Selected Device Clear	SDC	* 000 0100
	接受控制 Take Control	TCT	* 000 1001
地址	听地址 Listen Address	(LAD)①	* 01 L_5 L_4 L_3 L_2 L_1
	讲地址 Talk Address	(TAD)②	* 01 T_5 T_4 T_3 T_2 T_1
	不 听 Unlisten	UNL	* 01 11111
副地址或副令	副地址 Secondary Address	(SAD)③	* 01 S_5 S_4 S_3 S_2 S_1
	并行查询不可能 Parallel Poll Disable	PPD	* 111 D_4 D_3 D_2 D_1
	并行查询可能 Parallel Poll Enable	PPE	* 110 S P_3 P_2 P_1

注:① 作为MLA而被接收,MLA为我的听地址。

② 作为MTA或OTA而被接收,MTA为我的讲地址,OTA为其他讲地址。

③ 作为MSA或OSA而被接收,MSA为我的副地址,OSA为其他副地址。

仪器消息也有明确的编码与格式，它一方面与仪器的类型及其功能和特点密切相关，另一方面它又关系到一台仪器与系统的相容性和有效性，应该依据接口标准所推荐的有关仪器消息编码与格式惯例予以仔细地考虑。

4.1.3 GP-IB 标准接口系统的运行

下面借助一个简单的自动测试系统来说明 GP-IB 标准接口系统运行的大致过程。

图 4-4 为一个用于数据采集的自动测试系统框图。系统的测试目标是测试火箭上若干部位上的压力。数百个压力传感器安置在被测火箭的各测试点上，在计算机的控制下，扫描器将顺序采集到的传感器输出信号送往电桥，电桥将输出的模拟量送给数字电压表去测量，数字电压表又将输出的数字量送给计算机处理，最后由打印机将处理后的结果打印出来。

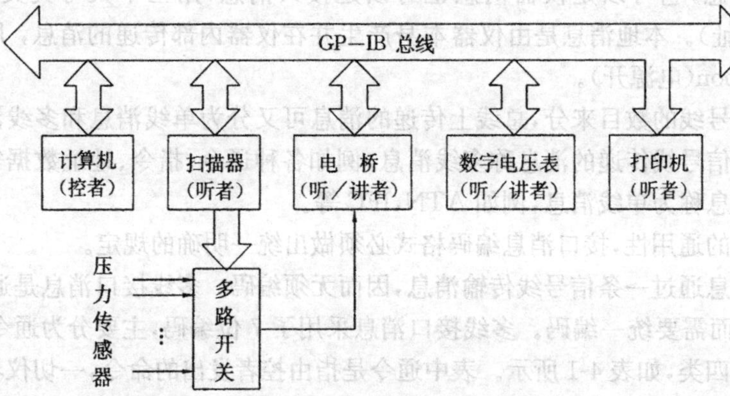

图 4-4　典型自动测试系统框图

系统运行的大致工作流程如下：

(1) 控制器通过 C 功能发出 REN 消息，使系统中所有装置都处于控者的控制之下。

(2) 控制器通过 C 功能发出 IFC 消息，使系统中所有装置都处于初始状态。

(3) 控制器发出扫描器的听地址，扫描器接收寻址后成为听者。

(4) 控制器通过 T 功能向扫描器发出一个程控命令，使扫描器选择一个指定的传感器。

(5) 控制器发出通令 UNL，取消扫描器的听受命状态。

(6) 控制器发出电桥的听地址，电桥接收寻址成为听者后，就接收由选定传感器送来的数据。

(7) 控制器发出通令 UNL，取消电桥的听受命状态。

(8) 控制器发出电桥的讲地址，使电桥成为讲者；又发出数字电压表的听地址，使数字电压表成为听者。于是数字电压表便测量电桥送来的测量信号。

(9) 控制器又发出通令 UNL，取消听受命状态。

(10) 控制器又发出数字电压表的讲地址，电桥讲者资格被自动取消，数字电压表成为讲者。

(11) 控制器使自己成为听者，于是数字电压表的测量结果就送至计算机。

(12) 计算机处理完测量数据后，它又作为控者清除接口，并发出打印机的听地址。

(13) 打印机打印计算机送来的数据。

(14) 打印机打印完数据后，控制器又选择下一个压力传感器，开始新的循环。

4.2 GP-IB接口电路的设计

4.2.1 GP-IB接口芯片简介

接口系统的设计归根到底是接口功能的实现问题。为了简化接口设计，目前已有一些厂家成功地将GP-IB标准规定的全部接口功能制作在一块或两块大规模集成电路块上，使用很方便。通常使用的接口芯片如表4-2所示。

表4-2 LSI标准接口芯片简介

公 司	型 号	功 能	时钟频率	传输速率	工 艺
Intel	8291 8292	无控者 只有控者	8MHz 6MHz	448kB/s	NMOS
Texas	TMS9914	包括控者	5MHz	250kB/s	NMOS
Motorola	MC68488	无控者	(1~15)MHz	125kB/s	NMOS
FairChild	96LS488	无控者	10MHz	1MB/s	Schottky

这些芯片除96LS488以外，全部是可编程的，使用时必须置于微处理器总线上，用面向标准接口功能的驱动软件来管理它们的操作，另外还需要一些支持电路，如总线收发器等。

下面仅就Intel公司的接口芯片简介如下。

4.2.1.1 8291A接口芯片

8291A是为8080系列微处理器而设计的GP-IB标准接口芯片。其结构框图如图4-5所示。

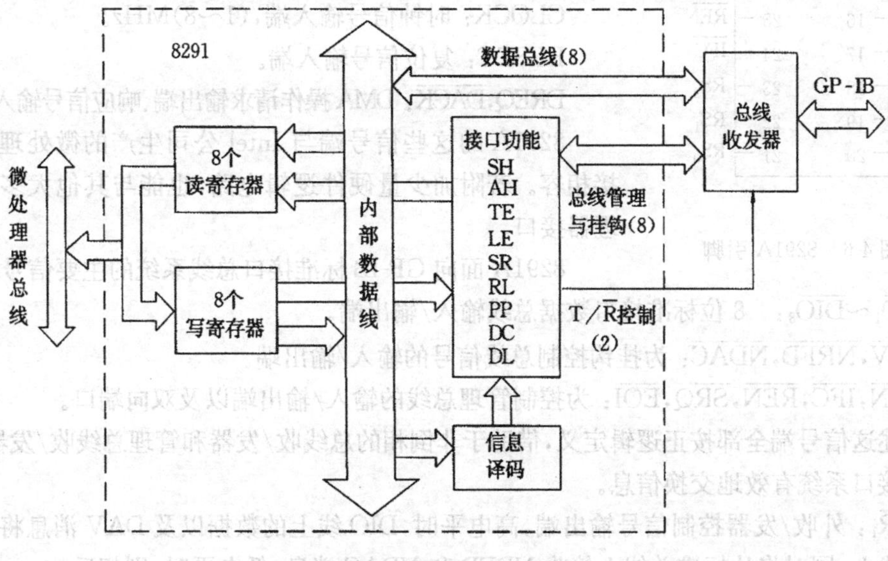

图4-5 8291A结构框图

8291A是由接口功能部件、可访问寄存器组以及信息译码电路等部分组成。8291A用硬件实现了除控者之外的其余全部9种标准接口功能。除此之外，还具有自动三线挂钩联络、自动管理接口寻址等能力，这些自动操作能力大大简化了接口管理软件的设计。可访问寄存器组是由8个8位写寄存器和8个8位读寄存器组成，这些寄存器相互之间以及与接口功能和译码部件之间是通过内部总线来联系的，对8291A的程控就是通过对这些寄存器组进行一系列的读/写操作来完成的。例如8291拥有一个输入寄存器和一个输出寄存器。当8291被寻址为听者时，就利用输入寄存器锁存来自接口母线的数据，然后再由微处理器读取。当8291被寻址为讲者时，就利用输出寄存器将数据送到接口母线上，每当把一个字节的数据送往该寄存器时，8291就开始挂钩操作并把数据送到接口母线上，以便控者进行读取。又例如8291拥有两个只读的中断状态寄存器和两个只写的中断屏蔽寄存器，通过对中断屏蔽寄存器写入相应的值以决定开还是关所需的中断，通过对两个中断状态寄存器的读取以获得中断的类型，从而控制接口中断程序转去处理相应的中断。

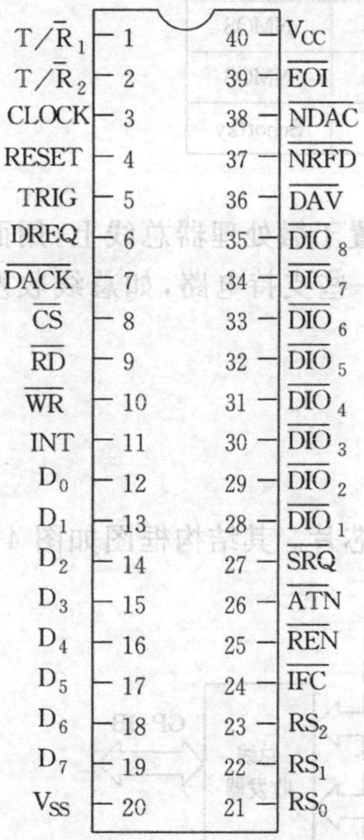

图4-6　8291A引脚

8291A采用40脚双列直插封装，其引脚安排如图4-6所示。这些信号端有一部分是面向智能仪器内的微处理器总线；另一部分是面向GP-IB标准接口总线。

面向微处理器总线的主要信号端有：

$D_0 \sim D_7$：双向数据总线，可并联于微处理器的数据总线上。

$RS_0 \sim RS_2$：片内寄存器的选择码输入端，可并联于低3位地址总线上。

$\overline{CS}$：片选输入端。

$\overline{RD}$，$\overline{WR}$：读/写选通输入端，用于对选中寄存器进行读取或写入操作。

INT($\overline{INT}$)：中断请求输出端，软件可控高电平或低电平有效。

TRIG：触发输出端。

CLOCK：时钟信号输入端，(1～8)MHz。

RESET：复位信号输入端。

DREQ，$\overline{DACK}$：DMA操作请求输出端、响应信号输入端。

8291A的这些信号端与Intel公司生产的微处理器能直接相容。若附加少量硬件逻辑电路，也能与其他大多数微处理器接口。

8291A面向GP-IB标准接口总线系统的主要信号端有：

$\overline{DIO_1} \sim \overline{DIO_8}$：8位标准接口数据总线输入/输出端。

$\overline{DAV}$，$\overline{NRFD}$，$\overline{NDAC}$：为挂钩控制总线信号的输入/输出端。

$\overline{ATN}$，$\overline{IFC}$，$\overline{REN}$，$\overline{SRQ}$，$\overline{EOI}$：为控制管理总线的输入/输出端以及双向端口。

上述这信号端全部按正逻辑定义，借助于非倒相的总线收/发器和管理总线收/发器，便能与标准接口系统有效地交换信息。

$T/\overline{R}_1$：外收/发器控制信号输出端，高电平时，DIO线上的数据以及DAV消息将被送到标准总线上，同时将从标准总线上接收NRFD和NDAC消息；低电平时，则相反。

$T/\overline{R}_2$：外收/发器控制线输出端，用于控制 EOI 消息的方向。高电平时，表示 EOI 要输出，低电平时则相反。

4.2.1.2 8292 控者接口芯片

8292 接口芯片仅有控者功能，并且它必须与 8291 联合使用。当两者一起使用时，可以组合成具有全部十种接口功能的标准接口电路。

8292 实质上是一片 8041 单片机，片内 ROM 固化了一段专门的程序，使内部 RAM 作为专用寄存器组使用，I/O 端口用来提供总线的各种控制信号及辅助信号，以便与 8291A 有机地沟通起来，完成控者的功能。

8292 也是 40 脚双列直插封装，其引脚安排如图 4-7 所示。它与微处理器相接的信号端主要有：

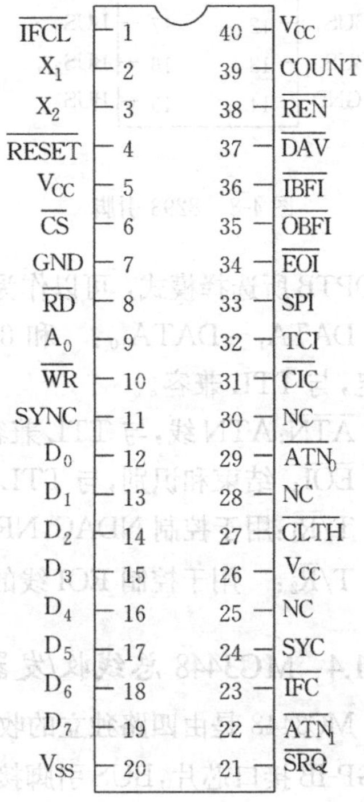

图 4-7 8292 引脚

$D_0 \sim D_7$：双向数据总线。

$\overline{CS}$：片选输入端。

$\overline{RD}$，$\overline{WR}$：读、写选通输入端。

X_1，X_2：外接晶体或外部时钟。

$\overline{RESET}$：复位输入端。

A_0：地址线。当微处理进行读操作时，由 A_0 来区别是读数据缓冲器还是状态缓冲器的内容；当进行写操作时，由 A_0 来区别是写命令还是写数据。

与 GP-IB 标准接口总线相接的信号端有：

$\overline{DAV}$：双向握手信号，它与 8291 的 DAV 端相接。

$\overline{IFC}$：接口清除信号输出端。

$\overline{TCI}$：任务完成中断申请信号。

SPI：由 8292 内部事件引起的中断信号输出端。

$\overline{OBFI}$：表示输出缓冲器满信号，用于向微处理器提出中断申请。

$\overline{IBFI}$：表示输入缓冲器空信号，用于向微处理器提出中断申请。

$\overline{SRQ}$：SRQ 的输入端。

COUNT："事件计数"输入端。

$\overline{ATN_1}$：ATN 信号输入端。

$\overline{ATN_0}$：ATN 信号输出端。

SYC：输入信号，系统控者控制端，高电平有效。

$\overline{IFCL}$：IFC 接收端，当 8292 不是系统控者时，用于监视 IFC 信号。

$\overline{CIC}$：输出信号，控制 SRQ 线的收发器的 S/R 输入，有效时还表明 8292 现在是系统中的责任控者。

4.2.1.3 8293 总线收/发器

在接口总线系统中，为了保证接入系统中每个仪器的接口对总线所呈现的负载以及对总

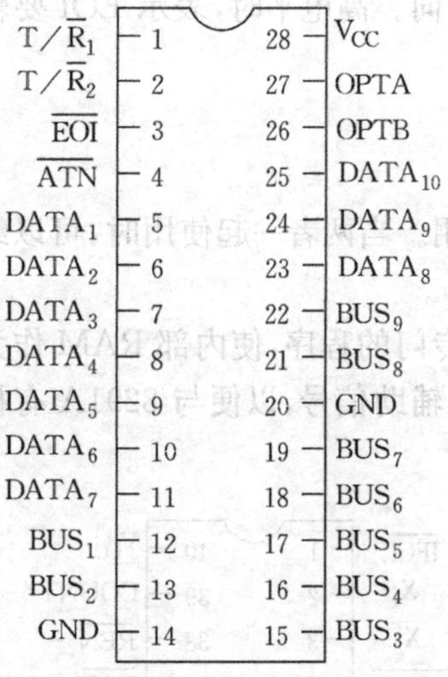

图 4-8　8293 引脚

线所具有的驱动能力都能符合特定的要求，接口芯片必须经总线收/发器。才能并联于总线上。现在有多种符合各种特定要求的总线收/发器供选用，其中 8293 总线收/发器是专门为配合 8291A，8292 接口芯片而设计的。

8293 内部包括 9 路收/发通道和适应不同工作模式的附加电路，每路的收/发方向可由 T/$\overline{R}$来控制。接收时采用施密特电路以增强抗干扰能力，发送时选用 OC 方式或三态方式。8293 可预置成四种模式之一。

8293 的引脚安排如图 4-8 所示，主要引脚功能如下：

OPTA，OPTB：用这两个脚逻辑电平的不同组态，编程设置四种工作模式之一。在讲/听者结构中，使用两片 8293，分别设置于模式 0 和模式 1 和 8291 相连。在讲/听/控者结构中，也使用两片 8293，但分别设置于模式 2 和模式 3，与 8291 和 8292 相连，如图 4-13 所示。

$BUS_1 \sim BUS_8$：直接与 GP-IB 总线相连，根据 OPTA 和 OPTB 所选择模式，可以作为数据线 DIO 或管理线，直接连接 8291 和 8292。

$DATA_1 \sim DATA_{10}$：　和 8291 或 8292 相连，其定义由 OPTA 和 OPTB 所选择模式决定，与 TTL 兼容。

$\overline{ATN}$：ATN 线，与 TTL 兼容。

$\overline{EOI}$：结束和识别，与 TTL 兼容。

T/$\overline{R}_1$：用于控制 NDAC，NRFD，DAV 和 $DIO_1 \sim DIO_8$ 的传输方向，输入与 TTL 兼容。

T/$\overline{R}_2$：　用于控制 EOI 线的方向，输入与 TTL 兼容。

4.2.1.4　MC3448 总线收/发器

MC3448 是由四路独立的收发电路组成，其引脚安排如图 4-9 所示。每路的 $DATA_i$ 引脚接 GP-IB 接口芯片，BUS 引脚接 GP-IB 总线，收发方向由 T/$\overline{R}$ 来控制。每路的输入端采用施密特触发器，输出端可选择三态门驱动或 OC 门驱动，由 EN 引脚控制，当为低电平时，为三态输出方式，具有 48mA 的输出驱动能力。

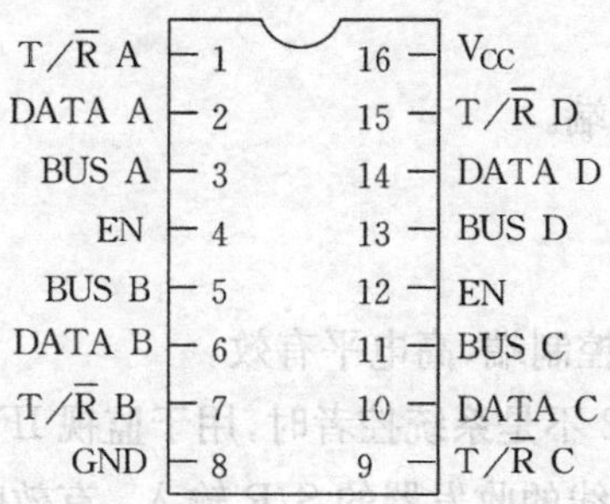

图 4-9　MC3448 引脚

4.2.2 智能仪器的 GP-IB 接口设计

由前节所述可知，单独使用 8291 就可以为智能仪器组成功能相当齐全的 GP-IB 接口。图 4-10 示出了国产 AV2781 智能 LCR 测试仪 GP-IB 接口原理图。仪器控制采用单片机 8301，接口电路选用 8291 接口芯片与四片母线收/发器 MC3448 相连构成。由于 8291 的控制信号$\overline{CS}$，$\overline{WR}$，$\overline{RD}$，与 8031 相应的$\overline{CS}$，$\overline{WR}$，$\overline{RD}$皆为低电平有效，所以它们之间可以直接连接。8291 的 RS_0，RS_1，RS_2 与 8031 的地址总线相连，因此可以通过使用不同的地址去选择 8031 内部的 16 个寄存器。本系统中 8291 中断请求的有效电平选择为高电平有效方式。

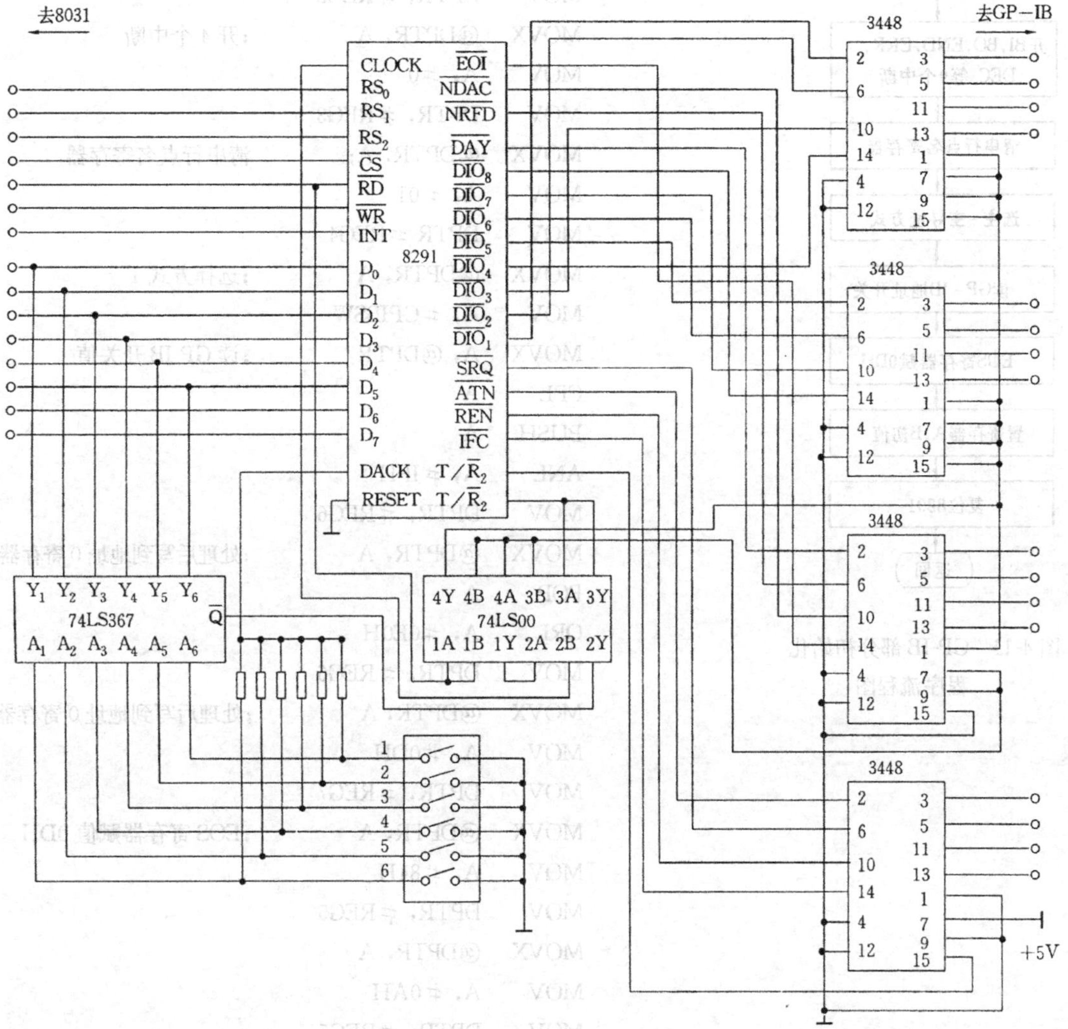

图 4-10 智能仪器 GP-IB 接口原理简图

通常，在接口工作前，由仪器的微处理器对 8291 进行初始化，初始化程序除完成对系统内存单元以及一些标志位的初始化外，还完成对 8291 工作方式的设定功能。假定 8291 的八对寄存器的选通地址为 REG_1，REG_2，…，REG_8，GP-IB 的开关选通地址为 GP-IBSW。则

GP-IB部分初始化程序流程图如图 4-11 所示，部分初始化程序清单如下：

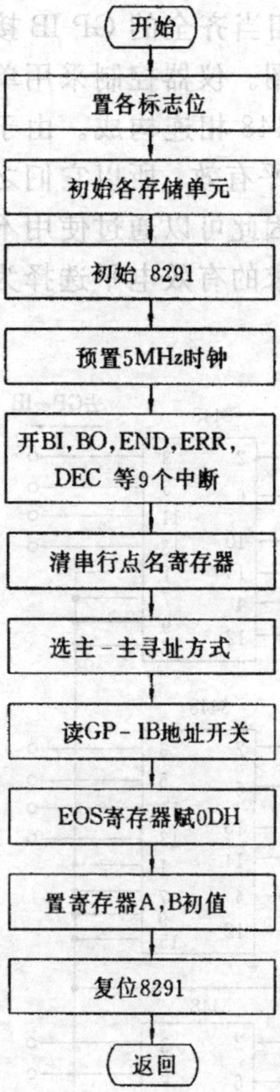

图 4-11　GP-IB 部分初始化程序流程图

```
PR-INO：MOV     SP，#02H
        MOV     DPRT，#REG5
        MOVX    @DPTR，A          ;初始化 8291
        MOV     A，#25H
        MOVX    @DPTR，A          ;设置 5MHz 时钟
        MOV     A，#1FH           ;00011111
        MOV     DPTR，#REG1
        MOVX    @DPTR，A          ;开 5 个中断
        MOV     A，#0FH           ;00001111
        MOV     DPTR，#REG2
        MOVX    @DPTR，A          ;开 4 个中断
        MOV     A，#0
        MOV     DPTR，#REG3
        MOVX    @DPTR，A;         清串行点名寄存器
        MOV     A，#01
        MOV     DPTR #REG4
        MOVX    @DPTR，A          ;选择方式 1
        MOV     A，#GPIBSW
        MOVX    A，@DPTR          ;读 GP-IB 开关值
        CPL     A
        PUSH    A
        ANL     A，#IFH
        MOV     DPTR，#REG6
        MOVX    @DPTR，A          ;处理后写到地址 0 寄存器
        POP     A
        ORL     A，#0E0H
        MOV     DPTR，#REG6
        MOVX    @DPTR，A          ;处理后写到地址 0 寄存器
        MOV     A，#0DH
        MOV     DPTR，#REG7
        MOVX    @DPTR，A          ;EOS 寄存器赋值 0DH
        MOV     A，#84H
        MOV     DPTR，#REG5
        MOVX    @DPTR，A
        MOV     A，#0AH
        MOV     DPTR，#REG5
        MOVX    @DPTR，A          ;设置隐藏寄存器 A,B 初值
        MOV     A，#0
        MOVX    @DPTR，A          ;复位 8291
        RET
```

本系统在初始化时打开了 9 个中断，其中 BI 中断完成对从控者发来的程控命令的接收、检验、查表，并通过处理转到相应的处理程序执行。而 BO 中断则完成把所需输出的数据通过数据输出寄存器传输到接口母线上的功能。图 4-12 给出了部分中断程序的流程图。

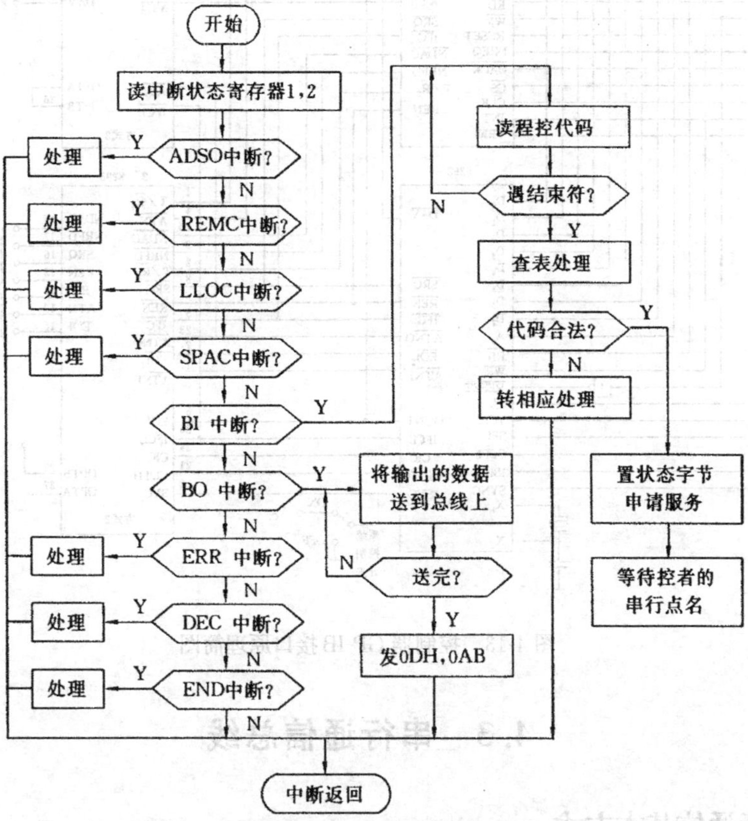

图 4-12　部分中断程序流程图

4.2.3　控制器的 GP-IB 接口设计

当 8291 与 8292 联合使用时，则可为一台微处理器系统组成 GP-IB 控制器接口，其原理如图 4-13 所示。这时 8291 负责 GP-IB 的数据总线和握手总线交换信息；8292 则控制 GP-IB 的管理线中的 4 条（IEC，ATN，REN，SRQ），而余下的 EOI 总线则由双方分管：在发送或接收结束字符时，由 8291 驱动或接收 EOI；在发送 IDY 命令（并行点名执行命令，IDY＝EOI∧ATN）时，EOI 线由 8292 驱动。图中二片 8292 分别工作在模式 2 和模式 3，作为总线驱动/接收器。在开始工作之前，8291 和 8292 都要实行初始化，具体程序略。

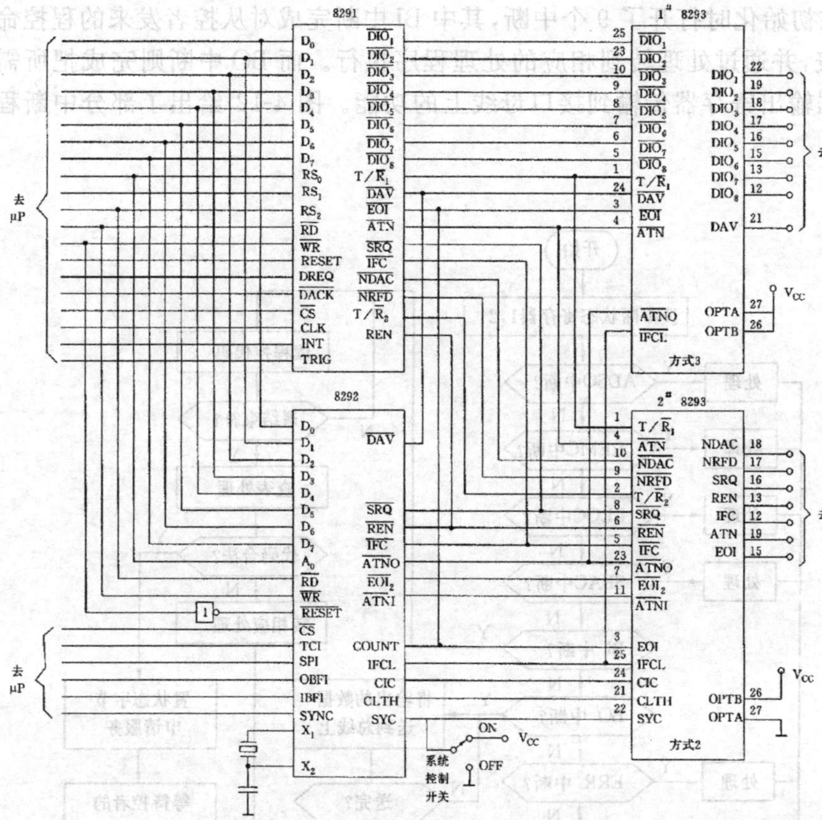

图 4-13　控制器 GP-IB 接口原理简图

4.3　串行通信总线

4.3.1　串行通信基本方式

串行通信是指将构成字符的每个二进制数据位，依照一定的顺序逐位进行传输的通信方式。计算机或智能仪器中处理的数据是并行数据，因此在串行通信的发送端，需要把并行数据转换成串行数据后再传输；而在接收端，又需要把串行数据转换成并行数据再处理。数据的串并转换可以用软件和硬件两种方法来实现。硬件方法主要是使用了移位寄存器。在时钟控制下，移位寄存器中的二进制数据可以顺序地逐位发送出去；同样，在时钟控制下，接收进来的二进制数据，也可以在移位寄存器中装配成并行的数据字节。

根据时钟控制数据发送和接收的方式，串行通信分为同步通信和异步通信两种。这两种通信的示意图如图 4-14 所示。

在同步通信中，为了使发送和接收保持一致，串行数据在发送和接收两端使用的时钟应同步。通常，发送和接收移位寄存器的初始同步是使用一个同步字符来完成，当一次串行数据的同步传输开始时，发送寄存器送出的第一个字符应该是一个双方约定的同步字符，接收器在时钟周期内识别该同步字符后，即与发送器同步，开始接收后续的有效数据信息。

在异步通信中，只要求发送和接收两端的时钟频率在短期内保持同步。通信时发送端先送出一个初始定时位(称起始位)，后面跟着具有一定格式的串行数据和停止位。接收端首先识别起始位，同步它的时钟，然后使用同步的时钟接收紧跟而来的数据位及停止位，停止位表示数据串的结束。一旦一个字符传输完毕，线路空闲。无论下一个字符在何时出现，它们将再重新进行同步。

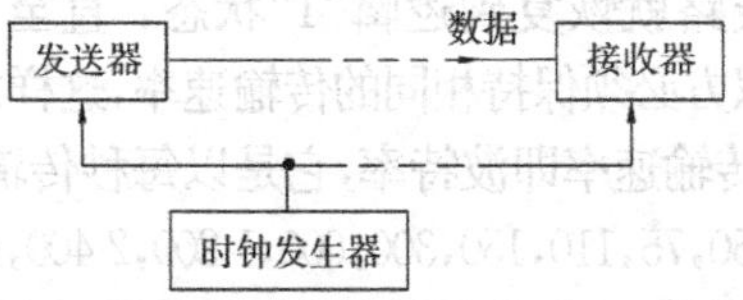

(a) 同步通信

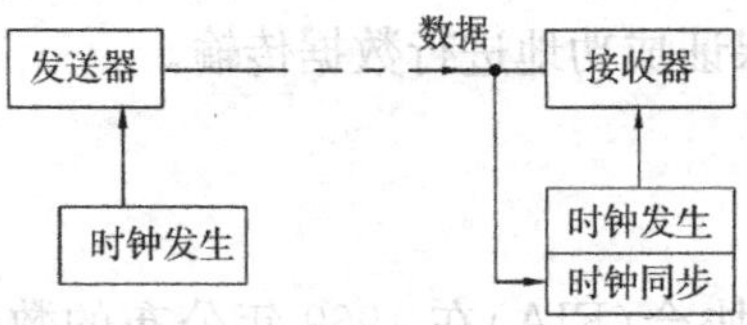

(b) 异步通信

图 4-14　串行通信方式

同步通信与异步通信相比较，优点是传输速度快。不足之处是，同步通信的实用性将取决于发送器和接收器保持同步的能力，若在一次串行数据的传输过程中，接收器接收数据时，若由于某种原因(如噪声等)漏掉一位，则余下接收的数据都是不正确的。

异步通信相对同步通信而言，传输数据的速度较慢，但若在一次串行数据传输的过程中出现错误，仅影响一个字节数据。

目前，在微型计算机测量和控制系统中，串行数据的传输大多使用异步通信方式。

4.3.2　串行通信协议

为了有效地进行通信，通信双方必须遵从统一的通信协议，即采用统一的数据传输格式、相同的传输速率、相同的纠错方式等。

异步通信协议规定每个数据以相同的位串形式传输，每个串行数据由起始位、数据位、奇偶校验位和停止位组成，串行数据的位串格式如图 4-15 所示，具体定义如下：

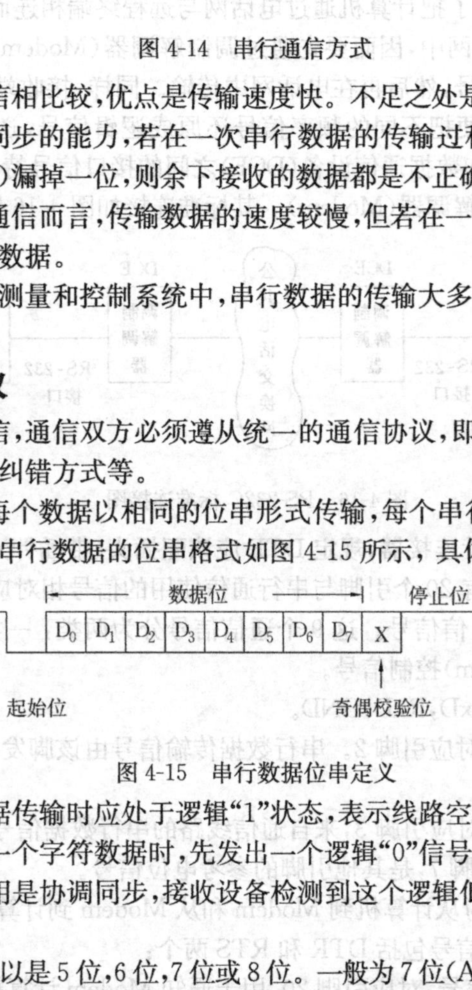

图 4-15　串行数据位串定义

当通信线上没有数据传输时应处于逻辑“1”状态，表示线路空闲。

当发送设备要发送一个字符数据时，先发出一个逻辑“0”信号，占一位，这个逻辑低电平就是起始位。起始位的作用是协调同步，接收设备检测到这个逻辑低电平后，就开始准备接收后续数据位信号。

数据位信号的位数可以是 5 位，6 位，7 位或 8 位。一般为 7 位(ASCII 码)或 8 位。数据位从最低有效位开始逐位发送，依此顺序地发送到接收端的移位寄存器中。并转换为并行的数据字符。

奇偶校验位用于进行有限差错检测，占一位。通信双方需约定一致的奇偶校验方式，如果约定奇校验，那么组成数据和奇偶校验位的逻辑“1”的个数必须是奇数；如果约定偶校验，那么逻辑“1”的个数必须是偶数。通常奇偶校验功能的电路已集成在通信控制器芯片中。

停止位用于标志一个数据的传输完毕，一般用高电平，可以是 1 位，1.5 位或 2 位。当接收设备收到停止位之后，通信线路就恢复到逻辑"1"状态，直至下一个字符数据起始位到来。

在异步通信中，接收和发送双方必须保持相同的传输速率，这样才能保证线路上传输的所有位信号都保持一致的信号持续时间。传输速率即波特率，它是以每秒传输的二进制位数来度量的，单位为比特/秒(b/s)。规定的波特率有 50,75,110,150,300,600,1 200,2 400,4 800,9 600 和 19 200b/s 等几种。

总之，在异步串行通信中，通信双方必须持相同的传输波特率，并以每个字符数据的起始位来进行同步。同时，数据格式，即起始位、数据位、奇偶位和停止位的约定，在同一次传输过程中也要保持一致，这样才能保证成功地进行数据传输。

4.3.3 RS-232C 标准

RS-232C 是美国电子工业协会(EIA)在 1969 年公布的数据通信标准。RS 是推荐标准(Recommended Standard)的英文缩写，232C 是标准号。

RS-232C 标准最初是为了把计算机通过电话网与远程终端相连而设计的。计算机输出的逻辑信号不宜直接接到电话网中，因而要先通过调制解调器(Modem)，把代表逻辑 1 和逻辑 0 的电平信号调制成音频信号，然后再在电话网中传输。同样，接收端也需要通过调制解调器(Modem)与电话网相接，以便把不同的频率信号还原成逻辑信号，送到终端设备。该标准定义了数据终端设备(DTE) 和数据通信设备(DCE)之间的接口信号特性。其中 DTE 也可以是计算机，DCE 一般是指调制解调器(Modem)。其标准连接如图 4-16 所示。

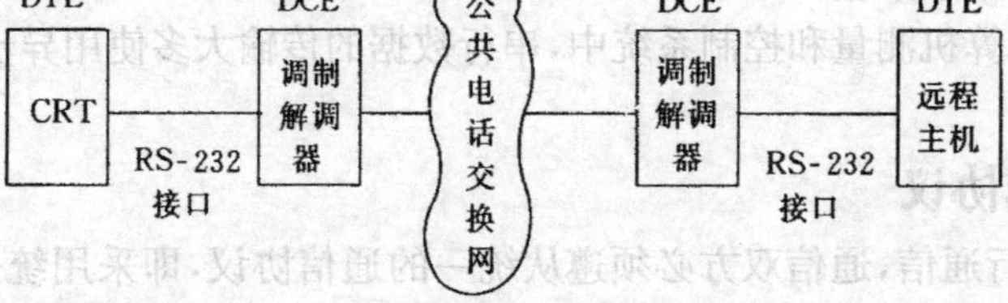

图 4-16 RS-232C 标准连接图

RS-232C 标准采用 25 针连接器，规定 DTE 应该配插头(带插针)，DCE 应该配插座(不带插针)。在 25 针连接器中，有 20 个引脚与串行通信使用的信号相对应，在微型计算机通信中最常使用的是其中的 9 个通信信号。这 9 个通信信号分为两类：一类为基本数据传输信号，另一类是调制解调器(Modem)控制信号。

基本数据传输信号有 TxD，RxD，GND。

TxD 为发送数据信号，对应引脚 2。串行数据传输信号由该脚发出送上通信线路，在不传输数据时该脚为逻辑 1。

RxD 为接收数据信号，对应引脚 3，来自通信线路的串行数据信号由该脚进入系统。

GND 为地信号，对应引脚 7，是其他引脚的参考电位信号。

Modem 控制信号又分为从计算机到 Modem 和从 Modem 到计算机两类控制信号。

从计算机到 Modem 的信号包括 DTR 和 RTS 两个：

DTR 为数据终端就绪信号，对应引脚 20，用于通知 Modem 计算机已准备好。

RTS 为请求发送信号，对应引脚 4，用于通知 Modem 计算机请求发送数据。

从 Modem 到计算机的信号包括 DSR，CTS，DCD 和 RI 四个：

DSR 为数据装置就绪信号，对应引脚 6，用于通知计算机与 Modem 已准备好。

CTS 为允许发送信号，对应引脚 5，用于通知计算机与 Modem 可以接收传输数据。

DCD 为数据载波检测信号，对应引脚 8，用于通知计算机 Modem 已与电话线路连接好。

RI 为振铃指令信号，对应引脚 22，通知计算机有来自电话网的信号。

在实际的短距离单片机与单片机之间、微型计算机及微型计算机化设备之间的通信中，往往不再通过 Modem 而直接连接，这种简化的连接方法被称为“零 Modem”连接。在“零 Modem”连接中，最简单的形式是只使用上述的三根基本数据传输信号线。其中 TxD 与 RxD 交错相连，GND 和 GND 相连。如图 4-17所示。这种方法只适于 15m 以内的串行通信。

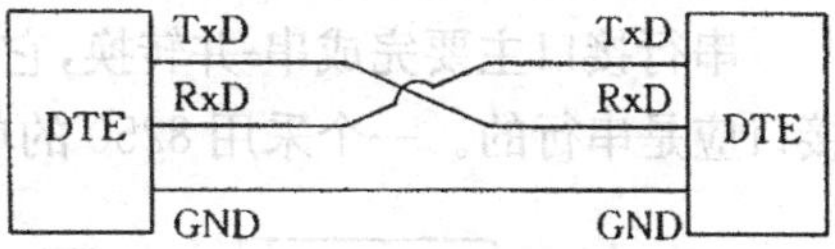

图 4-17 “零 Modem”连接

RS-232C 标准使用±15V 电源，并采用负逻辑。逻辑 1 电平在－5～15V 范围内，逻辑 0 电平在＋5～＋15V 范围内。目前广泛使用的计算机及 I/O 接口芯片多采用 TTL 电平，即逻辑 1 电平在＋2～＋5V，逻辑 0 电平在 0～＋0.8V。由于 RS-232C 的逻辑电平不与 TTL 电平兼容，因此必须设计专门的电路芯片来进行这种电平转换。

典型的电平转换电路芯片有 MC 1488 和 MC 1489。MC 1488 是传输线驱动器，它用于将 TTL 电平转换为 RS-232C 电平，需要±15V 电源供电；MC 1489 是传输线接收器，它用于将 RS-232C 电平转换为 TTL 电平，只需要＋5V 电源供电。近年来又出现了一类新型的电平转换器，例如 MAX 232、MAX 233 等，如图 4-18 所示。它们内部有电压倍增电路，仅需要外接＋5V 电源供电便可工作，使用很方便。这两种电平转换器都有 2 对收/发线，均可以将 2 路 TTL 电平转换为 RS-232C 电平和将 2 路 RS-232C 电平转换为 TTL 电平。不同点在于，使用 MAX 232 芯片时，需要外加 5 个 1μF 的电容，而 MAX 233 不需要外加电容，使用更加方便。

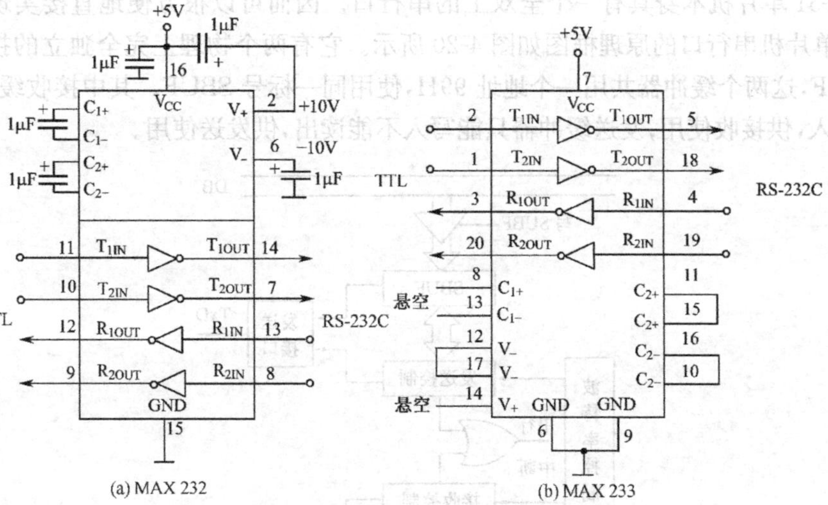

图 4-18 两种新型的 RS-232C 串行口电平转换器

4.4 串行通信接口电路的设计

4.4.1 智能仪器串行通信接口的结构

4.4.1.1 串行通信接口的扩展

一般微处理器本身不具备串行通信接口功能，因此，如果需要进行串行通信，可以通过外接一个串行接口电路的方法加以扩展。串行接口时序繁杂,需要使用串-并转换电路、时钟同步电路、校验电路以及较多的逻辑控制电路,为方便使用,这些电路已经集成在一块芯片内,当前使用较普遍的标准串行接口芯片有 8250,8251,6850 等。

串行接口主要完成串-并转换,它与微处理器的数据接口是并行的,而与外界设备的数据接口应是串行的。一个采用 8250 的单片机串口扩展电路如图 4-19 所示。

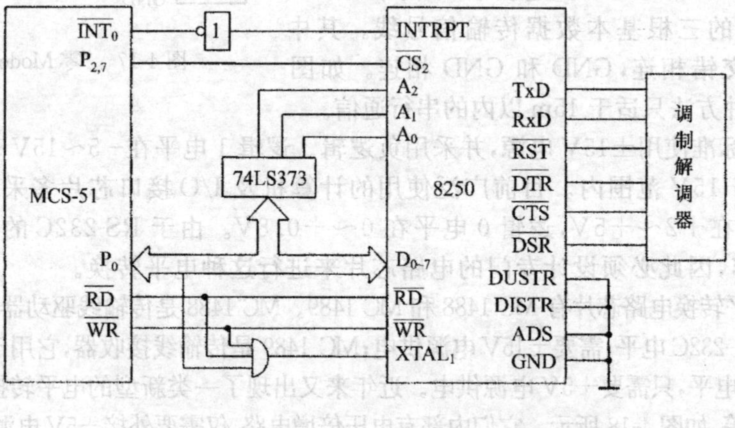

图 4-19　采用 8250 的单片机串行接口扩展电路

4.4.1.2　MCS-51 串行通信接口结构及通信方式

MCS-51 单片机本身具有一个全双工的串行口。因而可以很方便地直接实现串口通信。MCS-51 单片机串行口的原理框图如图 4-20 所示。它有两个物理上完全独立的接收、发送缓冲器 SBUF,这两个缓冲器共用一个地址 99H,使用同一标号 SBUF。其中接收缓冲器只能读出不能写入,供接收使用;发送缓冲器只能写入不能读出,供发送使用。

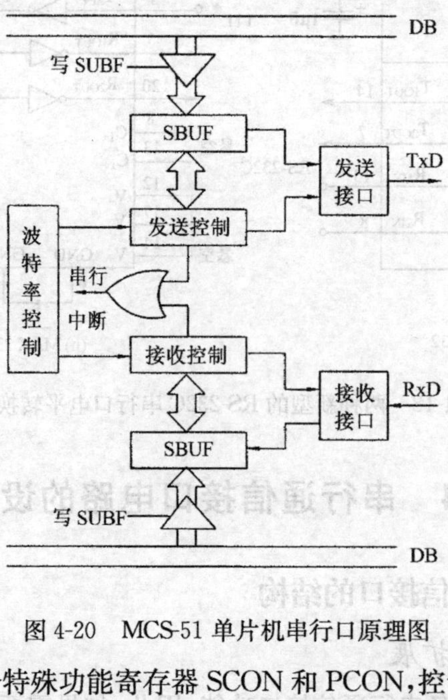

图 4-20　MCS-51 单片机串行口原理图

MCS-51 单片机有两个特殊功能寄存器 SCON 和 PCON,控制串行口的工作方式及波特率。定时器 T_1 作为波特率发生器。

串行口控制寄存器 SCON 包含串行口的方式选择位，接收发送控制位以及串行口的状态标志，字节地址为 98H，可按位寻址，其格式如下：

位功能	SM0	SM1	SM2	REN	TB8	RB8	TI	RI
位地址	9F	9E	9D	9C	9B	9A	99	98

SM0，SM1 为串行口的方式选择位，定义如表 4-3 所示。

表 4-3　串行口工作方式选择

SM0	SM1	方式	功　能	波 特 率
0	0	0	同步移位寄存器	$f_0/12$
0	1	1	8 位异步通信接口	可变
1	0	2	9 位异步通信接口	$f_0/64$ 或 $f_0/32$
1	1	3	9 位异步通信接口	可变

在方式 2 和方式 3 中，SM2 为允许方式 2 和方式 3 的多机通信控制位。若 SM2 置为 1，则接收到的第 9 位数据(RB8)为 0 时不激活 RI。在方式 1 中，若 SM2 置为 1，则只有收到有效的停止位时才会激活 RI。在方式 0 中，SM2 应该为 0。

REN 为允许串行接收位。由软件置位以允许接收。由软件清零来禁止接收。

TB8 在方式 2 和方式 3 时，为发送的第 9 位数据。需要时由软件置位或复位。

RB8 在方式 2 和方式 3 时，为接收到的第 9 位数据；在方式 1 中，若 SM2 置为 0，RB8 是接收到的停止位；在方式 0 中，不使用 RB8。

TI 为发送中断标志。由硬件在方式 0 串行发送第 8 位结束时置位，或在其他方式串行发送停止位的开始时置位。必须由软件清零。

RI 为接收中断标志。由硬件在方式 0 接收到第 8 位结束时置位，或在其他方式串行接收到停止位的中间时置位。必须由软件清零。

波特率系数控制寄存器 PCON 的字节地址为 87H，格式如下：

SMOD							

PCON 的最高位为 SMOD，它是串行口波特率系数的控制位，SMOD 为 1 使波特率加倍。MCS-51 共有 4 种工作方式，由 SM0，SM1 的状态定义。

方式 0 即移位寄存器输入/输出方式。可外接移位寄存器，将串行口变为并行接口，以扩展 I/O 端口。也可以外接同步输入/输出设备，工作时，数据由 RxD($P_{3.0}$)端输入/输出，同步移位时钟由 TxD($P_{3.1}$)端输出。发送或接收的是 8 位数据，低位在先。方式 0 的波特率为固定的 $f_0/12$。

方式 1 为 8 位异步通信接口，1 帧信息共有 10 位，1 位起始位，8 位数据位，一位停止位，其波特率为

$$\frac{2^{SMOD}}{32}\times(T_1\text{ 溢出率})$$

通常 T_1 设置为工作方式 2，由于方式 2 为自动重装入 8 位计数方式，无须中断服务程序，只需对其进行初始化。若 TH1 为方式 2 时的初始值，则 T_1 溢出率为 $f_0/12\times(256-(TH1))$

此时，波特率可按下式求取

$$\text{波特率}=\frac{2^{SMOD}}{32}\times\frac{f_0}{12\times(256-(TH1))}$$

注： TH1 为方式 2 时的初始值。

发送时，数据由 TxD 端输出。当数据写入发送缓冲器 SBUF 后，便启动串行口发送器发送，发送完一帧信息，置位发送中断标志 TI 请求中断，响应中断后可以再输出一个新数据。

接收时，数据从 RxD 端输入。REN 置"1"后，接收器就以所选波特率 16 倍的速率采样 RxD 端的电平。当检测到起始位有效时，开始接收一帧的其余信息。当 RI 为 0 并且接收到的停止位为 1(或 SM2 为 0)时，则将接收到的 8 位数据送入接收缓冲器，将第 9 位数据(停止位)送入 RB8 且置位 RI 中断标志，若两个条件不满足，信息将丢失。

方式 2 和方式 3 为 9 位异步通信接口。传输一帧信息共 11 位，1 位起始位，8 位数据位，一位可程控为 1 或 0 的第 9 位数据，1 位停止位。方式 2 和方式 3 的差别仅在于波特率不同，方式 2 的波特率是固定的，求取公式为

$$\frac{2^{SMOD}}{64}\times(\text{振荡器频率})$$

方式 3 的波特率是可变的，求取公式为

$$\frac{2^{SMOD}}{32}\times(T_1\text{ 溢出率})$$

发送时，数据由 TxD 输出，附加的第 9 位数据是 SCON 中的 TB8。当数据写入 SBUF 后，就启动发送器发送，发送完一帧信息，置位中断标志 TI。

接收时，从 RxD 端输入数据，当 RI 为 0 且 SM2 为 0 或接收到的第 9 位数据为 1 时，8 位数据装入接收缓冲器，附加的第 9 位数据送入 RB8 且置位 RI 中断标志。若两个条件均不满足，接收的信息将丢失。

在方式 2 和方式 3 工作方式时，利用 SCON 中的 SM2 位，可以方便地实现双机通信。

MCS-51 实行串行发送和接收的方式非常简单，在预先设置好工作方式和波特率的情况下，执行一条写 SBUF 指令(如 MOV　SBUF，#04H)，即可将要发送的数据(04H)按事先设置的方式和波特率从 TxD 口串行输出。一个数据串行发送完毕后串行口能向 CPU 提出中断申请，请求再次发送。执行一条读 SBUF 指令(如 MOV　A,SBUF)则可将 RxD 口串行输入的数据送入指定的寄存器或存储器(如累加器 A)。串行接收时，当一个数据的最后一位接收完毕后，串行口能提出中断申请，请求 CPU 处理接收到的数据并接收一个新数据。

MCS-51 串行口不足之处在于：其数据传输格式是由制造厂家用硬指令设计好的，灵活性受到了一定的限制。用于串行通信的端口只有 TxD 和 RxD 两个，因而只能做简单连接，传输距离不宜超过 15m。在要求较高时，须采用 8250 等接口芯片扩展串行口。

4.4.2 MCS-51 系统串行通信设计举例

本节通过两个实例来学习以 MCS-51 单片机为基础的智能仪器之间的串行通信技术。

4.4.2.1 双机通信

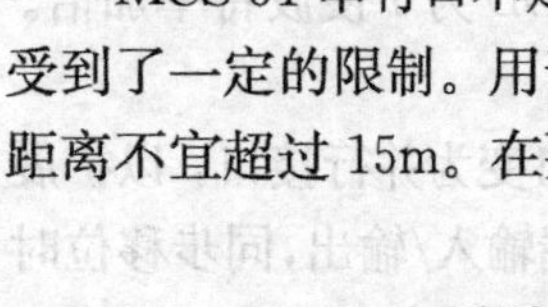

图 4-21　双机串行通信

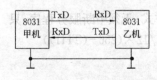

一个典型的双机串行通信的硬件连接如图 4-21 所示。

设甲机为发送机，其任务是把 78H，77H 内容为首地址；76H，75H 内容为末地址的一段数据块通过串行口向乙机发送。乙机为接收机，其任务是接收甲机发送的数据，并把接收到的数据存入由甲机规定的一段存储器单元中。

两机通信必须规定相同的数据传输格式和波特率。对于单片机之间的通信，只要设定发送机和接收机处于相同的工作方式，即可保证数据传输格式相同，本例采用方式 1，即 1 位起始位，8 位数据位和 1 位停止位。采用定时器 T_1 作为波特率发生器，初始化 T_1 为方式 2，时间常数为 F3H，若时钟为 $f_0=6\text{MHz}$ 串行口 SMOD 位置位，则波特率为 2 400b/s。由于乙机存放数据的地址是由甲机规定的，所以甲机在发送正式数据之前必须先发送存放数据的首地址和末地址。两机通信的程序框图如图 4-22 和图 4-23 所示，其程序清单如下：

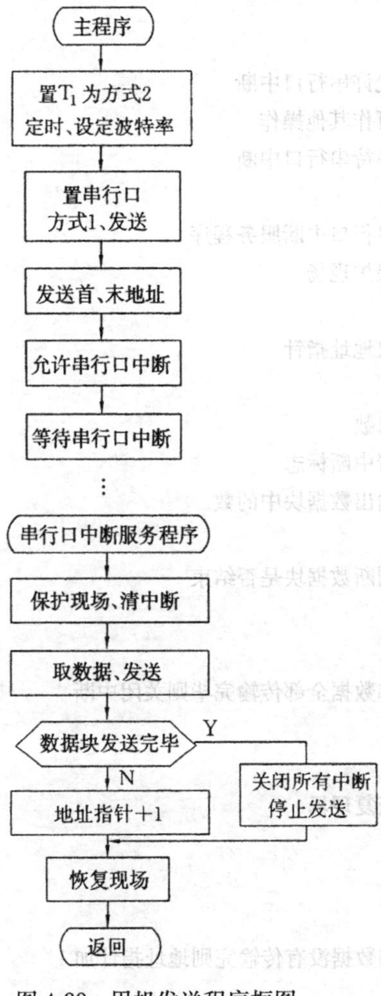

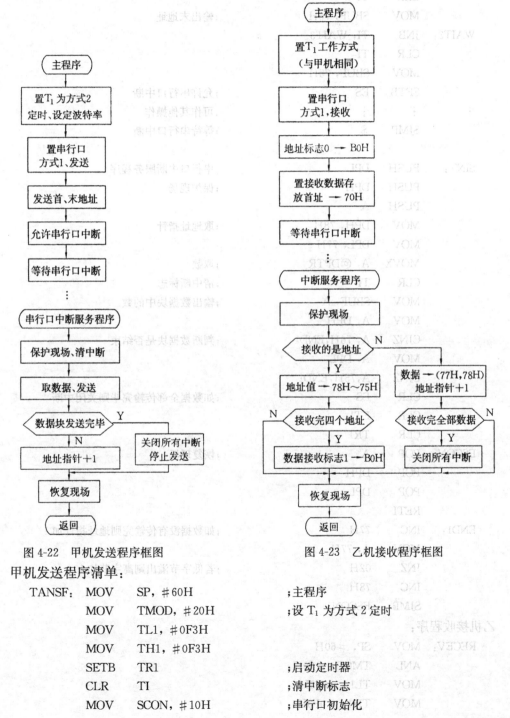

图 4-22　甲机发送程序框图

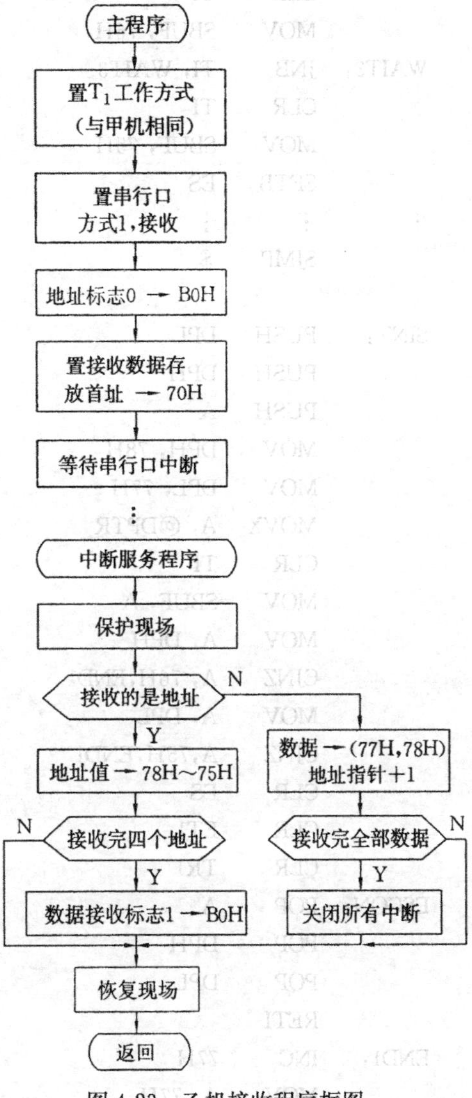

图 4-23　乙机接收程序框图

甲机发送程序清单：

```
TANSF:  MOV    SP, #60H          ;主程序
        MOV    TMOD, #20H        ;设 T1 为方式 2 定时
        MOV    TL1, #0F3H
        MOV    TH1, #0F3H
        SETB   TR1               ;启动定时器
        CLR    TI                ;清中断标志
        MOV    SCON, #10H        ;串行口初始化
```

```
        MOV     PCON, #80H          ;SMOD置位
        MOV     SBUF, 78H           ;发送地址高字节
WAIT1:  JNB     TI, WAIT1           ;等待高字节发送结束
        CLR     TI                  ;高字节发送结束
        MOV     SBUF, 77H           ;发送地址低字节
WAIT2:  JNB     TI, WAIT2
        CLR     TI
        MOV     SBUF, 76H           ;输出末地址
WAIT3:  JNB     TI, WAIT3
        CLR     TI
        MOV     SBUF, 75H
        SETB    ES                  ;允许串行口中断
 ⋮       ⋮       ⋮                  ;可作其他操作
        SJMP    $                   ;等待串行口中断
SINT:   PUSH    DPL                 ;串行口中断服务程序
        PUSH    DPH                 ;保护现场
        PUSH    A
        MOV     DPH, 78H            ;取地址指针
        MOV     DPL, 77H
        MOVX    A, @DPTR            ;取数
        CLR     TI                  ;清中断标志
        MOV     SBUF, A             ;输出数据块中的数
        MOV     A, DPH
        CJNZ    A, 76H,END1         ;判断数据块是否结束
        MOV     A, DPL
        CJNZ    A,75H,END1
        CLR     ES                  ;如数据全部传输完毕则关闭中断
        CLR     ET1
        CLR     TR1
ESCON:  POP     A                   ;恢复现场
        POP     DPH
        POP     DPL
        RETI
END1:   INC     77H                 ;如数据没有传输完则地址指针加1
        MOV     A, 77H
        JNZ     02H                 ;若低字节溢出则高字节加1
        INC     78H
        SJMP    ESCON
```

乙机接收程序：

```
RECEV:  MOV     SP, #60H
        ANL     TMOD, #20H
        MOV     TL1, #0F3H
        MOV     TH1, #0F3H
```

```
        SETB    TR1
        MOV     SCON, #50H          ;串行口初始化
        MOV     PSCON, #80H         ;SMOD 置位
        CLR     B.0                 ;用 B.0 作地址标志
        MOV     70H, #78H           ;置地址指针初值
        SJMP    $                   ;等待中断
SINT1:  PUSH    DPL                 ;串行口中断服务程序
        PUSH    DPH
        PUSH    A
        MOV     A, R0
        PUSH    A
        JB      B.0, DATA           ;判断接收的是数据还是地址,是地址
        MOV     R0, 70H             送 78H～75H 中,是数据则转 DATA
        MOV     A, SBUF
        MOV     @R0, A
        DEC     70H
        CLR     RI
        MOV     A, #74H
        CJNZ    A, 70H, RETU        ;判断 4 个地址值接收完毕否
        SETB    B.0
RETU:   POP     A
        MOV     R0, A
        POP     A
        POP     DPH
        POP     DPL
        RETI
DATA:   MOV     DPH, 78H            ;置地址指针
        MOV     DPL, 77H
        MOV     A, SBUF             ;接收数据
        MOVX    @DPTR, A            ;存数
        CLR     RI                  ;清零中断标志
        INC     77H                 ;地址指针加 1
        MOV     A, 77H
        JNZ     02H
        INC     78H
        MOV     A, 76H
        CJNZ    A, 78H, RETU        ;判断全部数据传输完毕否
        MOV     A, 75H
        CJNZ    A, 77H, RETU
        CLR     ES                  ;传输完毕,关闭所有中断
        CLR     ET1
        CLR     T1
        AJMP    RETU
```

4.4.2.2 多机通信

MCS-51 机具有多机通信功能，可以很方便地用于多机分布式测控系统。图 4-24 示出了一个典型的主从式多机分布式系统。图中，主机发送的信息可以被指定的从机所接收，各从机发送的信息也都可以被主机接收，但从机和从机之间不能直接通信。

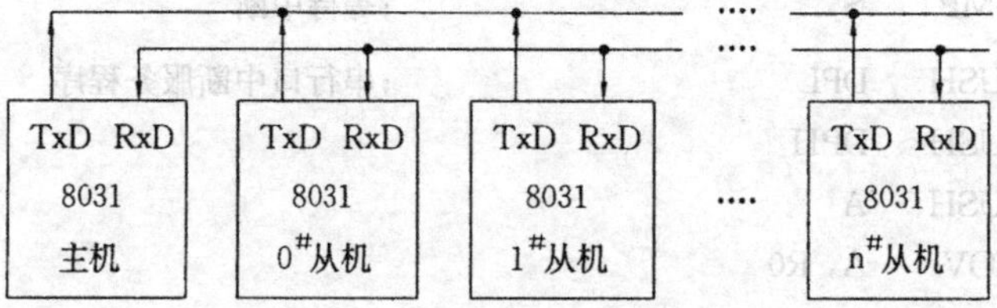

图 4-24 主从式多机分布式系统

MCS-51 机串行口的方式 2 和方式 3 就是为实现多机通信而设计的，其中串行口控制寄存器 SCON 中的 SM2 和 TB8(即第 9 位数据)起着重要的作用。通常在传输数据时，置 TB8 为 0，在传输地址时，置 TB8 为 1。当一台 MCS-51 机在接收时，若 SM2 为 1，它只能接收地址信号，即接收到的第 9 位数据为 1(TB8 为 1)时，数据装入 SBUF，并置 RI 为 1 向 CPU 发出中断请求；如果接收到的第 9 位数据为 0(TB8 为 0)，则不产生中断标志，信息将抛弃。而当 SM2 为 0 时，则可以接收所有信息。根据这个功能，就可以组成多机通信系统并能保证主机与所选从机交换信息，其他从机则不受影响。

根据上述 MCS-51 多机通信原理，通信过程安排如下：

(1) 使所有从机的 SM2 位置为 1，处于只接收地址的状态。

(2) 主机发送一帧地址信息，以选中要通信的从机。发送的地址帧特征是 TB8 为 1。

(3) 各从机都接收主机发送的地址信息，并与自身的地址相比较是否相符。

(4) 本机地址与主机发送地址相符的从机，向主机回送一个地址信号，置 SM2 为 0，以准备接收主机随后发来的信息。地址不相符的从机，仍保持 SM2 为 1，对主机发来的数据不予理睬，直至主机发来新的地址信息。

(5) 主机接到从机发回的地址信号后，便可断定已选中某台从机，然后主机便向从机发送控制命令(TB8 为 0)，此时只有被选中的从机才接收主机控制命令。

(6) 从机接到主机的控制命令后，向主机发回一个从机状态字，表明自己是否已准备就绪。

(7) 主机收到从机的状态信息后，即可知道从机是否已准备就绪。若从机已准备就绪，主机便与从机进行数据传输，否则命令从机复位，重新进行选择。

(8) 当一次通信结束以后，从机 SM2 复位，主机可以发送新的联络命令，以便和另一从机进行通信。

为了保证通信可靠，必须有严格的通信协议，并对通信双方作出一些必要的统一的约定。本例主要的约定如下：

(1) 从机最大容量为 255 台，其地址编号分别为 00H～FEH。

(2) 地址 FFH 为主机向所有从机发送复位命令信息。从机接收到 FFH 地址信息后，将各自的 SM2 置为 1，即处于复位状态，准备接收主机发送新的地址信息。

(3) 主机向从机发出控制命令的编码是：

00：要求从机接收主机发送的数据块；

01：要求从机向主机发送数据块；

其他：非法。

(4) 数据块长度：16 字节。

(5) 从机状态字格式如下：

D_7 为 1：从机接收到非法命令；

D_1 为 1：从机发送准备就绪；

D_7 为 1：从机接收准备就绪。

按上述约定编写的通信程序如下：

(1) 主机通信程序

因为主机通信是主动的，可以将整个主机通信程序作为一个子程序形式在需要时调用。主机通信子程序框图如图 4-25 所示，入口参数为：

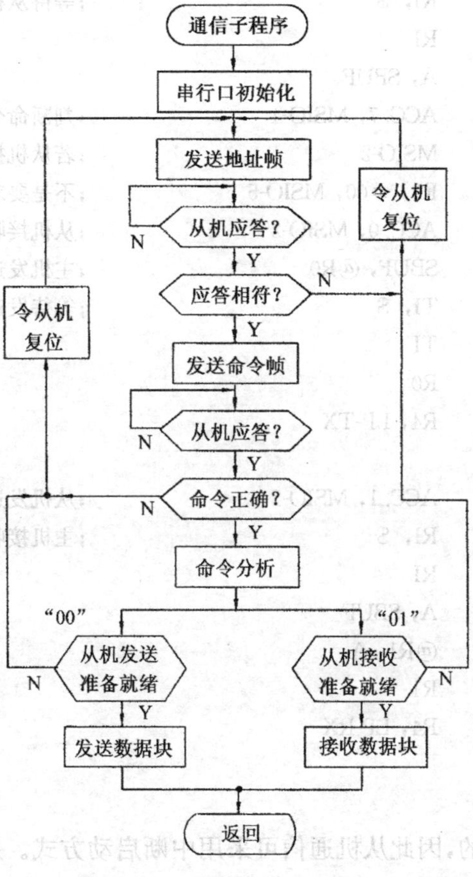

图 4-25　主机通信子程序框图

(R2)：被寻址从机地址；

(R3)：主机命令；

(R4)：数据块长度；

(R0)：主机发送数据块首址；

(R1)：主机接收的数据块首址。

主机通信子程序清单如下：

```
MSIO:   MOV   SCON, #0D8H      ;设串行口模式3,允许接收,TB8置为1
MISO-1: MOV   A, R2            ;发送地址帧
        MOV   SBUF, A
        JNB   RI, $            ;等待从机应答
        CLR   RI
        MOV   A, SBUF
        XRL   A, R2            ;判断应答地址是否相符
        JZ    MSIO-3
MSIO-2: MOV   SBUF, #0FFH      ;重新联络
        SETB  TB8
        SJMP  MSIO-1
MSIO-3: CLR   TB8              ;地址符合,准备送命令
        MOV   SBUF, R3         ;送命令
        JNB   RI, $            ;等待从机应答
        CLR   RI
        MOV   A, SBUF
        JNB   ACC.7, MSIO-4    ;判断命令是否出错
        SJMP  MSIO-2           ;若从机接收命令出错,重新联络
MSIO-4: CJNZ  R3, #00, MSIO-5  ;不是要求从机接收数据,则跳转
        JNB   ACC.0, MSIO-2    ;从机接收数据准备就绪否?
LP-TX:  MOV   SBUF, @R0        ;主机发送数据块
        JNB   TI, $            ;等待发送一帧完
        CLR   TI
        INC   R0
        DJNZ  R4, LP-TX
        RET
MSIO-5: JNB   ACC.1, MSIO-2    ;从机发送数据准备就绪否?
LP-RX:  JNB   RI, $            ;主机接收数据块
        CLR   RI
        MOV   A, SBUF
        MOV   @R1, A
        INV   R1
        DJNZ  R4, LP-RX
        RET
```

(2) 从机通信程序

因为从机通信是被动的,因此从机通信可采用中断启动方式。从机的主程序中应包括波特率的设定、初始化及开中断等。初始化包括工作区寄存器赋值、状态标志位的设置等。本程序用 F0 做发送准备就绪标志,PSW.1 做接收准备就绪标志。

从机通信中断服务程序框图如图 4-26 所示,入口参数为:

(R0):接收数据缓冲区首址;

(R1):发送数据缓冲区首址;

(R2):发送或接收字节数。

注意:选用的工作区为Ⅱ区。

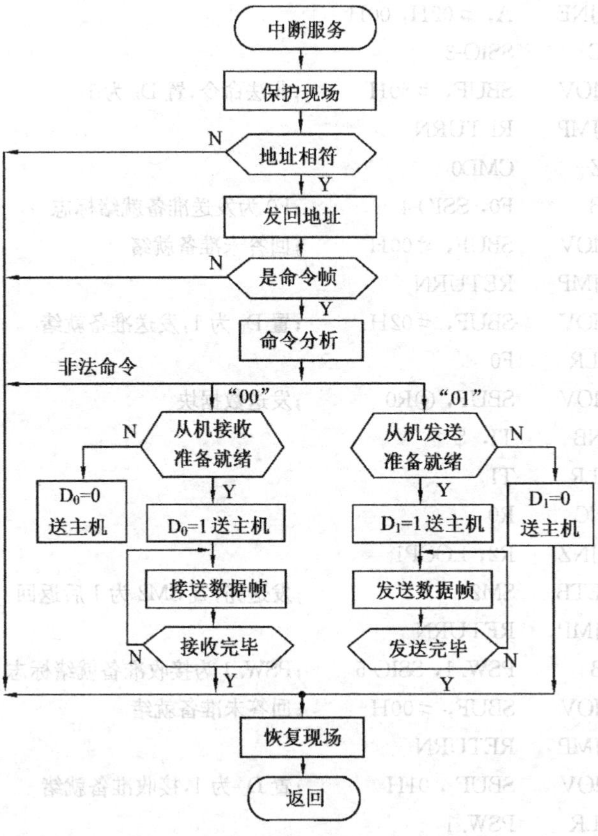

图 4-26　从机通信中断服务程序框图

从机通信中断服务程序清单如下：

```
SSIO:     CLR    RI
          PUSH   A                  ;保护现场
          PUSH   PSW
          SETB   RS1                ;选工作区寄存器
          CLR    RS0
          MOV    A, SBUF
          XRL    A, #SLAVE          ;SLAVE为本地从机地址
          JZ     SSIO-1
RETURN:   POP    PSW
          POP    A
          RETI
SSIO-1:   CLR    SM2                ;地址符合，与主机继续通信
          MOV    SBUF, #SLAVE       ;从机地址送回主机
          JNB    RI, $              ;等待接收完一帧
          CLR    RI
          JNB    RB8, SSIO-2        ;是命令帧跳转
          SETB   SM2                ;是复位信号，置SM2为1后返回
          SJMP   RETURN
SSIO-2:   MOV    A, SBUF            ;命令分析
```

```
        CJNE    A, #02H, 00H
        JC      SSIO-3
        MOV     SBUF, #80H         ;非法命令,置D7为1
        SJMP    RETURN
SSIO-3: JZ      CMD0
CMD-1:  JB      F0, SSIO-4         ;F0为发送准备就绪标志
        MOV     SBUF, #00H         ;回答未准备就绪
        SJMP    RETURN
SSIO-4: MOV     SBUF, #02H;        ;置D1为1,发送准备就绪
        CLR     F0
LOOP1:  MOV     SBUF, @R0          ;发送数据块
        JNB     TI, $
        CLR     TI
        INC     R0
        DJNZ    R2, LOOP1
        SETB    SM2                ;发送完,置SM2为1后返回
        SJMP    RETURN
CMD0:   JB      PSW.1, SSIO-5      ;PSW.1为接收准备就绪标志
        MOV     SBUF, #00H         ;回答未准备就绪
        SJMP    RETURN
SSIO-5: MOV     SBUF , 01H         ;置D0为1,接收准备就绪
        CLR     PSW.1
LOOP2:  JNB     RI, $              ;接收数据块
        CLR     RI
        MOV     @R1, SBUF
        INC     R1
        DJNZ    R2, LOOP2
        SETB    SM2                ;接收完,置SM2为1
        SJMP    RETURN
```

4.4.3 PC 系统与 MCS-51 系统的通信

IBM-PC 等各种档次的计算机是目前国内应用最广泛的微型计算机系统。PC 软件资源丰富,人-机交互方便,因此,若以一台 PC 系统作为上层机,以多台性优价廉的 MCS-51 单片机系统作为底层机而构成主从分布式微型计算机系统,无疑是一个优化方案。

PC 内装有异步通信适配器板,其主要器件为 8250UART 芯片,它使 PC 有能力与其他具有标准 RS-232C 串行通信接口的计算机或仪器设备通信,而 MCS-51 单片机本身具有全双工的串行口。因此,只要配一些驱动、隔离电路就可以构成一个分布式系统,其连接图如图 4-27 所示。由于 MCS-51 单片机串行口是标准 TTL 电平,为使其与 RS-232 电平接口,在 MCS-51 串行口联有 1488 和 1489,以实现电平匹配。由于 1488 的输出端不能相互并联,故加上一个二极管进行隔离。

这种方案的接口电路很简单,有关的技术问题主要是通过软件来解决。下面我们就依照图 4-27 所示的系统,对主从式通信方式的软件进行分析。

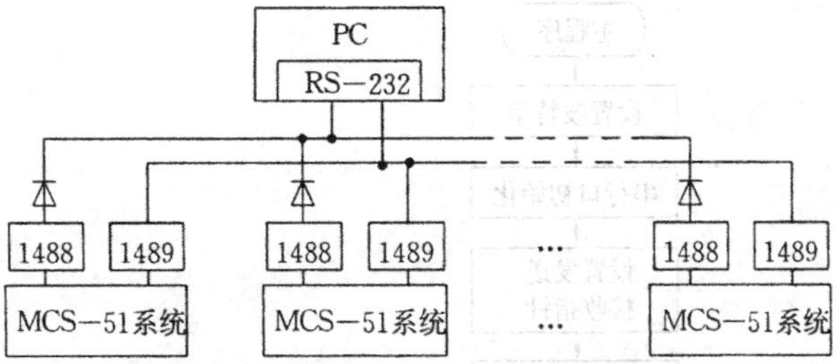

图 4-27　IBM-PC 与单片机的接口电路

在主机通信软件中，应首先根据用户的要求和通信协议规定，对 8250 进行初始化。设置的 8250 初始化数据是：波特率为 9 600b/s；8 位数据位；1 位奇偶校验位；1 位停止位。由于从机 MCS-51 的格式固定为四种方式，本例取方式 3。因此这里的奇偶校验位用做发送地址/数据特征位(1 表示地址)，而数据通信的校验采用累加和校验法。

数据的发送与接收采用查询方式，其程序框图如图 4-28 所示 。在发送时，先用输入指令检查发送器的保持寄存器是否为空。若空，则用输出指令将一个数据输出给 8250，8250 会自动将数据一位一位地发送到串行通信线上。在接收时，8250 把串行数据转换成并行数据，并送入到接收数据寄存器中，同时把“接收数据就绪”信号置于状态寄存器中，CPU 读到这个信号后就用输入指令从接收器中读入一个数据。

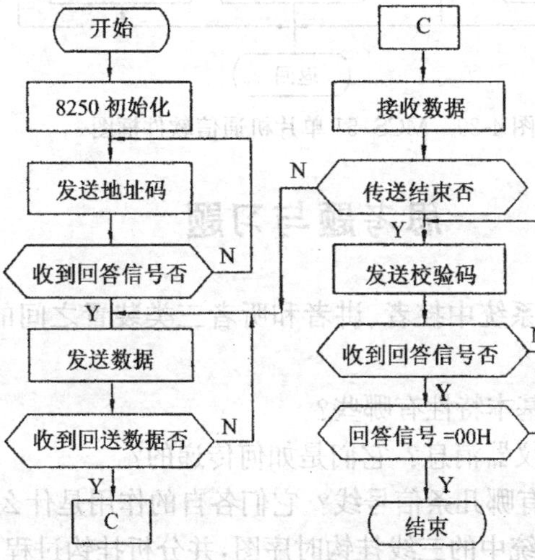

图 4-28　PC 通信软件框图

数据的发送和接收也可以采用中断方式。发送时，用输出指令输出一个数据给 8250，若 8250 将此数据发送完毕，就发出中断信号，示意 CPU 中断发数。接收时，当 8250 接收到一个数据时，就发出一个中断信号，示意 CPU 可以取出数据。

在从机通信软件中，首先也应根据要求对波特率和串行口进行设置。波特率发生器采用定时器 T_1，设置为工作方式 2，使波特率同样为 9 600b/s；设置串行口为方式 3，由第 9 位判断地址码或数据。本例单片机采用中断方式发送和接收数据，其通信程序框图如图 4-29 所示。当 PC 发出某台单片机的地址码时，所有的单片机都会引起中断，但只有地址与 PC 发出地址一致的单片机发出应答信号。PC 与单片机沟通联络后，先接收数据，再将机内数据发往 PC。

所谓累加和校验法，就是在接收端对接收的数据进行累加，最后将累加和与从发送端送来的累加和进行比较看是否相等，若相等，即表示发送过程中没有发生故障。

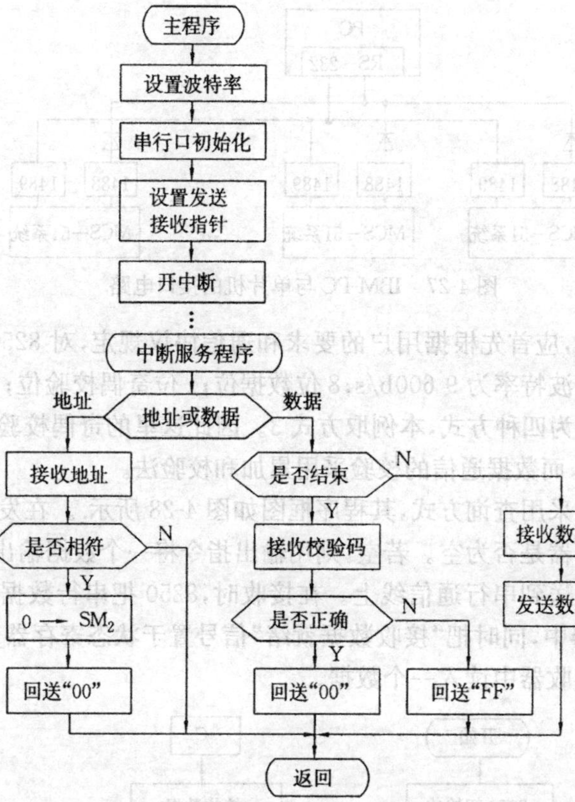

图 4-29　MCS-51 单片机通信软件框图

思考题与习题

4.1　试述在 GP-IB 接口系统中控者、讲者和听者三类装置之间的相互关系。它们各自的功能是什么?

4.2　GP-IB 接口系统的基本特性有哪些?

4.3　什么是接口消息和仪器消息? 它们是如何传递的?

4.4　GP-IB 接口总线共有哪几条信号线? 它们各自的作用是什么?

4.5　画出 GP-IB 接口系统中的三线挂钩时序图,并分析挂钩过程。

4.6　GP-IB 标准规定应有哪几种功能? 一台智能仪器是否必须同时具备这些功能?

4.7　试述一种可编程的大规模集成 GP-IB 接口芯片的功能结构。

4.8　试述 8291A 接口芯片的数据输入/输出操作方式及其特点。

4.9　RS-232C 标准的接口信号线有哪几类? 其中主要信号线是什么?

4.10　什么是同步通信和异步通信? 它们各有何优缺点?

4.11　异步通信协议的数据结构如何,起始位和停止位有何作用?

4.12　RS-232C 的逻辑 1 与逻辑 0 的电平范围是多少? 如何实现与 TTL 电平的转换?

4.13　试设计一个串行通信接口芯片 8251 与 MCS-51 单片机的接口电路,并编写出应用程序。

4.14　如何实现 MCS-51 单片机与 IBM-PC 的数据通信? 试设计其接口电路以及相应的通信程序的流程图。

第5章 智能仪器典型处理功能

智能仪器的主要特征是以微处理器为核心进行工作,因而智能仪器具有强大的控制和数据处理功能,使测量仪器在实现自动化,改善性能,增强功能以及提高精度和可靠性方面发生了较大的变革。本章侧重讨论一般智能仪器所具有的典型处理功能。

智能仪器的这些处理功能是通过执行某种专门程序所规定的测量算法来实现的。算法是指解题方案的准确而完整的描述,代表着用系统的方法描述解决问题的策略机制。测量算法则是指直接与测量技术有关的算法。本章将通过讨论自检、自动测量、克服系统误差的校正和克服随机误差的滤波处理等有关的测量算法,介绍使用微处理器,实现对仪器的自动控制以及对测量数据进行处理的一般方法。

5.1 硬件故障的自检

所谓自检就是利用事先编制好的检测程序对仪器的主要部件进行自动检测,并对故障进行定位。自检功能给智能仪器的使用和维修带来很大的方便。

5.1.1 自检方式

智能仪器的自检方式有三种类型。

(1) 开机自检。开机自检在仪器电源接通或复位之后进行。自检中如果没发现问题,就自动进入测量程序,在以后的测量中不再进行自检;如果发现问题,则及时报警,以避免仪器带病工作。开机自检是对仪器正式投入运行之前所进行的全面检查。

(2) 周期性自检。周期性自检是指在仪器运行过程中,间断插入的自检操作,这种自检方式可以保证仪器在使用过程中一直处于正常状态。周期性自检不影响仪器的正常工作,只有当出现故障给予报警时,用户才会觉察。

(3) 键控自检。有些仪器在面板上设有“自检”按键,当用户对仪器的可信度发出怀疑时,便通过该键来启动一次自检过程。

自检过程中,如果检测仪器出现某些故障,应该以适当的形式发出指示。智能仪器一般都借用本身的显示器,以文字或数字的形式显示“出错代码”,出错代码通常以“Error X”字样表示,其中“X”为故障代号,操作人员根据“出错代码”,查阅仪器手册便可确定故障内容。仪器除了给出故障代号之外,往往还给出指示灯的闪烁或者音响报警信号,以提醒操作人员注意。

智能仪器的自检项目与仪器的功能、特性等因素有关。一般来说,自检内容包括 ROM、RAM、总线、显示器、键盘以及测量电路等部件的检测。仪器能够进行自检的项目越多,使用和维修就越方便,但相应的硬件和软件也越复杂。

5.1.2 自检算法

5.1.2.1 ROM 或 EPROM 的检测

由于 ROM 中存储着仪器的控制软件，因而对 ROM 的检测是至关重要的。ROM 故障的测量算法常采用“校验和”方法，具体做法是：在将程序机器码写入 ROM 的时候，保留一个单元（一般是最后一个单元），此单元不写程序机器码而是写“校验字”，“校验字”应能满足 ROM 中所有单元的每一列都具有奇数个 1。自检程序的内容是：对每一列数进行异或运算，如果 ROM 无故障，各列的运算结果应都为“1”，即校验和等于 FFH。这种算法如表 5-1 所示。

表 5-1 校验和算法

ROM 地址	ROM 中的内容								
0	1	1	0	1	0	0	1	0	
1	1	0	0	1	1	0	0	1	
2	0	0	1	1	1	1	0	0	
3	1	1	1	1	0	0	1	1	
4	1	0	0	0	0	0	0	1	
5	0	0	0	1	1	1	1	0	
6	1	0	1	0	1	0	1	0	
7	0	1	0	0	1	1	1	0	（校验字）
	1	1	1	1	1	1	1	1	（校验和）

实现校验和的程序是简单的，关键是明确 ROM 的首址和尾址，另外，程序要规定一个寄存器记下错误标志，以备输出诊断报告时调用。

理论上，这种方法不能发现同一位上的偶数个错误，但是这种错误的概率很小，一般情况可以不予考虑。若要考虑，须采用更复杂的校验方法。

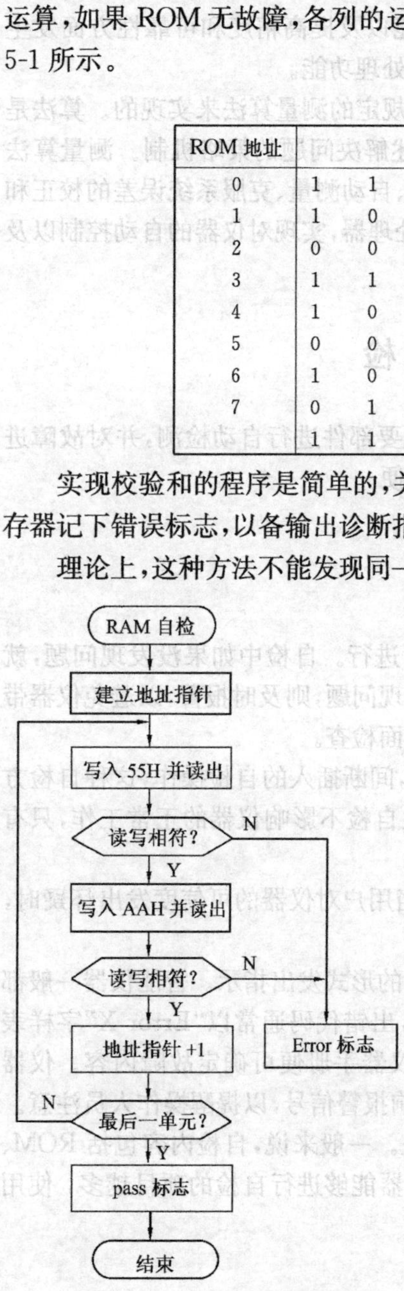

图 5-1 RAM 自检流程图

5.1.2.2 RAM 的检测

数据存储器 RAM 是否正常地测量算法是通过检验其“读/写功能”的有效性来体现的。通常选用特征字 55H（01010101B）和 AAH（10101010B），分别对 RAM 每一个单元进行先写后读的操作，其自检流程图如图 5-1 所示。

判别读/写内容是否相符的常用方法是“异或法”，即把 RAM 单元的内容求反并与原码进行“异或”运算，如果结果为 FFH，则表明该 RAM 单元读/写功能正常，否则，说明该单元有故障。最后再恢复原单元内容。上述检验属于破坏性检验，一般用于开机自检。若 RAM 中已存有数据，若要求在不破坏 RAM 中原有内容的前提下进行检验相对麻烦一些。

5.1.2.3 模拟量输入/输出通道的自检

模拟量输入通道自检的目的是判断 A/D 转换的准

确性。自检系统单独需要占用一路模拟开关的通道，以便接入一个电压值已知的标准电压源。一种输入通道自检电路如图 5-2 所示。该电路也包含了输出通道的自检电路。

当进行输入通道自检时，多路开关 IN_3 接通，系统对一个已知的标准电压进行 A/D 转换，若显示结果与预置值相符，则认为模拟量输入通道工作正常；若偏差过大，则判断为故障。

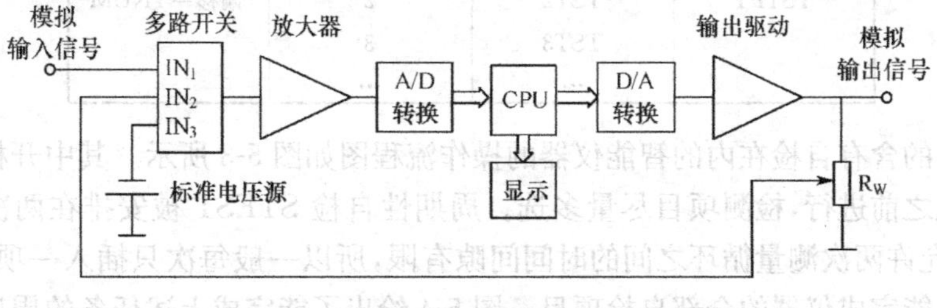

图 5-2　模拟量输入/输出通道自检电路

模拟量输出通道自检的目的是确保 D/A 转换器模拟输出量的准确性。要判断模拟量是否准确必须先将该输出转换为数字量，CPU 才能进行判断，因此，模拟量输出通道的自检离不开输入通道数据采集环节，其自检电路还是采用了图 5-2 所示的电路。

当进行输出通道自检时，多路开关 IN_2 接通，电路将处于模拟量输出通道自检状态。适当调整电位器 R_W 的分压比，使 D/A、A/D 环节的总增益为 1，即可达到满意的诊断效果。显然，这种模拟量输出通道自检方案的前提是输入通道电路工作必须正常。

5.1.2.4　显示与键盘的检测

智能仪器显示器、键盘等 I/O 设备的检测往往采用与操作者合作的方式进行。检测程序的内容为：先进行一系列预定的 I/O 操作，然后操作者对这些 I/O 操作的结果进行验收，如果结果与预先的设定一致，就认为功能正常，否则，应对有关 I/O 设备和通道进行检修。

键盘检测的方法是，CPU 每取得一个按键闭合的信号，就反馈一个信息。如果按下某单个按键后无反馈信息，往往是该键接触不良，如果按某一排键均无反馈信号，则一定与其对应的电路或扫描信号有关。

显示器的检测一般有两种方式，第一种是让各显示器全部发亮，即显示出 888…，若显示器各发光段均能正常发光时，操作人员只要按任意键，显示器应全部熄灭片刻，然后脱离自检方式进入其他操作。第二种方式是让显示器显示某些特征字，几秒钟后自动进入其他操作。

5.1.3　自检软件

上面介绍的各自检项目一般应该分别编成子程序，以便需要时调用。设各段子程序的入口地址为 TSTi(i=0，1，2…)，对应的故障代号为 TNUM(0，1，2…)。编程时，由序号通过表 5-2所示的测试指针表(TSTPT)来寻找某一项自检子程序入口，若检测有故障发生，便显示其故障代号 TNUM。对于周期性自检，由于它是在测量间隙进行的，为了不影响仪器的正常工作，有些周期性自检项目不宜安排，例如，显示器周期性自检、键盘周期性自检、破坏性 RAM 周期性自检等。而对开机自检和键盘自检则不存在这个问题。

表 5-2　测试指针表

测试指针	入口地址	故障代号	偏移量
TSTPT	TST0	0	偏移＝TNUM
	TST1	1	
	TST2	2	
	TST3	3	
	…	…	

一个典型的含有自检在内的智能仪器的操作流程图如图 5-3 所示。其中开机自检被安排在仪器初始化之前进行，检测项目尽量多选。周期性自检 STEST 被安排在两次测量循环之间进行，由于允许两次测量循环之间的时间间隙有限，所以一般每次只插入一项自检内容，多次测量之后才能完成仪器的全部自检项目。图 5-4 给出了能完成上述任务的周期性自检子程序的操作流程图。根据指针 TNUM 进入 TSTPT 表取得子程序 TST i 并执行之。如果发现有故障，就进入故障显示操作。故障显示操作一般首先熄灭全部显示器，然后显示故障代号 TNUM，提醒操作人员仪器已有故障。当操作人员按下任意键后，仪器就退出故障显示（有些仪器设计在故障显示一定时间之后自动退出）。无论故障发生与否，每进行一项自检，就使 TNUM 加 1，以便在下一次测量间隙中进行另一项自检。

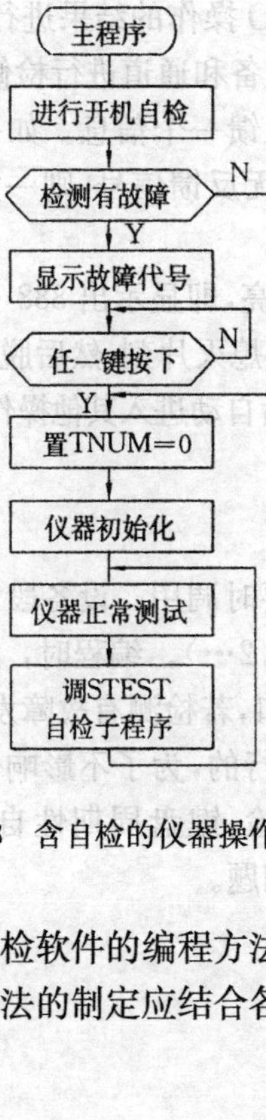

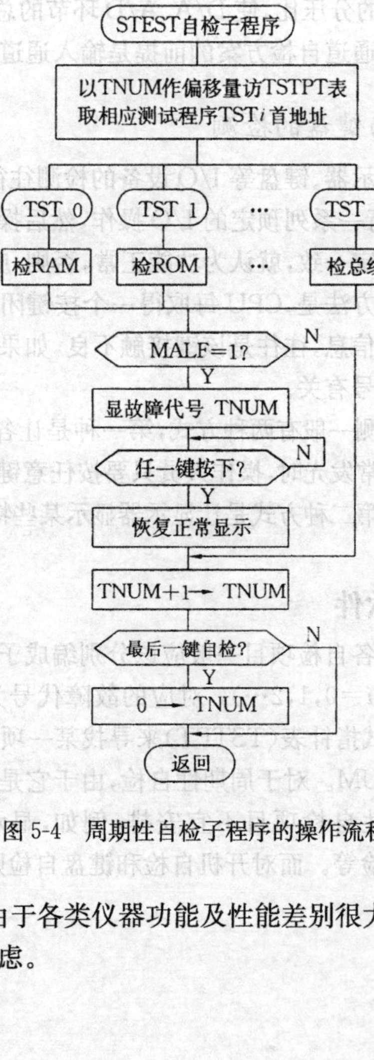

图 5-3　含自检的仪器操作流程图　　　　图 5-4　周期性自检子程序的操作流程图

上述自检软件的编程方法具有一般性，由于各类仪器功能及性能差别很大，一台智能仪器实际自检算法的制定应结合各自的特点来考虑。

5.2 自动测量功能

智能仪器的另一特点是测试过程的自动化。智能仪器通常都含有自动量程转换、自动零点调整、自动校准等功能，有的仪器还能进行自动触发电平调节。这样，仪器操作人员就省去了大量烦琐的人工调节，同时也提高了测试精度。由于不同仪器的功能及性能差别很大，因而测试过程自动化的设计应结合具体仪器来考虑。本节仅讨论几种带有共同性的问题。

5.2.1 自动量程转换

自动量程转换可以使仪器在很短的时间内自动选定在最合理的量程下，从而使仪器获得高精度的测量，并简化了操作。许多智能仪器，例如数字示波器、智能电桥、数字多用表等都设置有自动量程转换功能。下面以数字电压表的自动量程转换为例进行说明。

设某四位数字电压表有 0.1V，1V，10V，400V 4 个量程，这些量程的设定是由 CPU 通过特定的输出端口送出量程控制代码来实现的，这些代码就是控制量程转换电路各开关（如继电器）的控制信号，送出不同的控制代码就可以决定开关的不同的组态，使电压表处于某一量程上。

自动量程转换的操作流程如图 5-5 所示。自动量程转换由最大量程开始，逐级比较，直至选出最合适的量程为止。继电器等开关从闭合转变为断开，或从断开转变为闭合有一个短暂的过程，所以在每次改变量程之后要安排一定的延迟时间，然后再进行正式的测量和判断。由于量程之间是十进制的关系，为了得到最大的测量精度，最佳的测量值 U_x 应落在 $U_m \geqslant U_x \geqslant \frac{U_m}{10}$之间（$U_m$ 为该量程的满度值），若测量值 $U_x < \frac{U_m}{10}$，则判断为欠量程，应做降量程处理（例如原量程为 10V 挡量程，应降到 1V 挡量程）；反之，应做升量程处理。

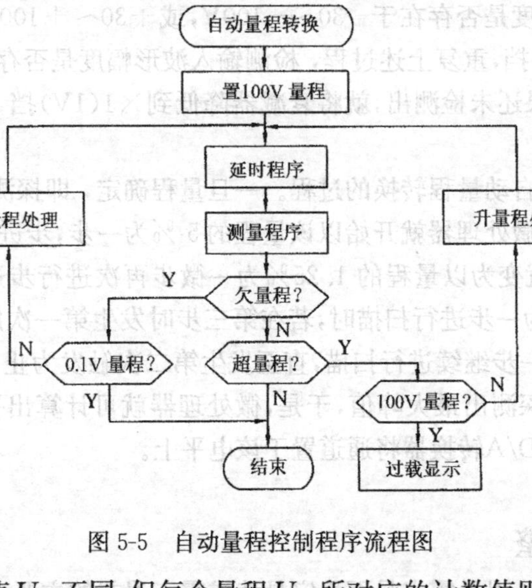

图 5-5 自动量程控制程序流程图

虽然各量程的满度值 U_m 不同，但每个量程 U_m 所对应的计数值则是相同的，因此本例在各量程可使用同一个判断依据，即 A/D 转换的数据应落在 $9999 \geqslant N_x \geqslant 999$ 之间。

实际设计时，还要依据实际情况做有关的处理，例如，为了避免被测电压恰好在两种量程的交叉点的附近变化，而可能出现的反复选择量程的情况，应考虑使低量程的超量程比较值和高量程的欠量程比较值之间有一定的重叠范围。

5.2.2 自动触发电平调节

示波器、通用计数器等仪器触发电平的设定是很重要的。一般情况下，触发电平应设定在波形的中点。有时为了满足其他测量的要求，例如测定波形上升时间或下降时间时，又需要将触发点设定在波形的10%或90%处。过去，要迅速而准确地自动找到理想的触发点是困难的，然而借助微处理器，并辅以一定硬件支持，就可以很好地实现这项功能。

自动触发电平调节的原理可用图5-6所示的电路框图说明。从图中可以看出，输入信号是经过程控衰减器传输到比较器，而比较器的比较电平（即触发电平）是由微处理器控制，经D/A转换器来设定的。当经过衰减器的输入信号的幅度达到某一比较电平时，比较器输出将改变状态。触发探测器将检测到的比较器输出的状态送到微处理器，这样就把触发电平测量出来了。

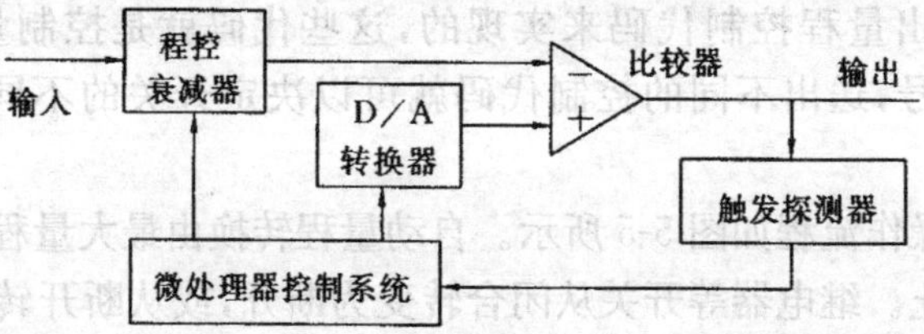

图 5-6　自动触发电平调节原理

具体操作过程如下。设仪器的输入电路有100V，10V和1V三挡量程。为了实现对触发电平的调节，首先编程使微处理器通过输出口使衰减器置于×0.01（100V）挡，然后，通过向D/A转换器输送不同的数逐渐调节触发电平，再通过触发探测器检测比较器输出是否翻转，以此来检测输入波形幅度是否存在于－30～－100V，或＋30～＋100V。如果未检测出，则将衰减器置于×0.1(10V)挡，重复上述过程，检测输入波形幅度是否存在于－3.0～－32V，或＋3.0～＋32.0V内。如果还未检测出，就将衰减器降低到×1(1V)挡，检测是否在－3.19～＋3.20V内。

上述过程实际上是自动量程转换的过程。一旦量程确定，即探测器第一次探测到触发信号时，此进程立即停止，微处理器就开始以该量程的5％为一步，步进扫描整个输入量程范围。当探测到触发信号时，就变为以量程的1.25%为一微步再次进行步进扫描，以获得更好的分辨率。例如，在以5%为一步进行扫描时，若在第三步时发生第一次触发，则退回到第二步时的电平，再以1.25%为一步继续进行扫描，直至发生第二次触发为止。利用上述方法，就可以先探测出最小峰值，再探测出最大峰值，于是，微处理器就可计算出平均值，即最佳触发电平值。最后微处理器通过D/A转换器将通道置于该电平上。

5.2.3 自动零点调整

仪器零点漂移的大小以及零点是否稳定是造成零点误差的主要来源之一。消除这种影响最直接的方法是选择优质输入放大器和A/D转换器，但这种方法代价高，而且也是有限度的。

例如，目前高精度数字电压表在最低量程上的分辨率可达 10nV，因此要从硬件上确保零点稳定是困难的，尤其在环境温度变化较大的场合，问题更大。智能仪器的自动零点调整功能，可以较好地解决这个问题。

自动零点调整功能的原理可用图 5-7 所示的原理框图来说明。首先微处理器通过输出口控制继电器吸合使仪器输入端接地，启动一次测量并将其测量值存入 RAM 的某一确定单元中。此值便是仪器衰减器、放大器、A/D 转换器等模拟部件所产生的零点偏移值 U_{os}。接着微处理器通过输出口控制继电器释放，使仪器输入端接被测信号，此时的测量值 U_{ox}应是实际的测量值与 U_{os}之和。最后微处理器做一次减法运算，使 $U_x=U_{ox}-U_{os}$，并将此差值作为本次测量结果加以显示。很显然，上述测量过程能有效地消除硬件电路零点漂移对测量结果的影响。

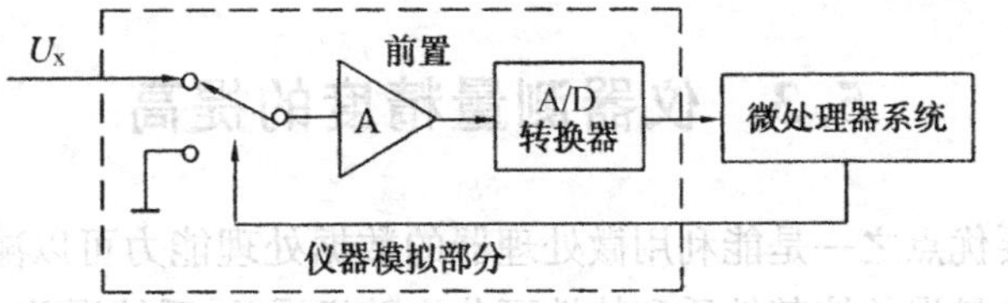

图 5-7 自动零点调整功能的原理

5.2.4 自动校准

仪器工作一段时间之后，其测量误差将会超过标称值。为保证仪器的测量精度，必须对仪器进行定期校准。

传统仪器的校准一般采用两种方式：一种方式是通过与更高精度的同类仪器（称标准仪器，其精度一般应比被校准仪器的精度高一个量级）进行比较测量来实现，校准时，标准仪器与被校准仪器同时测量信号源输出的信号，标准仪器的显示值作为被测信号的真值，它与被校准仪器显示值的差值为该仪器的测量误差（即校准值），由小到大改变信号源的输出，可以获得仪器在所有测量点上的校准值；另一种方式是采用输出值可步进调节的标准信号源，校准时，信号源的示值作为真值，它与被校准仪器示值的差值即为该仪器的测量误差，由小到大改变标准信号源的输出，可以获得仪器在所有测量点上的校准值。

传统仪器在进行校准时，信号源输出的改变和被校准仪器功能、量程的设定都要靠手工完成。当被校准仪器的测量误差为线性误差时，需要手动调节仪器内部的可调器件（例如可调电阻、可调电容、可调电感等）的参数，使其示值靠拢标准值；当被校准仪器存在非线性误差时，还需要记录多个测量点上的校准值并建立误差修正表，测量时，还需要再根据误差修正表对测量结果进行人工修正，使用很麻烦。

由于智能仪器是可程控的，智能仪器为用户提供一种方便的自动校准方式。自动校准时，操作者按下自动校准的按键，仪器显示屏便提示操作者应输入的标准电压，当操作者按提示要求将相应标准电压加到输入端，并按下确认键之后，仪器就会对标准电压进行一次测量并将标准量（或标准系数）存入到“校准存储器”中，然后再提示下一个要求输入的标准电压值，再重复上述测量、存储过程。当对预定的校正测量完成之后，校准程序还能自动计算每两个校准点之间的插值公式的系数，并把这些系数也存入“校准存储器”，这样就在仪器内部固存了一张校准表和一张内插公式系数表。在正式测量时，这些参数值将与测量值一起形成经过修正后形成准确的测量值。“校准存储器”一般应采用电可控只读存储器(EEPROM)或采用电池供电的非易失性 RAM(例如锂电池可有效工作十年)。以确保断电后,数据不会被丢失。

目前,智能仪器较多采用自动校准系统的方式进行自动校准。自动校准系统由控制器、校准源和被校准仪器组成,这些单元通过 GP-IB 总线组成一个自动测试系统。校准源是一台精度比被校准仪器的精度高一个量级以上的程控标准信号源,它的输出信号种类、量程和步进值都可以通过控制器发出的命令进行控制(目前已有多种不同种类的标准信号源的产品供应)。控制器由计算机担任,由它发送命令给校准源和被校准仪器。一个具体的自动校准系统的例子见 6.2.4.2 节。

自动校准可以减小仪器的系统误差。本节给出了减小仪器系统误差的工作方式,有关系统误差及其系统误差修正的具体原理及方法将在 5.4 节中阐述。

5.3 仪器测量精度的提高

智能仪器的主要优点之一是能利用微处理器的数据处理能力可以减小测量误差,提高仪器测量的精确度。测量误差按其性质和特性可分为随机误差、系统误差、粗大误差 3 类。下面分述其处理方法。

5.3.1 随机误差的处理方法

随机误差是由于测量过程中一系列随机因素的影响而造成的。就一次测量而言,随机误差无一定规律;当测量次数足够多时,测量结果中的随机误差服从统计规律,而且大多数按正态分布。因此,消除随机误差最为常用的方法是取多次测量结果的算术平均值,即

$$\overline{x} = \frac{1}{N}\sum_{i=1}^{N} x_i \tag{5.1}$$

上式中的 N 为测量次数,很显然,N 越大,$\overline{x}$ 就越接近真值,但所需要的测量时间也就愈长。为此,智能仪器常常设定专用功能键来输入具体的测量次数 N。此外,有的测量仪器还采用根据实际情况自动变动 N 值的办法。例如某具有自动量程转换功能的电压表,设置了由小到大的六挡量程,其编号分别为 1,2,…,6。当工作于最低挡即第 1 挡量程时,被测信号很弱,随机误差的影响相对最大,因而测量次数就多选一些(取 $N=10$),第 2 挡,同样的随机误差影响相对就小,因而取 $N=6$。同理,在第 3 挡取 $N=4$;第 4 挡取 $N=2$;在第 5 挡和第 6 挡只作单次测量处理,即取 $N=1$。实现上述功能的操作流程图如图 5-8 所示。

上述过程可以有效地克服仪器随机误差的影响,同时对随机干扰也有很强的抑制作用。因而这一过程可以理解为一个等效的滤波过程。

5.3.2 系统误差的处理方法

系统误差是指在相同条件下多次测量同一量时,误差的绝对值和符号保持恒定或在条件改变时按某种确定的规律而变化的误差。系统误差的处理不像随机误差那样有一些普遍适用的处理方法,而只能针对具体情况采取相应的措施。本节介绍几种最常用的修正方法。

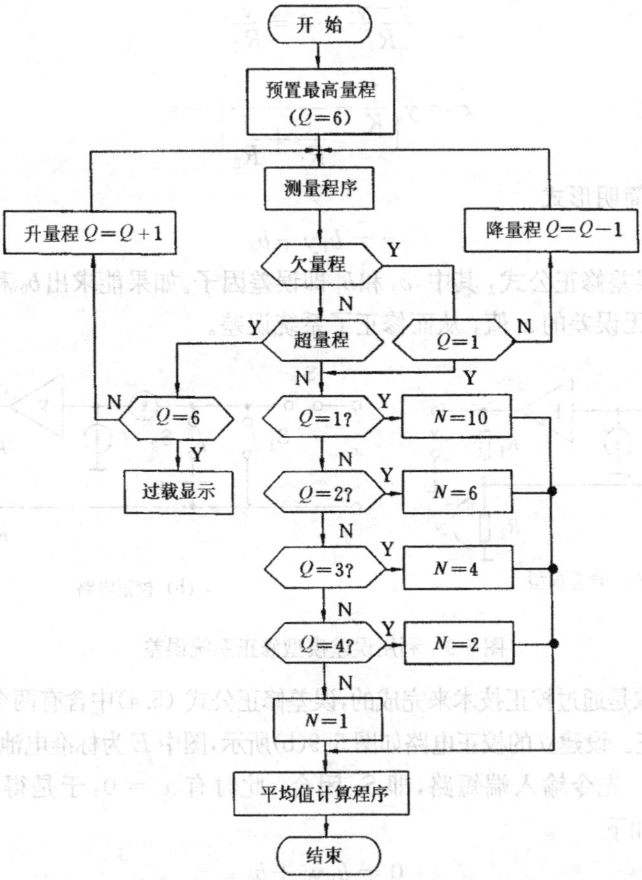

图 5-8　自动量程转换与算术平均值的算法

5.3.2.1　利用误差模型修正系统误差

先通过分析来建立系统的误差模型，再由误差模型求出误差修正公式。误差修正公式一般含有若干误差因子，修正时，先通过校正技术把这些误差因子求出来，然后利用修正公式来修正测量结果，从而削弱了系统误差的影响。

不同的仪器或系统误差模型的建立方法也不一样，无统一方法可循，这里仅举出一个比较典型的例子进行讨论。图 5-9 所示的误差模型在电子仪器中是具有相当普遍意义的。图中 x 是输入电压(被测量)，y 是带有误差的输出电压(测量结果)，ε 是影响量(例如零点漂移或干扰)，i 是偏差量(例如直流放大器的偏置电流)，K 是影响特性(例如放大器增益变化)。从输出端引一反馈量到输入端以至改善系统的稳定性。在无误差的理想情况下，有 $\varepsilon=0,i=0,K=1$，于是存在关系

$$y=\frac{R_1+R_2}{R_1}x \tag{5.2}$$

在有误差的情况下，则有

$$y=K(x+\varepsilon+y') \tag{5.3}$$

由此可以推出

$$\frac{y-y'}{R_1}+i=\frac{y'}{R_2}$$

$$x=y\left[\frac{1}{K}-\frac{i}{\dfrac{1}{R_1}+\dfrac{1}{R_2}}\right]-\varepsilon$$

再改写成下列简明形式

$$x=b_1y+b_0 \tag{5.4}$$

式(5.4)即为误差修正公式，其中，b_0 和 b_1 即误差因子。如果能求出 b_0 和 b_1 的数值，即可由误差修正公式获得无误差的 x 值，从而修正了系统误差。

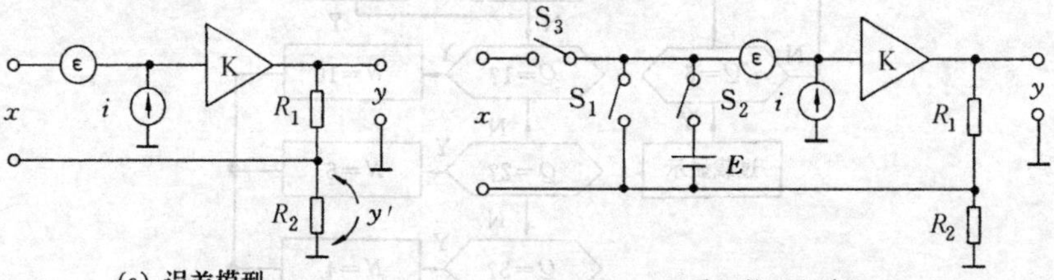

(a) 误差模型　　(b) 校正电路

图 5-9　利用误差模型修正系统误差

误差因子的求取是通过校正技术来完成的，误差修正公式 (5.4)中含有两个误差因子 b_0 和 b_1，因而需要作两次校正。设建立的校正电路如图 5-9(b)所示，图中 E 为标准电池，校正步骤如下：

(1) 零点校正　先令输入端短路，即 S_1 闭合，此时有 $x=0$，于是得到输出为 y_0，按照式(5.4) 可得方程如下

$$0=b_1y_0+b_0$$

(2) 增益校正　令输入端接上标准电压，即令 S_2 闭合，此时有 $x=E$，于是得到输出为 y_1，同样可得方程如下

$$E=b_1y_1+b_0$$

联立求解上述二方程，即可求得误差因子

$$b_1=\frac{E}{y_1-y_0}$$

$$b_0=\frac{E}{1-\dfrac{y_1}{y_0}}$$

(3) 实际测量　令 S_3 闭合，此时得到输出为 y(结果)，于是被测量的真值为

$$x=b_1y+b_0=\frac{E(y-y_0)}{y_1-y_0}$$

智能仪器每一次测量过程均按上述三步来进行。由于上述过程是自动进行的，且每次测量过程很快，这样，即使各误差因子随时间有缓慢的变化，也可消除其影响，实现近似于实时的误差修正。

5.3.2.2　利用校正数据表修正系统误差

如果对系统误差的来源及仪器工作原理缺乏充分的认识而不能建立误差模型时，可以通过建立校正数据表的方法来修正系统误差。步骤如下：

(1) 获取校正数据

在仪器的输入端逐次加入一个个已知的标准电压 $x_1, x_2, \cdots, x_n$，并实测出对应的测量结果 $y_1, y_2, \cdots, y_n$。则 $x_i(i=1,2,\cdots,n)$ 即为测量值 $y_i(i=1,2,\cdots,n)$ 对应的校正数据。

(2) 查表

将 $x_i(i=1,2,\cdots,n)$ 这些校正数据依大小顺序存入一段存储器中，处理时，根据实测的 $y_i(i=1,2,\cdots,n)$ 值查表，即可得到对应的经过修正的测量值。

表格的形式对于查表十分重要。在 y_i 按等差数列取数时，查找特别方便。这时可以用 y_i 作为地址偏移量，将 y_i 对应的校正数据存入相应的存储单元中，就可以直接从表格中取出待查找的数据。

(3) 差值处理

若实际测量的 y 值介于某两个标准点 y_i 和 y_{i+1} 之间，为了减少误差，还可以在查表的基础上作内插计算来进行修正。

采用内插技术可以减少校准点从而减少内存空间。最简单的内插是线性内插，当 $y_i < y < y_{i+1}$ 时取

$$x = x_i + \frac{x_{i+1} - x}{y_{i+1} - y}(y - y_i)$$

由于这种内插方法是用两点间一条直线来代替原曲线，因而精度有限。如果要求更高的精度，可以采取增加校准点的方法，或者采取更精确的内插方法，例如 n 阶多项式内插、三角内插、牛顿内插等。

5.3.2.3 通过曲线拟合来修正系统误差

曲线拟合是指从 n 对测定数据 (x_i, y_i) 中，求得一个函数 $f(x)$ 来作为实际函数的近似表达式。曲线拟合实质就是找出一个简单的、便于计算机处理的近似表达式来代替实际的非线性关系。因此曲线 $f(x)$ 并不一定代表通过实际非线性关系中的所有点。

采用曲线拟合对测量结果进行修正的方法是，首先定出 $f(x)$ 的具体形式，然后再通过对实测值进行选定函数的数值计算，求出精确的测量结果。

这里需要指出的是，目前仪器用的传感器、检波器或其他器件多数具有非线性的特征。为了使智能仪器能直接显示被测参数的数值，确保仪器在整个测量范围内都具有高的精度，往往也采用了曲线拟合的办法对被测结果进行线性化处理。虽然，这种线性化处理与系统误差的修正的意义不完全相同，但处理方法是一致的，所以也一并讨论。

曲线拟合方法可分为连续函数拟合和分段曲线拟合两种。

1. 连续函数拟合法

用连续函数进行拟合一般采用多项式来拟合（当然也不排除采用解析函数，如 e^x、$\ln x$ 和三角函数等），多项式的阶数应根据仪器所允许的误差来确定，一般情况下，拟合多项式的阶数越高，逼近的精度也就越高。但阶数的增高将使计算繁冗，运算时间也迅速增加，因此，拟合多项式的阶数一般采用二、三阶。

现以热电偶的电势与温度之间的关系式为例，讨论连续函数拟合的方法。

热电偶的温度与输出热电势之间的关系一般用下列三阶多项式来逼近

$$R = a + bx_P + cx_P^2 + dx_P^3 \tag{5.5}$$

变换成嵌套形式得

$$R = [(dx_P + c)x_P + b]x_P + a \tag{5.6}$$

式中，R 是读数(温度值)，x_P 由下式导出

$$x_P = x + a' + b'T_0 + c'T_0^2 \tag{5.7}$$

上式中 x 是被校正量，即热电偶输出的电压值。T_0 是使用者预置的热电偶环境(冷端)温度。热电偶冷端一般放在一个恒温槽中，如放在冰水中以保持受控冷端温度恒定在 0℃。系数 a,b,c,d,a',b',c' 是与热电偶材料有关的校正参数。

首先求出各校正参数 a,b,c,d,a',b',c'，并顺序地存放在首址为 COEF 的一段缓冲区内，然后根据测得的 x 值通过运算求出对应的 R(温度值)。多项式算法通常采用式(5.6)所示的嵌套形式，对于一个 n 阶多项式一般需要进行 $\frac{1}{2}n(n+1)$ 次乘法，如果采用嵌套形式，只需进行 n 次乘法，从而使运算速度加快。

Solartron 7055/7065 型数字电压表具有处理四种热电偶(T 型:Cu/Con; R 型:Rt/PtPn; J 型:F/Con 和 K 型:NiCr/NiAl)的非线性校正功能，这四种热电偶的校正参数已预存在仪器 ROM 中。使用时，用户只需通过键盘送入热电偶种类及热电偶冷端温度，仪器即能直接显示热电偶测得的温度值。

2. 分段曲线拟合法

分段曲线拟合法，即是把非线性曲线的整个区间划分成若干段，将每一段用直线或抛物线去逼近。只要分点足够多，就完全可以满足精度要求，从而回避了高阶运算，使问题化繁为简。分段基点的选取可按实际情况决定，既可采用等距分段法，也可采用非等距分段法。非等距分段法是根据函数曲线形状的变化率来确定插值之间的距离，非等距插值基点的选取比较麻烦，但在相等精度条件下，非等距插值基点的数目将小于等距插值基点的数目，从而节省了内存，减少了计算机的开销。

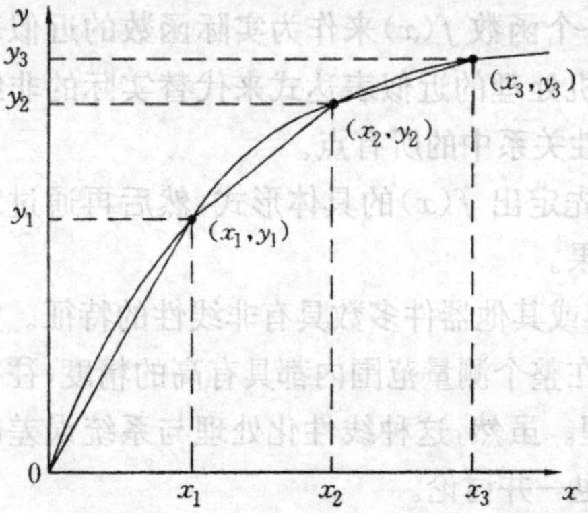

图 5-10 分段直线拟合

在处理方法的选取上，通过提高连续函数拟合法多项式的阶数来提高精度不如采用分段曲线拟合法更为合适。分段曲线拟合法的不足之处是光滑度不太高，这对某些应用是有缺陷的。

(1) 分段直线拟合

分段直线拟合法是用一条折线来代替原来实际的曲线，这是一种最简单的分段拟合方法。

设某传感器的输入/输出特性如图 5-10 所示，图中，x 为测量数据，y 为实际被测变量，分三段直线来逼近该传感器的非线性曲线。由于曲线低端比高端陡峭，所以采用不等距分段法。由此可写出各端的线性差值公式为

$$y = \begin{cases} y_3 & ;当\ x \geqslant x_3\ 时 \\ y_2 + K_3(x - x_2) & ;当\ x_2 \leqslant x < x_3\ 时 \\ y_1 + K_2(x - x_1) & ;当\ x_1 \leqslant x < x_2\ 时 \\ K_1 \times x & ;当\ 0 \leqslant x < x_1\ 时 \end{cases} \tag{5.8}$$

式中，$K_3 = \frac{y_3 - y_2}{x_3 - x_2}$，$K_2 = \frac{y_2 - y_1}{x_2 - x_1}$，$K_1 = \frac{y_1}{x_1}$，为各段的斜率。

编程时应将系数 K_1,K_2,K_3 以及数据 x_1,x_2,x_3,y_1,y_2,y_3 分别存放在指定的 ROM 中。

智能仪器在进行校正时，先根据测量值的大小，找到所在的直线段，从存储器中取出该直线段的系数，然后按式(5.8)计算即可获得实际被测值 y。具体实现程序流程如图 5-11 所示。

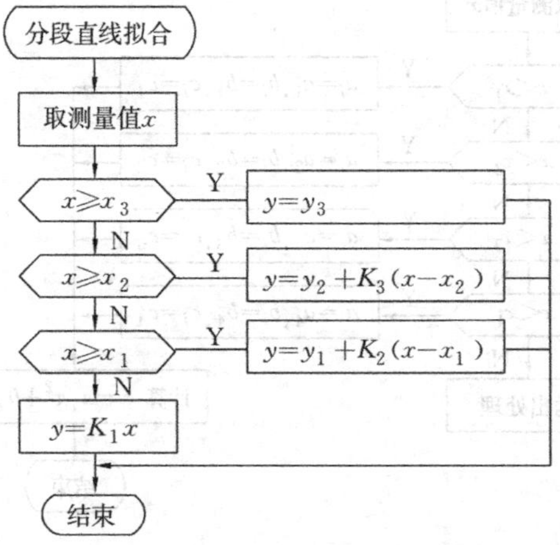

图 5-11 分段直线拟合程序流程

(2) 分段抛物线拟合

若输入/输出特性很弯曲，而测量精度又要求比较高，可考虑采用多段抛物线来分段拟合。如图 5-12 所示的曲线可以把它划分成 Ⅰ，Ⅱ，Ⅲ，Ⅳ 四段，每一段都分别用一个二阶抛物线方程 $y=a_ix^2+b_ix+c_i(i=1,2,3,4)$ 来描绘。其中抛物线方程的系数 a_i,b_i,c_i 可通过下述方法获得。每一段找出三点 x_{i-1},x_{i1},x_i(含两分段点)，例如在线段 Ⅰ 中找出 x_0,x_{11},x_1 点及对应的 y 值 y_0,y_{11},y_1，在线段 Ⅱ 中找出 x_1,x_{21},x_2 点及对应的 y 值 y_1,y_{21},y_2 等。然后解下列联立方程

$$\begin{cases} y_{i-1}=a_ix_{i-1}^2+b_ix_{i-1}+c_i \\ y_{i1}=a_ix_{i1}^2+b_ix_{i1}+c_i \\ y_i=a_ix_i^2+b_ix_i+c_i \end{cases}$$

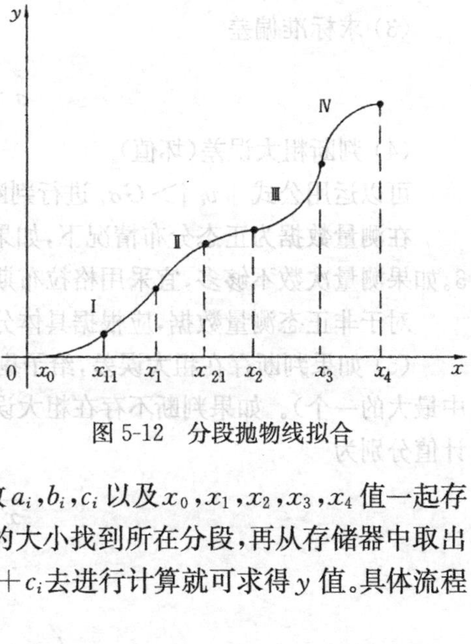

图 5-12 分段抛物线拟合

求出系数 $a_i,b_i,c_i(i=1,2,3,4)$。编程时应将系数 a_i,b_i,c_i 以及 x_0,x_1,x_2,x_3,x_4 值一起存放在指定的 ROM 中。进行校正时，先根据测量值 x 的大小找到所在分段，再从存储器中取出对应段的系数 a_i,b_i,c_i，最后运用公式 $y=a_ix^2+b_ix+c_i$ 去进行计算就可求得 y 值。具体流程图如图 5-13 所示。

5.3.3 粗大误差的处理方法

粗大误差是指在一定的测量条件下，测量值明显地偏离实际值所形成的误差。粗大误差明显地歪曲了测量结果，应予以剔除。在测量次数比较多时($N\geqslant 20$)，测量结果中的粗大误差宜采用莱特准则判断。若测量次数不够多时，宜采用格拉布斯准则。当对仪器的系统误差采取了有效技术措施后，对于测量过程中所引起的随机误差和粗大误差一般可按下列步骤处理。

(1) 求测量数据的算术平均值

$$\overline{x}=\frac{1}{N}\sum_{i=1}^{N}x_i$$

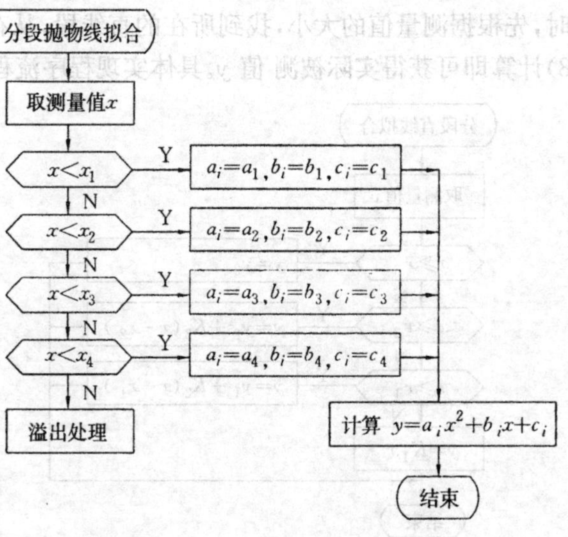

图 5-13　分段抛物线拟合程序流程图

(2) 求各项的剩余误差

$$v_i = x_i - \overline{x}$$

(3) 求标准偏差

$$\sigma = \sqrt{\frac{1}{N-1}\sum_{i=1}^{N} v_i^2}$$

(4) 判断粗大误差(坏值)

可以运用公式 $|v_i| > G\sigma_i$ 进行判断,其中 G 为系数。

在测量数据为正态分布情况下,如果测量次数足够多,习惯上采用莱特准则判断,取 $G=3$。如果测量次数不够多,宜采用格拉布斯准则判断,系数 G 需要通过查表求出。

对于非正态测量数据,应根据具体分布形状来确定剔除异常数据的界限。

(5) 如果判断存在粗大误差,给予剔除,然后重复上述步骤(1)～(4)(每次只允许剔除其中最大的一个)。如果判断不存在粗大误差,则当前算术平均值、各项剩余误差及标准偏差估计值分别为

$$\overline{x}' = \frac{1}{N-a}\sum_{i=1}^{N-a} x_i \tag{5.9}$$

$$v'_i = x_i - \overline{x}' \tag{5.10}$$

$$\sigma' = \sqrt{\frac{1}{N-a-1}\sum_{i=1}^{N-a} (v_i{}')^2} \tag{5.11}$$

式中,a 为坏值个数。

在上述测量数据的处理中,为了削弱随机误差的影响,提高测量结果的可靠性,应尽量增加测量次数,即增大样品的容量。但随着测量数据增加,人工计算就显得相当烦琐和困难,若在智能仪器软件中按排一段程序,便可在测量进行的同时也能对测量数据进行处理。图 5-14 给出了实现上述功能的程序框图。

值得说明的是,只有当被测参数要求比较精确,或者某项误差影响比较严重时,才需对数据按上述步骤进行处理。在一般情况下,可直接将采样数据作为测量结果,或进行一般滤波处理即可,这样有利于提高速度。

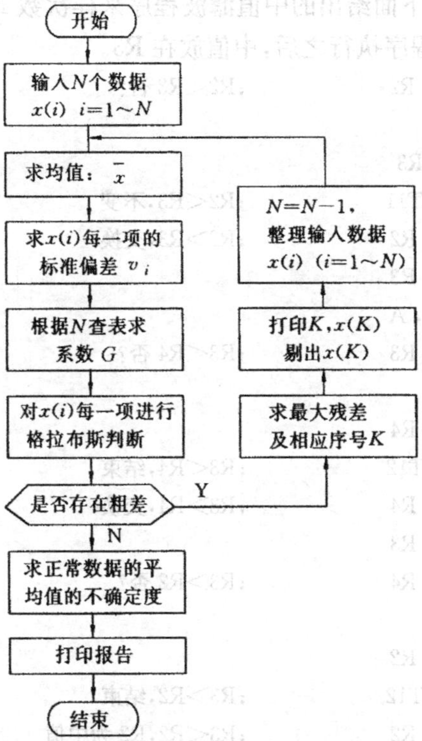

图 5-14　数据处理程序流程图

5.4　干扰与数字滤波

在实际的测量过程中，被测信号中不可避免地会混杂一些干扰和噪声，在工业现场这种情况更为严重。为抑制这些干扰和噪声，仪器仪表施加了多种屏蔽和滤波措施。

在传统的仪器仪表中，滤波是靠选用不同种类的硬件滤波器来实现的。在智能仪器中，由于微处理器的引入，可以采用不增加任何硬件设备的数字滤波方法。所谓数字滤波，即通过一定的计算程序，对采集的数据进行某种处理，从而消除或减弱干扰和噪声的影响，提高测量的可靠性和精度。数字滤波具有硬件滤波器的功效，却不需要硬件开销，从而降低了成本。不仅如此，由于软件算法的灵活性，还能产生硬件滤波器所达不到的功效。它的不足之处是需要占用机时。

数字滤波方法有多种，每种方法有其不同的特点和适用范围。下面选择几种常用的方法予以介绍。

5.4.1　中值滤波

所谓中值滤波是对被测参数连续采样 N 次（N 一般选为奇数），然后将这些采样值进行排序并选中间值。中值滤波对去掉脉冲性质的干扰比较有效，并且采样次数 N 越大，滤波效果越强，但采样次数 N 太大会影响速度，所以 N 一般取 3 或 5。对于变化很慢的参数，有时也可适当增加次数。对于变化较为剧烈的参数，此法不宜采用。

中值滤波程序主要由数据排序和取中间值两部分组成。数据排序可采用几种常规的排序方法，如冒泡法、沉底法等。下面给出的中值滤波程序采样次数 N 选为 3，三次采样后的数据分别存放在 R2，R3，R4 中，程序执行之后，中值放在 R3。

```
FLT10:  MOV    A, R2         ;R2<R3 否?
        CLR    C
        SUBB   A,R3
        JC     FLT11         ;R2<R3,不变
        MOV    A, R2         ;R2>R3,交换
        XCH    A, R3
        MOV    R2, A
FLT11:  MOV    A, R3         ;R3<R4 否?
        CLR    C
        SUBB   A, R4
        JC     FLT12         ;R3<R4,结束
        MOV    A, R4         ;R3>R4,交换
        XCH    A, R3
        XCH    A, R4         ;R3>R2 否?
        CLR    C
        SUBB   A, R2
        JNC    FLT12         ;R3>R2,结束
        MOV    A, R2         ;R3<R2,R2 为中值
        MOV    R3, A         ;中值送入 R3
FLT12:  RET
```

5.4.2 平均滤波程序

最基本的平均滤波程序是算术平均滤波程序，其滤波公式见式(5.1)。

算术平均滤波对滤除混杂在被测信号上的随机干扰非常有效。一般来说，采样次数 N 越大，滤除效果越好，但系统的灵敏度要下降。为了提高运算速度，程序中常用移位来代替除法，因此 N 一般取 4，8，16 等 2 的整数幂。

为了进一步提高平均滤波的滤波效果，适应各种不同场合的需要，在算术平均滤波程序的基础上又出现了许多改进型，例如去极值平均滤波、移动平滑滤波、加权平均滤波等。下面分别予以讨论。

5.4.2.1 去极值平均滤波

算术平均滤波对抑制随机干扰效果较好，但对脉冲干扰的抑制能力弱，明显的脉冲干扰会使平均值远离实际值。但中值滤波对脉冲干扰的抑制非常有效，因而可以将两者结合起来形成去极值平均滤波。去极值平均滤波的算法是：连续采样 N 次，去掉一个最大值，去掉一个最小值，再求余下 $N-2$ 个采样值的平均值。根据上述思想可做出去极值平均滤波程序框图，如图 5-15 所示。

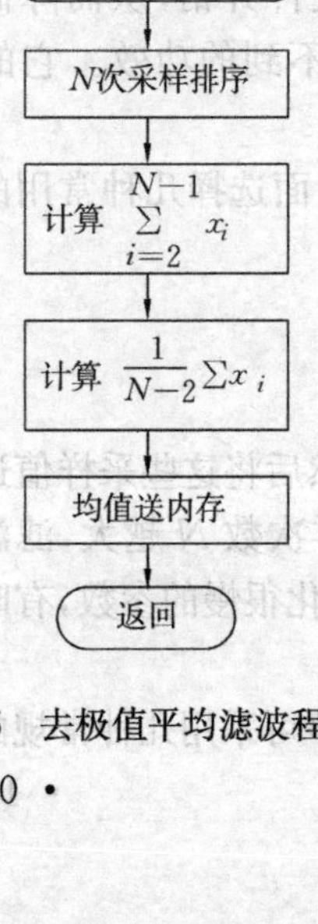

图 5-15 去极值平均滤波程序框图

5.4.2.2 移动平均滤波

算术平均滤波需要连续采样若干次后，才能进行运算而获得一个有效的数据，因而速度较慢。为了克服这一缺点，可采用移动平均滤波。即先在RAM中建立一个数据缓冲区，依顺序存放N次采样数据，然后每采进一个新数据，就将最早采集的数据去掉，最后再求出当前RAM缓冲区中的N个数据的算术平均值或加权平均值。这样，每进行一次采样，就可计算出一个新的平均值，即测量数据取一丢一，测量一次便计算一次平均值，大大加快了数据处理的能力。

这种数据存放方式可以采用环形队列结构来实现。设环形队列地址为40H～4FH共16个单元，R0作为队尾指示，其程序流程图如图5-16所示。程序清单如下：

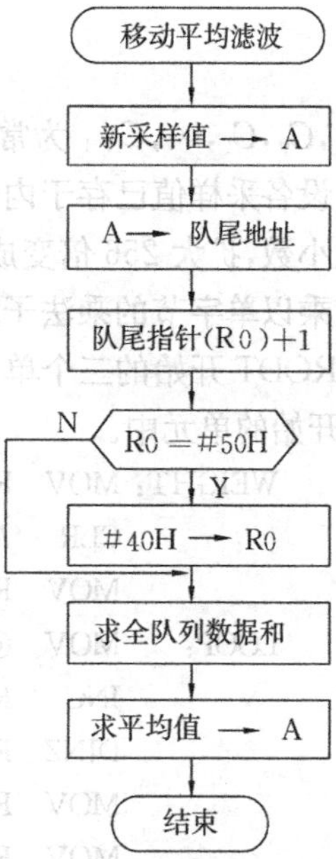

图5-16 移动平均滤波图

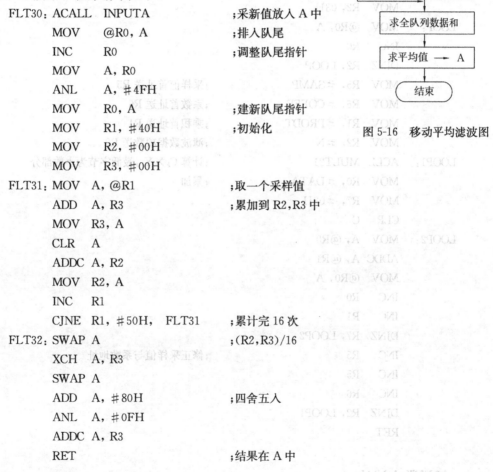

```
FLT30: ACALL  INPUTA              ;采新值放入A中
       MOV    @R0, A              ;排入队尾
       INC    R0                  ;调整队尾指针
       MOV    A, R0
       ANL    A, #4FH
       MOV    R0, A               ;建新队尾指针
       MOV    R1, #40H            ;初始化
       MOV    R2, #00H
       MOV    R3, #00H
FLT31: MOV    A, @R1              ;取一个采样值
       ADD    A, R3               ;累加到R2,R3中
       MOV    R3, A
       CLR    A
       ADDC   A, R2
       MOV    R2, A
       INC    R1
       CJNE   R1, #50H,  FLT31    ;累计完16次
FLT32: SWAP   A                   ;(R2,R3)/16
       XCH    A, R3
       SWAP   A
       ADD    A, #80H             ;四舍五入
       ANL    A, #0FH
       ADDC   A, R3
       RET                        ;结果在A中
```

5.4.2.3 加权平均滤波

在上述各种平均滤波算法中，每次采样在结果中的比重是均等的。为了增加最后一次采样数据在平均结果中的比重，以提高系统对当前采样值的灵敏度，增强实时性，可以采用加权平均滤波。

所谓加权平均的含义是指参加平均运算的各采样值按不同的比例进行相加求均。加权系

数一般先小后大，以突出后若干次采样的作用，加强系统对参数变化趋势的辨识。N 项加权平均滤波的算法为

$$\overline{Y_n} = \sum_{i=0}^{N-1} C_i Y_{N-i} \tag{5.12}$$

式中，$C_0, C_1, \cdots, C_{N-1}$ 为常数，它们的选取有多种方法，但应满足 $C_0 + C_1 + \cdots + C_{n-1} = 1$。

设各采样值已存于内部 RAM 中 SAMP 开始的单元中，采样值为双字节，加权系数 C_k 为两位小数，扩大 256 倍变成整数后，以二进制形式存于 COEFF 开始的单元中。程序中调用双字节乘以单字节的乘法子程序 MULT21，R5 指出被乘数低位地址，R6 指出乘数地址，乘积放在 PRODT 开始的三个单元中，由 R1 指出。运算结果去掉最低字节后即为滤波值，存于 DATA 开始的单元中。

```
WEIGHT：MOV   R0，#DATA            ;清结果单元
        CLR   A
        MOV   R2，03H
LOOP：  MOV   @R0，A
        INC   R0
        DJNZ  R2，LOOP
        MOV   R5，#SAMP            ;采样值首址送 R5
        MOV   R6，#COEFF           ;系数首址送 R6
        MOV   R1，#PRODT           ;乘积首址送 R1
        MOV   R2，#N               ;滤波数据项数送 R2
LOOP1： ACLL  MULT21               ;计算 Ck×Yk，最低字节为小数部分
        MOV   R0，#DATA            ;累加
        MOV   R7，#03H
        CLR   C
LOOP2： MOV   A，@R0
        ADDC  A，@R1
        MOV   @R0，A
        INC   R0
        INC   R1
        DJNZ  R7，LOOP2
        INC   R5                   ;修正采样值与系数地址
        INC   R5
        INC   R6
        DJNZ  R2，LOOP1
        RET
```

5.4.3 低通数字滤波

将描述普通硬件 RC 低通滤波器特性的微分方程用差分方程来表示，便可以用软件算法来模拟硬件滤波器的功能。简单的 RC 低通滤波器的传递函数可以写为

$$G(S) = \frac{Y(s)}{X(s)} = \frac{1}{\tau s + 1} \tag{5.13}$$

式中，$\tau = RC$，为滤波器的时间常数。

由式(5.13)可以看出，RC 低通滤波器实际上是一个一阶滞后滤波系统。将式(5.13)离散可得其差分方程的表达式如下

$$Y(n)=(1-\alpha)Y(n-1)+\alpha X(n) \tag{5.14}$$

式中，$X(n)$为本次采样值，$Y(n)$为本次滤波的输出值，$Y(n-1)$为上次滤波的输出值，$\alpha=1-e^{-T/\tau}$为滤波平滑系数，T 为采样周期。

采样时间 T 应远小于 τ，因此 α 远小于 1。结合式(5.14)可以看出，本次滤波的输出值$Y(n)$主要取决于上次滤波的输出值 $Y(n-1)$(注意，不是上次的采样值)。本次采样值对滤波的输出值贡献比较小，这就模拟了具有较大惯性的低通滤波功能。低通数字滤波对滤除变化非常缓慢的被测信号中的干扰是很有效的。硬件模拟滤波器在处理低频时，电路实现很困难，而数字滤波器不存在这个问题。实现低通数字滤波的流程图如图 5-17 所示。

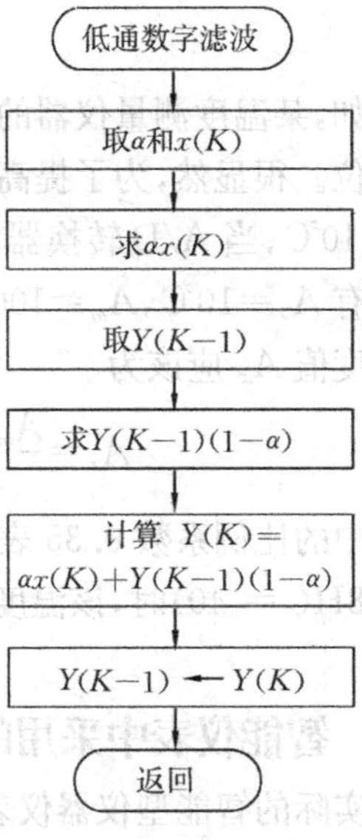

图 5-17 RC 低通数字滤波的流程图

式(5.14)所表达的低通滤波的算法与加权平均滤波有一定的相似之处，低通滤波算法中只有两个系数 α 和 $1-\alpha$。并且式(5.14)的基本意图是加重上次滤波器输出的值，因而在输出过程中，任何快速的脉冲干扰都将被滤掉，仅保留下缓慢的信号变化，故称之为低通滤波。

假如将式(5.14)变化为

$$Y(K)=\alpha X(K)-(1-\alpha)Y(K-1) \tag{5.15}$$

则可实现高通数字滤波。

5.5 测量数据的标度变换

不同被测对象的参数具有不同的量纲和数值，例如，温度的单位为℃，压力的单位为 Pa，流量的单位为 m^3/h。智能仪器在检测这些参数时，仪器直接采集的数据并不等于原来带有量纲的参数值，它仅仅能代表被测参数值的相对大小，因而必须把它转换成带有量纲的对应数值后才能显示。这种转换就是工程量变换，又称标度变换。

例如，在某个以微处理器为核心的温度测量系统中，首先采用热电偶把现场 0～1200℃的温度转变电压为 0～48mV 的电信号，然后经通道放大器放大到 0～5V，再由 8 位 A/D 转换器转换成 00H～FFH 的数字量。微处理器读入该数据后，必须把这个数据再转换成量纲为℃的温度值(例如，数据 FFH 转换为 1 200，单位为℃)，才能送到显示器进行显示。

标度变换一般分为线性参数标度变换和非线性参数标度变换。智能仪器中的标度变换可以由软件完成。

5.5.1 线性标度变换

线性标度变换的前提是传感器输出的数值与被测参数间呈线性关系。线性标度变换的一般公式为

$$A_x=(A_m-A_0)\frac{N_x-N_0}{N_m-N_0}+A_0 \tag{5.16}$$

式中，A_0 为测量下限，A_m 为测量上限，A_x 为实际测量值（工程值），N_0 为 A_0 对应的数字量，N_m 为 A_m 对应的数字量，N_x 为实际测量值 A_x 对应的数字量。

一般情况下，测量下限 A_0 对应的数字量 N_0 为 0，即 $N_0=0$，这样，式(5.1)可简化为

$$A_x=\frac{A_m-A_0}{N_m}N_x+A_0 \tag{5.17}$$

例如，某温度测量仪器的测量范围为 10～100℃，温度传感器是线性的，A/D 转换器的位数为 8 位。很显然，为了提高测量分辨率，当 A/D 转换器输出的数据为 00H 时，显示的温度值应为 10℃；当 A/D 转换器输出的数据为 FFH 时，显示的温度值应该为 100℃。对应式(5.17)，则有 $A_0=10$℃，$A_m=100$℃，$N_m=\text{FFH}=255$。则当 A/D 转换器输出的数据为 N_x 时，显示的温度值 A_x 应该为

$$A_x=\frac{A_m-A_0}{N_m}N_x+A_0=\left(\frac{6}{17}\right)N_x+10\approx 0.35N_x+10 \tag{5.18}$$

式中的比例系数 0.35 表示为每个数据相当于 0.35℃。例如，当 A/D 转换器输出的数据 $N_x=$ 28H（$=$ 40）时，该温度测量仪器应显示 24℃。

5.5.2 智能仪表中采用的线性标度变换公式

在实际的智能型仪器仪表设计中，为了便于使用，标度变换公式常简化为

$$R=Ax+B \tag{5.19}$$

式中，R 为实际显示值，相当于上式中的 A_x；x 为数字仪表中 A/D 转换器输出的数据，对应式中的 N_x；A 为比例系数，对应式中的 $(A_m-A_0)/N_m$；B 为测量下限，对应式中的 A_0。这样，只需作一次乘法和一次加法就可以完成标度变换。

例如，为某温度测量仪器设计一个标度变换程序。要求仪器采用 4 位数字显示，测量范围为 30.00～42.00℃，显示分辨率为 0.05℃。设仪器采用 8 位 A/D 转换器，并且温度传感器是线性的。

解：对应式(5.17)可以计算出，$A=(A_m-A_0)/N_m\approx 0.047$，B=30，则当 A/D 转换器输出的数据为 x 时，显示值应为

$$R\approx 0.047x+30$$

若直接采用上式存在两个不足之处：一是由于 A 约等于 0.047，标度变换存在计算误差，二是不能满足显示分辨率为 0.05℃的题目要求。为了能较好地满足本题要求，确定标度变换公式为

$$R=0.05x+30$$

采用上式时，实际的测量与显示范围将有所扩大。例，当 A/D 转换器输出的数据为 FFH 时，仪器的温度显示值为 42.75℃，即该仪表实际的测量与显示范围为 30.00～42.75℃，这在实际设计中是允许的。这样，当 A/D 转换器输出的数据为 00H 时，温度显示值为 30.00℃；当 A/D 转换器输出的数据为 01H 时，温度显示值为 30.05℃；当 A/D 转换器输出的数据为 F0H 时，仪器的温度显示值为 42.00℃。这样，既满足显示分辨率为 0.05℃的题目要求，又不存在标度变换计算误差。

完成本题要求的标度变换算法的程序清单如下。程序约定用 1 字节表示 A/D 转换器的

采样值,用2字节表示温度显示值。由于精度要求不高,程序采用了定点运算。

```
       ADC    EQU  30H      ;A/D转换器的采样值(十六进制)
       WDH    EQU  31H      ;温度的显示值的整数部分(BCD码)
       WDL    EQU  32H      ;温度的显示值的小数部分(BCD码)
BDBH:  MOV    A,ADC         ;取采样值
       MOV    B,#20         ;每度的采样值为20(0.05的倒数)
       DIV    AB            ;求整数部分
       MOV    WDL, B        ;暂存余数
       ADD    A,#30         ;整数部分加30℃
       LCALL  HBCD          ;转换为BCD码
       MOV    WDH, A        ;保存温度值的整数部分
       MOV    A,WDL         ;取采样值的余数部分
       MOV    B, #5         ;每个采样值相当于0.05℃
       MUL    AB            ;计算小数部分
       LCALL  HBCD          ;转换为BCD码
       MOV    WDL, A        ;保存温度值的小数部分
       RET
```

现代智能型数字多用表一般都设置有“$Ax+B$”功能,即线性标度变换功能,这样,配合不同类型的传感器,便可实现对多种被测参数的测量。当使用智能数字多用表测量某传感器输出的电压值时,只要按照智能仪表的提示,输入对应该传感器的参数A和B,数字电压表便可直接显示带有被测参数的测量结果。

5.5.3 非线性参数的标度变换

如果传感器输出的数值与被测参数间呈非线性关系,上述线性标度变换公式就不再适用,而必须根据具体情况来确定标度变换公式。

例如,利用节流装置测量流量时,流量与节流装置两边的差压之间的关系为

$$G=K\sqrt{\Delta P} \tag{5.20}$$

式中,G为流量;K为刻度系数,与流量的性质及节流装置的尺寸有关;ΔP为节流装置前后的差压。

式(5.20)表明,流体的流量与节流装置前后的压力差的平方根成正比,因此,不能采用上述线性标度变换公式。为了得到测量流量时的标度变换公式,可根据两点建立下列直线方程

$$\frac{G_x-G_0}{G_m-Q_0}=\frac{K\sqrt{N_x}-K\sqrt{N_0}}{K\sqrt{N_m}-K\sqrt{N_0}} \tag{5.21}$$

于是得到测量流量时的标度变换公式为

$$G_x=\frac{\sqrt{N_x}-\sqrt{N_0}}{\sqrt{N_m}-\sqrt{N_0}}(G_m-G_0)+G_0M \tag{5.22}$$

许多非线性传感器并不像上面讲的流量传感器那样,可以写出一个简单的公式,或者虽然能够写出公式,但计算相当困难。

传感器输出与被测参数间的非线性关系也可以理解为仪器的广义系统误差,因此,可参照系统误差的修正方法来进行标度变换。系统误差的修正方法参见5.4节。

思考题与习题

5.1　什么是算法？什么是测量算法？测量算法应包括哪些主要内容？

5.2　为什么智能仪器要具备自检功能？自检方式有哪几种？常见的自检内容有哪些？

5.3　自拟一个具有外扩 RAM 的单片机系统，然后编写 ROM 和 RAM 的自检程序。

5.4　为什么仪器要进行量程转换？智能仪器怎样实现量程转换？

5.5　以电压表为例，简述其自动零点调整功能的原理。

5.6　采用数字滤波算法克服随机误差具有哪些优点？

5.7　什么是仪器的系统误差？智能仪器如何来克服仪器的系统误差？

5.8　简述智能仪器利用误差模型修正系统误差的方法和利用曲线拟合修正系统误差的方法。

5.9　与硬件滤波器相比，数字滤波器具有哪些优点？

5.10　常用的数字滤波方法有哪些？说明各种滤波算法的特点和使用场合。

5.11　平均滤波算法、中值滤波算法和去极值平均滤波算法的基本思想是什么？

5.12　加权平均滤波算法的基本思想是什么？

5.13　移动平均滤波算法最显著的特点是什么？如何实现？

第6章　基于电压测量的智能仪器

电压测量是电子测量中最基本的测量内容,这是因为其他电量和非电量的测量大多数是先转化为直流电压,尔后再进行测量,所以电压测量具有非常广泛的意义。本章先讨论最基本的智能数字电压表 (Digital Voltage Meter,简称 DVM),尔后再讨论智能数字多用表 (Digital MultiMeter,简称 DMM) 和智能 LCR 测试仪。

6.1　智能 DVM 原理

6.1.1　概述

6.1.1.1　组成

智能 DVM 是指以微处理器为核心的数字电压表,典型结构如图 6-1 所示。其中专用微型计算机部分包括微处理器芯片、存放仪器监控程序的存储器 ROM 和存放测量及运算数据的存储器 RAM 等。用于测量的输入/输出设备有:输入电路、A/D 转换器、键盘、显示器及标准仪用接口电路等。仪器内部采用总线结构,外部设备与总线相连。

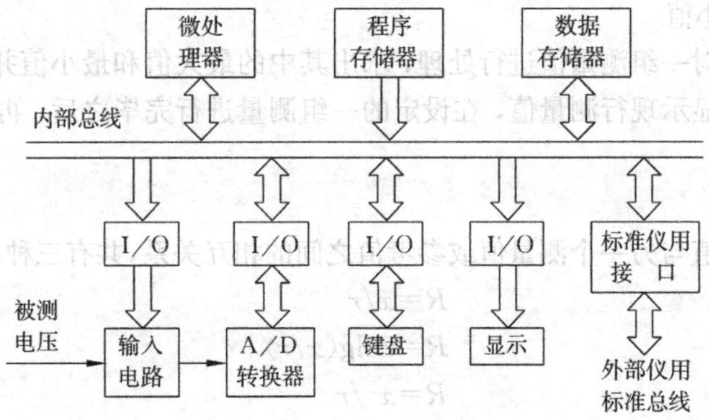

图 6-1　智能 DVM 的典型结构

智能 DVM 的测量过程大致分为三个主要阶段:首先在微处理器的控制下,被测电压通过输入电路、A/D 转换器的处理转变为相应的数字量,存入数据存储器中;接着微处理器对采集的测量数据进行必要的处理,例如,计算平均值、减去零点漂移等;最后,显示处理结果。上述整个工作过程都是在监控程序的控制下进行的。

6.1.1.2　智能 DVM 的功能及主要技术指标

采用微处理器后,仪器在外观、内部结构以及设计思想等方面都发生了重大的变化。智能 DVM 不再仅有测量功能,同时还具有很强的数据处理能力,这些数据处理功能是通过按不同的按键，输入相应的常数，调用相应的处理程序来实现的。不同型号的智能 DVM 设置的处理功能有所不同，相同的处理功能其表达方式也不一定完全相同，但一般可以用下列表达方式来代表：

1. 标度变换($Ax+B$)

$$R = Ax + B$$

式中，R 为最后的显示结果；x 为实际测量值；A,B 为由面板键盘输入的常数。

利用这一功能，可将传感器输出的测量值，直接用实际的单位来显示，实现标度变换。某智能 DVM 的 $Ax+B$ 功能的操作过程分如下几步：首先按"$Ax+B$"功能键，此刻显示屏将显示"A="的提示符，数秒钟后，提示符消失，显示屏显示"00.00"，且第 1 位数呈闪烁状态，以引导用户逐位输入 A 值；此刻，用户应通过数字键输入 A 值，并按回车键予以确认；下一步将按同样方式输入 B 值；当用户再次确认后，显示屏将最终显示经 $Ax+B$ 数据处理后的结果。

2. 相对误差($\Delta\%$)

$$R = \frac{x-n}{n} \times 100\%$$

式中，n 为由面板键盘输入的标称值。

利用这一功能，可把测量结果与标称值的差值以百分率偏差的形式显示出来，适用于元件容差校验。

3. 极限(LMT)

即上下限报警功能。利用这一功能可以了解被测量是否超越预置极限的情况。使用前，应先通过面板键盘输入上极限值 H 和下极限值 L。测量时，在显示测量值 x 的同时，还将显示处理结果，例如显示标志 H、L 或 P，以分别表明测量结果是否超上限、超下限或通过。

4. 最大值/最小值

利用此项功能对一组测量值进行处理，求出其中的最大值和最小值并存储起来，在程序运行过程中一般只显示现行测量值，在设定的一组测量进行完毕之后，再显示这组数据中的最大值和最小值。

5. 比例关系

比例是指测量值与另一个测量值或参考值之间的相互关系，共有三种表达形式。

$$R=x/r$$

$$R=20\lg(x/r)$$

$$R=x^2/r$$

式中，r 为输入的参考值。

第一种表达形式为简单的比例关系；第二种为对数比例关系，测量值的单位为 dB，这是电学、声学常用的单位；第三种是将测量值平方后除以 r，其用途之一就是用瓦或毫瓦为单位直接显示负载电阻 r 上的功率。

6. 统计

利用此项功能，可以直接显示多次测量值的统计运算结果，常见的统计有：平均值、方差值、标准差值、均方值等。

智能 DVM 一般都具有自动量程转换、自动零点调整、自动校准、自动诊断等功能，并配有标准接口。这些功能在第 4 章和第 5 章中已做过讨论，不再赘述。

智能 DVM 除具有上述的数据处理能力和一些独特的功能之外，还具有普通 DVM 的各项技术指标，其中主要技术指标为：

(1) 量程

为扩大测量范围，智能 DVM 借助于分压器和放大器将测量范围分为若干个量程，其中既不放大也不衰减的量程称为基本量程。

(2) 位数

DVM 的位数是以完整的显示位（能够显示 0～9 共 10 个数码的显示位）来定义的。例如，最大显示数为 9999、19999、11999 的 DVM 称 4 位表。为区别起见，常常也把最大显示数为 19999，11999 的 DVM 称为 $4\frac{1}{2}$位数字电压表。位数是表征 DVM 性能的一个最基本的参量。通常将高于 5 位数字的 DVM 称为高精度 DVM。

(3) 测量准确度

DVM 的测量准确度常用绝对误差的形式来表示，其表达式为

$$\Delta = \pm a\% U_X \pm b\% U_m$$

式中，a 为误差的相对项系数；b 为误差的固定项系数；U_X 为测量电压的指示值（读数）；U_m 为该量程测量电压的满度值。

上式右边第一项与读数 U_X 成正比，称为读数误差；第二项为不随读数变化而变化的固定数误项，称为满度误差。读数误差包括转换系数（刻度系数）、非线性等因素而产生的误差。满度误差包括量化、偏移等因素而产生的误差。由于满度误差不随读数而变化，因此可折合成 n 个字的误差来表示，其表达式为

$$\Delta = \pm a\% U_X \pm n$$

DVM 的测量准确度与量程有关，其中基本量程的测量准确度最高。

(4) 分辨力（分辨率）

分辨力指 DVM 能够分辨最小电压变化量的能力，通常用每个字（或末位跳动一个字）所对应的电压值来表示，即 V/字。显然，分辨力与量程及位数有关，量程越小位数越多，分辨率就越高。DVM 通常以仪器最小量程的分辨率来代表仪器的分辨力，例如，最小量程为 1V 的 4 位 DVM 的分辨力为 100μV。

有时也用相对形式的分辨率来表示。用分辨率表示比较直观，且与量程无关。例如，最大显示数为 1999 的 DVM（共 2000 个字），其分辨率为 0.05%。

(5) 输入阻抗 Z_i

输入阻抗 Z_i 是指从 DVM 两个输入端子看进去的等效电阻。输入阻抗越高，仪器对被测电路的影响就越小，由仪表引入的误差也就越小。

(6) 输入电流 I_i

输入电流 I_i 是指仪器内部产生并表现于输入端的电流，它的大小随温度和湿度的不同会有一定的变化，但与被测信号电压的大小无关。这个电流将会通过信号源内阻建立一个附加的电压，而形成误差电压，所以输入电流越小越好。

(7) 测量速度

以每秒的测量次数来表示。有时也以每次测量所需的时间来表示。测量速度的大小主要取决于 DVM 中所采用的 A/D 转换器的转换速率。

6.1.2 输入电路

在图 6-1 所示的智能 DVM 典型框图中，常常将输入电路和 A/D 转换器两部分电路合称

为模拟部分。DVM的许多技术指标都是由模拟部分来决定的。无论一台智能DVM的功能有多么强大，其基本测量水平主要由模拟部分来决定。本节先讨论输入电路。

输入电路的主要作用是提高输入阻抗和实现量程转换。下面以图6-2所示的DATRON公司1071型智能DVM输入电路为例，对输入电路的组成原理进行讨论。

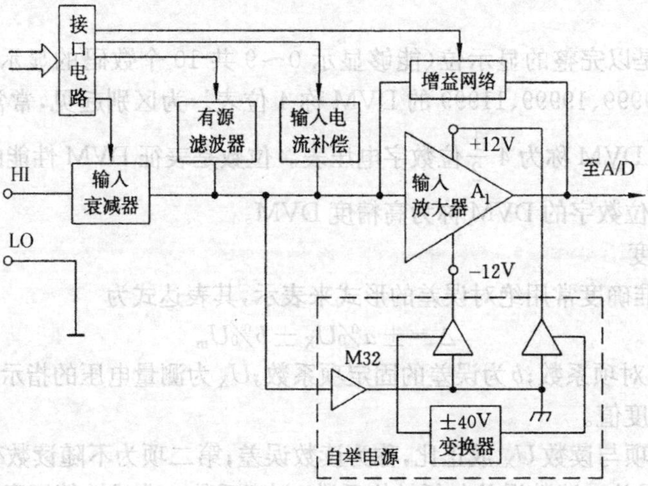

图6-2 DATRON 1071型智能DVM的输入电路

1071型智能DVM输入电路主要由输入衰减器、输入放大器A_1、有源滤波器、输入电流补偿电路及自举电源等部分组成。

有源滤波器是否接入由微处理器通过I/O接口电路实施控制，该滤波器对50Hz的干扰有54dB的衰减。

输入放大器由直流自举电源供电，以使输入放大器的静态工作点不跟随输入信号而变化。在图6-2中，M32是高阻抗电压跟随器，它接在输入放大器的反相输入端，因此M32能精确地跟踪输入信号变化。M32的输出与两个放大器的输入端相连，从而能控制自举电源的输出，产生了一个浮动的±12V电压作为输入放大器的电源电压。这样，输入放大器工作点基本上不会随输入信号的变化而变化，这对提高放大器的稳定性及抗共模干扰能力是很有益处的。

输入电流补偿电路的作用是减小输入电流的影响，其补偿原理可以用图6-3来说明。在补偿时，输入端在微处理器的控制下接入一个10MΩ的电阻，当输入电流($+I_b$)流过时，就会在该电阻上产生压降，该电压经输入放大器放大并经A/D转换器转换成数字量后存入存储器，作为输入电流的校正量。在进行正常测量时，微处理器将根据校正量送出适当的数字到D/A转换器转换成电压，并经输入电流补偿电路产生一个与原来输入电流($+I_b$)大小相等方向相反的电流($-I_b$)，使两者在放大器的输入端相互抵消，如图6-3(b)所示。这项措施可以使仪器的零输入电流减小到1pA。

输入电路的核心是由输入衰减器和放大器组成的量程标定电路，如图6-4所示。S为继电器开关，控制100∶1衰减器是否接入。VT_5～VT_{10}是场效应管模拟开关，控制放大器不同的增益。继电器开关S，VT_5～VT_{10}在微型计算机发出的控制信号的控制下，形成不同的通、断组态，构成0.1V、1V、10V、100V、1 000V这5个量程及自测试状态。各组分析如下。

(1) 0.1量程：VT_8，VT_6导通，放大器的放大倍数A_f及最大输出电压U_{omax}分别为

$$A_f=\frac{21.6+9+1}{1}=31.6$$

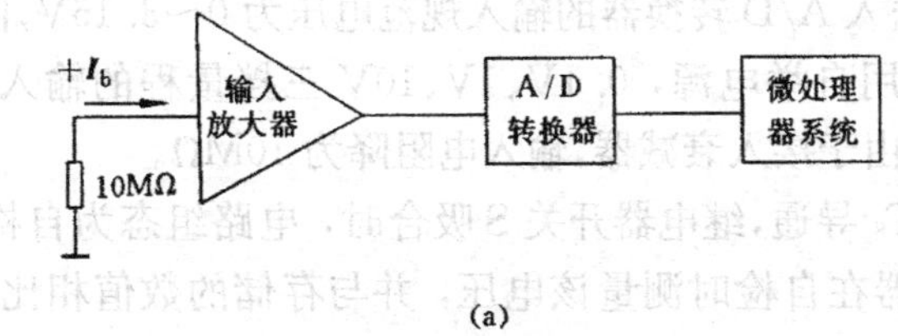

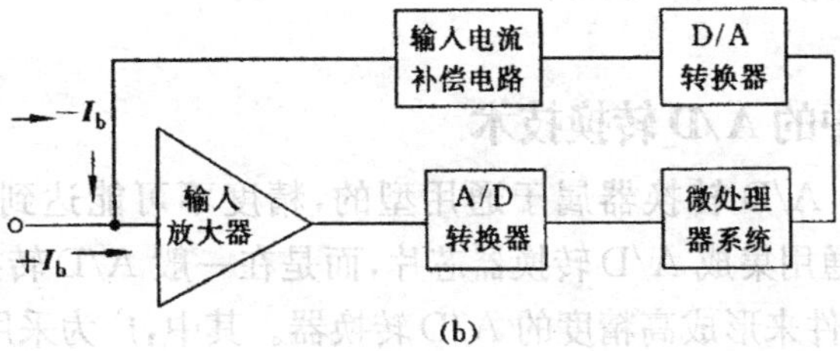

图 6-3　输入电流补偿电路原理

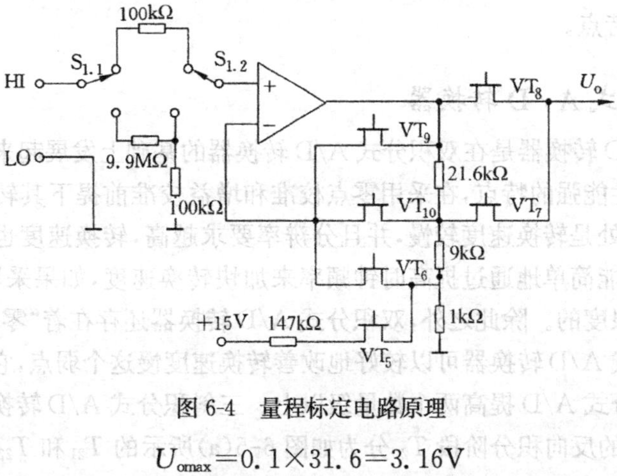

图 6-4　量程标定电路原理

$$U_{\text{omax}} = 0.1 \times 31.6 = 3.16\text{V}$$

(2) 1V 量程：VT_8 和 VT_{10} 导通，此时放大器的放大倍数 A_f 及最大输出电压 U_{omax} 分别为

$$A_f = \frac{21.6+9+1}{9+1} = 3.16$$

$$U_{\text{omax}} = 1 \times 3.16 = 3.16\text{V}$$

(3) 10V 量程：VT_7 和 VT_9 导通，放大电路被接成跟随器，放大倍数为 1，然后输出又经分压，此时

$$U_{\text{omax}} = 10 \times \frac{9+1}{21.6+9+1} = 3.16\text{V}$$

(4) 100V 量程：VT_8 和 VT_{10} 导通，放大电路仍为串联负反馈放大器。同时继电器开关 S 吸合，使 100∶1 衰减器接入，此时

$$U_{\text{omax}} = 100 \times \frac{1}{100} \times \frac{21.6+9+1}{9+1} = 3.16\text{V}$$

(5) 1 000V 量程：继电器开关 S 吸合，使 100∶1 衰减器接入，同时 VT_7 和 VT_9 导通，放大电路被接成跟随器，并使输出再经分压，此时

$$U_{\text{omax}} = 1\,000 \times \frac{1}{100} \times \frac{9+1}{21.6+9+1} = 3.16\text{V}$$

由上述计算可见，送入 A/D 转换器的输入规范电压为 0～3.16V，同时，由于电路被接成串联负反馈形式并且采用自举电源，0.1V、1V、10V 三挡量程的输入电阻高达 10 000MΩ，100V 和 1 000V 挡量程由于接入衰减器，输入电阻降为 10MΩ。

当 VT_5、VT_6 和 VT_8 导通，继电器开关 S 吸合时，电路组态为自检状态。此时放大器的输出应为 -3.12V。仪器在自检时测量该电压，并与存储的数值相比较；若两者之差在 6% 内，自检程序即认为该放大器工作正常。

6.1.3 智能 DVM 中的 A/D 转换技术

第 2 章介绍的各种 A/D 转换器属于通用型的，精度不可能达到很高。高精度的智能 DVM 一般不直接采用通用集成 A/D 转换器芯片，而是在一般 A/D 转换器的基础上，采用许多先进技术并借助于软件来形成高精度的 A/D 转换器。其中，广为采用的有多斜积分式A/D 转换器、Fluke 公司提出的余数循环比较式 A/D 转换器、Solartron 公司提出的脉冲调宽式 A/D转换器等。下面通过介绍多斜积分式 A/D 转换器和脉冲调宽式 A/D 转换器来了解这类 A/D 转换器的工作特点。

6.1.3.1 多斜积分式 A/D 转换器

多斜积分式 A/D 转换器是在双积分式 A/D 转换器的基础上发展起来的。双积分式 A/D 转换器具有抗干扰性能强的特点，在采用零点校准和增益校准前提下其转换精度也可以做得很高，显著的不足之处是转换速度较慢，并且分辨率要求越高，转换速度也就越慢。由于比较器带宽有限，因此不能简单地通过提高时钟频率来加快转换速度，如果采用软件计数，则时钟频率的提高更是有限度的。除此之外，双积分式 A/D 转换器还存在着“零区”等问题。

采用三斜积分式 A/D 转换器可以较好地改善转换速度慢这个弱点，它的转换速率分辨率乘积可比传统双积分式 A/D 提高两个数量级以上。三斜积分式 A/D 转换器的转换波形是将双积分式 A/D 转换的反向积分阶段 T_2 分为如图 6-5(a)所示的 T_{21} 和 T_{22} 两部分：在 T_{21} 期间积分器对基准电压 U_R 进行积分，放电速度较快；在 T_{22} 期间积分器改对较小的基准电压 $U_R/2^m$ 进行积分，放电速度较慢。在计数时，把计数器也分成两段进行计数：在 T_{21} 期间，从计数器的高位(2^m 位)开始计数，设其计数值为 N_1；在 T_{22} 期间，从计数器的低位(2^0 位)开始计数，设其计数值为 N_2。则计数器中最后的读数为

$$N = N_1 \times 2^m + N_2$$

在一次测量过程中，积分器上电容器上的充电电荷与放电电荷是平衡的，则

$$|U_X| T_1 = U_R T_{21} + (U_R/2^m) T_{22}$$

其中， $$T_{21} = N_1 T_0, \quad T_{22} = N_2 T_0$$

将上式加以整理得

$$|U_X| T_1 = U_R N_1 T_0 + (U_R/2^m) N_2 \times T_0 = \frac{U_R T_0}{2^m}(2^m N_1 + N_2) = \frac{U_R T_0}{2^m} N$$

将上式进一步加以整理，可得三斜积分式 A/D 转换器的基本关系式

$$|U_X| = \frac{U_R}{2^m} \times \frac{T_0}{T_1} N \tag{6.1}$$

式(6.1)中，如果取 $m = 7$，时钟脉冲周期 $T_0 = 120\ \mu s$，基准电压 $U_R = 10\ V$，并希望把

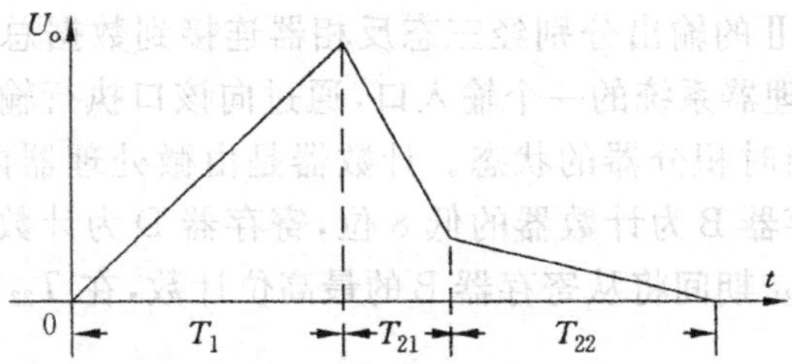

(a) 三斜积分式

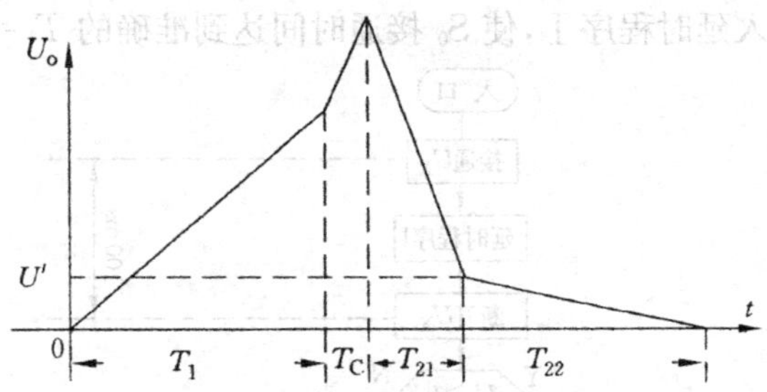

(b) 四斜积分式

图 6-5 多斜积分式 A/D 转换器转换波形图

12V 被测电压变换为 $N=120\,000$ 码读数时，由上式可以计算得 $T_1=100$ ms。而传统的双积分式 A/D 转换器在相同的条件下所需要的积分时间 $T_1=15.36$s，可见三斜积分式 A/D 转换器可以使测量速度大幅度提高。

四斜积分式 A/D 转换器是为解决双积分式和三斜积分式 A/D 转换器存在的零区问题而提出的。其解决的方法是：在取样期结束时，先选用与被测电压同极性的基准电压积分一段固定的时间 T_C，以产生上冲波形，避开零区，然后再按上述三斜积分式 A/D 转换的方法去进行反向积分，从而构成四斜积分式 A/D 转换器，其转换波形如图 6-5(b)所示。由于 T_C 是固定的，因此该上冲使测量结果增加的数值也是固定的，这很容易用软件的方法来扣除。

图 6-6 示出了四斜积分式 A/D 转换器的原理图。积分器的输入端经六个开关分别与被测电压、各种基准电压和模拟地相接，由 6 个 D 触发器组成的输出口实施对这些开关的控制，微处理器通过执行输出指令将不同的数据送往该输出口就可以使不同的开关接通。

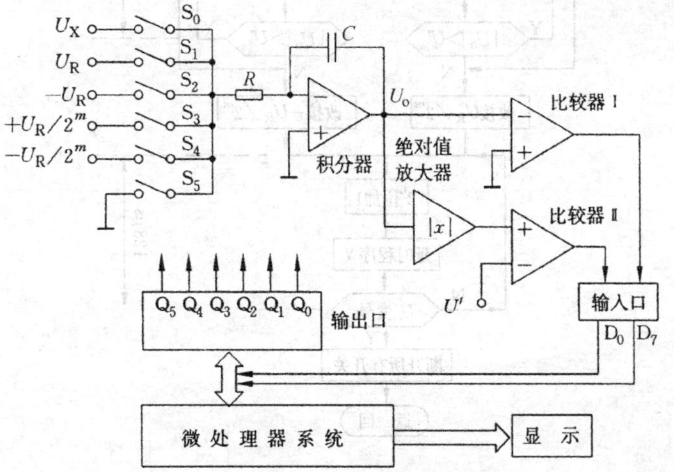

图 6-6 四斜积分式 A/D 转换器原理

比较器Ⅰ和比较器Ⅱ的输出分别经三态反相器连接到数据总线的 D_7 和 D_0 位。这两个三态门构成了微处理器系统的一个输入口，通过向该口执行输入指令对 D_7 和 D_0 位进行判别，就可以确定当时积分器的状态。计数器是由微处理器内部的 8 位寄存器 B，C，D 级联组成，其中寄存器 B 为计数器的低 8 位，寄存器 D 为计数器的高 8 位。这里选择系数 $m=7$，因此在 T_{21} 期间将从寄存器 B 的最高位计数，在 T_{22} 期间将从寄存器 B 的最低位计数。

图 6-7 示出了四斜积分式 A/D 转换的控制流程图。首先接通开关 S_0，使积分器对被测电压 U_X 进行积分，接着进入延时程序Ⅰ，使 S_0 接通时间达到准确的 $T_1=100$ ms。这段时间为

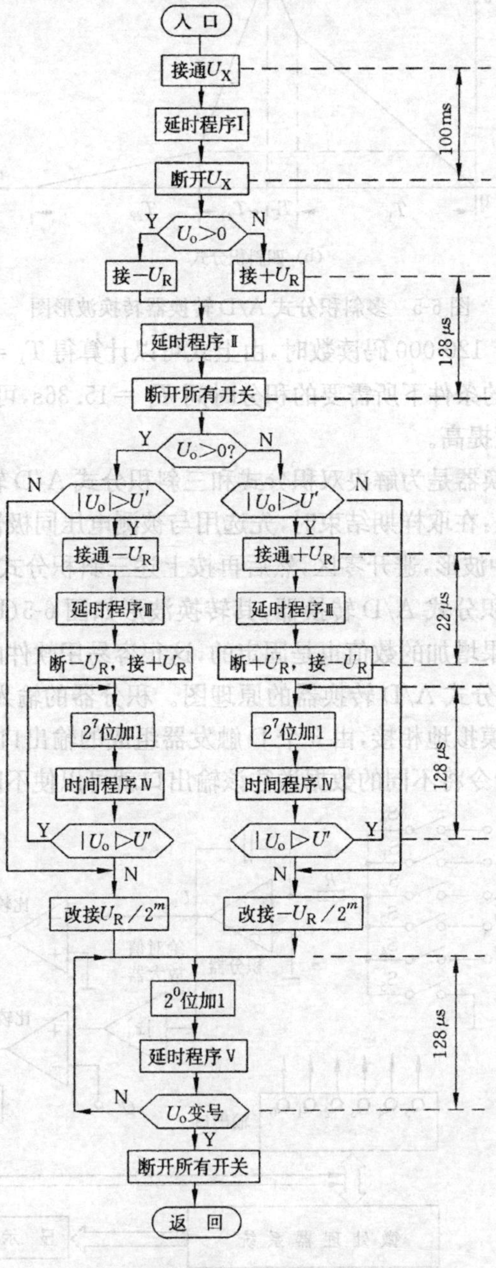

图 6-7 四斜积分式 A/D 转换控制流程图

定时积分。定时积分结束后，通过输入指令将比较器的输出状态输入到微处理器判断出 U_X 的极性，以便选择与 U_X 极性相同的基准电压 U_R 接入积分器，实现积分器输出波形的上冲。当 $U_X>0$（即积分器的输出 $U_o<0$）时，接通开关 S_1 接入 $+U_R$；当 $U_X<0$（即 $U_o>0$）时，则接通开关 S_2 接入 $-U_R$。直至经过延时程序Ⅱ，使 $+U_R$ 或 $-U_R$ 被积分的时间达到 128μs（一个时钟周期），进入时间段 T_C。T_C 以后再通过输入指令将比较器的状态送入，再次判断 U_X 的极性，以便选择一个与 U_X 极性相反的基准电压；然后判断 $|U_o|$ 的大小是否超过 U'，以确定是先接入 $+U_R$ 或 $-U_R$ 实现快速反向积分；还是直接接入 $+U_R/2^m$ 或 $-U_R/2^m$，实现缓慢反向积分。当 $|U_o|>U'$ 时，本来应该立即接入 U_X 极性相反的大基准电压，实现反向积分。由于在 T_{21} 时间内进行的从 2^m 位计数是由程序给出的，除了计数子程序内循环执行的指令外，还要执行调用子程序、返回主程序以及接通或断开基准等指令。执行这些指令需要的时间为固定的 22μs，这段时间与 T_{21} 时间内计得的数 N_1 无关，所以必须设法补偿掉，补偿的办法是选用与被测电压极性相同的基准电压 U_R 造成再一次上冲。上冲时间由延迟程序Ⅲ控制使之正好等于反向积分时间 T_{21} 中多出的 22μs。第二次上冲结束后，再选用极性相反的基准电压 U_R 开始反向积分，这时每隔 128μs 就在计数器的 2^7 位计一个数，同时检查积分器输出电压 U_o 的绝对值是否低于 U'。如果 $|U_o|>U'$，就反复计数直至 $|U_o|<U'$。此时断开大基准电压，再接入小的基准电压继续进行缓慢的积分，而进入时间段 T_{22}。在 T_{22} 时间段内每隔 128μs 在 2^0 位计一个数，同时检查 U_o 的极性是否改变。若 U_o 极性不变就继续在 2^0 位计数，直至 U_o 的极性改变为止。此时一次测量即告结束。这时再将开关 S_5 接通，使积分器输入端接地，为下一轮的 A/D 转换做好准备。

6.1.3.2 脉冲调宽式 A/D 转换器

脉冲调宽式 A/D 转换器是 Solartron 公司的专利，它也是在双积分式 A/D 转换器的基础上发展起来的。脉冲调宽式 A/D 转换器主要克服双积分式 A/D 转换器的下述不足之处：积分器输出斜波电压的线性度有限，使双积分式 A/D 转换器的精度很难高于 0.01%；积分器式 A/D 转换器采样是间断的，因此不能对被测信号进行连续监测。

脉冲调宽式 A/D 转换器的原理框图如图 6-8(a)所示，由一个积分器、两个比较器、一个可逆计数器和一些门电路组成。积分器有三个输入信号：被测信号 U_X、强制方波 U_f 以及正负幅度相等的基准 U_R。由于强制方波的作用大于其余两者之和，所以积分器输出为正负交替的三角波。当三角波的正峰和负峰超越了两个比较器的比较电平 $+U$ 和 $-U$ 时，比较器便产生升脉冲和降脉冲。一方面，升降脉冲用来交替地把正负基准电压接入到积分器的输入端，另一方面，升降脉冲分别控制门Ⅰ和门Ⅱ，以便控制可逆计数器进行加法计数和减法计数。

由上述分析可知，当 $U_X=0$ 时，积分器的输出动态地对零平衡，因而升降脉冲宽度相等，可逆计数器在一个周期内的计数值为零。如果有信号 $-U_X$ 输入时，它将使积分器输出正向斜率增加负向斜率减少，从而使升脉冲宽度增加，降脉冲宽度减少，则可逆计数器加法计数多于减法计数，两者之差即代表 U_X 的大小。上述 A/D 转换器各点波形如图 6-8(b)所示，为简化起见，没考虑正负基准电压对积分输入电压的影响。

假定 T_1 和 T_2 分别代表在一个周期 T 内正负基准接入的时间，根据电荷平衡原理，则有

$$\frac{1}{R_1C}\int_0^T U_X \mathrm{d}t+\frac{1}{R_2C}\int_0^{T_1} U_R \mathrm{d}t+\frac{1}{R_2C}\int_0^{T_2} -U_R \mathrm{d}t=0$$

$$\overline{U}_X=\frac{U_R R_1}{R_2}\left(\frac{T_2-T_1}{T}\right)$$

若 $R_1 = R_2$，则

$$\overline{U_X} = \frac{U_R}{T_1}(T_2 - T_1) \tag{6.2}$$

式(6.2)表明，被测电压的平均值与可逆计数器进行加法计数的时间与减法计数之差成正比，即与计数器的计数值成正比。

Solartron 7055/7065 以及 7150/7151 型微处理器电压表就是采用的这种脉冲调宽式A/D转换器，其中 7065 微处理器电压表的时钟频率取 13.1MHz，强制方波 U_f 的频率取3.2kHz，则 A/D 转换器的基本周期为 312.65μs，最大计数字长大于 3 位半。为了提高仪器的分辨率，7065 微处理器电压表分别取 8 个、64 个、512 个基本周期作为一次测量周期，使其相应字长分别达到 4 位半、5 位半、6 位半，其相应的转换时间分别为 2.5ms、20ms 和 160ms，后两种转换时间正好是电源频率的整数倍，具有很高的抗工频干扰的能力。

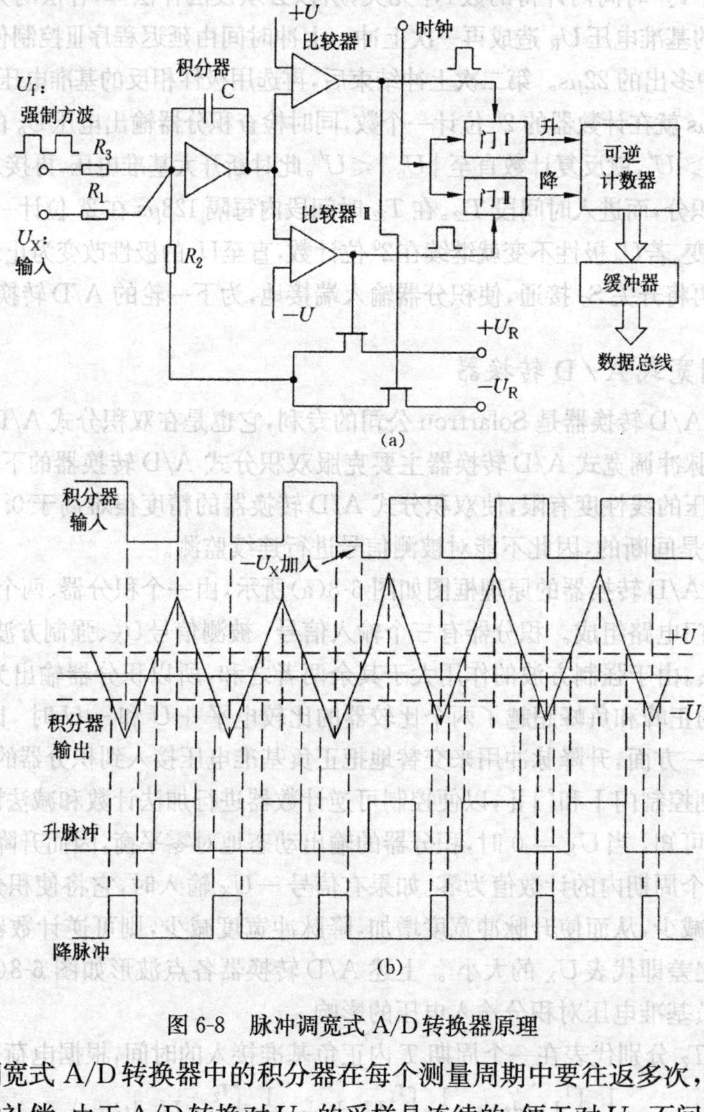

图 6-8　脉冲调宽式 A/D 转换器原理

由于脉冲调宽式 A/D 转换器中的积分器在每个测量周期中要往返多次，使积分器的非线性得到了良好的补偿；由于 A/D 转换对 U_X 的采样是连续的，便于对 U_X 不间断地检测。克服了双积分 A/D 转换器前述的不足。

6.1.4　典型智能 DVM 介绍

本节以国产 HG -1850 微处理器 DVM 为代表介绍智能 DVM 的组成原理及特点。

6.1.4.1　概述

HG -1850 DVM 是在吸取了诸多智能 DVM 某些特点的基础上，结合国内具体情况自行设计的产品。它采用了 Intel 8080A CPU，多斜积分式 A/D 转换器，量程可以自动转换，最大显示数为 112 200。可用于测量 10μV 至 1 000V 的直流电压，主要性能技术指标如表 6-1 所示。

表 6-1　HG -1850 DVM 主要性能技术指标

量　程	分辨率	输入阻抗	精　确　度	
			20℃±2℃，90 天	20℃±5℃，半年
1V	10μV	>10 000MΩ	±0.01% 读数±2 字	±0.02% 读数±2 字
10V	100μV	>10 000MΩ	±0.005% 读数±1 字	±0.02% 读数±1 字
100V	1mV	10MΩ	±0.01% 读数±2 字	±0.02% 读数±2 字
1 000V	10mV	10MΩ	±0.01% 读数±2 字	±0.02% 读数±2 字

本仪器在自校准方面吸取了 HP3455A DVM 的优点，使仪器每隔三分钟便自动进行一次自校准，保证了测量的准确度和长期稳定性；在自检方面借鉴了 Fluke 8500A/8502A 等 DVM 的做法，用户可随时按下面板上的自检键使仪器进行自检，若某一部分出现故障，显示器将显示故障代码，为仪器的维修提供了方便；在数据处理方面，本仪器又参考了 Solartron 7055/7065DVM 等仪器所采用方法并加以改进，使用户不仅可以通过面板上的功能键对测量结果进行正常运算，还允许用户根据需要通过操作键盘编写出各种数据处理程序。

HG -1850 微处理器 DVM 的原理框图如图 6-9 所示，图中上半部分为模拟部分，下半部分为数字部分。模拟部分中的输入放大器和 A/D 转换器是保证仪器精度等技术指标的关键

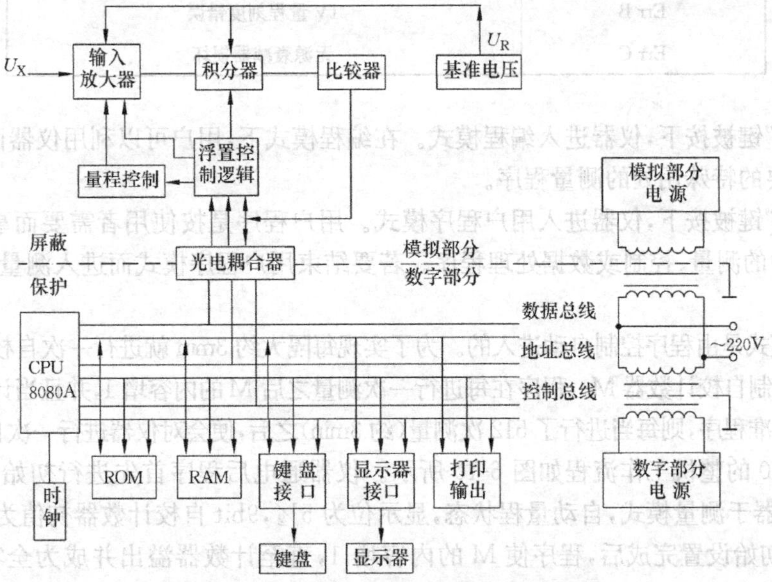

图 6-9　HG -1850 微处理器 DVM 原理框图

部件，为了免受干扰，仪器的模拟部分和数字部分在电气上采取相互隔离的措施，两部分分别单独供电，它们之间的信息通过光电耦合进行传递。

6.1.4.2 整机工作流程

HG-1850 微处理器 DVM 表具有五种工作模式，即测量模式、自检模式、用户程序模式、编程模式和自校模式。

测量模式是 HG-1850 DVM 最基本的工作方式，在测量模式下用户可通过键盘选择适当的测量方式和量程，微处理器根据键盘选定的测量方式和量程送出相应的开关量（控制字），使输入放大器组成相应的组态。测量时，被测电压首先经输入放大器进入 A/D 转换器，然后 A/D转换器把放大器输出的电压变成数字量存入到相应的内存单元。接着，微处理器将根据不同量程的校准参数并按照相应的数学模型、计算出正确的测量结果。若需要进行数据处理，还要调用有关的数据处理程序，否则直接显示测量结果。一次测量结束后，程序自动地返回去进行下一次测量，如此不断地循环测量。

若“自检”键被按下，仪器便进入自检模式。在自检模式下，微处理器将按预定程序检查模拟单元各部分的工作状态。若一切正常，显示器即显示“pass”字样，然后返回到测量模式。若某一部分有故障，显示器将显示此故障的代码（如表 6-2 所示），然后等待 10s，再次检查模拟单元是否正常，直至故障被排除为止。

表 6-2 HG-1850 部分故障代码表

故障代码	代码含义
Err 6	积分器工作不正常
Err 7	10V 量程零点错误
Err 8	1V 量程零点错误
Err 9	100V 量程零点错误
Err A	10V 量程刻度错误
Err B	1V 量程刻度错误
Err C	无源衰减器损坏

若“编程”键被按下，仪器进入编程模式。在编程模式下，用户可以利用仪器面板的键盘编制用户所需要的特殊用处的测量程序。

若“用户”键被按下，仪器进入用户程序模式。用户程序是按使用者需要而事先编制并固化在 ROM 中的测量、控制或数据处理程序。若要结束用户程序模式而进入测量模式，需要按下“返回”键。

自校准模式是由程序控制自动进入的。为了实现每隔大约 3min 就进行一次自校准，设立了一个 9 比特二进制自校计数器 M。程序在每进行一次测量之后 M 的内容增 1，并且当计数器计满时，调用一次自校准程序，则每当进行了 512 次测量（约 3min）之后，便会对仪器进行一次自动校准。

HG-1850 的整机工作流程如图 6-10 所示。仪器通电后程序首先进行初始设置，初始内容为：设置仪器于测量模式，自动量程状态，显示位为 5½，9bit 自校计数器初值为全 1（即十进制数 511）。初始设置完成后，程序使 M 的内容增 1，直至计数器溢出并成为全零，程序在 M 为 0 后即转入自校准程序，使仪器按预定顺序测得各个量程的校准参数并存入相应存储单元，为修正每次测量结果做好准备。全部校准参数测完后程序返回Ⓐ点，M 再次增 1，其内容不再为零，接着程序转入扫描键盘。然后再根据键盘的输入信息来确定程序如何分支。

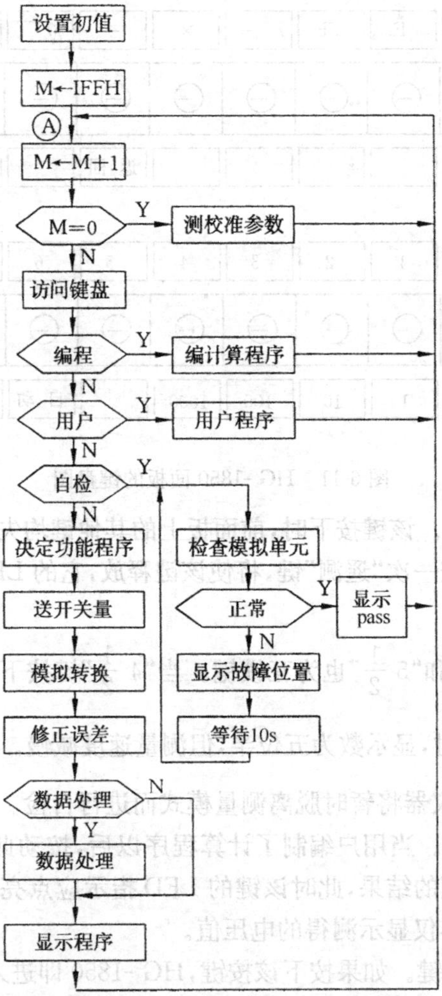

图 6-10　HG -1850 整机工作流程图

6.1.4.3　键盘与编程模式

以微处理器为基础的 DVM 与一般 DVM 的区别不仅在于提高了测量精度和速度，而且使其具有某些数据处理功能。下面先简单介绍 HG -1850 的键盘结构，然后简述编程模式所具有的功能。

图 6-11 是 HG -1850 面板的键盘图。键盘分上下两排，每排有 12 个按键，为了使用户了解当前仪器的状态，每个按键上方都设有一只 LED 作为键灯，以记忆该按键是否有效。这些按键大都用以表示各按键在不同模式下的意义。

当仪器在测量模式下时，每个按键下方的标号表示该键的意义，这些按键的用法和普通 DVM 类似，下面依次加以说明：

(1) “手动”、“连续”两键为互锁键。当“连续”键被按下而有效时，测量自动连续进行，即每测量一次显示读数就自动更新一次。当“手动”键有效时，显示器的内容将随每次按动“手动”键而更新，若不按动该键，显示器的内容将不予更新。

(2) 量程选择键“1”(1V 量程)、“10”(10V 量程)、“100”(100V 量程)、“1 000”(1 000V 量

程)以及“自动”(自动量程转换)5 键为互锁键。用于选择测量量程。

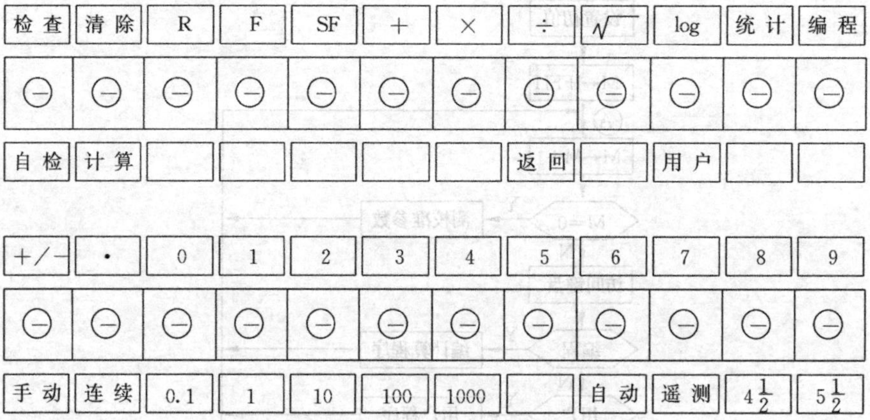

图 6-11　HG -1850 面板的键盘图

(3)“遥测”键为自锁键。该键按下时,前面板上的其他键均失去作用,这时从后面板接入键盘将能实现遥控。若再按一次“遥测”键,将使该键释放,它的 LED 指示灯熄灭,前面板键盘各键重新生效。

(4) 显示位数键“$4\frac{1}{2}$”和“$5\frac{1}{2}$”也为互锁键。当“$4\frac{1}{2}$”键按下时显示位数为四位半,但测量速度快;当“$5\frac{1}{2}$”键按下时,显示数为五位半,但测量速度减慢。

(5)“自检”键按动后,仪器将暂时脱离测量模式而进行自检。

(6)“计算”键为自锁键。当用户编制了计算程序以后,按动此键就能按照所编程序对测量结果进行处理并显示处理的结果,此时该键的 LED 指示应点亮。如果再按一次“计算”键,则该 LED 指示熄灭,显示器仅显示测得的电压值。

(7)“用户”键也为自锁键。如果按下该按键,HG -1850 即进入用户程序。用户程序已固化在仪器内部。

每个按键上方的标号表示仪器在编程模式下各键的功能。当按下“编程”键(右上角)时,仪器即进入编程模式。此时,各键意义如下:

(1)“检查”键用于检查或修改程序。连续按动该键时,显示器将依次显示所编程序每一步的内容。

(2)“清除”键用于清除刚从键盘上送入的数据。

(3)“R”键用于仪器直接显示测量得到的结果。

(4)“F”键用于仪器显示在 RAM 区开辟的中间寄存器中的内容。

(5)“SF”键代表向寄存器 F 存数。

(6)“+”、“×”、“÷”、“$\sqrt{\ }$”和“log”这 5 个键分别代表进行加法、乘法、除法、开方和常用对数运算。

(7)“0”、“1”、…、“9”、“+/−”和“·”等键用于供编程时设置各种数据、正负号、小数点用。

“编程”键除了在进入编程模式时需要按动该键,在每次编程之后也需要按动该键。此时显示器显示“HI”,向用户询问有无上限要求。如果用户对测量结果(或处理结果)有上限要求就可通过键盘送入上限值。这时再按“编程”键,显示器显示“LO”,用户即可打入下限值。如无上下限要求只要不送数即可。上下限值设置完毕之后再按一次“编程”键，显示器上显示“End”，表示编程全部结束，随即返回测量模式。

利用键盘，用户可以编制各种应用程序，以对测量结果进行处理，现举例如下。

例 1　设某热电偶，其待测温度 T 与传感器的输入电压 U 存在下述关系

$$T=4.4+7.6U+3.8U^2+0.2U^3$$

试用 HG-1850DVM 进行测量与处理，实现对温度的直接读数。

解：为了编程方便，可先将上式变换成为

$$T=0.2\{[(U+19)U+38]U+22\}$$

然后就可通过键盘编制计算程序。编程的键操作顺序与显示器的响应如表 6-3 所示。

表 6-3　非线性运算编程操作顺序

顺序	编程	显示器的响应	顺序	编程	显示器的响应
1	编程	PRO	12	R	RES
2	R	RES	13	+	Add
3	+	Add	14	2	2
4	1	1	15	2	22
5	9	19	16	×	HUL
6	×	HUL	17	·	0.
7	R	RES	18	2	0.2
8	+	Add	19	统计	St0
9	3	3	20	编程	HI
10	8	38	21	编程	LO
11	×	HUL	22	编程	End

“End”在显示器上显示约 1s 后，便返回测量模式，显示器上将直接读出 T 的数值。

例 2　统计计数。本仪器中已经固化了必要的统计计数程序，其定义如下。

平均值：

$$\text{显示值}=\frac{1}{N}\sum_{i=0}^{N}U_i=\bar{U}$$

均方根值：

$$\text{显示值}=\sqrt{\frac{1}{N}\sum_{i=1}^{N}U_i^2}$$

方差值：

$$\text{显示值}=\sqrt{\frac{1}{N}\sum_{i=1}^{N}(U_i-\bar{U})^2}$$

式中，U_i 为第 i 次测量结果；N 为测量次数。

因此对测量结果进行统计计算是很方便的。现以测量一个稳压电源的输出电压在一段时间内的起伏变化（即测量方差）为例，其编程顺序可按表 6-4 进行。

表 6-4　统计计算编程操作顺序

顺序	编程	显示器的响应	顺序	编程	显示器的响应
1	编程	PRO	6	统计	ST3
2	R	RES	7	编程	HI
3	统计	ST0	8	编程	LO
4	统计	ST1	9	编程	End
5	统计	ST2			

“End”显示约 1s 后，仪器返回测量模式，显示器将直接显示测量结果的方差值。若需测量平均值时，须按统计键两次，若需测量均方根值时，须按“统计”键 3 次。

6.2 智能 DMM 原理

6.2.1 概述

数字多用表(DMM)是指除能测量直流电压外,还同时能测量交流电压、电流和电阻等参数的数字测量仪器。其组成框图如图 6-12 所示。

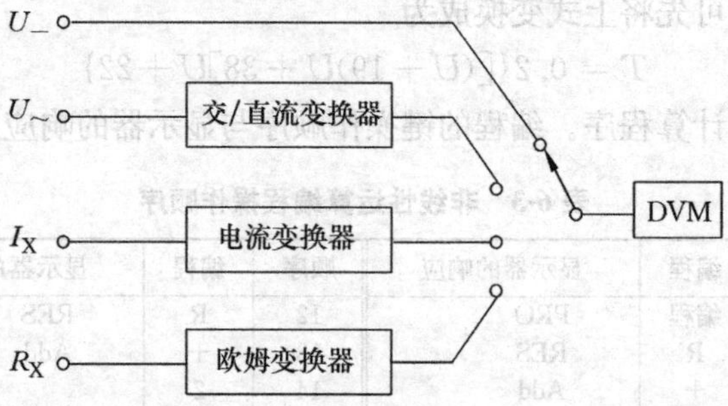

图 6-12 DMM 组成框图

由图可见,交流电压、电流和电阻的测量是通过交直流(AC/DC)转换器、电流转换器和欧姆转换器转换成相应的直流电压,然后再由 DVM 进行直流电压测量而实现的。因此,DMM 实际是一种以 DVM 为基础的电子仪器。

6.2.2 交直流转换器

目前在 DMM 中采用的交直流(AC/DC)转换器主要是平均值转换器和有效值转换器两种。

6.2.2.1 平均值 AC/DC 转换器

采用平均值 AC/DC 转换器对交流电压进行有效值测量的方法是:先测出交流信号的平均值,然后再根据波形因数换算出对应的有效值。

交流信号的平均值可由式(6.3)来表示

$$U_o = \overline{u_i} = \frac{1}{T}\int_0^T |u_i| \, dt \tag{6.3}$$

从交流电压测量的角度来看,平均值是指经过整流之后的平均值。否则,若被测交流信号为正弦波信号,则平均值为零。因此,要取得上式所表征的平均值 $\overline{u_i}$,必须先求交流信号的绝对值,然后再取其平均值。绝对值可用半波线性整流器或全波线性整流器来实现,平均值可用滤波器来实现 。

图 6-13 是一种以半波线性整流器为基础的平均值 AC/DC 转换器。图中放大器 A_2 及二极管 VD_1,VD_2 等构成了半波整流器,在输入信号电压的正半周,VD_1 导通、VD_2 截止,B 点的电压为 0,而在输入电压的负半周,VD_1 截止、VD_2 导通,其导通电流经 R_7 在 B 点产生正极性电压。由于 $R_3=R_4$,因此在 B 点电压波形的幅度与输入电压相等,但极性相反。

在半波整流器之前有一级高输入阻抗放大器 A_1,它的作用是提高输入阻抗和扩大测量范围。在半波整流之后有一个由放大器 A_3 组成的有源滤波放大器,它的作用是实现平均值的计算。最后再将平均值按正弦波有效值进行刻度(或换算),即实现了对交流正弦信号的有效值测量。

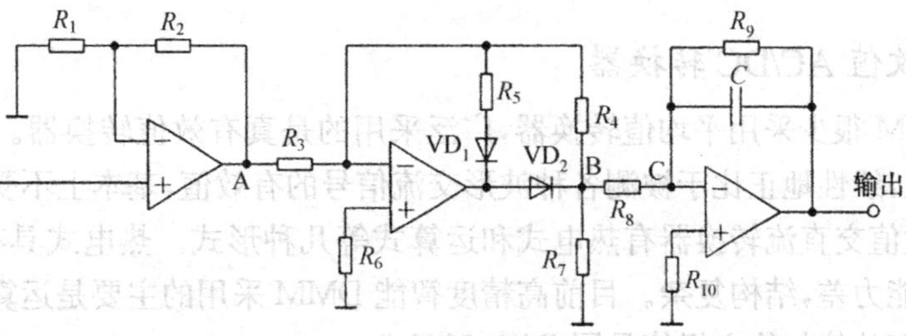

图 6-13　半波整流式平均值 AC/DC 转换器

为了组成全波整流式 AC/DC 转换器，通常采用的办法是将输入的交流电压与半波整流后的半波电压叠加，为此，可把图 6-13 所示的半波整流式平均值转换器中的 A、C 两点，通过电阻 R_{10} 连接起来，便构成了全波整流式 AC/DC 转换器。具体电路如图 6-14 所示。

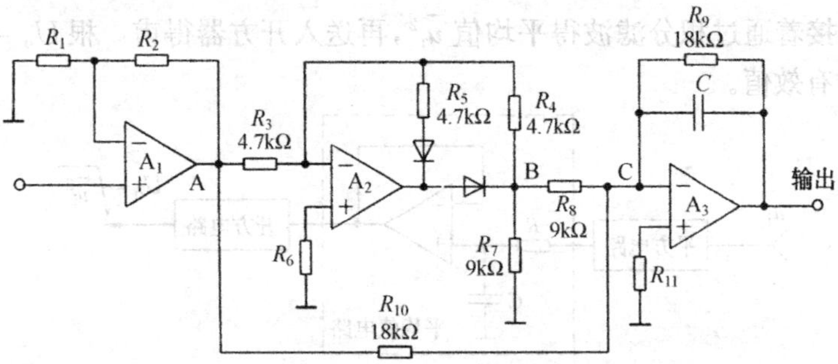

图 6-14　全波整流式平均值 AC/DC 转换器

设 A 点电压为 $u_A(t)=U_A\sin\omega t$，则 B 点的半波整流电压为

$$u_B(t)=\begin{cases}0 & 0<t\leqslant\dfrac{T}{2}\\ -U_A\sin\omega t & \dfrac{T}{2}\leqslant t\leqslant T\end{cases}$$

式中，T 为被测信号周期。

A_3 为有源滤波加法器，它有两路输入信号 $u_A(t)$ 和 $u_B(t)$，若暂不考虑电容 C 的作用，A_3 为典型的加法器；C 的存在，使 A_3 同时也为有源滤波器，使它同时也能进行平均值处理。因此 A_3 的输出为

$$U_o=-\left(\frac{R_9}{R_{10}}u_A(t)+\frac{R_9}{R_8}u_B(t)\right)$$

由于 $R_{10}=R_9=2R_8$，则得

$$U_o=\begin{cases}-U_A\sin\omega t & 0<t\leqslant\dfrac{T}{2}\\ U_A\sin\omega t & \dfrac{T}{2}<t\leqslant T\end{cases}$$
$$=-\left|U_A\sin\omega t\right| \quad 0\leqslant t\leqslant T \tag{6.4}$$

由此可见，图 6-14 所示的电路能实现全波整流为基础的 AC/DC 转换。

平均值 AC/DC 转换器电路简单、成本低，广泛应用于低精度 DMM 中。但由于采用平均值转换器的电压表是按正弦有效值进行刻度的，所以，只有在测纯净的正弦电压信号时，所显示的结果才是正确的。

6.2.2.2 真有效值 AC/DC 转换器

高精度 DMM 很少采用平均值转换器，广泛采用的是真有效值转换器。真有效值转换器输出的直流电压，线性地正比于被测各种波形交流信号的有效值，基本上不受输入波形失真度的影响。真有效值交直流转换器有热电式和运算式等几种形式。热电式具有精度高、频带宽的优点，但过载能力差，结构复杂。目前高精度智能 DMM 采用的主要是运算式。

在数学上，有效值与均方根值是同义词，可写成

$$U = \sqrt{\frac{1}{T}\int_0^T u_i^2 \mathrm{d}t} = \sqrt{\overline{u_i^2}} \tag{6.5}$$

运算式有直接运算式和隐含运算式两种。直接运算式是按有效值表达式（6.5）逐一按步骤运算的，其实现可用图 6-15 所示的框图来表示。首先用一个平方电路对交流输入电压进行平方运算得 u_i^2，接着通过积分滤波得平均值 $\overline{u_i^2}$，再送入开方器得甫　根 $U_o = \sqrt{\overline{u_i^2}}$，即得到输入交流电压的有效值。

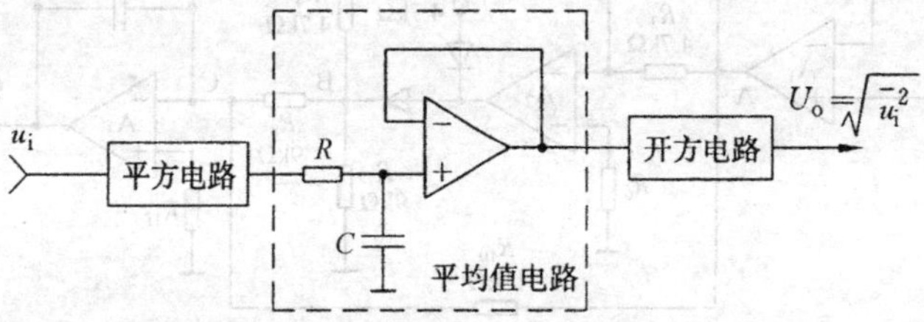

图 6-15　直接运算式有效值转换器

隐含运算式的原理是根据直接运算式推演而来的。

已知：

$$U_o = \sqrt{\frac{1}{T}\int_0^T u_i^2 \mathrm{d}t} = \sqrt{\overline{u_i^2}}$$

$$U_o^2 = \overline{u_i^2}$$

则有

$$U_o = \frac{\overline{u_i^2}}{U_o} \tag{6.6}$$

由式（6.6）可见，隐含运算式只需一只平方器/除法器和一只积分滤波器连接成闭环系统，就能完成有效值转换。

美国 AD 公司研制的集成有效值转换器 AD637 就是按隐含运算而设计的，其精度优于 0.1%，是目前集成真有效值转换器芯片性能较好的一种。AD637 内部原理框图及典型标准接法如图 6-16 和图 6-17 所示。

由图可见，AD637 是由绝对值电路、平方/除法器、低通滤波/放大器和缓冲放大器组成的。输入电压 u_i 通过绝对值电路 A_1 与 A_2 转换成单极性电流 I_1，加至平方/除法器的一个输入端，平方/除法器的另一输入端的电流 I_3 由输出电压 U_o 提供，则平方/除法器的输出为 $I_4 = I_1^2/I_3$。I_4 再驱动由 A_4 构成的低通滤波/放大器，如果低通滤波器的时间常数 RC 与输入交流信号的周期相比足够大的话，A_4 的输出电压 U_o 正比于电流 I_4 的平均值。输出电压 U_o 再经外部电路送到 A_3 的输入端产生了电流 I_3，I_3 应与 I_4 的平均值相等。I_3 还要流入平方/除法器的另一输入端，完成下述隐含的有效值运算。即

$$I_4 = \left[\frac{I_1^2}{I_4}\right] = I_{1\mathrm{rms}} \tag{6.7}$$

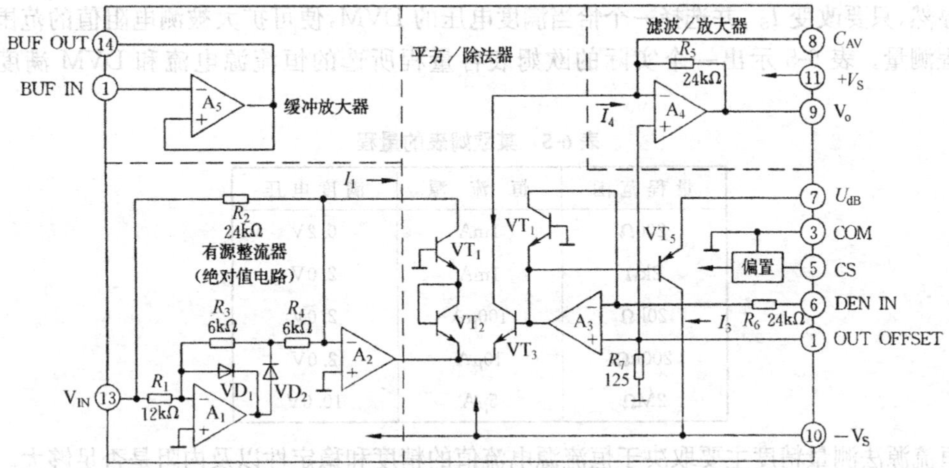

图 6-16　AD637 简化原理图

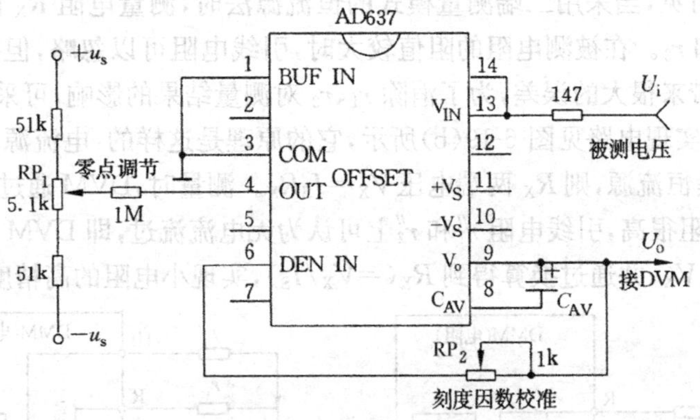

图 6-17　AD637 典型接法

在图 6-17 所示的 AD637 典型接法中未使用内部缓冲器，被测电压直接从 13 脚输入。电容 C_{AV}为外接滤波电容，其容量应根据被测信号的频率而定。RP_1、RP_2 电位器等为调整元件，用以提高测量准确度，调整步骤如下：先将输入端短路，调整电位器 RP_1，使 9 脚输出电压为 0V，再将 1V 标准电压接至 13 脚，调整电位器 RP_2，使 9 脚输出电压为 1 000V。

6.2.3　其他模拟转换技术

6.2.3.1　欧姆转换器

常见欧姆转换器有二端恒流源法、四端恒流源法和电压源法几种。

1. 恒流源法(二端测量)

当被测未知电阻 R_X 中流过已知的恒定电流 I_S 时，在 R_X 上产生了电压降 $U_X=R_XI_S$，则 $R_X=\frac{U_X}{I_S}$。因此，只要测出了 U_X，就可知道 R_X 值。其原理图如图 6-18 所示。

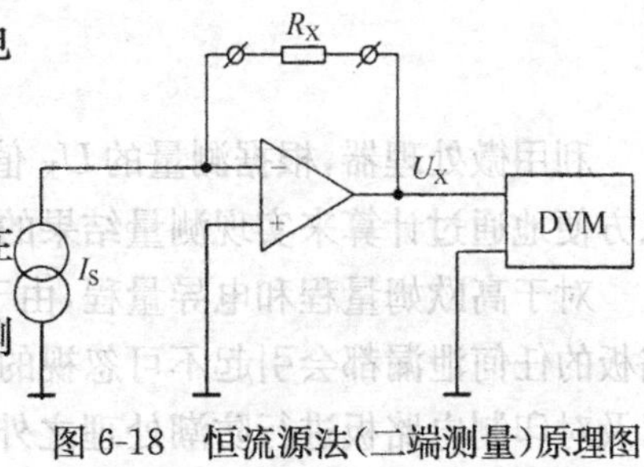

图 6-18　恒流源法(二端测量)原理图

显然，只要改变 I_S，并选择一个恰当满度电压的 DVM，便可扩大被测电阻值的范围实现多量程测量。表 6-5 示出一个实际的欧姆表各量程所选的恒流源电流和 DVM 满度电压数值。

表 6-5　某欧姆表的量程

量程范围	恒流源	满度电压
200Ω	1mA	0.2V
2kΩ	1mA	2.0V
20kΩ	100μA	2.0V
200kΩ	10μA	2.0V
2MΩ	5μA	10.0V

恒流源法测量精度主要取决于恒流源电流值的精度和稳定性以及内阻是否足够大。

2. 恒流源法（四端测量）

由图 6-19(a)可见，当采用二端测量模式的恒流源法时，测量电阻 R_X 的实际测量值还包括了引线电阻 r_1 和 r_2。在被测电阻的阻值较大时，引线电阻可以忽略，但被测电阻的阻值较小时，引线电阻将带来很大的误差，为了消除 r_1、r_2 对测量结果的影响，可采用四端测量法。

四端测量法的实现电路见图 6-19(b)所示，它的原理是这样的：电流源 I_S 通过 r_1 和 r_2 向 R_X 馈电，因为 I_S 是恒流源，则 R_X 两端电压 $V_X=I_SR_X$。测量时，DVM 通过 r_1''和 r_2''测量 V_X，由于 DVM 的输入电阻很高，引线电阻 r_1''和 r_2''上可认为无电流流过，即 DVM 能够准确地测量被测电阻两端的电压 V_X，并通过换算得到 $R_X(=V_X/I_S)$，实现小电阻的高精度测量。

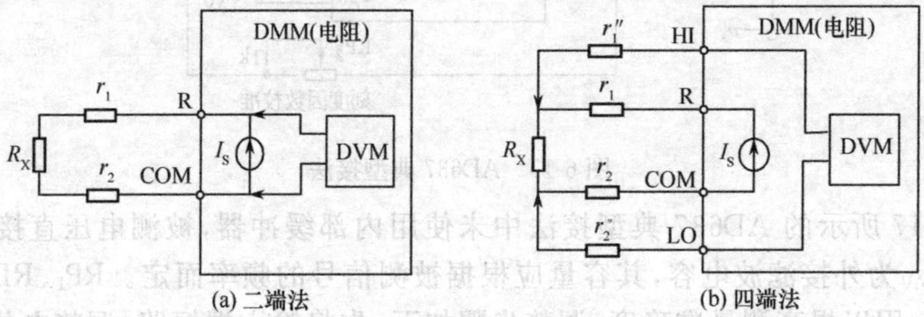

图 6-19　恒流源法（四端测量）原理图

3. 电压源法

恒流源法适于中低阻值测量。对于高阻测量，若仍采用上述方法，须采用微安级的电流源，这样欧姆放大器的零电流的影响将不可忽略。

测量较高电阻时，宜采用电压源法，电压源法可用图 6-20(a)所示的电路来说明。

由图可知，U_X 与 R_X 之间的关系为

$$R_X = R_r \frac{U_X}{U_r - U_X}$$

利用微处理器，根据测量的 U_X 值可计算出 R_X 值。虽然两者存在非线性关系，微处理器可以方便地通过计算来实现测量结果的直读。

对于高欧姆量程和电导量程，由于被测电阻 R_X 的阻值很高，输入缓冲放大器甚至印制电路板的任何泄漏都会引起不可忽视的误差，因此，除了要对 DVM 缓冲输入级的电路认真设计以及对印制电路板进行防潮处理之外，还需采用误差修正技术。误差修正原理如图 6-20(b)

所示，其修正程序如下：

(1) 接通 VT_1，使 DVM 对 U_R 进行测量；

(2) 接通 VT_2，使 DVM 对泄漏电阻 R_Z 进行测量；

(3) 接通 VT_2 和 S，使 DVM 对被测电阻 R_X 与泄漏电阻 R_Z 的并联值 R_X' 进行测量；

(4) 通过运算消去并联误差，得实际被测值 R_X。

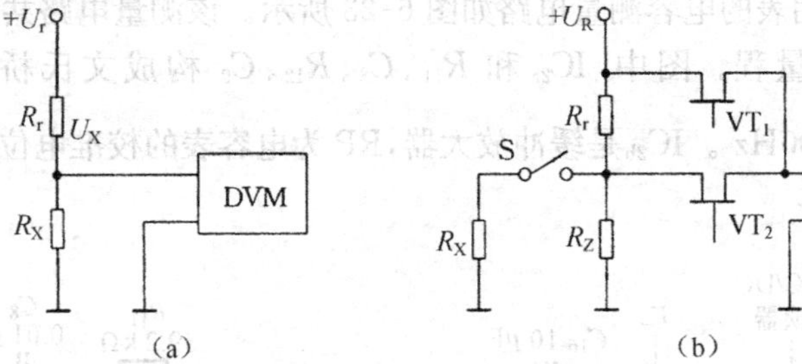

图 6-20　高阻测量及误差修正原理图

6.2.3.2　电流转换器

将电流转换成电压的方法是：让被测电流 i_X 流过一个阻值已知的标准电阻 R_S，则标准电阻两端的电压为 $U_S = i_X R_S$。测出这个电压，便能确定被测电流的大小。改换 R_S 即可改换 i_X 的量程，一个实际的电流转换电路如图 6-21 所示。

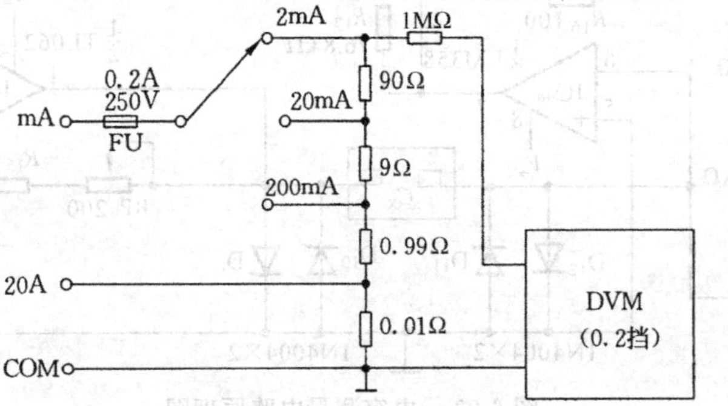

图 6-21　电流转换电路图例

交流电流的测量与直流电流的测量方法大致相同，由于电流转换器得到的是交流电压，所以在电流转换之后还要进行 AC/DC 转换。

6.2.3.3　电容转换器

数字多用表中常采用容抗法实现电容/电压的转换，原理框图如图 6-22 所示。

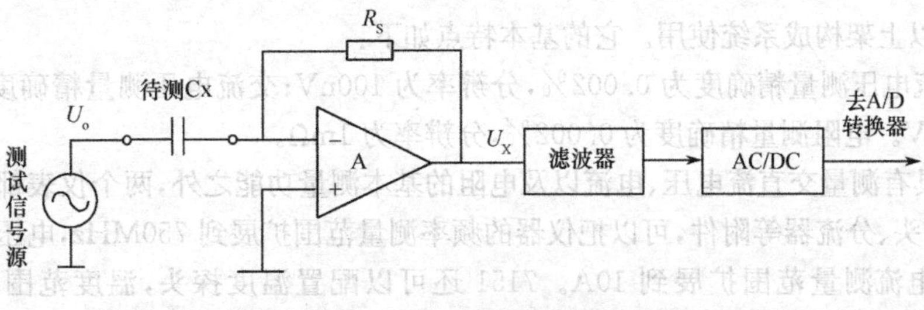

图 6-22　电容测量原理框图

图中，测试信号源产生一个幅度稳定的低频正弦信号 U_0，运放 A 完成待测电容值 C_X 至对应电压值 U_X 的转换。设 X_C 为被测电容的容抗，由图可知，$U_X=\frac{R_S}{|X_C|}U_0$，而 $|X_C|=\frac{1}{\omega C_X}$，则 $U_X=R_S\cdot U_0\cdot\omega\cdot C_X$，从而实现了待测电容值 C_X 至对应电压值 U_X 的转换。式中 R_S 为标准电阻，选取不同的 R_S 值可扩展多个量程。

一个实际的数字多用表的电容测量电路如图 6-23 所示。该测量电路共设 2000pF、20nF、200nF、2μF、20μF 五挡量程。图中，IC_{2a} 和 R_{11}、C_8、R_{12}、C_9 构成文氏桥振荡器，其频率 $f=\frac{1}{2\pi\sqrt{R_{11}R_{12}C_8C_9}}\approx 400\text{Hz}$。$IC_{2b}$ 是缓冲放大器，RP 为电容表的校准电位器，调节 RP 可以改变缓冲放大器的增益。

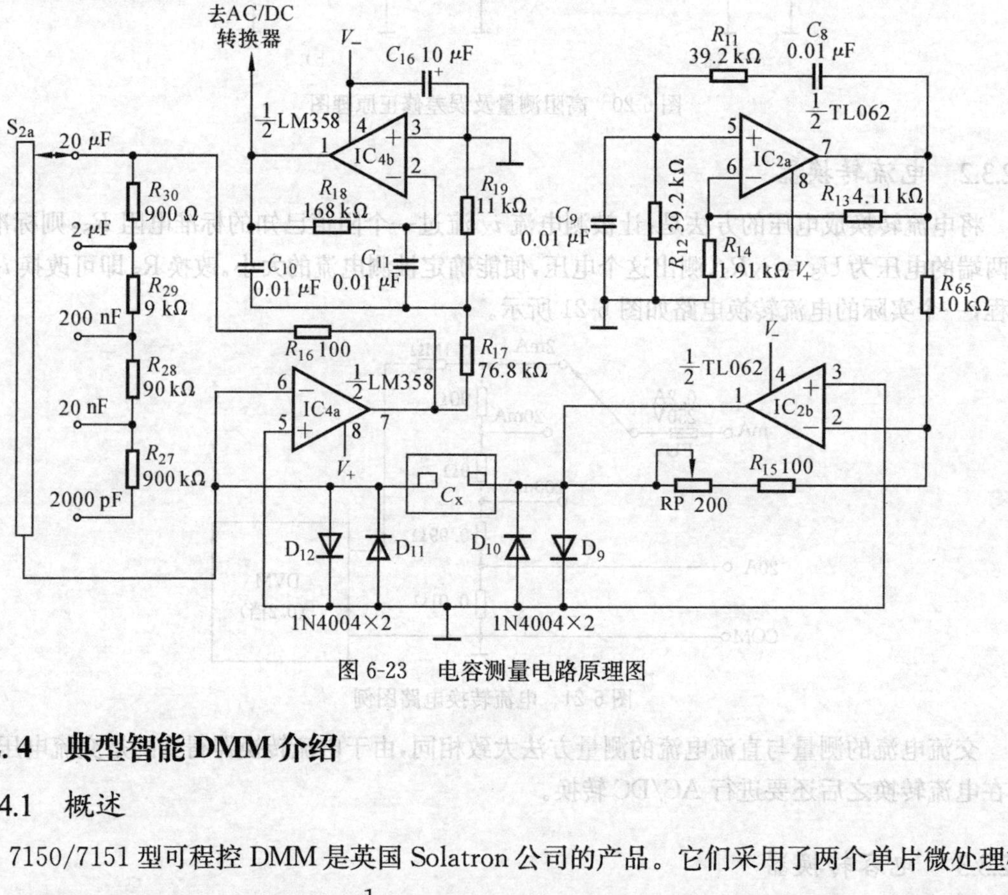

图 6-23　电容测量电路原理图

6.2.4　典型智能 DMM 介绍

6.2.4.1　概述

7150/7151 型可程控 DMM 是英国 Solatron 公司的产品。它们采用了两个单片微处理机控制具有多种测量和处理功能的 $6\frac{1}{2}$ 位 DMM，带有 GP-IB(IEEE-488)标准接口，既可作为台式使用又可以上架构成系统使用。它的基本特点如下：

(1) 直流电压测量精确度为 0.002%，分辨率为 100nV；交流电压测量精确度为 0.05%，分辨率为 1μV。电阻测量精确度为 0.002%，分辨率为 1mΩ。

(2) 除具有测量交直流电压、电流以及电阻的基本测量功能之外，两个仪表都可配有射频探头、高压探头、分流器等附件，可以把仪器的频率测量范围扩展到 750MHz，电压测量范围扩展到 40kV，电流测量范围扩展到 10A。7151 还可以配置温度探头，温度范围从 −50℃～+250℃，准确度达 0.7℃。

(3) A/D 转换器采用脉冲调宽技术(见 6.1.3 节),保证了仪器的高精度并实现了对输入信号的不间断的监测。

(4) 配有 GP-IB 接口,7151 还带有 RS-232C 串形接口,具有遥控功能。

(5) 可提供 $5\frac{1}{2}$ 或 $6\frac{1}{2}$ 位数字的读数长度,后者能产生最近 10 个测量值的移动平均值。通过 GP-IB 接口可获得 $3\frac{1}{2}$～$6\frac{1}{2}$ 位数字读数长度,测量速率为 2～25Hz。

(6) 具有自动校准、自动调零功能。

(7) 后面板提供了四线电阻测量端子。

7150/7151 整机框图见图 6-24 所示,整机分为模拟以及数字两大部分。它们之间用光电耦合器件来进行隔离,从而使仪器具有高的抗共模干扰的能力。

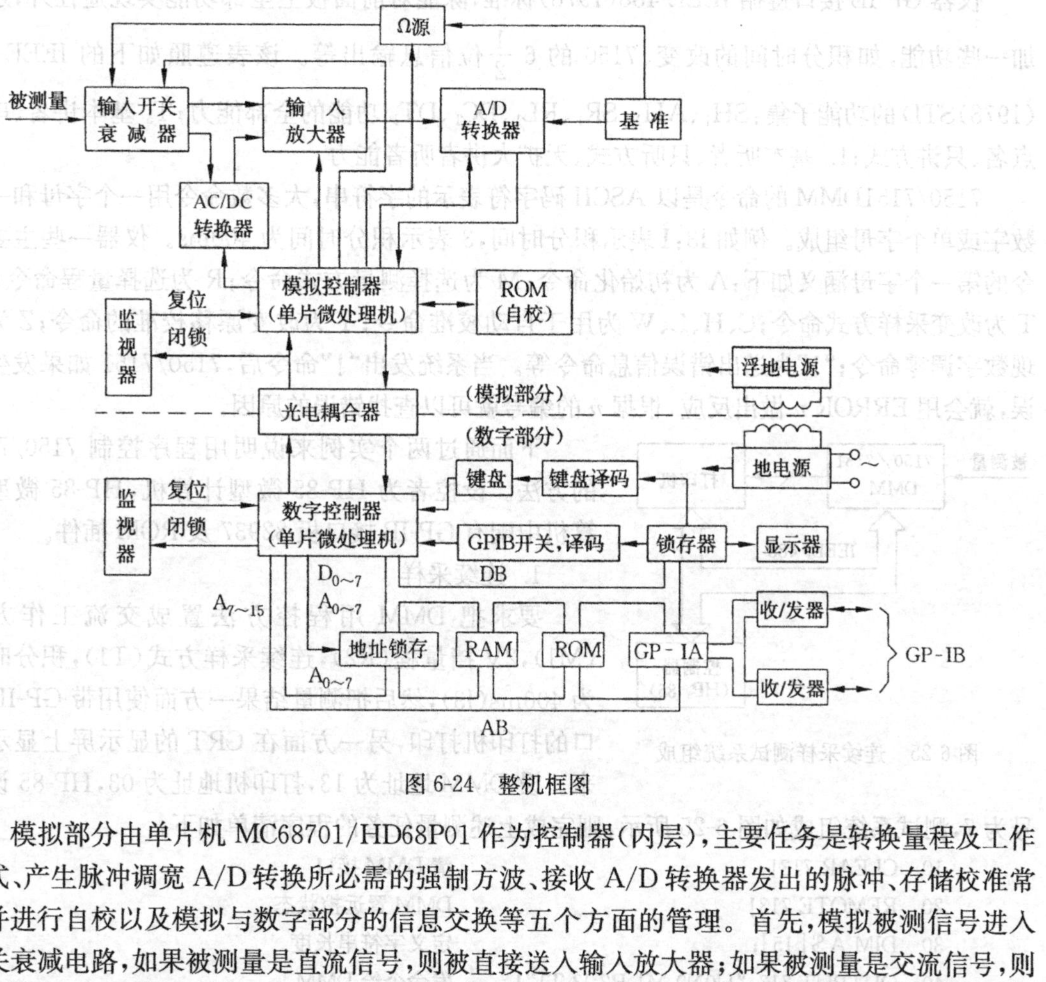

图 6-24 整机框图

模拟部分由单片机 MC68701/HD68P01 作为控制器(内层),主要任务是转换量程及工作方式、产生脉冲调宽 A/D 转换所必需的强制方波、接收 A/D 转换器发出的脉冲、存储校准常数并进行自校以及模拟与数字部分的信息交换等五个方面的管理。首先,模拟被测信号进入开关衰减电路,如果被测量是直流信号,则被直接送入输入放大器;如果被测量是交流信号,则经 AC/DC 转换器变至直流信号后再送入输入放大器;如果被测量是电阻,则需 Ω 源提供所需要的恒定电流,将被测电阻转换为与其相应的直流电压后,再进入输入放大器;如果被测量是电流信号,则通过已知标准电阻变为电压信号后,再经适当途径送入输入放大器。A/D 转换器采用了脉冲调宽式,它将输入信号变成与其成正比的两个脉冲宽度之差,然后进行计数,即可得到表示输入信号大小的数字量。监视器用于系统意外锁定时使系统复位。

数字部分由单片机 MC6810/HD6303 作为控制器(外层),包括接口电路、键盘、显示、

ROM 及 RAM 等部分。外层控制器作为整机的主控制器，主要控制从内层接收到的数据，进行运算并送显示器显示，对键盘与 GP-IB 接口进行管理以及将有关控制信息经光电耦合送给内层微处理器。

6.2.4.2 仪器的程控功能

7150/7151DMM 带有 GP-IB 接口，其接口适配器由 MC68488 以及两片 MC3447 总线收发器构成，可用一个带 GP-IB 接口的计算机对它进行操作。仪器参与系统工作之前，应首先把后面开关设置好，其中包括地址开关。这些开关状态在上电时就寄存在 68488 接口芯片中的地址寄存器、地址方式寄存器、地址状态寄存器中，欲改变开关状态，必须在设置后关机再重新开机，否则无效。

仪器 GP-IB 接口遵循 IEEE-488(1978)标准，除能对前面板上全部功能实现遥控外，还附加一些功能，如积分时间的改变、7150 的 $6\frac{1}{2}$ 位信息输出等。该表遵照如下的 IEEE-488(1978)STD 的功能子集：SH_1、AH_1、SR_1、RL_1、DC_1、DT_1 功能的全部能力；T_5 基本讲者、串行点名、只讲方式；L_3 基本听者、只听方式、无扩大讲者听者能力。

7150/7151DMM 的命令是以 ASCII 码字符表示的字符串，大多数命令用一个字母和一个数字或单个字母组成。例如 I3：I 表示积分时间，3 表示积分时间为 400ms。仪器一些主要命令的第一个字母涵义如下：A 为初始化命令；M 为选择测量方式命令；R 为选择量程命令；G，T 为改变采样方式命令；C、H、L、W 为用于自动校准命令；Y 为改变漂移校准的命令；Z 为实现数字调零命令；“！”为送出错误信息命令等。当系统发出“！”命令后，7150/7151 如果发生错误，就会用 ERROR *n* 做出反应，根据 *n* 的编号就可以查找错误的原因。

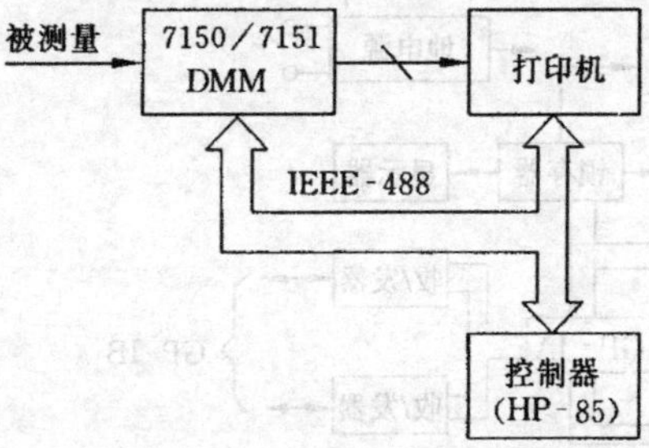

图 6-25 连续采样测试系统组成

下面通过两个实例来说明用程序控制 7150/7151 的方法。设控者为 HP-85 微型计算机，HP-85 微型计算机中配有 GP-IB 接口板 82937 及 ROM 插件。

1. 连续采样

要求把 DMM 用程控方法置成交流工作方式(M1)，2V 挡量程(R2)，连续采样方式(T1)，积分时间为 400ms(I3)，然后把测量结果一方面使用带 GP-IB 接口的打印机打印，另一方面在 CRT 的显示屏上显示出来。设 DMM 地址为 13，打印机地址为 03，HP-85 设备号为 7，测试系统组成如图 6-25 所示，则完成上述测量任务的程序清单如下：

```
10  CLEAR 713!                        清 DMM 接口
20  REMOTE 713!                       DMM 置远控状态
30  DIM A$[15];                       定义字符串长度
40  OUTPUT 713;"U0N0 M1 R2 I3 T1"!    发命令给 DMM
50  ENTER 713; A$!                    DMM 测量结果读入 HP-85
60  OUTPUT 703;A$!                    DMM 测量结果打印
70  DISP A$!                          DMM 测量结果显示在 CRT 上
80  GOTO 50!                          读下一个数据
90  END!                              结束
```

上述程序第 40 句中 U0 定义输出信息分隔符为 CR，LF；N0 为带方式输出。

2. 自动校准

自动校准可以由带 GP-IB 接口的校准源来实现。在整个校准过程中，不必卸开仪器的外壳，也不用调整任何电位器、电容等，只需要发出一系列的命令。校准系数包括每个量程的零位、偏移值、比例系数等，其值存储在非易失性存储器中。

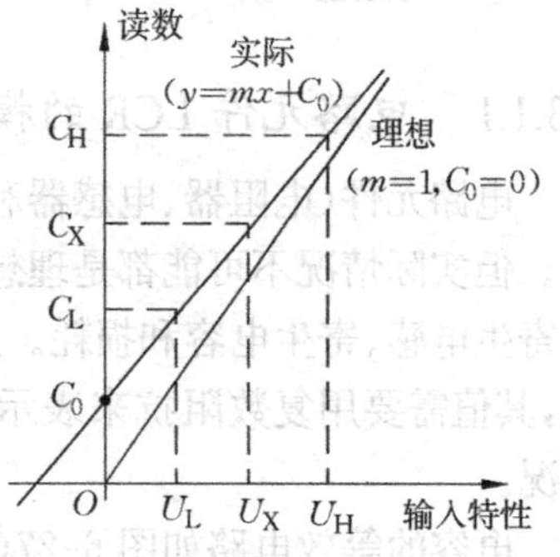

图 6-26 校准特性

校准原理及过程说明如下：先将 DMM 处于某一待校方式（设为直流电压测量）及实际值下；使标准源输出标准电压 U_H（尽量接近量程满度）；DMM 测该电压测量值 C_H；再使标准源输出标准电压 U_L（接近零电位）；DMM 测得读数 C_L。根据上述数据及测量值可以求得实际的直线方程 $y=mx+C_0$，如图 6-26 所示。其中方程斜率 $m=\dfrac{C_H-C_L}{U_H-U_L}$，方程截距 $C_0=C_L-mU_L$。将求得的 m 和 C_0 值存放在 DMM 的非易失性存储器中，m 和 C_0 即为对应于该方式和量程下的校准系数。对于已校准量程内的任何未知输入电压 U_X，DMM 都会把已测得的 C_X 按 $U_X=\dfrac{C_X-C_0}{m}$ 来计算出未知的输入电压 U_X。其他方式和量程校准过程与上述相同。

下面以用人工方式对 20kΩ 电阻挡进行校准为例，介绍校准程序的主要语句及操作过程：

```
60   OUTPUT 713;"U0N0 T0 M2 R3"!      置 DMM 在 20kΩ 量程
     ......
120  OUTPUT 713;"C1"!                 使 DMM 在校准状态
130  OUTPUT 713;"!"!                  发查错命令给 DMM
140  ENTER 713; A$!                   错误信息送 A$
     ......
```

如果没有发生错误，把 20kΩ 标准电阻接到 DMM 输入端。

```
230  OUTPUT 713;"H200000"!            发校准高端命令给 DMM
240  ENTER 713;A$!                    读校准值
250  H=VAL(A$)
     ......
```

再把 DMM 输入端短路。

```
300  OUTPUT 713;"L000000"!            发校准低端命令
310  ENTER 713;A$
320  L=VAL(A$)
     ......
360  DISP "HIGH POINT";H
370  DISP "LOW POINT";L!              在 CRT 上读校验结果
     ......
400  OUTPUT "W"!                      发写命令给 DMM
```

写命令发出后，DMM 开始计算并存储所选方式和量程的校准常数。

在写命令正常结束后，DMM 显示 GOOD/OK，反之，显示错误信息。

```
590  OUTPUT "C0"!                     退出校准方式
600  END
```

6.3 智能化 LCR 测量仪器原理

6.3.1 概述

6.3.1.1 电路元件 LCR 的模型

电路元件(电阻器、电感器和电容器)在一般情况下可以近似地看成理想的纯电阻或纯电抗。但实际情况不可能都是理想的,每一种单一性质的电路元件都含有其他两种参数,即存在着寄生电感、寄生电容和损耗。这样,一个表面上看起来简单的元件,其等效电路往往是复杂的,其值需要用复数阻抗来表示。下面以电容为例分析电容各参数随频率等因素而变化的情况。

电容的等效电路如图 6-27(a)所示。其中,除理想电容 C 外,还包括绝缘介质的泄漏损耗电阻 R_0,由引线、高频趋肤效应等产生损耗电阻 r,以及引线电感 L_0,由图可见,实际电容器是要消耗能量的。当工作频率较低时,可以忽略 r 和 L_0 的影响,可简化为如图 6-27(b)所示的并联等效电路,其等效导纳为 $Y=G_0+j\omega C$。

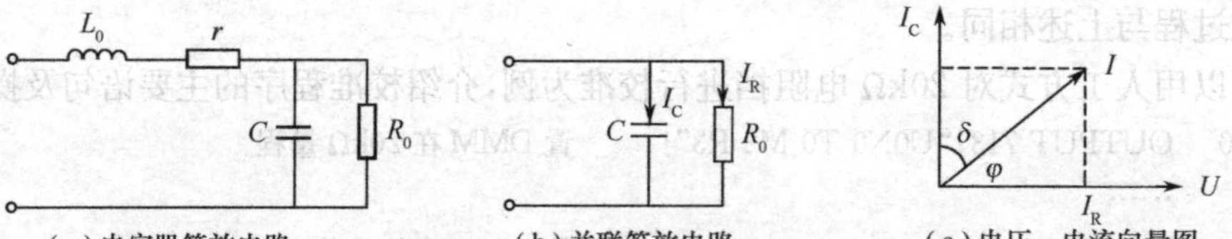

图 6-27 电容器的等效电路

图 6-27(b)的电压电流的向量图如图 6-27(c)所示。由图(c)可见,I 和 U 之间的夹角 φ 小于 90°,φ 的余角 δ 称为损耗角,其正切 $\tan\delta$ 称为电容器的损耗因数,用 D 来表示,则有

$$D=\tan\delta=\frac{I_R}{I_C}=\frac{U/R_0}{U/\frac{1}{\omega C_C}}=\frac{1}{\omega CR_0}$$

D 的倒数称为品质因数,用 Q_C 表示,

$$Q_C=\frac{1}{D}=\omega CR_0$$

由此可见,R_0 越大 D 越小,电容器的损耗就越小,电容器的质量越好。假如电容器采用串联等效电路表示,损耗电阻 R'_0 与 C 串联,则有 ,$D=\tan\delta=\omega CR'_0$,$Q_C=\frac{1}{D}=\frac{1}{\omega CR'_0}$。

D 值是衡量电容器损耗大小的重要参数,不论并联、还是串联等效电路,D 值越小,电容器质量就越好。

电容器的等效电路除了与频率有关之外,还与施加的电压、电流、温度及使用情况等因素有关。为了使测量条件尽量接近电容实际工作的条件,电容参数测量仪一般会提供电容并联和电容串联两种测量方式供使用者选用。由于仪器的测试频率已经确定,在实际测量中选择何种测量方式需要考虑以下因素。

首先可根据元件使用情况来判定,例如,用作信号耦合电容时最好选择串联方式,用作 LC 谐振电路时最好选择并联方式。若没有这方面的合适信息,可以根据元件阻抗的高低来决定,低阻抗元件（较大电容或较小电感）使用串联方式，高阻抗元件（较小电容或较大电感）使用并联方式，阻抗高低的判别值一般取 1kΩ。

6.3.1.2 LCR 的测量方法

LCR 参数的测量方法主要有电桥法、谐振法、阻抗变换法三种。

电桥法具有较高的测量准确度，电路也较简单，因而被广泛采用。但电桥法测量需要反复进行平衡调节，测量时间长，很难实现快速的自动测量。

谐振法是利用 LC 串、并联调谐电路的谐振特性而建立起来的测试方法，该方法要求激励信号的频率较高，很适合测量工作在高频情况下元件的参数。典型谐振法测量仪器是 Q 表，所以谐振法也称 Q 表法。谐振法也需要反复调节，不易实现自动化。

阻抗变换法能将被测阻抗直接变换成相应的电压，若再经过 A/D 转换实现数字化，就能实现阻抗快速、精确、自动化的测量。因此，现代的 LCR 参数自动测量仪多采用阻抗变换法。

阻抗变换法直接来源于阻抗的定义，先取一个电流值大小已知的正弦交流电流 I_0 流过被测阻抗 Z_X，然后测量 Z_X 两端的电压 U_X，再通过比率计算即可得到 Z_X 值。阻抗变换法的测量原理可用图 6-28 说明。

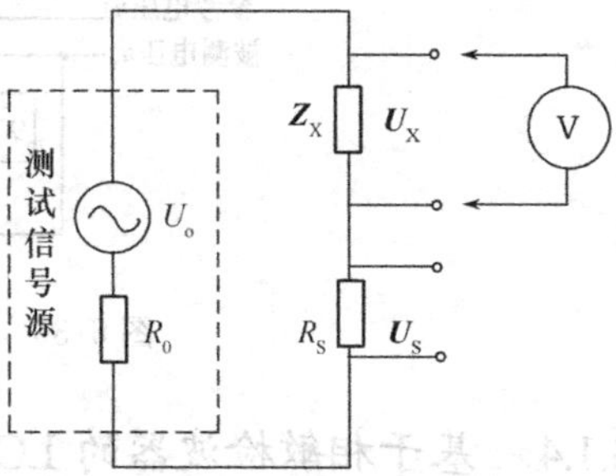

图 6-28　伏安法测量原理

图中，U_o 是测试信号源的电压，$\boldsymbol{Z}_X$ 为被测阻抗，为了测试流经 $\boldsymbol{Z}_X$ 上电流 I_0 的大小，接入了一个标准电阻 R_S 与 $\boldsymbol{Z}_X$ 串联，则 R_S 两端的电压 $\boldsymbol{U}_S$ 可以代表 I_0 的大小。因而，只要分别测出 R_S 和 $\boldsymbol{Z}_X$ 两端的电压 $\boldsymbol{U}_S$ 和 $\boldsymbol{U}_X$，便可通过计算得到待测阻抗 Z_X。

$$\boldsymbol{Z}_X=\frac{\boldsymbol{U}_X}{\boldsymbol{U}_S}\times R_S=\frac{U_1+jU_2}{U_3+jU_4}\times R_S \tag{6.8}$$

实际测量时，由于 $\boldsymbol{U}_X$ 和 $\boldsymbol{U}_S$ 是矢量电压，无法直接测量，需分别测量其对应的实部和虚部电压分量 U_1、U_2、U_3 和 U_4，进而合成其对应的矢量电压。因此，矢量伏安法的关键是实现矢量电压（$\boldsymbol{U}_X$ 和 $\boldsymbol{U}_S$）实部和虚部的分离。

6.3.1.3 矢量电压实部和虚部的分离方法

矢量电压实部和虚部分离的关键器件是相敏检波器。典型相敏检波器包括模拟乘法器和低通滤波器两部分，称模拟乘法器式相敏检波器，其组成如图 6-29 所示。

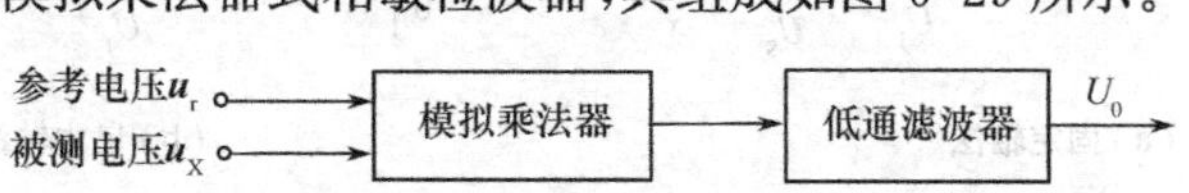

图 6-29　模拟乘法器式相敏检波器的组成

在 LCR 参数测试仪中，相敏检波器通过把被测电压 $u_x(t)$ 与代表坐标轴方向的参考电压 $u_r(t)$ 相乘，实现被测电压实部与虚部的分离。设代表坐标轴方向的参考电压 $u_r(t)=U_r\cos\omega t$，被测电压 $u_x(t)=\boldsymbol{U}_X\cos(\omega t+\varphi)$，其中 φ 为被测电压与指定坐标轴的夹角。则 u_r 与 u_x 相乘，得

$$u_r(t)\times u_X(t)=U_r\boldsymbol{U}_X\cos\omega t\cos(\omega t+\varphi)$$

$$=\frac{1}{2}U_r\boldsymbol{U}_X\cos(2\omega t+\varphi)+\frac{1}{2}U_r\boldsymbol{U}_X\cos\varphi \tag{6.9}$$

上式说明两电压相乘后得到两个分量，第一项为交流分量，该分量将被低通滤波器滤除，第二项为直流分量，将被保留作为相敏检波器的输出。以上结果说明，相敏检波器既能鉴幅，也能鉴相，即它的输出不仅取决于被测信号的幅度 $\boldsymbol{U}_X$ 和参考信号的幅度 $\boldsymbol{U}_r$，也取决于被测电压信号与参考电压信号的相位差 φ。由于参考电压的幅度 U_r 是已知的，所以相敏检波器的输出与 $\boldsymbol{U}_X\cos\varphi$ 成正比，即输出等于被测电压在与其夹角为 φ 的坐标轴上的投影。

被测矢量电压实部与虚部的分离可用图 6-30 来说明，给出的两个相位相差 90°的参考信号分别驱动两个相敏检波器，这样，根据以上分析可知，输出 U_1 即为被测电压 $\boldsymbol{u}_x$ 的实部，U_2 为被测电压 $\boldsymbol{u}_x$ 的虚部。以上两电压再经过 A/D 转换，即可实现数字化。

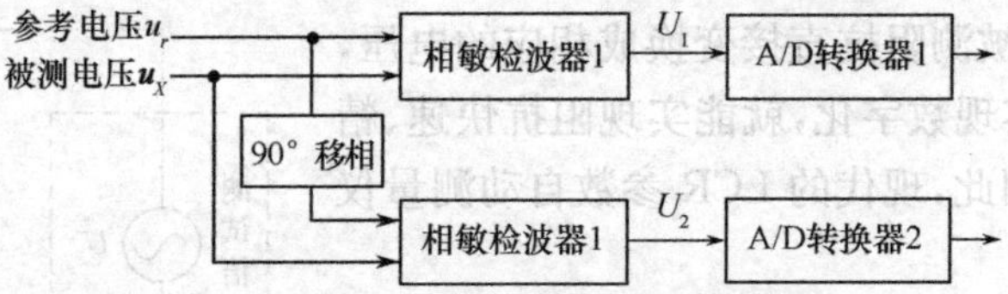

图 6-30　矢量电压实部与虚部分离的原理图

6.3.1.4　基于相敏检波器的 LCR 参数测试仪实现方案

基于相敏检波器的 LCR 参数测试仪有固定轴法和自由轴法两种实现方案，其区别在于相敏检波器相位参考信号选取的不同。

固定轴法要求式(6-8)分母位置上的矢量电压与相敏检波器的相位参考电压一致，即 $\boldsymbol{U}_S$ 与 x 轴同方向，如图 6-31(a)所示。这样式(6-8)分母的电压只有实部，使矢量除法简化为标量的除法。利用双积分 A/D 转换器的比例除法特性即可实现这一运算，所以这种方法在计算机引入电子仪器之前被大量采用。这种方法的弱点在于：为了固定坐标轴，确保参考信号与信号之间的精确相位关系，硬件电路要付出代价。

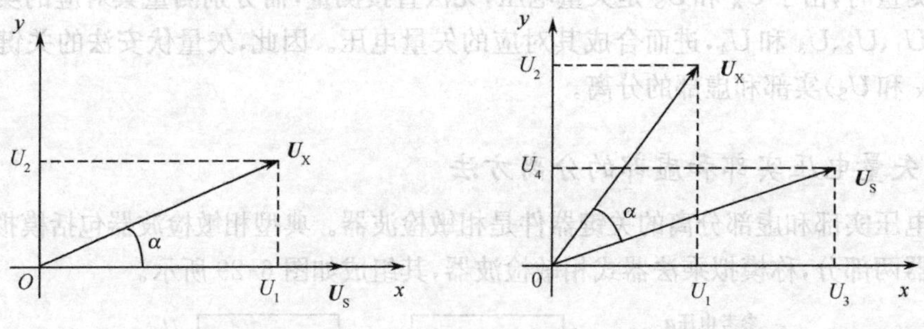

图 6-31　固定轴法与自由轴法矢量图

自由轴法中 $\boldsymbol{U}_X$、$\boldsymbol{U}_S$ 和坐标轴的关系可用图 6-31(b)示意。自由轴法中相敏检波器的相位参考电压的方向可以任意选择，即 x 轴、y 轴可以任意选择，只要保持两个坐标轴准确正交(相差 90°)即可，从而使硬件电路简化，克服了固定轴法难以克服的同相误差，准确度也得以提高。但是，自由轴法要求分别测得 $\boldsymbol{U}_X$、$\boldsymbol{U}_S$ 在直角坐标轴上的两个投影值，再经过四则运算才能求出最后的结果。计算量较大对智能仪器来说是不困难的，因而近年来智能 LCR 电路大都采用这种方案。

6.3.2 自由轴法测量原理

自由轴法测量原理可用图 6-32 所示的方框图来表示。图中缓冲放大器通过开关 S 来选择 $\boldsymbol{U}_X$ 或 $\boldsymbol{U}_S$，对每一个 $\boldsymbol{U}_X$ 和 $\boldsymbol{U}_S$ 都要分别进行两次测量，这两次测量的相位参考信号要求保持精确的 90°相位关系，以得到预期的诸投影分量，然后分别由 A/D 转换器变换成数字量经接口电路送到微型计算机系统中存储。最后由微处理器经数学计算得到待测参数。

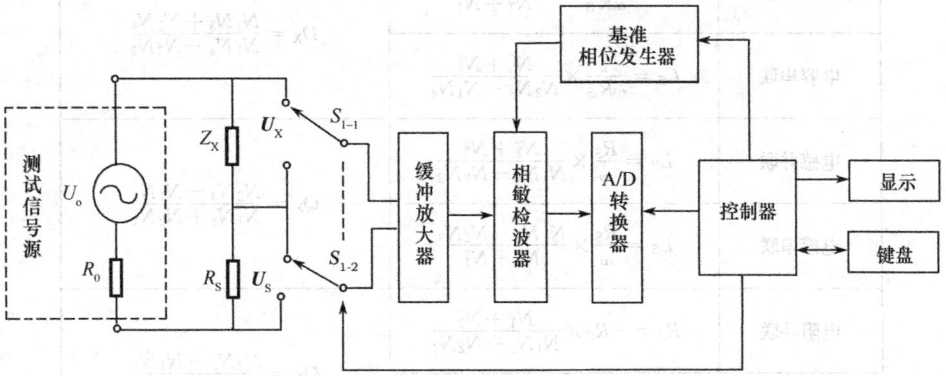

图 6-32 自由轴法 LCR 参数测试仪原理框图

所谓投影分量就是测量矢量与相位参考信号在相敏检波器上相乘的结果，为了得到相应正交的两个分量，以及建立起对应数学上的直角坐标系。对每一个 $\boldsymbol{U}_X$ 和 $\boldsymbol{U}_S$ 的两次测量必须保持精确的 90°，这就要求电路能产生彼此相差 90°的方波控制信号作为相敏检波器的参考电压信号，这部分功能是由基准相位发生器来完成的。

下面以电容并联电路的测量为例，推导诸被测参数的数学模型。在图 6-29(b)中

$$\boldsymbol{U}_X = U_1 + jU_2 = eN_1 + jeN_2$$

$$\boldsymbol{U}_S = U_3 + jU_4 = eN_3 + jeN_4$$

式中，e 为 A/D 转换器的刻度系数，即每个数字所代表的电压值；N_i 为 U_i 对应的数字量($i=1,2,3,4$)。

则坐标系一旦设定，两矢量之商即可表示为

$$\frac{\boldsymbol{U}_S}{\boldsymbol{U}_X} = \frac{eN_3 + jeN_4}{eN_1 + jeN_2} = \frac{N_1N_3 + N_2N_4}{N_1^2 + N_2^2} + j\frac{N_1N_4 - N_2N_3}{N_1^2 + N_2^2} \tag{6.10}$$

根据式(6.8)及式(6.10)，则有

$$\boldsymbol{Y}_X = G_X + j\omega C_X = -\frac{\boldsymbol{U}_S}{\boldsymbol{U}_X} \times \frac{1}{R_S}$$

$$= -\frac{1}{R_S}\left(\frac{N_1N_3 + N_2N_4}{N_1^2 + N_2^2} + j\frac{N_1N_4 - N_2N_3}{N_1^2 + N_2^2}\right)$$

上式的负号由测量电路中的反相器引入。则其实部、虚部分别等于

$$C_X = -\frac{1}{\omega R_S} \times \frac{N_1N_4 - N_2N_3}{N_1^2 + N_2^2}$$

$$G_X = -\frac{1}{R_S} \times \frac{N_1N_3 + N_2N_4}{N_1^2 + N_2^2}$$

由 D 值的定义可求出

$$D_X = \frac{G_X}{\omega C_X} = \frac{1}{R_S} \times \frac{N_1N_3 + N_2N_4}{N_1N_4 - N_2N_3}$$

用完全类似的方法，可以推导出表 6-6 所示的被测参数 R, L, C 的计算公式。

表 6-6　被测参数的计算公式

等效电路	主　参　数	副　参　数
电容并联	$C_P = \frac{1}{\omega R_S} \times \frac{N_2N_3 - N_1N_4}{N_1^2 + N_2^2}$	$D_X = \frac{N_1N_3 + N_2N_4}{N_1N_4 - N_2N_3}$
电容串联	$C_S = \frac{1}{\omega R_S} \times \frac{N_3^2 + N_4^2}{N_2N_3 - N_1N_4}$	
电感并联	$L_P = \frac{R_S}{\omega} \times \frac{N_1^2 + N_2^2}{N_1N_4 - N_2N_3}$	$Q_X = \frac{N_2N_3 - N_1N_4}{N_1N_3 + N_2N_4}$
电感串联	$L_S = \frac{R_S}{\omega} \times \frac{N_1N_4 - N_2N_3}{N_3^2 + N_4^2}$	
电阻并联	$R_P = -R_S \times \frac{N_1^2 + N_2^2}{N_1N_3 + N_2N_4}$	$Q_X = \frac{N_2N_3 - N_1N_4}{N_1N_3 + N_2N_4}$
电阻串联	$R'_S = -R_S \times \frac{N_1N_3 + N_2N_4}{N_3^2 + N_4^2}$	

6.3.3　LCR 测量仪电路分析

采用自由轴法构成的 LCR 测试仪主要由正弦测试信号发生器、基准相位发生器、前端测量电路、相敏检波器等部分组成。下面对其中主要的测试电路原理进行分析。

6.3.3.1　正弦信号源与基准相位发生器

从自由轴法工作原理以及表 6-6 诸被测参数计算公式可以看出，仪器的工作频率直接影响测量精度。因此要求测试信号源频率精确度高，并且频谱纯度和幅度稳定度也要高。除此之外，相敏检波系统还要求信号源频率和相敏检波器相位基准信号的频率严格同步，因此正弦信号源与基准相位发生器在电路上是密切相关的。下面给出常采用的两种方案。

图 6-33 所示的方案由晶体振荡器、分频器、滤波器、基准相位发生器等部分组成。晶体振荡器产生的 19.2MHz 频率的信号，经微型计算机控制的分频后得到 1kHz 或 100Hz 的方波，此方波经基准相位发生器电路产生 0°和 90°相位的参考电压信号，供相敏检波分离被测电压的虚、实部用。0°相位的方波再经低通滤波器变为正弦信号，该正弦信号经缓冲级去激励被测元件。在输入缓冲级上还加有 2V 的偏置电压电路，用于偏置被测试的电解电容器。

基准相位发生器由双 D 触发器 74LS74 构成，它同时还实现了四分频，电路原理如图 6-34(a)所示。设初始是复零状态，即 Q_1 与 Q_2 为 0。则在第一个脉冲的上升沿，Q_1 为 1，Q_2 为 0；在第二个脉冲的上升沿，Q_1 为 1，Q_2 为 1；在第三个脉冲的上升沿 Q_1 为 0，Q_2 为 1……以此类推，其波形如图 6-34(b)所示。由图可见：Q_1 为 0°；Q_2 为 90°；$\overline{Q_1}$ 为 180°；$\overline{Q_2}$ 为 270°，故得到所需参考相位且实现了 4 分频。1kHz 或 100Hz 滤波电路由 4 级二阶有源低通滤波电路组成。用于提高正弦信号源的频谱纯度。

另一种信号源电路方案采用数字合成技术，如图 6-35 所示。用数字合成方法生成正弦信

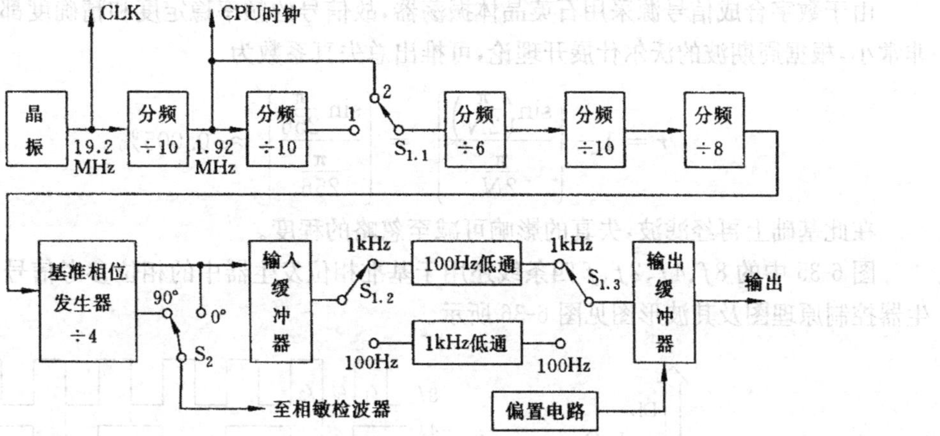

图 6-33 正弦信号源与基准相位发生器

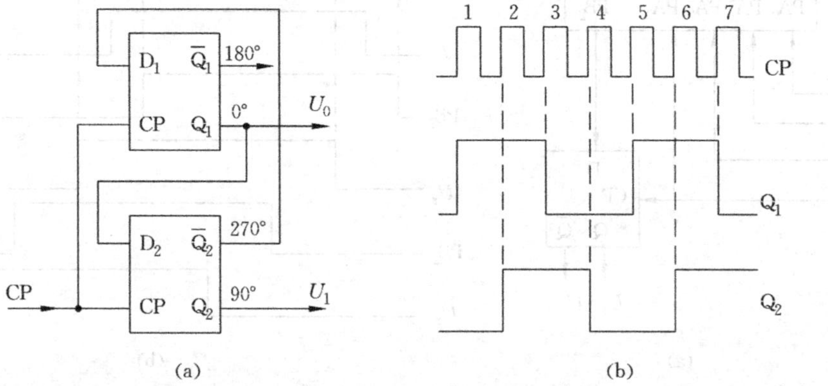

图 6-34 基准相位发生器电路及波形图

号是在 ROM 中存储一个周期的正弦曲线样点表，每一个存储单元存储的样点数据与其地址之间的关系和正弦波的正弦幅值与时间轴的关系是一致的。这样，当按顺序逐单元读出 ROM 的样点数据时，就能得到量化了的正弦曲线，若周期地重复这一过程，并将数字经数/模转换与平滑滤波后输出，就得到了一个连续的正弦波信号。图 6-35 中晶体振荡器产生的时钟频率为 18.432MHz，经分频链Ⅰ后信号频率变为 $256f$（f 为选定的测试信号频率 100Hz 或 1kHz）。再经分频链Ⅱ一系列二分频后得到 $128f, 64f, 32f, \cdots, f$ 共 8 个信号，用这 8 个信号作为 ROM 的地址输入线，就可以从 ROM 中逐点读出正弦曲线样点数据，这些数据再经 8 位 D/A 转换器以及滤波和放大，就可以得到作为测试信号用的正弦波信号。

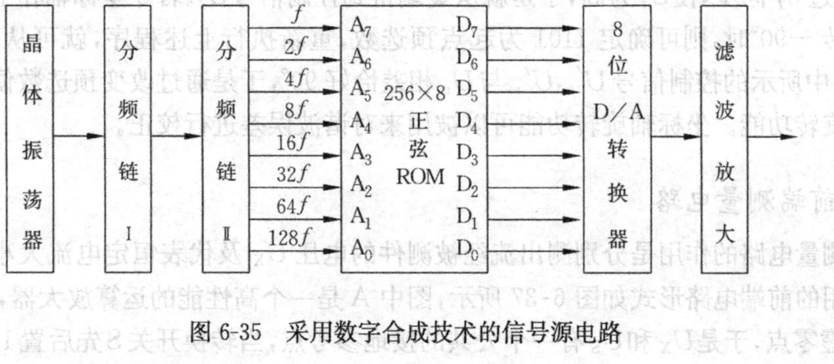

图 6-35 采用数字合成技术的信号源电路

由于数字合成信号源采用石英晶体振荡器，故信号的频率稳定度和精确度都较高，失真也非常小，根据周期波的沃尔什展开理论，可推出总失真系数为

$$r=1-\left(\frac{\sin\left(\frac{\pi}{2N}\right)}{\frac{\pi}{2N}}\right)^2=\left(\frac{\sin\frac{\pi}{256}}{\frac{\pi}{256}}\right)^2\approx 0.005\%$$

在此基础上再经滤波，失真的影响可减至忽略的程度。

图 6-35 中的 $8f$、$4f$、$2f$、f 四条线还用于基准相位发生器中的相位参考信号，基准相位发生器控制原理图及其波形图见图 6-36 所示。

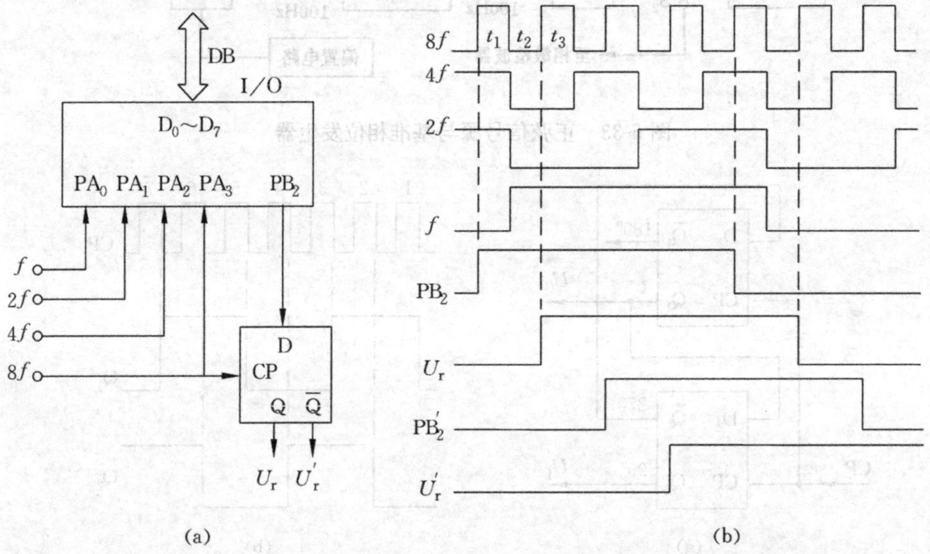

图 6-36　具有坐标轴旋转功能的基准相位发生器及波形图

参考相位基准电压 U_r 的产生是通过对 $8f$、$4f$、$2f$ 和 f 这 4 条地址信号进行监视来实现的。微处理器首先通过可编程并行口采集这些线上的逻辑电平值，然后再与一组和预定相位相对应的预置数进行比较，最后由输出口适时地输出相应的控制信号。这个信号经由 D 触发器中的 $8f$ 信号同步后，即得相位精确预定的参考电压 U_r。选定不同的预置数，可生成不同相位的基准信号，使坐标轴具有旋转的功能。

在图 6-36(b) 中，若我们预定在 t_3 处开始输出 U_r，可确定 1110 为起点预选数。再令程序监视 $8f \sim f$ 线上的逻辑电平，当发现其值为预选数 1110 时，则程序立即输出使 PB_2 线呈高电平，之后经过 $8f$ 同步，使 U_r 为高，于是就从 Q 端得到控制信号 U_r。若令坐标轴在上述坐标轴基础上再旋转 $-90°$时，则可确定 1101 为起点预选数，重新执行上述程序，就可从 Q 端得到如图 6-32(b) 中所示的控制信号 U'_r，U'_r 与 U_r 相差恰好 90°，于是通过改变预选数便可完成准确的坐标轴旋转功能。坐标轴旋转功能可以被用来对谐波误差进行校正。

6.3.3.2　前端测量电路

前端测量电路的作用是分别测出流经被测件的电压 U_X 及代表恒定电流大小的电压 U_S。一个最常用的前端电路形式如图 6-37 所示，图中 A 是一个高性能的运算放大器，其中 Q 点可以认为是虚零点，于是 U_X 和 U_S 有一个公共的接地参考点，当转换开关 S 先后置 1 端和 2 端时，

就可以很方便的实现对 U_X 和 U_S 的分别测量。

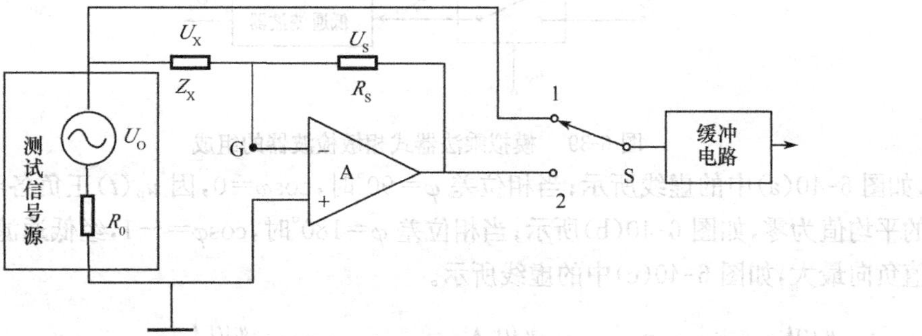

图 6-37　典型前端电路原理图

一个实际的 LCR 参数测试仪的前端电路如图 6-38 所示，为了扩大测量范围，设置了标准电阻 R_{s1}、R_{s2} 和 R_{s3}，这些标准电阻也称量程电阻。测量时，先通过程控使开关 S_1 置 1 端，测量 Z_X 上的电压 U_X。然后使开关 S_1 置 2 端时，便可测出 R_S 上的电压 U_S。U_X、U_S 分别被差分放大器放大之后，便经开关 S_2 送到输入放大器放大，放大器的增益可以通过开关 S_3 被置为 1 倍或 8 倍。开关 S_2 接地时，还可测出输入放大器以及相敏检波和 A/D 转换器的总漂移，以修正测量结果。

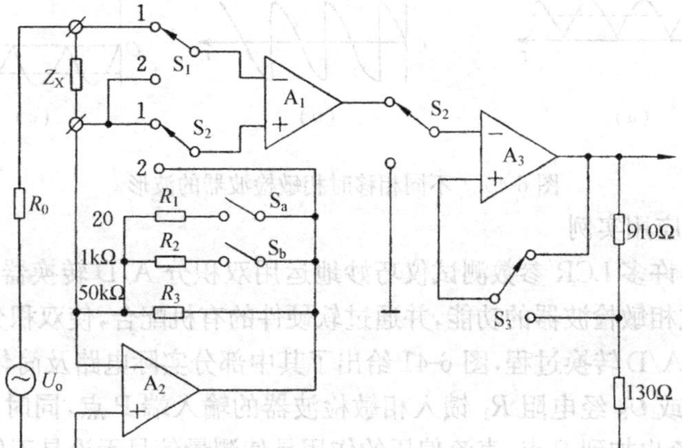

图 6-38　典型前端电路原理图

6.3.3.3　相敏检波器

1. 相敏检波器的组成与功能

常用的相敏检波器有模拟乘法器式和电子开关式两种。实际上电子开关式相敏检波器相当于参考信号为方波情况下的模拟乘法器式相敏检波器，因此两者的功能是一致的。

由前面的分析可知，模拟乘法器式相敏检波器的输出正比于参考信号的幅度，为了保证输出信号的准确，必须保证参考信号的幅度非常稳定，这在实际实现时会有一定的难度，此外，模拟乘法器器件会存在一定的非线性，也将导致输出较大的误差。所以目前电子开关式相敏检波器得到更广泛的应用。电子开关式相敏检波器组成示意图于图 6-39 所示。

图 6-40 直观地表示出了不同相移情况下电子开关式相敏检波器各点的波形。当 $u_X(t)$ 和 $u_r(t)$ 两信号相位差 $\varphi=0°$ 时，$\cos\varphi=1$，检波后的信号输出最大，经低通滤波器得到的平均值

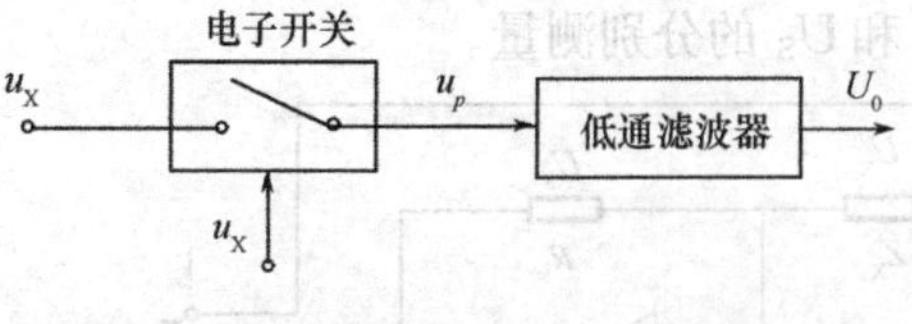

图 6-39　模拟乘法器式相敏检波器的组成

最大，如图 6-40(a)中的虚线所示；当相位差 $\varphi=90°$时，$\cos\varphi=0$，因 $u_p(t)$正负各半，经滤波器得到的平均值为零，如图 6-40(b)所示；当相位差 $\varphi=180°$时，$\cos\varphi=-1$，经低通滤波器得到的平均值负向最大，如图 6-40(c)中的虚线所示。

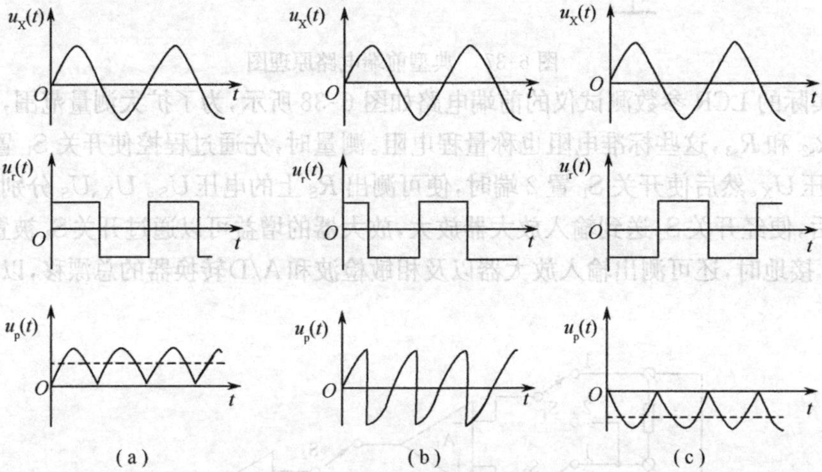

图 6-40　不同相移时相敏检波器的波形

2. 相敏检波器应用实例

在实际设计中，许多 LCR 参数测试仪巧妙地运用双积分 A/D 转换器中的电子开关和积分器，完成了开关式相敏检波器的功能，并通过软硬件的有机配合，使双积分 A/D 转换器同时完成了相敏检波和 A/D 转换过程，图 6-41 给出了其中部分实际电路及简化波形工作图。

图 6-41 中，$\boldsymbol{U}_X$ 或 $\boldsymbol{U}_S$ 经电阻 R_1 馈入相敏检波器的输入端 P 点，同时，+3.3V 直流偏压 E_p 经 R_2 产生的电流也加到 P 点，直流偏压的作用是使测量信号无论是正值或负值，输入到积分器的总电流永远是正值，保证双积分 A/D 转换过程中的定时积分阶段始终保持在同一方向上进行，从而简化了逻辑设计。+3.3V 的影响在以后的计算中将被扣除。

在正向积分阶段，S_1 由基准相位坐标发生器产生的相位参考信号 $U_r(t)$控制，在 S_1 导通时，正比于各待测电压投影分量 $U_i(i=1,2,3,4)$ 以及直流信号加到积分器，使积分器输出 负向斜变；而在 S_1 截止时，积分器输出电压保持恒定。积分器在一次正向积分阶段，S_2 一直处于关断状态，积分器对若干次 S_1 导通所通过的信号的进行积分(图 6-41 中为 3 次，实际为更多次，由积分时间和时钟频率决定)，使输出电压达到一定的负值。正向积分阶段结束后，S_1 关断 S_2 闭合，使负的基准电压 U_R 经由电阻 R_3 进入积分器，开始反向定值积分。同时，在微处理器的控制下启动计数器计数，当比较器检测到积分器输出为零时，关闭计数闸门关断 S_2 结束积分，同时闭合 S_3 使积分电容短路，直至下次积分为止。此时计数器中的数值(经扣除+3.3V叠加部分) N_i 正比于待测投影分量 U_i，即 $U_i=eN_i$。所得 N_i 值由接口电路输入到微型计算机系统中存储，供以后计算使用。

电路中模拟开关 S_1～S_3 及其他逻辑电路都是在软件的支持下工作的。

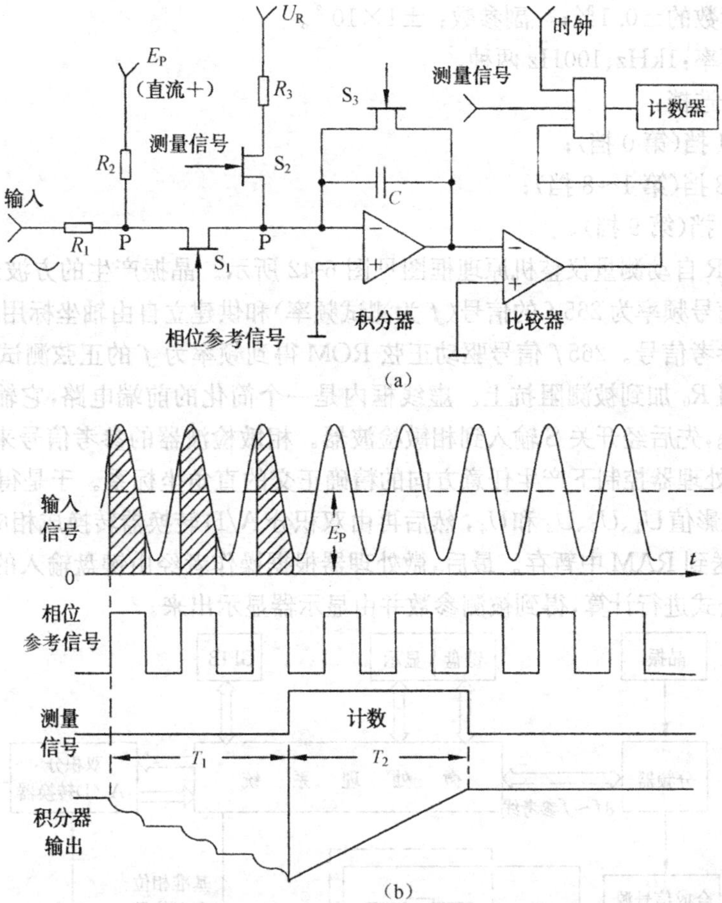

图 6-41　相敏检波和双积分 A/D 转换电路原理图

6.3.4　典型智能 LCR 测量仪介绍

本节以国产 ED2814LCR 自动测量仪的分析为例，说明 LCR 自动测量仪的组成原理及设计要点。

6.3.4.1　仪器概述

ED2814LCR 自动测量仪是以微处理器为基础的智能化仪器。它可以用来自动测量无源元件的各项基本参数，主参数用 5 位数字显示，副参数用 4 位数字显示。操作者可通过前面板的按键设定测试条件，测试条件符合 IEC 标准。当被测元件接入测试夹具之后，仪器能视测量对象不同，自动进入最佳工作状态。

该仪器主要技术参数如下：

（1）测量范围。

R：2Ω～2MΩ；　　　　Q：0.0001～9.999；

C：0.2nF～2 000μF；　　D：0.0001～9.999；

L：0.2mH～2 000H；　　Q：0.01～9.999。

（2）基本精度。

主参数：读数的±0.1%；　副参数：$\pm1\times10^{-3}$。

(3) 测量频率：1kHz、100Hz 两种。

(4) 误差分选挡：

D/Q 值共 1 挡(第 0 挡)；

LCR 值共 8 挡(第 1～8 挡)；

超预置数 1 挡(第 9 挡)。

ED2814LCR 自动测量仪整机原理框图见图 6-42 所示。晶振产生的方波经分频器，产生了供发生测试信号频率为 $265f$ 的信号(f 为测试频率)和供建立自由轴坐标用的 $8f$、$4f$、$2f$、f 这 4 种频率的参考信号。$265f$ 信号驱动正弦 ROM 得到频率为 f 的正弦测试信号 U_o。测试信号经限流电阻 R_0 加到被测阻抗上。虚线框内是一个简化的前端电路，它输出的两个相量的电压 $\boldsymbol{U}_X$ 和 $\boldsymbol{U}_S$，先后经开关 S 输入到相敏检波器。相敏检波器的参考信号来自基准相位发生器，后者在微处理器控制下产生任意方向的精确正交的直角坐标系。于是得到 $\boldsymbol{U}_X$ 和 $\boldsymbol{U}_S$ 坐标轴上的 4 个投影值 U_1、U_2、U_3 和 U_4，然后再由双积分 A/D 转换器转换成相应的数字量 N_1、N_2、N_3 和 N_4，送到 RAM 中暂存。最后，微处理器根据操作者经由键盘输入的信息，从表 6-6 中选择适当的公式进行计算，得到被测参数并由显示器显示出来。

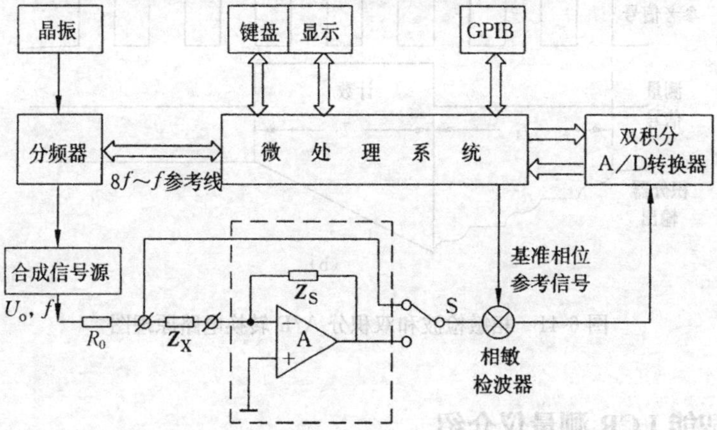

图 6-42　ED2814LCR 自动测量仪整机原理框图

6.3.4.2　测量误差的分析与处理方法

LCR 参数测量仪器引入计算机技术之后，不仅可以实现测量的自动化，而且还可以有效地处理各种误差，使测量精度大幅度提高。LCR 参数测量仪在测量中除含有随机误差外，还有内部固定偏移、输入端的各种杂散参数以及测试信号源中谐波分量等因素所引起的系统误差。下面分别讲述本仪器减弱上述误差所采用的办法。

1. 随机误差的处理

根据统计方法理论，随机误差可以通过多次重复测量的平均来予以削弱。本仪器设置了“平均”工作方式，编程使仪器对被测参数连续测量 10 次，然后求其算术平均值作为最后的显示结果。

2. 固定偏移的校正

固定偏移主要由有源器件零漂引起，其结果是等效在待测交流信号上叠加了某一固定的直流电压。从这个角度上看，本仪器在正向积分时人为叠加的＋3.3V 直流电压也可看做是固定偏移的一部分。固定偏移可通过减法予以扣除。

本仪器设定一次完整的测量共含 8 次测量。前 4 次测量结果如果在正 X 轴和正 Y 轴上取得,后 4 次测量结果则安排在坐标轴旋转 180°后取得。然后再把前 4 次测量结果与后 4 次测量结果相减。例如,若通道的偏移量为 $\overline{M}$,则前 4 次测量值为 $N_i+\overline{M}$,后四次测量值是 $-N_i+\overline{M}$,再次相减后得到 $(N_i+\overline{M})-(-N_i+\overline{M})=2N_i$,然后再将各分量值除 2,于是偏移量被消除。

3. 开路校准和短路校准

LCR 参数测量仪器的测量端、测量馈线以及测量夹具总是存在残余阻抗和残余导纳,这些残余量对小电容、小电感或高电阻的测量会造成较大的误差。传统的元件参数测量仪器在正式测量之前要进行人工校正工作,即在测试条件相对稳定之后,先测其残余量,再根据被测量的性质对实测量予以修正,这项工作是烦琐而费时的。ED2814 LCR 自动测量仪通过软件引入自动的开路校准与短路校准,简化了上述修正手续,给使用带来很大的方便。校正的基本思想是先通过理论分析建立系统的误差模型,求出误差修正公式,然后通过简单的"开路"、"短路"等校准技术记录各误差因子,最后程序利用修正公式和误差因子自动计算修正结果。下面以串联等效电感为例进行说明。

图 6-43 给出了进行电感器测量时仪器前端的误差模型。图中,L_X、R_L 分别代表实测电感器的电感量与等效串联电阻;C_0、R_0 分别代表等效的分布电容和漏电阻;L_0、r_0 分别代表等效的馈线电感及电阻。对于低阻抗测量,C_0、R_0 可视为开路,于是得

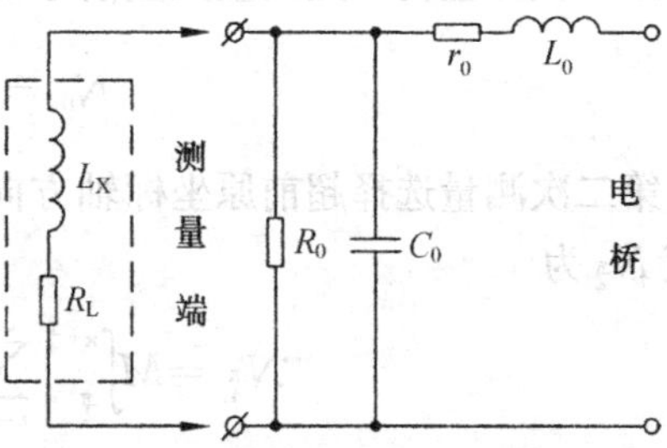

图 6-43　串联等效电感误差模型

$$R_{总}+j\omega L_{总}=(R_L+r_0)+j\omega(L_X+L_0) \tag{6.11}$$

显然

$$L_X=L_{总}-L_0 \tag{6.12}$$

$$R_L=R_{总}-r_0 \tag{6.13}$$

根据 Q 值定义 $Q=\omega L/R$ 以及式(6.12)和式(6.13),可得

$$Q_X=\frac{\omega L_X}{R_L}=\frac{L_{总}-L_0}{\frac{L_{总}}{Q_{总}}-\frac{L_0}{Q_0}} \tag{6.14}$$

式(6.12)和式(6.14)便是电感串联等效模式的 L_X、Q_X 测量误差修正公式,式中的 L_0、Q_0 即为误差因子,由于被测参数为小电感、小电阻,所以须施行短路校正。其校正的原理流程图如图 6-44 所示。

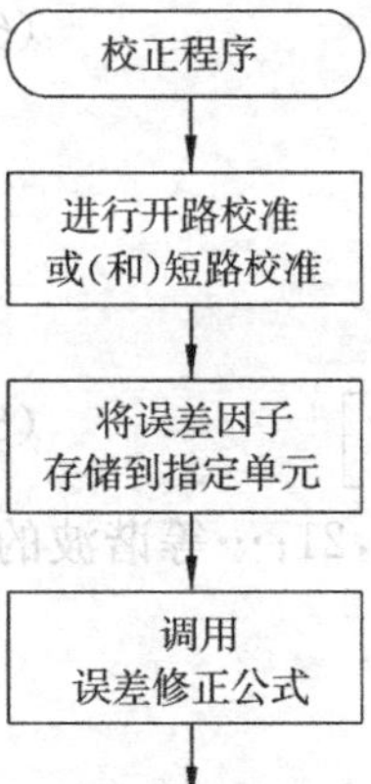

图 6-44　校正程序流程图

4. 谐波误差的校正

带有谐波的测试信号可以用下式表示

$$\begin{aligned}U_i&=\sum_{n=1}^{\infty}A_n\sin(n\omega_1 t+\theta_n)\\&=A_1\sin(\omega_1 t+\theta_1)+\sum_{n=2}^{\infty}A_n\sin(n\omega_1 t+\theta_n)\end{aligned} \tag{6.15}$$

式(6.15)第一项为纯净的测试信号,第二项为各次谐波,式中

θ_n 为各次谐波以 u_r 为参考基准的相位超前角。

本仪器的双积分 A/D 转换器的采样时间取被测信号周期的整数倍，则仪器所得的数字结果 N 应与鉴相后的一个测试信号周期的平均值成正比。设相敏检波器采用 0°基准信号，刻度系数为 e，则

$$N = e\int_0^T U_i \mathrm{d}t = e\int_0^{T/2} U_i \mathrm{d}t$$

当带谐波的测试信号通过相敏检波器及双积分 A/D 转换器后，其结果可进一步表示为

$$\begin{aligned} N &= \mathrm{e}\int_0^{T/2} \sum_{n=1}^{\infty} A_n \sin(n\omega_1 t + \theta_n)\mathrm{d}t = \frac{2\mathrm{e}}{\omega}\sum_{k=0}^{\infty} \frac{A_{2k+1}}{2k+1}\cos\theta_{2k+1} \\ &= MA_1\cos\theta_1 + M\sum_{k=1}^{\infty} \frac{A_{2k+1}}{2k+1}\cos\theta_{2k+1} \end{aligned} \tag{6.16}$$

式(6.16)表明，测试信号中的偶次谐波已被有效地抑制，但奇次谐波还存在。为了进一步消除测试信号中奇次谐波的影响，校正程序共安排了三次测量。

第一次测量仍旧是测量矢量信号在原坐标轴方向的投影值 N_0，由式(6.16)得

$$N_0 = M\sum_{k=0}^{\infty} \frac{A_{2k+1}}{2k+1}\cos\theta_{2k+1} \tag{6.17}$$

第二次测量选择超前原坐标轴方向 45°的坐标轴方向，可得测量矢量在新坐标轴上的投影值 $N_{\frac{\pi}{4}}$ 为

$$\begin{aligned} N_{\frac{\pi}{4}} &= M\int_{\frac{\pi}{4}}^{\pi+\frac{\pi}{4}} \sum_{n=1}^{\infty} A_n \sin\left[n\left(\omega t + \frac{\pi}{4}\right) + \theta_n\right]\mathrm{d}\omega t \\ &= M\sum_{k=0}^{\infty} \frac{A_{2k+1}}{2k+1}\cos\left[(2k+1)\frac{\pi}{4} + \theta_{2k+1}\right] \end{aligned} \tag{6.18}$$

第三次测量选择滞后第一次坐标轴方向 45°的坐标轴方向，同样可得

$$N_{-\frac{\pi}{4}} = M\sum_{k=0}^{\infty} \frac{A_{2k+1}}{2k+1}\cos\left[-(2k+1)\frac{\pi}{4} + \theta_{2k+1}\right] \tag{6.19}$$

最后将三次测量的结果按下式进行平均计算，得最后结果。

$$\begin{aligned} N &= \frac{1}{2\sqrt{2}}(N_{\frac{\pi}{4}} + N_{-\frac{\pi}{4}}) + \frac{1}{2}N_0 \\ &= MA_1\cos\theta_1 + M\left[\frac{A_7}{7}\cos\theta_7 + \frac{A_9}{9}\cos\theta_9 + \frac{A_{15}}{15}\cos\theta_{15} + \cdots\right] \end{aligned} \tag{6.20}$$

由式(6.20)可见，输出信号中仍含有奇次谐波，但第 3,5;11,13;19,21;…等谐波的影响均被消除，而对结果产生影响的最低谐波是 7 次谐波，其影响可以忽略。

6.3.4.3 仪器的软件系统

仪器软件在结构上分为 4 大部分：主程序、键盘分析程序、通用程序和 GP-IB 接口管理程序。下面侧重介绍前两部分。

1. 主程序

主程序流程简图如图 6-45 所示。开机后，程序首先对仪器的计算机部分进行自检，自检正常后，程序进行仪器初始化工作。初始化工作包括：设置中断及栈区、设置可编程 I/O 接口芯片工作状态，赋予各标志以初始测量状态。该仪器初始测量状态规定为：电容测量、测量信

号频率为 1kHz、并联等效电路、慢速、连续测量方式。仪器在正常工作时，用户可以通过操作键盘随时改变测量条件，键盘分析程序采用中断方式，键盘程序在建立相应的条件标志后将再次返回主程序。

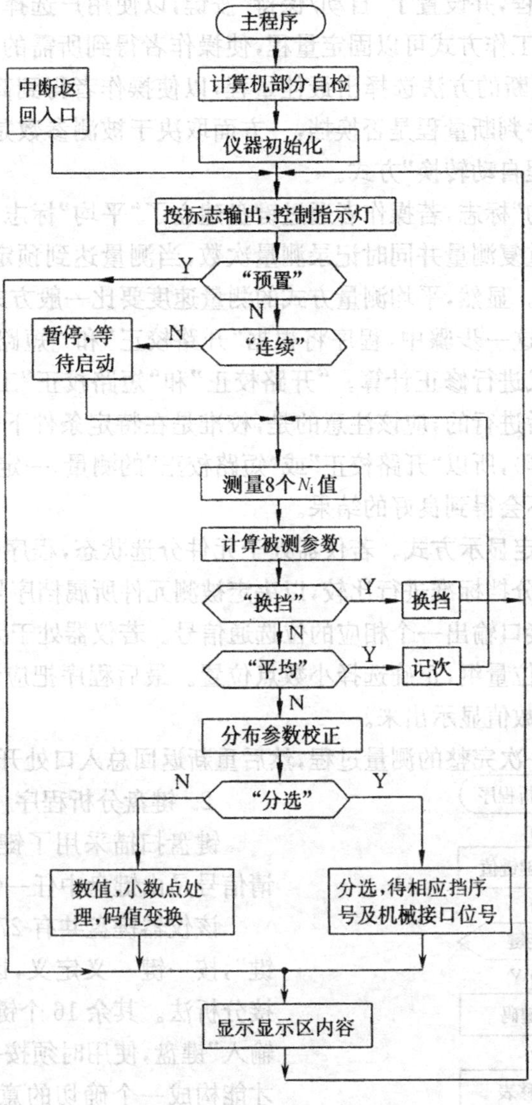

图 6-45　主程序流程简图

接着，程序把相应初始化设定的标志或经键盘选择的标志输送到锁存器中，把相关的控制信号输出。完成了标志输出后，程序将要进行几次判断：如果显示方式选定为“预置”，这时主要工作均在键盘程序中进行，主程序只是把已经存放在显示缓冲区 RAM 中的数值取出进行显示或处理；如果测量方式选定为连续测量，程序就一次接一次地连续进行循环测量；如果测量方式选定为单次测量，程序就暂停，等待“启动”命令，启动命令一经实行，主程序就进行一次设定的测量，然后再等待下一次“启动”命令。注意在一次测量途中，必须设置清除工作，否则，单次测量就会和连续方式一样无休止地循环下去。

下面，程序在测量中断服务程序的支持下开始进行 8 次 N_i 值的测量。这一部分是仪器测量工作的关键环节,其任务是在模拟电路的配合下精确地得到数学模型中需要的 N_i 值,以供下一步计算被测参数。计算被测参数是依据表 6-6 所提供的公式进行的。注意,当测试速度选为慢速(约 1 次/秒)时,程序还将旋转坐标轴进行谐波校正工作。

该仪器共有 3 个量程,并设置了"自动/保持"按键,以使用户选择量程自动转换方式或量程保持方式。量程保持工作方式可以固定量程,使操作者得到所需的单位量程。量程自动转换方式可以通过程序判断的方法选择出最佳量程,以使操作者得到高的测量精度。因此,在"换挡"这一步骤中,程序判断量程是否换挡,一方面取决于被测参数是否超出标准,另一方面还要看是否选择了"量程自动转换"方式。

然后程序查询"平均"标志,若操作者通过键盘建立了"平均"标志,则程序转入"平均测量方式"。这时程序进行重复测量并同时记录测量次数,当测量达到预定次数后,程序就把多次测量结果进行平均计算。显然,平均测量方式的测量速度要比一般方式下慢得多。

在"分布参数校正"这一步骤中,程序将根据"开路校正"和"短路校正"所建立的校正条件,选择合适的误差公式进行修正计算。"开路校正"和"短路校正"工作是通过按动"开路校正"键和"短路校正"键后进行的,应该注意的是,校准是在特定条件下进行的(如特定量程、特定等效电路、特定夹具等),所以"开路校正"或"短路校正"的测量,一定要在与校正时完全相同的条件下进行。否则,不会得到良好的结果。

程序最后一步是决定显示方式。若仪器处于元件分选状态,程序的任务是将测量计算出的元件值与人工预置的分挡标准进行比较,以决定被测元件所属挡序号,并把相应的挡序号写入显示区,同时向机械接口输出一个相应的位选通信号。若仪器处于元件测量状态,程序将根据测量数据的大小和单位量纲,正确选择小数点位置。最后程序把应该显示的数都放在显示区,调用输出子程序,把数值显示出来。

至此,程序完成了一次完整的测量过程,然后重新返回总入口处开始新的循环。

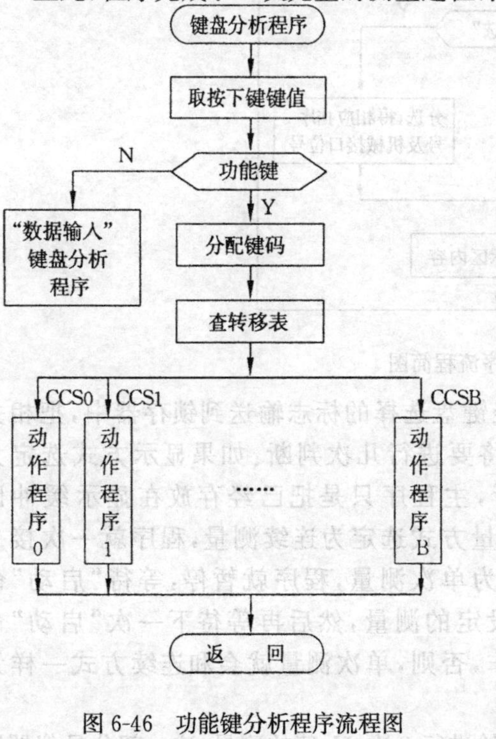

图 6-46　功能键分析程序流程图

2. 键盘分析程序

键盘扫描采用了键盘中断方式,即中断申请信号是由键盘中任一键的闭合引起的。

该仪器键盘共有 27 键,其中 11 键是"功能键",按一键一义定义,因此键盘分析宜采用直接分析法。其余 16 个键组成用于分选的"数据输入"键盘,使用时须按一定顺序按下多个按键才能构成一个确切的意义,因此键盘分析宜采用状态分析法。

键盘程序在确定有键按下之后,应先求出键值,然后根据键值将单义键和多义键区分开,最后再分别转入各自的分析处理程序。

(1) 功能键分析程序

由于 11 个功能键都是单义键,因此分析程序只需识别出某个键的闭合,求出键值,然后根据其键盘直接转移到相应的动作程序中去。分析程序中使用的转移表如表 6-7 所示。其键分析程序图如图 6-46 所示。

表 6-7 转 移 表

键 名	键 码	子程序序号	入口地址	说 明
测量频率	00	CCS0	223CH	选择信号频率 100Hz 或 1kHz
等效电路	01	CCS1	2246H	选择等效电路：并联或串联
测量速度	02	CCS2	2250H	选择测量速率：快或慢
LCR 测量	03	CCS3	225AH	选择测量参数 C_X/D_X、L_X/Q_X 或 R_X/Q_X
	04	CCS4	2272H	量程保持选择
自动/保持	05	CCS5	227CH	测量方式选择：连续、单次或平均测量
测量方式	06	CCS6	2284H	启动（与单次测量配合）
启 动	07	CCS7	228BH	显示选择：数值、分选或数据输入显示
显示方式	08	CCS8	2293H	
自 诊	09	CCS9	229AH	
开路校准	0A	CCSA	22A4H	
短路校准	0B	CCSB		

（2）“数据输入”键盘分析程序

“数据输入”键盘专职元件参数误差分选测量之用，其键盘排列参见图 6-47 所示。用户通过键盘输入被测元件参数的标称值、各分挡的序号以及各挡次的极限值，以便实现对量程范围内任意阻抗值的误差分挡。

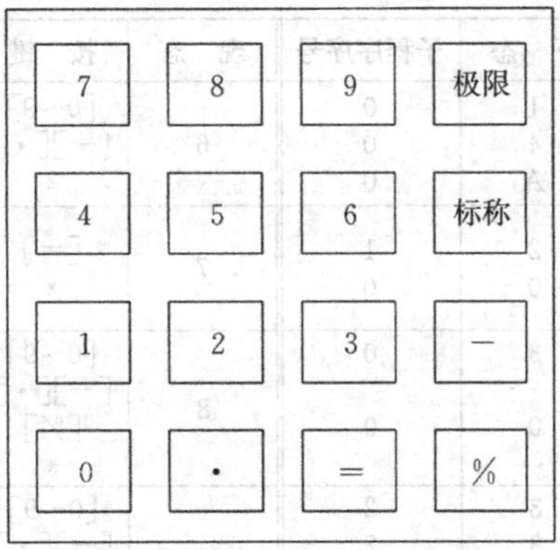

图 6-47 “数据输入”键盘排列图

“数据输入”键盘分析采用状态分析法，状态图如图 6-48 所示，对应的状态表见表 6-8 所示。对应的分析程序流程图如图 6-49 所示。

这样，每当一个按键被按下时，分析程序就根据现行状态和按键的键码找出对应的子程序序号和应变迁的下一状态，并用下态的编号代替现态的内容，然后转向对应的动作程序。

从状态表到形成键盘分析程序，还需要给各按键赋予键码和键号；还需要把表 6-8 形成的状态表按适当形式进行编码并固化在仪器的 ROM 中。其具体实现方法参见 3.1.3 节。

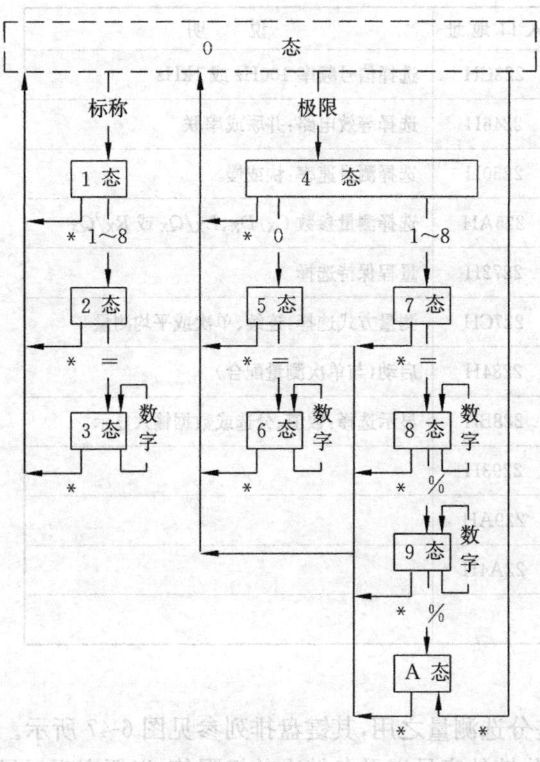

图 6-48 状态图

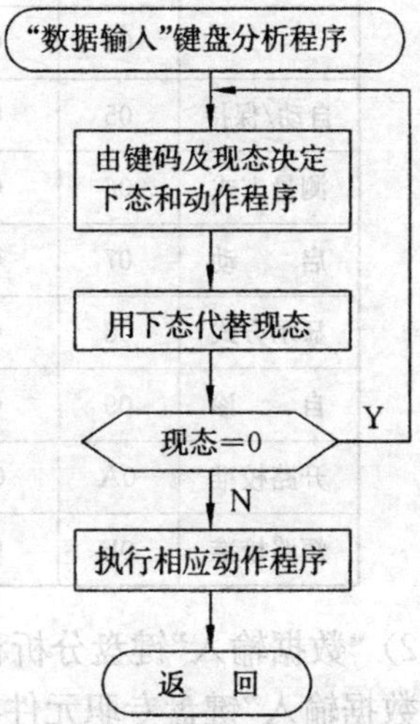

图 6-49 分析程序流程框图

表 6-8 状 态 表

现 态	按 键	下 态	子程序序号	现 态	按 键	下 态	子程序序号
0	标称 极限 *	1 4 A	0 0 0	6	[0~9] [-][·] *	6 6 0	5 5 0
1	[1~8] *	2 0	1 0	7	[=] *	8 0	0 0
2	[=] *	3 0	0 0	8	[0~9] [-][·] [%] *	8 8 9 0	6 6 7 0
3	[0~9] [-][·] *	3 3 0	2 2 0	9	[0~9] [-][·] [%] *	9 9 A 0	8 8 7 0
4	[0] [1~8] *	5 7 0	3 4	A	*	0	0
5	[=] *	6 0	0 0				

思考题与习题

6.1　DVM 和 DMM 的原理、组成如何？表征性能好坏的主要指标有哪些？

6.2　有一台 DVM 最大显示数为 19 999，最小量程为 0.2V，其分辨率为多少？该表能否分辨出 1.5V 被测电压中 10μV 的变化，为什么？

6.3　有一四位半数字电压表，基本量程为 2V，量程间相差 10 倍，误差表达式为 $\Delta=0.03\%U_X+2$ 字。求用该表测量约 0.5V 电压时应选择哪个量程，测量的相对误差为多少？

6.4　一台 DVM 的误差表达式为 $\Delta=0.00003\times U_X+0.00002\times U_m$

(1) 现用 1.000 000V 基本量程测量一电压，得 $U_X=0.799\ 876$V，求此时测量误差 Δ 为多少？相对误差 γ 为多少？

(2) 如果测得电压为 $U_X=0.054\ 876$V，为了减少测量的相对误差 γ，应该采用什么方法？

6.5　图 6-50 为某三斜积分式 A/D 转换器积分器输出电压的时间波形，设基准电压 $U_R=10$V，试求积分器的输入电压大小和极性。

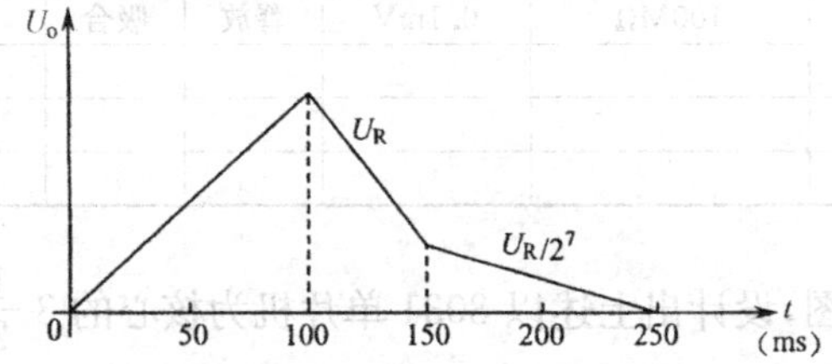

图 6-50　题 6.5 的图

6.6　试述真有效值 AC/DC 转换器与平均值 AC/DC 转换器的主要区别，真有效值 AC/DC 转换器有何优点？

6.7　若使用以正弦刻度的均值电压表测量正弦波、方波、三角波三个信号，测得的数值均为 1V，试问这三种波形信号的有效值各为多少？

6.8　简述智能 DVM 中上下限报警(LMT)功能、标定($AX+B$)功能的操作过程。

6.9　智能 DMM 中的欧姆转换器常采用恒流法、四线法、电压源法等，这些方法分别适合于什么测量场合？

6.10　在图 6.19(b)中的四条引线的电阻 r_1、r_2、r_1''和 r_2''的大小相差不多测量时，它们的电压降大小是否也大体相同？

6.11　采用真有效值 AC/DC 转换器芯片 AD637，设计一个简单的以单片机为核心的交流数字电压表，画出电原理图及控制程序的流程图。

6.12　分析在 7150/7151 型 DMM 中，数字控制器和模拟控制器之间的传输为什么要采用光电耦合器？传输了哪些信息？

6.13　图 6-51 为以 8031 单片机为核心的 $3\frac{1}{2}$位数字电压表电原理示意图。

(1) 试求各量程的控制字并填入表 6-9 中。其中显示器最大显示数为 1999，当小数点控制端口为高电平时，对应的小数点灯发亮。

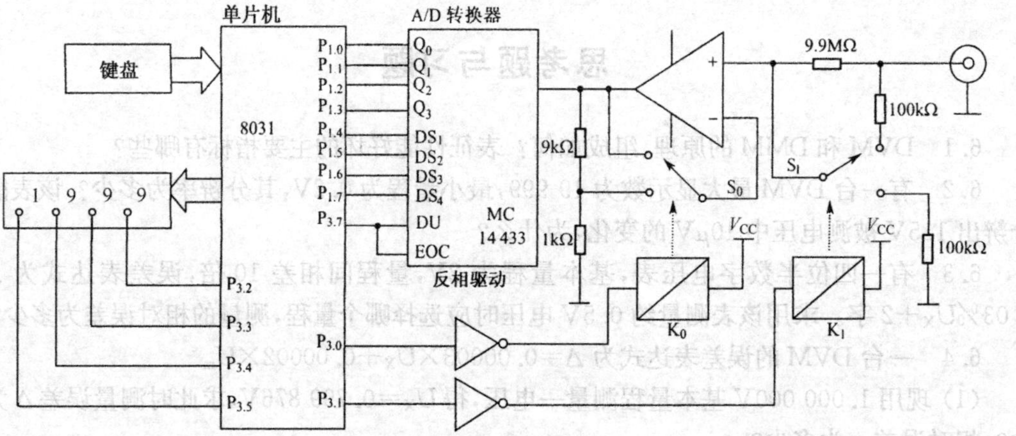

图 6-51　题 6.13 的图

表 6-9　题 6.13 用表

量　程	输入阻抗	分辨率	JK_1	JK_0	控制字(P_3)
0 ～ 0.2V	100MΩ	0.1mV	释放	吸合	xx100001B
0 ～ 2V					
0 ～ 20V					
0 ～ 200V					

(2) 参照电原理示意图，设计出上述以 8031 单片机为核心的 $3\frac{1}{2}$ 位数字电压表的完整电原理图，包括键盘、显示器等接口电路。

(3) 编制该数字电压表完整的监控程序，包括量程转换控制、自动量程转换控制、自动零点调整等自动测量功能程序以及上下限报警(LMT)、标定($AX+B$)等数据处理程序。

(4) 在此基础上，进一步设计出交流电压、电流、电阻等参数的测量功能及通信接口，以构成一个较典型的智能 DMM。

说明：本题内容涉及前 6 章的内容，可作为综合设计性实验或课程设计的参考内容。

第7章　信号发生器

信号发生器(简称信号源)是为电子测量提供符合一定技术要求电信号的仪器设备,其输出信号的波形、频率、幅度等参数是已知的。信号发生器是最基本电子测量仪器之一,几乎所有电子器件、电路部件及整机设备的技术性能都需要在信号发生器输出信号的激励下才能测量与表征。

7.1 信号发生器的分类、性能和组成

7.1.1　信号发生器的分类及性能

7.1.1.1　信号发生器的分类

信号发生器应用广泛、种类繁多,分类方法也有多种。

1. 按照输出信号的波形特点分类

信号发生器可分为正弦信号发生器、脉冲信号发生器、函数信号发生器、噪声信号发生器等。

正弦信号发生器是应用最广泛的信号发生器,这是因为正弦信号容易产生、容易描述,任何线性双端口网络的特性都是通过对正弦信号的响应来表征的。正弦信号也是应用最广泛的载波信号。

2. 按照输出信号的频率范围分类

信号发生器一般分为低频信号发生器,高频信号发生器,也可以细分为超低频、低频、视频、高频、甚高频、超高频多种信号发生器,其频率覆盖范围见表7-1。

表7-1　信号发生器按频率覆盖范围分类表

分　类	频率范围	分　类	频率范围
超低频信号发生器	0.0 001～10 000 Hz	高频信号发生器	200kHz～30MHz
低频信号发生器	1Hz～1MHz	甚高频信号发生器	30～300MHz
视频信号发生器	20Hz～10MHz	超高频信号发生器	300MHz以上

实验室中使用最多的信号发生器类型是低频信号发生器和高频信号发生器。

低频信号发生器输出信号的频率一般在1Hz～1MHz范围内,输出波形以正弦波为主。若信号发生器的输出信号兼有方波、三角波等其他波形,该低频信号发生器就称之为函数信号发生器,这是一种应用范围非常广泛的一种通用信号发生器。

高频信号发生器的频率覆盖范围一般在100kHz～35MHz之间,大致相当于长、中、短波段的范围,高频信号发生器还应该具有一种或一种以上调制功能。目前,高频信号发生器正在被宽带的高频信号发生器所替代,频带宽度可达500MHz或更宽。这种现代的宽带高频信号

发生器也称射频信号发生器。

3. 按照产生信号方法及信号发生器组成分类

按照产生信号方法及信号发生器组成分类的不同，还可以将信号发生器分为传统的通用信号发生器和智能型的合成信号发生器两类。

所谓通用信号发生器，是指采用谐振等方法产生频率的一类信号发生器。其中低频信号发生器常以 RC 文氏电桥振荡器做主振器，高频信号发生器常以 LC 振荡器做主振器。这种以 RC、LC 为主振器的信号源中，频率准确度和频率稳定度只能达到 $10^{-2}\sim10^{-4}$ 量级。这类仪器主要由模拟电路组成，其输出信号频率和幅度的调节一般也需要用人工的方法通过调节旋钮、开关来实现，输出幅度一般采用表头指示，操作自动化程度不够高。

合成信号发生器是一种基于频率合成技术，能产生准确、稳定频率的高质量信号发生器。频率合成是以一个或几个石英晶体振荡器产生的信号频率为基准频率，通过进行加减乘除运算，得到一系列所需要的频率，且这些频率的稳定度、准确度可以达到与基准频率相同的水平。石英晶体振荡器可以产生日稳定度优于 10^{-8} 量级的频率，因此，采用频率合成技术的信号发生器的频率稳定度也能达到 10^{-8} 量级或更高。频率合成技术能支持信号发生器方便地实现在很宽的范围内对输出频率进行精细的调节；可实现多种调制工作；可产生多种输出波形。

合成信号发生器一般需要采用微处理器作为控制电路，它的组成是一种典型的智能仪器架构，仪器操作具有较高的自动化程度。合成信号发生器将是应用最广泛的信号发生器。也是本章讨论的重点内容。

7.1.1.2 正弦信号发生器的性能指标

正弦信号容易产生，容易描述，任何线性双端口网络的特性，都需要用它对正弦信号的响应来表征，因而，正弦信号发生器几乎渗透到所有的电子学实验及测量中，是最普通、应用最广泛的一类信号发生器。由于信号发生器在电子测量中作为激励源，被测器件、设备各项性能参数的测量水平，将直接依赖于信号发生器的性能。

正弦信号发生器的性能通常用频率特性、输出特性和调制特性三大指标来评价。

1. 频率特性

(1) 频率范围。

频率范围是指信号发生器所产生信号的频率范围，在频率范围内，信号发生器的各项性能指标应该都能得到保证，因而，准确地说，该指标应称“有效频率范围”。

当信号发生器输出的频率范围太宽时，可以分为若干个频段。频率调节可以是连续的，也可以是离散的。例如，国产 XD1 型信号发生器，输出信号频率范围为 1Hz～1MHz，分 6 挡即 6 个频段，输出频率是连续的。为了保证有效频率范围连续，两相邻频段间存在公共部分(即频段重叠)。又例如，HP-8660C 型频率合成信号发生器产生的频率范围为 10kHz～2600MHz，输出频率是离散的，分辨率为 1Hz，共可提供约 26 亿个分离的频率点。

(2) 频率准确度。

频率准确度是指信号发生器预调值(即仪器度盘指示或数字显示的频率值)与实际输出的信号频率值之间的偏差，通常用相对误差表示

$$\alpha=\frac{f-f_0}{f_0}=\frac{\Delta f}{f_0}\times100\% \tag{7.1}$$

式中，f_0 为标称值（即预调值）；f 为输出信号的实际频率值；$\Delta f = f - f_0$为频率绝对误差。

频率准确度实际上是输出信号频率的工作误差。用度盘指示标称值的信号发生器的频率准确度一般为 ±(0.5%～10%)。有数字显示标称值并采用频率合成技术的信号发生器其输出信号频率具有基准频率（晶振）的准确度，可达到10^{-6}～10^{-8}以上。

2. 频率稳定度

频率稳定度是指外界条件恒定不变的情况下，在规定时间内，信号发生器输出频率相对于预调值变化的大小。按照国家标准，频率稳定度又分为短期频率稳定度和长期频率稳定度。短期频率稳定度定义为信号发生器经过规定的预热时间后，信号频率在任意 15 分钟内所发生的最大变化；长期频率稳定度定义为信号发生器经过规定的预热时间后，信号频率在任意 3 小时内所发生的最大变化，表示为

$$\delta = \frac{f_{max} - f_{min}}{f_0} \times 100\% \tag{7.2}$$

式中，f_0 为预调频率；f_{max}、f_{min}分别为在规定的测试时间内信号频率的最大值和最小值。

通用信号发生器的频率稳定度一般为 10^{-2}～10^{-4}，用于精密测量的高精度高稳定度信号发生器的频率稳定度一般为 10^{-6}～10^{-8}或更高。

频率准确度是由频率稳定度来保证的，没有足够的频率稳定度，就不可能保证测量结果有足够的准确度。一般情况下，信号发生器的频率稳定度至少应比它的频率准确度高 1～2 个数量级，如 XD-2 型低频信号发生器的频率稳定度优于 0.1%，频率准确度优于 ±(1～3)%。

需要指出，在一些厂商的产品技术说明书中，并未完全按上述方式给出频率稳定度指标。例如，国产 HG1010 信号发生器给出的频率稳定度指标是 0.01%/h，其含义是：经过规定预热时间后，信号发生器每小时(h)的频率漂移($f_{max} - f_{min}$)与预调值之比为 0.01%；国产 XD-1 低频信号发生器的频率稳定度表述为：通电预热 30min 后，第一小时内频率漂移不超过 $0.1\% \times f_0$(Hz)，其后 7 小时内不超过 $0.2\% \times f_0$(Hz)；还有些信号发生器则以天为单位表示稳定度，例如国产 QF1480 合成信号发生器的频率稳定度为 5×10^{-10}/天。

3. 输出特性

(1) 输出阻抗

信号发生器作为一个激励源应具有一定的内阻，当信号发生器接入被测电路的输入端时，被测电路将被看作是一个负载，因而存在着一个负载匹配的问题，这个问题在高频频段尤为重要。

信号发生器的输出阻抗视其类型不同而异。低频信号发生器的输出阻抗一般为 600Ω（或 1kΩ），功率输出端依输出匹配变压器，通常有 50Ω、75Ω、150Ω、300Ω、600Ω 和 5 kΩ 等。高频信号发生器一般仅有 50Ω 或 75Ω。

需要指出的是，信号发生器指示的输出电压是在负载匹配的条件下按正弦波有效值标定的。因而，当使用信号发生器时，要特别注意信号源输出阻抗与负载阻抗的匹配，若信号源输出阻抗与负载阻抗不相等，则信号源指示的输出电压值是不准确的。

(2) 输出电平范围

输出电平范围指的是信号发生器输出信号幅度的有效范围，即所能提供的最小和最大输出电压的可调范围。一般标准高频信号发生器输出信号幅度的范围一般为 0.1μV～1V，而电平振荡器的输出电平范围一般为 −60～+10dB。

信号发生器的输出电平的调节或者采用模拟连续可调方式，或者采用数字预置式调节方

式，并且一般带有电平指示。为了能够在不过多牺牲信噪比的情况下输出微伏(μV)级的小信号电压，信号发生器的输出级中一般都设置有衰减器。例如，XD-1 型信号发生器最大信号电压为 5V，通过0～80dB 的步进衰减输出，最低可输出 500μV 的信号电压。

(3) 输出电平的稳定度和平坦度

输出电平的稳定度是指输出电平随时间的变化。平坦度是指在有效频率范围内调节频率时，输出电平的变化，即输出电平的频响。

为了提高输出电平的稳定度和平坦度，现代信号发生器一般都设计有自动电平控制(Automatic Level Control，ALC)电路。ALC 电路一般可以使平坦度保持在±1dB 以内(即输出幅度波动在±10%以内)。

(4) 输出电平准确度

输出电平准确度由输出电路的电平准确度 α_0、输出衰耗器换挡误差 α_d、表头刻度误差 α_m 及输出电平平坦度 α_r 几项误差共同决定，可按均方根合成来计算，即

$$\alpha_x = \sqrt{\alpha_0^2 + \alpha_d^2 + \alpha_m^2 + \alpha_r^2} \tag{7.3}$$

成批生产的电子仪器常采用“工作误差”来评价仪器的准确度。工作误差是指仪器在额定工作条件下，在各种使用条件为任何可能组合情况下仪器总的极限误差。例如，某电平振荡器的输出电平准确度，其工作误差表示为：在频率范围为 5kHz～1.7MHz，输出电平范围为+10～−60dB，表头范围为−10～+5dB，环境温度为 0～+40℃，电源波动范围为±10%的使用条件下，其输出电平可能产生的最大误差为±0.5dB。

(5) 输出信号非线性失真

实际中，信号发生器很难产生理想的正弦波。通常用非线性失真来表征信号发生器输出波形的质量。非线性失真主要考虑高次谐波的影响，常用下面公式表示

$$\gamma = \frac{\sqrt{U_2^2 + U_3^2 + \cdots + U_n^2}}{U_1} \times 100\% \tag{7.4}$$

式中，U_1 为输出信号基波有效值；$U_2, U_3, \cdots, U_n$ 为各次谐波有效值。由于 $U_2, U_3, \cdots, U_n$ 等比 U_1 小得多，为了测量上的方便，可用下面公式定义

$$\gamma = \frac{\sqrt{U_2^2 + U_3^2 + \cdots + U_n^2}}{\sqrt{U_1^2 + U_2^2 + \cdots + U_n^2}} \times 100\% \tag{7.5}$$

低频正弦信号发生器的非线性失真度一般为 0.1%～1%，高档正弦信号发生器失真度可低于 0.005%。例如，XD-2 低频信号发生器电压输出时的失真度≤0.1%，而 ZN1030 信号发生器的非线性失真系数≤0.003%。

4. 调制特性

高频信号发生器在输出正弦波的同时，一般还能输出一种或一种以上的被调制的信号。多数高频信号发生器带有调幅和调频功能，有些还带有调相和脉冲调制等功能。当调制信号由内部信号发生器产生时，称为内调制；当调制信号由外部加到的信号发生器进行调制时，称为外调制。

高频信号发生器的调制特性主要有：调制信号频率、调制系数有效范围、调制系数的准确度和寄生调制等。调幅信号频率，一般能覆盖整个音频频段；调幅系数有效范围是指在该范围内调节调制系数时有关的技术指标都能得到满足，信号发生器的调幅系数一般宽于(0～80)%。调频时，内调制信号的频率一般也为 400Hz 或 1000Hz，外调制信号的频率范围一般

在10 Hz～110kHz。调频时的频偏通常不超过 75kHz，在调节信号发生器的载波频率时，频偏应保持不变。

带有调制特性的信号发生器是测试无线电收发设备不可缺少的仪器。例如，XFC-6 标准信号发生器，就具备内、外调幅，内、外调频；而像 HP8663 这类高档合成信号发生器同时具有调幅、调频、调相、脉冲调制等多种调制功能。

需要说明的是，由于各种仪器的用途、精度等级要求不同，并非每类仪器都要用全部指标进行考核。另外，评价信号发生器性能的指标也不止上述几项，并且各生产厂家出厂检验标准及采用的术语也可能不完全一致。本节仅介绍信号发生器中最常用的一些基本的性能指标。

7.1.2 通用信号发生器的组成

通用信号发生器的内容在许多书中都有详细的介绍。本节仅对其中的低频信号发生器和高频信号发生器的组成作简要的介绍，并侧重讨论与合成信号发生器相关的内容。

7.1.2.1 低频信号发生器组成原理

低频信号发生器一般组成框图如图 7-1 所示。它由主振级、连续衰减器（电位器 W）、电压放大器、输出衰减器、匹配变压器（阻抗变换）和检测用电压表等组成。我国生产的 XD 系列低频信号源均按以上思路组成。

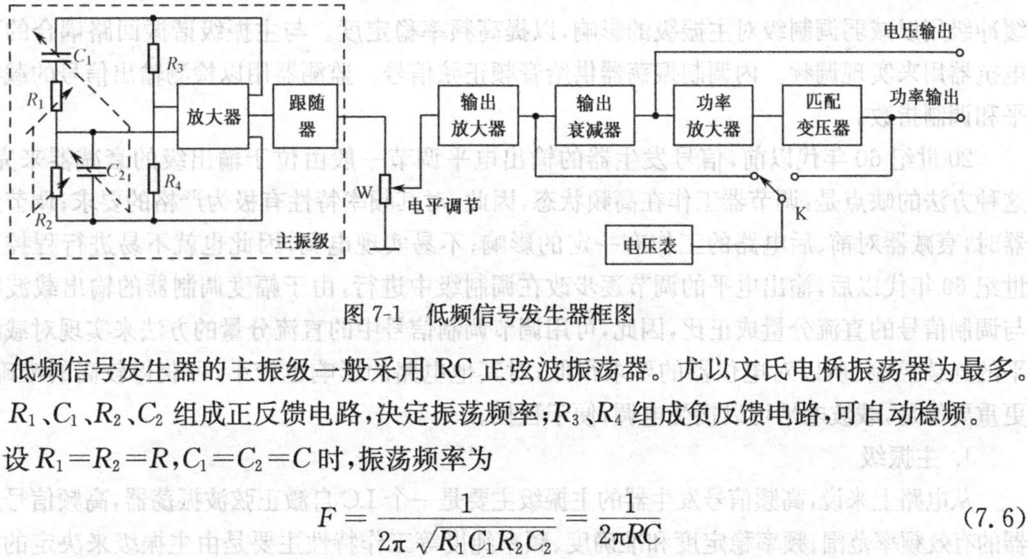

图 7-1 低频信号发生器框图

低频信号发生器的主振级一般采用 RC 正弦波振荡器。尤以文氏电桥振荡器为最多。图中 R_1、C_1、R_2、C_2 组成正反馈电路，决定振荡频率；R_3、R_4 组成负反馈电路，可自动稳频。

设 $R_1=R_2=R, C_1=C_2=C$ 时，振荡频率为

$$F=\frac{1}{2\pi\sqrt{R_1C_1R_2C_2}}=\frac{1}{2\pi RC} \tag{7.6}$$

由式(7.6)可知，改变 R、C 的大小即可改变振荡频率。实际电路是通过多个波段开关切换不同值的电阻 R 和电容 C 来进行振荡频率的选择。例如，DX-2C 型低频信号发生器采用切换电容的方法来转换波段，共分为六挡，波段的频率覆盖系数为 10。每个波段内频率的细调通过改变桥路电阻实现，这些电阻值按三位十进制编码，每位对应一个十挡波段开关，分别实现×1、×0.1、×0.01 步进调节，同时还配有双连电位器，以实现频率的连续调节。

主振级产生的低频正弦信号可以经连续衰减器 W 和电压放大器后直接作为信号发生器的一路输出，这路输出的负载能力很弱，只能供给电压，故称电压输出。该信号经功率放大器放大后，能输出较大的功率，故称功率输出。输出衰减器可对输出的电压和功率进行步进调节，通常采用电阻式衰减器。输出变压器用来匹配不同的负载阻抗，以便获得最大的功率输

出。监测器实际上是一个简易的电压表，它通过开关 S 进行切换。电压表接在电压放大器的输出端时可监测输出电压；接在功率放大器的输出端时可监测输出功率。

目前，实验室广泛使用的函数信号发生器在功能上已能涵盖低频信号发生器。除主振级之外，函数信号发生器与低频信号发生器的组成基本一致，不再赘述。

7.1.2.2 高频信号发生器组成原理

高频信号发生器主要用来向被测电子设备和电路提供高频能量或高频基准信号。高频信号发生器最重要的用途之一是测试各类通信接收机的工作特性，一个具有调频调幅功能的高频信号发生器基本方框图如图 7-2 所示。

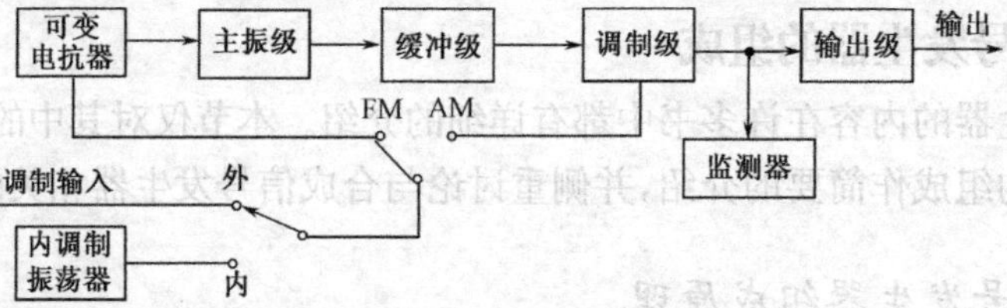

图 7-2 高频信号发生器框图

它的组成和高频发射机很相似。主振级产生具有一定频率范围的正弦信号。这个信号被送到调制级进行幅度调制和放大，然后再送到输出级，以保证一定的输出电平调节和源阻抗。缓冲级用以减弱调制级对主振级的影响，以提高频率稳定度。与主振级谐振回路耦合的可变电抗器用来实现调频。内调制振荡器供给音频正弦信号。监测器用以检测输出信号的载波电平和调制指数。

20 世纪 60 年代以前，信号发生器的输出电平调节一般由位于输出级的衰减器来完成。这种方法的缺点是：调节器工作在高频状态，因此，对其频率特性有极为严格的要求；调节衰减器时，衰减器对前、后电路的工作有一定的影响；不易实现电调，因此也就不易进行程控。20 世纪 60 年代以后，输出电平的调节逐步改在调制级中进行，由于幅度调制器的输出载波电平与调制信号的直流分量成正比，因此，可用调节调制信号中的直流分量的方法来实现对载波电平的连续控制，所以对电位器的要求很低，对其他电路的影响也较小，可获得较高的准确度。更重要的是，载波电平可以接受电调，便于程控。

1. 主振级

从电路上来说，高频信号发生器的主振级主要是一个 LC 自激正弦波振荡器，高频信号发生器的有效频率范围、频率稳定度和准确度、频率纯度等工作特性主要是由主振级来决定的。此外，信号发生器的输出电平及其稳定度和调频工作性能，在很大程度上也是由主振级来决定的。

一般要求主振级能连续覆盖一个频段。例如，整个高频段（200kHz～30MHz），或整个甚高频段（30～300MHz），这就要求主振级在电路上和结构上都能便于频率转换和调节。

由于主振级的工作频率范围很宽，因此不要采用过于复杂的电路结构，最好只用一个可调元件来实现频率的调节。例如，电感三点式振荡电路只需要一个可变电容器。因此电感三点式振荡电路在信号发生器的主振级中应用较多。

2. 调制

(1) 调幅。

所谓调幅是在保证载波信号频率及相位固定不变的情况下，使其幅度按给定规律变化的过程。为了减少调幅过程中可能产生的载频偏移和寄生调频，主振级和调制级之间应加入缓冲放大器。在现代射频信号发生器中，最常采用的调制器是二极管环形调制器和 PIN 二极管调制器，本节仅讨论 PIN 二极管调制器。

PIN 二极管是在高掺杂的 P 型半导体与 N 型半导体间再加入一层本征半导体构成的。这层本征半导体常称为 I 层，正如任何 PN 结器件一样，在低频时会产生整流作用，但是当频率增高时，整流作用实际上已不存在，这时 PIN 可等效为一个非线性电阻 R_i。R_i 和 PIN 管的正向偏流 I_f 之间存在如下关系式

$$R_i = k_r I_f^{-1} \tag{7.7}$$

式中，k_r为比例常数，与结面积、I 层材料及厚度有关，单位 mV；I_f 为正向偏流，单位 mA。

流过 PIN 二极管的电流 i 与高频输入电压 u 之间又存在如下关系式

$$i = \frac{u}{R_i} = \frac{1}{k_r} I_f u \tag{7.8}$$

即 i 与 I_f 和 u 的乘积成正比。由于已调幅信号表达式 $u(t) = U_0[1 + m_a \cos\Omega t]\cos w_0 t$ 是两个时间函数的乘积，因此利用乘法器显然可以实现调幅。若把高频输入电压 u 作为载波信号电压，偏流 I_f 正比于调制信号，则 PIN 可以实现幅度调制。图 7-3 是 QF1076 型高频信号发生器的 PIN 调制器电路。

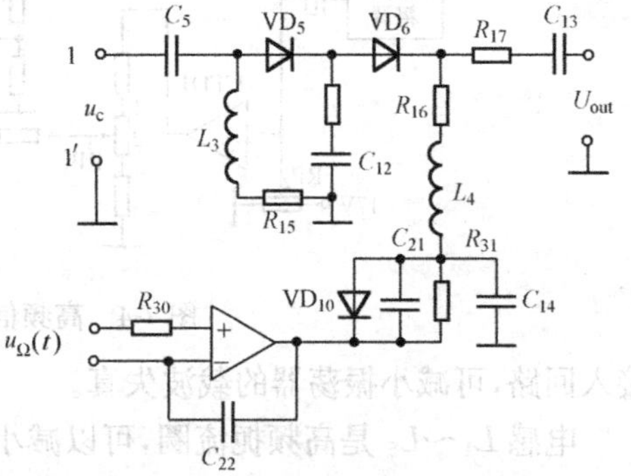

图 7-3 PIN 调幅调制器电路

该电路由两个 PIN 二极管 VD_5、VD_6 及偏置电路、匹配电路组成。高频载波电压从 1-1′输入，电容 C_5、C_{13} 对射频信号可视为短路，但对直流是开路的。因而 L_3、R_{15} 能对调制器偏置电流提供一个到地的通路。电阻 R_{16}、R_{17} 和电感 L_4 对调制器提供最佳的阻抗匹配。二极管 VD_{10} 和电容 C_{21} 用来加速调幅输入的响应时间，电容 C_{22} 对电平控制电路提供频率补偿。叠加上一定的直流偏压的调制信号 u_Ω 加到 PIN 二极管的负极，从而形成一定的正偏电流 I_f。已调幅信号从 C_{13} 输出。这种调制器能获得(0～80)%的调幅系数，调幅失真度≤3%。

(2) 调频。

现代高频信号发生器基本上都是采用变容二极管调频电路。一个实际的高频信号发生器的调频原理电路如图 7-4 所示。

场效应晶体管 VD_5、VD_6 组成推挽振荡器，可变电容 C_1 可以连续调节振荡频率。变换电感 L 可转换波段。4 个变容二极管 VD_1～VD_4 背靠背地串接在谐振回路上，其中 VD_1、VD_2 作为调频用的电调谐电容，VD_3、VD_4 作为调频补偿的耦合电容。当加入调制信号时，通过 A_1 和 A_2 放大后再加到 VD_1、VD_2 的连结点上，改变结电容获得调频信号。由于变容管的调制特性，使调频频偏与振荡频率成一定比例地增加，即调节载波频率时频偏将随之改变，为了保证在调节载频时，频偏能始终保持恒定，在 A_2 的输入端加了一个与主振电容 C_1 进行统调的电位器 RP_3，使调制信号的幅度与振荡频率成反比例变化，转换波段时 RP_3 也随之更换。为了更好地保持频偏的恒定性，直流放大器 A_3 输入端的电位器 RP_4 也同主振电容 C_1 统调，使随主振频率增加时加至 VD_3、VD_4 上的负电压更负，结电容随之减小，使 VD_1、VD_2 和谐振回路的耦合程度随载波频率升高而减弱，因此频偏的恒定性得到了改善。4 只变容管背靠背串联

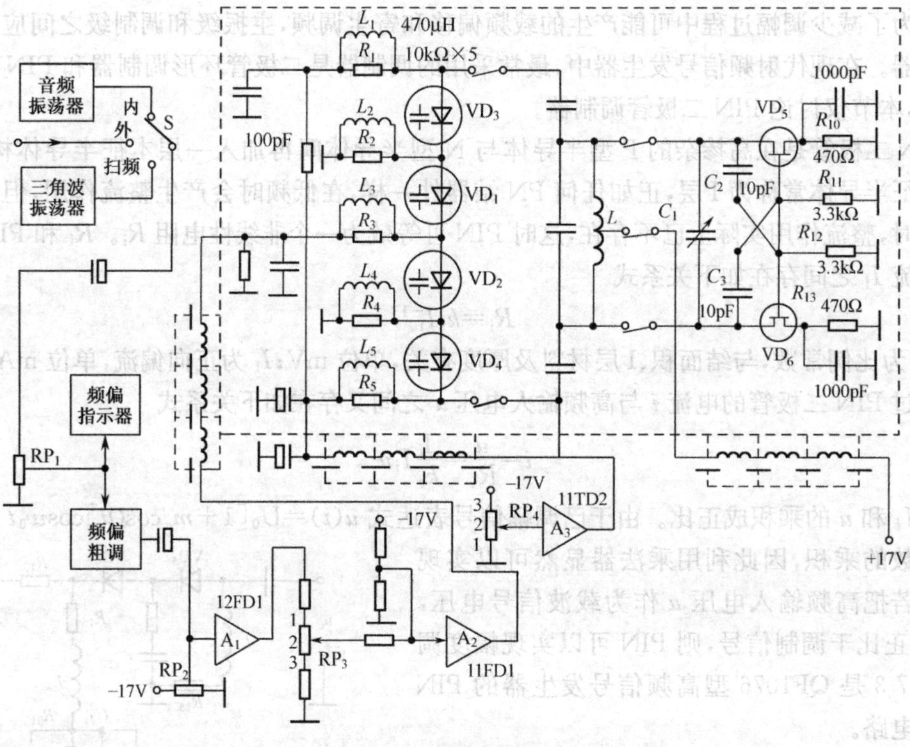

图 7-4　高频信号发生器的调频原理电路

接入回路，可减小振荡器的载波失真。

电感 L_1～L_5 是高频扼流圈，可以减小变容管整流效应的影响，同时在回路中对射频信号可视为开路，对调制信号回路线圈则视为短路，因此变容管 VD_1、VD_2 对调制信号而言是并联的，从而可以使调频灵敏度增加一倍。为了防止高频能量的泄漏，整个调频振荡器都安装在屏蔽盒里，振荡器电路与外界电路的连接都加入了多节 LC 低通滤波器，滤波电容采用了穿心电容，能有效地防止高频能量从屏蔽盒的引出线上泄漏出去。

3. 输出级

现代高频信号发生器的输出级电路一般包括宽带放大器、滤波器、自动电平控制（ALC）电路和输出衰减器等部分。本节重点讨论自动电平控制电路以及衰减器。

(1) 自动电平控制（ALC）电路。

ALC 电路对信号发生器进行自动电平控制有两个目的，一是使信号发生器的输出幅度随频率变化时有平直的输出电平；二是用来改善信号发生器的源阻抗特性，提高反射系数和衰减量值的测量准确度。ALC 电路通常由调制器、宽带放大器、射频检波器、ALC 环路等组成。图 7-5 是 QF1076 型信号发生器（10～520MHz）的 ALC 电路。

在信号发生器输出端的射频信号经 C_{20} 耦合到 VD_{11}、VD_{12} 组成的检波器电路，VD_{13} 是提供 VD_{11}、VD_{12} 偏流的电流源，VD_{14} 用于对 VD_{13} 输出的电流分流，调节 RP_1 则能改变检波器的偏流，以便使流过 VD_{11}、VD_{12} 的电流相等。当射频传号加至检波器时，VD_{12} 导通到地，使 C_{26} 充电到一个负直流电位，而 VD_{11} 上的预参考射频信号波形的正峰值幅度则被钳位在二极管的结电位（0.4V）上，此射频电压经过 R_{34}、C_{24} RC 网络滤波后，在 VD_{12} 的正极上得到正比于射频载波幅度的负极性直流电压。检波器的输出，一路经 R_{33} 去驱动表头指示电路，另一路加至自动电平控制电路的差分放大器 JC_1，与面板输出的载波电平调节的参考电压比较，比较后得到

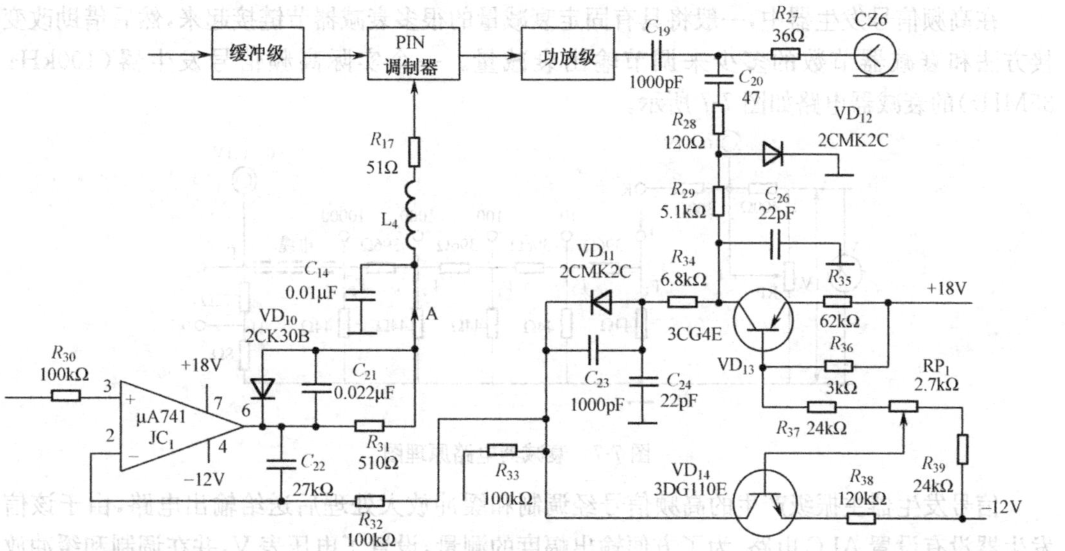

图 7-5　QF1076 型信号发生器的 ALC 电路

相应的误差电压去控制 PIN 调制器，由于 PIN 调制器的射频阻抗反比于直流偏置电流，因此，当载波幅度因某种原因增加时，反馈到调制器的直流负电压也增加，从而使载波幅度自动地下降，以保持衰减器输出的射频电平有一定的恒定值。

(2) 衰减器。

在一些测试场所，例如过载特性、天线及衰减器的测试，希望信号源有较高的输出电平。在另外一些测试场所，例如接收机灵敏度、放大器、噪声的测试，则要求信号源有较低的输出电平。因此，现代信号发生器要求应能对从 0.1μV～lV（或 2V）以上的输出电平范围内进行连续平滑地调节。许多信号源输出级采用了高达 13 节或 14 节的步进衰减器，并且还加有一个微调电路，以便在 10dB 内提供微调。

现代信号发生器使用最广泛的衰减器是电阻衰减器，电阻衰减器的下限工作频率可以延伸到直流，上限可做到 1000MHz，甚至更高。此外，它还具有衰减范围大、幅频特性好，衰减准确度高，驻波电压系数小等优点。

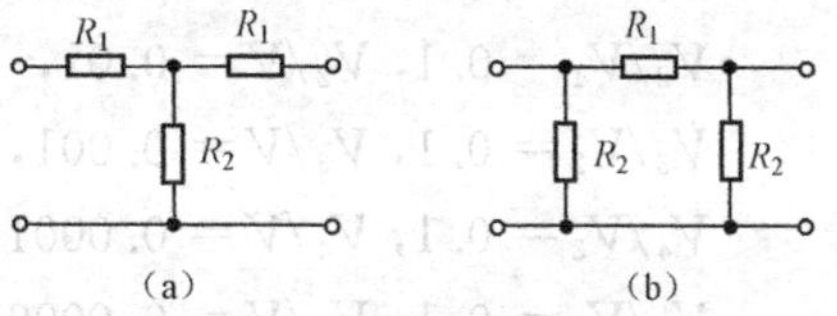

图 7-6　T 形、π 形的四端网络

为获得准确而恒定的输入和输出阻抗，信号发生器的电阻步进衰减器总是采用 π 形、T 形的四端网络。它们的电路形式如图 7-6 所示。图(a)是 T 形衰减节，图(b)是 π 形衰减节。在衰减器特性阻抗 R_0 及电压衰减系数 N 相同的情况下，T 形衰减器所用的电阻具有较小的阻值，而 π 形则需要较大阻值，因此 T 形衰减器具有更好的频率特性。现代信号发生器的 10dB 步进和 1dB 步进衰减器主要采用 T 形电路。

根据四端网络理论，若给出衰减器特性阻抗 R_0 和电压衰减系数 N，则衰减器中的电阻值可按以下公式计算。

T 形衰减节：$R_1=R_0\dfrac{N-1}{N+1}$；　$R_2=2R_0\dfrac{N}{N^2-1}$　(7.9)

π 形衰减节：$R_1=\dfrac{1}{2}R_0\dfrac{N^2-1}{N}$；　$R_2=R_0\dfrac{N+1}{N-1}$　(7.10)

在高频信号发生器中，一般将具有固定衰减量的很多衰减器节链接起来，然后借助改变链接方法和衰减器节数的多少来调节输出衰减量。一个实际高频信号发生器（100kHz～35MHz）的衰减器电路如图 7-7 所示。

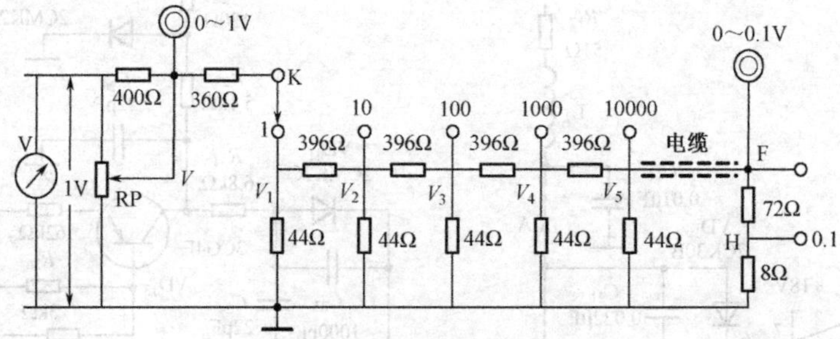

图 7-7　衰减器电路原理图

信号发生器主振级产生的高频信号经调制和缓冲放大处理后送给输出电路，由于该信号发生器没有设置 ALC 电路，为了方便输出幅度的测量，设置了电压表 V，并在调制和缓冲放大电路设置了载波幅度调节电位器，一般使电压表 V 指示在 1V 红色校正线上。

衰减器电路由细调电位器 RP、步级衰减器和终端分压器组成。细调电位器 RP 的度盘刻度共分 10 个大格，每一大格又分 10 个小格，这样就组成了 1∶100 衰减器。在电位器 RP 后步级衰减器前有“0～1V”插孔，可输出 1V 以下的高频信号。步级衰减器每级 20dB，配合细调电位器 RP，可在“0～0.1V”端输出任意微小的电压，并能以 μV 为单位读出其幅度值。

从图 7-7 中可看到，键 K 可倒向 10000、1000、100、10 及 1 这 5 个位置。当 K 倒向 10000 位置时，来自电位器 RP 的输出信号并未衰减；当 K 倒向“1” 位置时，信号经过 4 节步级衰减器后到达输出端。衰减器的输入电阻 R 应为 $R=\dfrac{44\times(396+40)}{44+396+40}\approx 40\Omega$，设电位器 RP 的输出信号为 V，由此可以推算出各级电压分压比为：

$V_1/V=40/(360+40)=0.1$

$V_2/V_1=0.1,\ V_2/V=0.01,$

$V_3/V_2=0.1,\ V_3/V=0.001,$

$V_4/V_3=0.1,\ V_4/V=0.0001,$

$V_5/V_4=0.1,\ V_5/V=0.00001,$

因此，以 V_1 为准，当键 K 依次倒向 10000、1000、100、10 及 1 这 5 个位置时，就得到 5 个不同的分压关系。再经过电压终端分压器还会进一步得到 0.1 的分压系数。如 $V=1\text{V}$，则在 F 端可以得到 10μV 的高频信号电压，在终端分压器的 H 端可获得 1μV 的高频信号电压。如再调节微调电位器 RP，当 RP 的度盘刻度为“1”时，在电缆终端分压电阻器的 H 端可获得 0.1μV微弱的高频信号电压（其精度较 RP 的度盘刻度为“10”时差）。

由图还可以计算出：在“0～1V”插孔处的输出阻抗为 40Ω，在“0～0.1V”插孔处的输出阻抗也为 40Ω，在终端分压电阻器“0.1”处的输出阻抗为 8Ω。

7.1.3　合成信号发生器的组成

合成信号发生器使用一个或多个晶体作为频率标准，利用电路的加、减、乘、除而产生一系列的离散频率，因此合成信号发生器产生的信号具有很强的频率精度和长期稳定度。合成信号发生器输出频率的改变是基于对环路分频比，合成信号发生器一般都采用微处理器系统作为控制器。

7.1.3.1 合成信号发生器的组成概述

合成信号发生器的基本组成框图如图 7-8 所示。

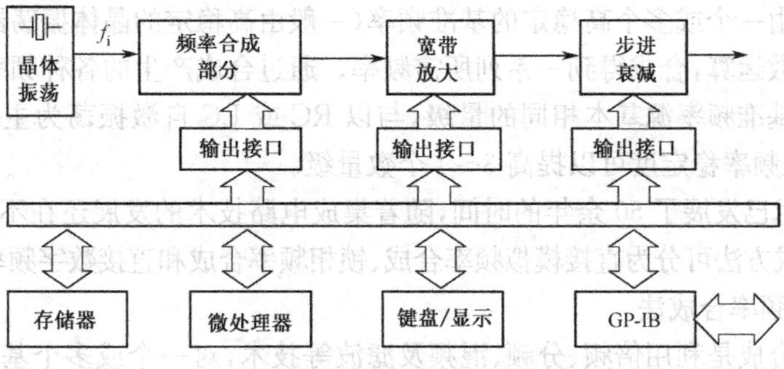

图 7-8 合成信号发生器的基本组成框图

这是一个典型的智能仪器的结构。合成信号发生器的核心部件可大致分为频率合成部分和输出部分(含宽带放大、步进衰减及 ALC 电路等)。频率合成部分用于产生用户置定的频率;输出部分用于控制用户置定的输出幅度。使用时,用户只要通过仪器面板的按键输入数据对频率合成的频率和输出幅度值进行置定(并能予以显示),便能输出所需信号。这种合成信号发生器操作简便准确,信号频率和幅度的分辨率高。当信号发生器备有 GP-IB 接口时,还可以进行远地通信和自动测试。

采用微处理器的合成信号发生器的控制面板不再使用传统的旋钮式的波段开关或电位器作为控制元件,而是用键盘来替代。图 7-9 是一个较典型的合成信号发生器的面板布置图。

面板图的上半部分为显示区,下半部分为控制区。在控制区中,各控制键按调制、载波、单位等不同功能分类排列,因而操作简便,不易出错。仪器的操作是通过操作键盘形成一定格式的指令,再由微处理器按指令去控制信号发生器中相应的功能部件。例如,若需要信号发生器输出 123.456MHz 的频率时,按键应按[Frequency][1][2][3][.][4][5][6][MHz] 的顺序操作。在按数字键和单位键时,显示器应显示相应的数字和单位。在这里,单位键还兼做执行键,当微处理器判定执行键按下时,就会对从键盘输入的数字、单位和小数点的位置码进行分析,转换成相应的数码通过数据总线送到频率合成部分。

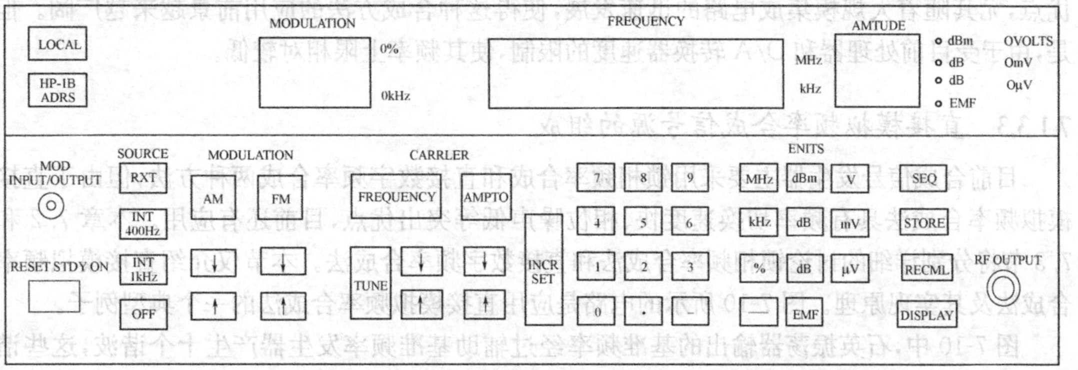

图 7-9 典型的合成信号发生器的面板布置图

显然，这类程序若采用直接分析法编程，将会使程序很复杂，因此应采用状态分析法。本书 3.1.3 节已经给出了一个简化的合成信号发生器的面板，以及采用状态分析法编写分析程序的思路，不再赘述。

7.1.3.2 频率合成的方法

频率合成是由一个或多个高稳定的基准频率（一般由高稳定的晶体振荡器产生），通过加、减、乘、除基本代数运算，合成得到一系列所需频率。通过合成产生的各种频率信号，其频率稳定度可以达到与基准频率源基本相同的量级，与以 RC 或 LC 自激振荡为主振级的信号发生器相比，信号源的频率稳定度可以提高 3～4 个数量级。

频率合成技术已发展了 50 余年的时间，随着集成电路技术的发展还在不断地发展和完善中。当前频率合成方法可分为直接模拟频率合成、锁相频率合成和直接数字频率合成三种方法。

1. 直接模拟频率合成法

传统的频率合成是利用倍频、分频、混频及滤波等技术，对一个或多个基准频率进行算术运算来产生所需要的频率。由于倍频、分频、混频及滤波大多是采用模拟电路来实现，所以这种方法称为直接模拟频率合成法。

直接频率合成法的优点是工作可靠，频率切换速度快，相位噪声低。但是它需要大量的混频器、分频器和滤波器，难于集成化，所以体积大，价格昂贵。

2. 锁相频率合成法

该合成方法是利用锁相环（PLL）把压控振荡器（VCO）的输出频率锁定在基准频率上，同时，利用一个基准频率，通过不同形成的锁相环合成所需的各种频率。由于锁相频率合成的输出频率间接取自 VCO，所以该方式也称间接频率合成法。

锁相环路相当于一个窄带跟踪滤波器，节省了大量滤波器，简化了结构，且易于集成化、易于计算机控制。不足之处是它的频率切换时间相对较长。

3. 直接数字频率合成法

该方法是近年来发展起来的一种新的频率合成技术。它利用计算机按照一定的地址关系，读取数据存储器中的正弦取样值，再经 D/A 转换得到一定频率的正弦信号。该方法是从相位的概念出发进行频率合成，不仅可以直接产生正弦信号的频率，而且还能可以给出初始相位，甚至可以给出不同形状的任意波形，这是前两种方法无法做到的。

直接数字频率合成具有频率切换速度快、频率分辨率高、频率和相位易于程控等一系列的优点，尤其随着大规模集成电路的迅速发展，使得这种合成方法的应用前景越来越广阔。但是，由于受目前处理器和 D/A 转换器速度的限制，使其频率上限相对较低。

7.1.3.3 直接模拟频率合成信号源的组成

目前合成信号发生器主要采用锁相频率合成和直接数字频率合成两种方法，但由于直接模拟频率合成法具有频率切换速度快、相位噪声低等突出优点，目前还有应用。本章 7.2 和 7.3 节将分别详细的讨论锁相频率合成法和直接数字频率合成法。本节仅介绍直接模拟频率合成法及其实现原理。图 7-10 所示的电路是应用直接模拟频率合成法的一个典型例子。

图 7-10 中，石英振荡器输出的基准频率经过辅助基准频率发生器产生十个谐波，这些谐波经 4 组选择开关与对应的基本运算单元相连，每个运算单元由混频器、窄带滤波器和 10 分频器组成。通过选择不同的开关状态，便可以借助混频器、分频器合成出对应频率的输出

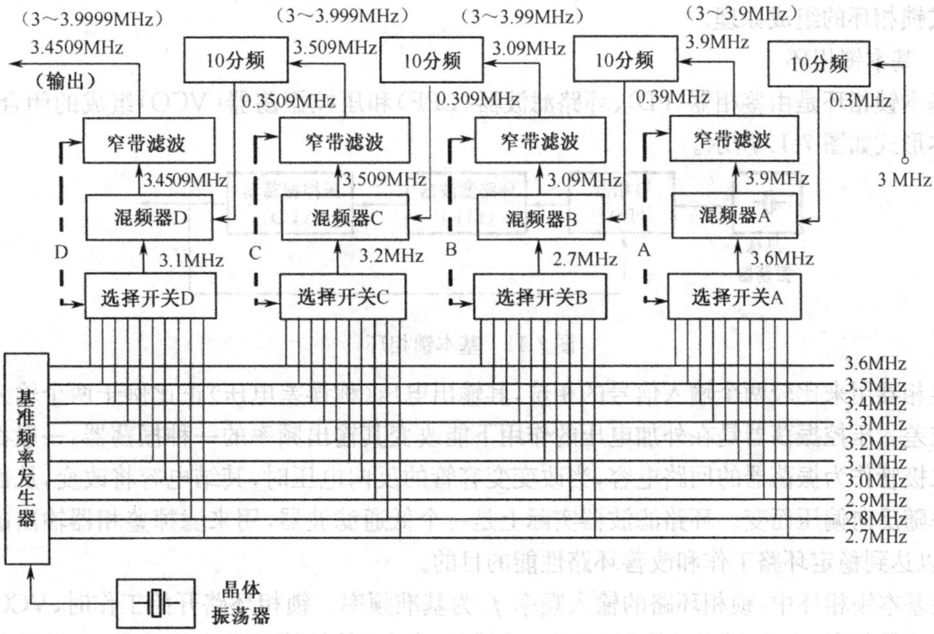

图 7-10　直接模拟频率合成的典型例子

信号。

例如，若需要产生频率为 3.4509MHz 的输出信号，则这些选择开关的状态应如图 7-10 所示。首先 3MHz 的信号经 10 分频得 0.3MHz，然后在混频器 A 内与开关 A 选出的 3.6MHz 信号相混频，并经窄带滤波器选出相加项 3.9MHz。运算合成的信号再经 10 分频得到 0.39MHz，再在混频器 B 内与开关 B 选出的 2.7MHz 信号相混频，并经窄带滤波器选出相加项 3.09MHz。依次类推，最后即可在输出端得到 3.4509MHz 的输出频率。这样，选择开关 A、B、C、D 放在不同的位置上，就可以获得 3.0～3.9999MHz 范围内的 10 000 个频率点，频率间隔(步进频率值)为 0.0001MHz。原则上说，只要级联足够的单元，就可以产生足够小的频率间隔。

这种合成器对于按十进制调节的合成信号源特别有利。由于每一个基本合成单元的输入频率近似相等，因此各单元都可以采用完全相同的电路，这对电路集成是有利的。另外，若图中的选择开关采用高速模拟开关或继电器，便可方便的通过输出接口实现程控。

7.2　锁相频率合成信号发生器

锁相频率合成法与直接数字频率合成法相比，其突出优点是输出信号的频率可以很高(可达微波波段)，相位噪声低等，因而运用锁相频率合成式组成的合成信号发生器在高频段应用中仍然占有优势。

7.2.1　锁相环的基本形式

锁相频率合成法是通过锁相环实际频率合成的方法。在锁相频率合成器中，可以利用一个基本锁相环把压控振荡器(VCO)的输出频率锁定在基准频率上，也可以通过不同形式的的锁相环对基准频率频率进行加、减、乘、除运算，合成所需的频率。本节将讨论基本锁相环和其他形式锁相环的组成原理。

1. 基本锁相环

基本锁相环是由鉴相器(PD)、环路滤波器(LPF)和压控振荡器(VCO)组成的闭合环路,其基本形式如图 7-11 所示。

图 7-11　基本锁相环

鉴相器用来比较两个输入信号的相位,其输出电压(称误差电压)正比例于两个输入信号的相位差。压控振荡器是在外加电压的作用下能改变其输出频率的一种振荡器,一般都利用变容二极管作为振荡器的回路电容,当改变变容管的反向电压时,其结电容将改变,从而使振荡频率随反向偏压而变。环路滤波器实际上是一个低通滤波器,用来滤掉鉴相器输出的高频成分,以达到稳定环路工作和改善环路性能的目的。

在基本锁相环中,锁相环路的输入频率 f_i 为基准频率。锁相环路开始工作时,VCO 的固有输出信号频率 f_o(即开环时的 VCO 自由振荡频率)不总是等于基准信号频率,即两个信号之间的相位差将随时间而变化。鉴相器将这个相位差变化鉴出并形成误差电压,并通过环路滤波器加到 VCO 上。VCO 受误差电压控制,其输出频率朝着减小 f_o 与 f_i 之间固有频差的方向变化,即 f_o 向 f_i 靠拢,这叫频率索引现象。在一定条件下,环路通过频率索引,f_o 越来越接近 f_i,直至 $f_o=f_i$,环路进入锁定状态。环路从失锁状态进入锁定状态的过程,被称为锁相环的捕捉过程。

当锁相环处于锁定状态时,输入信号和 VCO 输出信号之间只存在一个稳态相位差,而不存在频率差,即 $f_o=f_i$。锁相合成法正是利用锁相环的这一特性,把 VCO 的输出频率稳定在基准频率上,并且把 VCO 输出频率稳定度提高到与基准频率同一量级。通常,f_i 是石英晶体振荡器的振荡频率,频率稳定度可达 10^{-8} 数量级,因此,环路锁定时,普通振荡器 VCO 的输出频率稳定度就可提高到与石英晶体振荡器频率同一量级,这是 LC、RC 振荡器所远远不能达到的。

基本锁相环只能输出一个频率,而信号发生器需要输出一系列的频率值,因而还需要应用若干种不同形式的锁相环,以便在所需的频率范围内得到步进的或连续可调的输出频率。

2. 倍频锁相环

能对输入信号频率进行乘法运算的锁相环称倍频锁相环,简称倍频环。倍频环可用于向高端扩展频率合成器的频率范围,实现宽频范围的点频覆盖,特别适合用于频率间隙较大的高频及甚高频合成信号发生器。它有数字倍频环和脉冲倍频环两种形式。

数字倍频环的基本形式如图 7-12(a)所示。它在基本锁相环的反馈支路中加入了一个 N 分频器。因而在相位比较器中进行比较的两个信号的频率是 f_i 和 f_o/N。很显然,当环路锁定时,有 $f_i= f_o/N$,即 $f_o= Nf_i$,从而达到倍频。即改变分频器的分频系数 N,就能改变数字倍频环的倍频系数。由于 f_i 是由晶体振荡送来的基准信号,因此输出信号 f_o 也具有与基准信号相同等级的频率稳定度。

脉冲倍频环的基本形式如图 7-12(b)所示。脉冲形成电路将输入信号变换为含有丰富谐波分量的窄脉冲,然后再送入基本锁相环。由于环路只能锁定在某一个频率上,因此,通过改变 VCO 中变容二极管中的偏置电压，可使 VCO 锁定在基准信号的某一高次谐波上，从而达到倍频。脉冲倍频环主要优点是只需要简单的电路，即可以获得高达几百次，甚至上千次的倍频系数。

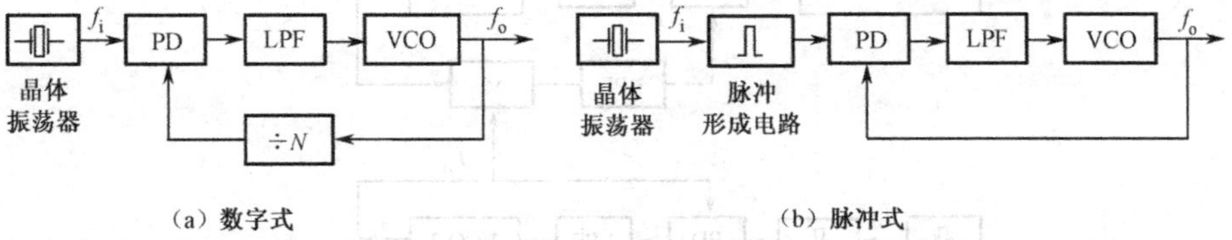

图 7-12　倍频锁相环

3. 分频锁相环

能对输入频率进行除法运算的锁相环称分频锁相环，简称分频环。分频环可用于向频率低端扩展合成器的频率范围。与倍频环类似，它也有数字倍频环和脉冲倍频环两种形式，如图 7-13 所示。

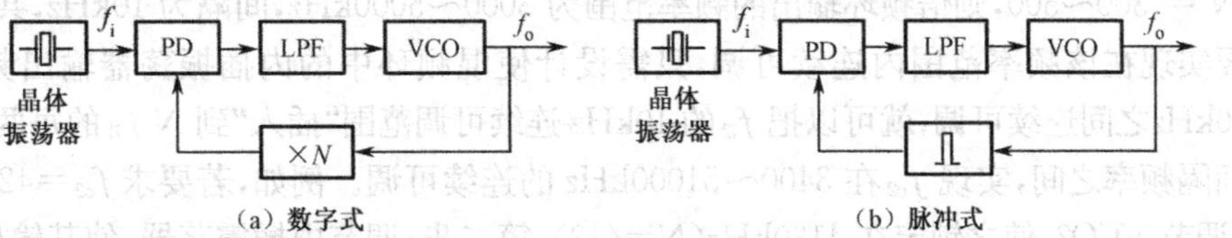

图 7-13　分频锁相环

分频环的原理可参照上述倍频环的原理进行分析，不再赘述。

4. 混频锁相环

能对输入频率进行加、减运算的锁相环叫混频锁相环，简称混频环。一个简单的混频环如图 7-14 所示，它是在基本锁相环支路中加入混频器 M 和带通滤波器 BPF 形成的。

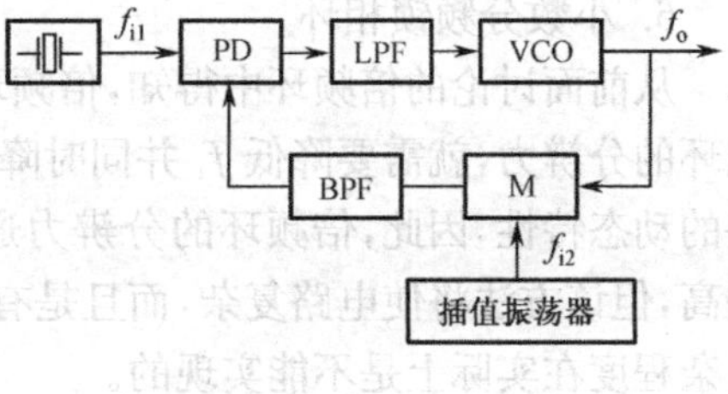

图 7-14　混频锁相环

由图 7-14 可知，如果混频器是差频式，则 $f_{i1}=f_o-f_{i2}$，即输出数频率 $f_o=f_{i1}+f_{i2}$；如果混频器是和频式，则 $f_{i1}=f_o+f_{i2}$，即输出频率 $f_o=f_{i1}-f_{i2}$。

混频环在频率合成器中可用来提供频率连续可调的输出信号。在图 7-14 中，设 f_{i1} 为晶体振荡器的输出频率，$f_{i1}=2000\text{kHz}$；f_{i2} 为内插振荡器的输出频率，$f_{i2}=50\sim60\text{kHz}$；混频器是差频式。则合成后的输出频率 $f_o=2050\sim2060\text{kHz}$ 连续可调。

混频环中的内插振荡器一般采用 LC 振荡器，其频率稳定度较低，但混频环输出频率的稳定度仍能维持在输出频率稳定度的量级上。在图 7-14 中，设晶体振荡器的频率稳定度为 1×10^{-6}/日，即 $\Delta f_{i1}=2\text{Hz/d}$，内插振荡器频率稳定度为 1×10^{-4}/日，即 $\Delta f_{i2}=6\text{Hz}$/日。因为 $f_o=f_{i1}+f_{i2}$，根据误差公式，得 $\Delta f_o=\Delta f_{i1}+\Delta f_{i2}$，则输出频率稳定度为 $\Delta f_o/f_o\approx4\times10^{-6}$/日，仍与基准频率的稳定度在同一量级。

可见，利用混频环，不仅能实现连续调节，而且 f_o 的频率稳定度仍可保持与晶体振荡器的频率稳定度在同一量级。

5. 组合式锁相环

单个锁相环很难覆盖较宽的频率范围。一个实际的合成信号发生器往往通过多种锁相环组合而成。多环频率合成单元的形式是多种多样的，下面分析一个由混频环和倍频环组成的双环合成单元，如图 7-15 所示。

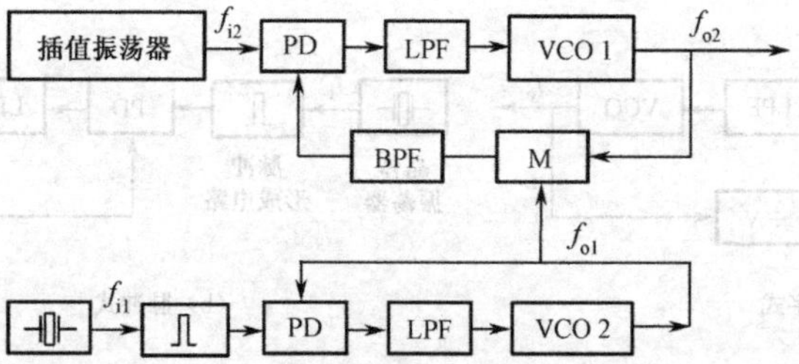

图 7-15　组合式锁相环

由倍频环原理可得 $f_{o1}=Nf_{i1}$；由混频环原理可得，$f_{o2}=f_{o1}+f_{i2}$。则 $f_{o2}=Nf_{i1}+f_{i2}$

由以上分析可知，调谐 VCO2 使倍频环锁定在 Nf_{i1} 上，能够实现在很宽范围内的点频覆盖；调谐内插振荡器的输出频率，可以实现相邻两个点频之间频率的连续可调。例如，若 $f_{i1}=10\text{kHz}$，$N=300\sim500$，则倍频环输出的频率范围为 3000～5000kHz，间隔为 10kHz，共 170 个点频。若要实现在该频率范围内连续可调，只需设计使混频环中的内插振荡器输出频率 f_{i2} 在 100～110kHz之间连续可调，就可以把 f_{i2} 的 10kHz 连续可调范围“插入”到 Nf_{i1} 的每两个相邻锁定点的间隔频率之间，实现 f_{o2} 在 3400～51000kHz 的连续可调。例如，若要求 $f_{o2}=4235.5\text{kHz}$，第一步，调节 VCO2，使之锁定在 4130kHz($N=413$)，第二步，调节内插震荡器，使其输出频率 $f_{i2}=105.5\text{ kHz}$，则通过混频环最后可合成 $f_{o2}=4130+105.5=4235.5\text{kHz}$。

混频环和倍频环中的 VCO 的可变电容应是同轴的，这样，当调节 VCO2 的频率从一个锁相点到另一个锁相点时，可使 VCO1 的输出频率作相应的变化，以进入混频环的捕捉带内。

6. 小数分频锁相环

从前面讨论的倍频环中得知，倍频环的输出频率 $f_o=Nf_i$，即分辨力为 f_i。为了提高锁相环的分辨力，就需要降低 f_i 并同时降低 LPF 的截止频率，但过分降低 LPF 的截频将影响环路的动态特性，因此，倍频环的分辨力通常不低于 10kHz。采用多环单元可以使分辨力得以提高，但该方法将使电路复杂，而且是有限度的。例如，若要求得到 1μHz 的分辨力，其电路的复杂程度在实际上是不能实现的。

近年发展起来的基于计算机技术的小数分频锁相环，可以使分辨力有很大的提高，并已在高档合成信号发生器中得到了应用。所谓小数分频只是一种平均效果，实际上每次分频的分频系数都是整数，但每次分频的分频系数不总是一样。若倍频锁相环的分频器平时按 $\div N$ 模式工作，但每 P 个 f_i 的周期，就使分频器按 $\div(N+1)$ 的模式工作一次，则该分频器的等效分频系数应为 $\left(N+\dfrac{1}{P}\right)$，这说明它具有小数分频能力。显然，这时锁相环的输出频率为

$$f_o=\left(N+\frac{1}{P}\right)f_i \tag{7.11}$$

设 $N=18$，$P=10$，则等效的分频系数为 18.1。若 f_i 为 10kHz，则 $f_o=181\text{kHz}$。使分辨力由 10kHz 提高到 1kHz。分频系数中小数点后面的位数越多，分辨力就越高。

图 7-16 是 HP3325A 型合成发生器采用的小数分频锁相环原理框图。图中虚线框内的电路是为实现小数分频而加入的，其他部分与普通的锁相环基本上相同。平时，脉冲消除电路不起作用，环路按 $\div N$ 模式工作。小数寄存器用于存放分频系数的小数部分，由微处理器送入。在输入信号 u_i 的作用下，相位累加器将逐周期地对存入的小数部分进行累加，当累加器计满

时，它输出一个溢出脉冲去控制脉冲消除电路，扣除输出信号 u_o 中的一个脉冲，使环路按÷$(N+1)$的模式工作。然后，环路又回复到÷N 模式，直到累加器的下一次溢出。

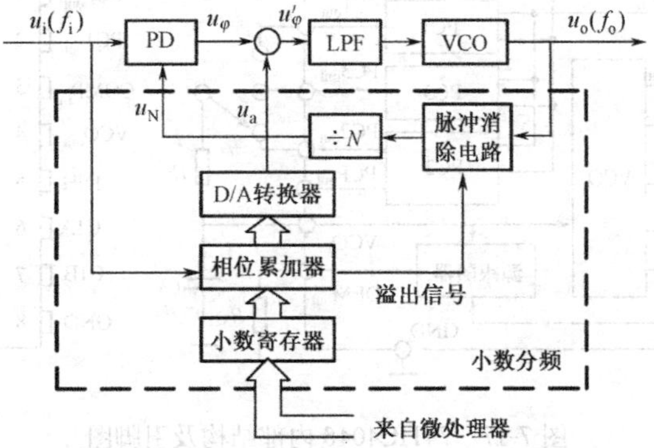

图 7-16　HP3325A 型信号发生器的小数分频锁相环原理框图

环路平时按÷N 模式工作，当环路变为按÷$(N+1)$的模式工作时，u_N 的相位将会突然滞后 u_i 一个相位，所以鉴相器的输出电压 u_φ 将呈锯齿波，其周期等于 PT_i。由于 P 值较大，这个锯齿波将很难被环路滤波器平滑，从而会对 VCO 产生寄生调频。为了改善输出信号的频谱纯度，需要对 u_φ 的锯齿波进行补偿，为此，在电路中加入了一个 D/A 转换器，用于对累加器的存数进行 D/A 转换。由于累加器的存数随 u_N 相位的递增而递加，因此 D/A 变换器的输出电压 u_a 也呈锯齿波，其周期为 PT_i。让 u_a 与 u_φ 在环路滤波器前反向叠加，则可期望叠加电压 $u_\varphi{}'$在环路锁定的时候是平滑的。

小数分频法的频率分辨力主要取决于累加器的容量，而累加器的容量可以很大，因此小数合成环的频率分辨力是很高的。HP3325A 型信号发生器采用了小数合成环，其频率分辨力高达 10^{-6} Hz（环路的参考频率 $f_i=100$kHz）。

7.2.2　通用型集成锁相环频率合成器

目前，带有锁相环的频率合成器无论在理论上或是在制作上都已达到成熟阶段，而且实现了集成化。集成化的锁相环器件分为专用的集成锁相环电路（定制 LIC）和通用型集成锁相环。在生产数量少、品种多的设备中，设计人员经常选择通用型集成锁相环。

7.2.2.1　74HC 4046 集成锁相环

最早的通用型集成锁相环是飞利浦公司研制的 NE565，但应用较为普遍的是通用型集成锁相环是 4046 系列芯片。目前，4046 系列芯片有 CD4046、74HC/74VHC4046、74VHC9046 多种类型，它们内部构成、引脚配置及性能稍有不同，例如，CD4046 的最高频率约为 1MHz，而 74HC4046 的最高频率约为 10MHz。另外，不同公司生产的同一类型的芯片其性能也可能有差别，设计时应认真参考各公司提供的芯片性能数据表。

74HC4046 是目前应用较多的一款通用型集成锁相环芯片。它由一个线性 VOC 和三种相位比较器组成，使用时，只要在外部增加环路滤波器就可以构成一个基本锁相环。74HC4046 的内部结构、基本连接及引脚如图 7-17 所示。

1. 压控振荡器（VCO）

74HC4046 的 VCO 是一种 RC 充放电式的压控多谐振荡器。若在引脚 VCO_{in} 加一电压，外

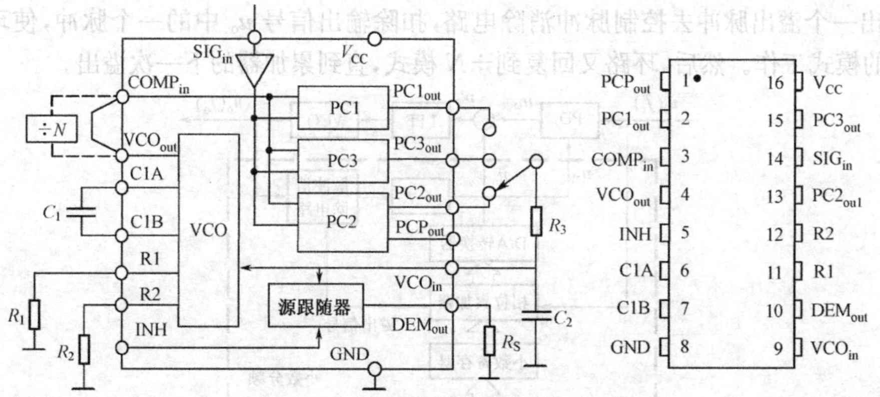

图 7-17　74HC4046 内部结构及引脚图

接电容 C_1（在引脚 C 1A和 C 2A之间）、电阻 R_1 和 R_2，VCO 即可振荡。其中，R_1 和 C_1 决定 VCO 振荡频率的范围，频率的高低与外加在引脚 VCO$_{in}$上的电压大小成正比，R_2 可使 VCO 最低振荡频率抬高，当要求 VCO 的振荡频率范围从零点至某一频率，无须外接电阻 R_2（引脚 R_2 悬空）。加至引脚 VCO$_{in}$的电压来自环路低通滤波器，环路低通滤波器由外接电阻 R_3 电容 C_2 组成，由于 VCO 输入阻抗高，R_3 和 C_2 具有较宽的选择范围，简化了环路低通滤波器的设计。VCO 的输出端 VCO$_{out}$可以直接连接至相位比较器的输入端 COMP$_{in}$，或经过分频器再接至输入端 COMP$_{in}$。

从引脚 VCO$_{in}$进入的电压还同时经过缓冲器送到引脚 DEM$_{out}$，作为信号调制器输出端，若不使用，该引脚应悬空。引脚 INH 为 VCO 工作禁止端，若 INH 接高电平，则 VCO 被禁止工作，进入低功耗状态。

2. 相位比较器

74HC4046 有三个相位比较器 PC1、PC2 和 PC3。这三个相位比较器不能同时使用，要根据情况使用其中一个。

PC1 是一个异或门鉴相器，电平触发，因而对输入波形中的噪声不敏感，但是要求两路比较信号具有 50%的占空比；PC2 和 PC3 是在波形的上升沿触发，若波形中叠加有噪声，工作可能不稳定。在三种相位比较器中，PC2 是最常用的一种相位比较器，这是因为 PC2 的锁相范围最宽，它可以在 VCO 振荡频率的全部范围内锁相。但 PC2 对噪声较敏感，因此，在实际使用中应注意不要在输入信号中混入脉冲信号。

7.2.2.2　74HC 4046 集成锁相环频率合成器的设计

一个使用 74HC 4046 设计的时钟频率合成器的框图如图 7-18 所示。

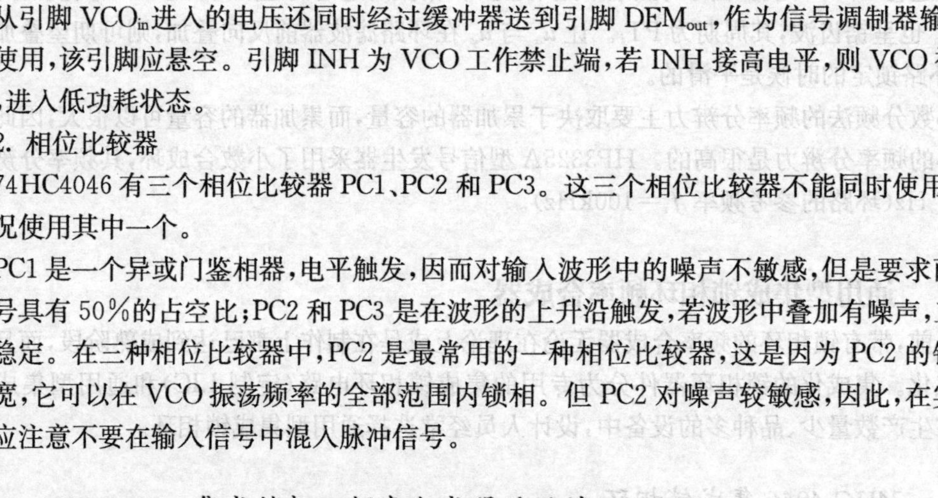

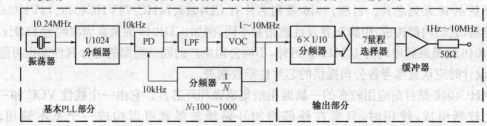

图 7-18　使用 74HC 4046 设计的时钟频率合成器框图

频率合成器可分为基本 PLL 部分和输出部分。在基本 PLL 部分中，晶体振荡器产生的信号频率为 10.24MHz，通过 1024 分频可得到 10kHz 的基准频率；分频器设定为 1/100～1/1000，使 VCO 产生的信号频率范围为 1～10MHz。输出部分设计有分频器、量程选择器和缓冲器，PLL 电路输出的信号经 6 级 1/10 分频选择，可以得到下述 7 个量程频率范围的输出信号。

(1) 10Hz 量程：频率范围为 1～10Hz，分辨力为 10mHz；

(2) 100Hz 量程：频率范围为 10～100Hz，分辨力为 100mHz；

(3) 1kHz 量程：频率范围为 100Hz～1kHz ，分辨力为 1Hz；

(4) 10kHz 量程：频率范围为 1～10kHz，分辨力为 10Hz；

(5) 100kHz 量程：频率范围为 10～100kHz，分辨力为 100Hz；

(6) 1MHz 量程：频率范围为 100kHz～1MHz，分辨力为 1kHz；

(7) 10MHz 量程：频率范围为 1～10MHz，分辨力为 10kHz。

该频率合成器中基本 PLL 部分的电路如图 7-19 所示。

基准时钟电路主要由 74HC4060 和 10.24 MHz 晶体组成。74HC4060 内有振荡电路和分频器，振荡电路产生的频率为 10.24 MHz，该信号经内部 1024 分频后得到了稳定的 10kHz 基准时钟。图中可调电容 CV_1 用于对输出频率进行微调，可以得到约 50×10^{-5} 的频率精度。

74HC4046 片内既有相位比较器，又有 VCO，使用很方便。但是，由于片内相位比较器和 VCO 在封装时公用一个地，这样相位比较器在公共阻抗上产生的脉冲电压可能会混入 VCO 的输入信号中。为了避免两者之间的干扰，这里使用两片 74HC4046，使相位比较器与 VCO 独立，这样相位比较器输出的脉冲就不会影响 VCO。

另外，为了使 VCO 输出的频率范围能达到 10 倍，在 74HC4046 的引脚 R_1 端接入了稳压二极管 VD_1，使 VCO 的控制电压按指数函数规律增加，展宽了 VCO 输出的频率范围。

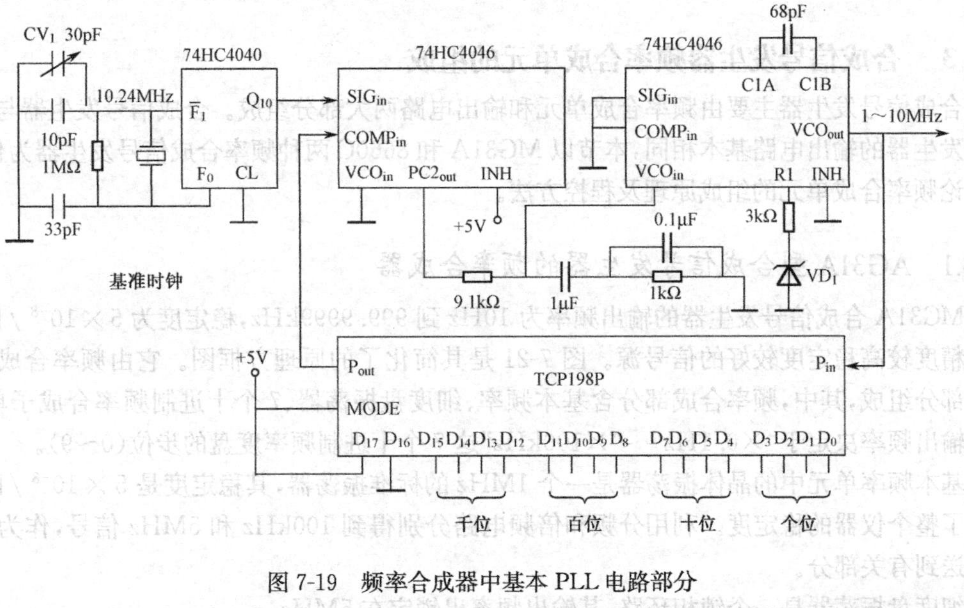

图 7-19　频率合成器中基本 PLL 电路部分

TC9198P 是一种可编程的分频器/脉冲吞没式计数器。当 MODE 引脚接高电平时，器件设定为可编程的分频器，并要求输入并行的数据为 BCD 码。在本电路中，D_{17} 引脚接高电平，D_{16} 引脚接地，则分频器的最大设定范围应为 5～9999，本电路使用的设定范围为 100～1000。

该频率合成器输出电路部分的电路如图 7-20 所示。

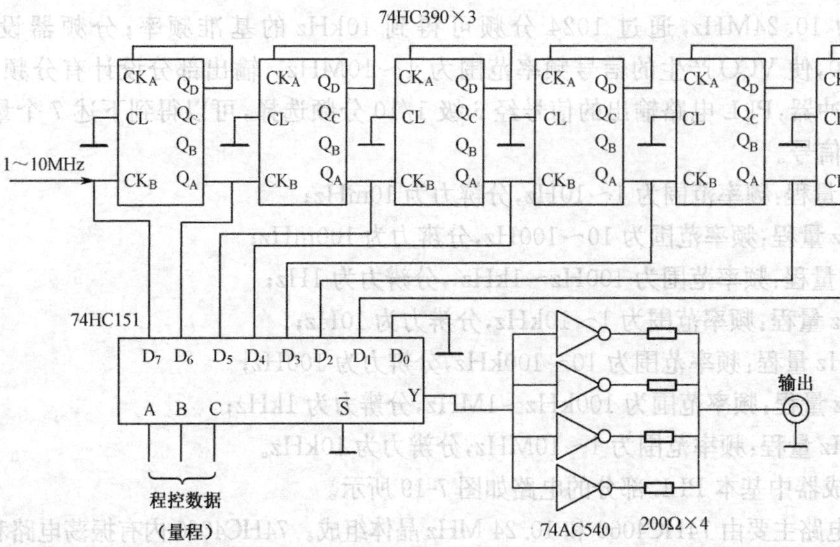

图 7-20　频率合成器中输出电路部分

频率合成器输出部分量程选择电路由三个双十进制计数器 74HC390 和一个 8 路选择器 74HC151 组成。74HC390 芯片构成 6 级 10 分频器，各级 10 分频器的输出再由 IC74HC151 进行选择，从而得到 7 个量程频率范围的切换。

输出缓冲采用能输出较大电流的高速缓冲器 74AC540。若只使用单个 74AC540，驱动 50Ω 负载时电流不够，因此采用 4 个缓冲电路（在同一封装内）并联以增大驱动电流，每个缓冲器的输出端都串联接入了一个 200Ω 的电阻，总输出阻抗为 50Ω。

7.2.3　合成信号发生器频率合成单元的组成

合成信号发生器主要由频率合成单元和输出电路两大部分组成。合成信号发生器与通用信号发生器的输出电路基本相同，本节以 MG31A 和 8660C 两种频率合成信号发生器为例，侧重讨论频率合成单元的组成原理及程控方法。

7.2.3.1　AG31A 型合成信号发生器的频率合成器

MG31A 合成信号发生器的输出频率为 10Hz 到 999.9999kHz，稳定度为 5×10^{-8} /日，是一台精度较高稳定度较好的信号源。图 7-21 是其简化了的原理方框图。它由频率合成和输出两部分组成，其中，频率合成部分含基本频率、细度盘振荡器、7 个十进制频率合成子单元。它的输出频率决定于"×0.1Hz"～"×100kHz"这 7 个十进制频率度盘的步位（0～9）。

基本频率单元中的晶体振荡器是一个 1MHz 的标准振荡器，其稳定度是 5×10^{-8} /日，它决定了整个仪器的稳定度。利用分频和倍频电路分别得到 100kHz 和 5MHz 信号，作为标准频率送到有关部分。

细度盘振荡器是一个锁相环路，其输出频率出锁定在 5MHz。

频率合成部分由 0.1Hz 子单元到 100kHz 子单元 7 级组成，各级电路相同。每级子单元都有两个锁相环路：下面锁相环路相当于是一个晶体振荡器，用一个波段开关进行管理，其输出频率分别为 4.5MHz、4.6～5.4MHz，共分 10 挡（0～9），每挡相差 100kHz；上面锁相环路中有一个压控振荡器，用同一个波段开关来改变其中变容二极管上的直流电压，使其工作在所

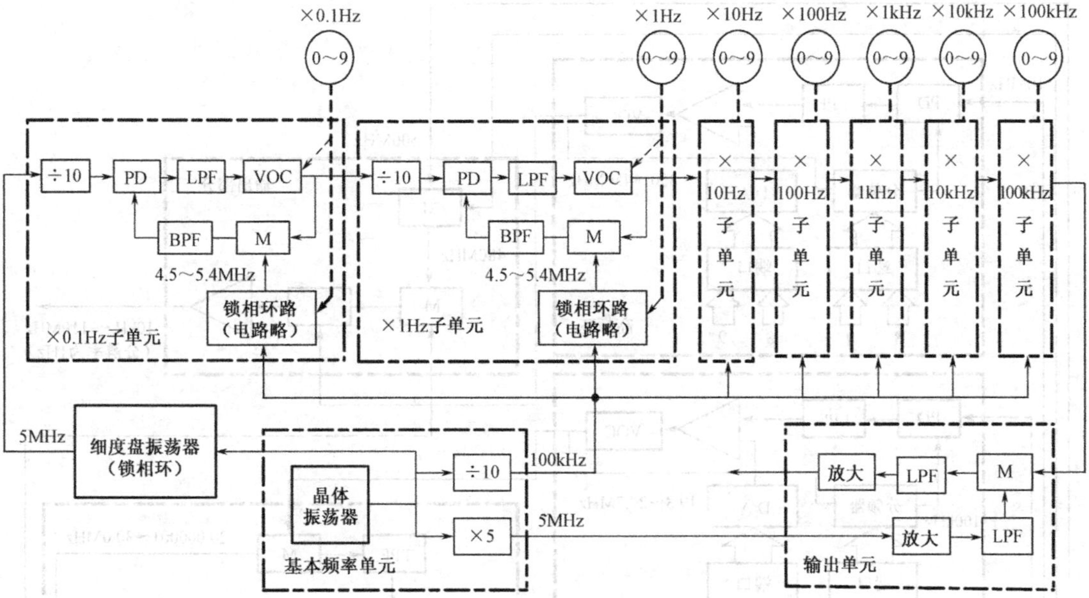

图 7-21　MG31A 合成信号发生器原理方框图

需频率附近。再由鉴相器来的直流电压使其准确地锁定于所需的频率上。环路中的低通滤波器的截止频率 f_c= 700kHz。

输出部分中有一个混频器。它的一个信号来自 100kHz 子单元，另一个信号(5MHz)来自基本频率单元，取其差频即得到所需的输出频率。

现在，我们来分析一下如何得到 0.1234567MHz 这个频率。

此频率的最后一位数是 7，它对应于频率合成部分的 0.1Hz 子单元，即该级的波段开关应该置于 7 的位置上，此时压控振荡器工作于 5.7MHz 附近。该级鉴相器的一个输入信号来自细度盘振荡器。经过十分频后，送到鉴相器输入端的信号频率为 500kHz。为了使混频器的输出也为 500kHz，下面的锁相环路应该工作在 5.2MHz，即波段开关也正好应该在 7 的位置。锁定时，压控振荡器的频率准确地工作在 5.7MHz 上。

同理，倒数第二位数是 6，它应与 1Hz 子单元对应，即该位的波段开关应置于 6 的位置，压控振荡器即工作于 5.67MHz 附近。其鉴相器的一个输入信号来自前级，经 10 分频后为 570kHz。为了使该级混频器输出 570kHz 的信号，波段开关也正好置于 6 的位置，即插值振荡器应该工作于在 5.1MHz。当环路锁定时，该级压控振荡器准确地工作在 5.67MHz 的频率上。

依次类推，10Hz 到 100kHz 各子单元的波段开关分别应放在 5、4、3、2、1 的位置，各级压控振荡器应分别工作在 5.567MHz、5.4567MHz、5.34567MHz、5.234567MHz 和 5.1234567MHz。最后，由 100kHz 子单元输出的 5.1234567MHz 信号送到输出级的混频器，与来自经过滤波器的 5MHz 信号混频，差出 0.1234567MHz，这就是我们需要的频率。

MG31A 是手动式合成信号发生器，如果需要输出某一个频率，需要拨动有关波段开关的位置与频率数的各位一一对应。

7.2.3.2　8660C 型合成信号发生器的频率合成器

8660C 是程控式合成信号发生器，其输出频率为 10kHz 到 110MHz，分辨力为 1Hz，输出频率可由面板上的键盘控制。图 7-22 是 8660C 频率合成信号发生器的简化方框图。图中主

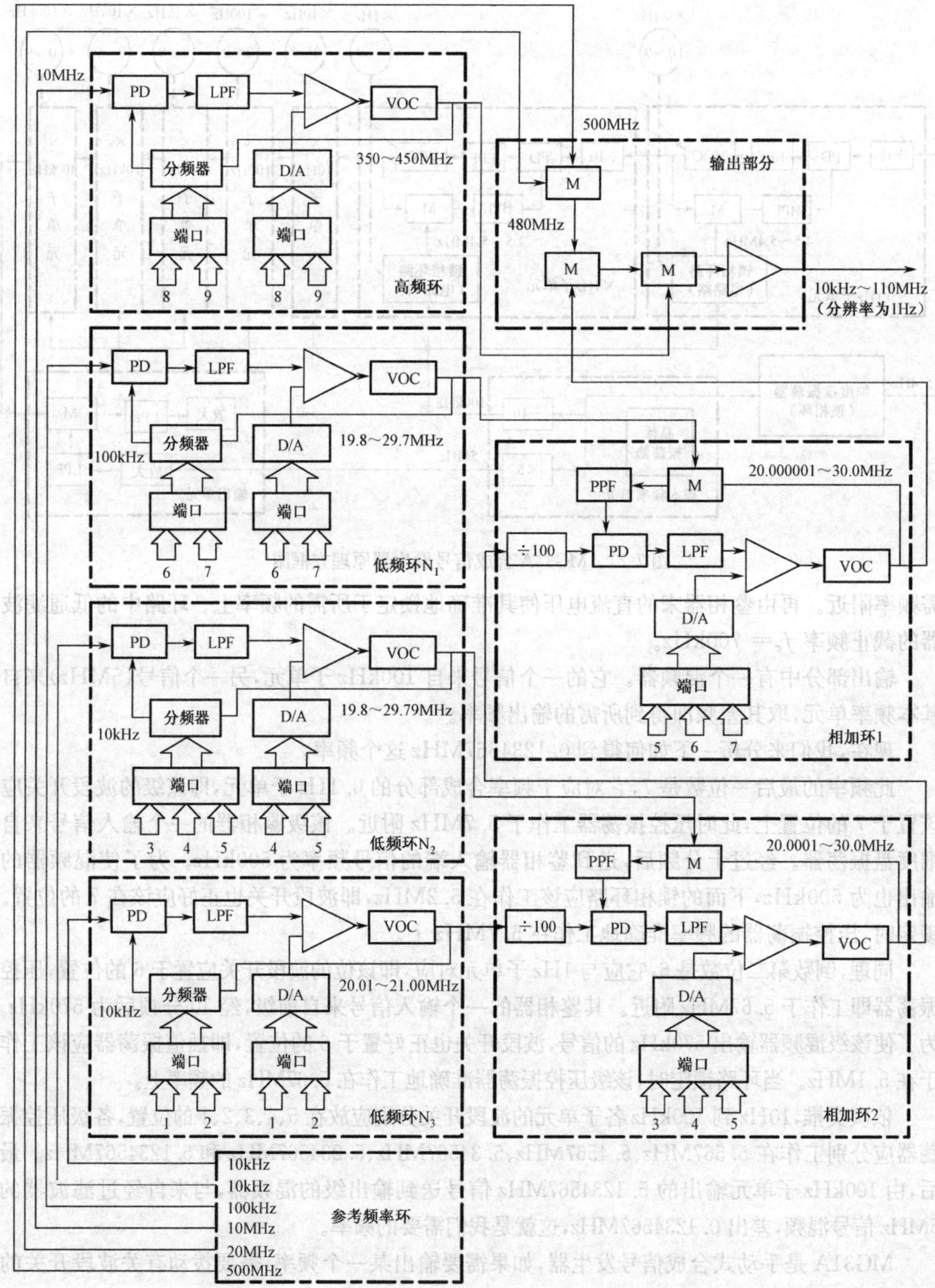

图 7-22　8660C 频率合成信号发生器的简化方框图

要画出了与频率合成有关的部分。

8660C 的合成单元主要有参考频率环，低频环 N_1、N_2、N_3，相加环 1，相加环 2 和高频环等单元组成。各环路中的分频器和 D/A 转换器所需要输入的数据由数控单元通过对应的端口提供。

参考频率环路向各环路提供必要的参考频率。参考环路输出的各信号均由锁定在标准频率上的压控振荡器经分频后得到。

系统规定低频环 N_1 的输出频率范围是 19.8～29.70MHz。压控振荡器的输出送入环路分频器，分频器的分频系数由数控单元送到输入端口的 BCD 码数据 6 和 7 确定。当环路锁定时，分频器输出到鉴相器的信号频率应该为 100kHz，所以分频器分频系数的范围为 $K_1 = 19.8/0.1 \sim 29.70/0.1 = 198 \sim 297$。

数控单元送到分频器端口的数据 6 和数据 7 同时也送给 D/A 转换器的端口，该数据经 D/A 转换器输出直流电压，使压控振荡器工作在所需的频率附近，起到频率粗调的作用，由鉴相器输出的电压和 D/A 转换器输出的电压相加后才能使压控振荡器准确地工作在所需的频率上。

送到其他环路端口中的 BCD 码数据 1、2、3、4、5、8 和 9 的意义都相同。其中数据 8 和数据 9 用于高频环路，其余用于低频环路和相加环路。频率合成器输出频率中的各位数值与数控单元输出到各端口代码的对应关系规定如下：

设频率合成单元的输出频率为：0　0　2　3.　4　5　6　7　8　9　MHz

　　　　　　　　　　　　　　↓　↓　↓　↓　↓　↓　↓　↓　↓　↓

送到对应端口的 BCD 码为：　10　9　8　7　6　5　4　3　2　1

输出频率和送到各对应端口的 BCD 码数据的对应关系由数控单元计算得到。系统规定 N_1 环的输出频率是 19.8～29.7MHz。当环路锁定时，分频器的输出应为 100kHz，所以其分频系数 S_1＝198～297，它应由一个分频系数为 198 的固定分频器和分频系数为 0～89 的可预置的分频器两部分组成。N_1 环输出的频率与可程控分频器预置输入端 6 和 7 的关系是：N_1（即 29.70MHz）减去合成单元输出频率值倒数第 7 位和第 6 位的数（即 3.4MHz）。则 N_1 环的输出频率 f_1＝29.70－3.4＝26.3(MHz)，这时，分频器的分频系数 K_1＝263，因而传送给端口 6 和 7 的数据应分别为 6 和 5(263－198＝65)。

系统规定 N_2 环的输出频率是 19.8～29.79MHz。当环路锁定时，可程控分频器的输出频率为 10kHz，所以其分频系数 K_2＝1980～2979。N_2 环输出的频率与可程控分频器预置输入端 3、4 和 5 的关系是：29.79MHz 减去倒数第 5 位、4 位和 3 位的数（即 5.67MHz）。实例中，N_2 环的输出频率 f_2＝29.79－5.67＝24.12(MHz)，这时，分频器的分频系数 K_2＝2412，传送给端口 3、4 和 6 的数据应分别为 4、3 和 2(2412－1980＝432)。

系统规定 N_3 环输出的频率为 20.01～21.00MHz。在环路锁定时，可程控分频器的输出频率为 10kHz，所以其分频系数 K_3＝2001～2100，同理，N_3 环的输出频率与可程控分频器预置输入端 1 和 2 的关系是：21.00MHz 减去倒数第 2 位和第 1 位的数。实例中，N_3 环输出的频率应为 f_3＝21.00－0.89＝20.11(MHz)，这时，分频系数 K_3＝2011。传送给端口 1 和 2 的数据应分别为 1 和 0(2011－2001＝10)。

高频环路的输出的频率为 350～450MHz。高频环路的工作原理与低频环路相同，只是具体数值不同而已。在环路锁定时，分频器的输出频率为 10MHz，所以其分频系数 K_{HF}＝35～45。同理，实例中的输出频率应为 450－20＝430(MHz)。

相加环 2 的输出频率范围规定为 20.0001～30.0MHz，增量为 100Hz。相加环 2 中的鉴相器有两个输入信号，一个输入信号频率等于 N_3 的输出频率除以 100，另一个输入信号频率等于相加环 2 的输出频率与 N_2 环的输出频率之差。当环路锁定时，鉴相器的两个输入信号的频率应该相等，所以压控振荡器的输出频率等于 N_2 环的输出频率加上除以 100 后的 N_3 环

的输出频率。如果把实例中的 f_2 和 f_3 代入，则相加环 2 的输出频率应为

$$f_{SL2}=\frac{f_3}{100}+f_2=\frac{20.11}{100}+24.12=0.2011+24.12=24.3211(\text{MHz})$$

相加环 1 的输出频率范围规定为 20.000001～30.0(MHz)，其增量为 1MHz。按照上述分析，当环路锁定时，其压控振荡器的输出频率等于 N_1 环的输出频率加上除以 100 后的相加环 2 的输出频率。由此可以得到实例的输出频率为

$$f_{SL1}=\frac{f_{SL2}}{100}+f_1=\frac{24.3211}{100}+26.3=0.243211+26.3=26.543211(\text{MHz})$$

相加环 1 的输出将送到输出部分经多次混频及放大后送出。其过程是：由参考环来的 500MHz 和 20MHz 两个信号混频，差出 480MHz，再与相加环 1 的 26.543211MHz 的信号混频。差出 453.456789MHz 信号，最后再与从高频环来的 430MHz 信号混频，差出 23.456789MHz 的信号，这就是最后输出的所需要的频率。

为了加深理解，再分析一例。假设要求该合成器输出 107.654321MHz 的频率，则只要在面板的键盘上打入这个频率值，则各环的有关数据如下。

N_3 环：$K_3=2100-21=2079$，$f_3=20.79$MHz；

N_2 环：$K_2=2979-543=2436$，$f_2=24.36$MHz；

N_1 环：$K_1=297-76=221$，$f_1=22.1$MHz；

相加环 2：$f_{SL2}=24.5679$MHz；

相加环 1：$f_{SL1}=22.345679$MHz；

高频环：$K_{HF}=45-10=35$，$f_{HF}=350$MHz；

输出电路：500MHz－20MHz＝480MHz；

480MHz－f_{SL1}＝480MHz－22.345679MHz＝457.654321MHz；

457.654321MHz－f_{HF}＝457.654321MHz－350MHz＝107.654321MHz。

从 8660C 的工作过程可以看出，各个环中 VOC 输出频率的改变都是通过程控和电调来实现的。VOC 的振荡回路都采用了变容二极管，变容二极管是一种电控组件，改变其直流电压就可以改变其电容值，从而调节了振荡器的频率，这就是电调。电调所需要的直流电压是由环中鉴相器输出电压和预置 D/A 转换器输出电压之和提供的，而这两个电压的大小分别取决于处理器送到对应分频器端口和预置 D/A 转换器端口的数据。

图 7-23 是 N_3 环路中压控振荡器及相应电调控制和程控接口电路的简图。压控振荡器的

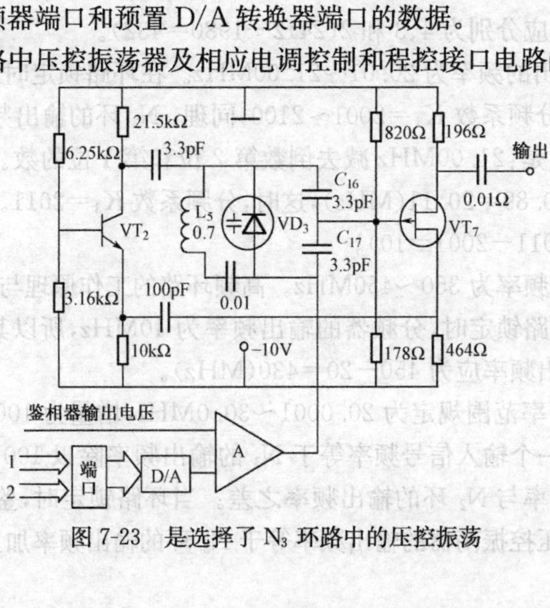

图 7-23　是选择了 N_3 环路中的压控振荡

振荡回路由 L_5、C_{16}、C_{17}和变容二极管 VD_3 组成，其工作频率范围为 20.01～21.00MHz。D/A转换器的输出电压和鉴相器的输出电压经 A 放大并相加后给变容二极管提供控制电压，从而使压控振荡器准确地工作在所需的频率上，该振荡信号再经 VT_7 放大后输出。

7.2.4 典型合成信号发生器分析

QF1480 型合成信号发生器是一种智能化、全程控的合成信号源，由前锋无线电仪器厂与美国 FLuKE 公司合作生产。为了叙述方便，本节把 QFl480 型合成信号发生器的电路分为合成信号源电路、输出电路与控制电路三部分，分别予以讨论。

7.2.4.1 合成信号源电路原理

合成信号源电路由主锁相环、800/40MHz 锁相环、子合成器、FM 功能电路、10MHz 基准等功能电路组成。电路框图如图 7-24 所示。

合成信号发生器输出的频率范围为 10kHz～1050MHz，内部电路将其分为三个频段：低频段 0.01～245MHz；中频段 245～512MHz；高频段 512～1050MHz。高频段和中频段由主锁相环产生。低频段由固定的 800MHz 信号与 800.01～1045MHz 频率差频产生，其中，固定的 800MHz 信号由 800/40MHz 锁相环产生，其余部分在输出部分电路中实现。

在图 7-24 中，主锁相环由环路振荡器 VCO、除 2 分频器、单边带混频器 SSB、三模预置分频器、N 分频器、鉴相器和环路放大器组成，其中，三模预置分频器和 N 分频器一起组成了一个小数分频器。主锁相环的主要任务是产生高频段(512～1050MHz)的频率和除 2 后产生中频段(245～512MHz)的频率，此外，主锁相环还负责实现 FM 调制。

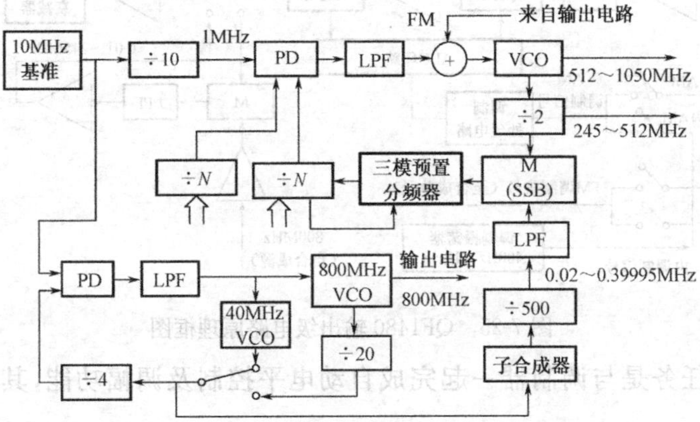

图 7-24　QFl480 合成信号源部分的电路框图

主锁相环采用了电流型的鉴相器，输入的参考频率为 lMHz。

VCO 是主锁相环的核心，它的控制电压范围为＋2～＋18V，其输出信号的频率为高频段(512～1050MHz) 的频率。VCO 产生的高频段信号经除 2 分频得到中频段(245～512MHz)的频率，该中频段信号一路经耦合电路直接送至输出电路，另一路和来自子合成器送来的 20～39.995kHz(步进值为 5Hz)信号在单边带混频器中混频，得到抑制了上边带的输出信号。设中频段的频率为 f_1，子合成器来的信号为 f_s，则经过单边带混频器之后，输出信号为 f_1-f_s。由三模预置分频器和 N 分频器组成的小数分频器能提供$\left(N+\frac{2m}{100}\right)$的分频比。这样，当环路锁定时

$$(f_1 \sim f_s)/N + \frac{2m}{100} = 1\text{MHz} \tag{7.12}$$

整理得 $$f_1 = \left(N + \frac{2m}{100}\right) \times 1\text{MHz} + f_s \tag{7.13}$$

式(7.13)说明，虽然鉴相器的参考频率为1MHz，但由于采用小数分频技术，使环路能获得$\frac{2\times 1}{100}\times 1\text{MHz} = 20\text{kHz}$的最小分辨率。

7.2.4.2 输出级电路原理

QF1480的输出电路接受来自合成电路VOC电路的射频信号及来自控制电路的指令，完成如下几项功能：降低射频信号的谐波失真；产生0.01～1050MHz的射频信号；控制射频信号的幅度；实现幅度调制以及通过混频产生0.01～245MHz低频段信号。产生AM、FM所需调制信号的振荡器电路也在输出级电路上。QF1480输出级电路原理框图如图7-25所示。

从合成信号源来的信号通过7dB增益放大器缓冲放大之后，经过几个低通滤波器送至调制器。调制器除了完成AM的任务之外，还与ALC环路共同完成自动电平控制。输出部分还能产生10kHz～245MHz的低频段频率，从而把输出信号的频率扩展至10kHz～1050MHz。10kIIz～245MHz频段的频率是从基本频段中的800.01～1045MHz频率与800MHz进行差频得到的。在输出部分之后是一个程控的7节衰减器（1个6dB，1个12dB，5个24dB），负责把输出信号的电平衰减到最小－127dBm。输出部分还包括本机的内调制振荡器，产生400Hz和1000Hz两种调制频率。

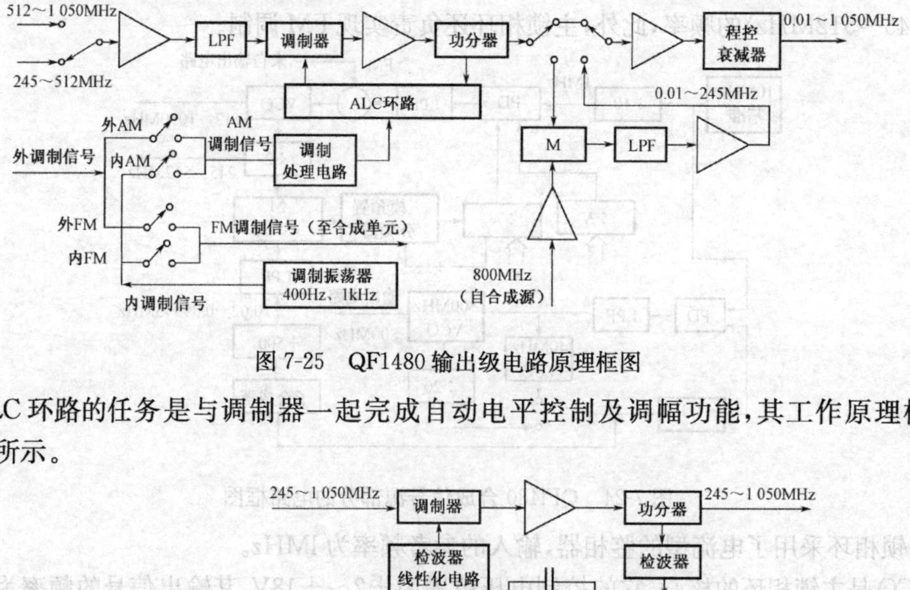

图7-25 QF1480输出级电路原理框图

ALC环路的任务是与调制器一起完成自动电平控制及调幅功能，其工作原理框图如图7-26所示。

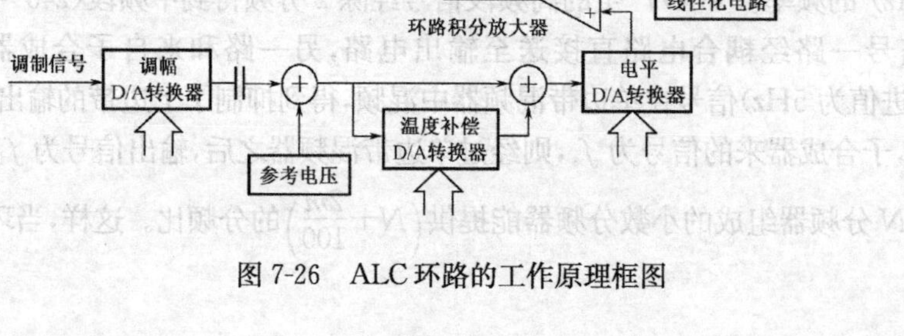

图7-26 ALC环路的工作原理框图

图 7-26 中，由前级滤波器来的信号首先经由 PN 二极管组成的调制器，完成 AM 和输出电平控制的功能。PN 调制器是实质上是一种压控衰减器，其控制电压是由 ALC 环路反馈支路提供的。当未加调幅时，由输出功分器来的一路信号，经检波器检波后输出一个直流电压；该电压是非线性的并且是温度的函数，所以在检波器之后紧跟着一个线性化电路，使输出电压经线性化处理后加到环路积分放大器的负向输入端；电平控制是由加在环路积分放大器正向输入端上的电压所决定，该电压由一个 12 位的电平 D/A 转换器提供，电平 D/A 转换器的数据由微机送来，如果积分放大器的正向输入端末加调制电压，该控制电压仅受控于微机送来的输出电平信息；最后，环路积分放大器输出信号经检波器线性化电路加到调制器上，于是改变了 PN 二极管的等效电阻。由反馈理论可知，积分放大器的输出将促使其负端输入电压与正向输入电压相等，从而达到自动电平控制的作用。图 7-26 的下半部分是调制信号处理电路，一个由内调振荡器或外调制源来的 $1V_{峰值}$ 调制信号加到调幅 D/A 转换器的参考输入端，微机送来的 8bit 调幅深度数据加到 D/A 转换器的数据输入端，因而调幅 D/A 转换器输出的调制信号的幅度取决于微机送来的调幅度信息。这个加入了制调幅度信息的调制信号和参考电压相加后，再与温度补偿电压相加(温度补偿信息加在温度补偿 D/A 转换器的数据输入端)。最后，这几个电压之和加到电平 D/A 转换器的参考输入端，由电平 D/A 转换器的输出控制环路积分放大器正向输入端电压的大小。环路积分放大器输出的信号再经调制器线性电路处理之后，作为调制器的压控电压，达到幅度调制的目的。

衰减器电路是由衰减器及继电器控制电路组成，衰减器部分由 1 个 6dB，1 个 12dB 和 5 个 24dB 衰减单元组成，能提供 0～138dB 的衰减(步进 6dB)。图 7-27 给出了其中 24dB 衰减单元及其控制的电路图。

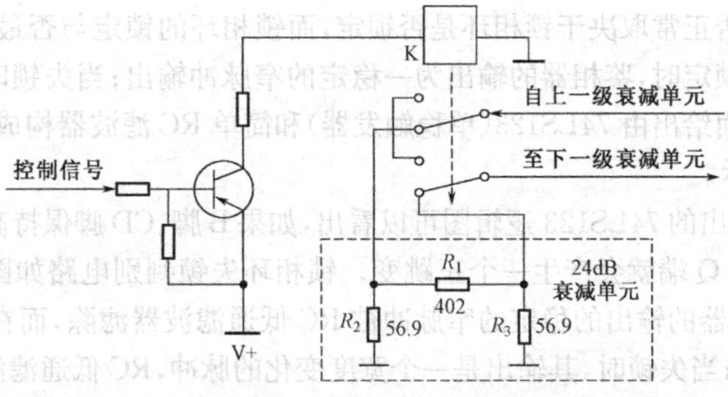

图 7-27　24dB 衰减单元及其控制电路

控制电路来的控制信号可以控制开关管的通断。当控制信号为高电平时，开关管截止，送到继电器的控制信号为低电平，继电器处于释放状态，于是 K 将由 R_1～R_3 构成的 24dB 衰减单元接入。当控制信号为低电平时，开关管饱和，继电器 K 的控制信号变高电平，处于直通状态，即 24dB 衰减单元未接入。

7.2.4.3　控制单元工作原理

QF1480 的控制电路采用了美国 TI 公司生产的准 16 位微处理器 TMS9995，其电路的组成与通常的智能型的合成信号发生器差别不大，不再作进一步的阐述。QF1480 的软件采用了多任务调度的形式。在系统中设置了若干个具有独立功能，但彼此又有一定联系的任务模块，其软件的总体框图如图 7-28 所示。

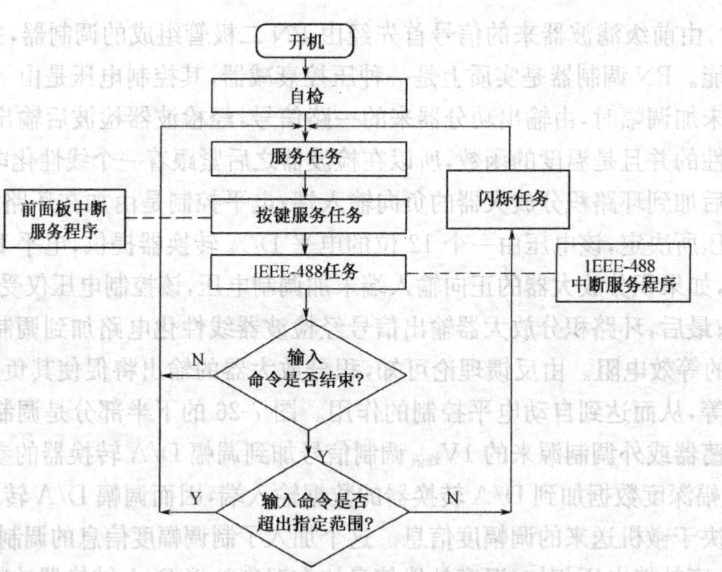

图 7-28　QF1480 系统软件总体框图

控制单元实现的自诊断、自修正功能是 QF1480 很有特点的内容。本节以锁相环路的自诊断和锁相环路带宽补偿的自修正功能为例进行讨论。

1. 锁相环路的自诊断

所谓自诊断就是仪器对自身工作状态的检查。模拟电路的自诊断首先应能找到电路工作不正常的特征，然后使这个特征转换成微处理器能够识别的高低电平信号。

锁相环工作是否正常取决于锁相环是否锁定，而锁相环的锁定与否最终反映在鉴相器的输出上。当锁相环锁定时，鉴相器的输出为一稳定的窄脉冲输出；当失锁时，输出将是一个宽度变化的脉冲。下面给出由 74LS123(单稳触发器)和简单 RC 滤波器构成的锁相环失锁判别电路，如图 7-29 所示。

由图 7-29(a)给出的 74LS123 逻辑图可以看出，如果 B 脚、CD 脚保持高点平，只要 A 脚输入一个负脉冲，那么 Q 端就会产生一个正跳变。锁相环失锁判别电路如图 7-29(b)所示。当锁相环锁定时，鉴相器的输出的稳定的窄脉冲被 RC 低通滤波器滤除，而在 A 端保持高电平，即 Q 端无脉冲输出；当失锁时，其输出是一个宽度变化的脉冲，RC 低通滤波器无法滤波，于是在 Q 端输出一个脉冲。微机检测到这个信号后，即可诊断锁相环处于失锁状态。由于 74LS123 是可重复触发的，所以只要触发脉冲周期小于某一与 RC 相关的时间常数，Q 端输出将继续保持高电平。

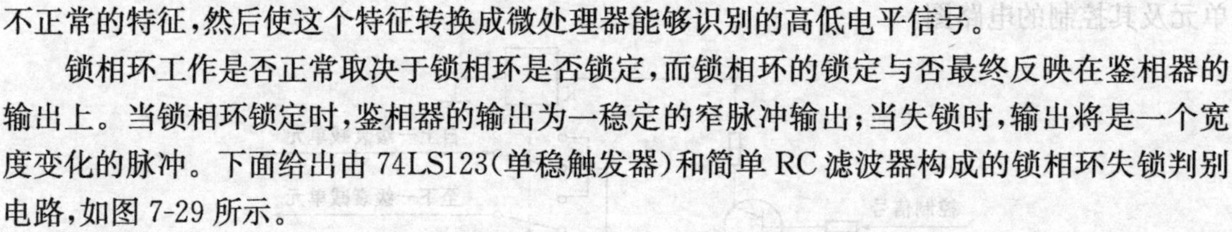

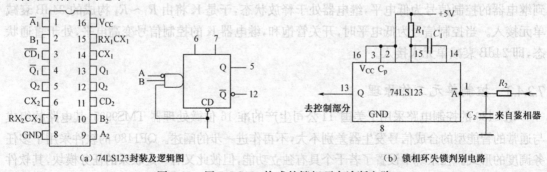

(a) 74LS123封装及逻辑图　　(b) 锁相环失锁判别电路

图 7-29　用 74LS123 构成的锁相环自诊断电路

2. 锁相环路带宽补偿的自修正

锁相环路带宽补偿是 QF1480 的特色之一。锁相环带宽可近似表示为

$$f_c = k_v \cdot k_\varphi / N \tag{7.14}$$

式中，k_v 为 VCO 调谐系数；k_φ 为鉴相器增益；N 为分频比；k_φ 可视为常数，但 k_v 和 N 值都会随着 VCO 输出频率而变化，因此使得锁相环带宽 f_c 随频率的变化而变化。

补偿的基本思路是：设计一个电路，使 k_φ 也随频率的变化而变化，且与 k_v/N 的变化成反比。这样，就能使其变化相互抵消，使 f_c 保持恒定。自修正按照以下顺序：首先利用 Kv/N 变化规律，计算出 k_φ 的补偿数据；然后，将补偿数据通过 D/A 转换器转换成模拟信号施加到 VCO 的控制端，从而能对锁相环路带宽进行补偿修正。

7.3 直接数字频率合成信号发生器

7.3.1 直接数字频率合成技术概述

直接数字频率合成就是通常所说的 DDS 或 DDFS(Direct Digital Frequency Synthesis)。DDS 是一种从相位概念出发直接合成所需波形的一种全数字式的频率合成技术，由J. Tierney 等人于 1971 年首次提出。限于当时技术和器件的限制，它的性能指标尚不能与已有的技术相比，故未受到重视。近年来，随着微电子技术的迅速发展，直接数字频率合成器得到了飞速的发展，它以突出的优越性能和特点成为现代频率合成技术中的佼佼者。

7.3.1.1 DDS 的基本组成原理

任何频率的正弦波形都可以看作是由一系列的取样点所组成。因此，可以将把要输出的正弦波形取样数据预先顺序存放在一段存储器单元中，然后在时钟的控制下，顺序从这些 ROM 单元中读出，再经过 D/A 转换，就可以得到一定频率的正弦波形信号。这就是 DDS 的基本思想。

设取样时钟频率为 f_c，一个正弦波由 2^N 个取样点构成，则输出的合成正弦波信号的频率为

$$f_o = \frac{f_c}{2^N} \tag{7.15}$$

为了获得实际的概念，先阐述一个简单的直接数字频率合成器，然后再讨论基于相位累加 DDS 的原理。

1. 简单 DDS 的组成

一个简单的 DDS 电路的框图如图 7-30 所示。设图中的波形存储器有 2^N 个存储单元(相应有 N 位地址)，并存储了一个周期正弦波形的数据；地址计数器为一个 N 位二进制加法计数器，用以生成查找波形存储器的地址信号。

当地址计数器在时钟的作用下进行加 1 计数时，就能从波形存储器中按由大到小的地址顺序逐单元读出预存的数据，这些数据再经过 D/A 转换及滤波，就可以得到连续的正弦波形信号。很显然，改变时钟频率 f_c 或者改变波形存储器中每周期波形的采样点数，均能改变输出信号波形的频率 f_o。

改变时钟频率 f_c 可以通过在时钟之后加分频器的方法来实现。一个典型的例子可参见本书图 6-33。这种改变时钟频率的方法不够灵活，在合成信号发生器中很少采用。

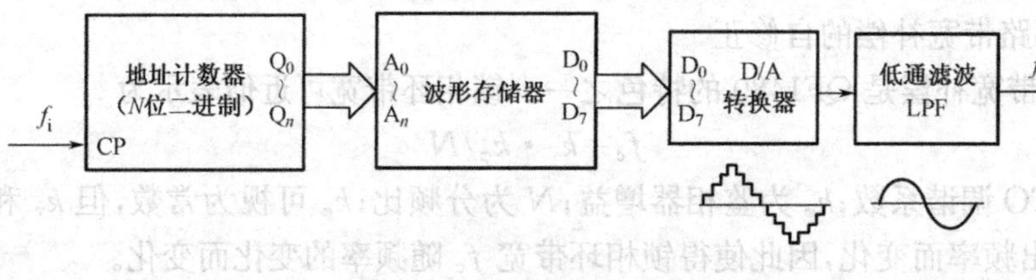

图 7-30　简单 DDS 的组成原理

改变 ROM 中每周期波形的采样点数的方法如下：如果能每隔一个地址读一次数据，则其频率为 $2\times f_c/2^N$，频率提高了一倍；如果每隔 K 个地址读一次数据，则其频率为 $K\times f_c/2^N$，频率增加 K 倍。这样，变化 K 的大小，相当于改变 ROM 中每周期波形的采样点数，就可以实现 DDS 的输出频率 f_o 的调节，K 与输出频率的关系式为

$$f_o=\frac{Kf_c}{2^N} \tag{7.16}$$

通常，将上式称为 DDS 方程，将 K 称为频率控制字（或称为频率建立字）。K 值实际上反映从 ROM 中读出两个取样数据之间相位的大小，因此称 DDS 是从相位概念出发的一种频率合成技术。

2. 基于相位累加器 DDS 的基本结构

上述简单 DDS 电路中的地址计数器只能实现加 $K=1$ 计数。为了能完成 K 为任意数的地址计数，需要采用相位累加器，基于相位累加器 DDS 的基本结构框图如图 7-31 所示。

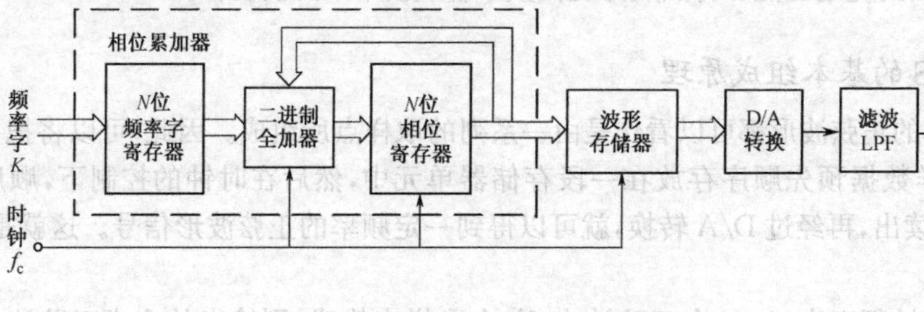

图 7-31　典型 DDS 的组成原理框图

典型 DDS 主要由相位累加器、波形存储器、D/A 转换器和低通滤波器等部件组成。为了实现相位调制，还可以在波形存储器前面再加一个相位调制器。为了防止频率控制字、相位控制字改变时干扰相位累加器和相位调制器的正常工作，分别在这两个模块前面加入了两组寄存器，从而可以灵活且稳定地输入频率字和相位字。

(1) 相位累加器。

相位累加器由频率字寄存器、二进制全加器与相位寄存器组成。频率寄存器用于寄存频率控制字 K；全加器用于累加计算，即将控制字 K 与相位寄存器输出数据相加；相位寄存器用于寄存全加器的计算结果，作为波形存储器的取样地址。这样，在时钟作用下，相位累加器能不断对频率控制字 K 进行线性相位累加，即每来一个时钟，相位累加器输出的数值就增加 K。相位累加器输出即波形存储器的地址，这样就可以把存储在存储器中的波形数据送出，完成相位到幅值转换。当相位累加器加满时，就会产生一次溢出，完成一个周期性的过程，同时开始进入下一周期的过程。从而可以连续输出周期性的信号波形。

设相位累加器的长度为 Nbit 二进制，则累加器的满偏值为 2^N。可定义相位累加器 0 状态时为 0 相位，相位累加器满偏状态（输出为 2^N）时相位为 2π。即相位累加器的输出可以代表输出正弦信号波形的相位。

(2) 波形存储器。

波形存储器的作用是把送来的正弦信号相位值转换成对应的幅度值。

在实际的 DDS 设计中，为了节省波形存储器的空间，在不过多引入杂波干扰的前提下，尽可能多地截去相位累加器的低有效位，只取相位累加器的高 M 位(并非全部 N 位)作为存储器的地址值，即实际的波形存储器只有 2^M 个存储单元。波形存储器的全部单元预存了一个周期的波形数据，设预先把一个周期正弦信号按照 0°～360°顺序均匀存储在存储器中，且每个存储单元的数据有 D 位数据位，即 2^M 个波形数据以 D 位二进制数值存储在存储器中，则其存储器地址与所存波形的相位一一对应，所存数据与幅值对应，因而波形存储器可理解为相位与幅度之间的转换器。

合成信号的波形取决于波形存储器存放的幅值码，因此 DDS 原则上可以产生任意波形。

(3) D/A 转换器。

D/A 转换器的作用是把合成的正弦波幅值的序列值转换成包络为正弦波的阶梯波。需要注意的是，合成器对 D/A 转换器的分辨率有一定的要求，D/A 转换器的分辨率越高，合成正弦波形的台阶就越多，输出波形的精度就越高。D/A 转换器的位数应该与波形存储器的数据位一致。

(4) 低通滤波器。

通过对 D/A 转换器输出的包络为正弦波的阶梯波进行频谱分析可知，输出信号中除主频 f_o 外，还存在许多非谐波分量。因此，为了取出主频 f_o，必须在 D/A 转换器的输出端接入低通滤波器，从而将包络为正弦波的阶梯波变为光滑的正弦波。

(5) 相位调制器。

当需要实现信号相位调制(如 PSK)或需要控制输出信号的初始相位时，可以在相位累加器和波形存储器之间加一个相位调制器(图中未画出)。

相位调制器由相位字寄存器和加法器组成。加法器的作用是把相位累加器的相位输出与相位控制字相加，当相位控制字为 P 时，输出至波形存储器的幅度码的相位会增加 $P/2^N$，从而使输出的信号产生相移。

(6) 波形控制加法器。

在函数信号发生器等应用中，波形存储器中不仅存储着一个周期的正弦波的幅度码，还存储着三角波、矩形波等的幅度码。这些不同波形的幅度码群在存储器中是分块存储的。为了选择不同波形的幅度码存放区，可在相位累加器和波形存储器之间再加一个波形控制加法器及相应的波形控制字 W 寄存器(图中未画出)。

当写入代表不同波形的波形控制字 W 之后，存储器的地址就会变为原地址与波形控制字 W 之和，从而使最后输出的信号为选中波形的信号。

7.3.1.2 DDS 的技术指标及特点

DDS 的主要技术指标有分辨率、输出带宽和无杂散动态范围(SFDR)等。

1. 频率分辨率、相位分辨率及幅度分辨率

频率分辨率也就是 DDS 的最小频率步进量，其值等于 DDS 的最低合成频率(频率控制字 K=1 时)，可用式(7.17)表示

$$\Delta f_o = \frac{f_c}{2^N} \tag{7.17}$$

在时钟频率 f_c 不变的情况下，频率分辨率由相位累加器位数 N 决定。即只要增加相位累加器的位数 N，便可提高 DDS 的频率分辨率。目前，大多数 DDS 的分辨率可达 1Hz 数量级，许多已经小于 1mHz 甚至更小。

相位分辨率是 DDS 的最小相位步进量。其值等于存储在波形存储器中两个相邻波形数据间的相位增量。若预存的一个周期的波形数据量为 2^M，则 DDS 的相位分辨率为

$$\Delta p=\frac{360^{\circ}}{2^M} \tag{7.18}$$

DDS 的相位分辨率与一个周期的波形数据量成反比。

幅度分辨率取决 DDS 中 D/A 转换器的位数。若 D/A 转换器的位数为 N，参考电压为 V_{REF}，则 DDS 的幅度分辨率可用式(7.19)表示

$$\Delta V=\frac{V_{REF}}{2^N} \tag{7.19}$$

2. 输出带宽

DDS 输出的频率可以很低，因而输出带宽主要取 DDS 能输出的最高频率。

DDS 能输出最高频率的理论值为系统时钟频率 f_c 的 50%。考虑到低通滤波器的特性和设计难度以及对输出信号杂散的影响，DDS 能输出的最高频率(即输出带宽)一般按 40% f_c 计算。例如，DDS 芯片 AD9851 允许系统时钟使用的最高频率 f_c 为 180MHz，则 AD9851 输出的最高频率(即输出带宽)为 72MHz。

3. 无杂散动态范围(SFDR)

由于 DDS 采用全数字结构，不可避免地引入了杂散。DDS 用无杂散动态范围(SFDR)来表示输出信号的纯度。SFDR 指输出的最大信号成分幅度(主频部分)与次最大信号成分幅度(噪声部分)之比，常以 dBc 表示。

DDS 杂散的来源主要有三个：

(1) 相位截断误差，为了得到很高的频率分辨率，相位累加器的位数 N 通常做得很大，但由于受 ROM 存储能力的限制，用来寻址 ROM 的位数 M 一般要小于 N，因而会引入相位截断误差；

(2) 幅度量化误差，任意一个幅度值要用无限长的比特流才能精确表示，而实际中 ROM 的输出位数是个有限值，这就会产生幅度量化误差。

(3) D/A 转换器的变换特性函数的非线性引入误差，DAC 转换器的有限分辨率、非线性特征及转换速率等非理想转换特性会影响 DDS 输出频谱的纯度，产生杂散份量。

相对传统频率合成技术，DDS 具有如下明显的特点。

(1) 频率分辨率高。

当相位累加器的位数 N 很高时，频率分辨率可达到 mHz 数量级甚至更小，可以认为 DDS 的最低合成频率为零频。因而 DDS 频率合成信号源输出频率的变化可以逼近连续变化。这是传统频率合成不能达到的。

(2)频率转换时间短。

DDS 是一个开环系统，无任何反馈环节，这种结构使得 DDS 的频率转换时间极短。事实上，在 DDS 的频率控制字改变之后，只需经过一个时钟周期就能实现频率的转换。因此，DDS 频率转换时间等于一个时钟周期的时间。时钟频率越高，转换时间越短。DDS 的频率转换时间可达 ns 数量级，比使用其他的频率合成方法都要短数个量级。

(3)输出波形的灵活性。

只要在DDS内部加上相应控制，即可以方便灵活地实现调频、调相和调幅功能，实现FM、PM、AM、FSK、PSK、ASK和MSK等调制。另外，只要在DDS的波形存储器存放不同波形数据，就可以实现各种波形输出，如三角波、锯齿波和矩形波甚至是任意的波形。当DDS的波形存储器分别存放正弦和余弦函数表时，还可得到正交的两路输出信号。

(4) 其他优点。

由于DDS中几乎所有部件都属于数字电路，因而易于集成，功耗低且可靠性高。DDS易于程控，因而使用相当灵活，除此之外，DDS在相对带宽、频率转换时间、高分辨力、相位连续性、正交输出以及集成化等一系列性能指标方面远远超过了传统频率合成技术所能达到的水平。

DDS也有局限性，主要表现在以下两个方面。

(1) 输出频带范围有限。

由于DDS内部D/A转换器和波形存储器(ROM)的工作速度限制，使得DDS输出的最高频有限。目前市场上采用CMOS、TTL、ECL工艺制作的DDS芯片，最高工作频率一般在几百MHz左右。采用GaAs工艺的DDS芯片的工作频率可达2GHz左右。

(2) 输出杂散大。

由于DDS采用全数字结构，不可避免地引入了杂散，因而DDS对低通滤波器有较高的要求。

7.3.1.3 DDS的实现技术

目前，实现DDS的方法主要有两种：采用可编程器件构成DDS和直接采样集成DDS单片电路芯片。

1. 基于可编程逻辑器件的解决方案

DDS技术的实现主要依赖于大量的高速、高性能的数字器件。可编程逻辑器件具有速度高、规模大、可编程，以及有强大EDA软件支持等特性，十分适合实现DDS技术。

Max+plusII是Altera公司为可编程器件设计提供的一个完整的EDA开发软件，可完成从设备输入、编译、逻辑综合、器件适配、设计仿真、定时分析、器件编程的所有过程。QuartusII是Altera公司近几年来推出的新一代可编程逻辑器件设计环境，其功能更为强大。

用Max+plusII设计DDS系统数字部分最简单的方法是采用原理图输入。相位累加器调用lmp_add_sub加减法器模拟，相位累加器的好坏将直接影响到整个系统的速度，采用流水线技术能大幅度地提升速度。波形存储器(ROM)通过调用lpm_rom组件实现，波形存储器设计主要考虑的问题是其容量的大小，利用波形幅值的奇、偶对称特性，可以节省3/4的资源，这是非常可观的。

利用FPGA构成DDS可以根据需要方便地实现各种比较复杂的功能，具有良好的实用性。虽然专用DDS芯片的功能也较多，但控制方式却是固定的，不够灵活。

就合成信号的质量而言，专用DDS芯片由于采用特定的集成工艺，内部数字信号抖动很小，可以输出高质量的模拟信号。利用FPGA设计的DDS电路虽然达不到专用DDS芯片的水平，但精心设计后也能产生较高质量的信号。

2. 集成DDS单片电路芯片解决方案

随着微电子技术的飞速发展，许多器件公司都推出了各自的高性能的单片DDS电路系列。ADI公司推出的常用的DDS芯片系列见表7-2。

表 7-2　ADI 公司推出的常用 DDS 芯片选用列表

型　　号	最高工作频率 (MHz)	工作电压 (V)	最大功耗 (mW)	备　　注
AD9850	125	3.3/5	480	内置比较器和 D/A 转换器
AD9853	165	3.3/5	1150	可编程数字 QPSK/16-QAM 调制器
AD9851	180	3/3.3/5	650	内置比较器、D/A 转换器和时钟 6 倍频器
AD9852	300	3.3	1200	内置 12 位的 D/A 转换器、高速比较器、线性调频和可编程时钟倍频器
AD9854	300	3.3	1200	内置 12 位两路正交 D/A 转换器、高速比较器和可编程参考时钟倍频器
AD9858	1000	3.3	2000	内置 10 位的 D/A 转换器、150MHz 相频检测器、充电汞和 2GHz 混频器

与基于 FPGA 解决方案比较，其输出信号质量高，输出频率也较高。使用集成 DDS 芯片还可以使电路的体积和可靠性也有很大的提高。

7.3.2　基于 DDS 芯片的频率合成信号发生器的设计

本节将以 AD9851 芯片为例，介绍基于 DDS 芯片的频率合成信号发生器的设计。

7.3.2.1　AD9851 芯片概述

AD9851 是 ADI 公司生产的高集成度 DDS 器件，可作为全数字编程控制的频率合成器和时钟发生器。AD9851 内部结构如图 7-32 (a)所示。

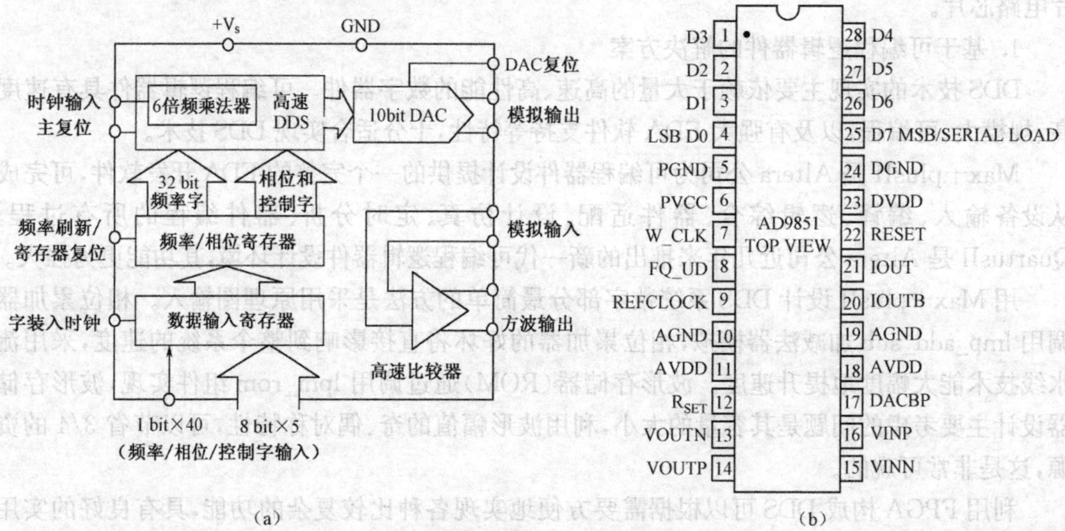

图 7-32　AD9851 内部结构图及外部引脚图

AD9851 由数据输入寄存器、频率/相位寄存器、高速 DDS、10 位的 D/A 转换器、高速比较器等部分组成。其中高速 DDS 又由 6 倍参考时钟倍乘器、32 位相位累加器、正弦函数功能查找表等部分组成。这个高速 DDS 的系统时钟频率可达到 180MHz，使输出信号的最高频率达到 70 MHz，分辨率为 0.04Hz。AD9851 是在 AD9850 的基础上做了一些改进以后生成的 DDS 芯片，相对于 AD9850 的内部结构，AD9851 只是多了一个 6 倍参考时钟倍乘器，当系统时钟为 180MHz 时，参考时钟输入端只需输入 30MHz 的信号频率即可。这样就避免采用高速参考时钟而可能产生的噪声。AD9851 工作电压范围为 2.7～5.25V，在系统时钟 180MHz 时功率为 555mW；电源设置有休眠状态，在该状态下功率为 4mW。该芯片具有较高的频谱纯度，理论上相位截断而引入的噪声与主频幅度之比为－84dB，由幅度量化和 D/A 转换器造成的背景噪声的信噪比为 62dB。

AD9851 使用 32 位频率控制字和 5 位相位控制字，内部的频率累加器和相位累加器相互独立。AD9851 内部的数据输入寄存器有 5 个寄存器，用于储存来自外部数据总线的 40 位频率/相位/控制字。该控制字送入高速 DDS 后，即可生成相应频率和相位的数据流，经内部的 D/A 转换器后，得到最终的合成信号。

设需要合成的频率为 f_o，则 AD9851 的频率字 K 可由公式(7.20) 来决定。

$$K=\frac{f_o}{f_c}\times 2^{32} \tag{7.20}$$

若需要合成的信号位为 θ，则 AD9851 相位控制字为

$$F_\theta=\frac{\theta}{2\pi}\times 2^{5} \tag{7.21}$$

AD9851 的引脚排列如图 7-32 (b)所示，主要引脚功能如下。

D0～D7：8 位数据输入口，用于向内部寄存器装入 40 位控制数据。

PVCC，PGND：6 倍参考时钟倍乘器电源端和地端。

W-CLK：字装入信号，上升沿有效。

FQ-UD：频率更新控制信号，上升沿确认输入数据有效。

REFCLOCK：外部参考时钟输入。在直接方式中，输入频率即是系统时钟频率；在 6 倍参考时钟倍乘器方式，系统时钟为倍乘器输出。

AVDD、AGND：模拟电源(＋5V) 端和模拟地端。

DVDD、DGND：数字电源(＋5V) 端和数字地端。

R_{SET}：D/A 转化器外接电阻 R_{SET} 的连接端。

VOUTP、VOUTN：内部比较器正向输出端和负向输出端。

VINP、VINN：内部比较器的正向输入端和负向输入端。

IOUT、IOUTB：D/A 转化器的互补输出端。

RESET：复位端。低电平清除 DDS 累加器和相位延迟器(为 0Hz 和 0 相位)，同时置数据输入为串行模式及禁止 6 倍参考时钟倍乘器工作。

7.3.2.2 频率/相位的控制

为了使 AD9851 完成频率和相位的控制，需要向 AD9851 输入频率/相位控制字。AD9851 有 32 位频率控制字，5 位相位控制字，1 位 6 倍参考时钟、倍乘器使能控制，1 位工作方式控制，1 位电源休眠功能控制，共 40 位。内部的数据输入寄存器是 5 个 8 位的寄存器，因此需要分 5 次存储来自外部 8 位数据总线的频率/相位控制字。40 位的频率/相位控制字各位的功能如表 7-3 所示。

第 1 个寄存器 W0 中的 D0 位为 6 倍乘器使能控制位，当 D0＝0 时，6 倍乘器不工作；当 D0＝1 时，6 倍乘器工作。D1 位为工作方式控制位，当 D1＝0 时，工作在并行方式；当 D1＝1 时，工作在串行方式；D2 位为掉电方式控制，当 D2＝0 时，工作在非掉电方式；当 D2＝1 时，工

作在掉电方式；D3～D7 为相位控制字(对应的相位控制位是从低位到高位)。寄存器 W1～W4 中是 32 位的频率控制字(对应的频率控制位是从低位到高位)。

表 7-3　频率/相位控制字中各位的功能

Word	Date[7]	Date[6]	Date[5]	Date[4]	Date[3]	Date[2]	Date[1]	Date[0]
W0	Phase-b4 (MSB)	Phase-b3	Phase-b2	Phase-b1	Phase-b0 (lsb)	Power-Down	Logic 0 *	6× REFCLK Multiplier Enable
W1	Fraq-b31 (MSB)	Fraq-b30	Fraq-b29	Fraq-b28	Fraq-b27	Fraq-b26	Fraq-b25	Fraq-b24
W2	Fraq-b23	Fraq-b22	Fraq-b21	Fraq-b20	Fraq-b19	Fraq-b18	Fraq-b17	Fraq-b16
W3	Fraq-b15	Fraq-b14	Fraq-b13	Fraq-b12	Fraq-b11	Fraq-b10	Fraq-b9	Fraq-b8
W4	Fraq-b7	Fraq-b6	Fraq-b5	Fraq-b4	Fraq-b3	Fraq-b2	Fraq-b1	Fraq-b0(LSB)

频率/相位控制字需要通过微处理器输入到 AD9851，AD9851 与微处理器的接口可以工作在并行方式或串行方式。

并行方式时序图如图 7-33(a)所示。在并行工作模式下，40 位控制数据可通过 8 位数据总线分 5 次装入，顺序为 W0→W1→W2→W3→W4。复位信号 RESET 有效使输入数据地址指针指向 W0，当 W_CLK 端出现第一个上升沿时，写入第一组 8 位数据，并把指针指向下一个输入寄存器，W_CLK 端连续出现 5 个上升沿后，即完成全部 40 位控制数据的输入(连续输入 5 个数据后，W_CLK 端再出现上边沿就不起作用)。当 FQ_UD 端出现上升沿信号时，40 位数据会从数据输入寄存器写入频率/相位寄存器，并启动高速 DDS 按设置的频率/相位输出。与此同时，数据地址指针复位到第一个输入寄存器，等待着下一组新数据的写入。

例如，如果要求 AD9851 满足如下技术条件：6 倍参考时钟倍乘器工作；初相位置于 11.25°；选择非掉电方式；输出信号频率为 10MHz。AD9851 的外部参考时钟频率为 30MHz，则根据表 7-3 给出的控制数据格式及相关输出频率和输出相位的计算公式，可知 40 位控制数据应为：

W0＝00001001；W1＝ 00001110；W2＝00111000；W3＝11100011；W4＝10001110 。

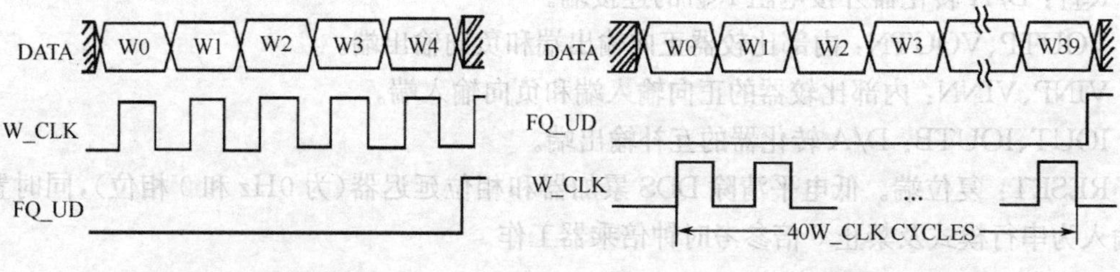

(a) 并行方式时序图　　　　(b) 串行方式时序图

图 7-33　AD9851 时序图

串行方式时序图如图 7-33(b)所示。在串行工作模式下，数据由 W_CLK 的上升沿同步，通过 25 脚(D7)，从低到高逐位输入 40 位数据(b0～b39)。当 FQ_UD 端出现上升沿信号时，40 位数据送入 DDS 核心，并启动 AD9851 按设置的频率输出。

为了充分发挥 DDS 芯片的高速性能，微处理器系统应在资源允许情况下尽量选择并行方式。

7.3.2.3　基于 AD9851 信号源的设计

为了能够完成频率和相位的控制，要向 AD9851 输入频率/相位控制字，这需要通过

AD9851 和微处理器相连接来实现。一个基于 AD9851 的 DDS 信号源如图 7-34 所示。

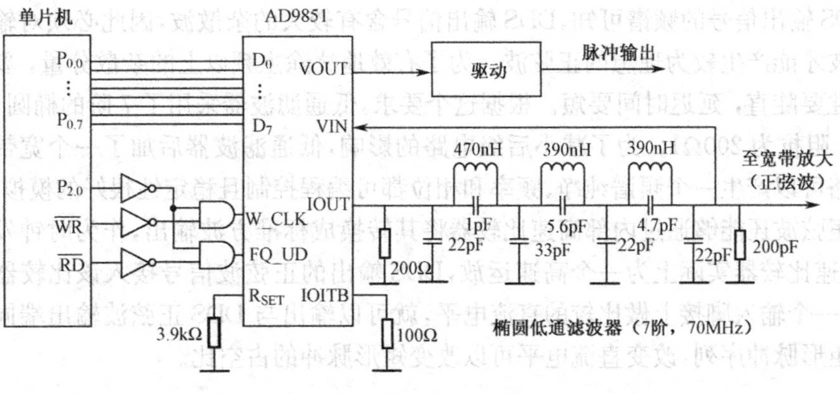

图 7-34　基于 AD9851 的 DDS 信号源

该 DDS 信号源的控制采用 51 单片机。AD9851 的外部参考时钟选用 30MHz 的晶振(图中未画出)，选择内部 6 倍乘器工作，使 DDS 的系统时钟频率为到 180MHz，因而其输出信号的最小分辨率能达到 0.04Hz，最高频率达到 70MHz。

AD9851 与单片机的接口采用了总线方式。由于 AD9851 的 W_CLK 和 FQ_UD 信号对应上升沿有效，因而单片机$\overline{WR}$和$\overline{RD}$控制信号以及地址信号要先经过非门，然后再经与门接至 AD9851 的 W_CLK 和 FQ_UD 端。

在并行工作模式下，向 AD9851 写入频率/相位/控制字的方法是，把 40 位控制数据通过 8 位数据总线分 5 次装入，顺序为 W0－W1－W2－W3－W4。设要求把 40 位控制数据按照从高至低的顺序存放于 30H 至 34H 中，发送控制字的程序段如下：

```
      MOV R0,#05H
      MOV R1,#30H
      MOV DPTR,#0FFFEH
NEXT: MOV A,@R1
      MOVX @DPTR,A
      INC R1
      DJNZ R0,NEXT
      MOVX A,@DPTR
```

图中 AD9851 的地址为 0FFFEH。由于 AD9851 的 W-CLK 和 FQ-UD 信号都是上升沿有效，当用 MOVX @DPTR,A 指令向 AD9850 传送控制字时，其输出经反相并与反相后的信号相与得到一上升沿送至 AD9851 的 W-CLK 脚，此时已送到总线上的数据将被 AD9851 接收。连续 5 次将 40 位的控制字全部发送以后，再用 MOVA A,@DPTR 指令产生 FQ-UD 信号，使 AD9851 更改输出频率和相位，此时，该指令读入到单片机内的数据无实际意义。

AD9851 生成的模拟信号由 I_{OUT}、I_{OUTB}端送出，该两端对应 AD9851 内 D/A 转换器的差分电流输出端，其满度电流的大小由接在 R_{SET}端的电阻值大小决定，其公式为

$$I_{OUT} = 39.92/R_{SET} \tag{7.22}$$

对 AD9851 设计资料进一步分析得知，I_{OUT}、I_{OUTB} 端允许送出的最大满度电流值为 20mA，本设计取 $I_{OUT}=10\text{mA}$（对应取 $R_{SET}=3.9\text{k}\Omega$）。为了将输出电流转换成电压，$I_{OUT}$、$I_{OUTB}$端应各接一个电阻，为了得到最好的 SFDR 性能，这两个电阻的阻值应该相等。除此之外，AD9851 对最大满度输出电压范围也有一定的限制（$\leqslant 1.5\ V_{P\text{-}P}$），因而，本设计取接在

I_{OUT}、I_{OUTB}端的电阻值为 100Ω，这样，AD9851 送出的满度输出电压约为 $1V_{P-P}$。

由 DDS 输出信号的频谱可知，DDS 输出信号含有较大的杂散波，因此必须对输出信号进行低通滤波才能产生较为理想的正弦波。为了有效地滤除主频以上的杂散分量，要求滤波器的衰减特性要陡直，延迟时间要短。根据这个要求，低通滤波器采用了 7 阶的椭圆 70MHz 低通滤波器（阻抗为 200Ω）。为了减小后级电路的影响，低通滤波器后加了一个宽带电压跟随器。该电路可以产生一个频谱纯净、频率和相位都可编程控制且稳定性很好的模拟正弦波。

这个正弦波还能够通过内部高速比较器将其转换成标准方波输出，作为时钟发生器来使用，内部高速比较器实际上为一个高速运放，DDS 输出的正弦波信号接入该比较器的一个输入脚，在另一个输入脚接上做比较的直流电平，就可以输出与 DDS 正弦波输出端同频率的抖动很小的矩形脉冲序列，改变直流电平可以改变矩形脉冲的占空比。

7.3.3 典型 DDS 合成信号发生器简介

TFG2000 系列函数信号发生器是采用直接数字合成(DDS)技术的信号源，由石家庄无线电四厂生产。该系列仪器由 4 类输出；A 路输出能产生正弦波、方波及直流三种信号，频率范围为 40～50MHz；B 路输出能产生正弦波、方波、三角波、锯齿波等 32 种波形的信号；C 路输出只能产生正弦波信号，但最高频率可达到 300MHz；D 路输出能供 TTL 电平的脉冲波信号，频率范围同 A 路输出。

TFG2000 系列函数信号发生器原理框图(A 路输出和 D 路输出部分)如图 7-35 所示。

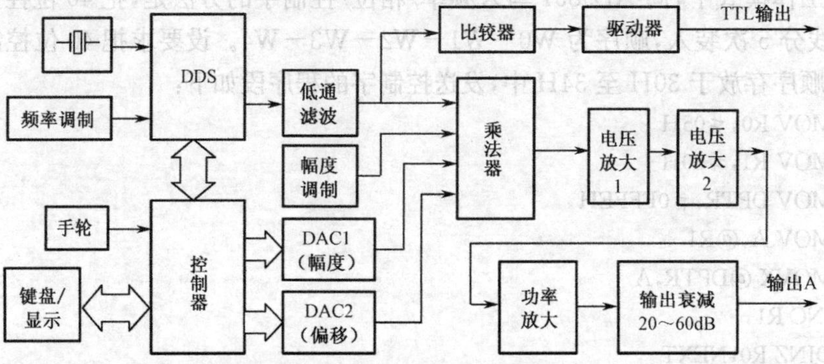

图 7-35 TFG2000 系列函数信号发生器的原理框图(A 路、D 路输出部分)

仪器的频率合成部分采用了高集成 DDS 单片电路芯片 AD9851，它与微处理器的连接形式与图 7-34 给出的 DDS 信号源电路基本一致。AD9851 输出的合成信号经过一个 7 阶的 70MHz 低通滤波器处理后，即可产生频谱纯度很高的正弦波信号。由于 AD9851 的频率控制字有 32 位，系统时钟频率为 180MHz，因而其输出信号的实际分辨率可以达到 0.04Hz，输出信号的最高频率足可以达到 50MHz。

从框图中可以看出，低通滤波器处理之后的正弦波信号分为两路：一路经比较器处理，并经驱动电路放大之后，即可输出频率范围为 40mHz～50MHz TTL 电平的脉冲波信号，即 D 路输出；另一路则直接经过幅度控制电路的处理，产生满足仪器要求幅度特性的正弦波信号，即 A 路输出。

A 路输出幅度控制电路的核心是硬件乘法器。改变输入到乘法器引脚上的信号电压可改变乘法器的输出，完成信号的幅度调制、幅度控制及直流偏移功能。DAC1 是一片 10 位

D/A转换器，当仪器需要调整输出信号幅度时，MCU 将送出与输出幅度对应的数字控制信号，再经 D/A 转换器产生模拟信号送到乘法器，即可完成输出幅度的调节。DAC2 也是一片 10 位 D/A 转换器，用来控制输出信号的直流偏移，原理同上。为了使仪器的输出幅度达到 $20V_{P-P}$，仪器在乘法器后加入了 2 级电压放大器，由于乘法器的输出信号较小，频率较高，因而电压放大器选用了高速、低失真运算放大器。由于仪器的输出阻抗为 50Ω，当接上 50Ω 匹配负载时，仪器总的负载电阻为 100Ω，当仪器输出幅度达到 $20V_{P-P}$时，输出电流将达到 70mA，若仪器输出端对地短路时，输出电流会更大，而高速运算放大器的输出电流一般低于 20～30mA，因此还需要有一级功率放大器，一是保证能够输出足够的电流，二是保证输出端短路时仪器不会损坏。为了使仪器输出小信号时有较好的信噪比，功率放大器后连接了两级衰减器（一级衰减为 20dB，另一级衰减为 40dB），提供了 20dB、40dB、60dB 三级固定的衰减，衰减器为无源的电阻网络组成。

两级衰减器的组合可以使输出的最大幅度（峰峰值）在 20V、2V、0.2V 和 0.02V 之间进行切换。两级衰减器配合 DAC1（10 位 D/A 转换器）可以实现在 0.2mV～20V 的幅度范围内调节。当固定衰减为 0 时，幅度调节范围为 20mV～20V；当固定衰减为 20dB 时，幅度调节范围为 2mV～2V，当固定衰减为 40dB 和 60dB 时，幅度调节的分辨率可以达到0.2mV。A 路输出幅度的设定有两种方式，自动方式和固定衰减方式。开机或复位后仪器为自动方式，在自动方式下，仪器能根据用户设定的幅度值，自动选择合适的衰减器并生成与输出幅度对应的数字控制信号送给 DAC1，完成输出幅度的自动调节。采用自动方式可以得到较高的幅度分辨率和信噪比，波形失真也较小，但是，当固定衰减器在进行切换时，输出信号会有瞬间的较大跳变，这种情况在有些应用场合可能是不允许的。在固定衰减方式下，要求固定衰减器采用人工方式设定，在此基础上，通过送给 DAC1 数字控制信号的方式，使输出幅度达到设定值，完成幅度的自动调节。固定衰减方式也可以使输出信号在全部幅度范围内连续变化，但有时，信号幅度分辨率、波形失真，信噪比可能比较差。

TFG2000 系列函数信号发生器 C 路输出的最高频率可以达到 300MHz。采用 DDS 技术产生如此高频的信号将很困难（成本很高），所以该机的高频段采用了锁相频率合成技术。在 C 路输出的电路中，正弦波信号由锁相环中的压控振荡器产生，该信号经过前置分频器和脉冲吞除可变分频器进入鉴相器的一个输入端，晶体振荡器产生的基准信号经过分频器进入鉴相器的另一个输入端，如果两个信号的相位不同，鉴相器会产生出一个误差电压，经过滤波后去控制压控振荡器，使振荡器输出信号的频率发生变化，直到与晶体振荡器的基准信号频率相位完全相同，使锁相环路进入锁定状态。利用锁相环路这种良好的跟踪特性，可以得到一个与晶体振荡器频率稳定度相同的正弦波信号，并且具有良好的频谱纯度。很显然，改变脉冲吞除可变分频器的分频比，即可以改变压控振荡器输出信号的频率。另外，为了得到较宽的频率范围，该机 C 路输出的电路中使用了两个锁相环路电路，一个环路用于产生频率固定的正弦波信号，另一个环路产生频率可调的正弦波信号，两个信号经过混频器混频选择出差频信号，再经过放大器和程控步进衰减器后由 C 路输出。

思考题与习题

7.1 正弦信号发生器的主要技术指标有哪些？简述每个技术指标的含义。

7.2 简述低频信号发生器组成结构，说明各组成部分的作用。

7.3 参考图 7-1 所示的低频信号发生器框图设计一个实际的主振级电路。要求输出频率 f_o=1Hz～100Hz(可分多档输出)。

7.4 简述高频信号发生器组成结构,说明各组成部分的作用。

7.5 如采用本章图 7-7 所示高频信号发生器的输出电路,若要求输出幅度为 120mV,输出阻抗为 40Ω,试说明操作过程和有关开关及调节旋钮的位置。

7.6 简述合成信号源的各种频率合成方法及其优缺点。

7.7 写出图 7-36 所示锁相频率合成器的输出频率 f_o 的表达式。

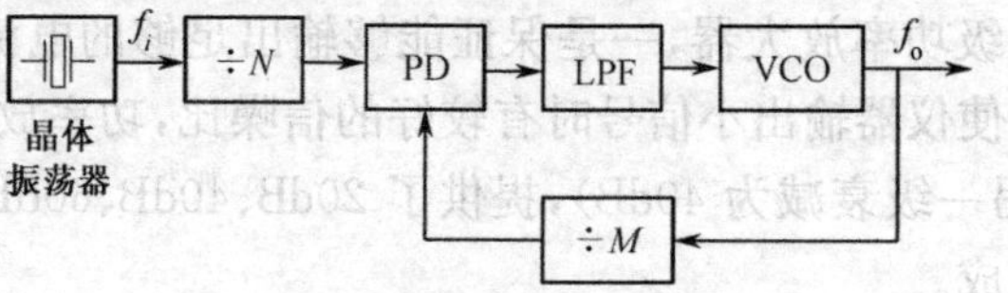

图 7-36 题 7.7 的图

7.8 计算图 7-37 所示锁相频率合成器的输出频率 f_o 的表达式、f_o 的范围及最小步进频率。

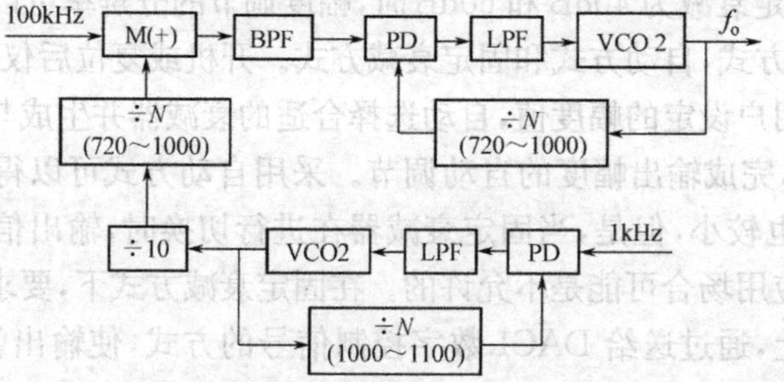

图 7-37 题 7.8 的图

7.9 试设计一个利用 FPGA 构成的 DDS 信号发生器的方案。要求输出频率 f_o=1Hz～1MHz,最小步进频率 0.1Hz;输出幅度 0.1～5V,最小步进幅度 0.1V;输出阻抗 600Ω。

7.10 在由 AD9851 构成的 DDS 信号发生器中,时钟频率 f_c=30MHz,选择内部 6 倍乘器工作,频率控制字 K=0100000H,问这时输出频率为多少?

7.11 设 A、B 两台 DDS 信号发生器的波形存储器均为 14 位,并存储了一个周期的正弦波的数据,但 A 的频率字寄存器的位数 N=32,B 的频率字寄存器的位数 N=14,与存信储器的位数相同。试分析这两台 DDS 的频率分辨力和最低的频率是否相同。

第8章　智能电子计数器

电子计数器是指能完成频率测量、时间测量、计数等功能的所有电子测量仪器的通称。频率和时间是电子测量技术领域中基本的参量，因此，电子计数器是一类重要的电子测量仪器。随着微电子学的发展，电子计数器广泛采用了高速集成电路和大规模集成电路，使仪器在小型化、耗电、可靠性等方面都大为改善。尤其是与微处理器的结合实现了智能化，使得这类仪器的原理与设计发生了重大的变化。

本章在概述传统电子计数器组成原理和测量技术的基础上，侧重讨论智能化的电子计数器原理及设计方法。

8.1　概　述

8.1.1　电子计数器组成及测量原理

8.1.1.1　电子计数器的分类

根据仪器所具有的功能，电子计数器有通用计数器和专用计数器之分。

通用计数器是一种具有多种测量功能、多种用途的电子计数器，它可以测量频率、周期、时间间隔、频率比、累加计数、计时等，配上相应插件还可以测相位、电压等电量。一般我们把凡具有测频和测周两种以上功能的电子计数器都归类为通用计数器。

专用计数器是指专门用于测量某单一功能的电子计数器。例如专门用于测量高频和微波频率的频率计数器；以测量时间为基础的时间计数器，时间计数器测时分辨力很高，可达到PS量级；具有某种特种功能的特种计数器，如可逆计数器、预置计数器、差值计数器等，特种计数器主要用于工业自动化方面。

智能电子计数器是指采用了计算机技术的电子计数器。由于智能电子计数器的一切“动作”都在微处理器的控制下进行，因而可以很方便地采用许多新的测量技术并能对测量结果进行数据处理、统计分析等，从而使电子计数器的面貌发生重大的变化。

由于通用计数器应用范围最广、原理最典型，所以本节的讨论以通用计数器为主。

8.1.1.2　通用计数器的测量原理

通用计数器具有多种测量功能，但最基本的测量功能是测频、测周和测时间间隔（T_{A-B}）。

1. 频率测量原理

频率是指周期信号每秒钟出现的次数。频率测量的基本原理就是在确定时间 T 内对周期信号出现的次数 N 进行计数。

图8-1为传统的频率测量原理图。频率为 f_x 的被测信号由A端输入，经A通道放大整形后输往主门（闸门）。同时，晶体振荡器的输出信号经分频器逐级分频之后，可获得各种时间标准（称时标），通过闸门时间选择开关将所选时标信号加到门控双稳，再经门控双稳形成控制

主门启闭的作用时间 T(称闸门时间)。则在所选闸门时间 T 内主门开启,被测信号通过主门进入计数器计数。若计数器计数值为 N,则被测信号的频率 f_x 为

$$f_x = \frac{N}{T} \tag{8.1}$$

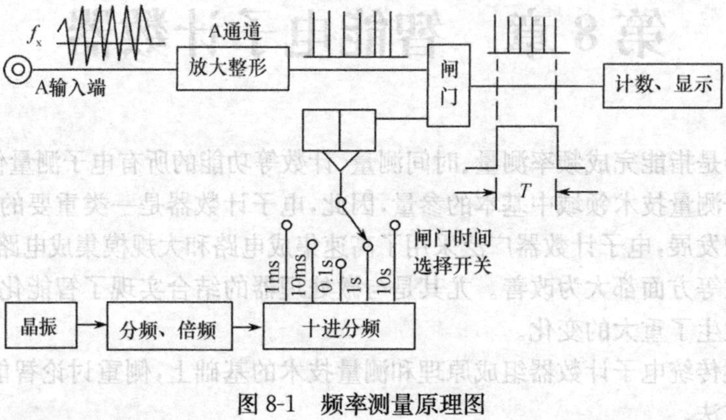

图 8-1　频率测量原理图

2. 周期测量原理

图 8-2 为传统的周期测量原理图。周期为 T_x 的被测信号由 B 端输入,经 B 通道处理后再经门控双稳输出作为主门启闭的控制信号,使主门仅在被测周期 T_x 时间内开启。同时,晶体振荡器输出的信号经倍频和分频得到了一系列的时标信号,通过时标选择开关,所选时标即经 A 通道送往主门,在主门的开启时间内,时标进入计数器计数。若所选时标为 T_0,计数器计数值为 N ,则被测信号的周期为

$$T_x = NT_0 \tag{8.2}$$

如果被测周期较短,可以采用多周期测量的方法来提高测量精度,即在 B 通道和门控双稳之间插入十进分频器,这样使被测周期得到倍乘即主门的开启时间得到了倍乘。若周期倍乘开关选为$\times 10^n$,则计数器所计脉冲个数将扩展 10^n 倍,所以被测信号的周期为

$$T_x = \frac{NT_0}{10^n} \tag{8.3}$$

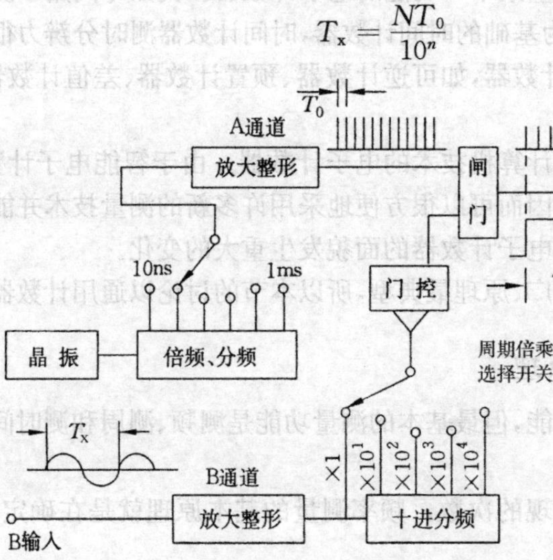

图 8-2　周期测量原理图

3. 时间间隔 $T_{A\text{-}B}$测量原理

测量时间间隔 $T_{A\text{-}B}$的基本测量原理框图如图 8-3 所示。它是在周期测量原理的基础上，将门控双稳改为分别由两个通道输出的脉冲信号来控制，其中信号 f_A 产生的脉冲与被测时间间隔的起点相对应，称为启动信号，它使门控双稳置位而开启闸门；信号 f_B 产生的脉冲则与被测时间间隔的终点相对应，称为停止信号，它使门控双稳复位而关闭闸门。于是，控制闸门开启的信号宽度就等于被测的时间间隔 $T_{A\text{-}B}$。在这段时间内时标脉冲将进入计数器计数，因此这段被测时间间隔为

$$T_{A\text{-}B} = NT_0 \tag{8.4}$$

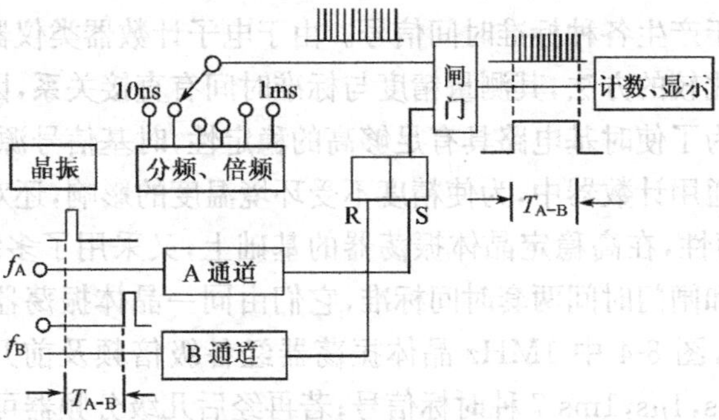

图 8-3　时间间隔 $T_{A\text{-}B}$测量原理图

8.1.1.3　通用计数器的组成

一个较为简单的通用计数器的基本组成方框图如图 8-4 所示，它由输入通道、计数、时基、控制与电源 5 大部分组成。

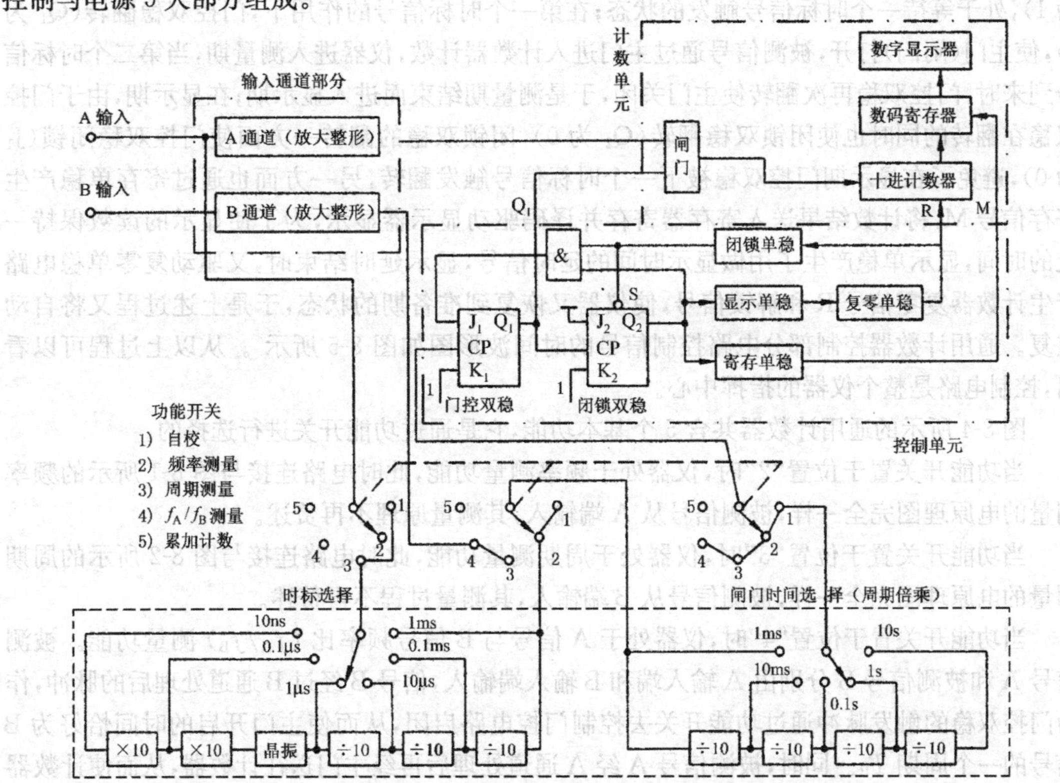

图 8-4　通用计数器基本组成方框图

输入通道部分包括 A，B 两个通道，它们均由衰减器、放大器和整形电路等组成。凡是需要计数、测频的外加信号，均由 A 输入通道输入，经过 A 通道适当的衰减、放大整形之后，变成符合主门要求的脉冲信号。而 B 输入通道的输出与一个门控双稳相连，若需测周，则被测信号就要经过 B 输入通道输入，作为门控双稳的触发信号。

计数单元由主门（闸门）和计数与显示电路组成，主门是用于实现量化的比较电路，通常由“与门”或者“或门”来实现。计数与显示电路是用于对来自主门的脉冲信号进行计数，并将计数的结果以数字的形式显示出来。为了便于读数，计数器通常采用十进制计数电路。带有微处理器的仪器也可用二进制计数器计数，尔后转换成十进制并译码后再送入显示器。

时基电路主要用于产生各种标准时间信号。由于电子计数器类仪器是采用基于被测时间参数与标准时间进行比较的方法，其测量精度与标准时间有直接关系，因而要求时基电路具有高稳定性和多值性。为了使时基电路具有足够高的稳定性，时基信号源采用了晶体振荡器，在一些精度要求更高的通用计数器中，为使精度不受环境温度的影响，还对晶体振荡器采取了恒温措施；为了实现多值性，在高稳定晶体振荡器的基础上，又采用了多级倍频和多级分频器。电子计数器共需时标和闸门时间两套时间标准，它们由同一晶体振荡器和一系列十进制倍频和分频来产生。例如，图 8-4 中 1MHz 晶体振荡器经各级倍频及前几级分频器得到 10ns，0.1μs，1μs，10μs，100μs，1μs，1ms 7 种时标信号；若再经后几级分频器可继而得到 1ms，10ms，100ms，1s，10s5 种闸门时间信号。

控制电路的作用是产生门控（Q_1）、寄存（M）和复零（R）三种控制信号，使仪器的各部分电路按照准备→测量→显示的流程有条不紊地自动进行测量工作。例如在测频功能下控制电路的工作过程如下：在准备期，计数器复零，门控双稳复零，闭锁双稳置“1”，门控双稳解锁（即 J_1 为 1），处于等待一个时标信号触发的状态；在第一个时标信号的作用下，门控双稳翻转（Q_1 为 1），使主门（闸门）打开，被测信号通过主门进入计数器计数，仪器进入测量期，当第二个时标信号到来时，门控双稳再次翻转使主门关闭，于是测量期结束而进入显示期；在显示期，由于门控双稳在翻转的同时也使闭锁双稳翻转（Q_2 为 0），闭锁双稳的翻转一方面使门控双稳闭锁（J_1 为 0），避免了在显示期门控双稳被下一个时标信号触发翻转，另一方面也通过寄存单稳产生寄存信号 M，将计数结果送入寄存器寄存并译码驱动显示器显示，为了使显示的读数保持一定的时间，显示单稳产生了用做显示时间的延时信号，显示延时结束时，又驱动复零单稳电路产生计数器复零信号 R 和解锁信号，使仪器又恢复到准备期的状态，于是上述过程又将自动重复。通用计数器控制部分电路控制信号的时间波形图如图 8-5 所示 。从以上过程可以看出，控制电路是整个仪器的指挥中心。

图 8-4 所示的通用计数器共含 5 个基本功能，它是通过功能开关进行选择的。

当功能开关置于位置“2”时，仪器处于频率测量功能，此时电路连接与图 8-1 所示的频率测量的电原理图完全一样，被测信号从 A 端输入，其测量原理不再赘述。

当功能开关置于位置“3”时，仪器处于周期测量功能，此时电路连接与图 8-2 所示的周期测量的电原理图完全一样，被测信号从 B 端输入，其测量过程不再赘述。

当功能开关置于位置“4”时，仪器处于 A 信号与 B 信号频率比（f_A/f_B）测量功能。被测信号 A 和被测信号 B 分别由 A 输入端和 B 输入端输入，信号 B 经过 B 通道处理后的脉冲，作为门控双稳的触发脉冲通过功能开关去控制门控电路启闭，从而使主门开启的时间恰好为 B 信号的一个周期 T_B。同时，被测信号 A 经 A 通道处理后再经主门送往计数器，从而使计数器累计了 B 信号周期内 A 信号的脉冲个数 N，N 即为 A 信号频率 f_A 与 B 信号的频率 f_B 之比

$(N=f_A \times T_B=f_A/f_B)$，为了提高 f_A/f_B 功能的测量精度，可将 B 信号经通道处理后再经周期倍乘器进行分频。

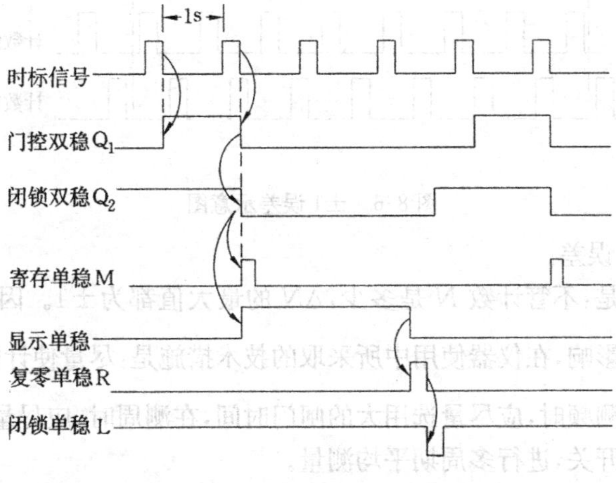

图 8-5　控制信号的时间波形图

当功能开关置于位置“5”时，仪器处于累加计数功能。累加计数是在一定的人工控制的时间内记录 A 信号的脉冲个数，其人工控制的时间通过操作开关 S 来实现(图中未画出)。

当功能开关置于位置“1”时，仪器处于自校功能。从电路的连接可以看出其电路形式如同频率测量电路，所不同的是：在自校功能下被测信号是机内的时标信号，因而其计数与显示的结果应是已知的，若显示的结果与应显示的结果不一致，则说明仪器工作不正常。例如闸门时间 T 选为 1s，时标 T_0 选 1ms，八位计数器应显示的数字为 $N=00\ 001.000$，单位为 kHz；若如闸门的时间 T 选为 10s，时标 T_0 仍选为 1ms，则显示应为 $N=0\ 001.000\ 0$，单位为 kHz。如果在 T 选为 1s 时，测量结果正确，而在 T 选为 10s 时显示结果不正确，则可初步断定电路故障点在最后一级分频器或开关在该处的连接点或连接线断路等。

8.1.2　通用计数器测量误差

8.1.2.1　测量误差的类型

通用计数器具有多种功能，每个功能测量误差的表达方式是不一样的。根据误差分析，各功能的测量总误差主要由以下三种类型的误差组成。

1. 计数误差(±1 误差)

通用计数器各测量功能在计数时，如果主门的开启时刻与计数脉冲的时间是不相关的，那么，同一信号在每次主门开启时间内记录的脉冲数 N 可能是不一样的。图 8-6 示出了计数误差的示意图。由图可以看出，对于任何一次测量，其结果可能为 N，也可能为 $N+1$ 或 $N-1$。可见计数误差的范围为±1，所以常称计数误差为±1 误差，即 $\Delta N=\pm 1$。

在测频误差分析中，计数误差常使用±1 误差的相对值来表达，即

$$\frac{\Delta N}{N}=\frac{\pm 1}{N}=\pm\frac{1}{f_x T} \tag{8.5}$$

很显然，在测频、测周、测 f_A/f_B 等功能中，由于主门开启信号与通过主门被计数信号的时间关系不相关，都存在该项误差。但在自校功能中，由于时标信号和闸门时间信号来自同一

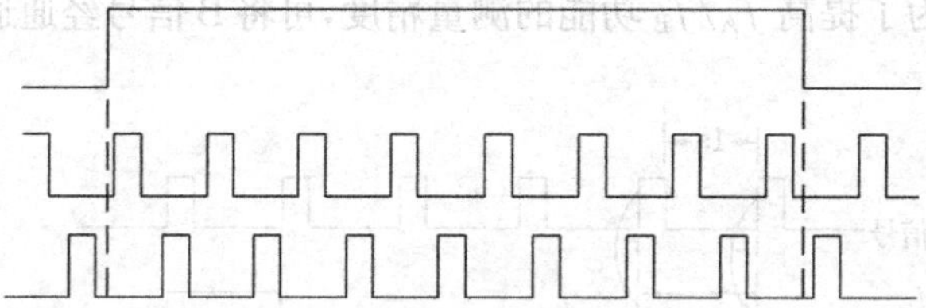

图 8-6　±1 误差示意图

信号源，应不存在±1 误差。

计数误差的特点是：不管计数 N 是多少，ΔN 的最大值都为±1。因此，为了减少最大计数误差对测量精度的影响，在仪器使用中所采取的技术措施是：尽量使计数值 N 大。使 $\frac{\Delta N}{N}$ 的数值相应减少。如在测频时，应尽量选用大的闸门时间，在测周时，应尽量选用小的时标信号，必要时使用周期倍乘开关，进行多周期平均测量。

由于每次测量的计数误差可能不一样，计数误差还会使仪器的显示有一个字的闪动。

2. 时基误差（标准频率误差）

通用计数器的时基误差取决于本机内部（或外部接入）的晶体振荡器频率（标准频率）的准确度、稳定度，分频电路和闸门开关的速度和稳定性等因素。频率测量时，时基误差将影响闸门时间的准确度，从而影响测频精度；周期测量时，时基误差将影响时标的准确度，从而影响测周精度。

设晶振输出的频率为 f_o（周期为 T_0），分频系数为 m，则闸门时间或时间标准 $T=mT_0=m\frac{1}{f_o}$。由误差合成定理，对上式微分，得 $\frac{dT}{T}=-\frac{df_o}{f_o}$。考虑相对误差定义中使用的是增量符号 Δ，所以上式可改写为

$$\frac{\Delta T}{T}=-\frac{\Delta f_o}{f_o} \tag{8.6}$$

上式表明，时基误差在数值上等于本机晶体振荡器的频率准确度 $\frac{\Delta f_o}{f_o}$，所以，时基误差也称标准频率误差。

综上所述，凡是使用时标或闸门时间标准信号的功能都存在此项误差，例如频率测量、周期测量、测时间间隔测量等功能。而测 f_A/f_B、累加计数等功能中不存在该项误差。

为了使时基误差对测量结果产生影响尽量小，应认真选择晶振的准确度。一般来说，通用计数器显示器的位数越多，所选择的内部晶振准确度就应越高。例如，7 位数字的通用计数器一般采用准确度优于 10^{-7} 数量级的晶体振荡器。这样，在任何测量条件下，由标准频率误差引起的测量误差，都不会大于由±1 误差所引起的测量误差。

3. 触发误差

当进行周期等功能的测量时，门控双稳的门控信号由通过 B 通道的被测信号所控制。当无噪声干扰时，主门开启时间刚好等于一个被测信号的周期 T_x。如果被测信号受到干扰，当信号通过 B 通道中时，将会使整形电路（斯密特触发器）出现超前或滞后触发，致使整形后波形的周期与实际被测信号的周期发生偏离 ΔT_n，引起所谓的触发误差。经推导，触发误差 $\frac{\Delta T_n}{T_x}$ 的大小为

$$\frac{\Delta T_n}{T_x}=\pm\frac{1}{\sqrt{2}\pi}\times\frac{U_n}{U_m}\tag{8.7}$$

式中，U_m 为信号的振幅，U_n 为干扰或噪声的振幅。可见信噪比(U_m/U_n)越大，触发误差就越小，若无噪声干扰，便不会产生该项误差。

综上所述，凡是由被测信号形成闸门的各项功能均存在触发误差。在频率等测量功能中，由于控制门控双稳的门控信号是由仪器内部产生，可以不考虑触发误差。在周期测量、f_A/f_B 测量等功能中，如果进入 B 通道的被测信号含有干扰，便会存在触发误差。

采用周期倍乘开关进行多周期测量，可减弱此项误差。例如周期倍率取 10，则只在第一个周期开始与第 10 个周期结束时会产生触发误差，使触发误差相对减弱为原来的$\frac{1}{10}$。

8.1.2.2 各项测量功能的总测量误差

1. 频率测量的总测量误差

根据 $f_x=N/T$ 及误差合成公式，频率测量的测量误主要有计数误差和时基误差两项。一般情况下，总误差可采用分项误差绝对值合成，即

$$\frac{\Delta f_x}{f_x}=\pm\left(\frac{1}{f_x T}+\left|\frac{\Delta f_o}{f_o}\right|\right)\tag{8.8}$$

式中，T 为闸门时间。

当 f_x 一定时，增加闸门时间 T 可以提高测频分辨力和准确度。当闸门时间一定时，输入信号频率 f_x 越高，则测量准确度越高。在这种情况下，随着计数误差减小到$\frac{\Delta f_o}{f_o}$以下，$\frac{\Delta f_o}{f_o}$的影响不可忽略。这时，可以认为$\frac{\Delta f_o}{f_o}$是计数器测频准确度的极限。

测量低频时，由于±1 误差产生的测频误差大得惊人。例如，$f_x=10\text{Hz}$，$T=1\text{s}$ 时，则由±1 误差引起的测量误差可达 10%，所以测量低频信号时不宜采用直接测频方法。

2. 周期测量的总测量误差

根据 $T_x=NT_0$ 及误差合成公式，周期测量的总误差含有计数误差、时基误差及触发误差三项，在考虑多周期测量情况下，并令周期倍乘系数 $K=10^n$，则其误差可按下式计算

$$\frac{\Delta T_x}{T_x}=\pm\left(\frac{T_0}{10^n T_x}+\left|\frac{\Delta f}{f_c}\right|+\frac{V_n}{\sqrt{2}\times 10^n\pi V_m}\right)\tag{8.9}$$

式中，T_0 为选择的时标信号。

通过上述分析可知，周期测量时，选择尽量小的时标单位(T_0)可提高测周分辨率；采用多周期测量，不仅可以进一步提高测周分辨率，而且可以减小触发误差，从而提高测量准确度。触发误差对总测量误差影响很大，测量时应尽可能提高被测信号的信噪比 V_m/V_n。

3. 其他功能的测量误差

通过对各项误差产生原因的分析，可以直接推出通用计数器其他测量功能的合成误差公式。例如，频率比(f_A/f_B)测量功能的误差应包含计数误差和触发误差，而与时基误差无关；时间间隔($T_{B\text{-}C}$)测量功能的误差应包括计数误差、时基误差和触发误差三项；累计计数功能的误差应仅含计数误差一项。自校功能原则上应不存在上述误差，这是因为被测信号与闸门信号都是由同一标准时钟分频后形成的。

8.1.3　多周期同步测量技术

8.1.3.1　问题的提出

在按图 8-1 所示的原理测量频率时，当被测信号频率很低时，由±1 误差而引起的测量误差将大到不能允许的程度，例如，$f_x=1\text{Hz}$，闸门时间为 1s 时，由±1 误差而引起的测量误差高达 100%。因此，为了提高低频测量精度，通常将电子计数器的功能转为测周期，然后再利用频率与周期互为倒数的关系换算其频率值，这样便可得到较高的精确度。但在测量周期时，当被测周期很小时，也会产生同样的问题并且存在同样的解决办法。即在被测信号的周期很小时，宜先测频率，再换算出周期。

测频量化误差及测周量化误差与被测信号频率的关系如图 8-7 所示，图中测频和测周两条量化误差曲线交点所对应的被测信号频率称中界频率 f_{xm}。由式(8.7)和式(8.8)，不难推导出计算中界频率的公式如下

$$f_{xm}=\sqrt{\frac{1}{T\times T_0}}=\sqrt{\frac{f_0}{T}} \tag{8.10}$$

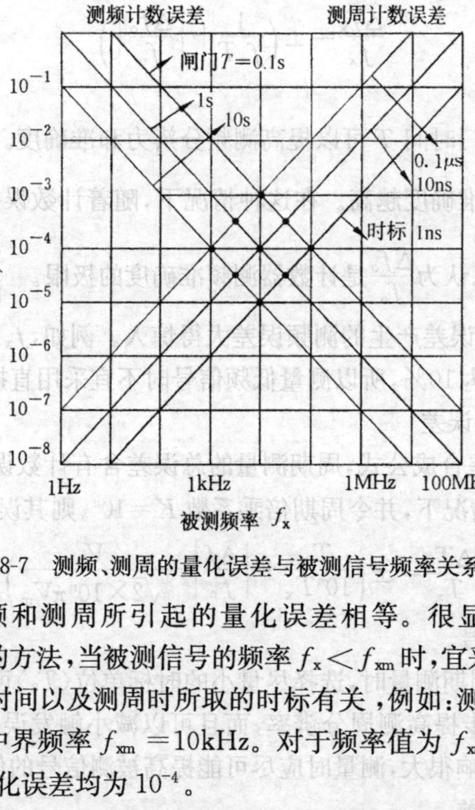

图 8-7　测频、测周的量化误差与被测信号频率关系图

在中界频率下，测频和测周所引起的量化误差相等。很显然，当被测信号的频率 $f_x>f_{xm}$ 时，宜采用测频的方法，当被测信号的频率 $f_x<f_{xm}$ 时，宜采用测周的方法。中界频率 f_{xm} 与测频时所取的闸门时间以及测周时所取的时标有关，例如：测频时取闸门时间为 1s，测周时取时标为 10ns 时的中界频率 $f_{xm}=10\text{kHz}$。对于频率值为 f_{xm} 的被测信号，采用测频或测周两种方法所引起的量化误差均为 10^{-4}。

上述测量方法是减少由±1 误差引起测量误差的一种有效方法，但还存在两个问题：一是该方法不能直接读出被测信号的频率值或周期值；二是在中界频率附近，仍不能达到较高的测量精度。若采用多周期同步测量方法，便可解决上述问题。该方法不仅可以直接读取频率值或周期值，而且还可以使其测量精度在全频段上一致，即能够实现等精度测量。

8.1.3.2 多周期同步测量原理

多周期同步测量原理与传统的频率和周期的测量原理不同，其测量原理可用图 8-8(a)所示的框图来分析。

预置闸门时间产生电路用于产生预置的闸门时间 T_P，T_P 经同步电路便可产生与被测信号(f_x)同步的实际的闸门时间 T。主门Ⅰ与主门Ⅱ在时间 T 内被同时打开，于是计数器Ⅰ和计数器Ⅱ便分别对被测信号(f_x)和时钟信号(f_0)的周期数进行累计。在 T 内，计数器Ⅰ的累计数值 $N_A=f_x\times T$；计数器Ⅱ的累计数值 $N_B=f_0\times T$。再由运算部件计算得出 $f_x=\frac{N_A}{N_B}\times f_0$，即为被测频率。

计数器Ⅰ记录了被测信号的周期数，所以通常称为事件计数器。由于闸门的开和关与被测信号同步，因而实际的闸门时间 T 已不等于预置的闸门时间 T_P，且大小也不是固定的，为此设置了计数器Ⅱ，用以在 T 内对标准时钟信号进行计数来确定实际开门的闸门时间 T 的大小，所以计数器Ⅱ通常称为时间计数器。

由图 8-8(b)所示的工作波形图中可以看出，由于 D 触发器的同步作用，计数器Ⅰ所记录

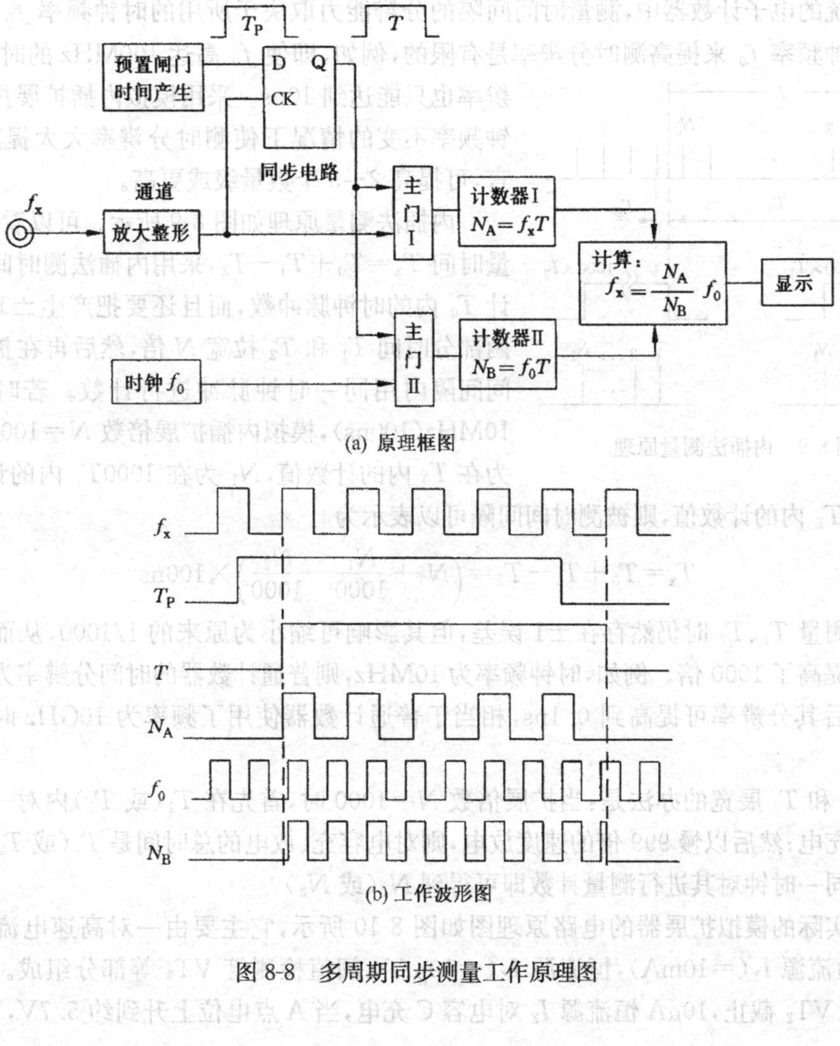

图 8-8 多周期同步测量工作原理图

的 N_A 值已不存在±1 误差的影响。但时钟信号与闸门的开和关无确定的相位关系，即计数器Ⅱ所记录的 N_B 的值仍存在±1 误差的影响，只是由于时钟频率很高，±1 误差的影响很小。所以测量精度与被测信号的频率无关，且在全频段的测量精度是均衡的。

设闸门时间为 1s，取时钟频率 f_0 =10MHz，则由±1 误差而引起的相对误差固定为 10^{-7}，即由±1 误差而引起的误差在全频段均为 10^{-7}。若要进一步减少这项误差的影响，须再增大时钟频率 f_0。由图 8-8 还可以看出，N_B 实际是 N_A 个被测信号周期的时钟脉冲的个数，即由运算部件计算 $f_x=\frac{N_A}{N_B}f_0$ 的值为多周期测量的平均值，所以把这种测量方法称为多周期同步测量法。这种测量方法实际上是对信号周期进行测量，信号的频率是经过倒数运算求出来的。因而，从测频的角度，上述测量方法也称为倒数计数器法。

多周期同步测量电路需要计算电路且要有两个计数器，因而电路的实现比传统的测量电路复杂，但若使用微处理器可使测量电路大大简化。以微处理器为基础的多周期同步测量的实现原理见 8.3 节。

8.1.4 模拟内插扩展技术

在传统的电子计数器中，测量时间间隔的分辨能力取决于所用的时钟频率 f_0。单纯地通过提高时钟频率 f_0 来提高测时分辨率是有限的，例如，即使 f_0 高达 100MHz 的时钟，测时分辨率也只能达到 10ns。采用模拟内插扩展技术可在时钟频率不变的情况下使测时分辨率大大提高，一般而言，可提高 2～3 个数量级或更高。

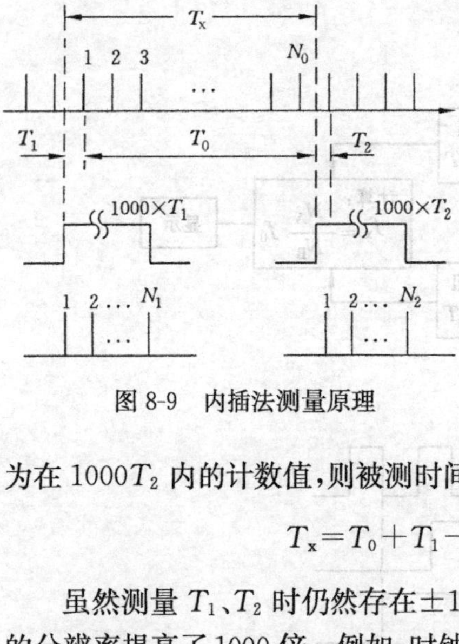

图 8-9 内插法测量原理

内插法测量原理如图 8-9 所示。可以看出，实际测量时间 $T_x=T_0+T_1-T_2$，采用内插法测时间不仅要累计 T_0 内的时钟脉冲数，而且还要把产生±1 误差的那两部分时间 T_1 和 T_2 拉宽 N 倍，然后再在扩展后的时间间隔内用同一时钟脉冲进行计数。若时钟频率为 10MHz(100ns)，模拟内插扩展倍数 $N=1000$，并设 N_0 为在 T_0 内的计数值，N_1 为在 $1000T_1$ 内的计数值，N_2 为在 $1000T_2$ 内的计数值，则被测时间间隔可以表示为

$$T_x=T_0+T_1-T_2=\left(N_0+\frac{N_1}{1000}-\frac{N_2}{1000}\right)\times 100\text{ns}$$

虽然测量 T_1、T_2 时仍然存在±1 误差，但其影响可缩小为原来的 1/1000，从而使计数器的分辨率提高了 1000 倍。例如，时钟频率为 10MHz，则普通计数器的时间分辨率为 100ns，采用内插法后其分辨率可提高到 0.1ns，相当于普通计数器使用了频率为 10GHz 时钟时的分辨率。

将 T_1 和 T_2 展宽的办法是：当扩展倍数 $N=1000$ 时，首先在 T_1(或 T_2)内对一个电容以恒定电流充电；然后以慢 999 倍的速度放电，则对电容充、放电的总时间是 T_1(或 T_2)的 N 倍；然后再用同一时钟对其进行测量计数即可得到 N_1(或 N_2)。

一个实际的模拟扩展器的电路原理图如图 8-10 所示，它主要由一对高速电流开关 VT_1 和 VT_2，恒流源 I_1(=10mA)，恒流源 I_2(=10μA)，阈值检测管 VT_3 等部分组成。初始状态 VT_1 导通、VT_2 截止，10μA 恒流源 I_2 对电容 C 充电，当 A 点电位上升到约 5.7V，VT_3 导通，

B 点电压为 0.1V($10\mu A \times 100k\Omega$)。

在 T_1(或 T_2)时间内,电流开关 VT_1 截止 VT_2 导通,电容 C 通过 VT_2 放电,放电电流为 $I_1 - I_2$,使 A 点电位下降,VT_3 截止,则在 T_1(或 T_2)时间内放走的电荷 $Q_1 = (I_1 - I_2)T_1$,由于 VT_3 截止,T_1 期间 B 点的电压为 0V。T_1 结束后,电流开关又转换为使 VT_1 导通、VT_2 截止的初始状态,$10\mu A$ 恒流源 I_2 重新对电容 C 充电,A 点电压逐步上升,当 A 点电压上升到约 5.7V 时,VT_3 重新导通而使充电结束,则在 T_1' 内充得电荷 $Q = I_2 \times T_1'$。显然 $Q_1 = Q_2$,于是可得

$$T_1' = \frac{I_1 - I_2}{I_2} T_1 = 999T_1$$

即

$$T_1 + T_1' = 1\,000T_1 \tag{8.11}$$

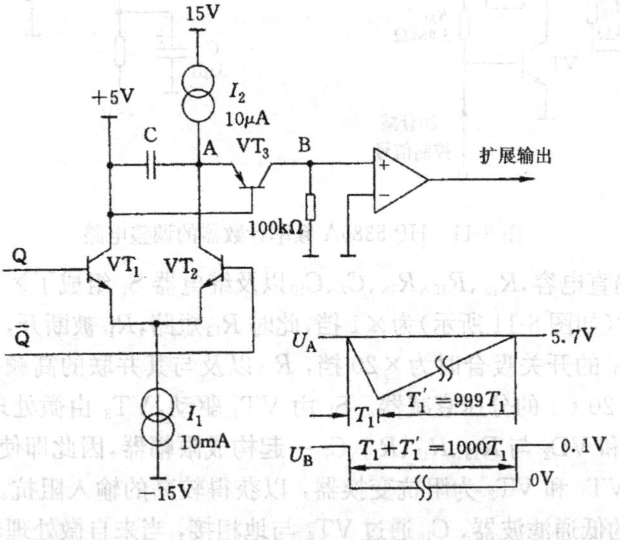

图 8-10 模拟扩展器电路原理图

在 $T_1 + T_1'$ 这段时间内 VT_3 一直处于截止状态,B 点的电压为 0V;VT_3 导通时,B 点电压为 0.1V($10\mu A \times 100k\Omega$),则 B 点出现了一个宽度为 $1\,000T_1$ 的脉冲,再经运算放大器放大,形成能控制主门开启的控制信号,实现对扩展后时间间隔的计数测量。

内插扩展测量原理需要多个计数器进行计数,工作过程较复杂,一般需微处理器参与控制,其控制程序的一般流程是:先启动一次测量;然后在一次测量之后对各计数器的计数值分别读入;最后再执行一次运算并显示其运算结果。

8.2 典型部件的分析

8.2.1 输入通道

被测信号的形状、幅度往往是未知的,并且还可能夹带着一定的噪声,所以当被测信号进入计数门之前需要整理一番,这就是输入通道的作用。电子计数器的许多技术指标,例如频率范围、输入阻抗、灵敏度、抗干扰性等都是由输入通道来决定的。输入通道由调整电路、放大整形电路、触发电平调节电路等几部分组成。调整电路一般又由阻抗变换器、衰减器、保护电路等几部分组成。下面以图 8-11 所示的 HP 5386A 频率计数器的调整电路为例进行分析。

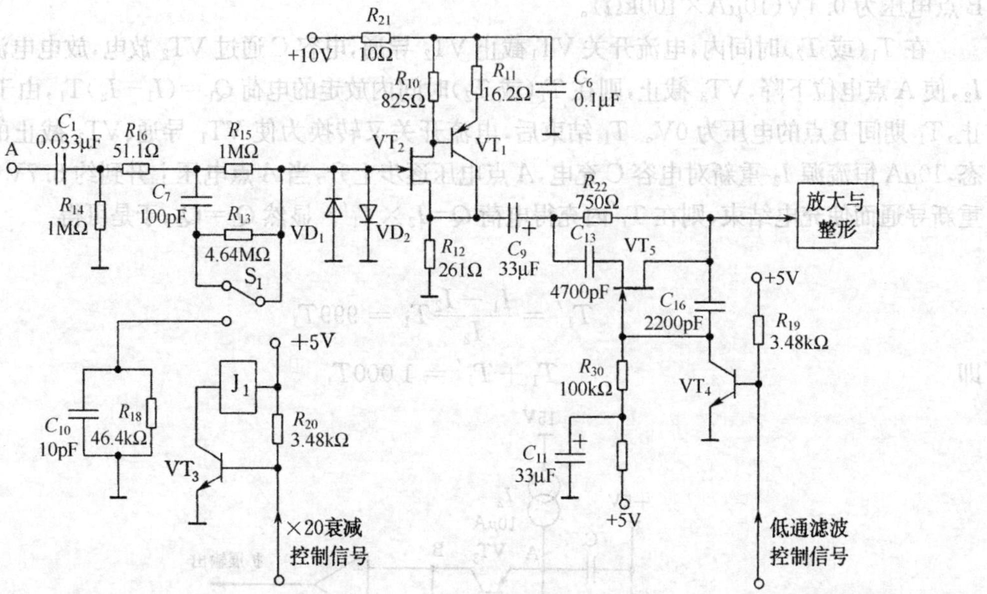

图 8-11　HP 5386A 频率计数器的调整电路

电路中 C_1 为隔直电容，R_{13}、R_{15}、R_{18}、C_7、C_{10} 以及继电器 S_1 组成了×1，×20 两挡衰减器。当 S_1 的开关释放时(如图 8-11 所示)为×1 挡，此时 R_{13} 短路，R_{18} 被断开，信号通过 R_{16}、R_{15} 和 C_7 送到 VT_2。当 S_1 的开关吸合时为×20 挡，R_{15} 以及与其并联的高频补偿网络 R_{13}、C_7，与 R_{18}、C_{10} 一起组成了 20∶1 的分压衰减器。S_1 由 VT_3 驱动，VT_3 由微处理器送来的电平信号来实施控制。VD_1 和 VD_2 与 R_{13}、R_{15}、R_{16}、C_7 一起构成限幅器，因此即使在输入信号很大时，仪器也不会损坏。VT_1 和 VT_2 为阻抗变换器，以获得较高的输入阻抗。R_{22} 和 C_{16} 组成了截止频率为 100kHz 的低通滤波器，C_{16} 通过 VT_4 与地相接，当来自微处理器的控制信号为低电平时，VT_4 截止而使低通滤波器断开，同时 VT_4 集电极为高电平，使 VT_5 导通，信号通过 C_{13} 建立起高频通道。

输入通道中的放大电路应是一个宽带放大器，其带宽应满足仪器被测信号的频率范围。

输入通道中的整形电路一般采用施密特触发器，施密特触发器一方面起到整形作用，另一方面其滞后带宽度 ΔE 可有效地抑制信号中的干扰。图 8-12 给出了施密特触发器对被测信号中干扰抑制的示意图。由图可见，选用施密特触发器并且使信号得到适当的放大或衰减可以使信号中的干扰得到有效抑制。为此，现代电子计数器的设计中，许多都备有自动增益控制电路(AGC)，用来调节加到触发器的信号电压，使信号的电压幅度刚好超过滞后宽度，以便抑制信号中的干扰得到准确的计数。

正确地选择滞后带相对于被测信号的位置，对确保测量精确度也是非常重要的。一般情况下，滞后带应移动在信号波形的中部；特殊情况下，应移在信号的某个确定的部位上，如图 8-13 所示。为此目的，某些计数器还备有监视触发器的输出插孔，以便接到示波器上观察，并通过调节电位器，使被测信号电平移到适当的部位。

移动滞后带与信号之间的相对位置是通过改变差分放大器中一个输入端的直流电位而实现的，其电路实现原理框图如图 8-14 所示。图中当前状态下，继电器 K 释放，电路处于手动预置触发调节方式，通过调节电位器 R_W，可使触发器的滞后带移动在信号适当的部位上。当继电器 K 吸合时，电路处于自动触发电平调节方式，微处理器控制系统通过触发探测器，

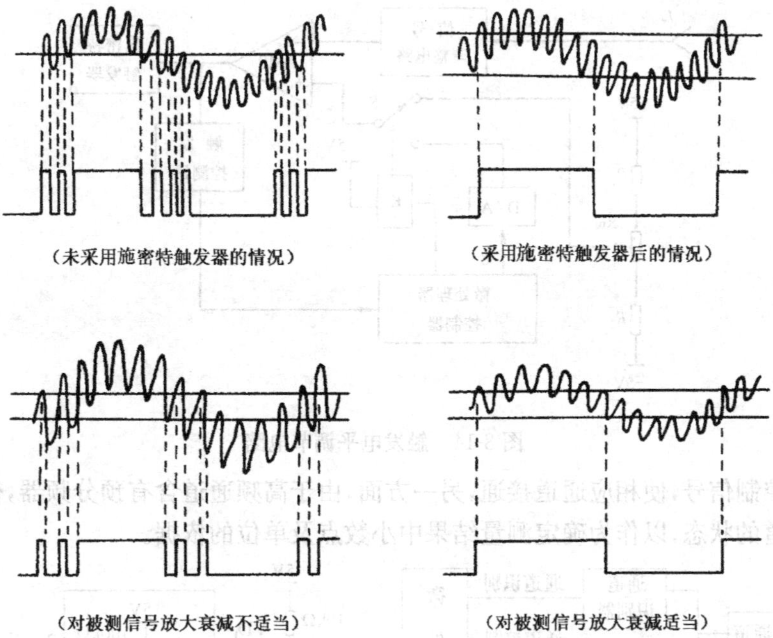

图 8-12　施密特触发器对信号干扰的抑制

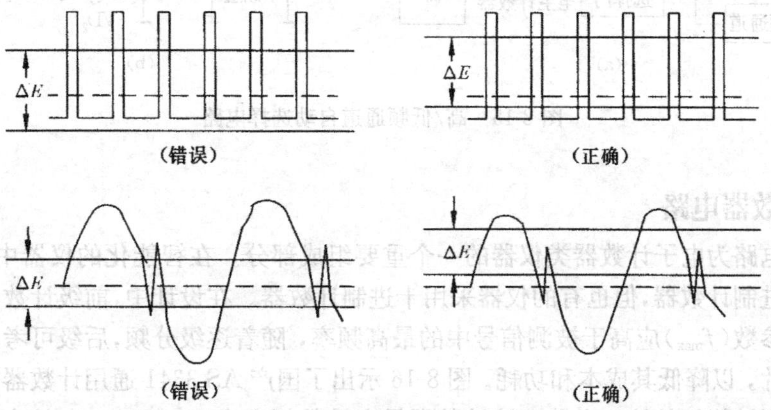

图 8-13　正确选择滞后带相对于被测信号的位置

测定信号的上峰值和下峰值，然后计算出其算术平均值或其他适当的数值，再输送给 D/A 转换器转换成直流电压，加到差分放大器中一个输入端。自动预置触发电平调节方式的具体工作原理见 5.2.2 节。

为了更好地处理输入信号，有些电子计数器还将输入通道分为低频通道和高频通道。例如，其中低频通道一般只处理 100MHz 以下的信号，其输入阻抗为 1MΩ；高频通道输入阻抗为 50Ω，为了能与低频通道共用一套主计数器，高频通道含有预分频器，使经过高频通道的信号先分频为 100MHz 以下的信号，再进入主计数电路。图 8-15(a) 示出了一个具有上述功能的输入电路示意图。微处理器根据通道识别器的输出状态来对通道选择门进行控制。通道识别器主要电路为一电压比较器，其工作原理如图 8-15(b)所示，当高频通道没有输入时，比较器 2 端电压高于 3 端电压，比较器输出低电平；当高频通道有输入时，高频信号经二极管检波后迭加到比较器 2 端，使比较器输出高电平。微处理器根据通道识别器送来的状态，一方面输出

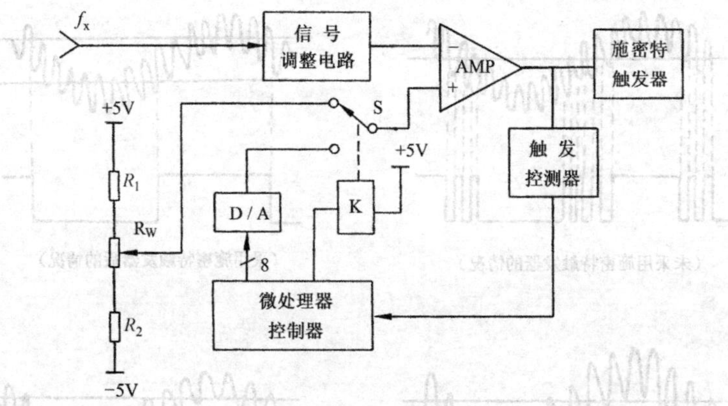

图 8-14　触发电平调节电路

通道选择门控制信号，使相应通道接通，另一方面，由于高频通道含有预分频器，微处理器还要记下高频通道的状态，以作为确定测量结果中小数点及单位的依据。

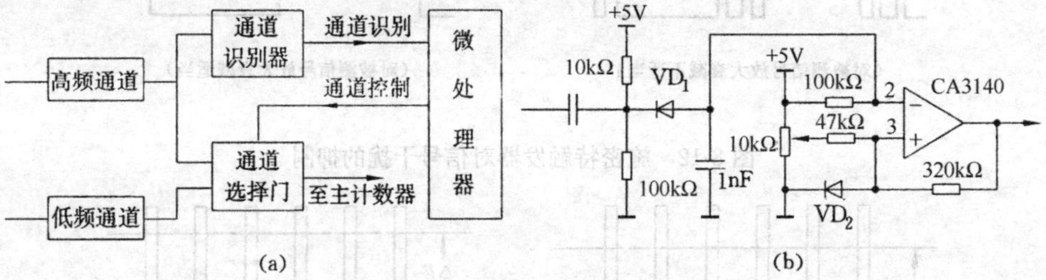

图 8-15　高/低频通道自动选择电路

8.2.2　计数器电路

计数器电路为电子计数器类仪器的一个重要组成部分。在智能化的仪器中，计数器电路一般采用二进制计数器，但也有的仪器采用十进制计数器。在设计中，前级计数电路芯片的最高时钟频率参数(f_{max})应高于被测信号中的最高频率，随着逐级分频，后级可考虑采用中低速计数电路芯片，以降低其成本和功耗。图 8-16 示出了国产 AS 3341 通用计数器中主计数器电路及其与微型计算机的接口电路。该计数器最高计数频率为 100MHz，字长为 8 个字节，由前 、中、后三级构成。前级计数器采用了三类计数器集成芯片：前端采用了高速 ECL D 触发器 E1013 ($f_{max} \geqslant 150$MHz)；中间部分采用了高速 TTL 触发器 74LS112 ($f_{max}=80$MHz)；后部采用中速低耗计数器 74LS93 ($f_{max}=35$MHz)。中级计数器由可编程计数器 CTC 通道 1 担任，CTC-1构成的 2^8 减法计数器，由前级来的进位脉冲触发，当 CTC-1 回零时向 CPU 申请中断，CPU 响应中断后即进行最后一级的软件计数。每次计数之前，微型计算机都要对各级计数器清零；每次计数结束之后，微型计算机要读取前中级硬件计数器的值，其中前级计数器的值是通过输入口 IC_1、IC_2 读入的；最后再由微型计算机将三级计数器的值组合构成一组完整的计数值。

目前计数器广泛采用了大规模集成电路，下面以大规模集成计数器 HEF4737 为例介绍其与微型计算机接口的方法。HEF4737 结构图如图 8-17 所示。HEF4737 由 4 级十进制计数器和 1 级二进制计数器组成，每级计数器都带有锁存器。当信号由 CP 端输入，由 C10000 端输出时即为 4 级十进制计数器。各级计数器的 BCD 码输出可由内部的多路转换器通过位选

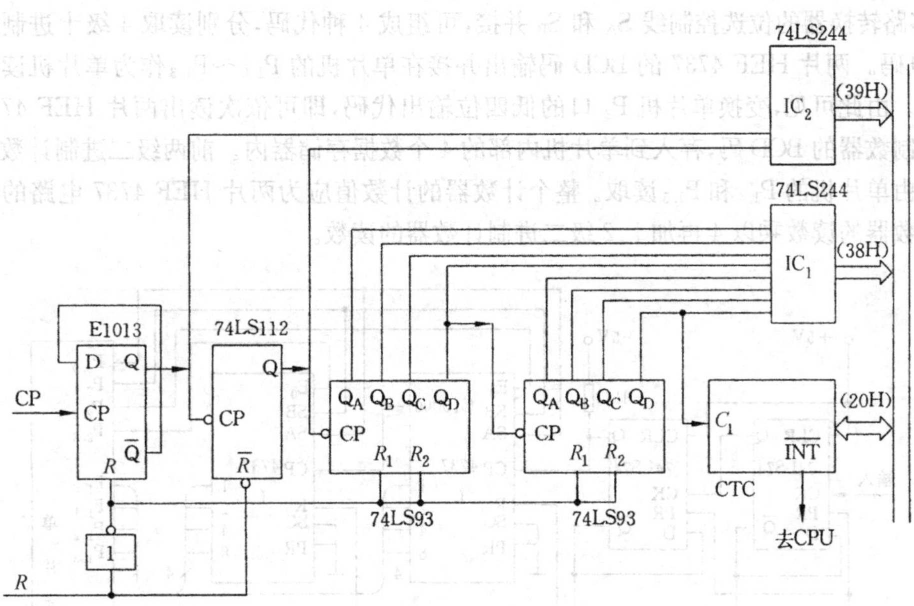

图 8-16　国产 AS3341 通用计数器的主计数器电路

器 S_A，S_B，S_C 来选择，如果只使用四级十进制计数器，须 S_A，S_B 来控制。BCD 码的输出具有三态门，由片选信号 OE 来控制，高电平时有输出。

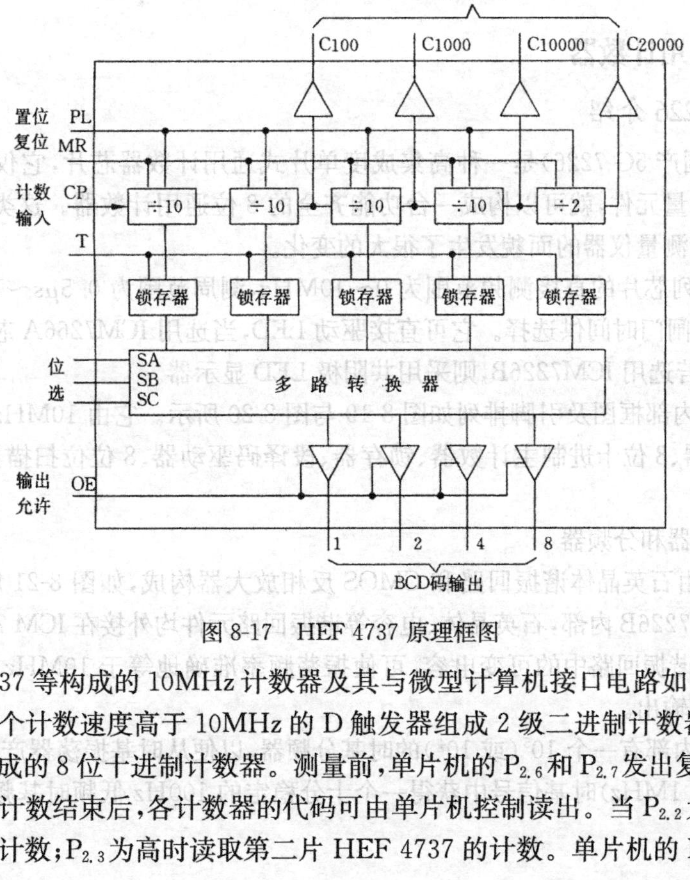

图 8-17　HEF 4737 原理框图

由 HEF 4737 等构成的 10MHz 计数器及其与微型计算机接口电路如图 8-18 所示。计数器前部是由两个计数速度高于 10MHz 的 D 触发器组成 2 级二进制计数器，尔后再级联两片 HEF 4737 组成的 8 位十进制计数器。测量前，单片机的 $P_{2.6}$ 和 $P_{2.7}$ 发出复位脉冲信号将各级计数器复零。计数结束后，各计数器的代码可由单片机控制读出。当 $P_{2.2}$ 为高时，读取第一片 HEF 4737 的计数；$P_{2.3}$ 为高时读取第二片 HEF 4737 的计数。单片机的 $P_{2.0}$ 和 $P_{2.1}$ 与两片

4737 多路转换器的位选控制线 S_A 和 S_B 并接，可组成 4 种代码，分别读取 4 级十进制计数器的 BCD 码。两片 HEF 4737 的 BCD 码输出并接在单片机的 $P_{1.0}$～$P_{1.3}$ 作为单片机读取数据的入口。由此可见，变换单片机 P_2 口的低四位输出代码，即可依次读出两片 HEF 4737 中 8 级十进制数器的 BCD 码，存入到单片机内部的 4 个数据存储器内。前两级二进制计数器的计数值可由单片机的 $P_{1.4}$ 和 $P_{1.5}$ 读取。整个计数器的计数值应为两片 HEF 4737 电路的 8 级十进制计数器的读数乘以 4 再加上 2 级二进制计数器的读数。

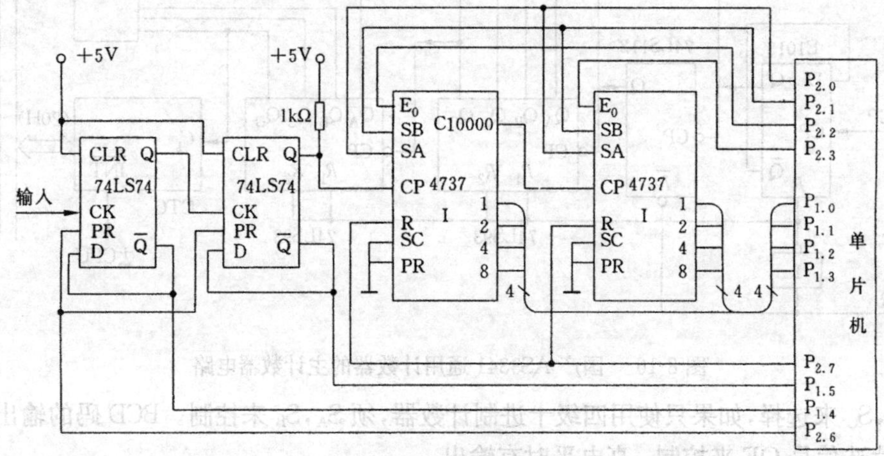

图 8-18　国产 AW 3372 型等精度频率计的计数电路

8.2.3　单片通用计数器

8.2.3.1　ICM 7226 介绍

ICM 7226(国产 5G 7226)是一种高集成度单片式通用计数器芯片，它仅要求单一的 5V 电源供电、外接少量元件，就可以构成一台功能齐全的 8 位通用计数器。这类芯片的出现，使传统的频率/周期测量仪器的面貌发生了很大的变化。

ICM7226 系列芯片的直接测频范围为 0～10MHz，测周范围为 0.5μs～10s，并有 0.01s，0.1s，1s，10s 4 个闸门时间供选择。它可直接驱动 LED，当选用 ICM7266A 芯片时，采用共阳极 LED 显示器；若选用 ICM7226B，则采用共阴极 LED 显示器。

ICM 7226B 内部框图及引脚排列如图 8-19 与图 8-20 所示。它由 10MHz 的时基振荡器、5 位十进制分频器、8 位十进制主计数器、锁存器、段译码驱动器、8 位位扫描器以及控制逻辑电路等组成。

1. 时基振荡器和分频器

时基振荡器由石英晶体谐振回路和 CMOS 反相放大器构成，如图 8-21 所示。COMS 反相放大器在 ICM 7226B 内部，石英晶体、电容等谐振回路元件均外接在 ICM 7226B 的 35 脚和 36 脚之间。调整谐振回路中的可变电容，可使振荡频率准确地等于 10MHz。振荡信号经整形后还可从 38 脚输出。

ICM 7226B 内部有一个 10^5(或 10^4)的时基分频器，以便从时基振荡器产生的 10MHz(或由 33 脚外部输入 1MHz)时基信号中获得一个十分稳定的 100Hz 低频时基频率，作为频率测量的标准。

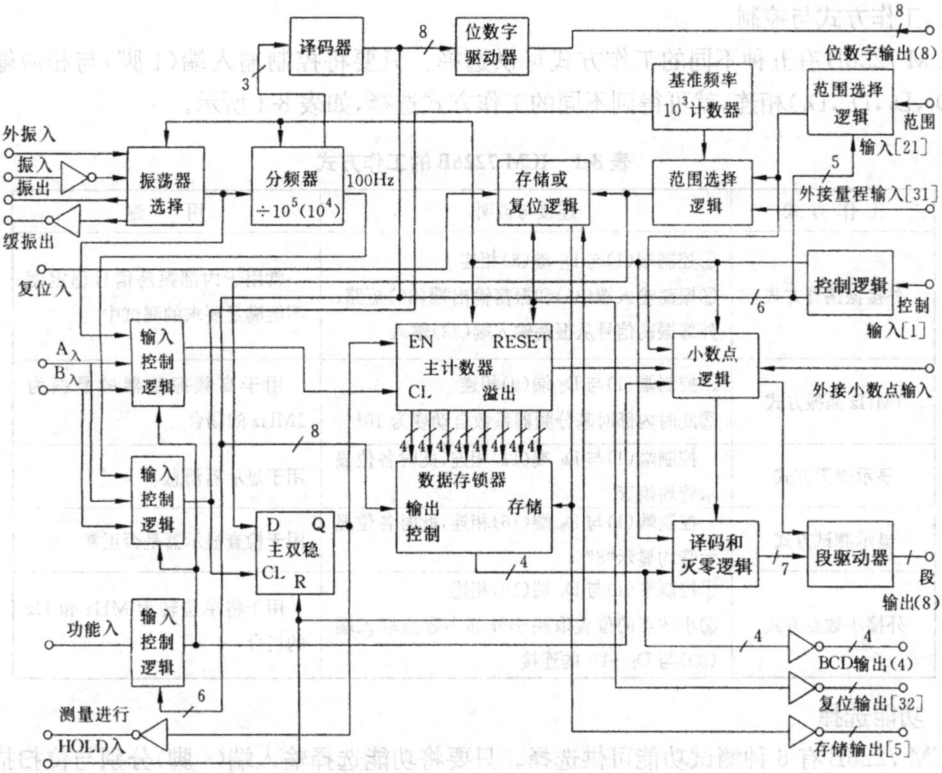

图 8-19　ICM 7226B 内部框图

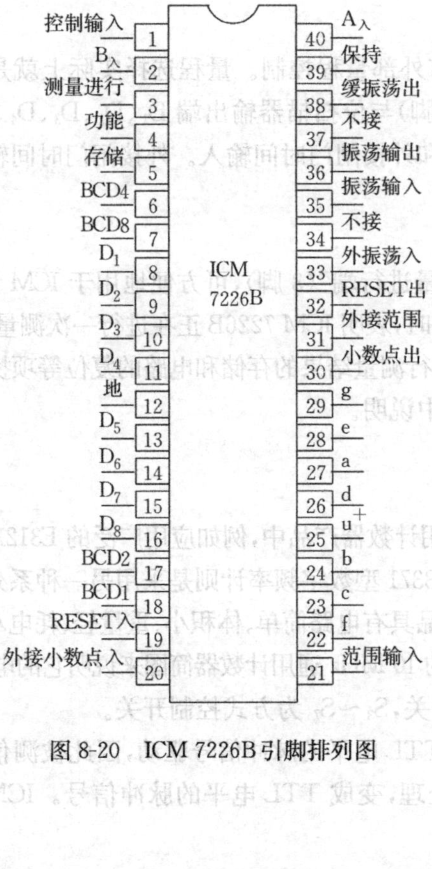

图 8-20　ICM 7226B引脚排列图

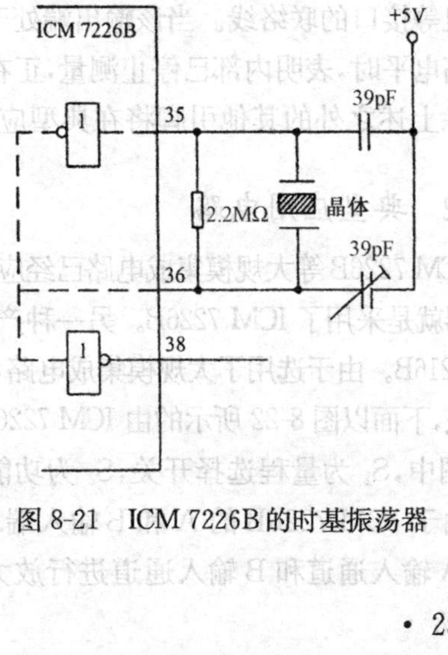

图 8-21　ICM 7226B 的时基振荡器

2. 工作方式与控制

ICM 7226B 有五种不同的工作方式可供选择。只要将控制输入端(1 脚)与相应输出端(D_1,D_2,D_3,D_4,D_8)相连,就可得到不同的工作方式选择,如表 8-1 所示。

表 8-1 ICM 7226B 的工作方式

工作方式	连接与说明	用途
外接振荡器方式	①控制端(1)与 D_1 端(8)相连 ②振荡输入端(35)和振荡输出端(36)短路;外部振荡信号从振荡输入端(33)输入	常用于内部振荡信号稳定度不能满足要求的测试中
1MHz 晶振方式	①控制端(1)与 D_2 端(9)相连 ②此时内部时基分频器系数自动变为 10^4	用于高频振荡器的晶振为 1MHz 的场合
显示熄灭方式	控制端(1)与 D_4 端(11)相连,此时各位显示管均熄灭	用于显示器消息
显示测试方式	控制端(1)与 D_8 端(16)相连,此时各位显示管均显示"8"	用于检查显示器是否正常
外接小数点方式	①控制端(1)与 D_3 端(10)相连 ②小数点的位置取决于外部小数点输入端(20)与 D_1～D_7 的连接	用于将单位转为 MHz 和 Hz 的场合

3. 功能选择

ICM 7226B 有 6 种测试功能可供选择。只要将功能选择输入端(4 脚)分别与位扫描器输出端 D_1、D_2、D_3、D_4、D_8 连接,便可使仪器置于相应的频率测量、频率比测量、自检测量、累加计数、时间间隔测量、周期测量等功能的测量中。

4. 量程选择

ICM 7226B 内部有 4 种量程可供选择,并有外部量程控制。量程选择实际上就是改变主计数器的闸门时间,只要将量程选择输入端(21 脚)与位扫描器输出端 D_1、D_2、D_3、D_4、D_5 连接时,便可产生 0.01s、0.1s、1s、10s 4 种闸门时间和外接闸门时间输入。外接闸门时间输入由外部量程输入端(31 脚)来实现。

5. 状态标志

ICM 7226B 有一个表明内部电路状态的"测量进行端"(3 脚),可方便地用于 ICM 7226B 与计算机等接口的联络线。当该输出端处于低电平时,表明 ICM 7226B 正在进行一次测量;当该端处于高电平时,表明内部已停止测量,正在依次进行测量结果的存储和电路的复位等项操作。

除上述之外的其他引脚将在典型应用电路中说明。

8.2.3.2 典型应用电路

ICM 7226B 等大规模集成电路已经应用于通用计数器产品中,例如应用广泛的 E312A 型通用计数器就是采用了 ICM 7226B。另一种产品 YM 3371 型数字频率计则是采用另一种系列的芯片 ICM 7216B。由于选用了大规模集成电路,这些产品具有电路简单、体积小、重量轻、耗电小等一系列优点,下面以图 8-22 所示的由 ICM 7226B 组成的 10 MHz 通用计数器简图来说明它的电路特点。

图中,S_1 为量程选择开关,S_2 为功能选择开关,S_3～S_7 为方式控制开关。

由于 ICM 7226B 的 A 和 B 输入端均要求 TTL 电平的脉冲信号驱动,因此被测信号必须经过 A 输入通道和 B 输入通道进行放大整形处理,变成 TTL 电平的脉冲信号。ICM 7226B

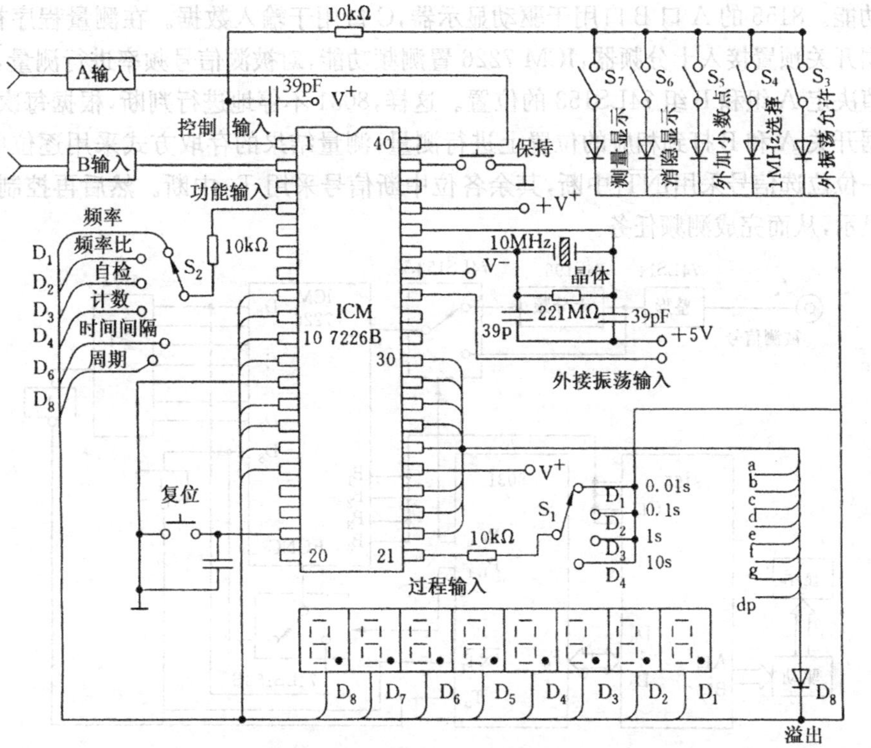

图 8-22　由 ICM 7226B 组成的 10MHz 通用计数器简图

的 A 端最高输入频率值为 10MHz，B 输入的最高输入频率为 2MHz。如果被测频率上限超过 10MHz 时，则需要在输入端之前加入一个预分频器，把输入频率降低到 10MHz 以下。

外接的八只 LED 数码管采用共阴极动态扫描显示。阴极分别与 ICM 7226B 的 $D_1 \sim D_8$ 相连，8 个显示器的 a～g 端与 ICM 7226B 的 a～g 端相连。ICM 7226B 除了七段码信号输出外，还有四条 BCD 代码输出端，(6,7,17,18 脚，本例未使用)，可很方便地实现与微型计算机的接口。

8.3　智能电子计数器的设计

8.3.1　以 ICM 7226 为基础的智能频率计

用 ICM 7226 设计的电子计数器虽然具有体积小、成本低等优点，但也有明显的不足：一是上限频率太低，只有 10MHz；二是由于 ICM 7226 内部电路是按照传统频率测量原理进行设计的，因而当被测信号的频率很低时，便会产生很大的量化误差。

采用微处理器对 ICM 7226 进行控制，可在很大程度上克服上述不足。其设计思想是采用高、中、低频分段测量的方法。即当判断信号的频率 $f_x \geqslant 10\text{MHz}$，先将被测信号进行一次预分频，然后再进入 ICM 7226 测量；如果 $3140\text{Hz} \leqslant f_x \leqslant 10\text{MHz}$，则不经预分频，使 ICM 7226 直接对被测信号测频；当被测信号低于 3140Hz 时，则将 ICM 7226 的功能改为测周，先测出被测信号的周期，然后再用软件将其换算成频率再去显示，3140Hz 是中界频率。

图 8-23 示出由 8031 单片机与 ICM 7226 一起构成的一个 100MHz 频率计的电路原理图。图中施密特反相器 74LS14 用于整形电路，十分频器 74LS196 用于预分频，双数据选择开关 74LS153 中的一组(A)用来选择是否接入十分频器，另一组(B)用来控制 ICM 7226 处于测频

或测周功能。8155 的 A 口 B 口用于驱动显示器，C 口用于输入数据。在测量程序初始化时，先将数据开关预置接入十分频器，ICM 7226 置测频功能，对被测信号频率进行测量，然后根据其测量值决定 A 组和 B 组 74LS153 的位置。这样，8031 不停地进行判断，根据每次判断的结果把数据开关 A 和 B 打到相应的位置上进行测量，测量结果的存取方式采用逐位中断方式。其中第一位位选信号采用$\overline{INT_1}$中断，其余各位中断信号采用 T_0 中断。然后再控制显示器进行动态显示，从而完成测频任务。

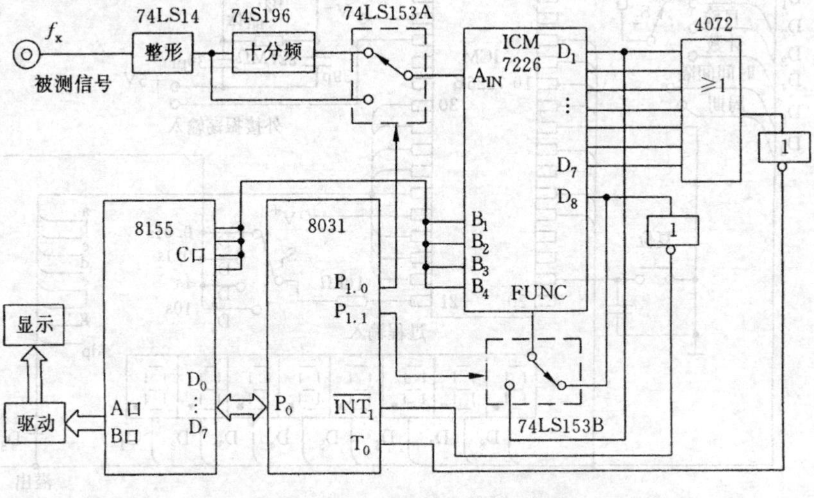

图 8-23　100MHz 频率计电路原理图

仪器软件系统流程图如图 8-24 所示，仪器上电自动复位后，首先执行主程序。主程序在完成仪器初始化之后，便打开中断，以随时检测$\overline{INT_1}$中断请求和 T_0 中断请求。$\overline{INT_1}$中断主要完成第一位数据的读取及处理。该过程结束时，开放 T_0 中断，同时关闭$\overline{INT_1}$中断。T_0 中

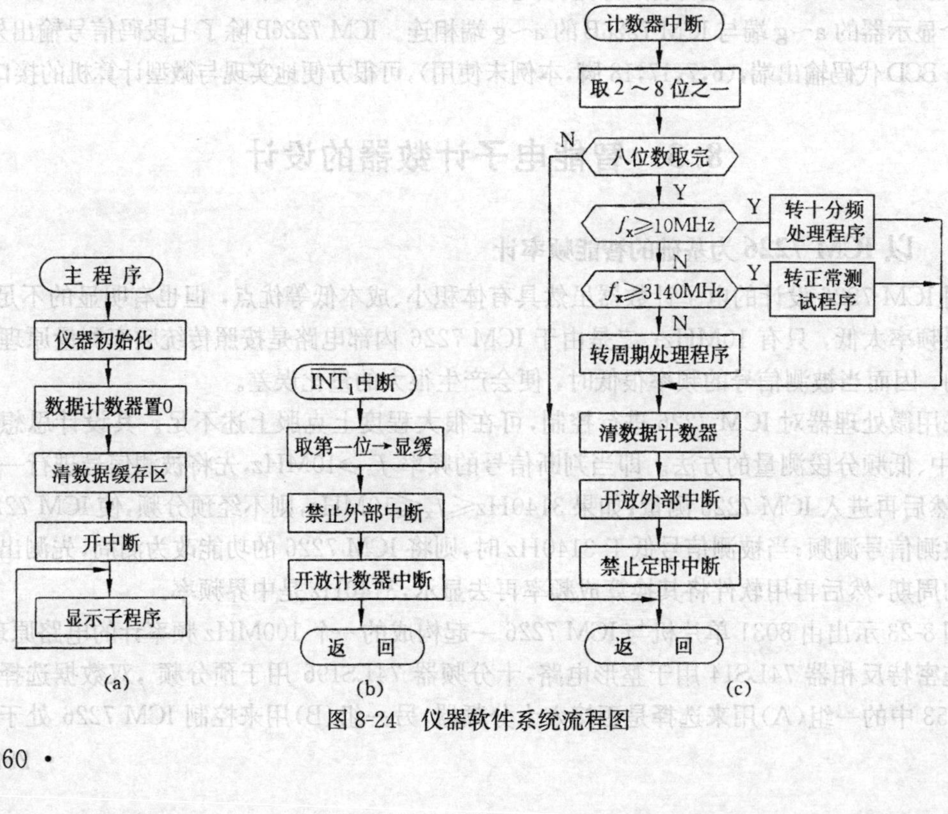

图 8-24　仪器软件系统流程图

断首先完成第 2～8 位数据的存取及处理。每中断一次，顺序读取一位数据，八位数据全部读完后，再根据所测频率进行判断转入不同的分支，为了保证读取数据按顺序进行，在对 2～8 位数据读取过程中，使 $\overline{INT_1}$ 中断处于禁止状态。

8.3.2 等精度频率计的设计实例

本节以一个用 8031 单片机作为控制单元的等精度频率计为例，说明其设计原理。

8.3.2.1 等精度频率计的组成

一个实际的等精度频率计整机硬件框图如图 8-25 所示。由图可见，它主要由 5 个部分组成：单片机控制部分、通道部分、同步电路部分、计数器部分、键盘与显示部分。

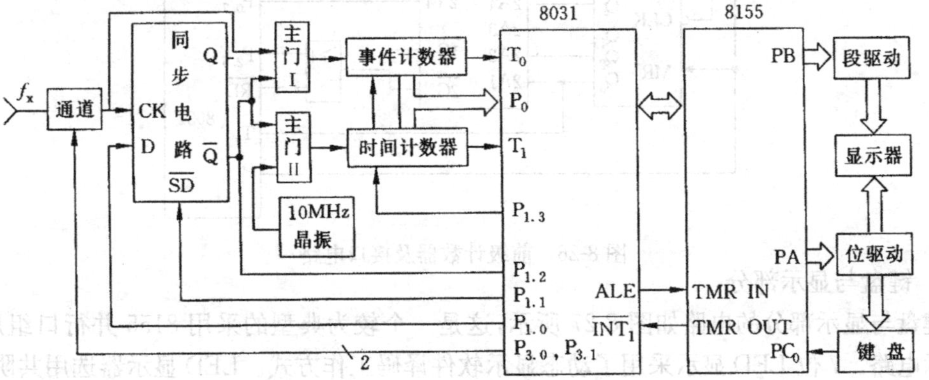

图 8-25 等精度频率计整机硬件框图

1. 8031 单片机及其接口部分

8031 单片机的任务是进行整机测量过程的控制、故障的自动检测以及测量结果的处理与显示等。

P_1 口与 P_3 口被用于施加各种控制信号，其中：$P_{1.0}$ 作为预置闸门时间的控制线；$P_{1.1}$ 作为同步门控制电路的复位信号线；$P_{1.2}$ 用于查询实际闸门时间的状态线；$P_{1.3}$ 作为计数器复位信号线；$P_{1.4}$～$P_{1.7}$ 用做控制仪器键盘灯；$P_{3.0}$，$P_{3.1}$ 作为通道部分的控制线。

8031 单片机内部有两个 16 位二进制定时/计数器。本机用做两个主计数器的一部分，并通过 T_0，T_1 分别与外部的事件计数器和时间计数器的进位端相接。外部的事件计数器和时间计数器的测量结果分别通过扩展输入口与 P_0 口相连。

8155 作为 8031 的扩展 I/O 口，主要用来与键盘和显示电路接口，此外，8155 内部的 14 位计数器被用来作为本机预置闸门时间的定时器，定时器的输入信号取自 8031 的 ALE 端，定时器的输出与 8031 的 $\overline{INT_1}$ 端相接，作为中断申请信号。

2. 通道部分

通道部分主要由放大、整形和一个十分频的预分频电路组成。本机设计测频范围为 20Hz～100MHz，当被测频率大于 10MHz 时，需先经预分频电路分频后再送入计数器电路。

3. 同步电路

同步电路由主门Ⅰ、主门Ⅱ以及同步控制电路组成。主门Ⅰ控制被测信号 f_x 的通过，主门Ⅱ控制时钟信号 f_0 的通过，两门的启闭都由同步控制电路控制。

4. 计数器电路

计数器包括事件计数器和时间计数器两部分，它们是两组完全相同的计数电路，分别由前后两级组成。前级电路由高速的 TTL 计数器 74LS393 构成 8 位二进制计数器；后级由 8031 单片机内的定时/计数定数器构成 16 位二进制计数器。前级计数器及接口电路如图8-26所示，计数前由 $P_{1.3}$发计数器清零信号，计数后通过 74LS244 缓冲器将测量结果读入内存。

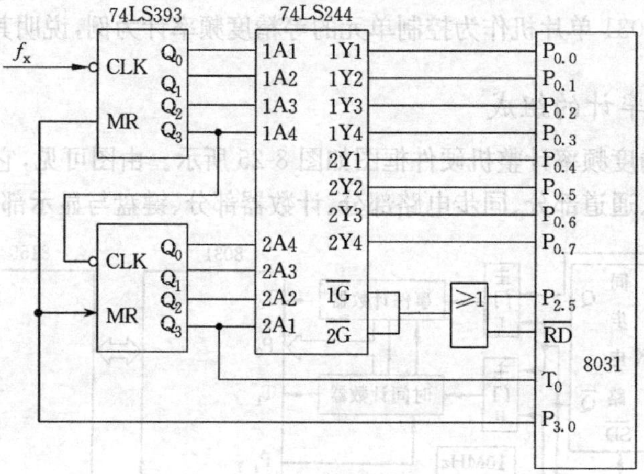

图 8-26　前级计数器及接口电路

5. 键盘与显示部分

键盘与显示部分的电路如图 8-27 所示，这是一个较为典型的采用 8155 并行口组成的键盘显示电路。7 位 LED 显示采用了动态显示软件译码工作方式。LED 显示器选用共阴极，段码由 8155 的 PB 口提供，位选码由 PA 口提供。键盘共设置了 4 个按键，采用逐列扫描查询工作方式，其列输出由 PA 口提供，列输入由 PC 口提供。由于键盘与显示做成一个接口电路，因此软件中合并考虑键盘查询与动态显示。为了使显示器的动态扫描不出现断续，键盘防抖的延时子程序用显示子程序替代。

8.3.2.2　等精度频率计的测量过程

1. 测量准备

8031 的 $P_{1.3}$发出复位信号，使两个计数器清零，同时 $P_{1.1}$ 也发出复位信号，使同步控制电路 D 触发器的 $\overline{Q}$ 端为低电平，则主门Ⅰ和主门Ⅱ都关闭。这时 $P_{1.0}$的初状态为“1”，使 D 触发器的 D 端为高电平。根据 D 触发器的功能，$\overline{Q}$ 端与 D 端的逻辑状态不同，这时被测信号即使达到 CK 端，也不能使其触发翻转，保证了同步门可靠关闭。

2. 测量开始

8031 的 $P_{1.0}$从高电平跳到低电平，使 D 触发器的 D 端为“0”，这时被测信号一旦到达 CK 端，触发器立即翻转，$\overline{Q}$ 由“0”→“1”，于是同步门被打开，被测信号和时间信号分别进入到相应的计数器进行计数。

8031 的 $P_{1.0}$从高电平跳到低电平的同时，也启动了计时系统开始计量闸门时间。

3. 测量结束

当预定的测量时间(1s 或 0.1s)结束时，8031 的$\overline{INT_1}$端便测到时间信号，此时令 $P_{1.0}$从低电平恢复到高电平，随后紧跟而来的被测信号再次触发 D 触发器，使之翻转，$\overline{Q}$ 端由高电平转为低电平，使同步门关闭，计数器停止计数。

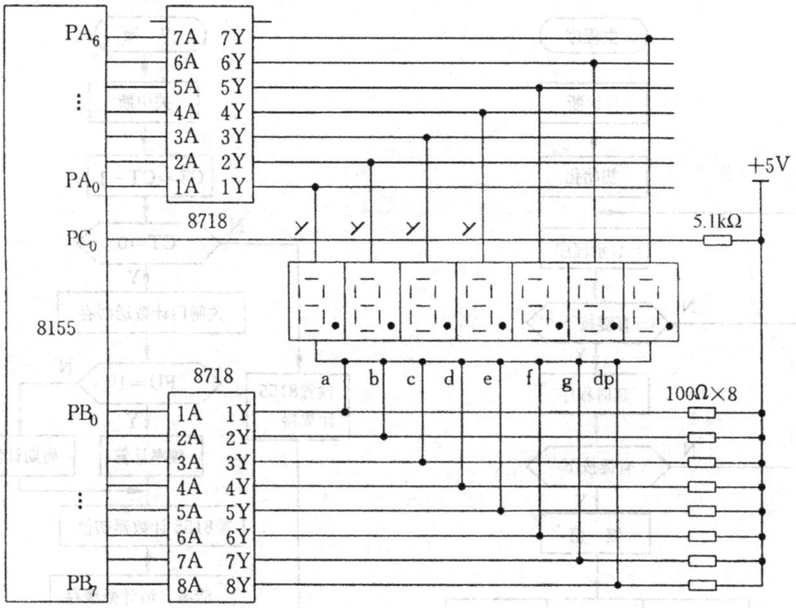

图 8-27　键盘与显示接口电路

4. 数据处理

当查询到 $P_{1.2}$ 的状态为低电平时，8031 单片机就进行读数、运算、数据处理等工作，并将结果输出显示。然后又重复上述过程进行下一次测量。

8.3.2.3　等精度频率计的软件系统

等精度频率计的监控程序如图 8-28 所示。

仪器复位或通电后，首先进行故障自诊断，检查 RAM、EPROM、数码管和键盘等是否正常。若一切正常，进入系统初始化，设置仪器的初始状态，并启动一次测量，使闸门时间开始计时，为仪器正常工作做好准备。然后进入到显示程序和键盘查询程序。若此时无键按下，则继续扫描显示程序。如果有键按下，则进入各自的键功能控制程序。

本仪器共设 4 个按键：1# 键用于选择测频或测周，用标志字 FU 来表示选择结果；2# 键用于选择闸门时间为 1s 或 0.1s，用标志字 TM 来表示；3# 键用于选择是否使用×10 衰减器，用 AT 来表示；4# 键用于选择是否加入预置分频器，用 FD 来表示。每个键功能程序模块主要任务是设置标志字、送相应的键盘灯控制字，而将测量以及测量结果的处理放在计时中断中去完成。当键功能程序处理完毕之后又返回进行下一轮的显示与键盘扫描。

若设置的闸门时间到，INT1 接受中断申请信号并进入中断服务程序，中断服务程序的内容是当累计时间达到设定值时，停止计数，同时对测量结果进行处理并启动下一次的测量。本仪器的闸门时间（0.1s 或 1s）的定时是由 8155 的计数器完成的。8155 的计数器是一个 14 位的减法计数器，其输入时钟采用 8031 的 ALE 信号（周期约为 0.5μs），因而它的最大定时时间为 $T=0.5\times2^{14}\mu s=0.0082s$，达不到 1s 或 0.1s 的定时要求，为此设立计数器 CT 对中断次数进行计数，即中断次数达到 120 次（相当 1s）或 12 次（相当 0.1s）时，才转入关闸门、取数以及进行数据处理，然后再启动下一次的测量。否则，中断服务程序仅对中断次数进行计数。

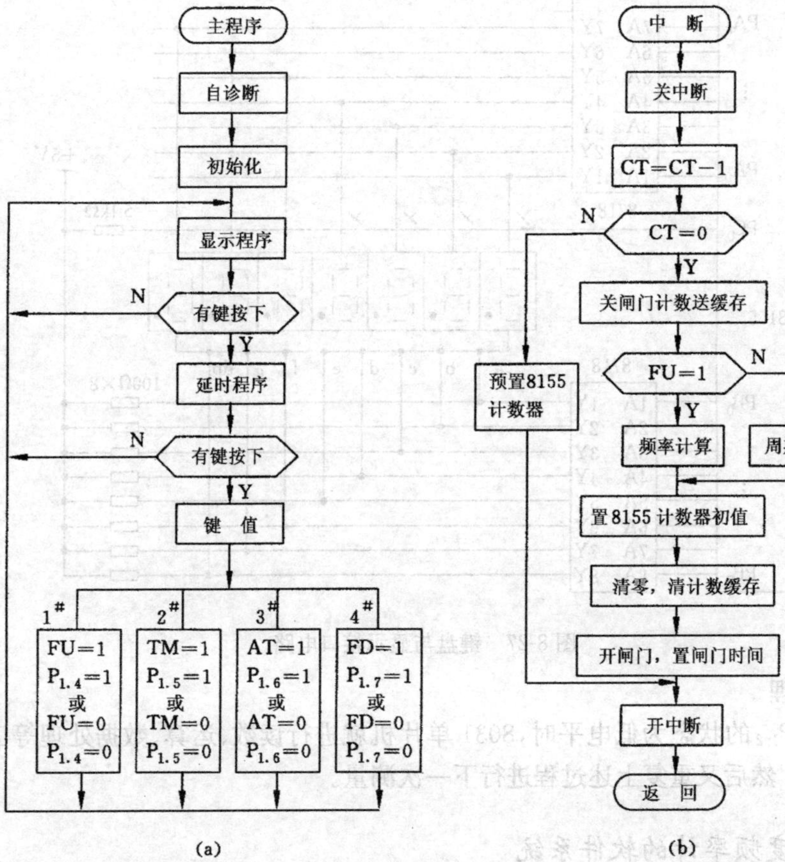

图 8-28　等精度频率计监控程序流程

8.3.2.4　时间间隔 $T_{A\text{-}B}$ 测量功能的实现

在图 8-25 的基础上再增加一个同步电路 2(D 触发器)和一个 B 输入通道，就可以实现平均模式的时间间隔 $T_{A\text{-}B}$ 的测量功能，其电路原理框图及工作波形图如图 8-29 所示。

实际的闸门时间 T 仍由同步控制电路 1(D 触发器)经信号 f_A 同步后产生，产生的闸门时间 T 加在同步控制电路 2 的 D 输入端。同时，信号 f_A 经输入通道 A 的输出并经两级反相器延时后加到同步控制电路 2 的 CK 输入端，当信号 f_A 到来时，同步控制电路 2 的 Q 端为高电平，闸门 B 开启，计数器 B 对时钟信号进行计数；信号 f_B 经输入通道 B 的输出并经反相后送到同步控制电路 2 的复位端上，当信号 f_B 到来时，同步控制电路 2 复位而使 Q 端为低电平，闸门 B 关闭，于是计数器 B 就记录了一次 $T_{A\text{-}B}$ 所对应的时钟脉冲的数目。在一次测量过程中(即实际闸门时间 T 内)，上述 $T_{A\text{-}B}$ 的测量要重复进行多次，并且计数器 A 还记录了重复测量的次数。设计数器 A 记录的次数为 N_A，计数器 B 记录的次数为 N_B，时钟信号的频率为 f_0，则时间间隔 $T_{A\text{-}B}$ 的计算公式为

$$T_{A\text{-}B} = \frac{N_B}{N_A f_0}$$

从上述分析可以看出，最后的测量结果实际是 N_A 次时间间隔测量结果的平均值，所以这种方法也称为平均模式的测量方法。与单次测量模式的时间间隔测量相比较，平均测量模式

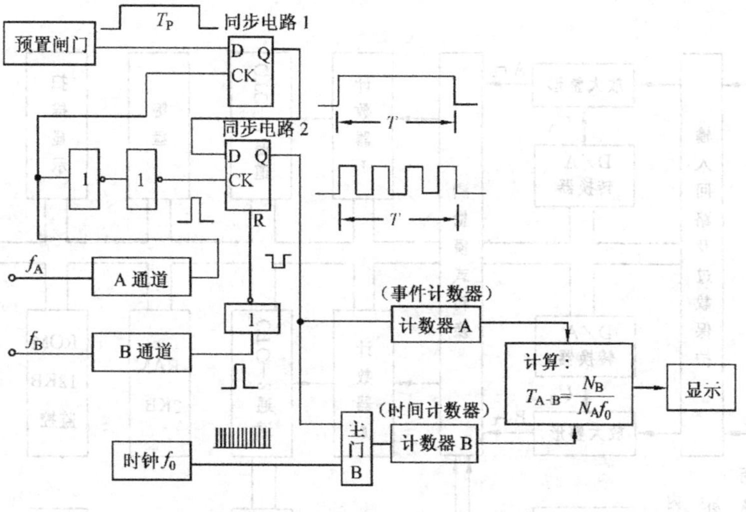

(a) 测量原理图

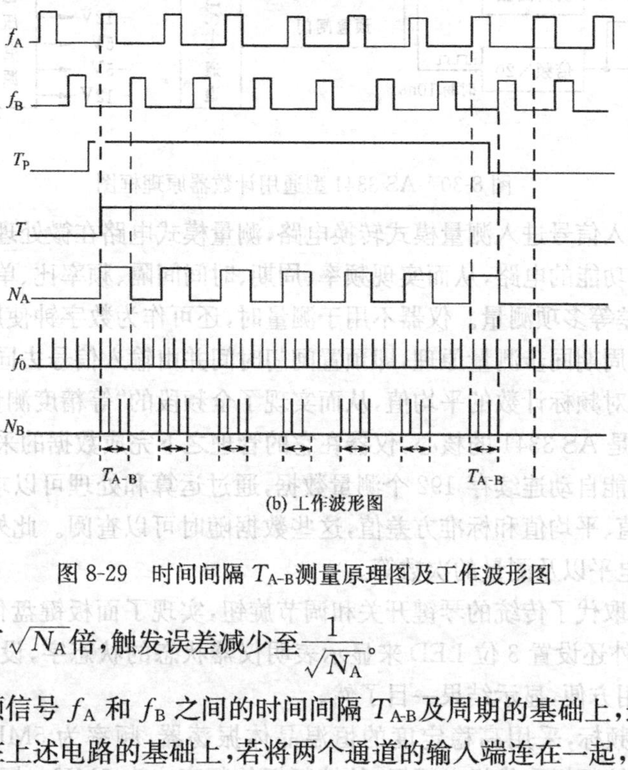

(b) 工作波形图

图 8-29　时间间隔 T_{A-B}测量原理图及工作波形图

的测时分辨力提高了$\sqrt{N_A}$倍，触发误差减少至$\frac{1}{\sqrt{N_A}}$。

在测得两个同频信号 f_A 和 f_B 之间的时间间隔 T_{A-B}及周期的基础上，通过计算即可求出两信号的相位差。在上述电路的基础上，若将两个通道的输入端连在一起，并分别选择两个通道的触发极性和触发电平，就能实现对脉冲宽度的测量。在测得信号的脉冲宽度及其周期的基础之上，再通过计算还可得到被测脉冲信号的占空比。

8.4　典型智能计数器产品介绍

8.4.1　仪器的原理与组成

AS3341 型 100MHz 通用计数器的原理框图如图 8-30 所示。

该仪器有 A 和 B 两个输入通道，其触发电平可以通过 D/A 转换器进行自动或手动设置。

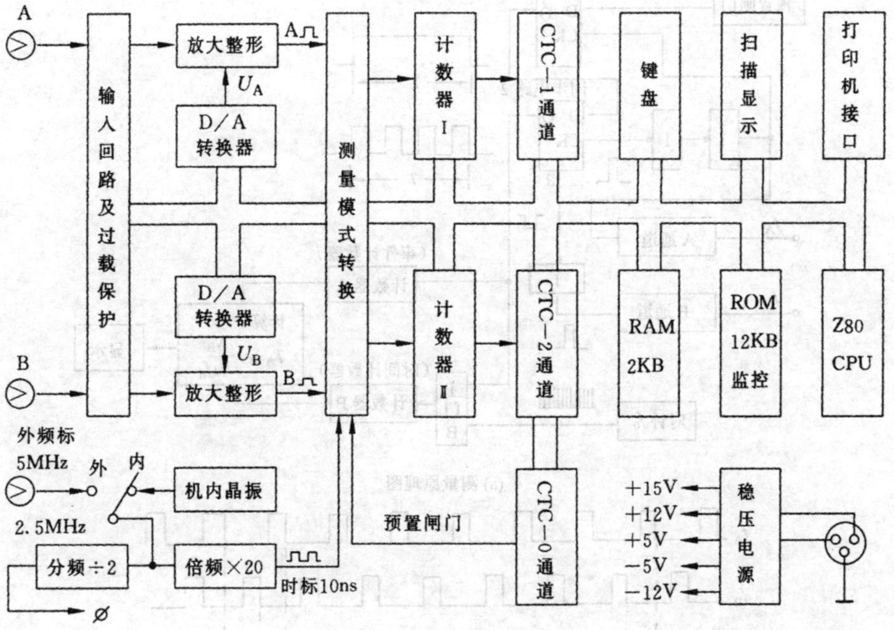

图 8-30　AS 3341 型通用计数器原理框图

经过放大整形的输入信号进入测量模式转换电路，测量模式电路在微处理器的控制下，可以组合成进行各种测量功能的电路，从而实现频率、周期、时间间隔、频率比、单次脉冲串频率、相位差、无间隔阿伦方差等多项测量。仪器不用于测量时，还可作为数字钟使用。

仪器采用了多周期同步测量原理，即预置闸门时间并由输入信号去同步闸门，测量输入信号多个完整周期内对频标计数的平均值，从而实现了全频段的"等精度测量"。

Z80 微处理器是 AS 3341 的核心，仪器在它的管理之下完成数据的采集、处理和显示等整个测量工作。仪器能自动连续存 192 个测量数据，通过运算和处理可以求出给定次数测量数据的最大值、最小值、平均值和标准方差值，这些数据随时可以查阅。此外仪器还可查阅预置的闸门时间、触发电平以及测量的次数等。

仪器使用按键取代了传统的琴键开关和调节旋钮，实现了面板键盘化。测量数据由 9 位 LED 显示，除此之外还设置 3 位 LED 来显示表明仪器状态的状态字，设置了若干 LED 管指示单位，使用户使用方便，显示结果一目了然。

AS 3341 机内频标，采用高稳定度的恒温晶体振荡器，频率为 5MHz，日老化率为 3×10^{-9}。也可采用外接频标取代机内频标，外接频标的频率应为 5MHz，幅度大于 500mV 有效值。5MHz 频标经二分频后作为 Z80 CPU 的时钟信号；经二十倍频后作为 10ns(100MHz)的时标信号。

AS 3344 通用电子计数器的功能如表 8-2 所示。

表 8-2　AS 3344 通用电子计数器的功能

测量功能	测量范围	LSD	测量精度
频率 A 单次(FA)	0.1Hz～100MHz	$F^2\times10\text{ns}$	$\pm\frac{LSD}{F}\pm\frac{TE}{P}\pm BE\pm SE$

（续表）

测量功能	测量范围	LSD	测量精度
频率 A 平均(FA)	0.1Hz～100MHz	$\frac{F^2\times10\text{ns}}{N}$	$\pm\frac{LSD}{F}\pm\frac{LSD}{G}\pm BE\pm SE$
周期 A 单次(PA)	10ns～100s	10ns	$\pm\frac{LSD}{P}\pm\frac{TE}{P}\pm BE\pm SE$
周期 A 平均(PA)	10ns～100s	$\frac{10\text{ns}}{N}$	$\pm\frac{LSD}{P}\pm\frac{TE}{P}\pm BE\pm SE$
时间间隔单次(A－B)	100ns～100s	10ns	$\pm\frac{LSD}{A-B}\pm\frac{TE}{A-B}\pm BE\pm SE\pm\frac{4\text{ns}}{A-B}$
时间间隔平均(A－B)	100ns～100s	$\frac{10\text{ns}}{\sqrt{N}}$	$\pm\frac{LSD}{A-B}\pm\frac{TE}{\sqrt{N(A-B)}}\pm BE\pm SE\pm\frac{4\text{ns}}{A-B}$
时间间隔延迟(AHB)	100μs～99s	10ns	$\pm\frac{LSD}{AHB}\pm\frac{TE}{AHB}\pm BE\pm SE$
频率比单次($\frac{B}{A}$)	10Hz～50MHz	$\frac{PB}{PA}$	$\pm\frac{LSD}{B/A}\pm\frac{(TE)A}{PA}\pm SE$
频率比平均($\frac{B}{A}$)	10Hz～50MHz	$\frac{PB}{N\times PA}$	$\pm\frac{LSD}{B/A}\pm\frac{(TE)A}{G}\pm SE$
A 脉冲串频率(BUA)	10Hz～100MHz		$\frac{F^2\times10\text{ns}}{N}\pm\frac{LSD}{F}\pm\frac{TP}{NP}\pm BE\pm SE$
B 累加计数(TOTB)	10Hz～100MHz		容量 10^9-1，由 STA/STO 启停
相位$\frac{A-B}{PA}$(PHA)			保留至 1′
B 阿伦方差(ALB)	10Hz～100MHz		次数由 2～190 任选

表 8-2 采用了厂标符号，其中，F 为被测信号频率；P 为被测信号周期；G 为测量时间；N 为测量时间内测得输入信号的完整周期数($G=NP$)；LSD 为最低位的有效位数；TE 为触发误差；BE 为时基(频标)误差；SE 为软件计算误差，$SE\leqslant2\times10^{-9}$。

表中所列的各项功能中，频率、周期、时间间隔和频率这 4 类功能中均有单次和多次平均两种测量方式。频率、周期测量的单次方式是测量被测信号一个周期内对标准时标信号的计数值，并以此获得被测信号的频率；多次平均方式则是测量在规定的预置闸门时间内出现 N 个被测周期中的对标准时标信号的计数值，并以此获得 N 个周期的平均值及相应的频率值，其测量原理如图 8-31 所示。时间间隔和频率比的单次和平均两种工作方式的定义也与频率和周期测量相类似。

脉冲串频率测量功能是用来测量间歇振荡信号的频率，其原理如图 8-32 所示。按测量键后，闸门由 A 输入信号触发开启，经过 N 个事先预置的被测信号周期之后，闸门自动关闭。那么由计数器Ⅱ测得的时间 T 就可以计算得到脉冲串频率 $f=N/T$。本仪器设置有 $N=1$，3，9，33，129 共 5 挡预置周期数以供选择。

相位测量功能是用于测量 A，B 两个通道信号之间的相位差。其测量原理是：先测量时间间隔A－B，再测量输入信号 A 的周期 P_A，然后按公式(A－B)×360/P_A 计算。

无间隔阿伦方差测量功能广泛用于高稳定度信号源短期稳定度的测定。待测信号从 B 通道输入，机内两个闸门交替轮流地启、闭计数器Ⅰ和Ⅱ，即两个计数器交替地对 B 通道输入的信号测频，测量数据 F_1，F_2……依次存入数据区，测量结果即可按下列公式计算求得

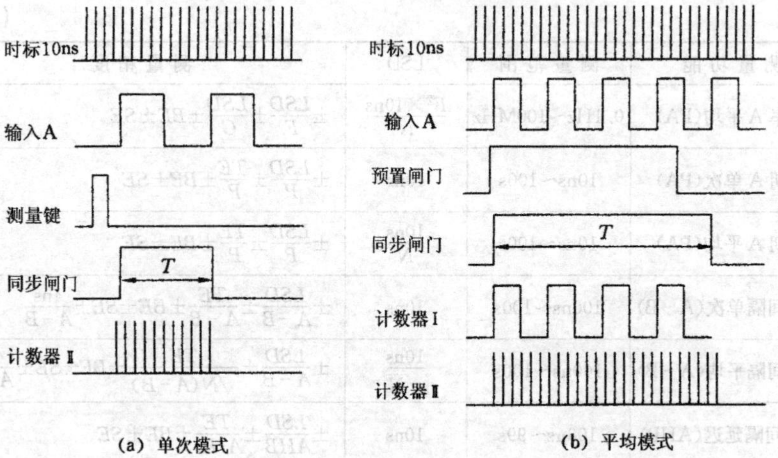

图 8-31 测频、测周原理图

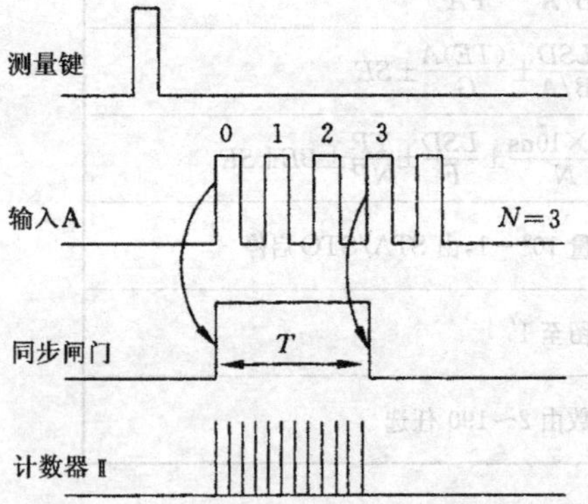

图 8-32 脉冲串频率测量原理

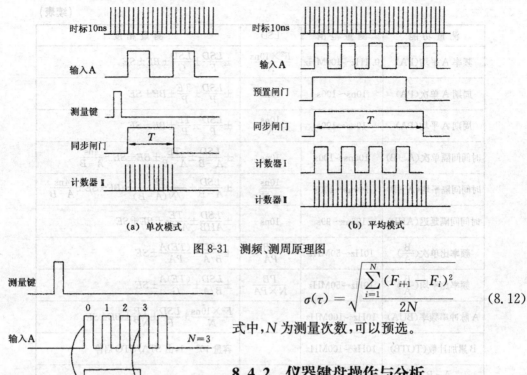

$$\sigma(\tau)=\sqrt{\frac{\sum_{i=1}^{N}(F_{i+1}-F_i)^2}{2N}} \tag{8.12}$$

式中,N 为测量次数,可以预选。

8.4.2 仪器键盘操作与分析

键盘分析程序是智能仪器软件系统的核心,为了设计仪器的键盘分析程序,必须先设计键盘的组成并对键盘的操作方法进行明确的定义。

8.4.2.1 键盘的组成

仪器键盘由 32 个键组成,在面板上的排列示意图如图 8-33 所示。这些键分为高级键、低级键和辅助键 3 类:其中高级键有 5 个,它们是功能、预置、查阅、测量和自检键,其键值定义为 10、20、40、50 和 60;低级键有 15 个,其键值定义为 0~9 和 A~E;其他键有两个,其键值为 30 和 70。除此之外还有一个复位键,该键是一个硬件复位键,不属键扫描范围,当仪器因干扰出错或不能响应键盘时,可按此键,强迫程序从 0000H 单元重新开始执行初始化,恢复正常工作。

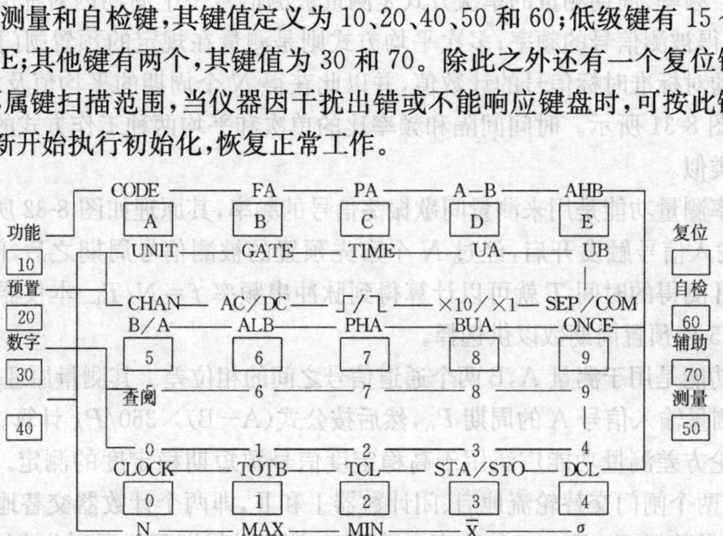

图 8-33 键盘排列示意图

高级键可与不同的低级键组合，构成不同的键值（键值相加），对于尚无定义的组合键仪器作无效处理，若按下有效键，面板有相应的指示响应；如果按下无效键面板无相应的指示，并且也不会对已输入的键值产生影响。

8.4.2.2 键盘的操作

下面介绍本仪器设计的键盘操作中应遵循的几项规则。

五个高级键之一被按下，仪器便进入相应的状态，直到按其他高级键后才会改变目前状态（“自检”键除外）。

按下“自检”键后，仪器进入自检状态，自检结束后，自动进入测量状态。自检过程中，也允许按其他键打断自检，进入其他状态。

按下“测量”键后仪器进入测量状态，按照已设定的功能进行连续测量。如果设置在单次工作方式，则按下一次键测量一次。在测量过程中按下任何其他高级键都会打断正在进行的测量工作而进入相应的新状态。

“功能”“预置”“查阅”3 个高级键要与不同的低级键构成组合键。操作的过程为：先按下某一高级键，使仪器进入到相应的状态，再按下低级键选择相应的内容。

几乎所有的低级键都可以和“功能”键组合，下面介绍几例来说明其操作规则：

按“功能”、“FA”、“测量”等键，仪器进入 A 通道频率测量。

按“功能”、“FA”、“PA”、“测量”等键，仪器进入 A 通道周期测量。在上述操作中，仪器仅保留最后设置的功能，“FA”键作无效键处理。

按“功能”、“ONCE”、“测量”、“测量”等键，仪器进入单次模式，每按一次“测量”键，仪器进行一次测量。

按“功能”、“TOTB”“TCL”“STA/STO”“STA/STO”等键，仪器进入 B 通道累加计数（TOTB）测量，“TCL”键为清零，第一次按“STA/STO”键表示启动计数，第二次按该键表示停止计数。然后可以任意按“TCL”、“STA/STO”键进行清零和启动、停止计数。TOTB 这项功能不需按“测量”键就可以开始测量。

“预置”键用于对仪器的状态或数值进行预置。

其中，与预置仪器状态有关的键有“CHAN”“AC/DC”“⎍/⎍”“×10/×1”“SEP/COM”共 5 个键，它们只需要在两个状态中选择一种状态，因此设置比较简单。在预置状态下，只要反复按其中一个键，该键表征的两个状态便会交替改变。按动一次“预置”键后，上述几个键可以轮流地按，不需要重新按“预置”键。

与设置数值有关的键还有“UA”（A 通道触发电平）、“UB”（B 通道触发电平）、“GATE”（闸门数）、“TIME”（测量次数）等，后面均须按数字键 0～9，若为负值，还应在按数字键之前按动“数字”辅助键。并且规定每当预置一个新的项目时，首先要按一下“预置”键。

例如，把 A 通道预置为×1 衰减，触发电平 $U_A=-1.05V$，则按下列顺序按键：“预置”→“×10/×1”“→预置”→“UA”→“数字”→“1”“0”和“5”即可。这时 SU 灯亮，表示仪器当前为预置电平状态。如果要将 A 通道预置为自动触发状态，须按“预置”、“UA”，使 SU 灯暗，表示仪器当前为自动触发状态。在自动触发状态时，仪器自动取信号峰-峰的中间值作为触发电平，每测一次，找一次中间电平，并将中间电平存入 RAM，以供查阅。

又例如，预置闸门时间为 32ms，则先按“预置”“GATE”“3”和“2”，然后再按“预置”、“UNIT”。“UNIT”键要反复地按，直至 ms 灯亮，小数点不出现即可。

按"预置""TIME""3"和"2",表示预置测量次数为32,但这并不意味着到了32次就不再进行测量了,而是继续测量,只是在查阅最大值(MAX)、最小值(MIN)、平均值($\bar{x}$)和标准方差(σ)时,仪器是按预置次数进行处理。

"查阅"键用于将用户需要了解的数据调出来显示。例如仪器正在进行A通道周期测量时,按动"查阅"、"GATE"键后,仪器就退出测量状态进入查阅状态,并将当前的测周闸门时间显示出来;如再按"UA",则将显示A通道的触发电平值。查阅结束后如再按"测量"键,仪器又将继续原来正在进行的A通道的周期测量。

8.4.3 仪器的软件系统

本仪器软件设计采用了结构化系统设计与结构化程序设计的方法,整个软件由顶向下分层分块,每个模块完成一项功能,并遵守上层模块调用下层模块、同层模块不能相互调用的原则。从前述键盘操作规则可以看出,仪器有5个高级键:"功能""预置""查阅""测量""自检",它们各自对应着仪器的一种工作模式,在每一种工作模式下又各有多种功能。因而我们把每一种工作模式划分为一个模块,且这5个模块处于同一层次。而在每一种模式下的各种功能就形成了下一层的一个个模块。按照这种思想形成的仪器软件的模块结构如图8-33所示。

该图标出了每个模块的名称、入口地址、入口条件和出口条件。模块的正常出口是回到键盘程序,等待按键。图中虚线下列出的是一些独立的公用子程序。它们是处于最底层的公用程序模块。

可以看出,运用模块化设计思想就等于把一个大任务分割成几十个相对独立的子任务,设计时只要把握住每个模块的功能,注意满足入口条件和出口条件,就可以分别加以编写了。

图8-34所示的程序模块图共含58个模块,下面选出其中一些典型的模块予以介绍。

8.4.3.1 初始化程序

图8-35是初始化程序的流程图,在初始化之后,根据用户所按下的高级键转入相应的工作模式,否则自动进入自检模式。

8.4.3.2 键盘程序

AS 3341键盘是采用矩阵连接式的无编码键盘,组合键的键值为高级键的键值(低4位为零)与低级键(高4位为零)之和。因此,在按下某一高级键之后,暂存其键值,以后可多次与其有效的低级键组合,形成组合键值,根据组合键值转入键的程序模块。程序在完成预置的工作后,将转入键盘程序,等待新的按键。

AS 3341键盘的硬件接口如图8-36所示(同时参看图8-33)。键盘的处理程序流程如图8-37所示。

8.4.3.3 预置工作模式程序模块(以预置闸门单位为例)

按照按键操作的规则,预置闸门单位的按键顺序应为按下"预置"键后,再按动数次"UNIT"键,直至出现所需的单位显示为止。在这里的"UNIT"键被设计为顺序键,当重复按动"UNIT"键时,7挡闸门时间单位(含小数点)1s、0.1s、0.01s、ms、0.1ms、0.01ms、μs将循环出现。这样,一个键即可代替一组量程转换开关。

预置闸门单位模块(STUNIT)的流程图如图8-38所示,用户在按下"预置"键后,程序累

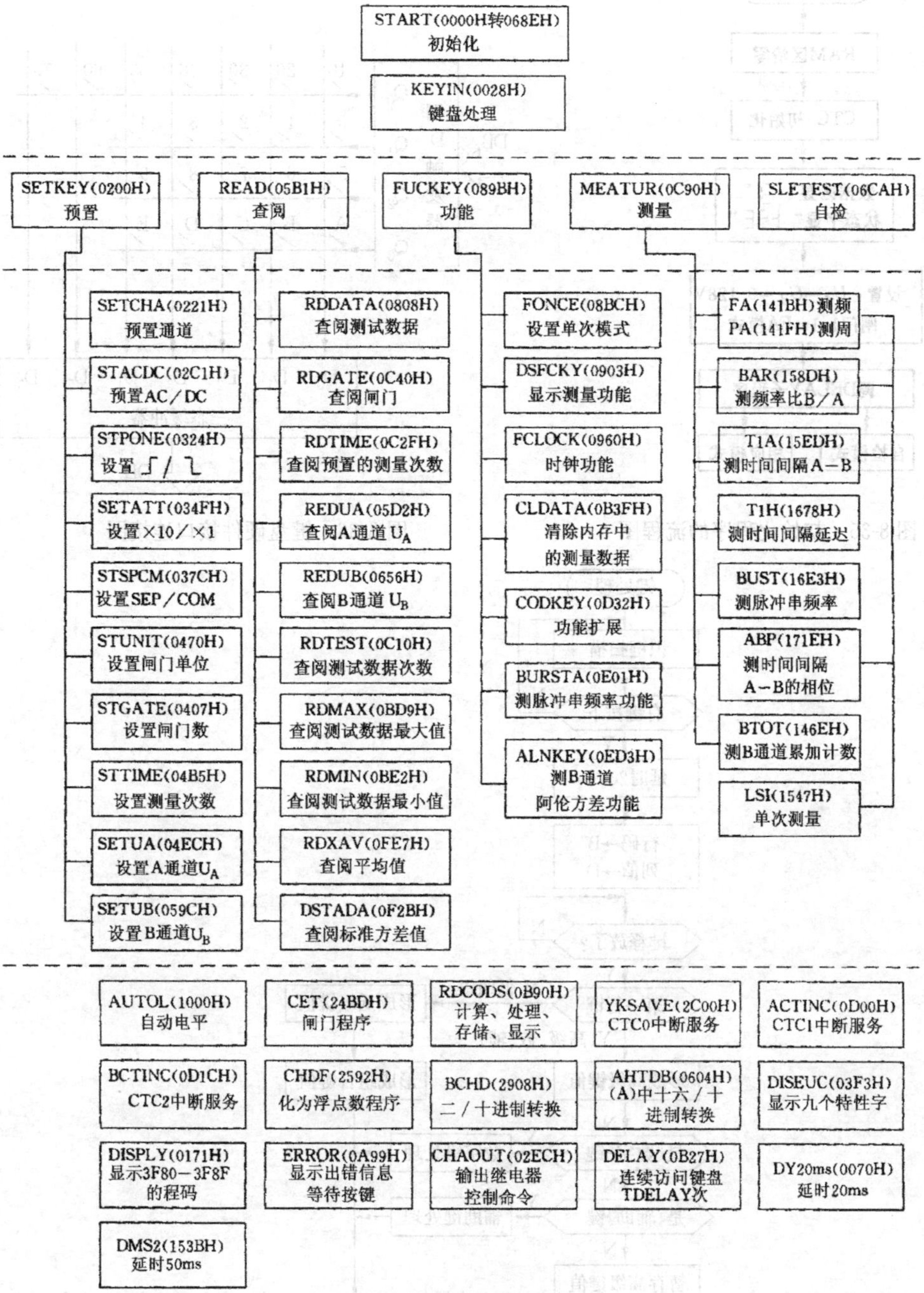

图 8-34　仪器软件模块结构图

加器 A 循环累计“UNIT”键按下的次数，形成单位代码 0～6，然后根据图 8-37(b)所提供的单位代码表找到对应的单位，然后做出不同的处理。处理包括单位灯处理和小数点处理。最后予以显示。

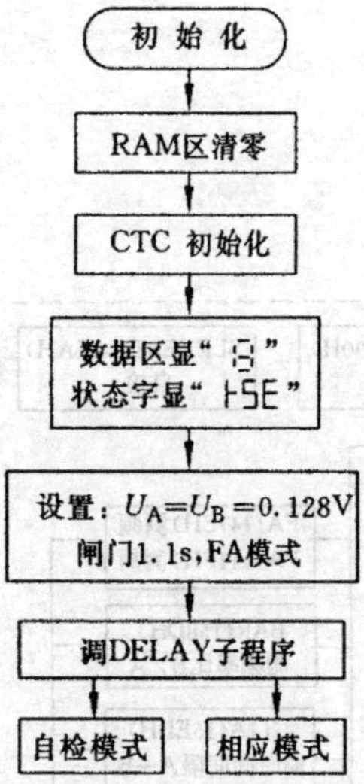

图 8-35 初始化程序的流程图

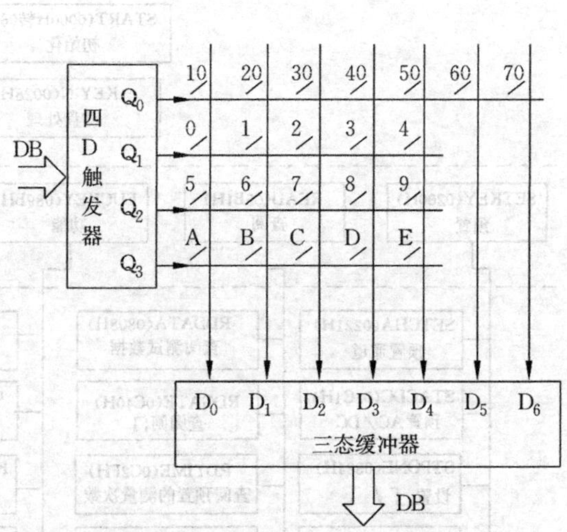

图 8-36 键盘硬件接口连接图

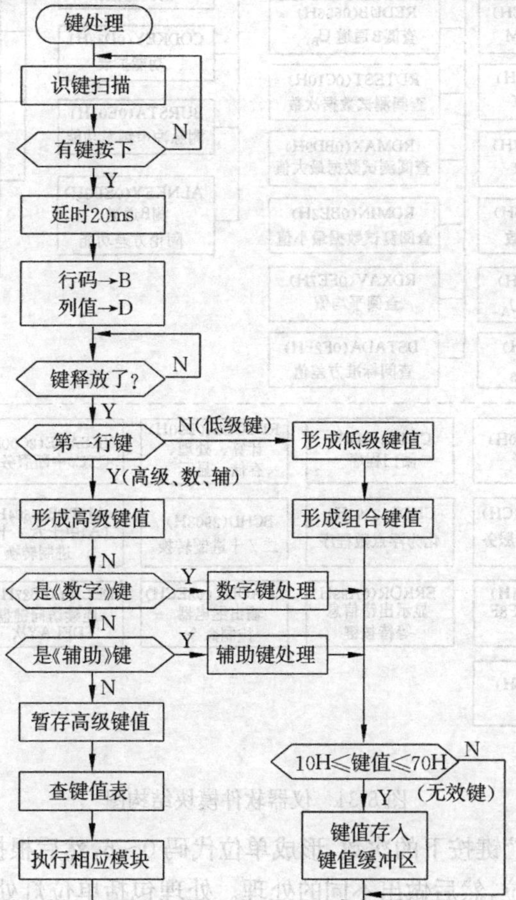

图 8-37 键盘的处理程序流程

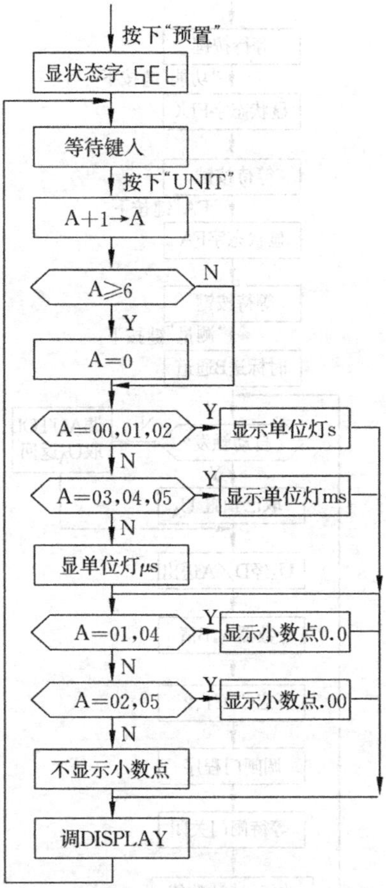

(a)

代码	闸门单位
00H	1s
01H	0.1s
02H	0.01s
03H	1ms
04H	0.1ms
05H	0.01ms
06H	1μs

(b)

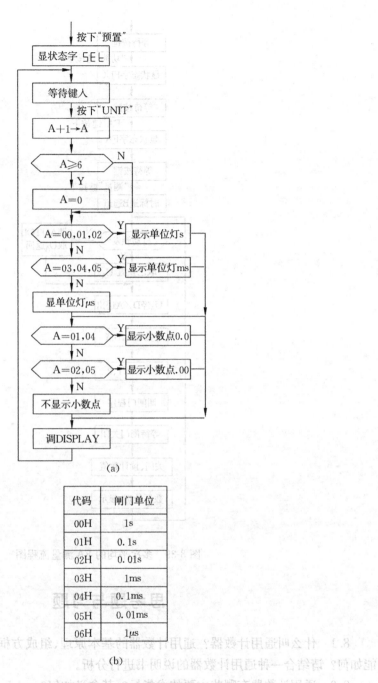

图 8-38　预置闸门单位模块流程图

8.4.3.4　测量程序

为了能对测量过程有较清楚的了解，作为一个例子，图 8-39 给出了 A 通道多次平均的 FA 频率测量流程图。图中标明了测量过程中的各个基本操作。

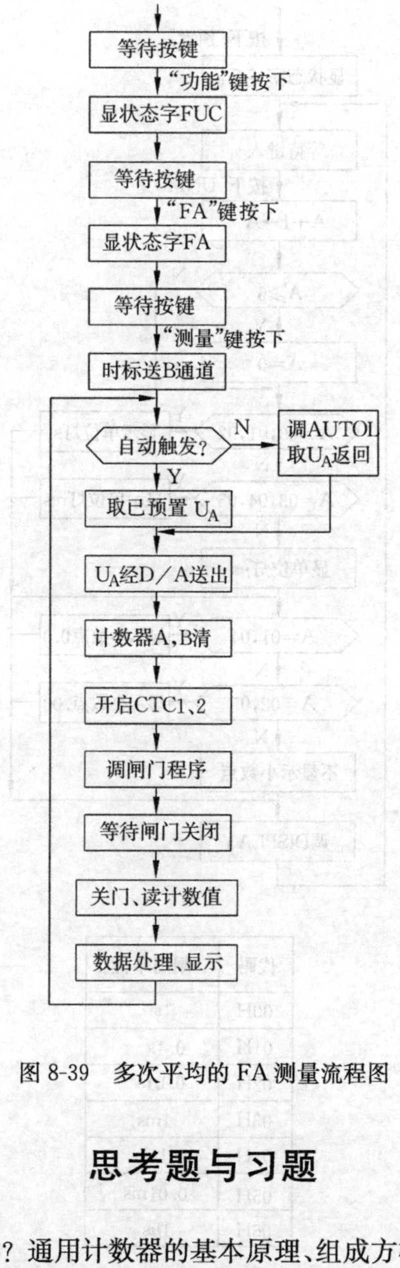

图 8-39　多次平均的 FA 测量流程图

思考题与习题

8.1　什么叫通用计数器？通用计数器的基本原理、组成方框、控制逻辑以及主要测试功能如何？请结合一种通用计数器的说明书进行分析。

8.2　通用计数器有哪些主要技术指标？其含义如何？

8.3　欲用电子计数器测量一个 $f_0=200\text{Hz}$ 的信号频率，采用测频（选闸门时间为 1s）和测周（选时标为 0.1 μs）两种方法，试比较这两种方法由 ±1 误差所引起的测量误差。

8.4　用一个七位电子计数器测量 $f_x\approx5\text{MHz}$ 信号的频率，估算当闸门时间选用 1s、0.1s 和 10ms 时，由计数误差而产生的测频相对误差分别为多少，选用哪个闸门时间最好？

8.5　某电子计数器标准频率源的误差 $\Delta f_0/f_0=1\times10^{-9}$，用该计数器把一个频率为 10MHz 的晶振校准到不大于 10^{-7}，计数器的闸门应如何选择？

8.6　用六位显示的电子计数器测一个约 20Hz 信号的周期，已知该信号的信噪比 U_m/U_n

=100，计数器的周期倍乘为 1×10^4，时标为 $1\mu s \sim 10ms$，两者均按 10 的整数倍变化。试讨论如何选择周期倍乘及时标使测周误差最小。此时触发误差为多少？

8.7 什么是中界频率？若电子计数器内的晶振频率 $f=10MHz$，闸门时间选择为 1s，试求中界频率。

8.8 通用计数器能够用来测相位吗？画出测试原理方框图。

8.9 参考 8.3.2 节介绍的等精度频率计原理，设计一个以 MCS-51 单片机为核心的等精度数字频率计。要求画出完整电路原理图（包括输入通道、键盘、显示器等），并编制该数字频率计的监控程序。要求仪器达到的主要技术指标如下。

(1) 功能：频率测量、周期测量、时间间隔测量；

(2) 被测信号频率范围：10Hz～30MHz；

(3) 全频范围内频率测量和周期测量的精度：$\leqslant 10^{-6}$（不考虑触发误差的影响）；

(4) 灵敏度：100 mV；

(5) 闸门时间：0.1s、1s。

本题内容可作为综合设计性实验内容或课程设计的内容。

8.10 在题 8.9 的基础上，增加相位测量、阿伦方差测量功能。画出电原理图及新增加功能部分的控制程序流程图。

8.11 在 AS 3341 通用电子计数器硬件和软件系统的设计中：

(1) 输入通道设置的 AC/DC 转换、触发电平调节等有什么用途？

(2) AS 3341 有哪些测量功能？设计出实现各功能的硬件电路和控制程序。

(3) 什么是软件计算误差？如何减少此项误差？

第 9 章　数字示波器

9.1　概　述

数字示波器是一种具有数字存储功能的新型示波器，因而也称数字存储示波器(Digital Storage Oscilloscope，DSO)，目前这种示波器统称数字示波器，简称 DSO。

9.1.1　数字示波器的组成原理

数字示波器是 20 世纪 70 年代初发展起来的一种新型示波器。这种类型的示波器可以方便地实现对模拟信号波形数字化并进行长期存储，并能利用内嵌的微处理器对存储的信号做进一步的处理，例如对被测波形的频率、幅值、前后沿时间、平均值等参数的自动测量以及多种复杂的处理。数字示波器的出现使传统示波器的功能发生了重大变革。

图 9-1 给出了一个模拟/数字存储两用示波器原理框图，它有模拟与数字存储两种工作模式。当处于模拟工作模式时，其电路组成原理与一般传统模拟示波器一样，这里不再赘述。当处于数字存储工作模式时，它的工作过程一般可以分采样存储和显示两个阶段。在采样存储工作阶段，模拟输入信号先经过适当放大或衰减，然后再进行数字化处理。数字化处理包括“取样”和“量化”两个过程，取样是获得模拟输入信号的离散值，而量化则是使每个取样的离散值经 A/D 转换器转换成数字，最后，数字化的信号在控制电路的控制下依次写入到采样存储器中。上述取样、量化以及写入过程都是在同一频率信号的控制下进行的。在显示工作阶段，采用了较低的读时钟脉冲频率从采样存储器中依次把数字信号读出，并经 D/A 转换器转换成

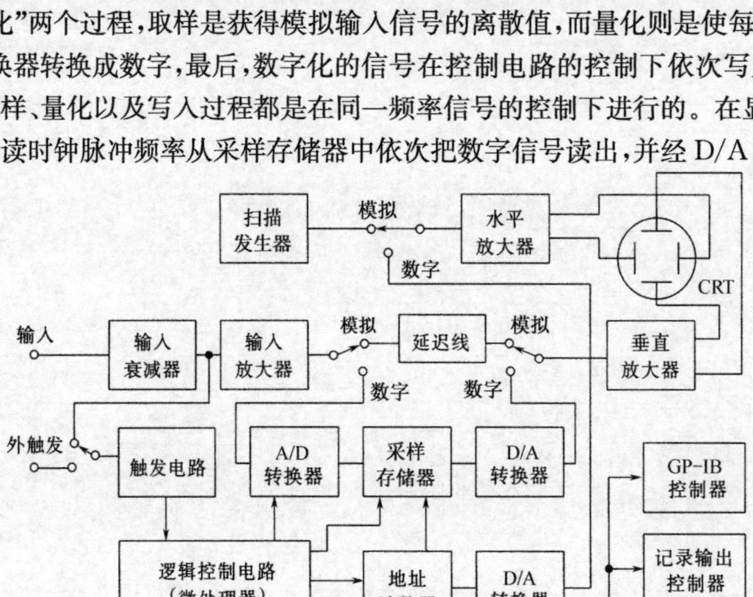

图 9-1　模拟/数字存储两用示波器原理框图

模拟信号，经垂直放大器放大加到 CRT 的 Y 偏转板。与此同时，采样存储器的读地址信号也加至 D/A 转换器，得到一个扫描电压，加到水平放大器，驱动 CRT 的 X 偏转板，从而实现在 CRT 上以稠密光点的形式包络重现模拟输入信号。显示屏上显示的每一个点都代表采样存储器捕获的一个数据，点的垂直屏幕位置与对应存储单元中数据的大小相对应，点的水平屏幕位置与存储单元的地址相对应。GP-IB 为通用接口总线，通过它可以程控数字示波器的工作状态并且使内部采样存储器和外部设备交换数据成为可能。

这种数字示波器是以微处理器为基础的电子仪器，因此可归属为智能仪器。早期数字示波器的控制一般只使用一个微处理器，难以实现高速采集处理与显示的要求。现代 DSO 一般都采用多微处理器方案，数据的采集及存储过程采用一个专用的处理器；而波形的显示、数据处理以及各种接口的控制则由主微处理器进行处理。由于采用多个处理器各负其责，因而可使信号的采集与显示并行处理，使采样率及显示更新率有很大提高。除此之外，现代 DSO 还采用先进高速采集器件和技术、多种采集方式、插值技术以及专用的波形翻译器等，使 DSO 的性能有了很大的提高。

9.1.2 数字示波器的主要技术指标及分析

9.1.2.1 数字示波器的主要技术指标

评价数字示波器性能的技术指标很多，本节重点讨论采样速率、记录长度和频带宽度（含上升时间）这 3 项最主要的技术指标。在此基础上，还将讨论几项与波形幅度测量和时间测量相关的技术指标。

1. 采样速率

采样速率是指单位时间内对信号采样的次数，用 f_s 表示，单位为 Sa/s、MSa/s、GSa/s 等。在信号处理领域，采样速率的单位常采用 Hz、MHz 和 GHz 等。但对数字示波器来说，频带宽度指标的基本单位已经采用了 Hz，为避免混淆，数字示波器采样速率的基本单位一般定义为 Sa/s（采样点/秒）。

采样速率 f_s 一般指示波器能达到的最高采样速率，由示波器所采用的 A/D 转换器的转换速率决定。采样速率越高，表明仪器在时间轴上捕捉信号细节的能力越强。采样速率又分为实时采样速率和等效采样速率，基于实时采样的采样速率称实时采样速率；基于等效采样的采样速率称等效采样速率。若未加说明，平常所说的采样速率是指实时采样速率。

DSO 不能总以最高采样速率工作，为了能在屏幕上清晰地观测不同频率的信号，DSO 设置了多挡扫描速度（亦称扫描时间因数，用 t/div 表示），DSO 的实际采样速率是随选用扫描速度挡位的变化而变化，其关系如下式所示

$$f_s=\frac{N}{(t/\mathrm{div})} \tag{9.1}$$

上式表明，当每格采样点数 N 确定之后，DSO 实际采样速率与扫描速度成反比。其中最快扫描速度挡位应该与其最高采样速率相对应。例如，某 DSO 最快扫描速度为 5ns/div，按每格 50 个采样点计算，则最高采样速率是 10GSa/s。

2. 记录长度（存储深度）

记录长度是指 DSO 一次采集所能连续存入的最大样点数（字节数），用 L 来表示，单位为 Kpts 或 Mpts 等，其中“pts”是“points”的缩写。记录长度又称存储深度（即记录 1 帧波形所对

应的存储容量)，所以记录长度的单位还可以采用 KB 或 MB 等。

一般说来，分析一个稳定的正弦波信号只需要 500 点的记录长度，但要分析一个十分复杂的波形，往往需要多达 100 万个点或更多点的纪录长度。DSO 的记录长度越长，并且采用了较高的采样速率，意味着能捕获间歇性毛刺或异常事件的能力就越强，尤其在观测时间较长的单次瞬态信号时，记录长度显得特别重要。因此，现代数字示波器配置的记录长度越来越大。

记录长度不是一般意义上的存储容量，而是指存储器在示波器高速采样速率下一次采集所能存储的波形点数，因此，加大记录长度绝非易事，它涉及大容量高速存储器制造和高速数据传输相关技术。目前高端 DSO 的记录长度已能达到几十 Mpts，个别 DSO 达到了 1Gpts 以上。

3. 频带宽度

当示波器输入不同频率的等幅正弦信号时，屏幕上显示的信号幅度下降 3dB 时所对应的输入信号上、下限频率之差，称为示波器的频带宽度，简称带宽，用 B_W 来表示。带宽在数值上近似等于上限频率，单位为 MHz 或 GHz。带宽是一个比较宽泛的定义，在带内的信号并不是绝对没有衰减，只不过没有超过 3dB；在带外的信号也不是完全测量不到，只不过幅度衰减比较大而已。

数字示波器的频带宽度除了取决于模拟通道电路的模拟带宽外，还存在取决于采样速率的所谓数字带宽。由于 DSO 有采用实时采样和非实时采样两类采样方式，因而数字带宽又有重复带宽和单次带宽之分。

(1) 重复带宽

重复带宽是指 DSO 工作在等效采样工作方式下测量周期信号时所表现出来的频带宽度，也称等效带宽。在等效采样工作方式下，要求信号必须是周期重复的，DSO 一般要经过多个采样周期，并对采集到的样品进行重新组合，才能精确地显示被测波形。

重复带宽的大小独立于采样速率。采用等效采样后的等效带宽可以足够宽，这时重复带宽的值主要取决于 Y 通道电路的频带宽度，因而示波器带宽取决于模拟带宽。

(2) 单次带宽

单次带宽是指数字示波器采用实时采样方式时所具有的带宽，又称实时带宽。它主要取决于 A/D 转换器的采样速率 f_s 和每个信号周期的采样点数 k，它们之间的关系是

$$B_W = \frac{f_s}{k} \tag{9.2}$$

根据取样定理，如果采样速率大于或等于信号最高频率分量的 2 倍，便可重现原信号波形。在数字示波器的实际设计中，为保证显示波形的分辨率，往往要求增加更多的采样点并采用相应的插值技术。当 DSO 采用点显示方式时，k 的取值范围一般为 20～25，即示波器的 f_s 应大于被观测信号最高频率分量的 20～25 倍。当采用矢量式显示时，取 $k=10$；当采用正弦内插方式时，取 $k=2.5$ 即可。

准确地说，单次带宽应该由模拟带宽、采用速率及采用的插值方式共同决定。一般情况下，单次带宽低于或远低于模拟带宽，这时示波器带宽按式(9.2)计算。随着采样技术的进步，近期 DSO 的采样速率已经达到很高，会出现按式(9.2)计算的带宽超过 Y 通道电路带宽的情况，这时示波器的带宽由模拟带宽确定。

在分析数字示波器带宽时需要注意下述几点：①上述的带宽是指数字示波器的最大带宽，实际使用中，带宽是随扫描速度而变化的；②上述的带宽是 3dB 带宽，即当采用带宽为

100MHz 的数字示波器测试频率为 100MHz、电压幅度为 1V 的信号时，其显示的电压只有 0.7V 左右。除此之外，当被测信号的频率与数字示波器带宽相近时，由于数字示波器无法分辨信号中的高次谐波，信号失真情况将显示不出来，因此，为了获得满意的观测效果，应该采用数字示波器带宽为被测信号最高频率的 3～10 倍。一般情况下，建议按照 5 倍准则选择示波器，以满足观测信号失真情况的一般要求，并且这时幅度测量误差也不会超过±2%，这对大多数的操作已经足够。

4. 上升时间

上升时间是指当示波器输入一个理想的阶跃信号时，其显示屏显示波形的前沿从稳定幅度的 10%上升到 90%所需的时间，它反映了数字示波器垂直系统的瞬态特性。数字示波器必须要有足够快的上升时间，才能准确地捕获信号中快速变化的细节。

上升时间是与示波器带宽相关的一项技术指标，示波器上升时间不够快与带宽不够宽是等价价的，他们之间的内在关系可表示为

$$t_r(\mu s)=\frac{0.35\sim 0.45}{B_W(\mathrm{MHz})} \tag{9.3}$$

式中，t_r 为上升时间，B_W 为带宽，0.35～0.45 是带宽-上升时间转换系数，不同型号的数字示波器取值不同，可以查阅相应的说明书。

示波器在测量上升时间时，测量值是系统合成结果，如下式所示：

$$上升时间测量=\sqrt{(信号上升时间)^2+(示波器上升时间)^2} \tag{9.4}$$

例如，使用 350MHz 带宽(t_r=1ns)的示波器，测量上升时间为 1ns 的方波信号，上升时间测量值=$\sqrt{(1\mathrm{ns})^2+(1\mathrm{ns})^2}$=1.41ns，误差高达 41%；若使用 1GHz 带宽(t_r=350ps)的示波器测量该信号，上升时间测量值=$\sqrt{(1\mathrm{ns})^2+(0.35\mathrm{ns})^2}$=1.06ns，误差为 6%。上例说明，为了不产生明显的测量误差，要求数字示波器的上升时间越小越好。建议示波器的上升时间至少小于被测脉冲信号上升时间 1/3～1/5，以满足一般的测量要求。除此之外，还要注意选择示波器的扫描速度，使在被测信号波形上升沿上至少采集到 20 个点，以便能较准确地描述该信号波形上升沿的特征。

5. 垂直分辨率，垂直灵敏度及其范围

分辨率是数字示波器对信号波形细节的分辨能力，它分为垂直分辨率和水平分辨率。主要取决于 A/D 转换器在幅度和时间两个域上对被测信号量化的程度。分辨率并非是测量准确度，而是理想情况下测量准确度的上限。

垂直分辨率又称电压分辨率，是电压显示的基本单位，它反映示波器对信号幅度细节识别的详尽的程度。垂直分辨率主要由 A/D 转换器的分辨率来决定，常直接用 A/D 转换器的位数来表示。例如，某 DSO 采用了 8 位的 A/D 转换器，则称该 DSO 的垂直分辨率为 8bit。一个 8 位的 A/D 转换器可以把被测信号在垂直方向上分成 256 个电平，故可计算出其对应的相对分辨率为 1/256=0.39%。

垂直灵敏度是示波器显示屏的垂直刻度，显示屏的垂直刻度一般有 8 个大格(div)，每个 div 又分为 5 个小格。垂直灵敏度是指屏幕垂直方向上一个 div 所代表的电压幅度值，常以 V/div、mV/div 等表示。为了扩大观测范围，示波器垂直灵敏度设置了多个挡位，其挡级的步进一般采用 1-2-5 进制。

垂直灵敏度范围是指示波器最小垂直灵敏度挡至最大垂直灵敏度挡的范围，它表明了示波器可以测量信号幅度的动态范围以及测量最大和最小信号幅度的能力。例如，某 DSO 的垂

直灵敏度范围为1mV/div～5V/div，它表明被测信号幅度（峰峰值）的最大值为40V。如果采用8位A/D转换器，在不考虑仪器的本底噪声情况下，DSO的最小电压分辨力理论上可以达到0.03 mV。

6. 水平分辨率，扫描速度及其范围

水平分辨率表示数字示波器在时间坐标上对输入信号的分辨能力，常用每格的取样点数或相邻数据点的时间间隔（即采样间隔）来表示，它与存储器容量和采样速率有关。如果要以较高的水平分辨率（即采样时间间隔尽量小）观测一个频率固定的信号，就需要采用尽量高的采样速率和足够长的记录长度。

扫描速度（又称扫描时间因数，用t/div表示）是示波器的水平刻度，是时间显示的基本单位。显示屏的水平刻度一般有10个大格（div），每个div又分为5个小格。扫描速度是指示波器光点在屏幕水平方向上移动一个div所占用的时间，常以s/div、ms/div、μs/div、ns/div、ps/div等表示。为了扩大观测范围，示波器扫描速度设置了多个挡位，其挡级的步进一般采用1-2-5进制。

扫描速度范围是指示波器最小扫描速度挡至最大扫描速度挡之间的范围，扫描速度范围越宽，意味着示波器能够测量的信号频率范围越宽；扫描速度挡越小，表明其在水平方向的分辨能力越强。例如，某DSO的最小的扫描速度挡为1ns/div，若按屏幕能完整显示5个周期信号作为标准来计算，则该DSO能测量信号的最高频率为500MHz。

7. 波形刷新速率

波形刷新速率是指示波器每秒钟刷新波形的最高次数，有时也称波形捕获速率。波形刷新速率高意味着能组织更大数据量的信息进行处理与显示，这在显示动态复杂信号和隐藏在波形信号中异常信号的捕捉方面，有着特别的作用。

一般DSO采用串行处理机制，即先对采集的信号进行A/D转换与存储，再进行处理与显示；然后再采集下一帧信号。即两次采集时间存在盲区，在这个盲区内出现的异常信号将被漏失。相对而言，模拟示波器拥有好的"波形捕获率"，这是因为模拟示波器从信号采集一直到屏幕上显示一气呵成，仅仅在扫描的回扫时间及释抑（Hold off）时间内不采集信号。

现代数字示波器采用了并行处理机制，信号采集与存储以及数据处理与显示采用并列结构，分别由各自的处理器控制。这样，示波器在对信号进行采集、存储的同时，显示单元也在不断地刷新屏幕显示，使屏幕刷新率有了很大的提高。目前，现代数字示波器波形刷新速率已能达到几百万次/秒以上。

9.1.2.2 记录长度与采样速率的关系

早期设计的DSO记录长度与显示器在水平方向显示的点数相等，记录长度、采样速率和扫描速度三者之间存在以下关系

$$L = f_s \times t/\text{div} \times 10 \tag{9.5}$$

式中，L表示记录长度；f_s表示采样速率；t/div表示扫描速度；10表示显示屏幕水平方向的刻度为10个div。

上式表明，当记录长度L确定之后，DSO的采样速率f_s与扫描速度t/div是一个联动的关系，且成反比。例如，对于一个21万像素（575×368）的显示屏幕来讲，水平方向能显示500个采样点（即50点/div）。当选择扫描速度为1μs/div时，DSO会自动把采样速率设置为50MSa/s，以使水平方向有500个采样点；当选择扫描速度为1ms/div时，采样速率会自动设

置在 50kSa/s，以保证水平方向也恰好有 500 个采样点。

在这种设计方案中，由于受显示窗口最高水平分辨率的限制，DSO 的记录长度不可能太长（一般在 500 或 1000 左右），因此，会漏掉波形中快速变化的信息，使示波器的性能大受影响。例如，要求显示一行含有行同步信号的电视信号，若以低频的行频信号调整扫描速度，可以看到一行完整的信号，但看不清楚其中高频的电视信号的波形；若以其中高频的电视信号调整扫速，可以看清楚其中高频的电视信号的波形，但又看不到一行完整的信号。这对观测一个同时含有高频和低频成分的信号波形是非常不方便的。

为了能观察较复杂波形，现代 DSO 都配置了大容量的高速存储器，使记录长度足够长，以保证能在高采样速率情况下对复杂波形进行捕获。为了正确理解扫速、采样速率和记录长度三者之间的关系，图 9-2 给出了记录长度分别为 1MB 和 1kB 的两种示波器的扫描速度、采样速率和记录长度关系曲线。为了便于说明，设定两种示波器都工作在实时采集方式，且最高采样速率均为 1GHz，扫速范围均为 1ns/div～10s/div。

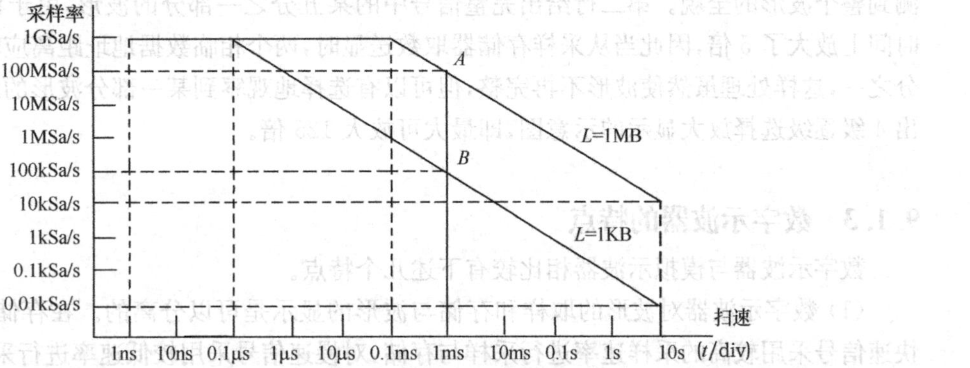

图 9-2　扫速、取样速率和记录长度的关系曲线

由图中可以看出，当两种 DSO 的扫速都设置在 1ms/div 时，记录长度为 1MB 的 DSO 实际采样率为 100MSa/s（A 点），每帧波形由 10^6 个采样点组成；而记录长度为 1KB 的 DSO 实际采样率为 100kSa/s（B 点），每帧波形由 10^3 个采样点组成。很显然，记录长度大（长）的 DSO 能够提供更加清晰的波形细节。也就是说，记录长度决定了 DSO 同时分析信号高频和低频现象的能力，包括分析低速信号中的高频噪声和高频信号中的低频调制等。长的记录长度能起到一个既能总览全局，又可呈现细节的效果。

由图中还可以看出，增加记录长度后，扫速，取样速率和记录长度之间不可能再全部遵守关系式(9.5)。当设置的扫描速度较高时，受 DSO 的最高采样率的局限，一次采集只能占用采样存储器的一部分。以记录长度为 1MB 的 DSO 为例，当 DSO 的扫速设置在 0.1ms/div 以下时，DSO 的采样率符合式(9.5)的规律，并能存满 1MB 的存储器的容量。但当扫描速度大于 0.1ms/div，例设置在 10μs/div 时，由于 DSO 的最高采样率只能为 1GSa/s，不能再提升，这时每个采集周期只能采 10^5 个样点，仅占记录长度的十分之一。若要继续提高扫描速度，则每个采集周期的采样点将会继续减少。这时，DSO 虽然可以显示，但不能记录较复杂波形的细节。

增加记录长度后，一次捕捉的波形样点多了，使一帧数据可同时含有高频和低频的完整信号。但是由于屏幕水平方向一般只有 500 点（或 1000 点）左右的像素，只能看到波形中的某一部分。为此，数字示波器又提供了“窗口放大”或“波形移动”等功能，使用户通过多次放大或左右移动，既可看到波形的全貌又可看到局部细节，解决了长记录长度和显示处理之间的矛盾。图 9-3 给出了采用“窗口放大”功能对复杂波形多次局部放大的示意图。

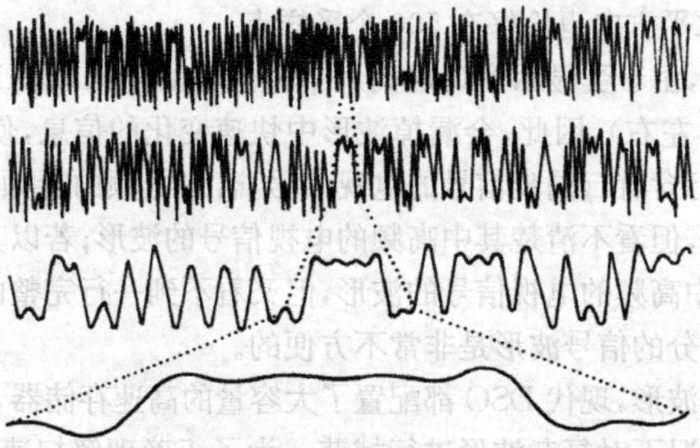

图 9-3　复杂波形多次局部放大示意图

图中，第一行波形给出了完整信号的全貌，由于 DSO 的记录长度远大于显示器的水平分辨率，因此，显示时每隔若干个地址取一个数据，这时显示的波形虽然不能给出细节，但可以观测到整个波形的全貌。第二行给出完整信号中的某五分之一部分的波形，由于该部分波形在时间上放大了 5 倍，因此当从采样存储器取数送显时，两个相临数据地址距离应较前缩短为五分之一，这样处理虽然使波形不再完整，但可以有选择地观察到某一部分波形的细节。本图给出 4 级逐级选择放大显示的示意图，即最大可放大 125 倍。

9.1.3　数字示波器的特点

数字示波器与模拟示波器相比较有下述几个特点。

(1) 数字示波器对波形的取样和存储与波形的显示是可以分离的。在存储工作阶段，对快速信号采用较高的采样速率进行采样与存储，对慢速信号采用较低速率进行采样与存储，但在显示工作阶段，其读出速度可以采取一个固定的速率，并不受采样速率的限制，因而可以获得清晰而稳定的波形。这样我们就可以无闪烁地观察极慢信号，这是模拟示波器无能为力的。对于观测极快信号来说，模拟示波器必须选择带宽很高的阴极射线示波管，这就使造价上升，并且带宽高的示波管一般显示精度和稳定性都较低。而数字示波器采用低速显示，从而可以使用低带宽、高精度、高可靠性而低造价的光栅扫描式示波管，这就从根本上解决了上述问题。若采用彩色显示，还可以很好地分辨各种信息。

(2) 数字示波器能长时间地保存信号。这种特性对观察单次出现的瞬变信号尤为有利。有些信号，如单次冲击波、放电现象等都是在短暂的一瞬间产生，在示波器的屏幕上一闪而过，很难观察。数字示波器问世以前，屏幕照相是"存储"波形所采取的主要方法。数字示波器是把波形用数字方式存储起来，因而其存储时间在理论上可以无限长。

(3) 具有先进的触发功能。数字示波器不仅能显示触发后的信号，而且能显示触发前的信号，并且可以任意选择超前或滞后的时间，这对材料强度、地震研究、生物机能实验提供了有利的工具。除此之外，数字示波器还可以向用户提供边缘触发、组合触发、状态触发、延迟触发等多种方式，来实现多种触发功能，方便、准确地对电信号进行分析。

(4) 测量精度高。模拟示波器水平精度由锯齿波的线性度决定，故很难实现较高的时间精度，一般限制在 3%～5%。而数字示波器由于使用晶振作高稳定时钟，有很高的测时精度。采用多位 A/D 转换器也使幅度测量精度大大提高。尤其是能够自动测量直接读数，有效地克服示波管对测量精度的影响，使大多数的数字示波器的测量精度优于 1%。

(5) 具有很强的处理能力，这是由于数字示波器内含有微处理器，因而能自动实现多种波形参数的测量与显示，例如上升时间、下降时间、脉宽、频率、峰-峰值等参数的测量与显示。能对波形实现多种复杂的处理，例如取平均值、取上下限值、频谱分析以及对两波形进行加、减、乘等运算处理。同时还能使仪器具有许多自动操作功能，例如自检与自校等功能，使仪器使用很方便。

(6) 具有数字信号的输入/输出功能，所以可以很方便地将存储的数据送到计算机或其他外部设备，进行更复杂的数据运算或分析处理。同时还可以通过 GP-IB 接口与计算机一起构成强有力的自动测试系统。

数字示波器也有它的局限性，例如，在观测非周期信号时，由于受 A/D 转换器最大转换速率等因素的影响，使数字示波器目前还不能用于较高的频率范围。

9.2 数字示波器的采样方式

数字示波器按其工作原理可分为波形的采集(采样与存储)、波形的显示、波形的测量与波形的处理等几部分。对被测信号的波形进行采样与存储是 DSO 最基础的工作。数字示波器的采样方式有实时采样和非实时的等效采样两种，等效采样又可分为顺序采样和随机采样。

9.2.1 实时采样方式原理及实现

9.2.1.1 实时采样方式概述

实时采样是指对被测信号波形进行等时间间隔取样、A/D 转换，并将 A/D 转换的数据按照采样先后的次序存入采样存储器中。实时采样在技术上易于实现，对于最高频率分量在示波器带宽以内的信号具有理想的复现能力。

采用实时采样方式的采集电路原理框图如图 9-4 所示。加入到 Y_1 端的输入信号经输入电路的衰减或放大处理后，分送至 A/D 转换器与触发电路。控制电路一旦接到来自触发电路的触发信号，就启动一次数据采集。一方面，控制电路设定的"t/div"电路产生一个对应的采样速率，使 A/D 转换器对输入信号按设定的采样速率进行转换，得到一串 8 位数据流；另一方面，控制电路产生写使能信号送至 RAM 读/写控制和写地址计数器，使写地址计数器按顺序递增，并确保每个数据写入到 RAM 相应的存储单元中。

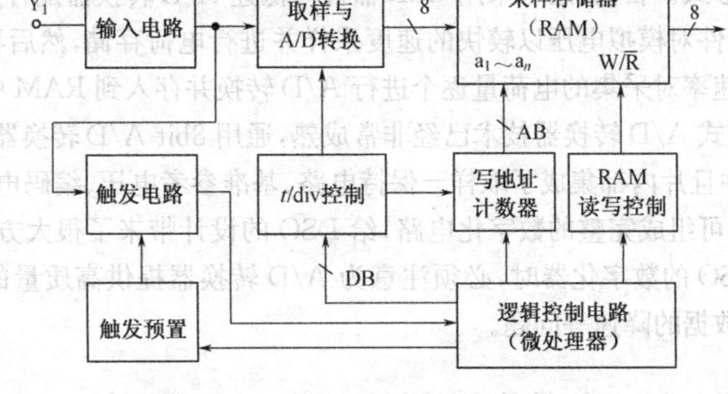

图 9-4 实时采样方式的电路原理框图

实时采样方式对观测单次出现的信号非常有效，是所有数字示波器必须具备的采样方式。

9.2.1.2 取样与 A/D 转换

若想把波形用数字方式存储起来，首先要解决模拟波形离散化的问题。连续波形的离散化是通过取样的方法来完成的，其原理可用图 9-5 所示的图形来说明。把模拟波形送到加有反偏的取样门的 a 点，在 c 点加入等间隔的取样脉冲，则对应时间 t_n（n=1，2，3，…）取样脉冲打开取样门的一瞬间（两个二极管处于正向导通状态），在 b 点就得到相应的模拟量 a_n（n=1，2，3，…），a_n 就是离散化了的模拟量。把每一个离散模拟量进行 A/D 转换，就可以得到相应的数字量。如 a_1→A/D→01H；a_2→A/D→02H；a_3→ A/D→03H；… a_7→A/D→01H。如果把这些数字量按序存放在采样存储器中，就相当于把一幅模拟波形以数字的形式存储起来。

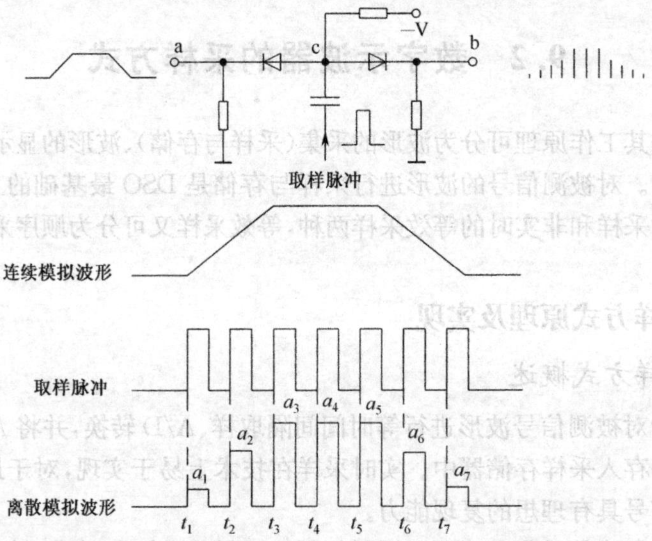

图 9-5　连续波离散化的原理

A/D 转换器是波形采集的关键部件，它决定了示波器的最大采样速率、存储带宽以及垂直分辨率等多项指标。目前数字示波器采用的 A/D 转换的形式有逐次比较型、并联比较型、串并联型以及 CCD 器件与 A/D 转换器相配合的形式等。逐次比较型 A/D 转换器成本低，但转换速度较慢。并联比较式 A/D 转换器的转换速度可以做得较高，价格也较贵，是数字示波器采用最多的一种形式。目前，还有采用 CCD 器件与低速 A/D 转换器配合使用的方法，该方法首先采用 CCD 器件对模拟电压以较快的速度采样并进行电荷存储，然后再用低速 A/D 转换器以较低的采样速率对采集的电荷量逐个进行 A/D 转换并存入到 RAM 中。

目前，并联比较式 A/D 转换器技术已经非常成熟，通用 8bit A/D 转换器的转换速率已经达到数十 GSa/s，并且片内都集成了取样－保持电路、基准参考电压、编码电路等，使用时，只需外加少量器件，即可组成完整的数字化电路，给 DSO 的设计带来了很大方便。当使用高速 A/D 转换器设计 DSO 的数字化器时，必须注意为 A/D 转换器提供高质量的转换时钟信号，并且要解决好输出数据的降速等问题。

9.2.1.3 扫描速度（t/div）控制器

扫描速度（t/div）控制器实际上是一个时基分频器，用于控制 A/D 转换速率以及数据写入采样存储器的速度，它由一个准确度、稳定性很好的晶体振荡器、一组分频器和相应的组合电路组成。一个典型的 t/div 控制电路原理图如图 9-6 所示，t/div 控制电路的状态(即分频比)由微处理器发出的控制码决定。

在图 9-6 所示的 t/div 控制器原理图中，晶体振荡器产生的 40MHz 主时钟信号被 IC_1 二分频得到 20MHz(DSO 所需的最高采样频率)。IC_2～IC_7 组成分频电路，通过对分频比的编程组合即可得到各种速率的采样频率。IC_8 是二选一电路，用它来选择 20MHz 时钟频率或分频电路分频后的时钟频率，其输出送给 A/D 转换器以及采样存储器写入地址计数器。IC_9 是一个输出接口芯片，用来锁存微处理器发出的控制码，其中 Q_0、Q_1、Q_2 控制分频比的 1-2-5 进制。Q_3～Q_7 控制分频比的十进制。时基时钟分频与控制编码的关系如表 9-1 所示。

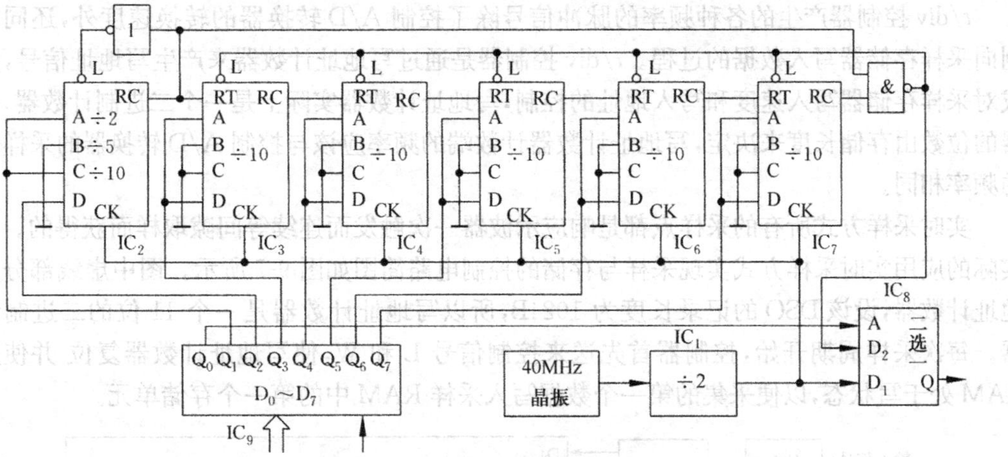

图 9-6 t/div 控制器原理图

表 9-1 时基时钟分频与控制编码表

Q_7	Q_6	Q_5	Q_4	Q_3	Q_2	Q_1	Q_0	编码	时钟频率	t/div
*	*	*	*	*	*	*	0	0	20 MHz	5 μs
1	1	1	1	1	1	0	1	FD	10 MHz	10 μs
1	1	1	1	1	0	1	1	FB	5 MHz	20 μs
1	1	1	1	1	0	0	1	F9	2 MHz	50 μs
1	1	1	1	0	1	0	1	F5	1 MHz	0.1 ms
1	1	1	1	0	0	1	1	F3	0.5 MHz	0.2 ms
1	1	1	1	0	0	0	1	F1	0.2 MHz	0.5 ms
1	1	1	0	0	1	0	1	E5	0.1 MHz	1 ms
1	1	1	0	0	0	1	1	E3	50 kHz	2 ms
1	1	1	0	0	0	0	1	E1	20 kHz	5 ms
1	1	0	0	0	1	0	1	C5	10 kHz	10 ms
1	1	0	0	0	0	1	1	C3	5 kHz	20 ms
1	1	0	0	0	0	0	1	C1	2 kHz	50 ms
1	0	0	0	0	1	0	1	85	1 kHz	0.1 s
1	0	0	0	0	0	1	1	83	0.5 kHz	0.2 s
1	0	0	0	0	0	0	1	81	0.2 kHz	0.5 s
0	0	0	0	0	1	0	1	05	0.1 kHz	1 s
0	0	0	0	0	0	1	1	03	50 Hz	2 s
0	0	0	0	0	0	0	1	01	20 Hz	5 s

数字示波器的工作是:先将模拟信号离散并经 A/D 转换器的转换后存入采样存储器,然后再从采样存储器中读出。所以 A/D 转换器的工作速率及数据写入采样存储器的速度均与扫描速度相关,即与 t/div 控制器的状态有关。例如,某 DSO 采用 1K×8 的采样存储器,显示屏幕水平方向有 1024 个像素点,若扫描线的长度控制在 10.24 格,则每分格为 100 个点。若控制 A/D 转换速率为 20MHz,则完成 100 次转换需 5μs,即对应的扫描速度应为 5μs/div;若控制 A/D 转换速率为 20Hz,则对应的扫描速度应选为 5s/div。

9.2.1.4 采样与存储电路原理

t/div 控制器产生的各种频率的脉冲信号除了控制 A/D 转换器的转换速度外,还同时控制向采样存储器写入数据的过程。t/div 控制器是通过写地址计数器来产生写地址信号,并完成对采样存储器写入速度和写入地址的控制,写地址计数器实际上是一个二进制计数器,计数器的位数由存储长度来决定,写地址计数器计数端的频率应该与控制 A/D 转换器的采样时钟的频率相同。

实时采样方式所有的采样点都是响应示波器一次触发而连续等间隙取样而获得的。一个实际的应用实时采样方式实现采样与存储的控制电路简图如图 9-7 所示。图中虚线部分是写地址计数器,设该 DSO 的记录长度为 1024B,所以写地址计数器是一个 11 位的二进制计数器。每次采样周期开始,控制器首先送来控制信号 L 和 W,使写地址计数器复位 并使采样 RAM 处于写状态,以便采集的第一个数据写入采样 RAM 中的第一个存储单元。

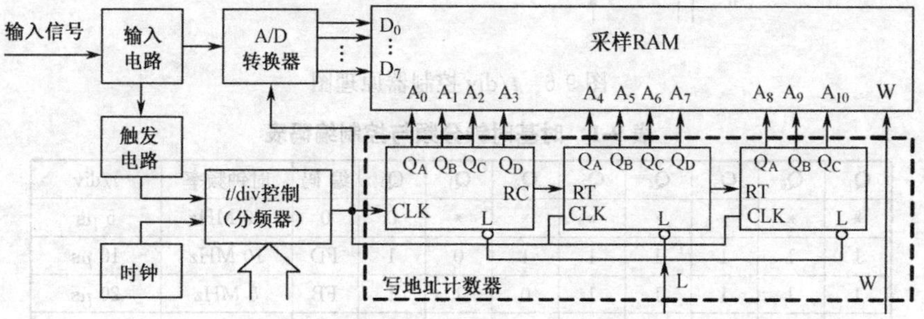

图 9-7 应用实时采样方式实现采样与存储的控制电路简图

采样时,输入信号经输入电路的衰减、放大后分送至 A/D 转换器与触发电路。控制电路一旦接到来自触发电路的触发信号,就启动一次采集及写入过程:一方面,t/div 控制器产生一个对应采样速率的脉冲信号,使 A/D 转换器按设定的转换速率对输入信号进行采集,从而得到一串 8 位的数据流,送到采样 RAM 的数据输入端;另一方面,使写地址计数器按顺序递增,以选通采样 RAM 中对应的存储单元。为了保证每一个数据能可靠地写入到对应的存储单元中,应在时钟的上升沿将 A/D 转换的数据写入到存储器,在其下降沿再将写入地址计数器加 1,以便使采样 RAM 做好写入下一个数据的准备。一旦 1024 个存储单元写满,就完成了一个写入循环。

由于这种采样方法是在信号经历的实际时间内对信号进行采样,因而称之为实时采样方式。实时采样方式对观测单次出现的信号非常有效,是数字示波器必须具备的采样方式,但由于该方式受到 A/D 转换器最高转换速率的限制,使被测信号的频带宽度受到了限制。

9.2.2 顺序采样方式原理及实现

9.2.2.1 顺序采样方式概述

顺序采样方式是一种非实时的等效采样方式，它是在模拟取样示波器技术的基础上进行数字化而发展起来的。顺序采样通常对周期为 T 的信号每经 m 个周期(m 为正整数)产生一次触发，每次触发只在周期信号波形上取一个样点，但每次采样的时间都较前次取样点位置上延迟一个已知的 Δt，也就是说每经($mT+\Delta t$)的时间采集一点，这样多次取样后就可精确地重现被测波形，完成一次完整的采集。

顺序等效采样方式能将周期性的高频信号变换成波形与其相似的周期性低频信号，因而可以采用转换速率较慢的 A/D 转换器(但仍需要高速取样器)获得很宽的频带宽度。顺序等效采样仅限于处理重复性的周期信号。一个典型的采用顺序采样方式的数字示波器如图 9-8 所示。

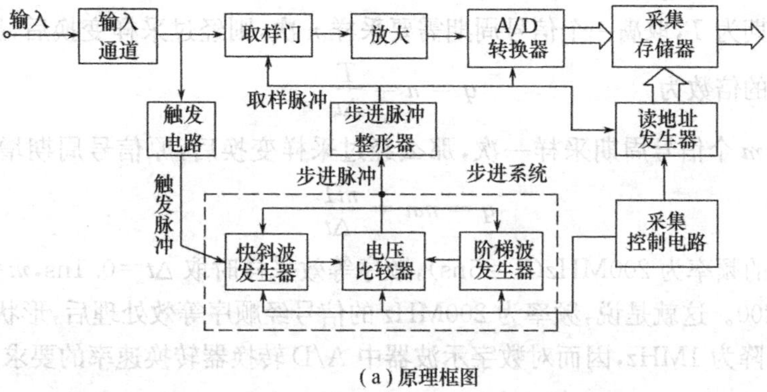

(a) 原理框图

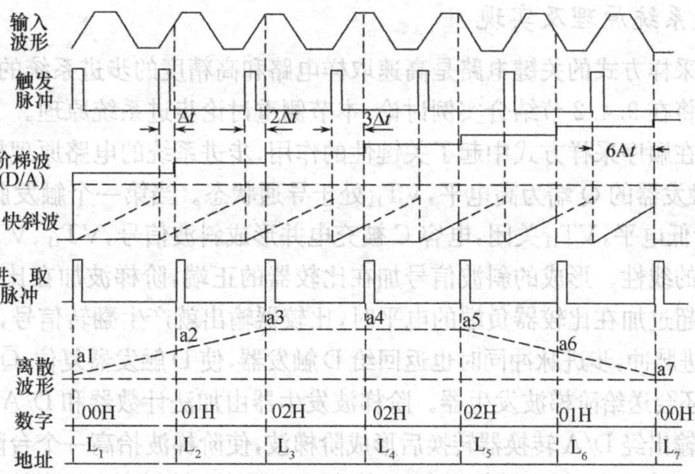

(b) 工作波形图

图 9-8 顺序采样方式数字示波器原理

图中，快斜波发生器、电压比较器、阶梯波发生器合称步进系统，用于产生步进脉冲。步进脉冲整形器用于将步进脉冲整形为前沿陡峭的取样脉冲。由图可见，触发脉冲在被测信号波形过零时产生，且 m=1。触发脉冲启动快斜波发生器，产生快斜波，并送至电压比较器。在电压比较器中，快斜波与阶梯波发生器产生的阶梯波比较，当快斜波达到阶梯波的某个阶梯幅度时，电压比较器的输出状态发生变化，该电压变化经数字电路处理形成步进脉冲。步进脉冲有三个作用：一是经步进脉冲整形器处理产生前沿很陡峭的取样脉冲，加到取样门和 A/D 转换器，对模拟波形进行取样和 A/D 转换，若此时取样门取出的模拟量为 a1，则 a1 经 A/D 转换器转换成数字量 00H，并送入采样存储器，取样脉冲还加到读地址计数器，以按顺序改变存储器的地址；二是驱动阶梯波发生器，使阶梯波发生器的输出上升一个台阶；三是控制快斜波发生器结束快斜波输出，产生回程。

上述工作过程仅是把模拟波形中的一个瞬时值量化后存入一个单元的过程。若一个页面(即一帧波形数据)含有 255 个数据，则上述过程需要循环 255 次。每循环一次，取样脉冲就步进一次，这样就把波形不同点上的瞬时值的量化结果存入到不同的地址单元中。由图 9.8(b) 所示的工作波形图可以看出，第一个取样脉冲与触发脉冲是同步的，以后每采样一次，取样脉冲都较前次取样点位置上延迟一个已知的 Δt(称为步进延迟时间)。若触发脉冲对应波形信号每个周期的起点，则在一次采样变换的过程中，这些步进脉冲出现的时刻相对信号周期起点依次滞后 Δt、$2\Delta t$、$3\Delta t$ ，等等。

设原信号周期为 T，取满一个信号周期需要采样 n 次，则经过采样变换后，原信号周期增大(或频率减小)的倍数为

$$q = n = \frac{T}{\Delta t} \tag{9.6}$$

如果每间隔 m 个信号周期采样一次，那么经过采样变换后，原信号周期增大(或频率减小)的倍数为

$$q = mn = \frac{mT}{\Delta t} \tag{9.7}$$

设被测信号的频率为 200MHz(T=5ns)，顺序等效采样时取 Δt=0.1ns，m=2，则原信号增大的倍数 q=200。这就是说，频率为 200MHz 的信号经顺序等效处理后，形状没有变化，但频率由 200MHz 降为 1MHz，因而对数字示波器中 A/D 转换器转换速率的要求大幅度降低。

9.2.2.2 步进系统原理及实现

实现顺序采样方式的关键电路是高速取样电路和高精度的步进系统的设计与实现。高速取样电路原理将在 9.4.2 节结合实例讨论，本节侧重讨论步进系统原理。

步进系统在顺序采样方式中起了关键性的作用，步进系统的电路原理框图如图 9-9 所示。在静态时，D 触发器的 $\overline{Q}$ 端为高电平，VT_{11}处于导通状态。当第一个触发脉冲到来时，D 触发器的 $\overline{Q}$ 端变为低电平，VT_{11}关闭，电容 C 被充电并形成斜波信号，VT_{11}、VT_{12}组成的自举电路用以保证斜波的线性。形成的斜波信号加在比较器的正端，阶梯波加在比较器的负端。当斜波电压的上升超过加在比较器负端的电平时，比较器输出就产生翻转信号，该信号再经反相器送出第一个步进脉冲，步进脉冲同时也返回给 D 触发器，使 D 触发器复位，$\overline{Q}$ 又回到高电平。输出的步进脉冲还会送给阶梯波发生器。阶梯波发生器由加法计数器和 D/A 转换器组成。加法计数器加 1，其输出经 D/A 转换器转换后形成阶梯波，使阶梯波抬高一个台阶。这样，每次采样后，阶梯波都会抬高一阶，如此重复下去，就能在比较器输出端得到一系列的步进延迟脉冲信号。

上述步进系统实际时间波形如图 9-10 所示。由图可见，若阶梯波的单位阶梯电压幅度为 ΔU_A，斜波信号的斜率为 u_F，则步进脉冲滞后触发脉冲的步进时间 Δt 为

$$\Delta t = \frac{\Delta U_A}{u_F} \tag{9.8}$$

式(9.8)说明，Δt 的大小与阶梯波电压成正比，与斜波信号的斜率成反比。即原信号的周

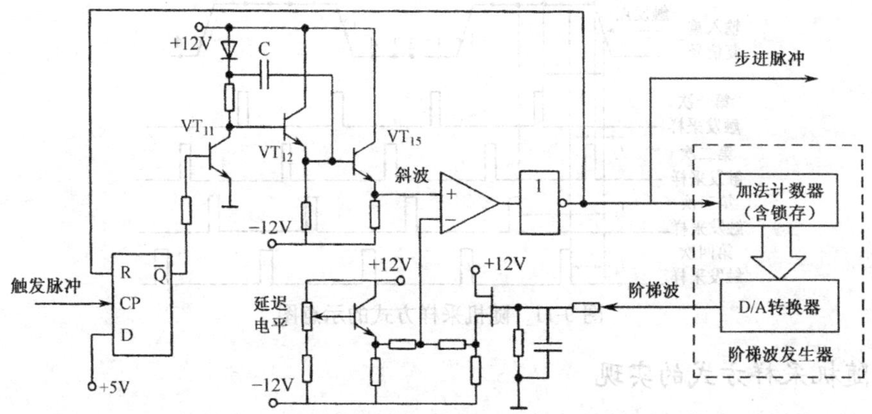

图 9-9　步进系统电路原理框图

期在采样变换后增大的倍数与阶梯波的单位阶梯电压幅度和斜波的斜率密切相关。

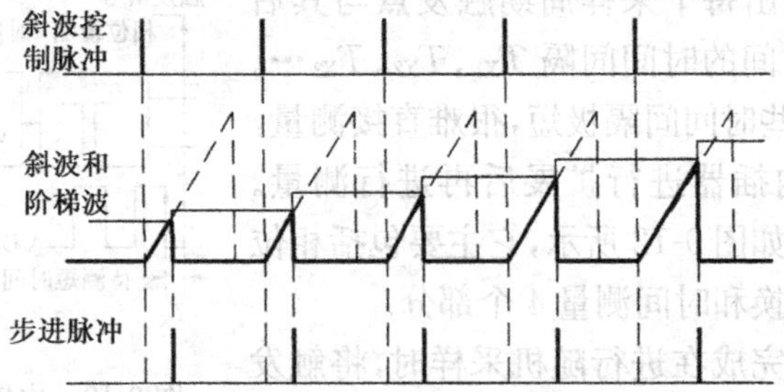

图 9-10　步进系统的时间波形图

综上所述，改变斜波的斜率与阶梯波的阶梯电压值，可以得到特定大小的步进延迟时间 Δt，从而使示波器的扫描速度得到控制。用顺序采样方式设计的数字示波器，其带宽可以较容易地达到数 GHz，但这种方法要求被测波形的信号必须是周期信号。

9.2.3　随机采样方式原理及实现

9.2.3.1　随机采样方式概述

与顺序采样方式一样，随机采样也需要经过多次扫描的采样周期才能重构一幅波形。与顺序采样方式不同的是：随机采样方式在每个采样周期可以采集多个采样点，并且每个采样周期触发其后的第一个采样点的时间（t_1，t_2，t_3，…时刻）是随机的。随机采样方式的示意图如图 9-11所示。

在进行波形重建时，首先精确测出每个采样周期触发点与其后第一个采样点的时间 t_1，t_2，t_3，…之间的时间间隔 T_{X1}，T_{X2}，T_{X3}，…，然后以触发点为基准，将在各次采样周期中采集的采样点进行拼合（由计算机按时间先后的次序将数据重新排列，并写入显示采样存储器相应的地址单元中），就能在显示时重构信号的一个完整的采样波形。如果采集的次数足够多，重构波形的采样点将非常密集，相当于用较高的采样速率一次采集（即实时采样方式）而形成的波形。

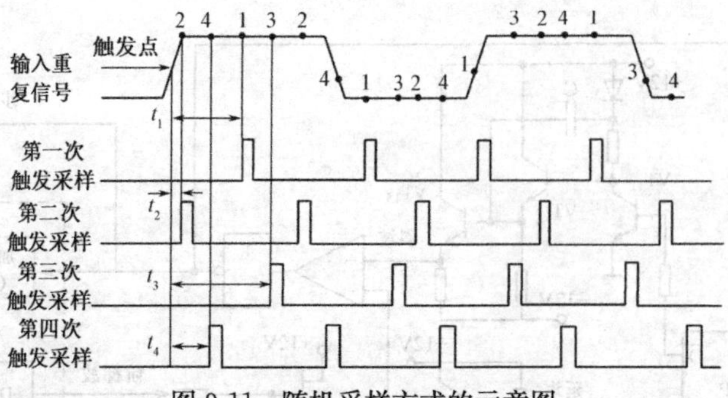

图 9-11　随机采样方式的示意图

9.2.3.2　随机采样方式的实现

实现随机采样方式最关键的技术是短时间间隔的测量和波形重构。

1. 短时间测量

短时间测量就是测出每个采样周期触发点与其后的第一个采样点时刻之间的时间间隔 T_{X1}、T_{X2}、T_{X3}…。由于 T_{X1}、T_{X2}、T_{X3}…这些时间间隔极短，很难直接测量，一般采用精密的模拟内插器进行扩展后再进行测量。模拟内插器的电路原理如图 9-12 所示，它主要包括相位检测、时间展宽、方波转换和时间测量 4 个部分。

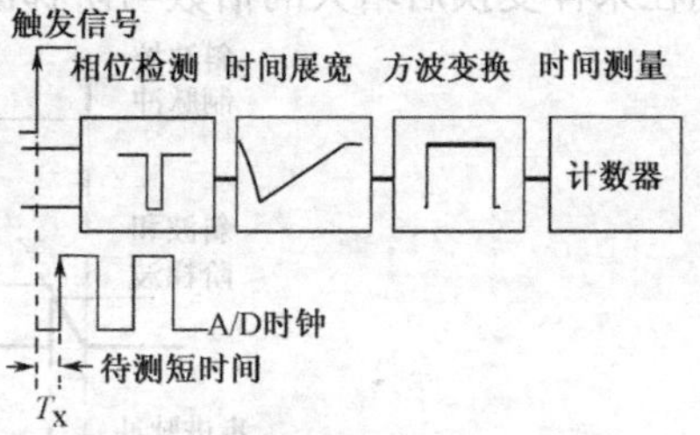

图 9-12　内插器的短时间测量原理

相位检测部分主要完成在进行随机采样时，将触发到来时刻与触发到来后第一个采样点之间的时间间隔转换成脉冲宽度为 T_X 的窄脉冲；时间展宽部分主要完成将相位检测到的窄脉冲按照一定的比例展宽成锯齿波，展宽比由时间展宽电路中放电电流与充电电流之比来决定；方波转换部分完成将时间展宽后得到的锯齿波信号转换成脉冲信号，作为计数的闸门信号；时间测量部分完成对闸门信号的宽度进行测量（用计数方式），测量出的计数结果送给 CPU 进行处理。

这种短时间间隔测量技术通常称模拟内插扩展技术。由于随机采样系统中的短时间间隔十分短，不易直接测量，一般均采用电容充放电电路把短时间间隔扩大若干倍后，再对扩大后得到的时间间隔进行计数测量。模拟内插扩展技术在电子计数器中也有广泛的应用，8. 1. 3 节已做过详细的分析，不再赘述。

2. 波形重构与随机排序算法

波形重构就是以触发点为基准，按照 T_{X1}、T_{X2}、T_{X3}…的大小摆正每次触发后采集的数据在时间轴上的位置，重构被测信号波形。下面以图 9-13 所示的随机采样方式 DSO 系统为例，分析其随机采样及波形重构的原理与随机排序算法，。

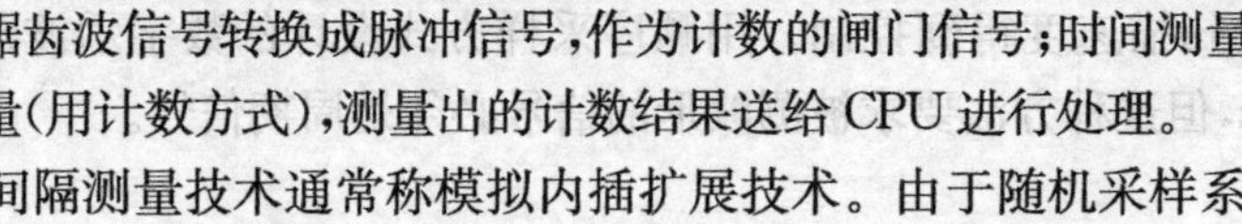

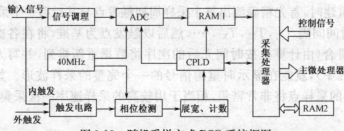

图 9-13　随机采样方式 DSO 系统框图

该系统主要由信号调理部分，高速 A/D 转换器，小容量的高速缓存 RAM1(采样 RAM)，大容量高速缓存 RAM2(显示 RAM)，CPLD 控制电路，采集处理器等电路组成。等效采样数据的排序算法由采集处理器完成，排序后的结果存放于 RAM2，并通过接口随时将 RAM2 中的数据上传到主处理器完成波形显示的处理。

该 DSO 最高采样速率为 40MS/s，记录长度为 8KB，则在不同的扫描速度状态下，波形恢复所需要的最少采样次数(即等效速率与对应的实时速率的倍数 M)和每轮采样所采集数据的个数(即有效长度 L)之间的关系如表 9-2 所示。从表中可以看出，等效采样速率越高，波形恢复所需要的采样次数 M 就越多，每轮采样的数据个数 L 就越少。

表 9-2　随机排序算法中等效倍率与有效长度的关系

扫描速度	实时速率	等效速率	等效倍数 M	每轮有效长度 L
1000ns/div	40 MS/s	40 MS/s	1	8192 B
500 ns/div	40 MS/s	100 MS/s	2.5	3276 B
200 ns/div	40 MS/s	200 MS/s	5	1638 B
100 ns/div	40 MS/s	400 MS/s	10	819 B
50 ns/div	40 MS/s	1 GS/s	25	327 B
20 ns/div	40 MS/s	2 GS/s	50	163 B
10 ns/div	40 MS/s	4 GS/s	100	81 B

在进行随机采样时，每轮采样结束后，采集处理器首先从 RAM1 中读出触发点对应的单元地址 X_i；然后从短时间测量电路中读取触发信号与第一个采样点之间的时间间隔 T_X(T_X 的最大值为实时采样的周期 T)；最后将 T 分成等长度的 M 段，每一段映射一个 $0\sim M-1$ 间的整数值 I，通过查表的方法得出 T_X 对应的 I 值。有了 X_i，I，M 和 L 这 4 个值，采集处理器就能对采样存储器(RAM1)中的数据按照排序算法进行排序，然后按照排序规则把采样 RAM1 中的数据写入到显示 RAM2 中。

将数据写入显示 RAM2 中的具体过程是：采集处理器从采样存储器的地址单元 X_i 前后各取连续的 $L/2$ 个单元的数据(即本次采样的有效点数)，以触发点(基地址)为中点，以 I 为地址偏移量，以 M 为地址步长，把数据从采样 RAM1 中写入显示 RAM2 中。排序算法的公式为

$$\text{ADD}=\text{BASE}+I+K\times M \tag{9.9}$$

式中，ADD 为某个数据写入 RAM2 中对应单元的地址，K 为从 RAM1 中顺序读取的数据的次序值，K 的范围是 $-L$ 到 $+L-1$，BASE 为触发点对应在显示 RAM 中的地址，这里该地址取 4096，从而保证触发点前后各取 4KB 个数据。

例如，当等效采样速率为 4GS/s 时，采样倍率 M 为 100，有效长度 L 为 81。每次触发并采集后，采集处理器首先得到触发点对应的地址 X_i，并根据 $L/2=40$，在该起始地址的前后各连续读取 40 个地址空间(其地址为 $X_i-40, X_i-39, \cdots, X_i-1, X_i, X_i+1, \cdots, X_i+38$、$X_i+39$)中的数据；然后读出 T_X，求出对应的 I 值。将这 80 个数据写入到显示 RAM 中时，首先根据 I 值，确定本轮采样的数据在显示 RAM 中起始地址为 BASE$+I$；再根据 $M=100$，确定每次写入的地址步长为 100；最后，采样 RAM 中地址为 X_i+K($K=-40, 39, \cdots, 0, 1, \cdots, 38, 39$)存储单元的数据就逐个按顺序写入显示 RAM 中地址为 $4096+I+K\times 100$ 的存储单元中。

以上仅仅是触发后一轮采样与写入过程，即只采集到一个完整重构波形的一部分数据。

要得到完整波形的全部数据须经过多次触发进行多轮采样与写入，且每一轮采样并不一定都有效(只有不重复的 I 值对应的采样才有效)。经过若干次采样，如果 I 值取遍 $0\sim M-1$ 间的整数值，即 RAM2 已写满，一次完整的采样与写入过程才能完成。

9.2.3.3 随机采样方式与顺序采样方式的比较

随机采样方式容许在触发信号之前采样，可以提供预触发信息；而顺序采样方式的全部采样必须在触发信号之后产生，不能提供预触发信息。因而，随机采样方式已在很大的范围内取代了顺序采样方式。目前，多数的数字示波器都具备实时采样和随机采样两种采样方式。

微波频率段信号的示波器通常还是采用顺序采样方式，这是因为示波器在微波频率上的时间分度很小，因而有效的随机采样出现的概率就很小，想要获得整个波形的所有采样，将会花去很长的时间。顺序采样方式可迫使采样点发生在所需的时间窗口内，因此易于很快获得整个波形。例如，某采用顺序采样方式制作的微波数字示波器，其等效带宽为 50GHz，其中 A/D 转换器的最高转换率仅为 10kS/s。如果采用实时采样方式达到这个带宽，将要求 A/D 转换器的最高转换率达到 100GS/s 以上，这样高速的 A/D 转换器目前还不能实现；如果采用随机采样方式，由于被测信号的最小周期仅为 0.01ns，在如此小时间窗口中进行随机采样，若要获得恢复整个波形所需要的全部采样点，将会花很长时间。

无论是随机采样方式还是顺序采样方式，它们只适用于周期性信号。对于非周期性信号，只能采用实时采样方式

9.3 数字示波器组成原理

9.3.1 现代数字示波器的一般组成

9.3.1.1 现代 DSO 组成举例

现代 DSO 一般采用多微处理器方案。一个典型的现代 DSO 主要由输入通道、采集与存储、时钟与采集控制、触发电路系统、微处理器系统、显示与键盘及各种接口与控制电路组成，其组成的示意图如图 9-14 所示。

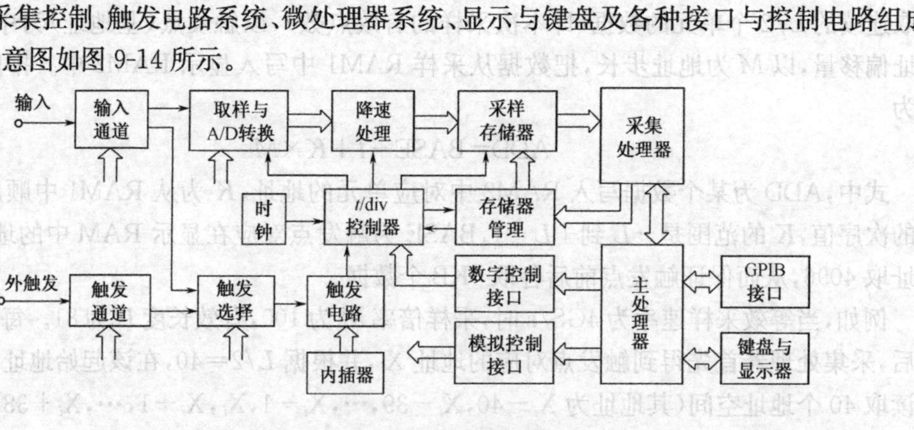

图 9-14 现代 DSO 组成示意图

输入通道主要由阻抗变换器、步进衰减器、可编程增益放大电路组成。主要任务是对被测信号进行调理，以便使送到 A/D 转换器的信号幅度调整到合适幅度。

采集与存储部分包括取样与 A/D 转换电路、降速处理电路、t/div 控制器及采样存储器管理电路等。在高速 DSO 中，A/D 转换器采集速率非常高，而采样存储器写入速度有一定的限

制，因而 A/D 转换器之后的数据需要经过降速处理之后才能写入到采样存储器中。t/div 控制器根据前面板设置的扫描速度改变采样时钟频率，控制降速处理电路的数据抽取和 RAM 的写入。采样存储器管理电路包括采样存储器的地址计数器以及采样存储器所需要的控制信号的接口电路。

触发电路系统用于提供测量用的触发参考点，由触发通道、触发选择和触发电路等组成。其中触发电路一般还包括触发比较器、触发抑制以及预触发计数器等。触发电路系统还应包括顺序采样方式所需要的步进系统电路以及随机采样方式所需要的模拟内插器电路等。

微处理器系统由采集处理器和主微处理器组成。采集处理器承担数字采集过程控制、数据快速上传、数据分析、信号波形重建等任务。采集处理器应该具有较高的实时性，一般选择处理速度较快的微控制器来承担。主微处理器主要任务是：发送整机工作参数控制字（预置）；接受采集处理器的处理结果并送显示器显示；利用键盘和显示器实现人机交互操作。因而主微处理器一般应选择功能强、且板上能驻留 Windows CE 等操作系统的嵌入式系统担任。

9.3.1.2 微处理器系统接口与控制功能

DSO 的各项管理工作都是由微处理器系统中的采集处理器和主处理器通过各种接口与控制电路来实施的。这些接口在仪器开机后必须一一进行初始化配置，然后才能进入正常的工作状态。

本例中的采集处理器是通过存储器管理电路实施对 t/div 控制器和采样存储器的控制，内容包括启动一个采集周期的开始/停止，对数据写入存储器的时序和地址进行管理等项工作。

主微处理器提供的控制接口有数字控制接口、模拟控制接口和外部通信接口三种类型。

数字控制接口主要功能是为模拟通道各部分电路提供控制数据，这些控制数据的主要形式是提供给控制寄存器所需要的初始值或控制数据，也有一些开关控制信号。控制任务有：设置 t/div 控制器的分频系数，设置显示触发点前取样点数或显示触发点后取样点数，设置决定数据采集方式（实时采集、等效采集）的方式寄存器中的数据，设置存储地址计数器数据，控制步进衰减器、程控放大器的系数，选择输入阻抗（1MΩ/50Ω），选择耦合方式（AC/DC），选择触发源以及选择触发方式（边沿、视频、状态、毛刺等）等。

模拟控制接口由多通道 D/A 转换器完成，这些控制功能包括：通过控制可变增益放大器的控制电压进行通道增益细调，通过控制阻抗变换器或放大器的偏置进行垂直偏移电平调节，通过控制比较器的比较电平达到调节触发电平的目的；另外，模拟控制接口还提供直流校准输出、精密内插、取样时钟、触发滞后校准等信号。由于每个控制电压信号都需要一个 D/A 转换器，因此，一般 DSO 的模拟控制接口含有数个高位数 D/A 转换器。

外部通信接口包括 GP-IB 通用自动测量仪接口、USB 接口、显示及键盘接口等。如果微处理器采用嵌入式系统，系统板一般都带有 USB 接口、液晶显示驱动硬件以及键盘接口、磁盘驱动、串口、并口等接口电路。

9.3.2 输入通道电路

输入通道电路的任务是在被测信号不确定的情况下，通过放大（或衰减），电平调理，将被测信号实时地不失真地设置到最佳电平，满足 A/D 数字化变换的最佳线性和最佳分辨率要求。数字示波器的频带宽度、垂直灵敏度及其误差等重要技术指标的优劣主要取决于输入通道电路。

图 9-15 是江苏绿扬电子仪器公司研制的 YB54500 宽带数字示波器(样机)输入通道电路的组成原理框图。样机的频带宽度为 DC～500MHz(50Ω 输入阻抗时)或者 DC～300MHz(1MΩ 输入阻抗时)。垂直灵敏度量程范围为 2mV/div～5V/div，按 1—2—5 步进共设 11 挡量程，垂直灵敏度误差 ≤±(3%+1 个像素)

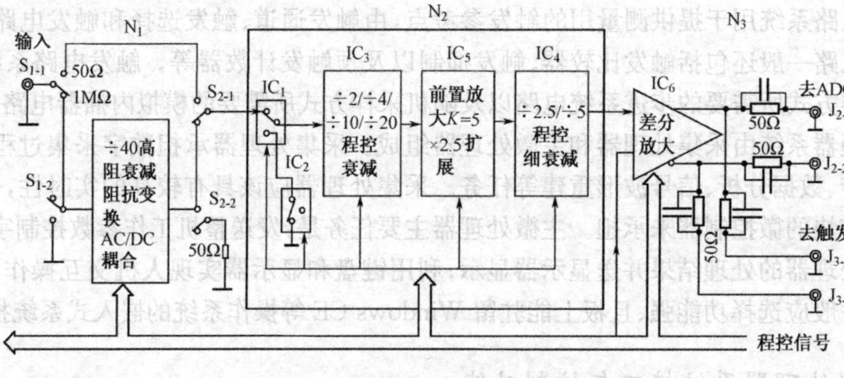

图 9-15　输入通道电路组成原理框图

整个输入通道(宽带放大器电路)由三大部分电路组成：阻抗变换电路 N_1；可程控步进衰减及前置放大电路 N_2；差分驱动放大器 N_3。

S_{1-1}、S_{1-2} 是 50Ω/1MΩ 输入阻抗选择开关。当选择 50Ω 阻抗时，输入信号经 S_{2-1} 直接送入 N_2；当选择 1MΩ 阻抗时，信号送入 N_1 变换成 50Ω 低阻后再经 S_{2-1} 输入至 N_2。N_2 的主要任务是：按照 1-2-5 步进垂直灵敏度量程的要求完成信号的组合衰减(含细衰减)；5 倍放大(含 2.5 倍扩展放大)；完成输入参考零电平与参考直流电平的选择以及宽带放大器自动校准等。差分驱动放大器 N_3 的主要任务是：完成单端输入至差分输出的转换；完成 50Ω 输入阻抗模式下电平位移和宽带限制；提供约 10 倍的电压增益。

9.3.2.1　阻抗变换电路 N_1 工作原理分析

阻抗变换电路(N_1)的原理框图如图 9-16 所示。

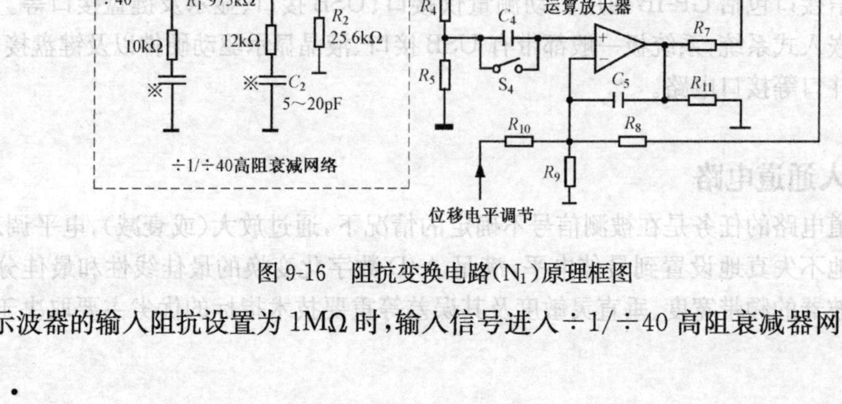

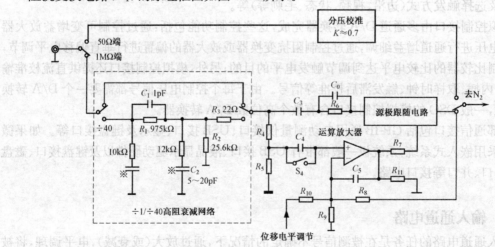

图 9-16　阻抗变换电路(N_1)原理框图

当示波器的输入阻抗设置为 1MΩ 时，输入信号进入÷1/÷40 高阻衰减器网络。÷40 高阻衰减器的各分压元件之间(包括元件分布参数)的取值关系应符合式(9.10)。

$$\frac{R_2}{R_1+R_2}=\frac{C_1}{C_1+C_2} \tag{9.10}$$

式中,C_2 为可调电容,用于补偿元件参数和 PCB 工艺参数的不一致性产生的分布电容偏差,R_3 用于抑制引线电感引起的振铃或过冲。

输入信号经过÷1/÷40 高阻衰减器网络后分为两路,一路是高频信号分量通路,经过电容 C_3 等到达高阻源级跟随电路;另一路是低频信号分量通路,经过 R_4、R_5 组成电阻分压和 C_4、S_4 组成的 AC/DC 耦合选择开关,加到运算放大器同相输入端,运算放大器反相输入端用于加入位移电平调节信号。反馈电容 C_5 的接入能保证合成后的信号具有平坦的幅频特性。运算放大器输出的低频信号经 10MΩ 电阻 R_7 在源级跟随电路与高频信号合成,合成后的信号经过源级跟随电路输出。变换器的输出阻抗为 50Ω,电压增益系数设计为 0.7。R_8 为阻抗变换电路提供直流负反馈通路,保证该电路具有优良的直流特性和深度漂移稳定性。R_4、R_5 的取值应为:$R_4+R_5=1\text{M}\Omega(\pm1\%)$,$R_4/R_5$ 比例系数设计应为

$$\frac{R_4}{R_5}=\frac{R_8}{R_9 /\!/ R_{10}}=0.7 \tag{9.11}$$

在阻抗变换电路 N_1 设计中,PCB 的材料和布局对高频性能具有决定性的影响,特别是前端高阻部分:N_1 的输入端,÷1/÷40 衰减器,R_4、C_3、R_6、C_0、R_7 等。在工艺布线设计上应严格遵循引线尽量短、面积尽量小的原则,以减小分布参数和空间辐射干扰。

9.3.2.2 可程控步进衰减网络及前量放大电路 N_2 设计

阻抗变换电路 N_1 已将高阻输入信号转换成了低阻(50Ω)的输出信号,所以 N_2 电路中的调理、传输都应按 50Ω 阻抗匹配网络进行设计。

在图 9-15 中 N_2 的电路框图中,IC_1、IC_2 是可程控微波频率(to 3GHz)的模拟开关,它们在程控码控制下完成输入信号/基准零电平/精密校准电平的切换输入;IC_3 和 IC_4 是特性阻抗为 50Ω 的六组精密电压衰减阵列,由 6 组微波模拟开关控制,完成 0.5/1/2/4/8/16dB 的衰减(精度为 0.05dB)。最大程度地满足系统线性动态响应,以及垂直通道信号从 2mV/div～5V/div,按 1-2-5 步进的 11 档量程切换。

IC_5 是一级高带宽、低噪声、低漂移、低输出阻抗,有较强高频率电流输出能力的放大器,它的任务是提供 5 倍增益信号放大,并在程控信号管理下提供 12.5 倍的扩展放大功能。在进行电路调试时,由于 IC_3、IC_4 本身存在传输损耗,IC_3、IC_4、IC_5 电气连接存在适配条件下固有损耗,N_2 电路的增益最终应精确调试。

9.3.2.3 差分驱动放大器 N_3 设计

差分驱动放大器 N_3 的任务是将单端输入信号转换成对称输出信号;驱动 A/D 转换器并向触发电路系统提供内触发信号。N_3 的输出应有极低的高频输出阻抗以适应长线传输的电容和电感负载,为了减小容性和感性负载,在工艺上采用 50Ω 适配插头座和 50Ω 微波电缆传输,PCB 传输引线采用"微带"效应布线。

N_3 由 2 级运算放大器组成,提供约 10 倍的总增益,以适应 A/D 转换器(AT84AD004)500mV 满度数字化转换的电平要求。除此之外,N_3 还承担 50Ω 低阻输入状态下信号位移调节的任务。

9.3.3 数据采集与存储电路

9.3.3.1 并行交错采样和输出数据降速处理技术

目前,国内外的 A/D 转换器技术已经非常成熟,通用型 8bit A/D 转换器的转换速率已经达到数十 GS/s ,并且片内集成了采样一保持电路、基准参考电压、编码电路等,只需外加少量器件,即可组成完整的数字化电路,给 DSO 的设计带来了很大方便。

除此之外,为了进一步提高示波器最高采样速率以及降低对采样存储器读写速度的要求,DSO 还广泛采用了并行交错采样、输出数据降速处理等技术。所谓并行交错采样技术,就是利用多片 A/D 转换器并行对同一个模拟信号进行交序采样,从而提高 DSO 最高采样率。该技术关键的是高精度多相时钟电路设计。所谓输出数据降速处理技术主要是解决高速的 A/D 转换器输出数据流与较慢速的采样存储器读写速度之间的矛盾。

并行交错采样技术的实现将在下节的 AT84AD001 高速 A/D 转换器简介中说明,下面先讨论 A/D 转换器输出数据降速处理技术的实现。

DSO 通常采用"串一并转换"分时存储的方法来降低输出数据流的速度。例如,某 DSO 采用的 A/D 转换器的最高采样率为 1000MS/s,分辨率为 8bit。而采样存储器的最高读写频率为 266MHz,宽度是 32bits 的 SDRAM。由于 SDRAM 的最高读写频率为 266MHz,所以必须将 A/D 数字化后的数据频率降到 266MHz 以下。采用串一并转换方法降低 A/D 转换器输出数据的原理示意图如图 9-17 所示。

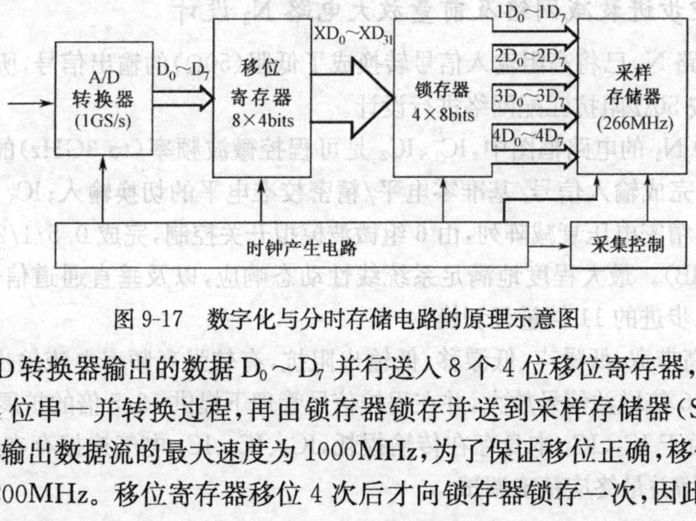

图 9-17 数字化与分时存储电路的原理示意图

首先,将 A/D 转换器输出的数据 $D_0 \sim D_7$ 并行送入 8 个 4 位移位寄存器,当移位寄存器移满后,即完成了 4 位串一并转换过程,再由锁存器锁存并送到采样存储器(SDRAM)的输入端。A/D 转换器输出数据流的最大速度为 1000MHz,为了保证移位正确,移位寄存器的最大工作频率选为 1200MHz。移位寄存器移位 4 次后才向锁存器锁存一次,因此,锁存器锁存数据的频率和输出数据的频率只要不小于 1000/4=250MHz 即可,从而也满足 SDRAM 读写最高频率(266MHz)的要求。上述降速过程相当于访问一次 SDRAM 就写入了 4 个 8 位数据,因此可以使数据传输速度降低 4 倍。

9.3.3.2 AT84AD001 高速 A/D 转换器简介

上述并行交错采样和输出数据降速的处理方案需要在片外增加许多射频元件,这不仅给实际制作带来许多困难,而且也使性能的进一步提高受到限制。目前,一些器件厂家生产了一种集成度很高的 A/D 转换器,该器件不仅含有多路(两路或四路)高速 A/D 转换器,还提供了支持交错工作方式和输出数据降速(两倍或四倍)处理的电路。因而不需要在片外增加电路,便可同时实现并行交错工作方式的数据采集和低速数据输出等问题。

Atmel公司生产的AT84AD001就是一种具备上述功能的高速A/D转换器，该器件在同一芯片上集成了两路(I和Q)独立的A/D转换器，每个通道都具有1GS/s的采样率，8 bit分辨率。为了实现高速率的数据采集，该器件提供了支持交错工作方式的电路，在该模式下，双路A/D转换器并行采样的最高采样率可以达到2 GS/s。为了降低输出数据流的速度，该器件在内部集成了1∶1和1∶2可选的数据多路分离器(DMUX)，当选择DMUX工作在1:2时，可以使输出数据流的速度降低2倍。从而可以在芯片内部方便地实现高速率的数据采集和输出数据的降速处理。AT84AD001共有144个外部引脚，其内部结构框图如图9-18所示。

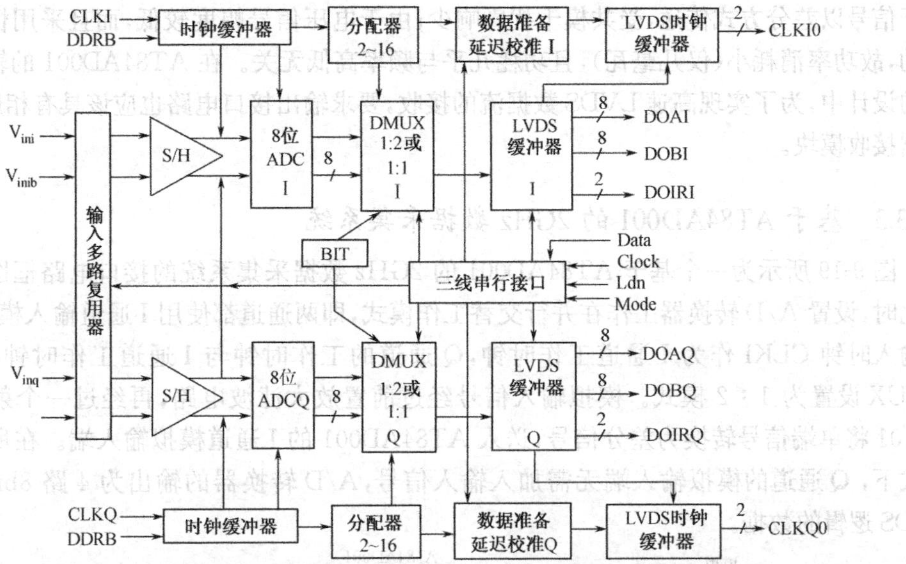

图 9-18　AT84AD001内部结构框图

AT84AD001的模拟输入端由两对差分模拟输入引脚 V_{ini}、V_{inib} 和 V_{inq}、V_{inqb} 组成，允许的最大输入电压为500mV。要求模拟输入必须配置成差分输入，若前端信号是单端信号，则必须经过一个射频变压器将单端信号变换为差分信号。

数字部分的主要控制引脚是：I和Q通道的时钟输入引脚CLKI和CLKQ、同步数据准备复位端DDRB、数据准备信号引脚CLKI0和CLKQ0、数据溢出修正位DOIR等。通道I和Q的数据输出输出引脚分别是DOAI0～7、DOBI0～7和DOAQ0～7、DOBQ0～7。当器件工作于1∶1DMUX模式时，每路A/D转换器使用DOA 8位总线，这时，AT84AD001的数据输出率最高为1GHz；当器件工作于1∶2DMUX模式时，使用DOA和DOB共16位总线，这时，AT84AD001的数据输出率最高为500 MHz，数据输出速度降低50%。

AT84AD001所有参数和工作模式的设置通过三线串行接口实现，Mode、Clock、Data、Ldn分别是三线串口的使能控制位、时钟输入引脚、数据输入引脚、数据输入的起止控制位。这种三线串口的方式减少了芯片引脚和空间体积，并使电路工作参数设置更灵活、简便。

为适应不同采样方案的需要，AT84AD001的工作时钟可以预置为3种工作模式：① 两个A/D转换器通道各自使用独立的工作时钟(两个时钟)；② 两个A/D转换器通道均使用I通道工作时钟，Q通道与I通道的工作时钟同频同相；③ 两个A/D转换器通道均使用I通道工作时钟，内部产生一个同频反相的时钟作为Q通道工作时钟。若要实现交替并行采样，工作时钟应采用第 3 种工作模式，在这种模式下，当两通道输入同一模拟信号时，就可以实现交替式并行采样，这时 A/D 转换器组合后的等效采样速率为输入工作时钟频率的 2 倍。

根据 A/D 转换器输入模拟信号的方式，A/D 转换器也可以预置为 3 种工作模式：① 两个 A/D 转换器通道分别使用独立的模拟输入信号；② 两个 A/D 转换器通道均使用 I 通道模拟输入信号；③ 两个 A/D 转换器通道均使用 Q 通道模拟输入信号。若要实现交替并行采样，A/D 转换器应采用第二种工作模式。

这里需要提请注意的是：AT84AD001 的输出采用了 LVDS 输出缓冲电路。LVDS(Low Voltage Differential Signaling)是一种低电压差分信号技术，它使用幅度非常低的信号（约 350mV）通过一对差分 PCB 走线或平衡铜导线电缆，能以高达数千 Mbps 的速度传送数据。由于信号以差分方式传送，受共模干扰影响少；由于电压信号幅度较低，而且采用恒流源模式驱动，故功率消耗小（仅几毫瓦），且功耗几乎与频率高低无关。在 AT84AD001 的输出接口电路的设计中，为了实现高速 LVDS 数据流的接收，要求输出接口电路也应该具有相应的 LVDS 数据接收模块。

9.3.3.3 基于 AT84AD001 的 2GHz 数据采集系统

图 9-19 所示为一个基于 AT84AD001 的 2GHz 数据采集系统的接口电路框图。系统初始化时，设置 A/D 转换器工作在并行交替工作模式，即两通道都使用 I 通道输入模拟信号，外部输入时钟 CLKI 作为 I 通道工作时钟，Q 通道的工作时钟与 I 通道工作时钟同频反相；DMUX 设置为 1∶2 模式。模拟输入信号经过前置放大滤波电路，再经过一个射频变压器 TP101 将单端信号转换为差分信号，送入 AT84AD001 的 I 通道模拟输入端。在所选的工作方式下，Q 通道的模拟输入端无需加入输入信号，A/D 转换器的输出为 4 路 8bit-500MS/s LVDS 逻辑的数据。

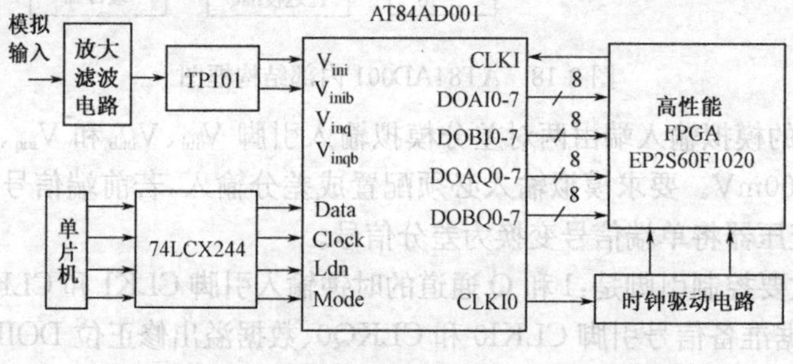

图 9-19　2GHz 数据采集系统的接口电路框图

AT84AD001 输出的数据是 LVDS 逻辑的数据，因而对其输出接口器件的性能提出了较高的要求。本系统接口器件选用了 Altera 公司 Stratix2 系列的 FPGA-EP2S60F1020 芯片，该芯片具有专用 LVDS 差分逻辑接收通道，因而可直接与 A/D 转换器相连。4 路 8bit-500MS/s 的数据共需要占用的 32 个 LVDS 逻辑输入通道，且速率大于 500MS/s，而该芯片有 84 个专用 LVDS 差分逻辑接收通道，每个 LVDS 通道数据传输速率最高可达 640MS/s，因而，一片 EP2S60F1020 即可满足系统的需要。

A/D 转换器的工作时钟 CLKI 由 FPGA 提供，由于 Stratix2 系列 FPGA 内部具有专门的高速数字锁相环电路，因而只需向 FPGA 输入一个频率较低的时钟，经 FPGA 内部数字 PLL 倍频和逻辑组合电路即可产生频率为 1GHz 的高质量的时钟信号，作为 A/D 转换器的采样时钟 CLKI。AT84AD001 的数据准备信号 CLKIO 用作系统数据采集和处理的同步时钟，CLKIO 也是差分 LVDS 逻辑，速率为 250 MS/s。

AT84AD001 工作模式的设置是由单片机通过三线串行接口进行控制，由于单片机的信号逻辑电压为 3.3 V，而 AT84AD001 三线接口的信号逻辑电压为 2.25V，因此在单片机和 AT84AD001 间加了一个缓冲器 74LCX244 进行电平转换。

9.3.4 触发电路系统

触发电路系统作用是为采集控制电路提供一个触发参考点，以使 DOS 的每次采集都发生在被测信号特定的相位点上，使每一次捕获的波形相重叠，以达到稳定显示波形的目的。

9.3.4.1 概述

触发电路系统一般由外触发信号通道电路、触发源选择和触发电路组成，其中触发电路应包括触发耦合方式选择、触发比较器、触发释抑电路等部分，其一般原理框图如图 9-20 所示。

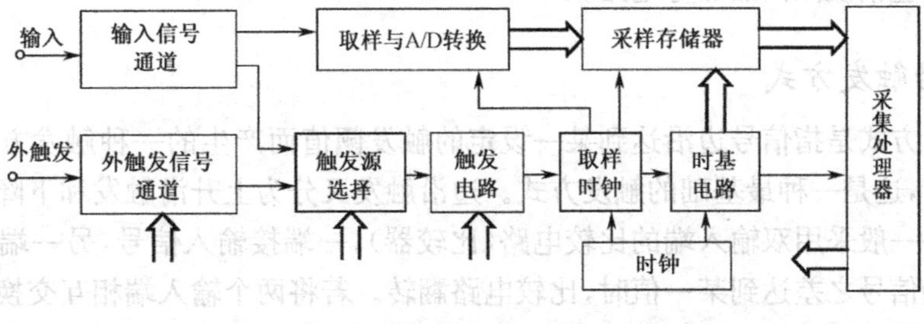

图 9-20 数字示波器触发电路系统一般原理框图

外触发信号通道电路和输入信号通道电路一样，也应具备阻抗变换、AC/DC 耦合选择及放大等电路，并且应设计宽带信号调理网络，以使通道具有平坦的幅频特性。

示波器一般设置有内触发、外触发和电源触发等多种类型的触发源。触发源选择电路由一个可程控开关矩阵组成，其功能是，根据用户的设定从中选择其一作为触发信号源。内触发采用被测信号本身作为触发源；外触发采用外接的、与被测信号有严格同步关系的信号作为触发源，这种触发源常用于被测信号不适于作触发信号时使用；电源触发采用 50Hz 的工频正弦信号作为触发源，适用于观测与 50Hz 交流有同步关系的信号。触发源的选择应根据被测信号的特点来确定，以保证被测信号波形能稳定显示。

示波器一般设置有直流耦合、交流耦合、低频抑制耦合、高频抑制耦合等多种触发耦合方式，触发耦合方式选择电路的功能是，根据用户的设定从中选择一种合适的耦合方式。直流耦合方式是一种直接耦合方式，用于接入直流、或缓慢变化、或频率较低并含有直流分量的信号；交流耦合是指通过电容耦合的方式，具有隔直作用，用于观察从低频到较高频率的信号；低频抑制耦合方式使触发信号通过一个高通滤波器以抑制其低频成分，这种耦合方式对显示包含电源交流噪声的信号是很有用的；高频抑制耦合方式使触发源信号通过低通滤波器以抑制其高频分量，这意味着即使低频信号中包含很多高频噪声，我们仍能使其按低频信号触发。

高性能示波器的触发比较按触发条件可划分为：边沿触发、视屏触发、毛刺触发、状态触发等。此外，数字示波器还具有基于触发点的预触发功能。边沿（上升沿、下降沿）触发是最基本的触发，它要求在输入信号边沿的触发阈值上产生触发。视频触发主要是通过视频同步分离器提取视频信号中的场同步信号或者行同步信号作为触发信号，因而视频触发又可分为场同步触发和行同步触发两种。毛刺触发采用了单次触发的模式，无毛刺出现时示波器不显示，处于“监视”状态；当触发器发现毛刺时，则产生触发信号并显示毛刺尖峰出现前后的波形，毛刺触发电路可根据脉冲的宽度来确定触发时刻，当被测信号为 DC 到某一频率之间的信号，可以将脉冲宽度设置为小于被测信号最高频率分量周期的一半，在正常情况下，这样的窄脉冲是不会产生的；若被测信号是数字系统的信号时，由于数字系统的脉冲信号一般为系统周期的整数倍，为了探测到毛刺，可以把示波器的触发条件设置为小于系统时钟周期的脉冲宽度。状态触发采用状态字作触发信号，状态触发要求设置多条并行检测线来监测这些线上的状态，当检测到用户规定的状态字(如 HLHH)时，示波器就产生触发。

触发释抑电路用以在每一次触发之后，产生一段闭锁(Hold off)时间，示波器在这段闭锁时间内将停止触发响应，以避免不希望的触发产生，从而使 DSO 在每次触发之后显示的波形都一样，达到稳定显示的目的。

实际数字示波器的触发电路系统在结构上会存在许多不同的组成方案，例如，如果 DSO 采用顺序采样方式，触发电路系统还应包括步进系统电路，如果 DSO 采用随机采样方式，触发电路系统还应包括模拟内插器等电路。

9.3.4.2 边沿触发方式

边沿触发方式是指信号边沿达到某一设定的触发阈值而产生的一种触发方式，触发阈值电平可以调节，这是一种最基础的触发方式。边沿触发又分为上升沿触发和下降沿触发两种。边沿触发电路一般采用双输入端的比较电路(比较器)，一端接输入信号，另一端接阈值电平，当两个输入端信号之差达到某一值时，比较电路翻转。若将两个输入端相互交换，则可改变触发极性；若改变接在比较端的阈值电平值，就可实现触发阈值电平的调节，从而可以选择在信号波形的上升沿或下降沿的某一电平上产生触发。

实现触发极性选择和触发阈值电平调节的示意图如图 9-21 所示。在 DSO 中，比较器的阈值电平由 D/A 转换器提供，一旦触发信号超过由 D/A 转换器设定的触发阈值电平时，扫描即被触发。触发极性选择开关 S_1 用来选择触发信号的极性。当选择开关 S_1 拨在“+”位置上时，在信号增加的方向上，当触发信号超过设定的触发阈值电平时就产生触发。当拨在“－”位置上时，在信号减少的方向上，当触发信号超过触发阈值电平时就产生触发。触发极性和触发阈值电平共同决定触发信号的触发点。D/A 转换器输出的满度电平一般设置为 0.5～1V，为了使触发信号的电平大于该满度电平，触发通道放大器的增益应足够大。

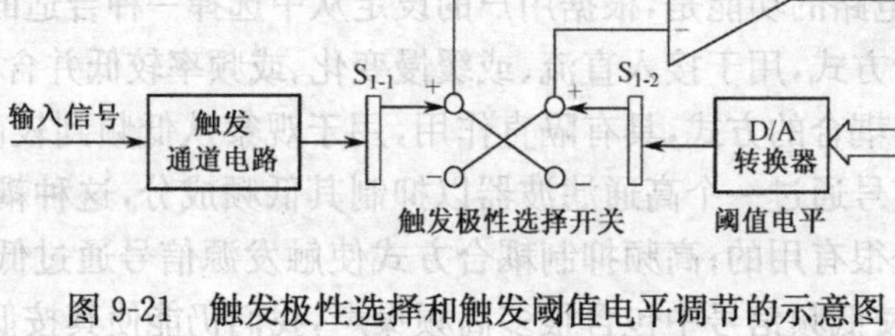

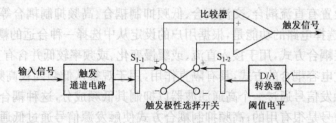

图 9-21　触发极性选择和触发阈值电平调节的示意图

上述触发电路既要选择触发极性选择开关，又要调节触发阈值电平，使用不够方便。现代示波器中设计了自动触发电路，能使触发点自动地调整在最佳的触发电平的位置上。

边沿触发的最终目的是产生一个稳定的快沿脉冲，并以此刻作为对被测信号进行采样的开始时间。很显然，这一快沿脉冲的不稳定将直接导致对信号采样时间的不确定性，造成波形在显示时会出现水平方向的抖动(称触发抖动)。触发抖动严重时将无法观察和精确测量信号的时间参量,触发抖动是 DSO 的一项重要的技术指标。

造成触发抖动的主要原因是:触发比较器的延时误差建立时间和触发通道噪声等。因此,触发通道电路应选择低噪声、低漂移、高带宽的运算放大器、模拟开关及相关元器件,并注意布线的合理,电源退耦及地线处理得当,高频信号传输电路引线走直线并尽量短。除此之外,还需要对比较器施加滞后措施,即将比较器接成施密特电路的形式(目前的高速比较器一般都带有几 mV 的回滞电压)。回滞电压的存在使比较器的切换点变为两个:一个用于检测上升电压,一个用于检测下降电压,两个阈值之差可有效地减少由噪声而引起的误触发(原理参见本书 8.2.1 节)。

在绿扬公司研制的 YB54500 型 DSO 样机中,触发通道的比较器选用了一种延时为 160ps、建立时间仅 20ps 的高速比较器。该比较器的输出为差分形式,以使输出电压摆动峰值增大 1 倍,而且还可以减少偶次阶的失真;比较器接成了斯密特电路形式,其回差电平设计为 75mV,确保了较为优良的触发特征;比较器的阈值电平采用 14bit 的 D/A 转换器提供。

9.3.4.3 预置触发功能

预置触发功能含正延迟触发和负延迟触发两种情况。在数字示波器中可以通过控制采样存储器的写操作过程来实现,并且正负延迟及延迟时间都可以进行预置。

在常态触发状态下,当被测信号大于预置电平时,触发电路便产生触发信号,于是采样存储器就从零地址开始写入采集的数据,设示波器的存储容量为 1024,则当写满 1 024 个单元后便停止写操作。显示也从零地址开始读数据,则对应示波器屏幕上显示的信号便是触发点开始后的波形。

在正延迟触发时(即显示延迟触发点 N 个取样点时间),触发信号到来后,采样存储器不立即写入数据,而是延迟 N 次取样之后才开始写入。这样当显示时,示波器屏幕上显示的信号便是触发点之后 N 个取样点的波形。这等效于示波器的时间窗口右移。

在负延迟触发时(即显示超前触发点 N 个取样点时间),触发信号到来前,采样存储器信号便就一直处于 0～1 023 单元不断循环写入的过程中,当写满 1024 个单元之后,新内容将覆盖旧内容继续写入。当触发信号到来后,使采样存储器再写入 $1024-N$ 个取样点之后停止写操作。显示时,不是从零地址读数据,而是从停止写操作时地址的下一个地址作为显示首地址连续读 1 024 个单元的内容。这样,示波器屏幕上显示的便是触发点之前 N 次取样点为起点的波形,这等于示波器的时间窗口左移。

支持实现正、负延迟触发方式的硬件电路如图 9-22 所示,其中图(a)是延迟计数电路,图(b)是功能选择电路。

延迟计数电路由 IC_{12}～IC_{15} 组成,其中 IC_{12} 是 JK 触发器,IC_{13}、IC_{14} 是十进制计数器,IC_{15} 是一个可预置的十六进制计数器。当复位信号 RST 到来时,使 IC_{12} 的 $\overline{Q}$ 端置 0,同时预置数(正延迟为 N,负延迟为 $1024-N$)置入 IC_{15} 的预置端 A、B、C、D,IC_{13}、IC_{14} 置 0。当触发信号 TR 到来时,计数器便在写脉冲频率 f_W 的驱动下从预置码开始计数,当计满时,由 IC_{15} 的 Q_D 端产生负跳变信号,送至功能选择电路。

功能选择电路用于选择常态触发、单次正延迟触发、单次负延迟触发三种触发工作方式。IC_8 是一个双四选一数据开关电路,F_0、F_1 由面板开关送出的或者由微处理器发出的触发方式控制码控制。W 是控制写操作的写信号。

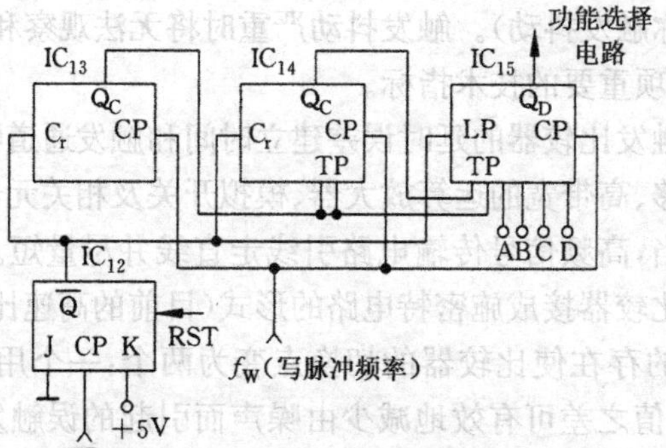

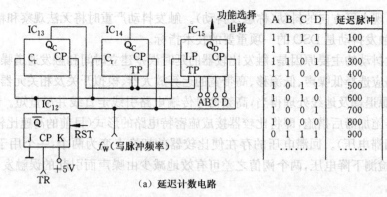

A	B	C	D	延迟脉冲
1	1	1	1	100
1	1	1	0	200
1	1	0	1	300
1	1	0	0	400
1	0	1	1	500
1	0	1	0	600
1	0	0	1	700
1	0	0	0	800
0	1	1	1	900
……				……

（a）延迟计数电路

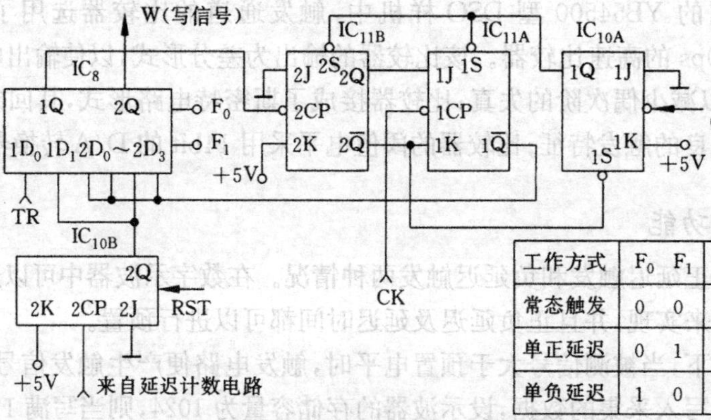

工作方式	F_0	F_1	Q输出
常态触发	0	0	D_0
单正延迟	0	1	D_1
单负延迟	1	0	D_2

（b）功能选择电路

图 9-22　正、负延迟触发的电路原理

在“常态触发”工作方式下，IC_8 选择 $1D_0$ 作为输出，故触发信号 TR 便直接加到了 IC_{11B} 的 2CP 端。在 CK 作用下，IC_{11A} 的 $1\overline{Q}$ 置 1，因而 IC_8 的 2Q 输出 1，即触发信号 TR 一旦到来，写信号 W 便置 1 并开始写操作。当写满 1024 个数据时，写地址计数器最高位 MSB(A_9) 由 1 变为 0，使 IC_{10A} 置 0，从而使 IC_{11A} 的 1Q 为 0，并使写信号 W 置 0，写操作结束，同时 IC_{11B} 置位，等待下一次触发。

在正延迟触发工作方式下，IC_8 选择 $1D_1$ 作输出，$1D_1$ 信号受触发延迟计数器控制。当触发信号 TR 到来后，要延迟 N 次取样之后，由延迟计数电路送来的负跳变信号，使 IC_{10B} 的 2Q 由 1 变为 0，IC_8 的 1Q 输出负跳至 IC_{11B} 的 2CP 端，然后再像常态触发工作方式一样，完成一次写入过程。

在负延迟触发工作方式下，IC_8 选择 $2D_2$ 作输出。在这种方式下，首先产生复位信号 RST，使 IC_{10B} 的 2Q 置 1，IC_8 的 2Q 输出为 1，即写信号 W 置 1，于是采样存储器马上进入写操作状态，取样值被不断循环写入采样存储器 0～1 023 单元中。当触发信号到来后，经过延迟 $1024-N$ 次取样后，由延迟计数电路送来负跳变信号，使 IC_{10B} 的 2Q 由 1 变为 0，于是 W 置 0，采样存储器停止写入。

9.3.5　显示系统

显示系统的任务是：显示采集的波形，显示经内插或滤波处理后的波形，显示测量的结果以及显示人机交互信息等。本节将先后介绍采用 CRT 显示器和平面显示器的显示系统。

9.3.5.1 CRT 显示系统的组成

数字示波器的 CRT 显示电路大部分采用随机扫描和光栅扫描两种显示方式。这两种显示方式的原理在本书 3.4 已做过较详细的讨论。

采用随机扫描方式的 CRT 显示电路可用图 9-23 来说明。图(a)是控制原理图，显示地址计数器在显示时钟的驱动下产生了连续的地址信号，这些地址信号分为两路：一路提供给采样 RAM 作为读地址，依次将采样 RAM 中的波形数据读出送至 D/A 转换器，然后经 D/A 转换器将数据恢复为模拟信号送至 CRT 的 Y 轴；另一路直接送给另一个 D/A 转换器而形成阶梯波，然后送至 CRT 的 X 轴进行同步的扫描信号。由于从采样 RAM 中读出并恢复的模拟信号与形成的阶梯波是同步的，根据模拟示波器的显示原理，CRT 屏幕上便能生成存储的模拟波形，显示原理示意图见图(b)。这种显示方式的显示速度仅取决于显时时钟的速率，速度较快而且是可以选择的。

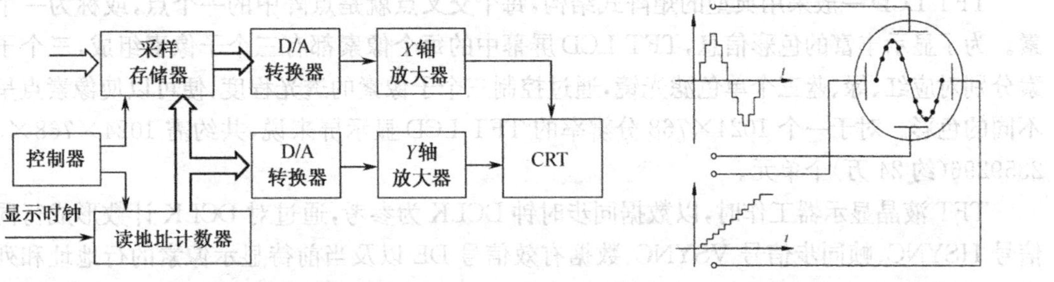

(a) 控制原理图　　(b) 显示原理示意图

图 9-23　CRT 显示电路原理

随机扫描显示方式的原理直观，电路简单，较易实现，但随机扫描显示方式在实现人机交互等方面不够方便，主要应用于一些较简单的数字示波器的设计中。

现代数字示波器的显示电路较多采用光栅扫描显示方式。该方式不用 D/A 转换器转换，而是采用一个专用的 CRT 控制器(CRTC)，直接将波形数据变换成屏幕上的图像。光栅扫描显示方式能提供友好的人机交互界面，也能支持较高的屏幕刷新率。下面以图 9-24 所示的国产数字示波器 AV4451 的显示系统为例，简述光栅扫描显示方式的工作原理。

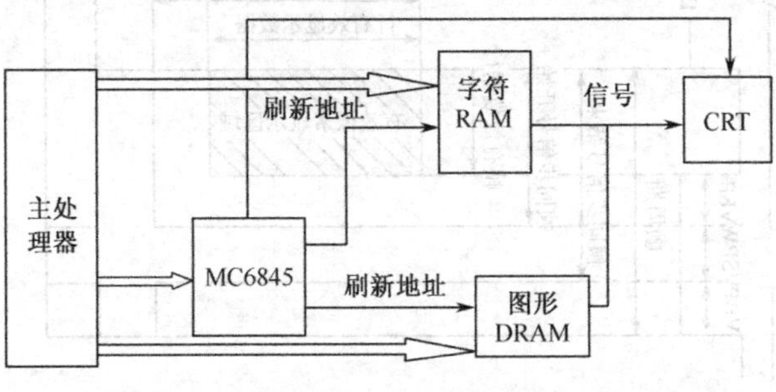

图 9-24　数字示波器 AV4451 的显示系统框图

AV4451 的显示电路使用了 MC6845 作为 CRTC，上电后主处理器通过数据总线对 MC6845 的内部寄存器初始化，如屏幕范围、显示区域、起始行位置等。MC6845 经初始化后，便能独立自动产生显示器的行、场扫描，刷新信号，无须占用主处理器的时间，这样，主处理器可以有更多的时间处理数据和对波形区数据的送显，提高了资源的利用率。

为了提高显示速率，AV4451 的显示系统运用了显示分区及多屏叠加显示技术，把字符和图形数据分区存储。主处理器把送显的字符数据通过数据总线存储在字符 RAM 中，把送显的波形数据存储在图形 DRMA 中，DRMA 的读写速度很高，能快速刷新。最后从存储器送出的并行的波形视频数据和字符视频数据经并串转换，以点频速率送显在屏幕上。

9.3.5.2 平板显示器及显示系统

CRT 显示器属于电真空器件，笨重且耗电。近年来，示波器等电子仪器和电视机、计算机等设备的显示器一样，开始广泛采用平板显示器。平板显示器件有液晶显示屏(LCD)、等离子体显示屏(PDP)、荧光显示屏(VFD)等，示波器较多采用的是液晶显示屏，其中 TFT LCD(薄膜晶体管液晶显示器)的可视偏转角度能达到 170°以上，是示波器应用最为广泛的一种液晶显示器。

TFT LCD 一般采用典型的矩阵式结构，每个交叉点就是点阵中的一个点，或称为一个像素。为了显示丰富的色彩信息，TFT LCD 屏幕中的每个像素都有三个子像素组成，三个子像素分别对应红、绿、蓝三个单色滤光镜，通过控制三个子像素的透光程度，便可以使像素点呈现不同的色彩。对于一个 1024×768 分辨率的 TFT LCD 显示屏来说，共约需 1024×768×3＝2359296(约 24 万)个单元。

TFT 液晶显示器工作时，以数据同步时钟 DCLK 为参考，通过对 DCLK 计数形成行同步信号 HSYNC、帧同步信号 VSYNC、数据有效信号 DE 以及当前待显示像素的行地址和列地址，这些信号用于对显示 RAM 的数据读取、TFT LCD 源驱动芯片控制信号的产生。

图 9-25 以二维形式给出了视频数据时序格式。从图中可以看出，每一帧开始之前，会产生一个 VSYNC 脉冲信号，同样，每一行开始之前也会产生一个 HSYNC 脉冲信号。在帧与帧之间有若干行无效数据，在行与行之间有若干个无效数据，并且在 HSYNC 和 VSYNC 的头尾都留有回扫时间，无效数据的个数和回扫时间的长短与 TFT LCD 及图像分辨率有关。

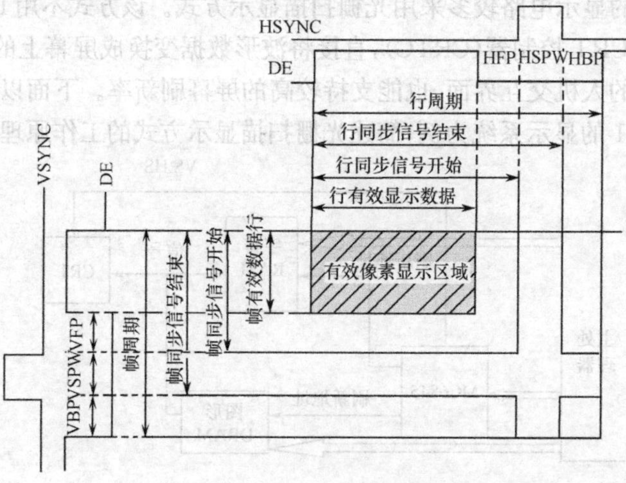

图 9-25　视频数据时序格式

采用平板显示示波器的波形显示的工作过程与 CRT 波形显示的工作过程区别不大。首先被测信号经过 A/D 转换器采样，将模拟信号转换为数字信号并存储，然后处理器读出采样的数据，进行插值、参数测量等处理，即可送去显示。显示时，处理器把采样数据转换为显示数据，存入显示 RAM 区，显示 RAM 区中的数据与显示面板上的像素点是一一对应关系。随后处理器控制液晶显示器进行一次刷新，从而完成了波形的显示。当下一次采集完成后，处理器将存入新的波形数据，这样便可看到屏幕中显示不断更新的波形。

9.3.5.3 显示方式

由于显示波形的数据取自采样存储器中的数据，因此 DSO 可以通过软件编程实现多种波形的显示方式。

1. 点显示与插值显示

点显示就是在屏幕上以间隔点的形式将采集的信号波形显示出来。由于这些点之间没有任何连线，每个信号周期必须要有足够的点才能正确地重新构成信号波形，一般要求每个正弦信号周期显示 20 个点以上。在点显示的情况下，当被观察的信号在一周期内采样点数较少时会引起视觉上的混淆现象。为了有效地克服视觉的混淆现象，同时又不降低带宽指标，数字示波器往往采用插值显示。

所谓插值显示，就是利用插值技术在波形的两个采样点数据间补充一些数据。采用插值显示可以降低对 DSO 采样速率的要求。

数字示波器广泛采用矢量插值法和正弦插值法两种方式。矢量插值法是用斜率不同的直线段来连接相邻的点，由于矢量插值法仅仅是以直线形式加到数据点中，因而如果采样的数据点没有落在信号波形顶部时，就会造成顶尖幅度误差。一般情况下，当被测信号频率为采样频率的十分之一以下时，矢量插值法就可以得到满意的效果。正弦插值法是以正弦规律，用曲线连接各数据点的显示方式，一般情况下，每个周期使用 2.5 个数据字就能够构成一个较完整的正弦波形，已接近奈奎斯特极限频率。但是，正弦插入法对阶跃波形的显示有时会产生副作用。

2. 基本(刷新)显示与单次触发显示

基本显示方式又称刷新显示方式，它的工作过程是：每当满足触发条件时，就对信号进行采集并存到存储器中，然后将存储器中的波形数据复制到显示存储器中去，从而使得屏幕的显示内容不断随着信号的变化而更新。这种连续触发显示的方式与模拟示波器的基本显示方式类似，是最常使用的一种显示方式。

所谓单次触发显示就是：当满足触发条件时，就对信号进行连续地采集并将其存在存储器中的连续地址单元中，一旦数据将存储器的最后一个单元填满以后，采集过程即告结束，然后不断地将存储器中的波形数据复制到显示存储器中去，在此时期示波器不再采集新的数据。这种采集与显示方式对观测单次出现的信号非常有效。也是模拟示波器达不到的显示方式。

3. 滚动显示

滚动显示是智能化数字示波器一项很有特点的显示方式。它的表现形式是被测波形连续不断地从屏幕右端进入，从屏幕左端移出，这时示波器犹如一台图形记录仪，记录笔在屏幕的右端，记录纸由右向左移动。

滚动显示主要适于缓慢变化的信号。这种方式的机理是：每当采集到一个新的数据时，就把已存在采样存储器中的所有数据都向前移动一个单元，即将第一个单元的数据冲掉，其他单元的内容依次向前递进，然后再在最后一个单元中存入新采集的数据。并且，每写入一个数据，就进行一次读(显示)过程，读出和写入的内容不断更新，因而可以产生波形滚滚而来的滚动效果。这样一来，示波器屏幕上显示的波形总是反映出最新信号对时间变化的情况。

示波器的滚动显示模式可以用来代替图表记录仪来显示慢变化的现象，诸如电池的充放电周期或温度对系统性能的影响等。

4. 存储/调出显示

“存储”功能即当采集的信号波形数据存入存储器以后，将这些波形数据以及面板参数一起复制到后备非易失存储器中，以供以后进行分析或参考及比较使用。后备非易失存储器的容量通常可以容纳多幅波形数据及面板参数。使用时，只要按下“SAVE“键和一个数字键，示波器会自动把当前的波形数据和参数存到对应编号的非易失存储器区域中。

“调出“是把已存储的波形调出并显示。使用时，只要按下“RECALL“键和一个数字键，示波器会把对应编号的波形数据和参数调出，并显示在屏幕上。“调出“是“存储“的逆过程。

示波器的存储/调出显示功能对于在现场工作的工程师是很方便的。工程师可以把现场测量期间所有的有关波形存储下来，以便以后分析，或将这些波形传往计算机再做进一步的处理。

5. 锁存和半存显示

锁存显示就是把一幅波形数据存入采样存储器之后，只允许从采样存储器中读出数据进行显示，不准新数据再写入，即前述的单次触发显示。

半存显示是指波形被存储之后，允许采样存储器奇数（或偶数）地址中的内容更新，但偶数（或奇数）地址中的内容保持不变。于是屏幕上便出现两个波形，一个是已存储的波形信号，另一个是实时测量的波形信号。这种显示方法可以实现将现行波形与过去存储下来的波形进行比较。

9.3.6 波形参数的测量与处理

几乎所有数字示波器都充分利用了内部微处理器系统以及 A/D 转换器等，构成多种测量以及数据处理能力，使数字示波器成为一台功能很强的测量仪器。数字示波器的测量及处理功能包括：波形上任意两点间的电位差（ΔU）以及时间差（ΔT）测量、波形的前后沿时间测量、峰-峰值测量、有效值测量、频率测量、两波形的加、减、乘运算、波形的频谱分析等。下面以 ΔU 与 ΔT 测量、两波形相加处理为代表，讨论其实现原理及方法。

9.3.6.1 ΔU 和 ΔT 的测量

数字示波器对波形上任意两点间的电位差（ΔU）和时间差（ΔT）的测量，一般采用加亮标志法或光标标志法。加亮标志法是将欲测量的波形段加亮进行标志，而光标标志法是通过设置两条水平光标线或两条垂直光标线对波形被测部分进行标志。波形加亮部分的起点和终点，或者光标线的位置，可在面板相应按键的控制下作步进式的移动，波形加亮部分的起点和终点或光标线与波形的交点，对应于存储器中的相应数据，当设置不同的测量项目时，仪器即可在测量程序控制下实现不同的测量目的，并将测量结果直接显示在 CRT 上。为了测量 ΔU、ΔT 的大小，通常应将扫描速度和灵敏度分挡编成代码，并与波形代码一起存入存储器，如表 9-3 和表 9-4 所示。其中表 9-3 为扫描时间因数代码表，表中的每挡扫描时间因数都用相应的代码表示，当扫描时间因数总数为 30 挡时，用 5 位二进制代码即可。同理可用 3 位二进制代码来表示 6 挡灵敏度，如表 9-4 所示。最后再把代表扫描时间因数的 5 位二进制代码放在一个字节的高 5 位，代表灵敏度的 3 位二进制代码放在同一字节的低 3 位，并在每次存储一页波形数据时，把这一字节内容也存放在同一页面的某个单元（如 0 号单元）中。

表 9-3　扫描时间因数 t/div 代码表

扫描时间因数 t/div	代码 $D_7\ D_6\ D_5\ D_4\ D_3\ D_2\ D_1\ D_0$	扫描时间因数 t/div	代码 $D_7\ D_6\ D_5\ D_4\ D_3\ D_2\ D_1\ D_0$
100 ps	0 0 0 0 1 * * *	10 μs	1 0 0 0 0 * * *
200 ps	0 0 0 1 0 * * *	20 μs	1 0 0 0 1 * * *
400 ps	0 0 0 1 1 * * *	40 μs	1 0 0 1 0 * * *
1 ns	0 0 1 0 0 * * *	100 μs	1 0 0 1 1 * * *
2 ns	0 0 1 0 1 * * *	200 μs	1 0 1 0 0 * * *
4 ns	0 0 1 1 0 * * *	400 μs	1 0 1 0 1 * * *
10 ns	0 0 1 1 1 * * *	1 ms	1 0 1 1 0 * * *
20 ns	0 1 0 0 0 * * *	2 ms	1 0 1 1 1 * * *
40 ns	0 1 0 0 1 * * *	4 ms	1 1 0 0 0 * * *
100 ns	0 1 0 1 0 * * *	10 ms	1 1 0 0 1 * * *
200 ns	0 1 0 1 1 * * *	20 ms	1 1 0 1 0 * * *
400 ns	0 1 1 0 0 * * *	40 ms	1 1 0 1 1 * * *
1 μs	0 1 1 0 1 * * *	100 ms	1 1 1 0 0 * * *
2 μs	0 1 1 1 0 * * *	200 ms	1 1 1 0 1 * * *
4 μs	0 1 1 1 1 * * *	400 ms	1 1 1 1 0 * * *

表 9-4　灵敏度 mV/div 代码表

灵敏度(mV/div)	代码 D_7	D_6	D_5	D_4	D_3	D_2	D_1	D_0
16	*	*	*	*	*	0	1	0
32	*	*	*	*	*	0	1	1
64	*	*	*	*	*	1	0	0
128	*	*	*	*	*	1	0	1
256	*	*	*	*	*	1	1	0
512	*	*	*	*	*	1	1	1

1. 加亮标志法 ΔT 测量原理

本例设扫描线由 255 个点组成，当扫描时间因数确定之后，每两点之间的步进时间 T_{step} 便是确定的。若想测量波形某一部分的时间 ΔT，只需把这一部分加亮，把加亮部分的点数求出来，再用点数乘以步进时间 T_{step} 即可求出 ΔT，为此先要解决加亮问题。

实现被测波形加亮的原理图及其控制流程如图 9-26 所示。在图中，端口“I/O”为控制加亮的输入口，端口“I/O，Z”为控制加亮的输出口。其中“I/O”口的 U_0 键和 U_1 键分别对应波形加亮部分的起点和终点，并定义 D_1 为 1 表示要改变 U_1 的位置，D_2 为 1 表示要改变 U_0 的位置，究竟作如何改变(进或者退)则由进/退键来决定，定义 D_0 为 1 时进，D_1 为 0 时退。在存储阶段，CPU 在两次取样之间访问 I/O 口，若 D_1 为 1，则 B 寄存器加 1(若同时 D_0 为 1)或者减 1(若同时 D_0 为 0)；若 D_2 为 1，则 C 寄存器加 1(若同时 D_0 为 1)或者减 1(若同时 D_0 为 0)，使寄存器 B 和 C 分别寄存了加亮部分起点和终点的地址。这样，在显示波形时，又不断地让信号存储器的地址计数器(L 寄存器)与 C 寄存器比较，当 L＝C 时，则使“I/O，Z”口的 D_0 置 1，它与加亮信号组合起来就产生了在波形上加亮的效果。同样若 L＝B，则使“I/O，Z”口的 D_0 置 0，这就是加亮的结束。这样，通过按动 U_0 键、U_1 键和进退键，便可产生使波形加亮部分变宽、变窄以及左右移动的效果。于是，可以得到加亮待测波形部分的时间 $\Delta T=(B-C)T_{step}$，式中的(B－C)是加亮标志间的点数。步进时间 T_{step} 是随不同的扫描时间而变的，此时只要把存放在波形页面中 0 号地址的内容取出来，根据它的高 5 位代码就可以确定步进时间及单位。

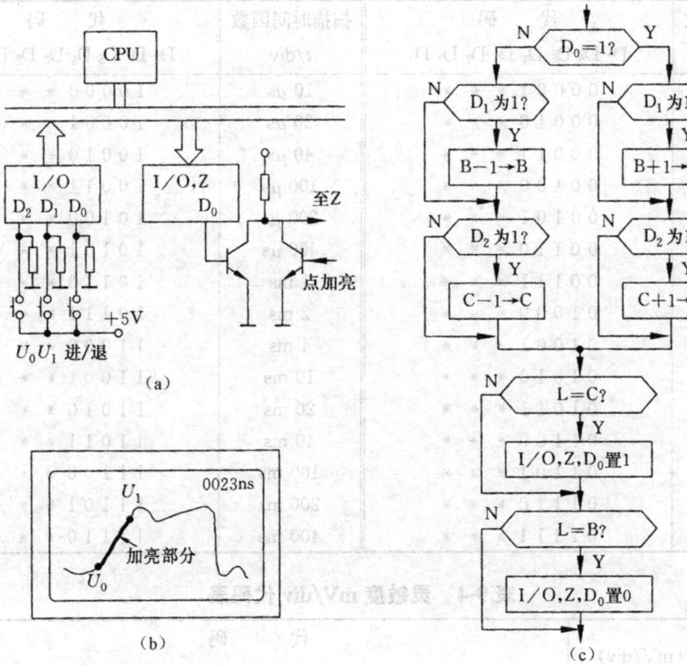

图 9-26 波形加亮及控制原理

2. 加亮标志法 ΔU 测量原理

测量 ΔU 的方法与测量 ΔT 的方法基本相同。

在计算 ΔU 的处理程序中，把存放 U_0 的 B 寄存器中的数作为地址，从该地址中取出数据放在 D 寄存器中，把存放 U_1 的 C 寄存器中的数当做地址，从该地址中取出数据放在 E 寄存器中，此时加亮波形起点与终点的相对幅度之差为 $U=|E-D|\times S$。式中 S 为灵敏度，其大小由存放在波形页面中 0 号地址低 3 位来确定。如果要测量波形某一点上的电平，在存储波形时，还要把被测系统零电平所对应的数据存入指定单元中，令零电平对应的数据为 U_0，被测点电平对应的数据为 U_1，则可利用上式得出该点的绝对电平。

3. 字符的显示

求出 ΔT、ΔU 之后，还要在屏幕上用字符把结果自动显示出来。字符显示一般采用点阵法来实现。本例显示字符共取 0,1,2,3,…,9,m,n,μ,s,v 等 15 个字符，每个字符用 10×7 点阵表示，则应把这些字符以二进制编码形式存放在只读存储器中形成字符 ROM，每个字符占据 10 个地址，并以首地址来代表该字符在字符 ROM 中的位置。表 9-5 表示字符“0”的字符点阵码。我们规定把地址方向称作“行”，数据方向称作“列”，第一列为全零，因此每个字符实际含 10 行和 7 列。

表 9-5 字符“0”的点阵码

地址	点阵数据
00H	00011100
01H	00100010
02H	01000001
03H	01000001
04H	01000001
05H	01000001
06H	01000001
07H	01000001
08H	00100010
09H	00011100

设要求每个参数用 6 个字符表示，其中 4 位是数字字符，两位是单位字符。显示时，先根据实际求出的 ΔT 或 ΔU，再经过处理程序把 4 个数字字符和两个单位字符在字符 ROM 中的首地址找出来，按顺序存放在预先分配的缓冲区 ADR_1，

ADR_2，…，ADR_6 中，最后调用字符显示程序，按顺序把 ADR_1，ADR_2，…，ADR_6 中给出字符在屏幕指定的位置上一一显示出来。

字符显示程序可用图 9-27 所示的流程图来说明。设 C 寄存器存放“列”数据，B 寄存器存放“行”数据，D 寄存器存放位数，欲显示字符的首地址已存入 HL 中。程序先把 B，C 和 D 寄存器清零，即从零行零列做起。接着从(HL)所指向的地址中取出数据放在 E 寄存器中。为了使这些数据沿水平方向顺序排列，就需要“列阶梯波”，把 C 寄存器的内容送到“I/O，X”，并经 D/A 转换就能达到此目的。与列阶梯相应地把 E 寄存器的内容通过进位(CY)右移一次，若 CY 为“1”则加亮，这就完成了字符中的一个点。接着使列阶梯增加一梯，即加，当 C 寄存器不等于 7 时，则循环上述过程，当 C 为 7 时，说明已做完字符中的一行，此时要为 L+1 取下一行的数据做准备。同时把 C 寄存器清零，也就是说在做第二行时必须从零列开始。另外，还要把“行阶梯”提升一级，即把 B 寄存器的内容送到“I/O，Y”，并经 D/A 转换成行阶梯波，整个过程要循环进行，一直到 B 寄存器的内容为 10，说明已做完一个完整的字符。若每个字符的宽度为 0AH，字符间距为 03H，则每做完一个字符就要做 D+0AH+03H 的计算，并把结果送到“I/O，X”。这就是显示字符的基本原理。

显示的单位(m，n，u，s，v)和小数点的位置(＊．＊＊＊；＊＊．＊＊；＊＊＊．＊)均与扫描时间因数有关，而扫描时间因数仅由 5 位代码表示，它无法表示出单位和小数点位置的全部状态，为此，还要设置与扫描时间因数对应的代码表来表示小数点的位数、单位符号及倍乘数等。因此，显示程序还应包含根据这个代码表来确定小数点的位置和确定单位字符的内容。

9.3.6.2 两波形的“加”运算

两波形的“加”运算是指把存放在不同页面中的波形数据对应相加。相加时，要求波形的扫描时间因数必须相同，否则无法表示相加后的时间。同时应注意两个页面的灵敏度也要相同，若灵敏度不同，应在运算之前把两页面的灵敏度给以调整或“对齐”，记下灵敏度调整系数。相加时，如有溢出还应能自动调整，使每两点相加结果不超过 255。

灵敏度对齐程序的依据是表 9-6 所示的灵敏度与代码关系表。首先把 A 页面和 B 页面的灵敏度代码相减，若相减结果为零，则说明两页面的灵敏度相同不需要调整。若不为零，则应把相减的差值 L(即灵敏度的差值)按 2^L 计算出调整系数，找出调整系数就可以开始调整了。调整的原则是向低灵敏度对齐，把灵敏度高的页面作为被调整页，先把高灵敏度的代码改为低灵敏度的代码，然后再把被调整页的每一单元的数都除以调整系数即可，当灵敏度“对齐”以后，便把两页面对应地址中的数相加，相加的结果放在 B 页面对应的地址中，若两个数相加有溢出，则把溢出标志码 AAH 存入 E 寄存器中，其流程图如图 9-28 所示。

表 9-6　灵敏度与代码关系表

灵敏度代码	灵敏度(mV)
111	512
110	256
101	128
100	64
011	32
010	16

“加”运算程序完成后，应查询有无溢出标志码，若无，可以转至下一个程序，若有，则应进行溢出调整。溢出调整程序是把 A 页面和 B 页面对应地址中的数都除以 2，然后把灵敏度代码加 1(即灵敏度降低一挡)，调整完后再进行相加。

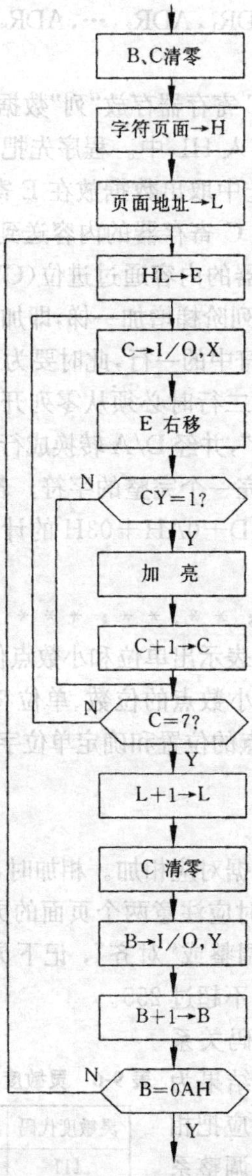

图 9-27 字符显示流程

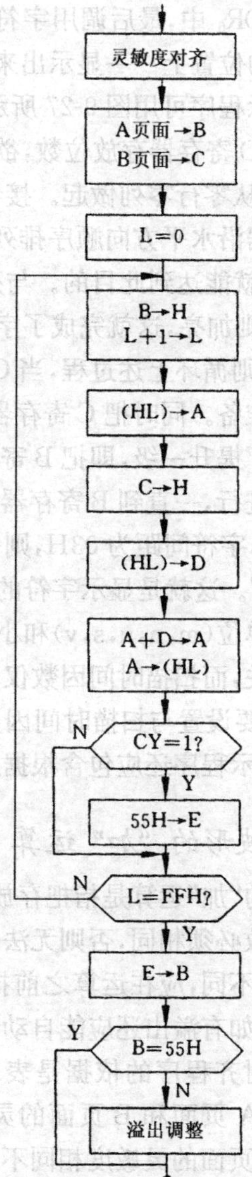

图 9-28 "加"运算流程

9.4 数字示波器的设计

数字示波器是一种基于计算机技术的新型数字示波器，其前半部是一个高速数据采集与存储系统，后半部是一个数据处理与显示系统。本节拟通过对几个实例的分析，分别讨论基于实时取样方式和基于等效取样方式的数字示波器设计中的有关技术，并介绍数字示波器技术在其他领域中的应用。

9.4.1 简易数字示波器的设计

本例选自 2001 年第 5 届全国大学生电子设计竞赛的试题。该题要求设计并制作一台用普通示波器显示被测波形的简易数字存储示波器，示意图如图 9-29 所示。

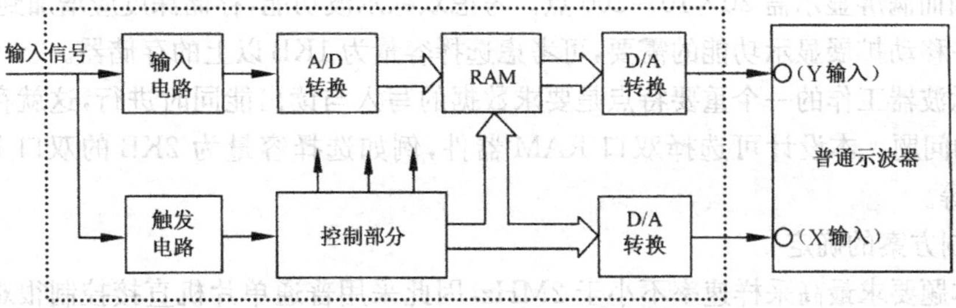

图 9-29　简易数字示波器示意图

题目要求简易数字示波器达到如下功能和技术指标：

(1) 具有连续触发和单次触发两种方式。在连续触发方式中，仪器能连续对信号进行采集、存储并实时显示，且具有锁存(按“锁存”键即可存储当前波形)功能。在单次触发方式中，每按动一次“单次触发”键，仪器在满足触发条件时，能对被测周期信号或单次非周期信号进行一次采集与存储，然后连续显示采集的波形。

(2) 示波器垂直分辨率为 32 级/div，水平分辨率为 20 点/div(设示波器显示屏水平刻度为 10div，垂直刻度为 8div)，输入阻抗大于 100kΩ。

(3) 仪器的频率范围为 DC～50kHz，最少设置 0.2s/div、0.2ms/div、20μs/div 三挡扫描速度，其误差≤5%；最少设置 1V/div、0.1V/div、0.01V/div 三挡垂直灵敏度，其误差≤5%。

(4) 仪器触发电路采用内触发方式，上升沿触发，触发电平可调。

(5) 具有双踪示波功能，能同时显示两路被测信号波形。

(6) 具有水平移动扩展显示功能，要求将存储深度增加一倍，并且能通过操作“移动”键显示被存储信号波形的任一部分。

(7) 其他，例如具有量程自动调节(AUTOSET)功能、频谱分析功能等。

从题目要求可以看出，设计内容涵盖了数字示波器的主要技术指标，只是考虑到电子竞赛的特点，将示波器被测信号的最高频率分量(存储带宽)限定在 50kHz，并将其显示部分用模拟示波器(X-Y 工作方式)来替代。

9.4.1.1　技术指标分析及总体方案的制定

1. 取样方式及 A/D 转换器的选择

题目要求数字示波器具有单次显示触发功能，能对单次出现的信号进行测量，因此应选用实时采样方式。

A/D 转换器的位数与垂直分辨率相关。本题要求示波器垂直分辨率为 32 级/div，而显示屏的垂直刻度为 8div，因而要求 A/D 转换器能分辨 32×8=256 级，应选择 8 位 A/D 转换器。

A/D 转换器的最高转换速率与示波器的最快扫描速度相关。本题要求示波器的最快扫描速度为 20μs/div，水平分辨率为 20 点/div，因而 A/D 转换器的最高转换速率应为 1MHz。若考虑双踪输入情况，A/D 转换器最高转换速率应选择在 2MHz 以上。

根据上述分析，A/D 转换器应选择最高转换速率为 2MHz 以上的 8 位 A/D 转换器，例如 CA 3308、TLC 5510 等。

2. 存储器的选择

存储器的存储深度也即存储容量。本题要求水平分辨率为 20 点/div，而显示屏水平刻度为 10div，因而满屏显示需 20×10＝200 点。考虑双踪示波功能，存储深度应增加到 400 点，若再考虑水平移动扩展显示功能的需要，可考虑选择容量为 1KB 以上的存储器。

数字示波器工作的一个重要特点是要求数据的写入与读出能同时进行，这就存在一个共享 RAM 的问题。本设计可选择双口 RAM 器件，例如选择容量为 2KB 的双口 RAM 器件 IDT 7132 等。

3. 控制方案的确定

由于本题要求最高采样速率不小于 2MHz，因此采用普通单片机直接控制很难胜任。本设计采用了一种“CPLD＋单片机”的两层控制方案，其底层控制由 CPLD 或普通 IC 为核心的高速逻辑控制电路组成，实现对系统的实时控制和高速的数据采集、存储与传输；顶层控制由一个单片机系统组成，实现人机交互、数据处理等项工作。这种“CPLD＋单片机”的控制方案能使单片机和高速逻辑器件扬长避短地有效地结合在一起。

根据以上分析，设计的简易数字示波器的总体方案如图 9-30 所示。图中双口 RAM 主要由CPLD 组成的高速逻辑控制电路实施控制。但为了对存储在 RAM 中的测量数据进行处理，还必须把单片机的地址线通过数据选择器连接到 RAM 的地址线上，把数据线通过锁存器连接到 RAM 的数据线上。

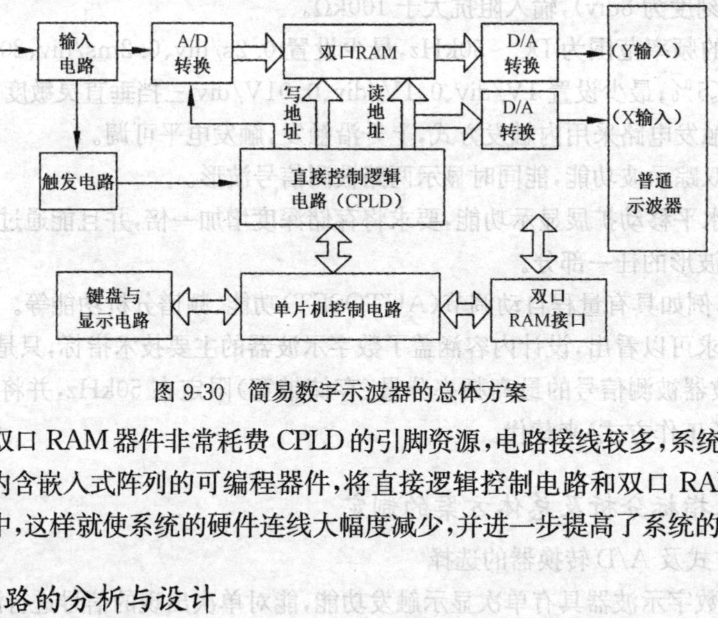

图 9-30　简易数字示波器的总体方案

上述方案的双口 RAM 器件非常耗费 CPLD 的引脚资源，电路接线较多，系统的可靠性不够高。因此应采用内含嵌入式阵列的可编程器件，将直接逻辑控制电路和双口 RAM 集成在一个可编程器件芯片中，这样就使系统的硬件连线大幅度减少，并进一步提高了系统的可靠性。

9.4.1.2 关键电路的分析与设计

数字示波器的总体方案确定之后，应对其中的关键电路进行认真地分析，并完成其硬件电路的设计。

1. 输入电路的分析与设计

输入电路的主要作用是将输入信号的幅度调整到 A/D 转换器允许的电压范围内。题目要求垂直灵敏度挡位的范围在 0.01～1V/div 之间，示波器显示屏的垂直刻度为 8div，则对应被测信号电压幅度（峰峰值）的范围在 0.08～8V 之间。如果选择的 A/D 转换器最大输入电压幅度为 2V，则计算得到对应的输入电路的衰减放大系数的范围应为 0.25～25。若考虑 AUTOSET 功能的要求，则应按 1-2-5 分配原则设置 7 挡垂直灵敏度的量程（覆盖题目要求的 3 挡量程）。不同垂直灵敏度（V/div）与对应的衰减放大系数的关系如表 9-7 所示。

表 9-7　垂直灵敏度与衰减放大系数的对应关系表

垂直灵敏度(V/div)	10mV	20mV	50mV	0.1V	0.2V	0.5V	1V
衰减放大系数	25	12.5	5	2.5	1.25	0.5	0.25

很显然，输入电路应是一个带宽的数控衰减放大电路。根据表 9-7 提供的数据，输入电路可以直接根据表 9-7 选择具有 7 挡量程的程控放大器（含"放大"倍数小于 1 的量程）组成，也可以由两挡量程的程控衰减器（×1、×0.1）和 4 挡量程的程控放大器（×2.5、×5、×12.5、×25）组合而成，或者采用具有 7 挡量程的程控衰减器和放大倍数固定为 25 的放大器组成的方案。

在进行输入电路设计时应注重以下几个问题。

(1) 放大器增益带宽积的概念：当放大器及其集成运放电路确定之后，它的增益带宽积（即放大倍数与通频带的乘积）基本上是个常数。本题要求输入带宽不小于 50kHz，则对应的增益带宽积应大于 1.25MHz(25×50kHz)。集成运放是通过单位增益带宽（GBW）性能指标来体现放大器增益带宽积这个品质因数的，因此在设计输入电路的时候，应选择 GBW 足够大的集成运算放大器。例如选用 LF 356（GBW 为 5MHz）。放大器的放大倍数和通频带这两个技术指标是相互矛盾的，当电路确定之后，要想提高电路的电压放大倍数，必然导致通频带变窄。因此，当宽带放大器增益较高时，应采用多级级联的放大器，以降低对每级放大器增益带宽指标的要求。放大器增益带宽积将影响频率高端垂直灵敏度的精度。

(2) 信号电平移位的问题：许多 A/D 转换器输入电压范围是单极性的，例如 TLC 5510 A/D 转换器要求的输入电压范围为 0～2V，但是由示波器输入电路归一化后送来的信号一般是双极性的，所以应在 A/D 转换器和输入电路之间加上一个电平移位电路，将电压范围为 －1～＋1V的信号移位至 0～2V，否则显示的波形将出现不完整或发生偏移，甚至会引起整个仪器工作不正常。

实际输入电路的设计还要考虑双踪输入等问题，图 9-31 给出了一个典型的输入电路设计方案。两路信号 CH_1、CH_2 通过跟随器 IC_1、IC_2 及模拟选择开关 IC_5 送到主放大器 IC_3。单双踪的控制由多路选择器 IC_6 完成，当 $P_{1.1}$ 为高电平时，仪器为双踪示波功能，此时双通道的轮流切换由 CPLD 控制器产生的写地址信号的最低位 A_0 控制；当 $P_{1.1}$ 为低电平时，仪器为单踪示波功能，再由 $P_{1.0}$ 的电平来选择两通道之一。主放大器 IC_3 是根据表 9-7 设计的具有 7 挡量程的程控放大器，通过控制模拟选择开关 IC_7 实现 7 挡垂直灵敏度的选择。IC_4 组成一个电平移位电路，以使输入信号的电平移位到 A/D 转换器所要求的 0～2V 范围内。

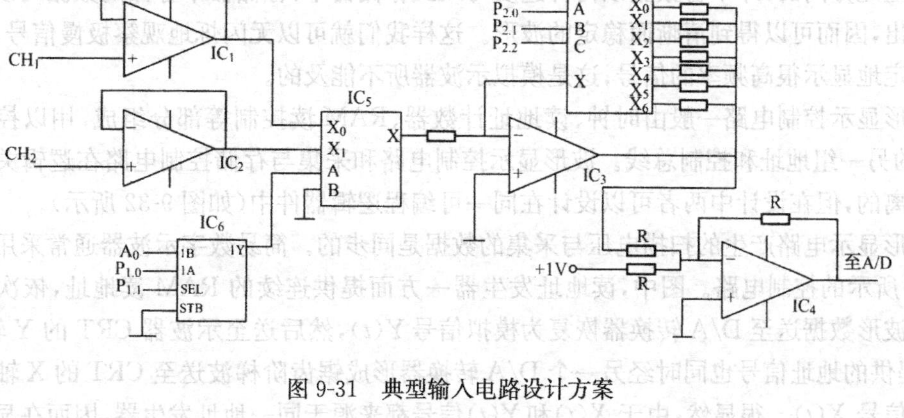

图 9-31　典型输入电路设计方案

2. 采样与存储控制电路的设计

数字示波器的采样与存储控制电路一般由时钟、t/div 控制器、写地址计数器、RAM 读/写控制等组成，图 9-32 给出了能满足本设计要求的采样与存储控制电路原理简要框图。

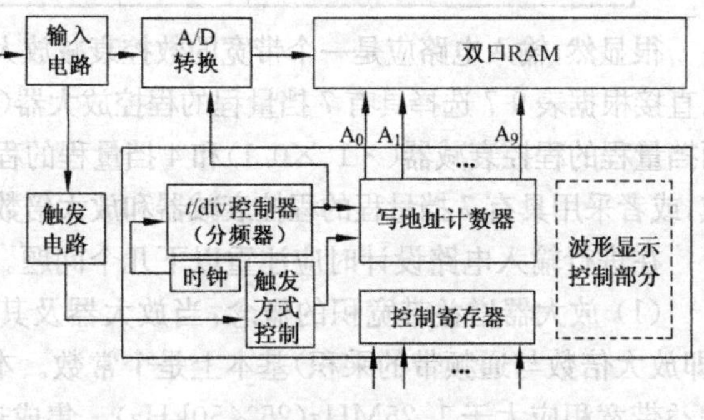

图 9-32　采集与存储控制电路原理简要框图

加入到 Y 轴的输入信号经输入电路的衰减、放大后分送至 A/D 转换器与触发电路。控制电路一旦接到来自触发电路的触发信号，就启动一次数据采集及 RAM 写入过程：一方面，“t/div”控制器产生一个对应的控制转换速率的采集信号，使 A/D 转换器按设定的转换速率对输入信号进行采集，得到一串 8 位数据流；另一方面，使写地址计数器按顺序递增，以选通 RAM 中对应的存储单元。为了保证下一个数据能可靠地写入到对应的存储单元中，应在时钟的上升沿将转换后的数据写入到存储器后，安排在其下降沿将存储器的写入地址计数器加 1。一旦 200 个存储单元写满，就完成了一个写入循环。

t/div 控制器用于控制 A/D 转换器的转换速率和对应的存储器的写入地址，它是采集与存储控制电路的核心。t/div 控制器实际上是一个时基分频器，题目要求扫描速度(t/div)的范围在 0.2s/div～20μs/div 之间，水平分辨率为 20 点/div，则根据式(9.3)进行推算，得 A/D 转换器转换速率的范围在 100Hz～1MHz 之间。若考虑 AUTOSET 功能的要求，应按 1—2—5 分配原则共设置 13 挡扫描速度量程。经计算得到不同 t/div 挡与对应转换速率的关系如表9-8所示。

表 9-8　扫描速度与转换速率对应关系表

扫描速率 t/div	20 μs	50 μs	100 μs	200 μs	500 μs	1 ms	2 ms	5 ms	10 ms	20 ms	50 ms	100 ms	200 ms
转换速率 f_s	1 MHz	0.4 MHz	0.2 MHz	0.1 MHz	40 kHz	20 kHz	10 kHz	4 kHz	2 kHz	1 kHz	400 Hz	200 Hz	100 Hz

为了简化电路，进一步提高系统的可靠性，采样与存储控制电路应采用可编程逻辑器件进行设计。若采用 8253、4040 等普通 IC 器件进行设计，也可以取得较满意的效果。

3. 波形显示电路的设计

数字存储示波器区别于模拟示波器的一个重要方面是，波形的显示与波形的采集和存储在管理上是分离的，即不管数据以何种速度写入到存储器中，存储器中存储的数据均以固定的速度读出，因而可以得到清晰而稳定的波形。这样我们就可以无闪烁地观察极慢信号，同时也可以稳定地显示很高频率的信号；这是模拟示波器所不能及的。

波形显示控制电路一般由时钟、读地址计数器、RAM 读控制等部分组成，用以控制双口 RAM 的另一组地址和控制总线。波形显示控制电路和采集与存储控制电路在逻辑关系上是可以分离的，但在设计中两者可以设计在同一可编程逻辑器件中(如图 9-32 所示)。

波形显示电路产生的扫描电压与采集的数据是同步的。简易数字示波器通常采用一种如图 9-33 所示的控制电路。图中，读地址发生器一方面提供连续的 RAM 读地址，依次将存储器中的波形数据送至 D/A 转换器恢复为模拟信号 $Y(t)$，然后送至示波器 CRT 的 Y 轴；另一方面，提供的地址信号也同时经另一个 D/A 转换器形成锯齿阶梯波送至 CRT 的 X 轴作同步的扫描信号 $X(t)$。很显然，由于 $X(t)$和 $Y(t)$信号都来源于同一地址发生器，因而在显示屏上形成的波形非常稳定。如果波形显示电路按照传统模拟示波器的工作模式来管理波形的显示,即采用与采集相同的速度进行波形显示,必将在低频信号显示时会出现闪烁,而在高频信号显示时出现不稳定的现象。这就不能体现数字存储示波器的特长。

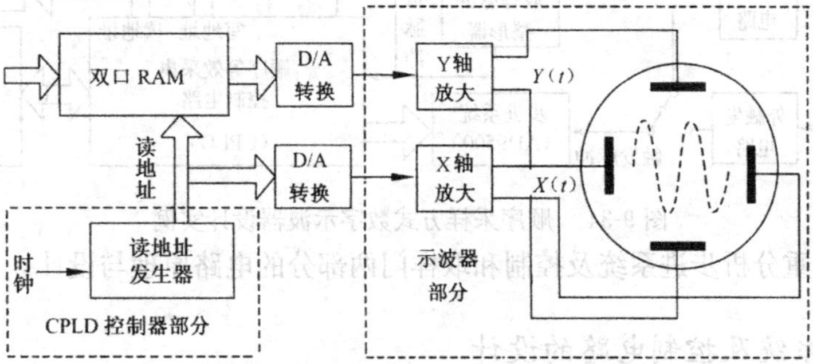

图 9-33　波形显示控制电路原理框图

9.4.1.3　软件系统的设计

软件在数字示波器的设计中具有很重要的地位,其作用除表现在底层控制和人机界面的控制外,更重要的是体现在数据处理方面。这是因为被测信号已按预定的速率取样、量化并存储在仪器中,因而微处理器通过软件可以很自如地对这些数据进行各种处理,扩展出许多仪器功能,例如下述两类扩展功能。

(1) 基于幅度和频率测量算法的自动测量功能:这类算法的主要思想是,通过查找存储在 RAM 中波形数据的最大值、最小值以及过零值等特征数据,计算出信号的频率、周期、峰峰值、有效值等波形参数。这里特别要说明 AUTOSET 功能的实现,由于仪器已具备测频和测幅的功能,所以该功能实现很方便,测量时只要一按这个键,仪器就能根据已经测得的信号频率和幅度,计算并设置好最合理的垂直灵敏度及扫描速度量程,使信号波形能自动地以适当的幅度和周期数稳定地显示在示波器的屏幕上。Autoscale 功能实际上是一个二维的自动量程转换功能。

(2) 基于 FFT 算法的数据处理功能:若对信号等间隔采样 n 次并形成样本序列 $X_p(n)$,再采用 FFT(快速傅里叶变换)算法进行处理,即可得到信号各次谐波的频谱系数,从而使示波器具有频谱分析的功能。设各次谐波幅度分别为 v_2, v_3, …, v_n 则可以根据公式 $K_f=\sqrt{v_2^2+v_3^2+\cdots+v_n^2}/v_1\times100\%$,求出信号的谐波失真度,从而使仪器在功能上有更大的扩展。

9.4.2　顺序采样方式数字示波器的设计

本节拟通过一个实例,介绍顺序方式数字示波器设计中所涉及的关键技术。

9.4.2.1　顺序采样数字示波器设计方案

一个采用顺序等效采样方式的数字示波器设计实例如图 9-34 所示。

设被测信号的频率为 200MHz(T=5ns),顺序等效采样时取 Δt=0.1ns,m=2,则原信号增大的倍数 q=200。这就是说,频率为 200MHz 的信号经顺序等效处理后,形状没有变化,但频率由 200MHz 降为 1MHz,因而对数字示波器中 A/D 转换器转换速率的要求大幅度降低。但输入电路和取样门电路的频带宽度仍要求大于 200 MHz。

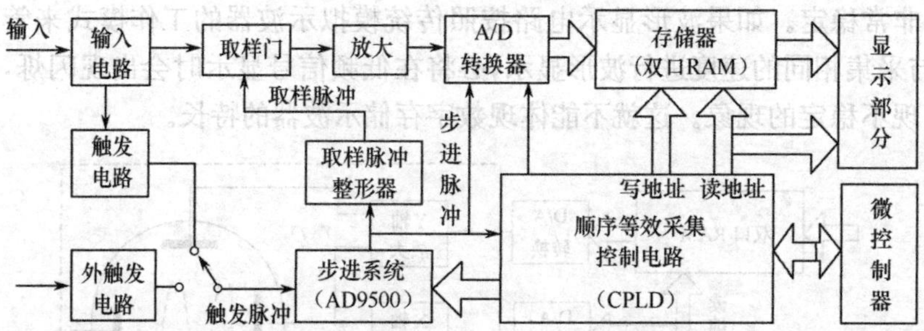

图 9-34　顺序采样方式数字示波器设计实例

下面两节侧重分析步进系统及控制和取样门两部分的电路原理与设计。

9.4.2.2　步进系统及控制电路的设计

步进脉冲系统及步进控制电路的功能是产生驱动取样门电路取样的取样脉冲信号和启动 A/D 转换的步进脉冲信号。本例设计的步进脉冲系统产生的步进脉冲的最小步进时间要求能达到 0.1ns。

9.2.2 节曾介绍了一种由分立元件构成的步进脉冲系统，它由斜波发生器、比较器及辅助电路等部分组成，其中斜波发生器由三极管、二极管、电容等大量分立元件组成，斜波信号依靠电容的充放电产生，电路调试很困难，产生的斜波也难以达到良好的线性。因此，采用这种步进系统很难达到系统所要求的最小步进延时为 0.1ns 的设计目标。

美国 ADI 公司生产的数字可编程延时发生器 AD 9500，不仅将斜波发生器、比较器等电路集成在同一芯片内，而且还内置了 D/A 转换器及锁存器。使用时只需要提供外部触发信号以及控制步进延时的数据，就能产生最小步进延时达 10ps 的步进脉冲信号。若再使用可编程逻辑器件实现对 AD 9500 的外部控制，则整个步进系统的电路将会大幅度简化，使系统的可靠性进一步增强。

AD 9500 是 8 位数字可编程延时发生器器件，其功能方框图如图 9-35 所示。

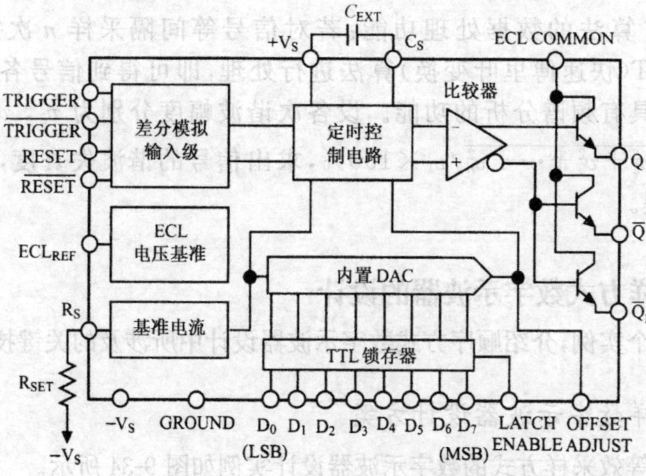

图 9-35　AD 9500 功能方框图

AD 9500 的核心部件线性斜波发生器由差分模拟输入级、定时控制电路、基准电流、外接电容 C_{EXT} 和外接电阻 R_{SET} 等组成。当 AD 9500 触发输入端 TRIGGER 出现触发脉冲时，就启动斜波发生器产生斜波信号并加到高速比较器的一个输入端。高速比较器的另一个输入端与内置 D/A 转换器相连接，当斜波电压和内置 D/A 转换器产生的参考电压相等时，比较器输出翻转。于是在输出端 Q 和 $\overline{Q}$ 产生了一个步进延时时间与 D/A 转换器输入端的数据以及斜波斜率有关的步进脉冲。当斜波发生器的斜率固定不变时，周期性触发信号每进行一次触发，外部控制电路就使内置 D/A 转换器数字输入端的数据加 1，于是加在比较器输入端的参考电压也增加一个阶梯(类似于阶梯波)，这样就产生了相对于触发信号的具有步进延时时间的步进脉冲信号。这与前面介绍的步进系统原理是一致的。

AD 9500 内部定时如图 9-36 所示。从触发到比较器翻转之间的这段时间间隔就是 AD 9500 的总延时 t，其值为 AD 9500 的编程延时 t_D 和最小传输延时 t_{PD} 之和，即 $t = t_D + t_{PD}$。编程延时 t_D 由两个因素决定：一是斜波的斜率；二是加在内置 D/A 转换器输入端 $D_7 \sim D_0$ 的数据。在斜波斜率不变的情况下，当 $D_7 \sim D_0$ 端的数据为 00H 时，编程延时 t_D 为 0，总延时 t 则等于 AD 9500 的最小传输延时时间 t_{PD}(10ps)；当 $D_7 \sim D_0$ 为 FFH 时，编程延时达到最大的满程编程延时 $t_{D(MAX)}$，斜波的斜率由外接电阻 R_{SET} 和外接电容 C_{EXT} 的 RC 常数决定，调整 R_{SET} 和 C_{EXT} 可以使 AD 9500 的满程编程延时 $t_{D(MAX)}$ 调整为 2.5ns～10μs。

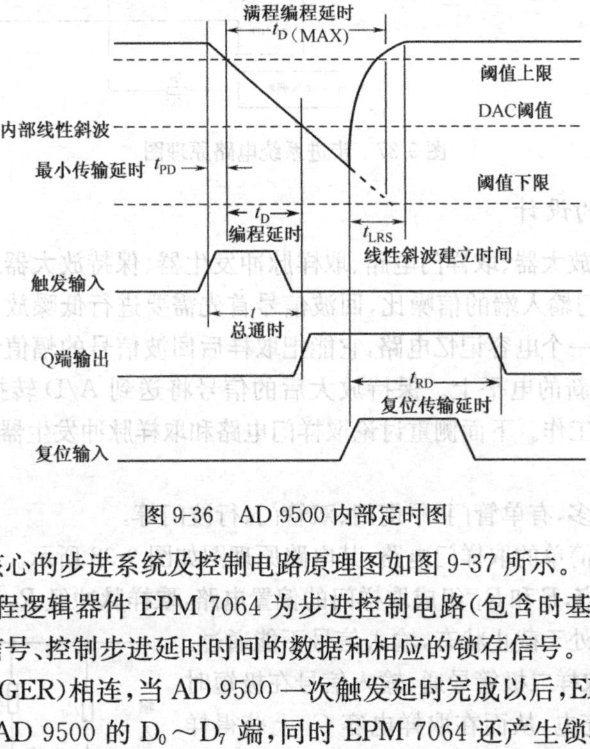

图 9-36　AD 9500 内部定时图

以 AD 9500 为核心的步进系统及控制电路原理图如图 9-37 所示。

图 9-37 中，可编程逻辑器件 EPM 7064 为步进控制电路(包含时基电路)，用于产生 AD 9500 所需要的触发信号、控制步进延时时间的数据和相应的锁存信号。触发信号与 AD 9500 的触发输入端(TRIGGER)相连，当 AD 9500 一次触发延时完成以后，EPM 7064 内累加器的数据就加 1，并送到 AD 9500 的 $D_0 \sim D_7$ 端，同时 EPM 7064 还产生锁存信号送到 LATCH ENABLE 引脚，以使 $D_0 \sim D_7$ 端的数据锁存至 AD 9500 的内置 DAC 输入端；当下次触发到来时，输出的步进脉冲信号相对于触发信号的延时时间就会比上一次触发多一个 Δt，AD 9500 产生的步进脉冲是差分信号，由 Q(13 脚)和 $\overline{Q}$(14 脚)输出。

$t_{D(MAX)}$ 的调整是步进系统最关键的问题，对 $t_{D(MAX)}$ 的调整就是对系统步进延时时间的设置。AD 9500 最多可以产生 256 个编程延时，以步进时间 Δt 为 0.1ns 计算，满程编程延时应为 25.6ns。AD 9500 产生的斜波的斜率由外接 R_{29}(即 R_{SET})和 C_{14}(即 C_{EXT})的 RC 常数决定。经估算和实验验证，当电容 C_{14} 为 5pF，R_{29} 阻值为 1.5kΩ，R_{29} 的端电压为 −5V 时，满程延时为 25.6ns，即系统的步进延时时间为 0.1ns。实验结果还表明，输入到 AD 9500 数字控制延时端($D_7 \sim D_0$)的控制数据与产生的编程延时具有良好的线性关系。

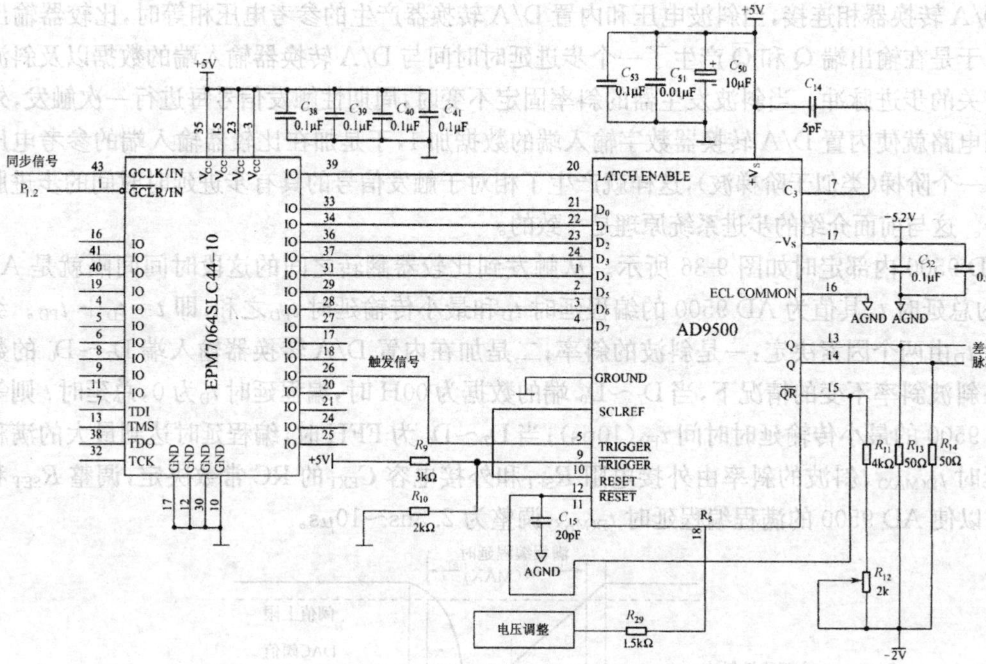

图 9-37　步进系统电路原理图

9.4.2.3　取样电路的设计

取样电路由低噪放大器、取样门电路、取样脉冲发生器、保持放大器组成。由于回波信号较弱，为了提高取样门输入端的信噪比，回波信号首先需要进行低噪放大，然后再进行取样。保持放大器实际上是一个电容记忆电路，它能把取样后回波信号的幅值记录、保持下来，直至下一次取样再转换到新的电平上。保持放大后的信号将送到 A/D 转换器，很显然，取样和 A/D转换部分应同步工作。下面侧重讨论取样门电路和取样脉冲发生器电路的原理。

1. 取样门电路

取样门的种类很多，有单管门、平衡门、双管门、行波门等。

单管门是一种最简单的取样门电路，其电路原理图如图 9-38 所示。图中二极管 VD 为取样开关，C_s 为取样电容，E 和 R_1 组成取样门的偏置电路，取样脉冲经 R_0 加至取样门。

平时取样二极管处于截止状态，输入信号不能通过。当取样脉冲到来时，取样二极管导通，输入信号在极短时间内向取样电容 C_s 充电，从而在取样电容 C_s 上获得样品输出。当取样脉冲一结束，二极管重新成为反向偏置，取样门完成一次取样。很显然，输入信号的峰值必须小于偏置电压 E，即输入信号的动态范围有一定的限制。

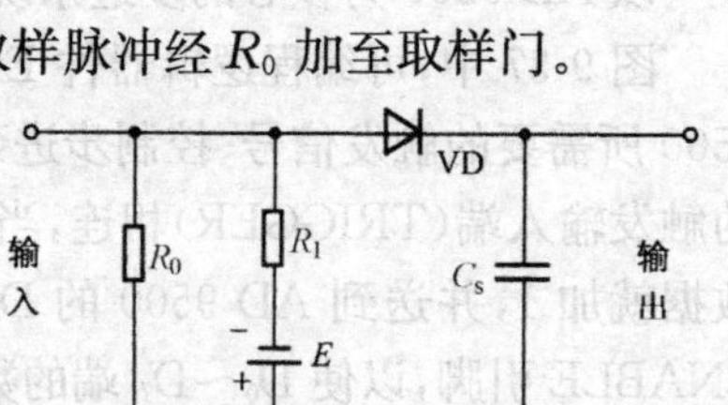

图 9-38　单管取样门电路原理图

单管取样门电路简单，元器件少。但是，由于电路中信号源与取样脉冲直接耦合，会产生干扰；另外，由于取样门开启时被测信号和取样脉冲同时向取样电容充电，取样脉冲幅度的不稳定会使取样门输出信噪比降低。

由于单管取样门电路存在上述缺点，本系统采用了四管平衡取样门电路。平衡取样门又称桥式取样门，其电路原理图如图 9-39 所示。图中，取样二极管 $VD_1 \sim VD_4$ 组成桥式门的四臂，$+E_p$、$-E_p$ 为二极管的反向偏压。取样脉冲分别由桥的对角线两端加入，桥的另一组对角

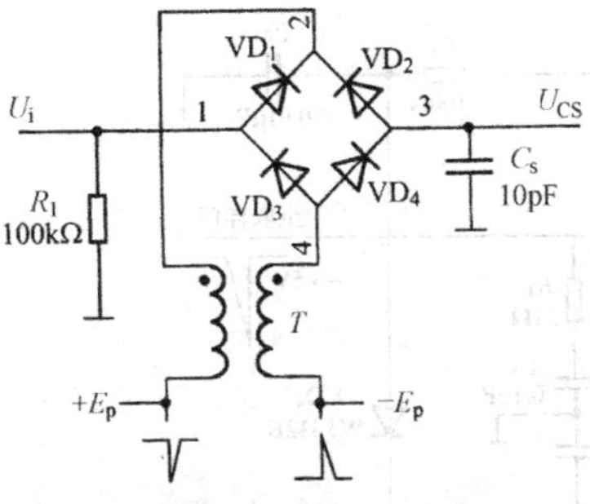

图 9-39 四管平衡取样门电路原理图

线端分别做取样门的输入、输出端。R_1 是输入端匹配电阻，C_s 为取样电容，T 为平衡脉冲变压器。

平时 VD_1，VD_2，VD_3 和 VD_4 分别由 $+E_p$ 和 $-E_p$ 反偏而处于截止状态。当一对极性相反、幅度相同的取样脉冲到来时，正极性脉冲由 $-E_p$ 偏压端加入，负极性脉冲由 $+E_p$ 端加入。当脉冲幅度超过 E_p 时，4 只二极管全部导通，被测信号通过 VD_1，VD_2，VD_3 和 VD_4 向取样电容 C_s 充电，从而在取样电容 C_s 上获得样品输出。当取样脉冲结束时，4 个二极管重新成为反向偏置，取样门完成一次取样。

根据平衡桥原理，加在 $VD_1 \sim VD_4$ 桥对角线 2、4 两端上的取样脉冲不会在对角线 1、3 两端产生输出，因此取样脉冲对被测信号源没有形成干扰，提高了系统的信噪比。当两个方向相反、大小相同的取样脉冲电流流过磁环绕组时，产生的磁通会相互抵消，可抑制两个脉冲的不对称。对被测信号来说，磁环的两个绕组是同相的，信号电流流过磁环绕组时产生的磁通相互叠加，磁环对信号呈现高阻抗，从而形成高阻取样门。

在取样门的设计中，取样门二极管的选择相当重要。若取样门二极管的开关速度不够快，当取样脉冲底宽相当窄时，取样门不会立刻导通。因此取样门二极管必须是高速开关二极管。本取样门电路的取样二极管选用 HSMS-2828 型肖特基二极管桥。

2. 取样脉冲发生器

取样脉冲发生器用于将步进脉冲发生器产生的取样脉冲进一步整形，以产生幅度足够大、宽度足够窄并具良好稳定性的取样脉冲。取样脉冲发生器由驱动级和形成级两部分组成。

驱动级的作用是对步进系统生成的步进脉冲信号整形，以产生高速、大幅度取样脉冲信号。驱动级电路通常采用雪崩晶体三极管电路和间歇振荡器电路两种形式。间歇振荡器电路对耦合线圈匝数比及所用磁芯选择较为严格，选择不当很难产生理想的效果。高速半导体器件雪崩晶体三极管可以较方便地产生具有纳秒和亚纳秒上升时间以及很大峰值功率的脉冲信号。因此，采用雪崩晶体三极管电路形式。

形成级一般由阶跃恢复二极管和微分电路组成，其作用是将取样脉冲进一步整形为边沿更加陡峭、底宽很窄的脉冲信号。阶跃恢复二极管简称阶跃二极管。它的特性是，当处于正向导通状态的二极管突然加上反向电压时，瞬态反向电流立即达到最大值并维持一段时间，接着又立即恢复到零，利用阶跃二极管的反向恢复所出现的阶跃特性，可以将脉冲信号整形为边沿更快的脉冲信号。

取样脉冲发生器电路原理图如图 9-40 所示。图中 VT_1 是雪崩晶体三极管，基极通过电阻 R_1 接地，使雪崩管平时处在截止状态。集电极由 +30V 电源通过电阻 R_2 供电，当取样指令脉冲到达 VT_1 的基极时，雪崩过程发生，从而在集电极产生负极性脉冲而在发射极产生正极性脉冲。这组脉冲再通过 C_3、R_4 和 C_4、R_5 微分电路以及阶跃二极管组成的形成电路处理后，产生幅度约 5V、前沿不小于 4ns、底宽不大于 10ns 的取样脉冲。该取样脉冲送往取样门电路即可实现取样。

9.4.3 智能超声波测厚仪介绍

数字示波技术还广泛应用于医疗、无损探伤等许多领域。本节以 ZCH-1 型智能超声波测厚仪为例，介绍其设计原理及实现方法。

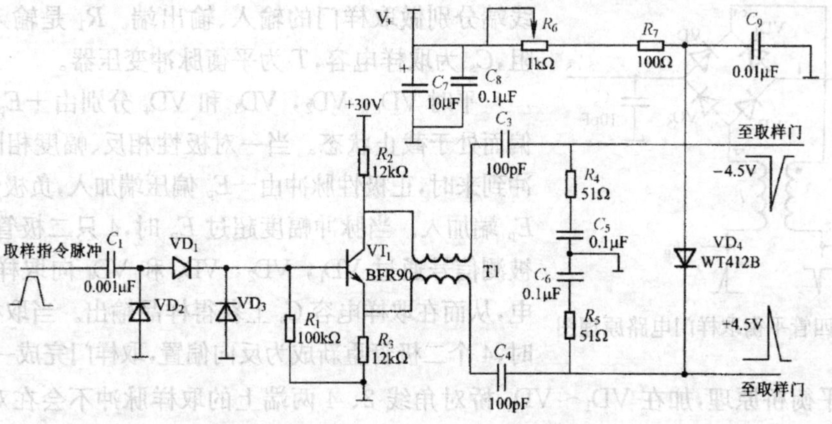

图 9-40　取样脉冲发生器电路原理图

9.4.3.1　超声波测厚原理

当振动频率为 20kHz 以上的超声波在均匀介质中传播时，它的传播速度不变并且基本上沿直线传播；但当它通过一种介质与另一种介质的分界面时，部分超声波将被反射回来形成回波。超声测厚就是根据超声波进入被测介质与退出被测介质时所产生回波之间的时间间隔来测算被测介质的厚度，其基本原理可用图 9-41 来说明。

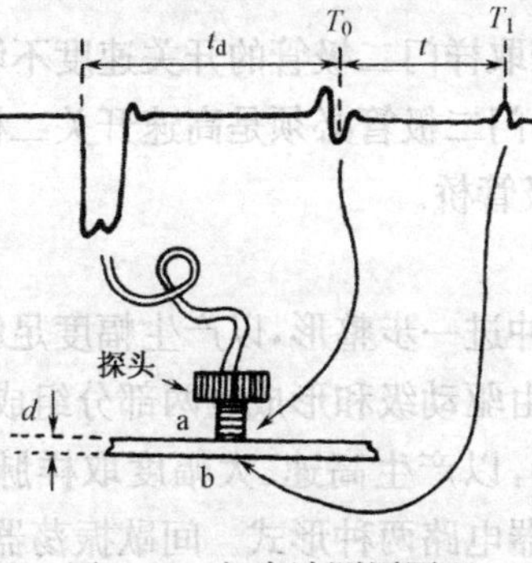

图 9-41　超声波测厚原理

图中左方第一个脉冲为激励脉冲，它通过电缆送到探头上，使探头受到激励而产生振动。由于探头介质与被测物体的介质不同，因此，当激励脉冲信号传输到界面 a 时，就会产生回波，通常称之为界面波。除了反射回界面波以外，还有一部分超声波将在被测物体中继续传播，当它到达界面 b 时，又会产生回波，通常称之为底波。很显然，界面波与底波之间的时间间隔与被测物体的厚度成正比。设超声波在被测物体中的传播速度为 v，被测物体的厚度为 d，界面波和底波之间的时间为 t，则有下列关系

$$d = v \times 0.5t \tag{9.5}$$

当被测物体给定之后，超声波在其中的传播速度 v 便是一个已知常量，因而测定出 t 就可以求出被测物体的厚度 d。

9.4.3.2　智能超声波测厚仪电路原理

测定 t 的方法有多种。示波法测定 t 的要点是：先把界面波和底波显示出来，然后测量两波之间的时间间隔 t，最后再根据式(9.5)把厚度 d 计算出来并加以显示。

ZCH-1 型智能超声波测厚仪采用步进取样的方法来采集界面波和底波，仪器的原理框图如图 9-42 所示，其工作分取样存储、处理和显示 3 个过程。

取样存储过程如下：首先把写地址经 D/A 3 送出形成阶梯波，接着微型计算机系统经激励脉冲发生电路发出激励脉冲，经过一个固定的延时（躲开激励波，只采集界面波和底波）之后，再对步进系统发出斜波控制脉冲，有了阶梯波和小斜波，步进系统就将产出取样信号，每取

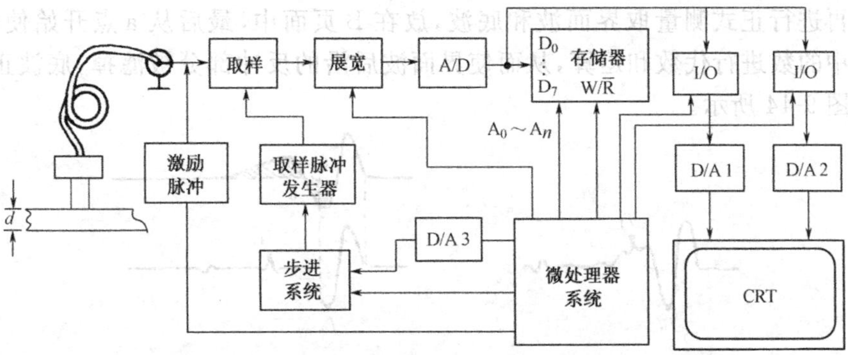

图 9-42　ZCH-I 型智能超声波测厚仪原理

一个点，就把该点的波形展宽（为了满足 A/D 转换器的转换时间），再经 A/D 转换器转换成相应的数字量，最后送到存储器对应的单元中存储起来。这样的过程按步进取样逐个按顺序存储，重复采样 N 次，就能把需要采集的界面波和底波存储在存储器中。

对存储器中数据的处理由程序来实现。ZCH-1 型智能测厚仪的存储单元容量为 1024。若声速为 5000m/s，被测物体的厚度为 100mm，那么测量所得的界面波和底波之间的时间间隔 $t=2(d/v)=2(0.1/5000)\times10^6=40\mu s$。如果两波峰点之间有 1000 个取样点，则两个取样点之间的时间间隔，即步进时间 Tstep$=40\mu s/1000=40$ns，也就是说，每两个取样点之间的间隔所代表的厚度为 0.1mm。ZCH-1 型智能测厚仪的测量精度要求是 0.01mm，即要求步进时间为 1.2ns。因此，仪器的最大扫描时间 T 只能为 1.2μs 左右。也就是说，当被测物体的厚度比较厚，即对应的 $T>1.2\mu s$ 时，就不能测量了。为解决这个矛盾，可以采用"扩展延迟"的措施。

所谓"扩展延迟"即当遇到 $T>1.2\mu s$ 的测厚情况时，把扫描分为两段，并在中间插入一个可变的延迟量（0～40μs），这个延迟量就称为"扩展延迟"。很显然，只要插入的延迟单位$\leqslant$1μs，就可以保证覆盖整个测量范围，从而实现宽范围的高精度测量。改变扩展延迟大小可以采用软件的办法，例如，由于一个空操作指令所经历的时间是一个确定的已知量，所以控制空操作指令的个数就能实现控制扩展延迟大小的变化。

对波形的显示见 9.3.5 节，不再赘述。

9.4.3.3　仪器软件设计介绍

ZCH-1 型智能超声波测厚仪主要有自动测厚、手动测厚、测速三种测试功能。它们是通过操作仪器面板上的"测厚"、"自动"、"测速"、"进/退"、"T_0"、"T_1"、"冻结"等按键来完成的。下面以自动测厚程序为主，介绍其程序设计方法。

1. 自动测厚

自动测厚程序包含数字滤波、自动找最大值（最小值）、存-显、非线性补偿及偏差校正等多种功能程序。

（1）数字滤波。当测量比较薄的物体时（厚度<2mm），由于界面波与底波相距比较近，底波常常落在界面波的后沿里，如图 9-43 所示。这样就使底波的波形受到影响，产生误差。

为了消除这种误差，采用下述方法：先只取界面波（通过测一块厚度>10mm 的物体来实现），并从 a 点开始把各取样点数据与起始点数据比较，若比起始点数据大，则在 A 页面的对应地址中存入负差值，若比起始点数据小，就在 A 页面的对应地址中存入正差值。然后再进行正式测量取界面波和底波，放在 B 页面中，最后从 a 点开始使两个页面对应地址中的数进行代数和运算，从而使界面波后沿的反冲部分被滤掉，底波正常出现。其效果如图 9-44 所示。

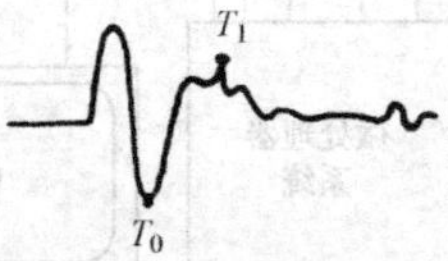

图 9-43　界面波波形图

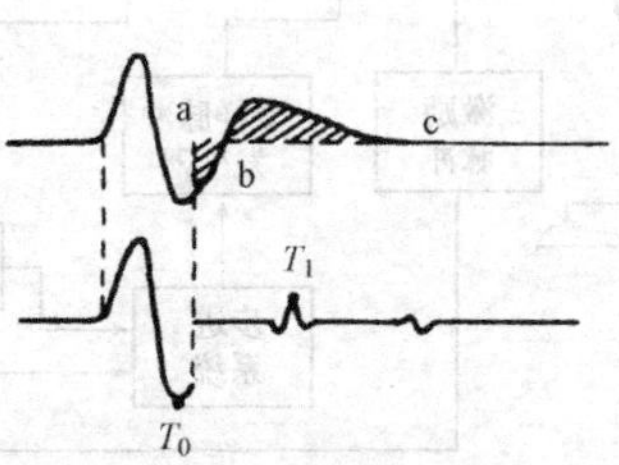

图 9-44　数字滤波的效果

由于电路漂移的影响，B 页面中存 T_0 点的地址肯定会与 A 页面中存 T_0 点的地址不同，为此必须先把 A 页面中 T_0 点的地址先存放起来，以后每次滤波都从这个值开始对比，这样就可以把漂移因素的影响去掉。

(2) 找最大值(或最小值)。要实现自动测厚，必须能自动求出界面波负峰点 T_0 到底波正峰点 T_1(如图 9-45 所示)之间的时间间隔。用图 9-45 所示的流程图可以很容易地找到这两个点的地址。程序前半部分是寻找 T_0 点的地址，T_0 点实际是最小值。找 T_0 点的地址的方法是：先给 B 寄存器预置一个最大数 FFH，然后把存储器页面中每个单元的数按顺序取出与 B 寄存器中的数进行比较，若比 B 寄存器中的数小，则把该数放入 B 寄存器并把存放该数的地址放入 L_1 和 L_2 中，如此循环 1024 次就能把最小值的对应地址找出来，这就是 T_0 的地址。程序后半部分是寻找 T_1 点的地址。T_1 点实际上是从 T_0 时开始存储数据中的最大值，因而方法与前半部分相似，只是把 B 寄存器中预置为 00H，并在比较时，把比 B 寄存器中的数大的数的地址放入 L_3 和 L_4 中。这样，把地址为 L_3L_4 中的数，减去地址为 L_1L_2 中的数就可以得到 $T_1 \sim T_0$ 之间的点数，再把 这个点数乘步进时间就得到时间"t"。

2. 手动测厚

手动测厚与自动测厚基本相同，只是没有数字滤波、找最大值，以及非线性补偿及偏差校正等自动测试功能，而是采用手动的方式通过控制"T_0"、"T_1"、"进/退"三键，使屏幕上亮点移动来定位 T_0 点和 T_1 点。手动测厚功能可用来测试任意两点间的厚度。

3. 测速

测速是指测超声波在介质中传播的速度，其流程与测厚流程基本相同，但计算公式不一样，当 T_0 点和 T_1 点确定之后，其声速可按照公式 $v=\dfrac{d}{0.5t}$(mm/s)来计算。

思考题与习题

9.1　数字示波器的采样方式有几种？采用等效采样方式能不能观察单次信号，为什么？

9.2　在设计数字示波器时，改变示波器垂直系统的灵敏度与哪些部分有关？改变水平系统的扫描速度与哪些部分有关？设计时应作何种考虑？

9.3　有 A、B 两台数字示波器，其最高采样率均为 200MS/s，但记录长度 A 为 1KB，B 为 1MB，问当扫描速度从 10ns/div 变到 100ms/div 时，分析其采样率的变化情况。并参照本书图 9-3 画出两者的关系曲线。

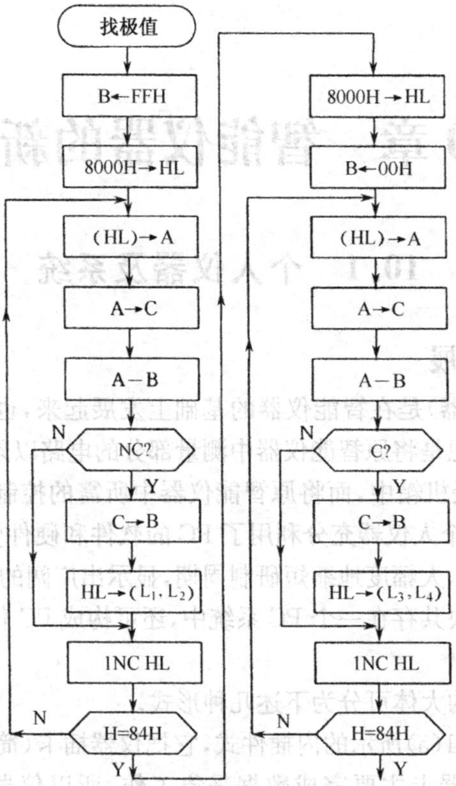

图 9-45 找极值流程图

9.4 某数字示波器的垂直分辨率为 32 级/div，水平分辨率为 100 点/div，最快的扫描速度为 10μs/div，试确定该数字示波器应采用几位 A/D 转换器，采用的 A/D 转换器的转换速率最低应为多少，示波器记录长度最小应为多少。

9.5 某数字示波器的水平分辨率为 100 点/div，当扫描速度为 5μs/div，5ms/div，5s/div 时，其对应的采样率分别为多少？

9.6 某数字示波器采用 8 位 A/D 转换器，记录长度为 1KB。试求该数字示波器的垂直分辨率和水平分辨率分别为多少？若示波器的 A/D 转换器最大输入电压范围为±5V，灵敏度选为 5V/div，示波器输入电路中放大器的放大倍数为 1。试求输入电路中的衰减器应如何设计？

9.7 若数字示波器 Y 通道采用转换速率为 10MHz、输入电压范围为 0～5V 的 8 位 A/D 转换器；示波器的记录长度为 516，试问：

(1) 示波器的存储带宽是多少(未采用插值处理)？

(2) 若示波器的灵敏度挡位的范围是 0.1～5 V/div，试设计示波器的输入电路。

(3) 确定本示波器扫描速度挡位的范围，并设计示波器的时基系统。

(4) 示波器的垂直分辨率和水平分辨率是多少？

9.8 使用数字示波器测某信号时，其扫描速度为 5μs/div，灵敏度为 0.1V/div，若显示的信号波形中 A、B 两点的位置(X,Y)分别为：A 点(3EH，72H)、B 点(6DH，23H)，试计算 A、B 两点间的时间 ΔT 和电压 ΔV 大小(设 X 和 Y 的量化满度值均为 FFH)。

第 10 章 智能仪器的新发展

10.1 个人仪器及系统

10.1.1 个人仪器及发展

个人仪器(也称 PC 仪器)是在智能仪器的基础上发展起来,也一种新型的微型计算机化仪器。这类仪器的基本构想是将原智能仪器中测量部分的电路以附加插件或模块的形式插入到 PC 的总线插槽或其扩展机箱中,而将原智能仪器中所需的控制、存储、显示和操作等任务都移交给 PC 来承担,由于个人仪器充分利用了 PC 的软件和硬件资源,因而相对传统智能仪器来说,极大地降低了成本,大幅度地缩短研制周期,显示出广阔的发展前景。在此基础上,若将多个测量仪器插件或模块共存在一个 PC 系统中,还可构成 PC 仪器系统来替代某些价格昂贵的 GP-IB 自动测试系统。

个人仪器及系统的结构大体可分为下述几种形式。

最简单的形式是图 10-1(a)所示的内插件式,它把仪器插卡(简称仪器卡)直接插入到 PC 内部的总线扩展槽内。仪器卡主要完成数据采集工作,所以仪器卡也称数据采集卡 DAQ (DATA AcQuisition),这类仪器也称 PC-DAQ 形式的个人仪器。这种仪器的优点是:结构简单、使用方便,成本低。不足之处是:难以满足重载仪器对电流和散热的要求;机内干扰较严重;在组成个人仪器系统时,由于没有为仪器定义专门的总线,各仪器卡之间不能直接通信,模拟信号也无法经总线传递。因此这种 PC-DAQ 形式的个人仪器及系统的性能不可能很高。

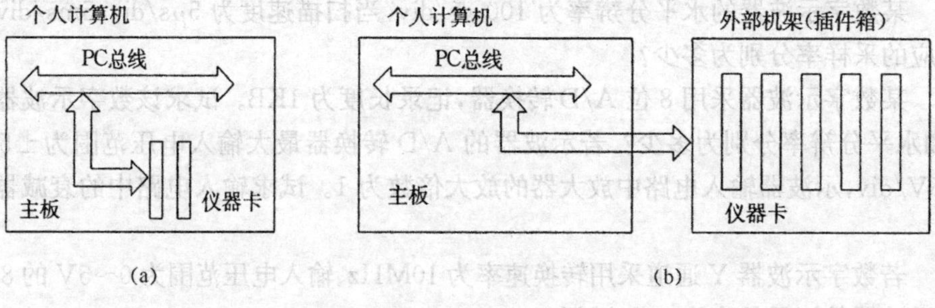

图 10-1 个人仪器的形式

克服上述缺点的办法是:定义新的仪器总线并将仪器插件移到 PC 外的独立机箱中去。HP 公司在 1986 年前后推出的 6000 系列模块式 PC 仪器系统被认为是这类形式个人仪器及系统的典型产品,其结构图如图 10-1(b)所示。这种形式个人仪器的特点是:独立的机箱和独立的电源系统,使仪器避开了微型计算机的噪声环境;设计了专门的仪器总线 PC-IB,组成仪器系统很方便;更换系统中与微型计算机配合的接口卡,可适应多种个人计算机;这套系统中的仪器模块和接口电路中也使用了微处理器,因而 HP6000 系统是一种功能很强大的多 CPU 的分布系统。除此之外,Tektronix 公司及其他一些公司也相继推出了各自的高级个人仪器系统。

上述形式的个人仪器和仪器系统以它突出的优点显示出强大的生命力。然而，由于各厂家生产的仪器没有采用统一的标准，用户在组成系统时不能将不同厂家的仪器模块或仪器卡插在同一个主机箱内，影响了个人仪器的发展，于是又提出了标准化的要求。VXI 仪器系统就是在这种形势下应运而生的。

1987 年 7 月，HP、Tektronix 等 5 家重要电子仪器公司制造厂家组成的联合体，提出了用于仪器模块式插卡的新型的互联标准：VXI 总线。VXI 总线是在原有的 VME 总线基础上发展起来的仪器总线，由于 VME 总线是为计算机一般应用而开发的，未涉及电磁干扰、功率损耗和冷却等问题，VXI 总线对此做了妥善的处理。VXI 总线的基本概念是为模块电子仪器提供一个开放的结构，从而使所有仪器厂家提供的各种仪器模块可以在同一主机箱内运行。目前，VXI 仪器系统已被认为是未来仪器行业的主流产品。

本节侧重讨论 PC-DAQ 形式的个人仪器的原理及设计方法。

10.1.2 PC-DAQ 形式个人仪器的组成原理

10.1.2.1 硬件结构

PC-DAQ 形式个人仪器的硬件是由仪器插件通过总线与微型计算机融合在一起构成的，因而仪器插件有接口和测量两大部分电路，基本框图如图 10-2 所示。

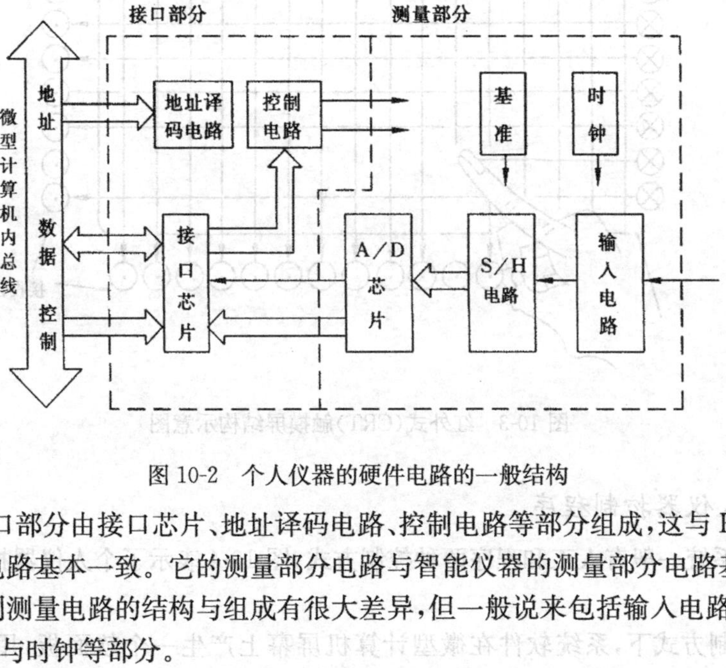

图 10-2 个人仪器的硬件电路的一般结构

图中的接口部分由接口芯片、地址译码电路、控制电路等部分组成，这与 PC 的一般功能接口卡的接口电路基本一致。它的测量部分电路与智能仪器的测量部分电路基本一致，虽然依测量任务不同测量电路的结构与组成有很大差异，但一般说来包括输入电路、采样与保持、A/D 转换、时基与时钟等部分。

10.1.2.2 软面板及操作

个人仪器区别于智能仪器的一个显著特点是：用户不再使用仪器的面板，而是采用软面板实现对仪器的操作。软面板是显示在 CRT 上由高分辨率作图生成的仪器面板图形（类似于仪器的硬面板），用户通过操作键盘、鼠标器移动光标方式或通过触屏方式来选择软面板上的按键（称软键）。显示在 CRT 上软面板的绘制可采用 VC，VB，Delphi 等语言及图形化的编程语言。软面板依测试仪器性质不同其形式也各不相同，但一般包括仪器面板显示、软键、状态反馈和系统控制等窗口。

当前对软键操作的方法主要是采用通用键盘、鼠标器和触摸屏等方法。其中 触摸屏方式是 20 世纪 80 年代推出的一种新的输入控制方式，它不必控制光标移动，而是直接用手指按在屏幕的指定部位，仪器便能执行所选功能。由于按键操作与仪器的输出信息在同一视线上，因而操作很方便。

触摸屏按其具体结构有电阻分压式、电容式、压力传感式、红外式等。其基本思想都是利用合适的传感技术定位出 X,Y 坐标。下面对红外式触摸屏的结构作一简要介绍。

红外式(CRT)触摸屏结构示意图如图 10-3 所示。在 CRT 屏幕左边和上方放置了用红外发射三极管阵列构成的发射器群。在右边和下方放置了用红外光晶体管阵列构成的接受器群，于是在 CRT 屏幕区形成了一个红外线扫描栅网。当手指触摸屏幕时，相应的某一对 X,Y 接收管便收不到红外线，由此利用外围电路便可判别出按键的位置。该方式的优点是 CRT 的亮度不受损失且可靠性高，因而应用广泛。

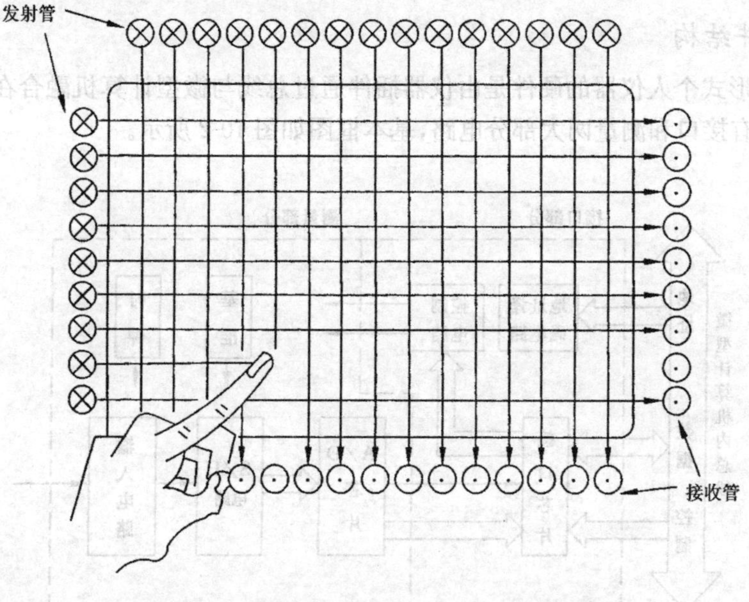

图 10-3　红外式(CRT)触摸屏结构示意图

10.1.2.3　个人仪器控制程序

个人仪器系统一般有人工和程序两种控制方式，图 10-4 表示了个人仪器控制程序的一般结构。

在人工控制方式下，系统软件在微型计算机屏幕上产生一个软面板，用户可以像操作传统仪器一样，通过软面板选择功能、量程以及输入有关参数，建立起相应的状态标志提供给仪器控制程序。软面板的键盘操作一般是以中断方式实现的，当用户按下一个键时，软面板就中止当前执行的功能，判断所按的键。如果按下错误的键，就发出声响，以提醒用户；如果按下正确的键，或显示所选参数，或与仪器驱动程序模块进行通信来执行某项操作并实时显示测量结果。

在程序控制方式下，编程工具提供了容易记住和学会的高级命令，以便让用户能编制测试程序去进行自动测试。对用户来说，只需按照语句的格式进行编程，而不必知道仪器驱动软件与仪器模块之间的通信过程。

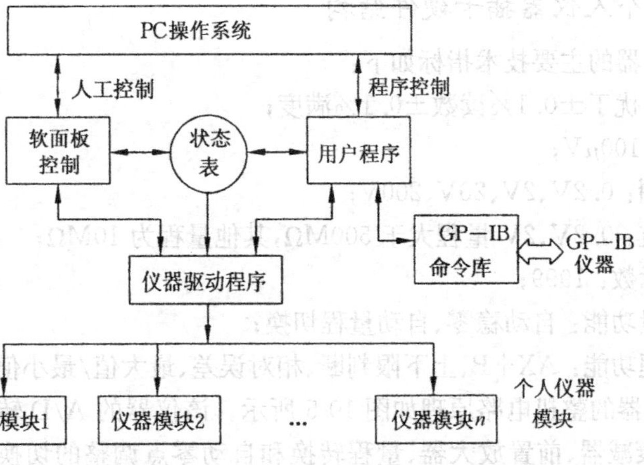

图 10-4 个人仪器控制程序示意图

仪器驱动程序是最底层的软件，是与PC仪器硬件直接联系的软件模块，无论人工操作方式或程序操作方式都要调用仪器驱动程序去执行输入/输出操作。仪器驱动程序是直接面向硬件的，实时性强，要求程序的执行速度快，因此一般直接采用汇编语言编写。

综上所述，个人仪器软件系统主要解决两个问题：一是软面板的制作，二是对底层的实时控制及有关数据的处理。

20 世纪 80 年代至 90 年代初期，个人仪器软件系统一般在 DOS 环境下直接运用汇编、BASIC、C 等语言来开发。这类语言的优点是，能比较自如地实现对底层的实时控制，但制作软面板非常困难，并且数据处理能力不强，因而个人仪器软件系统的开发速度较慢。

目前，对于个人仪器应用软件的编写一般采用如下两种方式：一种是采用通用 Windows 操作环境下的可视化编程软件进行编写的。主要有 Microsoft 公司的 Visual Basic 与 Visual C＋＋，Borland 公司的 Delphi，Sybase 公司的 PowerBuilder 等。另一种是采用专业图形化编程软件进行开发，如 HP 公司的 HPVEE，NI 公司的 LabVIEW 和 Lab Windows/CVI 等。这些软件一般还包括一些通用的数字处理软件，如频域分析的功率谱估计、FFT、FHT、逆 FFT 和细化分析等，时域分析的相关分析、卷积运算、反卷运算、均方根估计、差分积分运算和排序、数字滤波等。这些功能函数为用户加速个人仪器的开发速度以及进一步扩展仪器的功能提供了基础。

LabVIEW、HPVEE 等软件的处理功能很强，软件开发速度快，并能实时控制，但价格较高，且需要配合本公司生产的仪器硬件模块。因此，在自主设计开发个人仪器的硬件模块和软件系统的时候，可以选择基于 Windows 操作系统下的 VC、VB、Delphi 等编程语言和工具。

10.1.3 DVM 个人仪器的设计实例

本节介绍的 DVM 个人仪器属于 PC-DAQ 形式的个人仪器。通过对该产品的分析和学习，拟使读者能掌握个人仪器最基本的特点；直观地建立起个人仪器的概念；掌握个人仪器硬件设计的一般方法；学会采用 Delphi 语言编写较简单个人仪器软件系统的方法。本节内容可作为课程设计或大型综合性实验的素材。

下面从硬件结构、软面板以及测量控制程序的设计3方面进行讨论。

10.1.3.1 DVM 个人仪器插卡硬件结构

DVM个人仪器的主要技术指标如下：

(1) 精确度：优于±0.1%读数±0.1%满度；

(2) 灵敏度：100μV；

(3) 量程范围：0.2V、2V、20V、200V；

(4) 输入阻抗：0.2V、2V 量程大于500MΩ，其他量程为10MΩ；

(5) 最大显示数：1999；

(6) 自动测量功能：自动稳零、自动量程切换；

(7) 仪器处理功能：AX+B、上下限判断、相对误差、最大值/最小值/平均值、方差等。

DVM个人仪器的整机电路原理如图10-5所示。该仪器的A/D转换器采用MC 14433，输入电路由输入衰减器、前置放大器、量程转换和自动零点调整的切换电路组成，PC通过接口电路对其进行控制。输入电路的作用是将不同量程的被测电压U_X规化到A/D转换器所要求的电压值(0～±2V)。前置放大器采用MC 7050组成的单级同相放大器，放大倍数为1倍或10倍，由继电器K_2控制切换；输入衰减系数为1∶100，由继电器K_1控制切模；自动零点调整由继电器K_3控制。

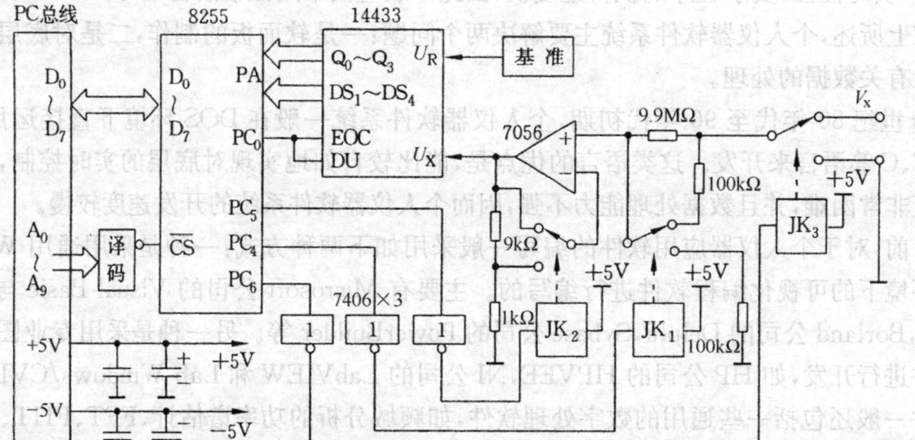

图10-5 DVM个人仪器电路原理图

DVM个人仪器控制接口电路芯片选用了8255。初始化8255的端口A为输入方式，用以输入A/D转换后产生的数据和位选信号；初始化上C口为输入方式，其中PC_0端用于对A/D转换器的EOC状态信号的查询；初始化下C口为输出方式，其中输出端PC_4、PC_5、PC_6经7406驱动控制继电器K_1、K_2和K_3，实现对工作模式和量程的控制。DVM个人仪器在测量模式和自动零点模式时各挡量程的控制命令字如表10-1所示，只要将这些控制命令字写到8255下C口，各继电器便能按照写入的命令字，控制输入回路组合成相应的模式和量程。DVM个人仪器的译码电路采用74LS138芯片，其地址(即8255的地址)被分配为2F0H～2F3H。

表 10-1　测量和校零模式时开关状态与命令字对照表

量程	测量模式				自动零点模式	
	$K_1(PC_4)$	$K_2(PC_5)$	$K_3(PC_6)$	控制字	$K_3(PC_6)$	控制字
0.2V	放(0)	吸(1)	放(0)	20H	吸(1)	60H
2V	放(0)	放(0)	放(0)	00H	吸(1)	40H
20V	吸(1)	吸(1)	放(0)	30H	吸(1)	70H
200V	吸(1)	放(0)	放(0)	10H	吸(1)	50H

10.1.3.2　软面板生成

Delphi 编程是一种面向对象的可视化编程，即在程序设计的过程中所看到的界面与最终运行的界面基本一样。

使用组件是可视化编程的基础。组件是一种能提供某种功能的、封闭的软件模块，它隐藏了功能实现的具体细节，仅提供特定的接口信息供开发人员使用，开发人员利用这种组件可以方便地构筑应用程序，目前已经有许多专门的组件开发商开发出了大量的能完成某种特定任务的组件。Delphi 编程语言拥有一个提供大量的可重用性组件的组件选择模板，编程时只需从组件选择模板上选取一些合适的组件放置在窗体上，设置它们的属性(如位置、大小、颜色、风格等)，不需要编写复杂的代码，就可以很容易地组建出较完美的仪器软面板。这就为组建各种仪器软面板提供了一种快速而有效的方法。运用 Delphi 可视化编程软件设计的 DVM 个人仪器的软面板如图 10-6 所示。

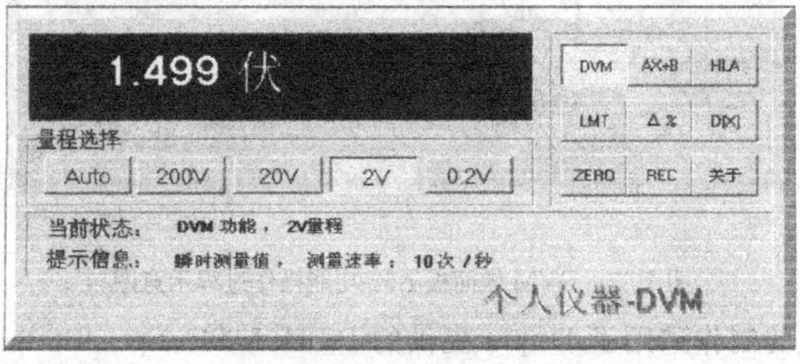

图 10-6　DVM 个人仪器软面板

由图 10-6 可以看出，软面板与同类智能仪器的硬件面板很相似。DVM 个人仪器的软面板包括如下几部分：左上部为显示窗，用来显示测量结果；下部为状态反馈窗，提供当前正在执行的有关信息及出错信息；余下的部分为软键操作窗。软键操作窗又分为两个区域，左边为量程键区域，右边为功能键区域，用户通过鼠标单击的方法可以很方便地进行按键选择。图 10-6 所示的软面板表示仪器当前处于连续测量状态，测量速率为 10 次/秒，正在执行的功能是 DVM，其量程为 2V 挡，当前的测量结果为 1.499V。

DVM 个人仪器共设置了 0.2V，2V，20V，200V，Auto 5 个量程键，其中 Auto 为自动量程转换控制键，此键被选中时，DVM 个人仪器能根据被测电压的大小自动选择一个最佳的量程。仪器共定义了 9 个功能。其中 DVM 键为一般功能，此键如被选中，个人仪器将作为一般数字电压表使用；AX+B 是标度变换功能；HLA 键用于判断多次测量后测量值中的最大值、最小值和平均值；Δ%键用于计算被测信号的相对误差；D[X]键用于统计多次测量结果的方差、标准差和均方差。用户还可按照自己的实际需要，使用 Delphi 语言编程来定义新的功能，这种灵活的功能扩展方式在个人仪器中是很容易实现的。

这些功能在执行前，一般都需要先输入选定的参数。例如：若选中 Δ%（相对误差）功能，软面板前方会弹出一个如图 10-7(a)所示的窗口，以引导用户通过操作 PC 键盘输入被测电压的标称值；当用户输入被测电压的标称值并单击 OK 键进行确认后，仪器便进入该项功能的测量与处理，并给出处理后的结果。图 10-7(b)给出的结果表明，被测信号电压的标称值为 1.5V，实际测量值为 1.499V，信号电压的相对误差值为 0.0667%。

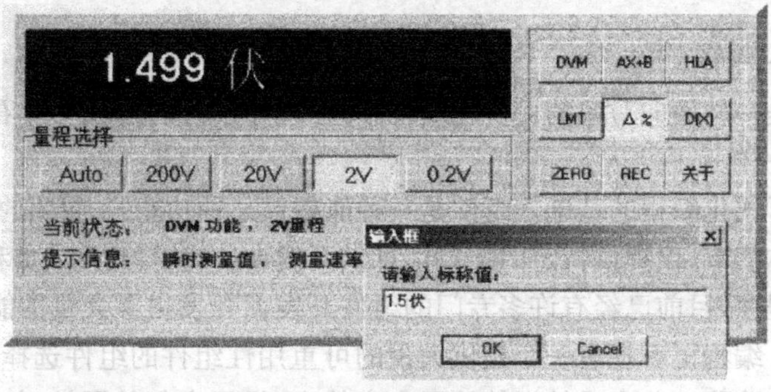

(a)

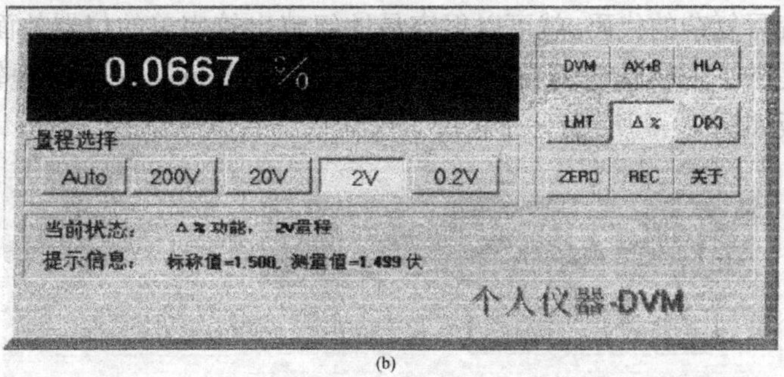

(b)

图 10-7　DVM 软面板 Δ% 功能操作过程示意图

DVM 软面板的制作采用了 Delphi 提供的 Panel、Lable、SpeedButton、Timer 等组件。Panel 组件用于构成仪器的主面板、显示窗、状态反馈窗以及软键操作窗等；Lable 组件用于电压值显示和提示信息显示；软键选用了 SpeedButton 组件，需要说明的是，本仪器 5 个量程键和 9 个功能键是两组互锁的软键，即当某个量程键（或功能键）被选择时，应使同组的其他量程键（或功能键）失效。这种互锁功能是通过为每组软键的属性 GroupIndex 都设置成相同的非零数来实现的。例如将所有量程键 SpeedButton 组件的属性 GroupIndex 都设置为 1，而将所有功能键 SpeedButton 组件的属性 GroupIndex 都设置为 2。在本仪器软面板的设计中，还使用了 ScrollBar、Memo、GroupBox 等多种组件，以进一步增强软面板的交互效果。

一般说来，虚拟仪器软面板主要由按键、显示器组成，传统仪器使用的旋钮、开关等器件的功能将由按键并辅以软件替代。因此，Delphi 提供的组件种类已能满足一般软面板设计的需要。Delphi 还提供了创建新组件的功能，以支持用户创建新的软面板组件。

10.1.3.3 测量控制程序的设计

DVM 个人仪器测量控制主程序流程如图 10-8 所示。由于 Delphi 编程语言是事件驱动的,因此测量控制程序使用了定时器 Timer 组件来定时驱动每次测量过程的开始。Timer 组件的定时时间由属性 Interval 来确定,本仪器 A/D 转换时间不大于 0.1s,所以初始化 Interval 为 0.1s。当预置的"定时时间到"这个事件发生时,便激活一次测量过程。一次测量过程包括如下内容:首先根据用户在软面板选择的量程键所对应的量程代码 rn,发送对应的量程控制字;根据用户在软面板上选择的功能键所对应的功能代码 fn,读取对应功能的参数;然后进行 A/D 转换处理,并将采集的数据进行与选定功能和量程相对应的数据处理;最后将处理结果送到软面板显示屏中进行显示。当完成上述工作后,一次测量过程便结束。当定时器 Timer 的"定时时间到"这个事件又发生时,便再次重复以上过程。

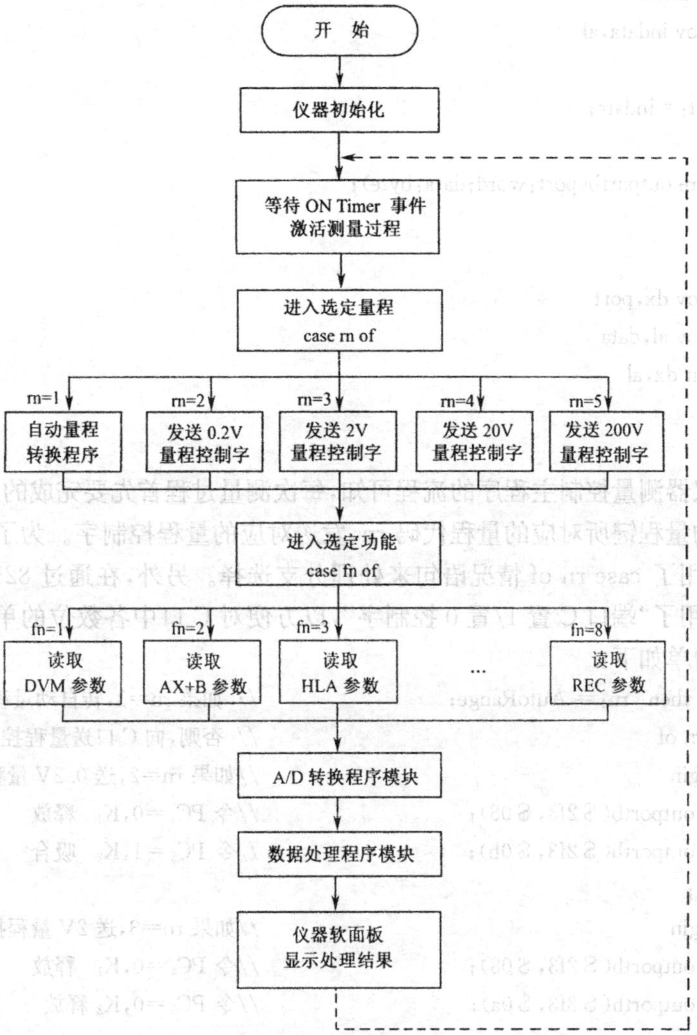

图 10-8 DVM 个人仪器测量控制主程序流程图

由于 Windows 操作系统完全接管了各种硬件资源,使用一般语言编写底层 I/O 接口控制程序会有许多不便。Delphi 编程语言支持与汇编语言的直接连接,这样就可以很方便地通过直接编程实现对I/O端口的实时控制。Delphi编程允许在任何一个过程或函数中使用汇编语言，使用时，只要在嵌入的汇编语言之间加上asm和end语句就可以了。在PC机的指令系统中，对I/O端口的操作主要是通过输入指令IN和输出指令OUT来执行的，为了编程方便，在DVM个人仪器软件设计中，编写了嵌入输入指令IN的函数function inportb(port:word):byte，以及嵌入输出指令OUT的过程procedure outportb(port:word;data:byte)。其程序清单如下：

```
function inportb(port:word):byte;
var
   Indata:byte;
begin
   asm
      mov dx,port
      in al,dx
      mov indata,al
   end;
   Result:=indata;
end;
xprocedure outportb(port:word;data:byte);
begin
   asm
      mov dx,port
      mov al,data
      out dx,al
   end;
end;
```

根据上述仪器测量控制主程序的流程可知，每次测量过程首先要完成的工作是，根据用户在软面板选择的量程键所对应的量程代码rn，发送对应的量程控制字。为了使这段程序的结构清晰，程序采用了case rn of情况语句来处理分支选择。另外，在通过8255下C口发送量程控制字时，使用了“端口C置1/置0控制字”，以方便对C口中各数位的单独控制。完成上述工作的程序清单如下：

```
if rn=1  then  rn:= AutoRange;              // 如果rn=1,转自动量程处理
  case rn of                                // 否则,向C口送量程控制字
  2: begin                                  //如果rn=2,送0.2V量程控制字
       outportb($2f3,$08);                  //令PC4=0,K1 释放
       outportb($2f3,$0b);                  //令PC5=1,K2 吸合
     end;
  3: begin                                  //如果rn=3,送2V量程控制字
       outportb($2f3,$08);                  //令PC4=0,K1 释放
       outportb($2f3,$0a);                  //令PC5=0,K2 释放
     end;
  4: begin                                  //如果rn=4,送20V量程控制字
     outportb($2f3,$09);                    //令PC4=1,K1 吸合
       outportb($2f3,$0b);                  //令PC5=1,K2 吸合
     end;
```

```
    5: begin                                   //如果 rn=5,送 200V 量程控制字
        outportb( $2f3, $09);                  //令 PC4=1,K1 吸合
          outportb( $2f3, $0a);                //令 PC5=0,K2 释放
      end;
    end;
  outportb( $2f3, $0d);                        // 令 K3 释放
```

根据用户选择的功能代码 fn 读取对应参数的程序与上述程序类似,不再赘述。

A/D 转换控制程序是 DVM 个人仪器测量控制主程序的核心程序模块。该仪器使用 8255 PC_0 端查询 MC 14433 的 EOC 信号,每输出一个 EOC 信号,就会送出上次转换后的数据和选通信息 $Q_0 \sim Q_3$、$DS_1 \sim DS_4$。因此,A/D 转换控制程序的主要任务是:首先通过 8255 PC_0 端查询 MC 14433 的 EOC 信号;若 EOC 信号有效,就从 8255 A 口将转换后的数据及选通信息输入至 PC 内;最后将这些信息进行分析和整理,并加入小数点和极性信息,以形成一个完整的采集数据。A/D 转换控制程序清单如下:

```
function TForm1. AD(rn:integer;port:word):real;
var
   dig: Real;j, dd, dig0, dig1, dig2, dig3, byte;            //变量说明
   I:longint;flag1, flag2: Boolean;
begin
   Over:= false;flag1:=false;flag2:=false;                   //标志字处理
   dig0:=0;dig1:=0;dig2:=0;dig3:=0;                          //个十百千位置零
   repeat                                                    //查询 EOC
     j:=inportb( $2f2);until ((j and $01)= $01);
   repeat
     j:=inportb( $2f2);until ((j and $01)= $00);
   repeat                                                    //输入千位信息
     dd:=inportb( $2f0);until ((dd and $10)= $10);
     dig0:=dd;
   repeat                                                    //输入百位信息
     dd:=inportb( $2f0);until ((dd and $20)= $20);
     dig1:=dd;
   repeat                                                    //输入十位信息
     dd:=inportb( $2f0);until ((dd and $40)= $40);
     dig2:=dd;
   repeat                                                    //输入个位信息
     dd:=inportb( $2f0);until ((dd and $80)= $80);
     dig3:=dd;
     dd:=dig0;
   if((dd and $09)= $01)  then  Over:=true;                  //溢出处理
   if((dig0 and $08)= $08) then  dig0:=0                     //千位处理
     else     dig0:=1;
   dig1:=(dig1 and $0f);                                     //百位处理
   dig2:=(dig2 and $0f);                                     //十位处理
   dig3:=(dig3 and $0f);                                     //个位处理
```

```
    dig:=(dig0*1000+dig1*100+dig2*10+dig3);            //各位组合处理
      case  rn  of                                    //根据量程加入小数点信息
      2:dig:=dig*0.0001;
      3:dig:=dig*0.001;
      4:dig:=dig*0.01;
      5:dig:=dig*0.1;
      end;
    if ((dd and $04)=0)  then dig:=dig*(-1);          //加入极性信息
    Result:=dig;                                      //形成一个完整的采集数据
  end;
```

10.1.4 HP-PC 仪器系统介绍

10.1.4.1 概述

HP-PC 仪器系统是 HP 公司 1986 年推出的,该系统当时共提供了 8 种个人仪器组件,即数字多用表、函数发生器、通用计数器、数字示波器、数字输入/输出设备、继电式多路器、双数/模变换器和继电器驱动器。每种个人仪器组件都封装在一个塑料机壳中,但它们拥有同一种母线标准,通过一块专用接口卡与 HP Vectra、IBM PC 及兼容机等多种个人计算机相连。一块插入个人计算机总线扩展槽内的专用接口板,最多可连接 8 台个人仪器组件,所有个人仪器组件公用一个外部电源,8 台仪器组件分两排叠放在电源上部,形成了简单方便的仪器系统,仪器系统的组成如图 10-9 所示。欲再增加一块接口板,可使接入的 PC 仪器组件最多增加至 16 台。

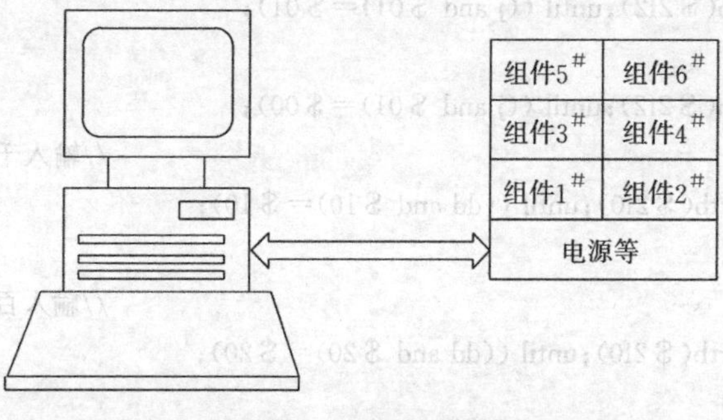

图 10-9　HP-PC 仪器系统的组成

每种个人仪器组件中仅保留基本的测量功能,仪器的控制和数字、状态、波形的显示以及仪器的开关和按键等的管理都集中于 PC 中,因而个人仪器组件本身不再具有传统的独立形态。

个人计算机对 HP-PC 仪器的控制有人工控制和程序控制两种。

在人工控制方式下,HP-PC 仪器系统软件在 PC 的显示屏上向用户提供一幅可以人-机对话的软面板。

在程序控制方式下,用户可以使用 PC 仪器的软件方便地编制各种应用程序。PC 仪器系统软件采用的语句与 BASIC 语言类同,比如 OUTPUT,MEASURE,FUNCTION 等,例如个人计算机向 DMM 发送命令,使其处于测直流电压功能,则只需一句程序 CALL SET.FUNCTION(MY.DMM,DCVOLTS),非常类似普通语言,易于使用者掌握。除此之外,HP-PC 仪器系统还带有 GP-IB,以便于和其他带 GP-IB 总线的仪器连接,应用于自动测试系统中。

10.1.4.2 HP-PC 仪器组件的面版与软面板

图 10-10 示出了 HP-PC 仪器中的双通道数字示波器的实际仪器面板和显示在 CRT 上的软面板的示意图。由图 10-10(a)可以看出，实际的仪器面板只剩下与被测件相连接的插头，传统智能仪器面板中的各键盘以及显示屏将由图 10-10(b)所示的出现在个人计算机显示屏上的“软面板”来担任。

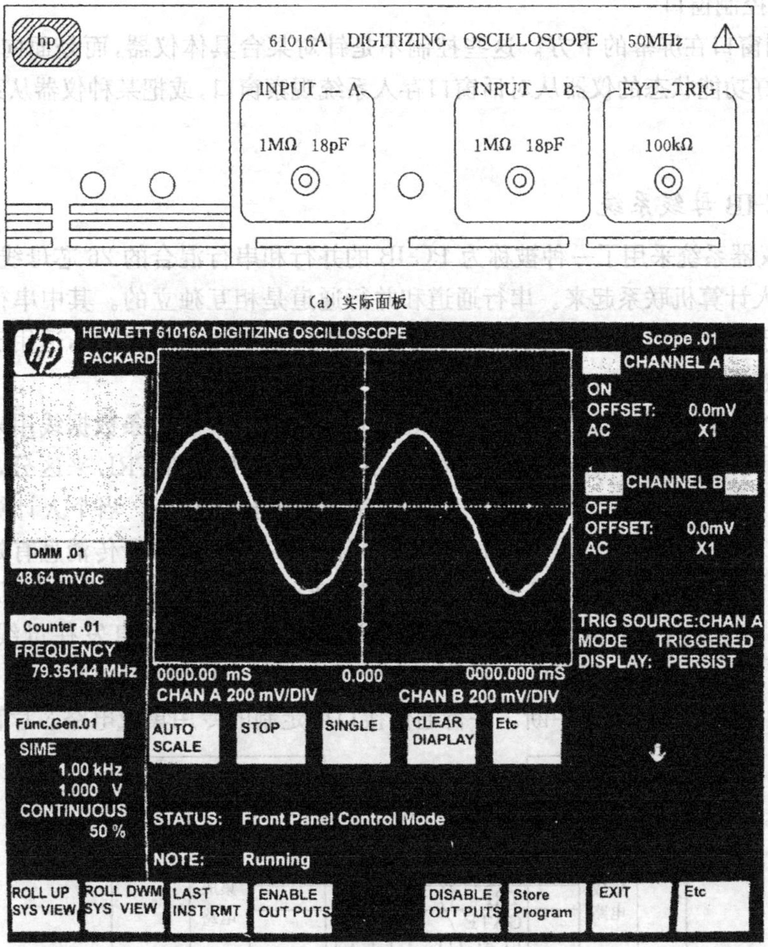

图 10-10 数字示波器的实际仪器面板和软面板

HP-PC 仪器系统的软面板，被划为 4 个互不重叠的窗口。下面以数字示波器软面板为例，说明 HP-PC 仪器系统软面板的特点。

(1) 对话窗口

对话窗口是最大的一个窗口，位于软面板的右上方。用于指示当前受控个人仪器与操作者互相交换信息。这个窗口一方面显示被测信号的波形；另一方面还呈现与当前功能的有关的软键，供操作者通过触屏或移动鼠标来进行选择。

(2) 状态窗口

该窗口位于对话窗口下方，用于向用户提供仪器的现行状态，例图 10-10(b)所示的软面板的状态窗口指出仪器正在运行，当前处于前面板控制模式。这个窗口还能在仪器出现故障时，给出出错信息以及处理建议。

(3) 系统观察窗口

系统观察窗口位于软面板的左侧，用来观察系统中除当前受控仪器之外的其他个人仪器的工作状态。例图中所示的软面板的系统观察窗口中，给出了 DMM、通用计数器、函数发生器的测量结果。这个功能很像新型电视机中多画面显示功能一样。

(4) 系统控制窗口

系统控制窗口在屏幕的下方。这些控制不是针对某台具体仪器，而是面向整个系统的。例如，把设定好功能状态的仪器从对话窗口存入系统观察窗口，或把某种仪器从系统观察窗口调到对话窗口。

10.1.4.3 PC-IB 母线系统

HP-PC 仪器系统采用了一种被称为 PC-IB 的并行和串行混合的 26 芯母线系统，用于把 PC 仪器和个人计算机联系起来。串行通道和并行通道是相互独立的。其中串行通道带有光电隔离，适用于需要隔离的仪器，例如 DMM；并行通道采用直接并行传输，适用于不须隔离的高速仪器，例如数字示波器。

表 10-2　并行通道执行码

TRO	TRI	定　义
0	0	扩展用
0	1	系统命令
1	0	仪器地址
1	1	数据 BYTE

并行通道如图 10-11 所示。其中 8 条数据线用来分时地传递命令、地址和数据，由执行码 TRO 和 TRL 来区分，如表 10-2 所示。GATE 和 FLAG 线用来挂钩联络。当个人计算机向 PC 仪器发消息时，个人计算机用 GATE 说明所传消息有效，PC 仪器用 FLAG 表示消息接收完毕；当 PC 仪器向个人计算机发消息时，个人计算机用 GATE 通知 PC 仪器把消息发往母线，PC 仪器用 FLAG 表示消息有效。中断请求信号线 IRQ 为 PC 仪器所使用，它用低电平向个人计算机请求中断。并行通信接口由定制的专用集成电路芯片管理。

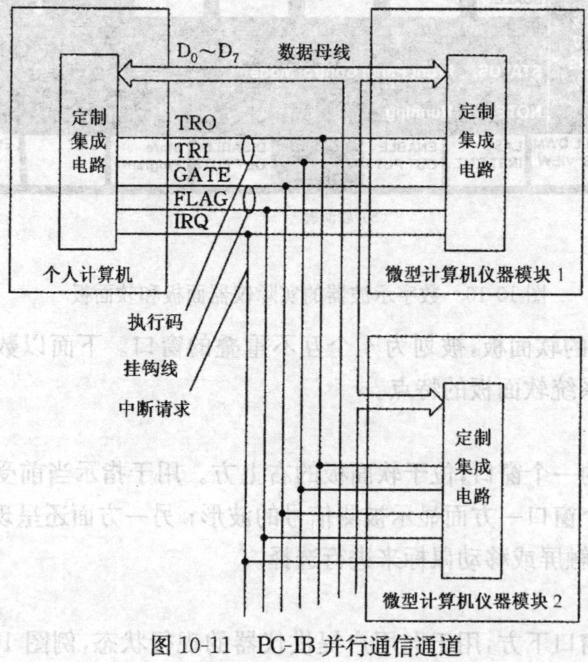

图 10-11　PC-IB 并行通信通道

串行通道如图 10-12 所示。光电隔离器安装在 PC 仪器一侧，同时 PC 仪器和个人计算机中 PC-IB 接口卡中各有一片单片计算机，用来完成串行通信的管理任务。串行通道只使用 TxD 和 RxD 两条信号线进行消息传递。

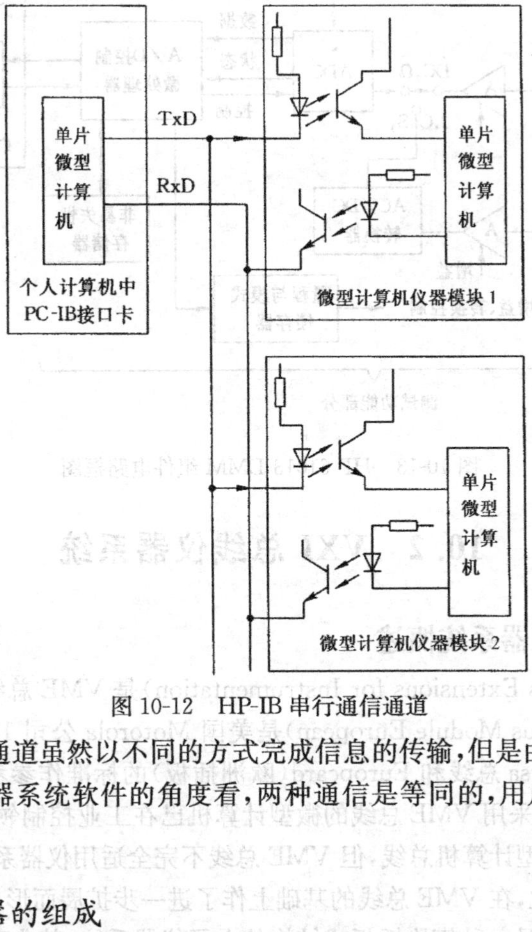

图 10-12　HP-IB 串行通信通道

串行通道和并行通道虽然以不同的方式完成信息的传输，但是由于串行、并行的通信协议是一致的，因此从仪器系统软件的角度看，两种通信是等同的，用户不必了解其中的详细情况。

10.1.4.4　HP-PC 仪器的组成

HP-PC 仪器系统中的 PC 仪器组件由测试功能电路和 PC-IB 接口电路两部分组成。虽然 PC 仪器中的大量工作已转移到个人计算机中完成，但是由于微处理器芯片价格大幅度下降，为了设计及控制的方便，在 PC 仪器组件中也可以采用一片至数片微处理器，以便更好地完成测试和接口功能。图 10-13 是 HP61013 仪器中 HP61013 DMM 组件的电路框图，测试功能部分采用了一片微处理器对 A/D 转换进行控制，并设置了量程与模式锁存器来存放从个人计算机收到的控制信号，以便控制 DMM 的量程和功能模块。测试功能部分的前端有三个可控开关：S_3 闭合测直流电压；S_2 及 S_4 闭合测交流电压；S_1 及 S_3 闭合时进行电阻测量，这时电流源供给一个确定的电流流过被测电阻，通过测电阻上的电压获得电阻值。非易失性存储器用来存储测量中的标准或定标常数。A/D 控制微处理器从 A/D 转换器读取了数据，并对偏移和增益进行校正后，才把数据送往个人计算机。

PC-IB 接口部分采用另一片专用的单片机管理。接口的光电隔离串行链路满足了 DMM 需要浮置的要求。由于光电隔离使组件部分与个人计算机分开，DMM 组件也不必像一般智能 DMM 那样采用两套电源供电，使电路大为简化。总的看来，整个 DMM 个人仪器组件的规模大体上与智能 DMM 中的模拟部分相当。

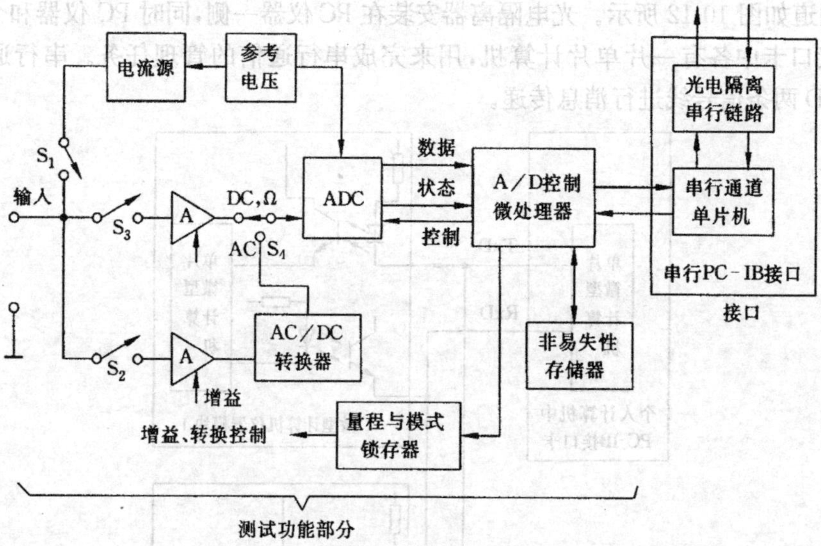

图 10-13 HP 61013 DMM 组件电路框图

10.2 VXI 总线仪器系统

10.2.1 VXI 总线仪器系统概述

VXI 总线(VMEbus Extensions for Instrumentation)是 VME 总线标准在仪器领域的扩展。VME 总线(Versabus Module European)是美国 Motorola 公司 1981 年开发成功的微型计算机总线,它是以 Versa 总线和 Europcard(欧洲插板)的标准作参考,针对 32 位微处理器 68000 而开发的。目前,采用 VME 总线的微型计算机已在工业控制领域得到广泛的应用,被公认为是性能良好的微型计算机总线,但 VME 总线不完全适用仪器系统在电气、机械等性能方面更全面的要求,为此,在 VME 总线的基础上作了进一步扩展而形成了 VXI 总线。

VXI 总线仪器系统是一种模块插板式结构的电子仪器系统,其典型结构如图 10-14 所示。

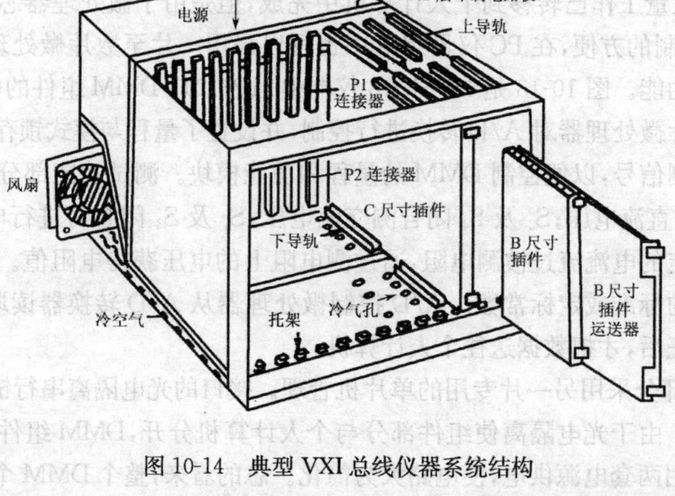

图 10-14 典型 VXI 总线仪器系统结构

VXI 总线仪器的主机架可以插放多个仪器模块插板。主机架的后板为高质量的十多层的印刷电路板，其上印制着 VXI 总线。总线与模块插板是通过连接器连接的，主机后板上安装着连接器的插座，模块插板上安装着连接器的插头。连接器有 P1，P2 和 P3 3 种，这些连接器继承了 VME 的机械特性，采用了 96 引脚三列的欧式卡结构，每个引脚都有严格的定义。其中 P1 是各种模块都必需的，P2，P3 是可选择的，P1，P2，P3 的总线分布如图 10-15 所示，从各主要总线的功能可知，VXI 总线除具备 VME 总线功能外，针对电子仪器又增加了 10MHz 和 100MHz 的时钟线、TTL/ECL 的触发线、星形线（O 插槽为中心、其他插槽作支线、各线最大延迟<5ns）、本地线（邻近模块的高速通信线）、模拟线、模块识别线以及供 ECL、TTL 和模拟电路使用的 7 组稳压电源等。VXI 总线在设计上保证了电磁兼容性，对相邻模板的电磁辐射、交流和射频电流都有严格的指标规定。

VXI 总线仪器系统中的仪器模块插板尺寸被严格规定为 A，B，C，D 4 种。为了增强系统对各种尺寸插件的适应性，系统允许在为较大模块插件设计的主机架中插入较小的模块插件，例如按 C 型模块设计的主机架，也可以插放 A，B 型的模块。每种模块插板尺寸规定如图10-16所示，其中，应用最多的是 C 尺寸模板，其高度宽度分别为 23.335cm 和 34cm，厚度为 3cm，大体上相当于一本大型书籍的尺寸，系统组建者可以像插放或更换书架上的书一样，灵活方便地插放或更换主机架中的仪器模块插板，构成所需要的各种测试系统。

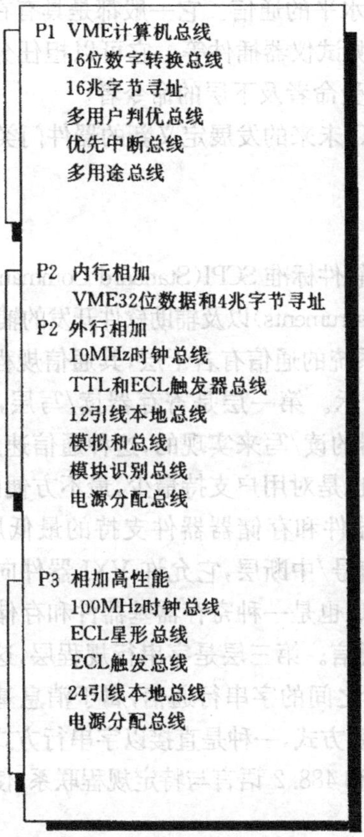

图 10-15　P1，P2，P3 的总线分布

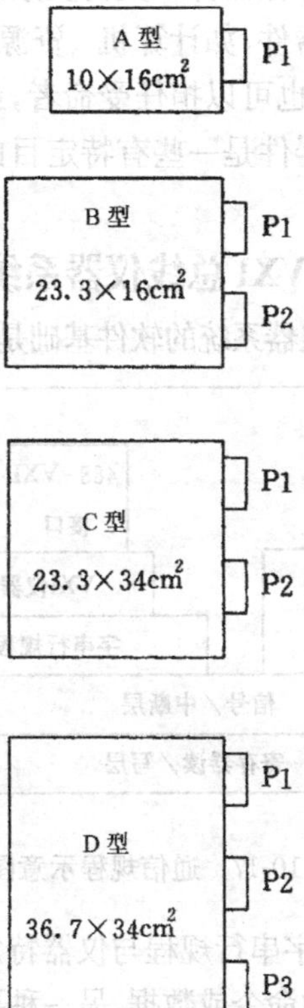

图 10-16　VXI 仪器模块插板尺寸

一个 VXI 仪器系统最多可有 256 个器件，通常一个器件就是插入主机的一个仪器插件，但也允许在一个仪器插件上有多个器件或一个器件包含多个仪器插件。每个 VXI 器件都有一组组态寄存器，系统通过访问这些组态寄存器可以识别器件的种类、型号、生产厂、地址空间以及存储器需求等。每个器件都具有唯一的逻辑地址，同时每个器件占有 64B 的寄存器地址

空间，共计 16KB，占用 64KB 地址的高 16KB 的位置。设某器件的逻辑地址为 A，则器件寄存器组的基地址 $=2^{15}+2^{14}+A\times64$，这就保证了所有器件的 64B 寄存器地址空间不会重叠。VXI 器件可以是复杂的智能仪器插件或微型计算机系统，也可以是单纯的存储器或开关矩阵。根据自身性质、特点和它支持的通信规程，VXI 器件可分为寄存器基器件、存储器器件、消息基器件和扩展器件 4 类。

寄存器基器件即基于寄存器的器件，它只有组态寄存器和器件决定的寄存器，而没有通信寄存器，器件的通信是通过对它的寄存器的读/写来实现，它在命令者/受命令者的分层结构中担任受令者。寄存器基器件电路简单，易于实现。另外，由于节省了指令的译码时间，速度快，在数传速率要求高的情况下特别有用。

存储器器件与寄存器基器件很相似，它也没有通信寄存器，只能靠寄存器的读/写来进行通信。存储器器件本身就是 ROM、RAM 及磁盘存储器等，这样它不仅要有组态寄存器等，还必须有特征寄存器来区分存储器的类型及存取时间等。除了上述区别，可以把存储器器件与寄存器基器件同等对待。

以消息为基础的消息基寄存器不但具有组态寄存器以及若干个由器件决定的寄存器，还具有通信寄存器件来支持复杂的通信规程而进行高水平的通信。它一般都是具有在板智能的较复杂的器件，如计算机 、资源管理者、各类高性能测试仪器插件等。它可以担任分层结构中的命令者，也可以担任受命者，或者同时兼任上层的受命者及下层的命令者。

扩展器件是一些有特定目的的器件，用于为 VXI 未来的发展定义新的器件门类。

10.2.2 VXI 总线仪器系统软件

VXI 仪器系统的软件基础是 VXI 系统通信规程、软件标准 SCPI(Standard Commands for Programable Instruments)以及辅助软件开发的辅助工具等。

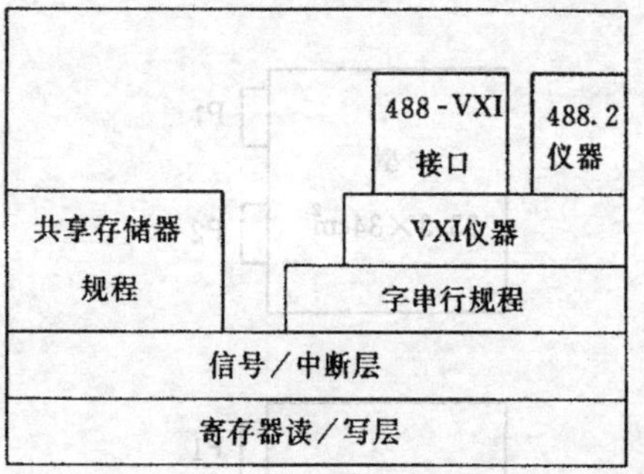

图 10-17　通信规程示意图

VXI 系统的通信有若干层，其通信规程示意图如图 10-17 所示。第一层是寄存器读/写层，其通信是通过寄存器的读/写来实现的，这种通信速度快，硬件费用少，但也是对用户支持最少，最不方便的通信，是寄存器基器件和存储器器件支持的最低层的通信。第二层是信号/中断层，它允许 VXI 器件向它的命令者回报信息，也是一种寄存器基器件和存储器器件支持的低层通信。第三层是字串行规程层，这时命令者与受命令者之间的字串行通信，属于消息基器件的通信规程层，字串行规程与仪器特定规程之间有两种联系方式，一种是直接以字串行方式向器件发送它要求的命令或数据，另一种要经过 488-VXI 规程和 488.2 语言与特定规程联系，使用这种方式可以像控制 488 仪器一样控制 VXI 仪器。

消息基器件通过通信寄存器还支持一种共享存储器规程，即两个器件可以通过它们中一个器件所占有的存储器块进行通信，从而达到较高的通信速度，这是字行串通信做不到的。除此之外，在某些情况下，器件间还可通过本地总线高速传输数据，这也是 VXI 系统的一个特色。

VXI 系统的硬件规范及字串行协议，确保了众多厂商生产的 VXI 总线仪器插卡硬件上兼容。为了提高软件的兼容性，还要求有一个标准化的软件基础。在 VXI 总线和 GP-IB 等自动测试系统中，采用了两个软件标准，即 IEEE488.2 和可编程仪器标准命令 SCPI。IEEE488.2

主要涉及仪器的内务管理功能，并不涉及器件消息本身。而 SCPI 则是建立在 IEEE488.2 的基础上，侧重解决仪器程控和仪器响应中器件消息标准化问题。SCPI 的主要内容有语法和式样，命令结构和数据交换格式。SCPI 与过去的仪器语言的不同点在于命令描述的是信号，而不是仪器，即 SCPI 命令可以应用于不同的仪器，从而使 SCPI 具有横向兼容性。SCPI 还是可扩展的，即它能随仪器功能的增加而扩大，从而使 SCPI 具有纵向兼容性。

为了进一步提高仪器系统的易用性和高性能，保证众多厂商软件产品在系统级上长期兼容，1993 年 9 月，Tektronix 等 5 大厂商联合成立了 VXI plug&play 联盟（简称 VPP）。plug&play 译为插上即用，意为给予用户真正"插上即用"的硬件和系统软件的相互操作性。该联盟起草了一系列文件，对 VXI 总线作了明确的规范，这些文件重点放在软件规范上，较为重要的有如下一些：

Vpp1：　plug & play 章程；
Vpp3.1：　关于构架的章程；
Vpp3.2：　仪器驱动器结构和设计规范；
Vpp3.3：　仪器驱动器程控者接口规范；
Vpp4.1：　虚拟仪器软件结构规范；
Vpp4.2：　虚拟仪器软件结构转换库规范；
Vpp5：　VXI 部件知识基础规范；
Vpp7：　软面板规范。

虽然 Vpp 文件目前还处于不断修改和完善中，但从结构上看 Vpp 文件已基本完整。

10.2.3 VXI 总线仪器系统的组建

VXI 系统是一种计算机控制的功能系统，在很宽的范围内允许不同厂家生产的仪器接口卡和计算机以模块的形式共存于同一主机箱内。VXI 系统的组建按照主控计算机放置在机架内部或外部，分为内控方式和外控方式。

图 10-18(a) 给出了一个典型外控方式 VXI 仪器系统构成示意图。主机架外部的主控计算机可以通过 GP-IB，RS-232C，MXI，VME 等多种总线与 VXI 系统联系，其中沟通两种总线的翻译器（接口）放在 0 号插座内，这是系统唯一需要固定的插件，称为零槽插件。目前比较流行的外控方式是采用具有 GP-IB 接口的外控计算机，这种结构方式的优点是兼容性强，特别是在使用 IEEE488.2 和 SCPI 后，更换设备可以基本不改变或很少改变程序。对 GP-IB 系统较熟悉的编程人员，可以像控制 GP-IB 系统一样控制 VXI 系统，并且可以借鉴大量成熟的软件。这种采用 GP-IB 总线的控制方式会造成数据在这段路径上传输速度的下降，因此应尽可能在 VXI 主机箱内部对数据进行加工，处理以使 GP-IB 总线传输尽可能少的数据。外主控器通过 MXI 和 VME 总线对 VXI 系统控制，往往可以提高数据传输速度，特别是 MXI 总线是一种适用于 VXI 系统很有希望的总线，但这种方式往往要求对 VXI 系统内部工作情况有细致的了解。通过 RS-232 进行联系速度较慢，但也有其特殊的优点，例如通过 Modem 可接远程计算机。

图 10-18(b) 给出了一个典型的内控方式 VXI 仪器系统示意图。由于系统内有一个内插式主控计算机，因此控制器能直接运用高速指令访问 VXI 各仪器模块，通信速度很快，除此之外，在便携性要求特别高的场合，也需要内控方式的 VXI 仪器系统。内控方式的主要缺点是人-机交互和编程较困难，兼容性较差。目前，有些厂家已提供了性能优良的内插式主控计算机，使其性能接近于外控计算机，例如有些内主控计算机提供对器件的驱动程序，或者利用智

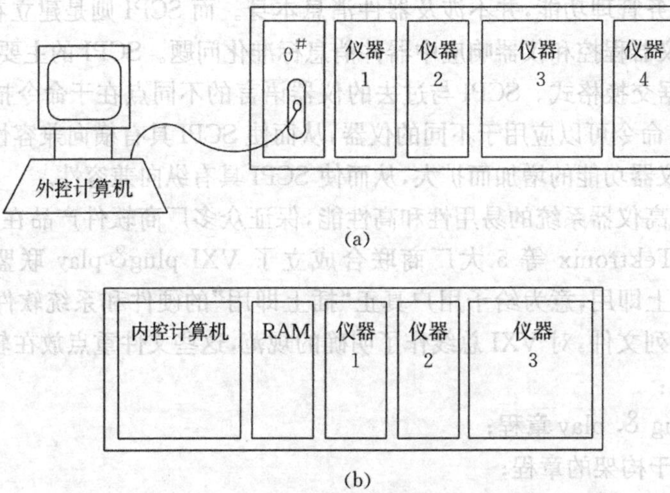

图 10-18　VXI 总线仪器系统的组建

能化的命令者插件将高级命令翻译成可以执行的寄存器读、写操作二进制码，使内控计算机的编程困难得以解决。

图 10-19 是选用 C 型主机架的 HP 75000 VXI 仪器系统装配示意图。外部控制器可以采用一台个人计算机，通过 GP-IB 总线与主机架相连接，也可采用 RS-232C、MXI、VME 总线和以太网等多种方式连接。主机架上的 O 号插槽指定放置指令模板，指令模板主要承担 VXI 系统资源管理以及 GP-IB 总线对 VXI 总线的翻译。插入其他插槽中每一个仪器和设备都是 VXI 总线仪器模板。本系统的主机架最多可以插放 13 个标准宽度的模板，有的仪器只需一个模块来构成，有的仪器需要用两个模块（例如本例中的数字变换器）。与个人计算机相连的 GP-IB 总线还可以接至其他 VXI 系统或其他仪器系统，可见这种系统的组成是很灵活的。本系统可以同时进行多种测试，来自各种仪器的信号经各种电子转换开关送到接口连接组件板（ICA），再接到被测设备中去。这种组件板适应性很强被称作接口适配器，只要改变一下内部的适配器和软件，便可测试各种电子产品。

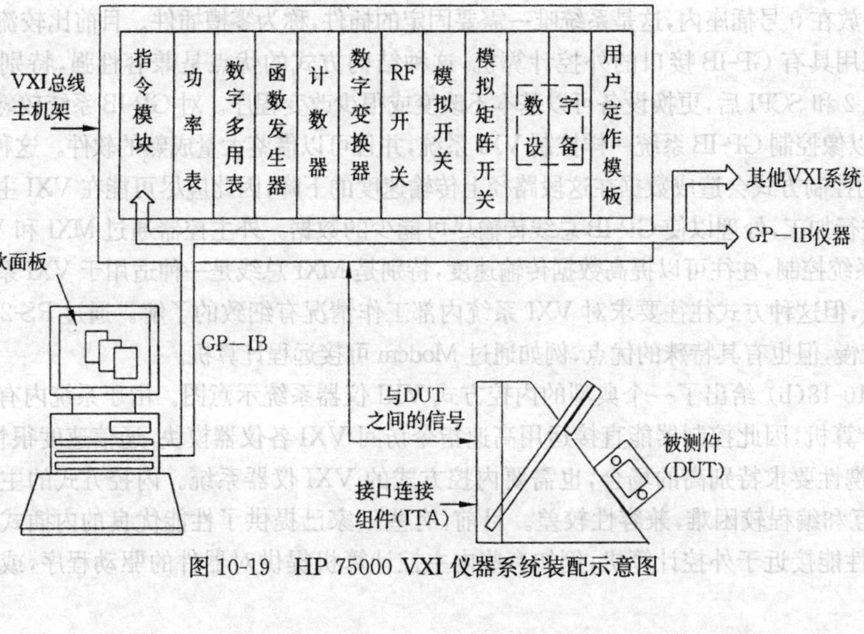

图 10-19　HP 75000 VXI 仪器系统装配示意图

VXI 仪器系统集中了智能仪器、个人仪器和 GP-IB 系统的很多特长，它的出现极大影响了电子仪器发展进程。据国际发展动态，本类仪器将在很大程度上取代现在广泛应用的 GP-IB 总线系统。由于它还能充分发挥计算机的效能，运用新的测量原理构成虚拟仪器，因而 VXI 系统还有“未来仪器”和“未来系统”之称。

10.3 虚拟仪器及系统

10.3.1 虚拟仪器及系统概述

当计算机的运算能力和仪器硬件确定之后，设计定义个人仪器系统或 VXI 仪器系统功能的关键就在于软件。基于测试软件在计算机仪器系统中的作用，美国国家仪器公司(NI)提出了“软件就是仪器”的口号和虚拟仪器的概念，并在其主导产品图形化测试软件 LabVIEW 中加以体现，从而向用户提供了一种面向广泛测试领域的虚拟仪器解决方案。随后，美国惠普(现 Agilent)等公司也先后开发出各自的虚拟仪器软件开发平台。目前，全球著名高等院校几乎都将 LabVIEW 等虚拟仪器开发平台引入到实验教学和科学研究中，得到越来越多科学仪器工作者的认同。

虚拟仪器是在电子仪器与计算机软、硬件技术更深层次结合的基础上产生的一种新的仪器模式。虚拟仪器的明确定义到目前为止还未建立，还是一种概念性的仪器。一般认为，虚拟仪器(Virtual Instruments，VI)是在以通用计算机为核心的硬件平台上，由用户设计定义，具有虚拟仪器面板，其特定的测试功能由测试软件实现的计算机仪器系统。用户只需使用鼠标点击虚拟仪器面板，就可以操作这台计算机仪器系统的硬件平台，就像操作自己定义、自己设计的一台电子仪器一样。虚拟仪器的出现也使测量仪器与计算机之间的界限模糊了。

虚拟仪器的两个最大特征是“软件就是仪器”和“仪器功能的自定义”。用户在已建立的通用仪器硬件平台上，通过调用不同的测试软件就可以构成各种功能的虚拟仪器，克服了传统仪器的功能在制造时就被限定而不能变动的限制，打破了仪器功能只能由厂家定义，用户无法改变的模式。不断发展的计算机技术为虚拟仪器技术的不断进步奠定了坚实的基础。世界上第一台 PC 出现至今还不足 30 年，然而 PC 的性能已提高了近万倍，因而虚拟仪器性能必将随着 PC 的飞速发展而不断升级，展示了广阔的发展空间。

虚拟仪器不强调每一个仪器模块就是一台仪器，而是强调选配一个或几个带共性的基本仪器硬件模块来组成一个通用的硬件平台，再通过调用不同的软件来扩展或组成各种功能的仪器或系统。

考察任何一台传统的智能仪器，都可以将其分解成以下 3 个部分。

(1) 数据的采集：将输入的模拟信号进行调理，并经 A/D 转换成数字信号以待处理。

(2) 数据的分析与处理：由微处理器按照功能要求对采集的数据做必要的分析和处理。

(3) 存储、显示或输出：将处理后的数据存储、显示或经 D/A 转换成模拟信号输出。

传统智能仪器是由厂家将实现上述 3 种功能的部件按固定的方式组建在一起，一般一种仪器只有一种功能或数种功能。而虚拟仪器是将具有上述一种或多种功能的通用模块组合起来，通过编制不同的测试软件而能构成几乎任何一种仪器功能，而不是某几种仪器功能。例如激励信号可先由微型计算机产生数字信号，再经 D/A 变换产生所需的各种模拟信号，这就相当于生成了一台任意波形发生器；又例如大量的测试功能都可通过对被测信号的采样、A/D 转换而变换成数字信号，再经过处理，即可或者直接用数字显示而形成数字电压表类仪器，或用图形显示而形成示波器类仪器，或者再对采集的数据进一步分析即可形成频谱分析仪类仪器，其中，数据分析与处理以及显示等功能可以全部由软件完成。这样就摆脱由传统硬件构成一件件仪器然后再连成系统的模式，而变成由计算机、A/D及D/A等带共性硬件资源和应用软件共同组成的虚拟仪器系统的新的概念。

虚拟仪器通常由高性价比的通用计算机，模块化的测试仪器设备，高效且功能强大的专业测试软件系统3部分组成。

虚拟仪器的硬件平台包括通用计算机和模块化测试仪器设备两部分。通用计算机可以是便携式PC、台式PC或工作站等。构建虚拟仪器最常用的模块化测试仪器设备是数据采集(DAQ)卡，一块DAQ卡可以完成A/D转换、D/A转换、数字输入/输出、计数器/定时器等多种功能，再配以相应的信号调理电路组件，即可构成能生成各种虚拟仪器的硬件平台。目前由于受器件和工艺水平等方面的限制，这种硬件平台形式还只能生成一些速度或精度不太高的仪器。现阶段虚拟仪器硬件系统还广泛使用原有的能与计算机通信的各类仪器，例如GP-IB仪器、VXI总线仪器、PC总线仪器以及带有RS-232接口的仪器或仪器卡。图10-20给出了现阶段虚拟仪器系统硬件结构的基本框图。

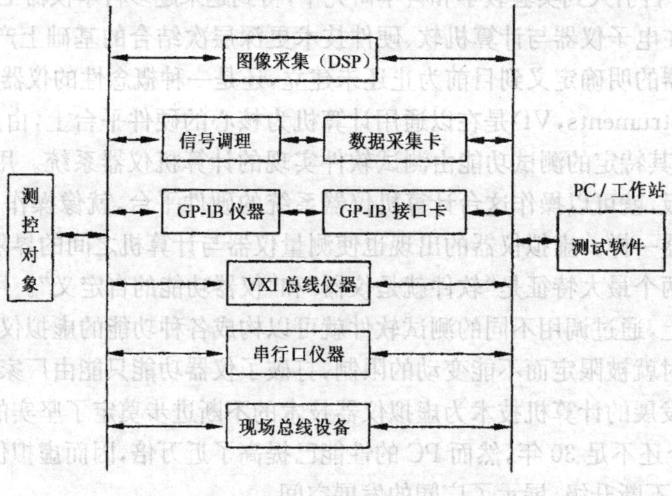

图10-20　虚拟仪器硬件结构

基本硬件确定之后，要使虚拟仪器能按用户要求自行定义，必须有功能强大的软件系统。然而相应的软件开发环境长期以来并不理想，用户花在编制测试软件上的工时与费用相当高，使用VC、VB、Delphi等高级语言也会感到与高速测试及缩短开发周期的要求极不适应。因此，世界各大公司都在改进编程及人-机交互方面做了大量的工作，其中基于图形的用户接口和开发环境是软件工作中最流行的发展趋势。典型的软件产品有NI公司的LabVIEW和Lab Windows，HP公司的HP VEE和HP TIG，Tektronix公司的Ez-Test和Tek-TNS等。

图10-21是NI公司开发的图形开发软件LabVIEW和Lab Windows的软件系统体系结构。其中仪器驱动程序主要是完成仪器硬件接口功能的控制程序，NI公司提供了各制造厂家数百种GP-IB、DAQ、VXI和RS-232等仪器的驱动程序。以前，用户必须通过学习各种仪器的命令集和数据结构等才能进仪器编程，采用了标准化的仪器驱动程序，用户就不必精通这些仪器的硬件接口，从根本消除了编写仪器控制程序的复杂过程，用户只要把仪器的用户接口代码与数据处理和分析软件组合在一起，就可以迅速而方便地构建一台新的虚拟仪器。

仪器驱动程序是真正与仪器硬件执行通信与控制的软件层。编写仪器驱动程序是仪器生

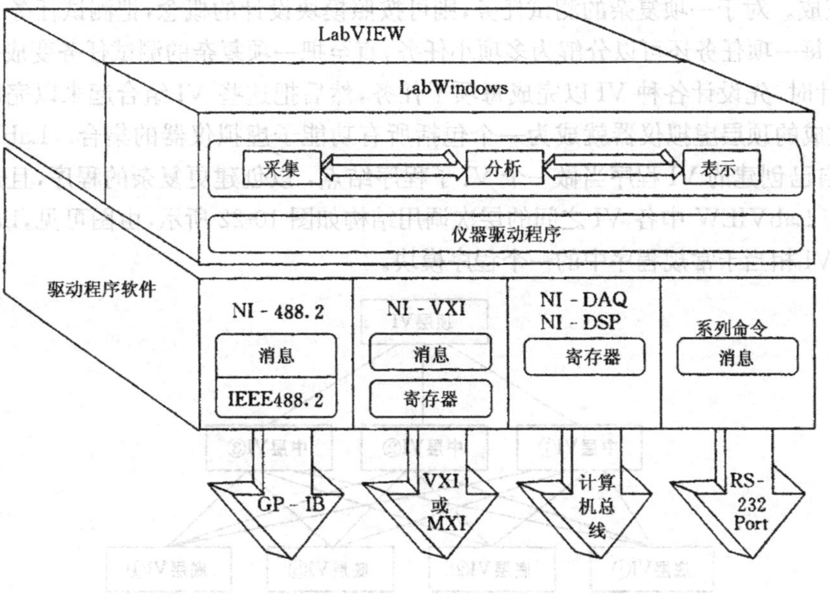

图 10-21　LabVIEW 和 LabWindows 软件体系结构

产厂家的一项很重要的工作，就其发展来看，驱动程序的编写方法大致可分为 3 个阶段。第一阶段的仪器驱动程序与仪器控制程序混合在一起，没有明显的界限，仪器生产厂家仅提供一些与仪器硬件相关的仪器驱动代码，其仪器的驱动程序由用户或开发人员自行编写，因而开发周期长，可重用性低。第二阶段的驱动程序以模块化、与设备无关化的方式向用户开放，仪器驱动程序与仪器硬件一起由厂家提供，使用者只需安装驱动程序软件即可将仪器驱动程序模块链接入自己的软件系统，使用十分方便，由于不同厂家仪器硬件存在差异，所以每个型号的仪器必须有自己专用的驱动程序。为了能在更换仪器硬件时最大限度尽量少地更换驱动程序，1997 年 NI 公司又提出了可互换虚拟仪器(Interchangeable Virtual Instruments，IVI)的概念，IVI 将各种仪器按功能分为 5 大类，对同一类型设备的功能进行抽象，然后按类来编写仪器的驱动程序，应用该技术可以进一步降低软件的维护、支持费用，使仪器的程控更加简单，这是驱动程序软件发展的第三阶段。

10.3.2　LabVIEW 虚拟仪器开发系统介绍

LabVIEW(Laboratory Virtual Instrument Engineering Workbench)是美国 NI 公司研制的一个功能强大的仪器系统开发平台，经过十多年的发展，LabVIEW 已经成为一个具有直观界面，便于开发，易于学习且具有多种仪器驱动程序和工具的大型仪器系统开发工具。

LabVIEW 是一种图形程序设计语言，它采用了工程人员所熟悉的术语、图标等图形化符号来代替常规基于文字的程序语言，把复杂烦琐、费时的语言编程简化成简单、直观、易学的图形编程，同传统的程序语言相比，可以节省约 80％的程序开发时间。这一特点也为那些不熟悉 C、C＋＋ 等计算机语言的开发者带来了很大的方便。LabVIEW 还提供了调用库函数及代码接口结点等功能，方便了用户直接调用由其他语言编制成的可执行程序，使得 LabVIEW 编程环境具有一定的开放性。

LabVIEW 的基本程序单位是 VI(Virtual Instrument)。LabVIEW 可以通过图形编程的方法，建立一系列的 VI(虚拟仪器)，来完成用户指定的测试任务。对于简单的测试任务，可由一个 VI 完成。对于一项复杂的测试任务，则可按照模块设计的概念，把测试任务分解为一系列的任务，每一项任务还可以分解为多项小任务，直至把一项复杂的测试任务变成一系列的子任务。设计时，先设计各种 VI 以完成每项子任务，然后把这些 VI 组合起来以完成更大的任务，最后建成的顶层虚拟仪器就成为一个包括所有功能子虚拟仪器的集合。LabVIEW 可以让用户把自己创建的 VI 程序当做一个 VI 子程序结点，以创建更复杂的程序，且这种调用是无限制的。LabVIEW 中各 VI 之间的层次调用结构如图 10-22 所示，由图可见，LabVIEW 中的每一个 VI 相当于常规程序中的一个程序模块。

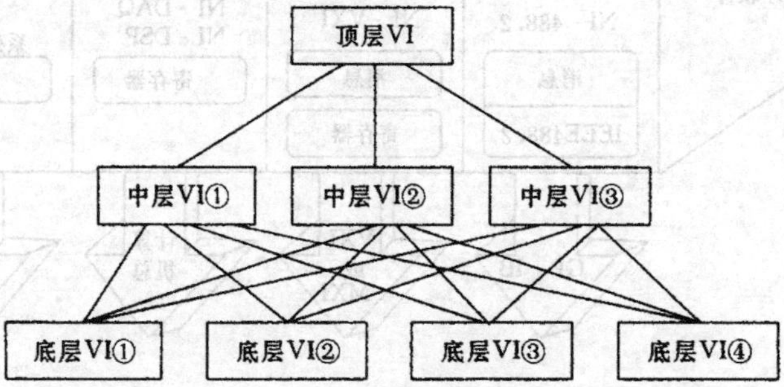

图 10-22　VI 之间的层次调用结构

LabVIEW 中的每一个 VI 均有两个工作界面：一个称之为前面板(Front Panel)；另一个称之为框图程序(Block Diagram)。

前面板是用户进行测试工作时的输入/输出界面，诸如仪器面板等。用户通过 Control 模板，可以选择多种输入控制部件(或组件)和指示器部件(或组件)来构成前面板，其中控制部件是用来接收用户的输入数据到程序。指示器部件是用于显示程序产生的各种类型的输出。Control 控制模板包括 9 个子模板，图 10-23 表示从图形(Graph)子模板中选取了波形图表(Waveform Chart)这个指示器部件。当构建一个虚拟仪器前面板时，只需从 Control 模板中选取所需的控制部件和指示部件(包括数字显示、表头、LED、图标、温度计等)，其中控制部件还需要输入或修改数值。当 VI 全部设计完成之后，就能使用前面板，通过单击一个开关、移动一个滑动旋钮或从键盘输入一个数据，来控制系统。前面板为用户建立了直观形象，使用户感到如同在传统仪器面前一样。

框图程序是用户用图形编程语言编写程序的界面，用户可以根据执定的测试方案通过 Functions 模板的选项，选择不同的图形化结点(Node)，然后用连线的方法把这些结点连接起来，即可构成所需要的框图程序。Functions 模板共有 13 个子模板，每个模板又含有多个选项。这里的 Functions 选项不仅包含一般语言的基本要素，还包括了大量与文件输入/输出、数据采集、GP-IB 及串口控制有关的专用程序块。图 10-24 表示从数据采集（Data Acquisition)子模块下的模拟输入 Analog Input 子模块中，选取了 AI Sample Channel 虚拟仪器功能方框，该功能方框的功能是测量指定通道上信号的一个采样点，并返回测量值。

结点类似于文本语言程序的语句、函数或者子程序。LabVIEW 共有 4 种结点类型：功能函数、子程序、结构和代码接口结点(CINS)。功能函数结点用于进行一些基本操作，例如数值相加、字符串格式代码等；子程序结点是以前创建的程序，然后在其他程序中以子程序方式调用；结构结点用于控制程序的执行方式，如 For 循环控制，While 循环控制等；代码接口结点是为框图程序与用户提供的 C 语言文本程序的接口。

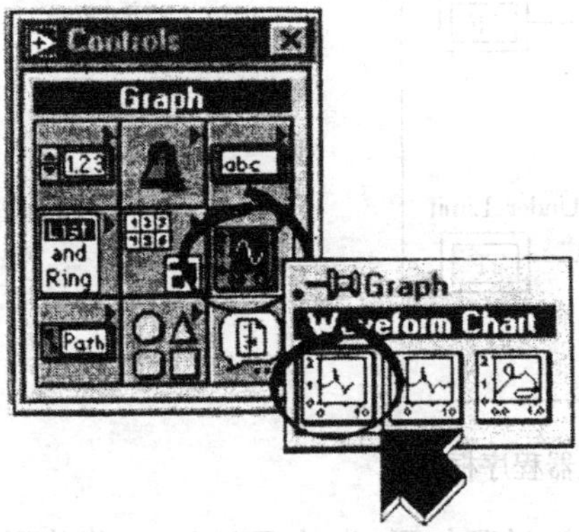

图 10-23 Control 模板的使用

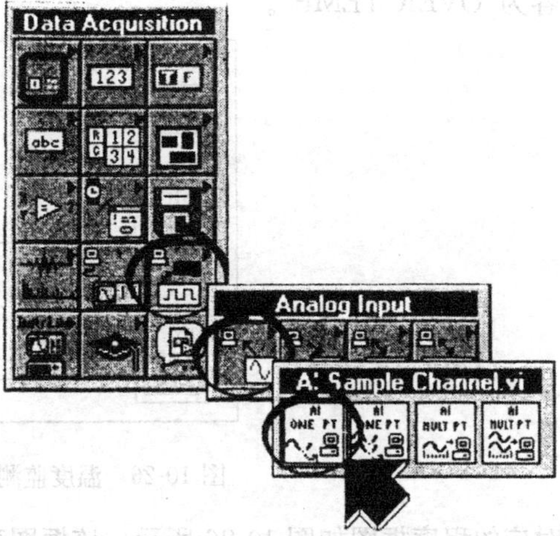

图 10-24 Functions 模板的使用

使用传统的程序语言开发仪器系统存在许多困难。开发者不但要关心程序流程方面的问题,还必须考虑用户界面、数据同步、数据表达等复杂的问题。在 LabVIEW 中这些问题都迎刃而解。一旦程序开发完成,用户就可以通过前面板控制并观察测试过程。LabVIEW 还给出了多种调试方法,从而将系统的开发与运行环境有机地统一起来。

为了便于开发,LabVIEW 还提供了多种基本的 VI 库。其中具有包含 450 种以上的 40 多个厂家制造的仪器驱动程序库,而且仪器驱动程序的数目还在不断增长。这些仪器包括 GP-IB 仪器、RS-232 仪器、VXI 仪器和数据采集板等,用户可随意调用仪器驱动器图像组成的方框图,以选择任何厂家的任意仪器。LabVIEW 还具有数学运算及分析模块库,包括了 200 多种诸如信号发生、信号处理、数组和矩阵运算、线性估计、复数算法、数字滤波、曲线拟合等功能模块,可以满足用户从统计过程控制到数据信号处理等各项工作。从而最大限度地减少了软件开发工作量。

图 10-25 是一个具有上下限报警功能的模拟温度监测程序(Thermo. VI)的前面板,该前面板的设计过程如下:先用 File 菜单的 New 选项打开一个新的前面板窗口,然后从 Numeric 子模板中选择 Thermometer 指示部件放入前面板窗口;使用标签工具 A 重新设定温度计的标尺范围为 20. 0～35. 0℃;再按同样方式放置两只旋钮用来设置上限值和下限值,并分别在文本框中输入“Low Limit”和“High Limit”;最后再放置指示部件 Over Limit。当前图中前面

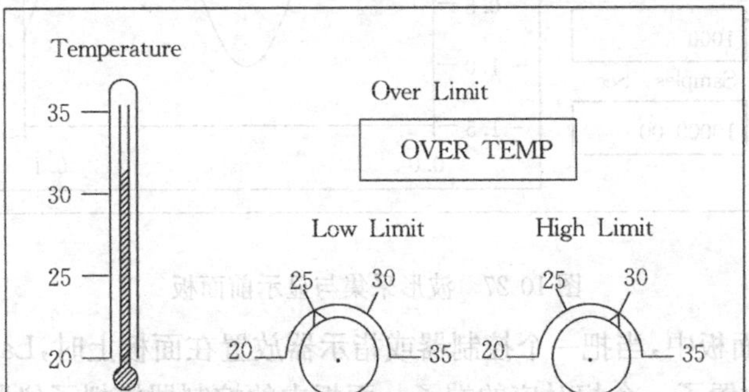

图 10-25 温度监测虚拟仪器前面板

板指示的实测温度为 32°C，超过了 High Limit 旋钮设置的 30°C，所以指示部件 Over Limit 指示内容为"OVER TEMP"。

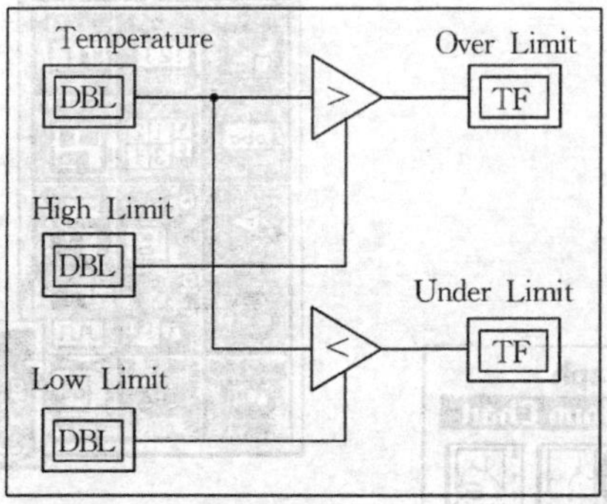

图 10-26　温度监测虚拟仪器程序框图

对应的程序框图如图 10-26 所示。该框图程序设计过程如下：先从 Windows 菜单下选择 Show Diagram 功能打开框图程序窗口，然后从 Functions 功能模板中选择本程序所需要的对象。本程序共有两个功能函数结点，一个函数用于将测试值与下限值进行小于比较，另一个函数用于将测试值与上限值进行大于比较。连线表达各功能方框之间的输入/输出关系以及数据的流动路径。

又例如设计一个能采集并显示模拟信号波形的虚拟仪器。该虚拟仪器前面板如图 10-27 所示，图中放置了一个标注为 Waveform 的波形图表（Waveform Chart），它的标尺经过了重新定度，Device 用于指定 DAQ 卡的设备编号，Channel 用于指定模拟输入通道，# of Sample 用于定义采样点数，Samples/Sec 定义采样率。按照上图创建的对应的框图程序如图 10-28 所示，图中 Waveform 是模拟输入信号的一维采样数组，Actual Sample Period 是实际采样率的倒数，由于计算机运行速度等原因，它可能与指定采样率有一些小偏差。上述程序可在 AI Acquire Waveform 子程序基础上修改形成，该子程序在 Data Acquisition ＞Analog Input 子模板中。

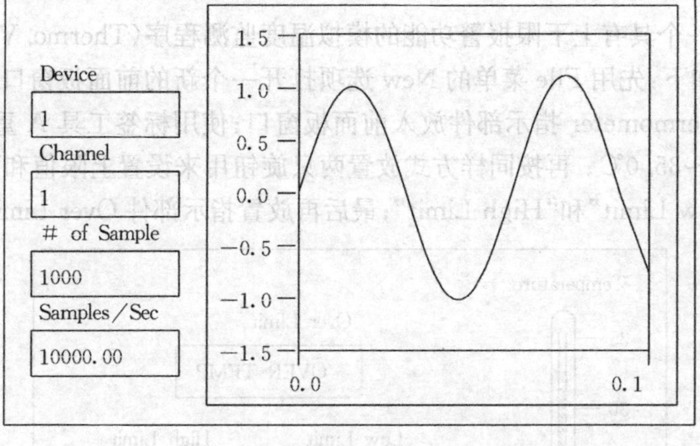

图 10-27　波形采集与显示前面板

在虚拟仪器的面板中，当把一个控制器或指示器放置在面板上时，LabVIEW 也就在虚拟仪器的框图程序中放置了一个相对应的端子。面板中的控制器模拟了仪器的输入装置并把数据提供给虚拟仪器的框图程序，而指示器则模拟了仪器的输出装置并显示由框图程序获得和产生的数据。

综上所述，对于建立虚拟仪器来说，LabVIEW 提供了一个理想的程序设计环境，大大降低了系统开发难度及开发成本。同时这样的开发结构增强了系统的柔性。当系统的需求发生变化时，测试人员可以根据具体情况，对功能方框作必要的补充、修改，或者对框图程序的软件结构进行调整，从而很快地适应变化了的需要。

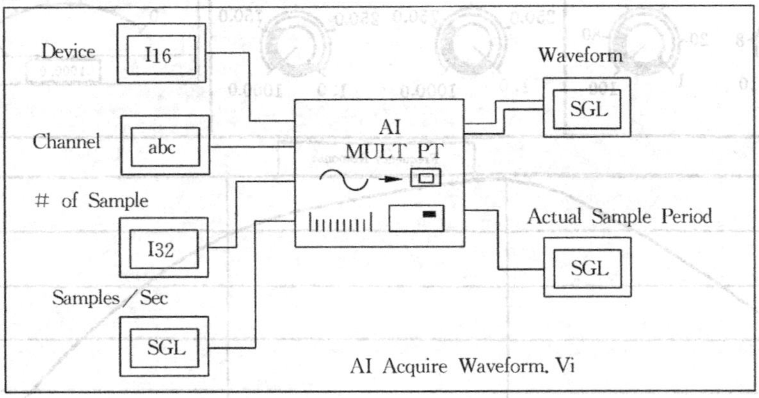

图 10-28 波形采集与显示程序框图

10.3.3 虚拟仪器系统设计的实例

本节拟通过两个设计实例来进一步说明虚拟仪器的设计方法。

10.3.3.1 频率特性图示虚拟仪器的设计

本例拟运用 LabVIEW 开发一个基于 GP-IB 仪器的具有频率特性测试功能的虚拟仪器。

目前虽有各层次的专用的商品频率特性图示仪，但每种图示仪只能满足一个特定的应用范围，且一般仅能测量与显示，而无对测量数据分析的功能。这类仪器的利用率也不高，据统计，一般使用单位频率特性图示仪的利用率仅为 DMM、信号源等常用仪器的 5%左右，因而购置专用频率特性图示仪会造成资源的浪费。但若采用虚拟仪器形式，用几台常用仪器在 LabVIEW 环境下构成一台虚拟仪器系统，可以恰到好处地克服上述缺点。

该虚拟测试系统由 PC、GP-IB 接口板、Tek FG5010 信号发生器、Fluke 8840A DMM 以及待测单元等部分组成。图 10-29 是频率特性测试虚拟仪器的软面板，它是在 LabVIEW 前面板工作界面上形成的。该面板主要由旋钮、按键、指针、开关以及其他的控制器和显示器构成，它是为测试系统提供输入值并接收其输出值的界面。进行测试时，先从面板上输入低频和高频的幅值以及频率值，然后运行该虚拟仪器，即能进行测试并显示出频响结果。

图 10-30 给出了对应的频率特性测试虚拟仪器的框图程序。框图程序用图形软件绘制，它不受常规程序设计语法细节的限制，而是用图像(icon)组成。首先，从 Function 模板中选择 VI 功能方框，然后用连线按系统要求连接各 VI 功能方框，在各 VI 功能方框之间传输数据。如同传统的程序设计一样，LabVIEW 也包含着控制方框功能执行的软件结构，它的程序控制软件结构包括顺序、选择、循环和当语句，这些软件结构以图形方式描绘成边框结构。正如在常规的程序设计语言中将代码插入到软件结构的行中一样，用户可将图像放置到 LabVIEW图形软件结构的边框内。

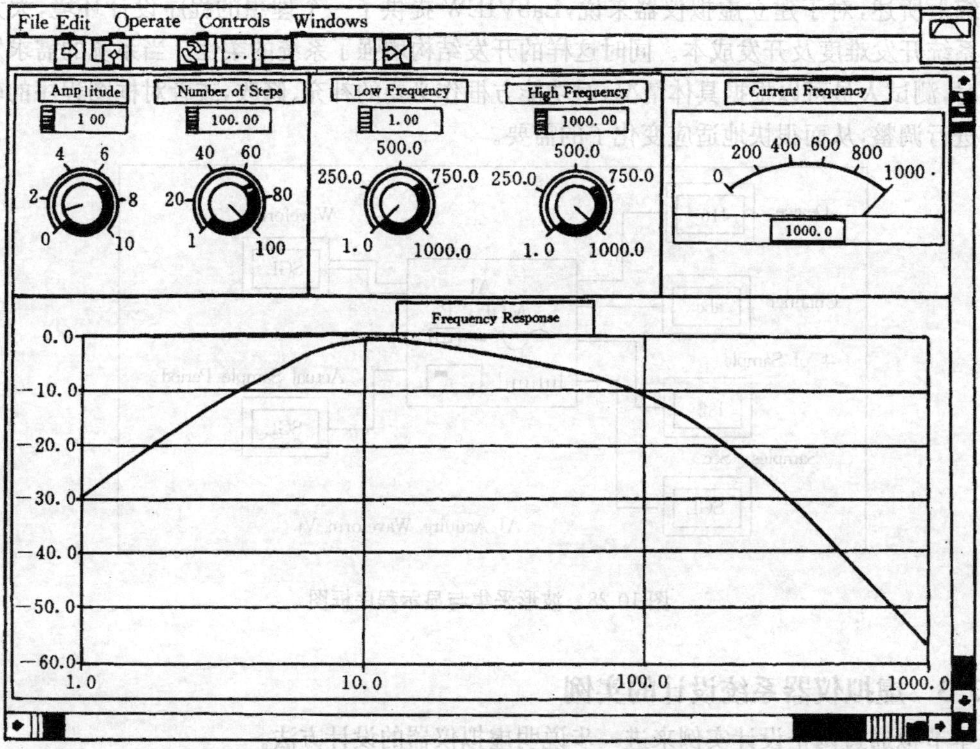

图 10-29　频率特性测试虚拟仪器软面板

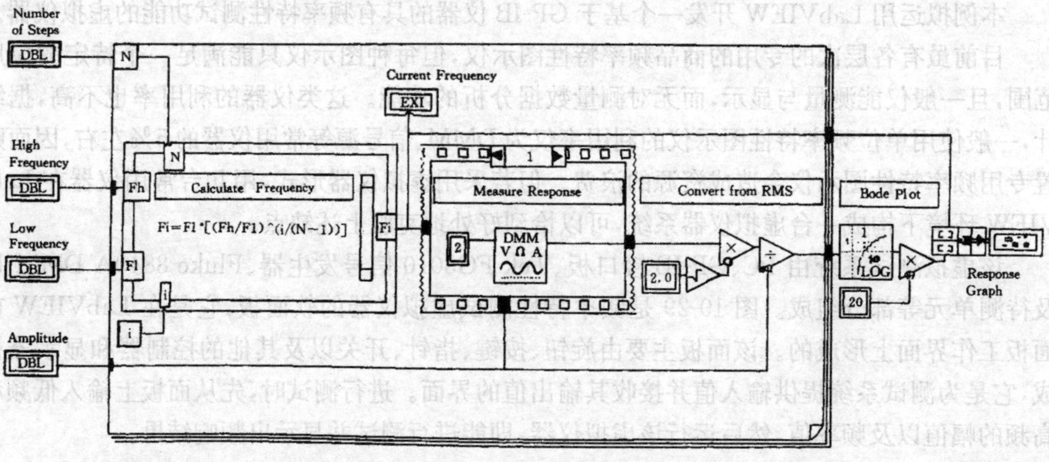

图 10-30　频率特性测试虚拟仪器框图程序

10.3.3.2　虚拟电子实验室系统的设计

虚拟仪器概念认为，现代仪器基本上都可以分解为“采集＋分析＋表达”3 部分。其中分析和表达部分的功能可以完全由软件在计算机中完成，只有采集部分需要采用专门的硬件电路。另外，现代仪器数据采集部分的功能是相近的，因而我们可以建立一个在一定范围内通用的仪器硬件平台，这样，只需要通过编写不同的软件就可以构建几乎任意功能的仪器。“虚拟电子实验室系统”正是体现了这种思想。

“虚拟电子实验室系统”的硬件平台由 DAQ 板、计算机和自行研制的信号调理电路板组成，软件平台采用了美国 NI 公司开发的图形化软件 LabVIEW。其总体结构如图 10-31 所示。

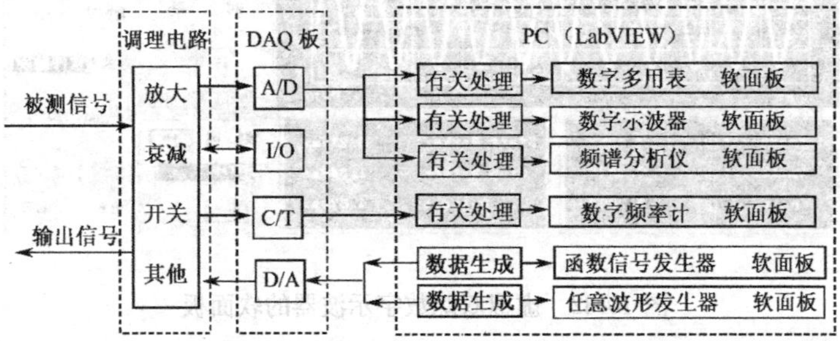

图 10-31 “虚拟电子实验室系统”的整体结构

DAQ 板采用 NI 公司生产的 PCI-6024E DAQ 板，6024E DAQ 板是一种基于 PCI 总线的多功能数据采集板，它具有 16 个模拟输入的 NI-PGIA 程控放大器；一个 12bit A/D 转换器；两个 12bit 的 D/A 转换器；两个 24bit 的定时器/计数器(C/T)以及 8 个 TTL 电平的数字 I/O 端口等资源。它采用了先进的 DAQ-PnP 即插即用，不需要任何开关与跨接器，仅通过安装驱动程序即可实现设备的完全配置。PCI-6024E DAQ 板驱动程序的安装很简捷：首先从 NI 网站上下载驱动程序 NI-DAQ 6.9.3；然后将 DAQ 卡插入到计算机的插槽内并在计算机上运行 NI-DAQ 安装软件；软件安装完毕后，计算机活动桌面上会自动出现相应的配置应用程序，根据屏幕提供的配置对话框，即可完成 DAQ 板驱动程序的安装。

目前已经在这个虚拟仪器通用平台上，开发了虚拟双踪数字示波器、虚拟数字多用表、虚拟数据记录仪、虚拟频谱分析仪、虚拟函数发生器、虚拟任意波形发生器和虚拟等精度频率计 7 种虚拟仪器，这就相当于把电子实验室“装进了”计算机内部。

上述 7 种虚拟仪器依据组成特点可分为基于模拟输入功能、基于模拟输出功能和基于定时/计数功能 3 种类型。

(1) 基于模拟输入功能的虚拟仪器

双踪数字示波器、数字万用表、数据记录仪、频谱分析仪属于基于模拟输入功能的虚拟仪器。这 4 种仪器在数据处理的内容和结果显示的形式上有很大差异，但是数据采集的实现方法相似，都是基于 DAQ 板中的 A/D 转换器配合信号调理电路板中的输入电路(模拟开关、衰减器、放大器等)来实现的。本节选择虚拟双踪数字示波器为例进行分析。

虚拟双踪数字示波器软面板如图 10-32 所示。它是在 LabVIEW 的前面板工作界面上形成的，主要含有 3 个功能窗口：左上侧是用于实时显示两通道被测波形的显示窗口，它是从图形(Graph)子模块中选取波形图表(Waveform Chart)这个指示部件形成的；右侧是操作窗口，它包括 A，B 通道垂直灵敏度(V/div)旋钮控件、偏移(Offset)旋钮控件、扫描速度旋钮控件及触发方式选择等各类控件；下方是状态窗口，用于提供波形测试结果等信息。可以看出，该软面板与普通示波器的面板很相似，因而操作方便并且交互更加友好。

框图程序是在 LabVIEW 的编程工作界面上形成的，主要由数据采集、波形显示和数据处理 3 部分组成。数据采集部分的框图程序如图 10-33 所示，它是在 NI 公司开发的双踪示波器

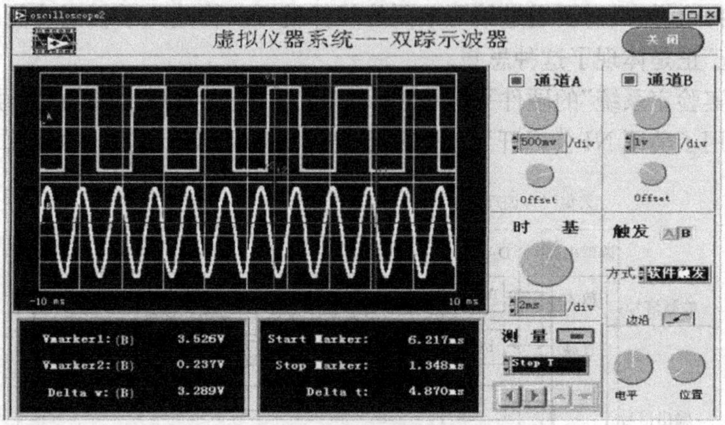

图 10-32　虚拟双踪数字示波器的软面板

采集 VI 程序模块 2ch scope acquire. vi 的基础上设计的。

2ch scope acquire. vi 的输入参数主要含 hw config、volts/time 和 Trigger 3 个簇（cluster）。其中 hw config 簇用于定义示波器 DAQ 板设备标志号和模拟输入端口（即双踪示波器的输入通道），本仪器 DAQ 板在计算机中的标志号为 1，示波器的 A，B 通道分别选择 DAQ 板的模拟输入端口 9 和 12。volts/time 簇含有 volts/divA、volts/divB 和 time base 3 个端子。volts/divA、volts/divB 端子分别对应软面板操作窗口中最上方 A，B 通道的垂直灵敏度（V/div）调节旋钮，这两个端子能根据旋钮不同位置所反馈的数据，通过调用函数 Write to Digital Line. vi 函数控制调理电路中继电器的开和闭来改变衰减器的衰减系数，通过改变 DAQ 板模拟输入范围来改变程控放大器的增益，从而实现对示波器进行多级垂直灵敏度的选择。同样，time base 端子也能根据软面板中扫描速度（μs/div）调节旋钮位置所反馈的数据改变 A/D 转换器的转换速率，实现对示波器进行多种扫速的选择。Trigger 簇也含有多个端子，用于实现对诸如触发通道、触发方式、触发边沿、触发电平和触发位置的选择。

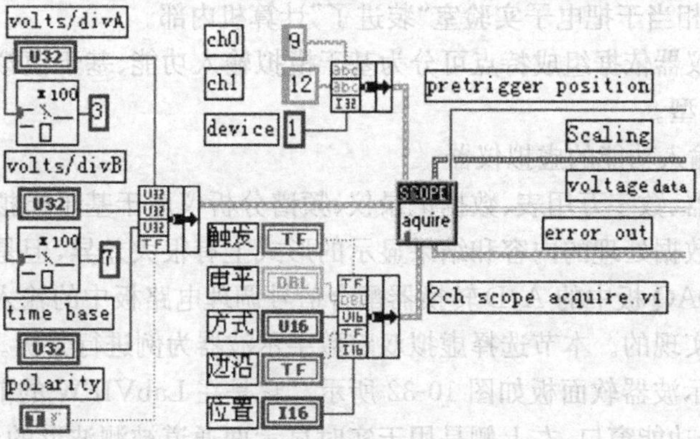

图 10-33　数据采集部分的框图程序

2ch scope acquire. vi 的输出参数有 voltage data、pretrigger position、Scaling 和 error out 四项。voltage data 是一个二维数组，对应 A，B 通道采集的波形数据；pretrigger position 是根据触发条件所形成的预触发点数据，用于确定波形显示在时间坐标上超前或滞后的程度；Scaling 是用于确定波形显示在幅度坐标上实现最佳显示的参数；error out 用于表示采样过程中可能出现的错误信息。程序在执行完函数 2ch scope acquire. vi 后，这四项输出参数就会携带这些信息进入到框图程序中的波形显示部分。

波形显示部分框图程序如图 10-34 所示，它是在 2ch scope updata. vi 模块的基础上进行设计的，输入参数含 voltage data、Scaling 和 A/B switches 三个簇(cluster)。voltage data 和 Scaling 的输入直接取自 2ch scope acquire. vi 的输出。A/B switches 有 offset A，offset B，chA 和 chB 4 个端子，分别对应前软面板操作窗口中两个 offset 旋钮控件和通道 A，B 的复选框控件。2ch scope updata. vi 输出参数 scope graph 用于提供形成波形显示的数据，该数据直接输入到端子 waveform 将数据输送到软面板中的显示窗口进行波形显示。显示部分功能还包括错误处理和触发指示等辅助显示。

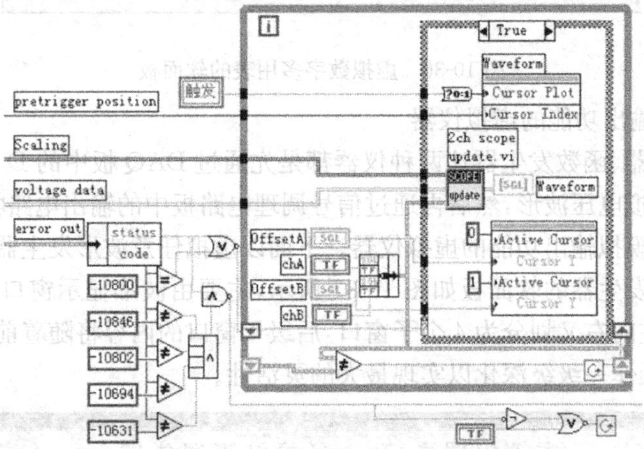

图 10-34　波形显示部分框图程序

双踪数字示波器框图程序的第 3 部分是数据处理部分，它的主要功能是通过对 Waveform Chart 光标属性的控制完成 ΔT 和 ΔV 等测试功能的实现。

在上述示波器流程图的基础上，再调用 LabVIEW 分析函数库中的各种频谱分析函数对示波器采集的数据进行分析，就可以很快地实现一个虚拟频谱分析仪的功能。数字万用表、数据记录仪等虚拟仪器的设计与数字示波器的主要设计思想基本一致，不再赘述。虚拟频谱分析仪和虚拟数字多用表的软面板分别如图 10-35 和图 10-36 所示。

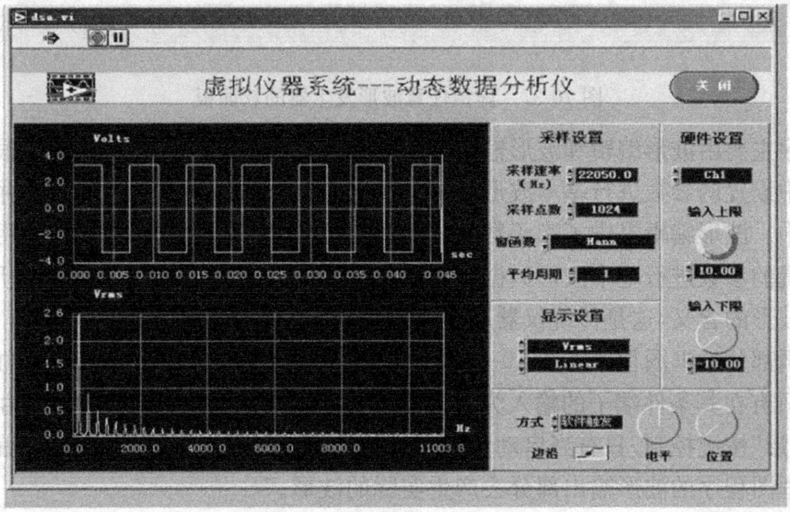

图 10-35　虚拟频谱分析仪的软面板

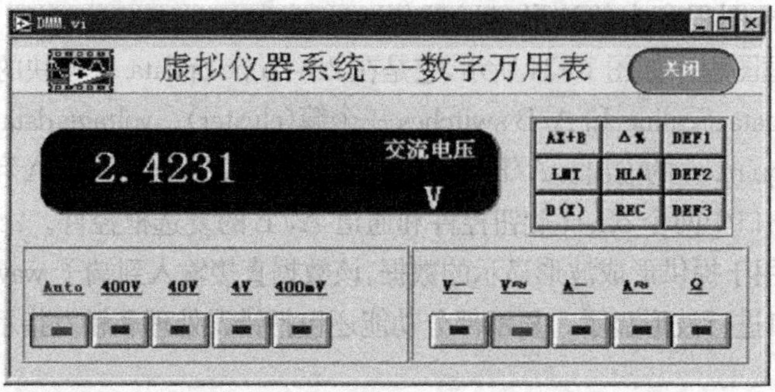

图 10-36 虚拟数字多用表的软面板

(2) 基于模拟输出功能的虚拟仪器

任意波形发生器、函数发生器这两种仪器都是先通过 DAQ 板中的 D/A 转换器将波形数据转换为相应的模拟电压波形,然后再通过信号调理电路板中的输出电路将信号送出,因而这两种仪器归为基于模拟输出功能的虚拟仪器。下面以虚拟任意波形发生器为例进行分析。

虚拟任意波形发生器的软面板如图 10-37 所示,主要由波形显示窗口和操作窗口两部分组成,操作窗口从左向右又划分为 4 个子窗口,后级子窗口的内容将随着前级子窗口内容的改变而改变,从而使操作一级级深化以实现最大的灵活性。

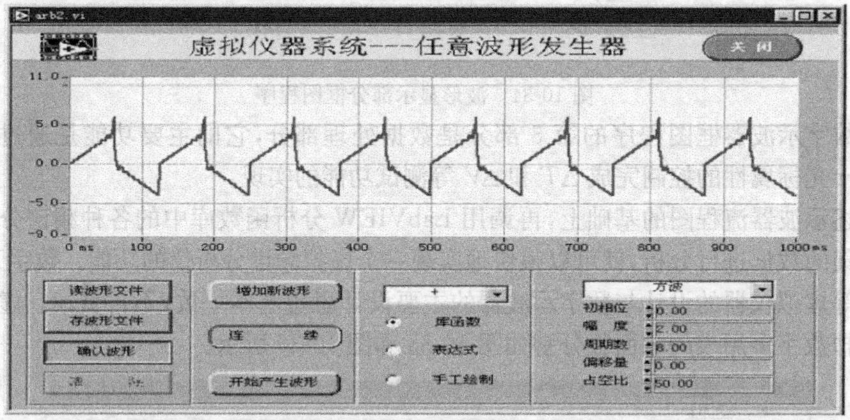

图 10-37 虚拟任意波形发生器的软面板

框图程序主要由波形编辑和波形输出两部分组成。波形编辑部分的功能是根据用户在软面板操作区中设置的参数进行基本波形数据计算、波形叠加,产生最终波形数据并送到软面板的显示控件中。波形编辑提供了库函数、表达式和手工绘制 3 种方法,它能根据用户在软面板操作区中设置的参数进行基本波形数据计算、波形叠加,产生各种特殊要求的波形,它能真正地体现任意波形的含义,这是传统仪器所无法达到的。

波形编辑部分的框图程序如图 10-38 所示,从整体来看,波形编辑框图程序的主体是一个 while 循环,只有在其条件端子的输入为假时,才会跳出循环。条件端子的状态由前面板上的"开始产生波形"按键控制,只有当启动该仪器并且按下"开始产生波形"按键后,编辑的波形数据才会送到框图程序的波形输出部分去产生实际的波形。

波形输出部分用于完成对 DAQ 板模拟输出功能的配置(包括 DAQ 板标志号、模拟

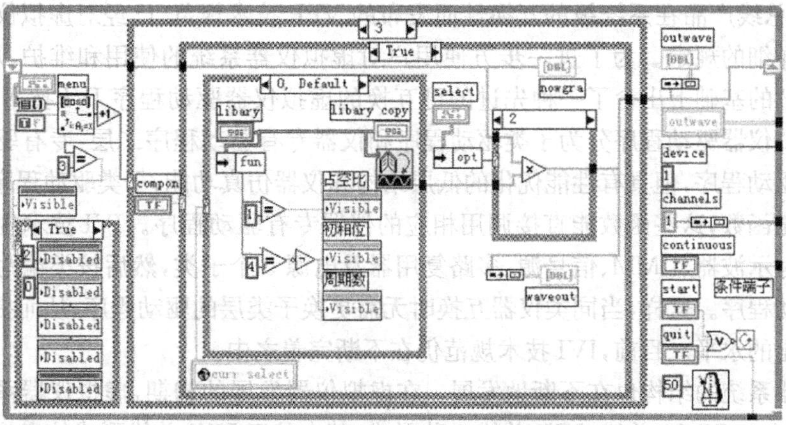

图 10-38　波形编辑部分的框图程序

输出通道号、输出速率、缓冲区大小以及是否连续产生波形等参数)；输出速率的更新设置等任务。

虚拟任意波形发生器的框图程序中还包含了一些界面处理的内容。

(3) 基于定时/计数器功能的虚拟仪器

DAQ 板中定时/计数器资源使频率测量等功能的实现成为可能。由于 DAQ 板中有两个 24bit 的定时/计数器,因而不仅可以满足一般频率测试的要求,在信号调理电路板中配置少量外围电路后,还能实现具有双计数器、高性能的等精度频率测量功能。由于 LabVIEW 已经提供了技术成熟的接口函数,因此设计时不需要考虑系统软件与外界硬件的接口。

设计的等精度频率计虚拟仪器的软面板如图 10-39 所示。

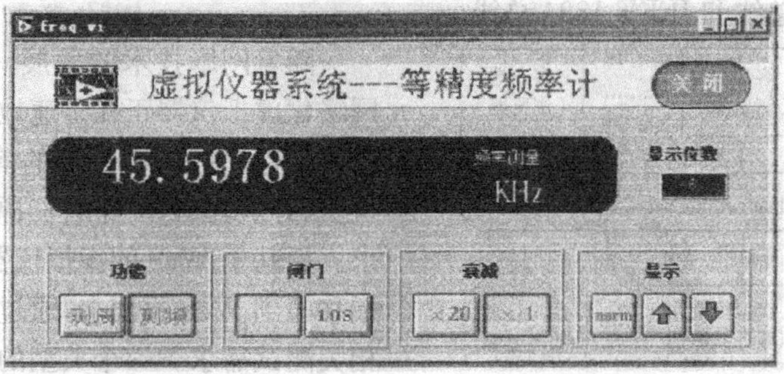

图 10-39　等精度频率计虚拟仪器的软面板

综上所述,设计的"虚拟电子实验室系统"基本上拥有了实际电子实验室所具备的主要测试仪器,初步实现了"把电子实验室装进计算机"的设计目标。设计的"虚拟电子实验室系统"平台还允许仪器功能在用户级上产生,以方便用户对系统功能进行修改和扩展,很适合于科学研究和大学实验等场合的需要。

10.3.4　虚拟仪器的发展

近年来,虚拟仪器因其强大的性价比优势得到了广泛的应用,随着各项高新技术(PC 技术、数据采集技术及网络技术等)的进步,虚拟仪器技术也在不断地发展。

在虚拟仪器得到人们认可的同时,虚拟仪器的相关技术规范在不断地完善。1993 年,为了保证 VXI 总线产品在系统级的互换性而发布的 VPP 技术规范，已经对虚拟仪器的软件体系结构做了详细的规定。为了进一步方便用户对虚拟仪器系统的使用和维护，从 1997 年开始，又在 VPP 的基础上出台了一种先进的可互换的虚拟仪器驱动程序 IVI 技术规范，IVI 技术规范把每个仪器驱动程序分为子类驱动程序和仪器专有驱动程序二层：专有驱动程序执行传统的仪器驱动程序，但具有性能优化的低层结构和仪器仿真功能；子类驱动程序包含该类仪器的通用功能函数，这些函数能直接调用相应的仪器专有驱动程序。IVI 技术规范将各种仪器按功能分为示波器、DMM、信号源、多路复用器及电源 5 个子类，然后按类编写统一规划的子类层的驱动程序。这样，当同类仪器互换时无需更换子类层的驱动程序，从而提升了仪器驱动程序标准化的水平。目前，IVI 技术规范仍在不断完善之中。

虚拟仪器系统的结构也在不断地发展。在虚拟仪器发展的初期，虚拟仪器系统的结构主要采取 PC-DAQ、GP-IB 总线、VXI 总线 3 种形式，其中基于 VXI 总线形式的虚拟仪器系统被认为是最理想的虚拟仪器开发平台，但该系统价格较昂贵，目前主要应用在航天、航空、国防等领域。为适应日益增多的虚拟仪器一般用户的需求，NI 公司又推出了一种全新的开放式、模块化的仪器总线 PXI(PCI eXtensions for Instrumentation)标准，该标准将 PC 的高速 PCI 总线技术，Windows 操作系统和 Compact PCI(固定 PCI)定义的机械标准巧妙地结合在一起，形成了一种性价比极高的虚拟仪器系统。其中 Compact PCI 是 PCI 电气规范与耐用的欧洲卡机械封装及高性能连续器相结合的产物，这种结合使得 Compact PCI 系统可以拥有多达 7 个外设插槽。在享有 Compact PCI 的这些优点的同时，为了满足仪器应用对一些高性能的需求，PXI 标准还提供了触发总线、局部总线、系统时钟等资源，并且做到了 PXI 产品与 Compact PCI 产品的双向互换。目前，PXI 模块仪器系统以其卓越的性能和极低的价格，吸引了越来越多的虚拟仪器界工程技术人员的关注。除此之外，虚拟仪器系统还广泛使用了目前 PC 采用的 USB 通用串行总线和 IEEE 1394 总线。

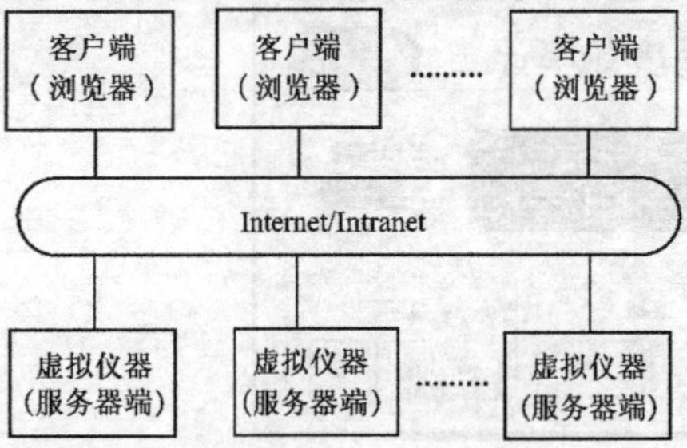

图 10-40 基于 Web 的网络化虚拟仪器的模型图

随着网络技术的发展，一种基于 Web 的网络化虚拟仪器正在迅速地发展。形象地说，虚拟仪器是把传统仪器的前面板移植到计算机上，并利用计算机的资源处理相关测试需求。而基于 Web 的虚拟仪器则是把仪器前面板移植到 Web 页面上，通过 Web 服务器处理相关测试需求。一个典型的基于 Web 的网络化虚拟仪器的模型如图 10-40 所示，可以看出，只要在虚拟仪器的基础上增加登录 Internet 及网络浏览功能，就可以实现基于 Web 的网络化虚拟仪器。从这一角度讲，基于 Web 的网络化虚拟仪器是对虚拟仪器技术的延伸与发展。

网络化虚拟仪器的概念在现实中已有初步应用。例如，网络化流量计已经商品化，流量计是用来测量流动物体流量的仪器，这种具有联网功能的流量计可以按需要分布安装在生产现场中，网络化流量计能检测各个时段的流量，用户可通过各流量计的 Web 页面了解测试情况，或直接将流量数据传送到指定计算机的指定文件中。若出现故障还可通过电子邮件服务器将报警信息发送给指定收信人(信箱或寻呼机)，用户收到报警信息后，可以利用网络化流量计的互联网地址作远程登录，运行相关诊断程序对仪器重新进行配置以排除故障，而无需离开办公室赶赴生产现场。

随着网络技术的发展，基于 Internerte 的虚拟仪器将为用户远程访问提供更快捷，更方便的服务。用户可以通过 HTTP 进行远程排错，修复和监控测试。基于 Internete 的分布式虚拟实验室还能完成远程医疗诊治病人，虚拟太空测试实验，虚拟海底测试实验，为测控仪器的设计与使用带来许多预想不到的新思路。

网络化虚拟仪器当前正处于大规模发展的初期，随着 Internet 应用空间的不断拓展及虚拟仪器技术的不断进步，基于 Internet 的测控网络的发展将势不可挡，网络化虚拟仪器技术已成为当前虚拟仪器发展的重要方向。可以预见，“网络即仪器”将成为新的概念，网络化仪器将推进仪器界的新的革命。

思考题与习题

10.1 个人仪器系统的发展分哪几个阶段？每个阶段各有什么特点？

10.2 简述个人仪器与传统智能仪器的区别。

10.3 个人仪器的软面板有什么特点？

10.4 某等精度频率测量个人仪器的电原理框图如图 10-41 所示。若要求仪器被测信号的频率范围为 10Hz～50MHz，在被测频率范围内的测量精度都能达到 10^{-7}（不考虑触发误差的影响）。

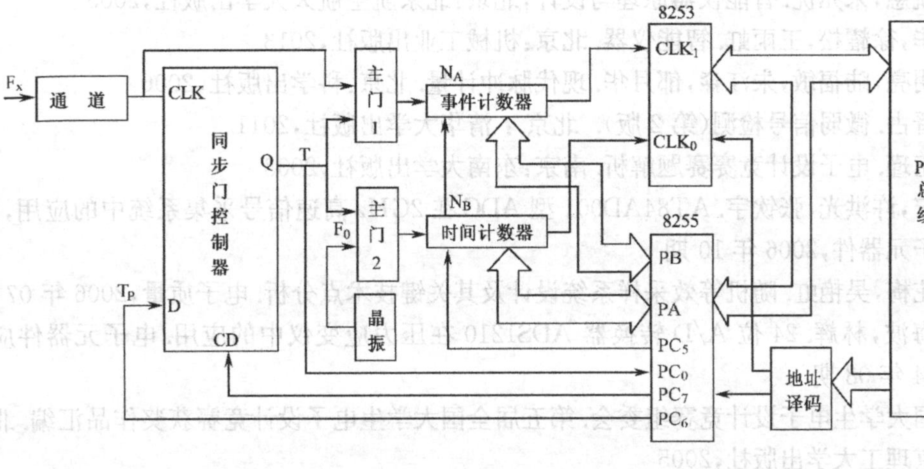

图 10-41 题 10.4 之图

(1) 试设计出满足上述要求的等精度频率测量个人仪器的电原理图。

(2) 运用 Delphi 或其他编程软件编制该仪器的软面板及其相应的测量控制程序。

说明：本题可以作为综合实验或课程设计的题目。

10.5 什么是 VXI 系统？简述其特征与组成。

10.6 什么是虚拟仪器？虚拟仪器的特点是什么？

10.7 目前虚拟仪器的硬件平台有哪几种构成方式？各有什么特点？

10.8 简述在虚拟仪器中软件的作用与功能。

10.9 简述 LabVIEW 软件的特点与功能。

10.10 简述网络化虚拟仪器的组成原理及其发展前景。

参 考 文 献

[1] 赵茂泰.智能仪器原理及应用(第3版).北京:电子工业出版社,2009
[2] 郭戍生,古天祥,陆玉新.电子仪器原理.北京:国防工业出版社,1989
[3] 孙续,吴北玲.电子测量基础.北京:电子工业出版社,2011
[4] 杨吉祥,詹宏英,梅杓春.电子测量技术基础.南京:东南大学出版社,1999
[5] 刘家松.自动测试仪器及系统.北京:国防工业出版社,1980
[6] 张永瑞.电子测量技术基础(第2版).西安:西安电子科技大学出版社,2009
[7] 数字通信测量仪器编写组.数字通信测量仪器.北京:人民邮电出版社,2007
[8] 电子测量仪器实用大全编写组.电子测量仪器实用大全.南京:东南大学出版社,1996
[9] 陈尚松,郭庆,黄新.电子测量与仪器(第3版).北京:电子工业出版社,2012
[10] 常新华,林春勋.高频信号发生器原理、维修与检定.北京:电子工业出版社,1996
[11] 程德福,林君.智能仪器(第2版).北京:机械工业出版社,2009
[12] 周航慈,朱兆优.智能仪器原理与设计,北京:北京航空航天大学出版社,2005
[13] 付华,徐耀松,王雨虹.智能仪器.北京:机械工业出版社,2013
[14] 刘明亮,陆福敏,朱江淼,郁月华.现代脉冲计量.北京:科学出版社,2006
[15] 高晋占.微弱信号检测(第2版). 北京 :清华大学出版社,2011
[16] 黄正瑾.电子设计竞赛赛题解析.南京:东南大学出版社,2003
[17] 张宁,许洪光,张钦宇.AT84AD001型ADC在2GHz高速信号采集系统中的应用,国外电子元器件,2006年10期
[18] 蔡花梅,吴艳虹.随机等效采样系统设计及其关键技术点分析.电子质量,2006年07期
[19] 李海波,林辉.24位A/D转换器ADS1210在压力应变仪中的应用.电子元器件应用,2004年08期
[20] 全国大学生电子设计竞赛组委会.第五届全国大学生电子设计竞赛获奖作品汇编.北京:北京理工大学出版社,2005